Springer-Lehrbuch Masterclass

Ludger Rüschendorf

Wahrscheinlichkeitstheorie

 Springer Spektrum

Ludger Rüschendorf
Freiburg, Deutschland

ISSN 1234-5678
Springer-Lehrbuch Masterclass
ISBN 978-3-662-48936-9   ISBN 978-3-662-48937-6 (eBook)
DOI 10.1007/978-3-662-48937-6

Die Deutsche Nationalbibliothek verzeichnet diese Publikation in der Deutschen Nationalbibliografie; detaillierte bibliografische Daten sind im Internet über http://dnb.d-nb.de abrufbar.

Springer Spektrum
© Springer-Verlag Berlin Heidelberg 2016
Das Werk einschließlich aller seiner Teile ist urheberrechtlich geschützt. Jede Verwertung, die nicht ausdrücklich vom Urheberrechtsgesetz zugelassen ist, bedarf der vorherigen Zustimmung des Verlags. Das gilt insbesondere für Vervielfältigungen, Bearbeitungen, Übersetzungen, Mikroverfilmungen und die Einspeicherung und Verarbeitung in elektronischen Systemen.
Die Wiedergabe von Gebrauchsnamen, Handelsnamen, Warenbezeichnungen usw. in diesem Werk berechtigt auch ohne besondere Kennzeichnung nicht zu der Annahme, dass solche Namen im Sinne der Warenzeichen- und Markenschutz-Gesetzgebung als frei zu betrachten wären und daher von jedermann benutzt werden dürften.
Der Verlag, die Autoren und die Herausgeber gehen davon aus, dass die Angaben und Informationen in diesem Werk zum Zeitpunkt der Veröffentlichung vollständig und korrekt sind. Weder der Verlag noch die Autoren oder die Herausgeber übernehmen, ausdrücklich oder implizit, Gewähr für den Inhalt des Werkes, etwaige Fehler oder Äußerungen.

Planung: Iris Ruhmann

Gedruckt auf säurefreiem und chlorfrei gebleichtem Papier.

Springer-Verlag GmbH Berlin Heidelberg ist Teil der Fachverlagsgruppe Springer Science+Business Media
(www.springer.com)

Einführung

Die Wahrscheinlichkeitstheorie hat sich seit ihrer Begründung im 18. Jahrhundert zu einer reichhaltigen mathematischen Disziplin mit einer Vielzahl innermathematischer Verknüpfungen entwickelt. Ein Hauptmotiv für ihre Entwicklung ist insbesondere auch durch ihre Vielfalt und Bedeutung für eine große Fülle wichtiger Anwendungen gegeben. Die stochastische Modellierung und Analyse sind von großer Relevanz und oft auch grundlegend nicht nur für fast alle Bereiche der experimentellen Wissenschaften, sondern auch für die Wirtschafts- und Sozialwissenschaften, für die medizinischen Wissenschaften und für große Teile der Industrie und Wirtschaft. Die Stochastik ist damit im Zusammenhang mit numerischen Methoden Anwendungsgebiet der Mathematik par excellence. Durch das Bernoulli'sche Gesetz großer Zahlen trägt sie das wissenschaftliche Verdienst, eine Grundlage und Begründung für die experimentellen Wissenschaften zu liefern. Das Bernoulli'sche Gesetz liefert eine quantitative Erweiterung und Fassung der Galilei'schen Grundlegung des Verhältnisses von Theorie und Praxis. Dies und die vielfältigen gravierenden Konsequenzen heben dieses Resultat in den Rang eines der erfolgreichsten und bedeutendsten mathematischen Theoreme in der Mathematikgeschichte.

Ziel des Kurses zur Wahrscheinlichkeitstheorie ist es, neben der Entwicklung der methodischen Grundlagen auch einen Einblick in die Begründung und Motivation stochastischer Modellierungen zu geben. So ist z. B. die Verwendung der Normalverteilung als Modell eines Zufallsexperiments gut begründet durch den zentralen Grenzwertsatz, die Verwendung der Poisson-Verteilung durch das Gesetz seltener Zahlen usw. Wahlprognosen und Vorhersagen wirtschaftlicher Verläufe und von Versicherungs- und Finanzrisiken, die begründete Bewertung von medizinischen Verfahren und Medikamenten basieren alle auf stochastischen Modellen und Ergebnissen der Wahrscheinlichkeitstheorie. Die Stochastik hat auch wichtige Anwendungen für die Modellierung komplexer Phänomene, biologischer und Internet-Netzwerke sowie für die Konstruktion und substantielle Analyse von Algorithmen. Stochastische Elemente erlauben es, einfache und effektive Algorithmen zu konstruieren oder Sicherungsmethoden (Datensicherheit) zu entwickeln, sowie Nachweise für die Identität von geheimen Daten zu erstellen (*Zero-Knowledge-Beweise*) und vieles andere. Die Kenntnis stochastischer Methoden ist insbesondere für Versicherungen, dem größten Arbeitgeber für Mathematikabsolventen, grundlegend.

Der oben geschilderte Anwendungszusammenhang bildet den Hintergrund für die im Text gegebene mathematische Entwicklung der Wahrscheinlichkeitstheorie. Der Inhalt des vorliegenden Buches entspricht einem zweisemestrigen 4-stündigen Kurs zur Wahrscheinlichkeitstheorie und zur Einführung in stochastische Prozesse, wie er in typischen Bachelor- und Masterstudiengängen verankert ist. Das erste Kapitel gibt eine kurze Einführung in Grundlagen der Maß- und Integrationstheorie, in Grundbegriffe der Wahrscheinlichkeitstheorie wie stochastische Unabhängigkeit und schwache und starke Gesetze großer Zahlen. Es schließen sich die Konstruktion von stochastischen Modellen für abhängige Ereignisse und Maße auf Produkträumen an mit exemplarischer Anwendung auf Markovketten, Erneuerungsprozessen und stationären Prozessen. Das zweite Kapitel behandelt allgemeine zentrale Grenzwertsätze und den Zusammenhang von unendlich teilbaren Maßen mit Lévy-Prozessen. Es schließen sich die Konvergenzsätze und das Optional Sampling Theorem für Martingale an mit Anwendungen auf Optimales Stoppen und Konzentrationsungleichungen für subadditive Folgen. Das abschließende Kapitel gibt eine Einführung in Konstruktionsmethoden für stochastische Prozesse. Es behandelt insbesondere die Brown'sche Bewegung, die starke Markoveigenschaft und ihren Zusammenhang mit Problemen aus der Analysis, insbesondere dem Dirichlet- und dem Cauchy-Randwert-Problem. Den Abschluss bildet das Donsker'sche Invarianzprinzip.

Das vorliegende Buch ist gut geeignet als Begleittext für einen Kurs über Wahrscheinlichkeitstheorie. Mit seiner motivierenden Darstellungsform und sprachlichen Gestaltung richtet es sich insbesondere an Studierende und bietet eine Fülle von anschaulichen Beispielen und Anwendungen. Es ist daher nicht nur besonders gut zum Selbststudium geeignet, sondern dürfte auch für Interessierte und Dozenten manche interessante Ergänzung bieten. Inhaltlich kann der Kurs auch in gekürzter Form gehalten werden. Ist, wie in vielen Studiengängen vorgesehen, die Maßtheorie schon in der Analysis behandelt, so lässt sich das erste Kapitel entsprechend kürzen. Ebenso sind je nach Schwerpunkt in Kap. 3 über stochastische Modelle die Abschn. 3.1, 3.3 und 3.4 nicht unbedingt erforderlich für das Verständnis des weiteren Stoffes. In Kap. 5 über Martingale sind die Abschn. 5.4 und 5.5 über Optimales Stoppen und Subadditivität Wahlthemen.

Der erste Teil basiert auf einer Vorlesungsmitschrift von Friedel Ziegelmayer. Der zweite Teil beruht teilweise auf Mitschriften von Georg Hoerder, Sascha Frank und Swen Kiesel, auf einer Ausarbeitung von Anna Bellach (geb. Barz) sowie einer Überarbeitung von Janine Kühn. Anselm Hudde und Rudi Lerche haben einige Kapitel Korrektur gelesen. Ihnen allen sei hiermit herzlich gedankt. Diese Grundlagen wurden im vorliegenden Text stark überarbeitet und erweitert. Besonderen Dank schulde ich Monika Hattenbach für ihre vorzügliche Arbeit beim Erstellen und Gestalten des kompletten Textes. Beigetragen hierzu hat in einigen Abschnitten auch Sandrine Gümbel.

Inhaltsverzeichnis

1 Grundlagen der Maß- und Integrationstheorie 1
   1.1 Das Inhalts- und Maßproblem 1
   1.2 Der Maßerweiterungssatz 5
   1.3 Messbare Abbildungen und Bildmaße 24
   1.4 Integrationstheorie 29
   1.5 Sätze von Fubini und Radon-Nikodým 36
       1.5.1 Satz von Fubini 36
       1.5.2 Maße mit Dichten 39

2 Stochastische Unabhängigkeit und Gesetze großer Zahlen 47
   2.1 Grundbegriffe der Wahrscheinlichkeitstheorie 47
   2.2 Verteilungsfunktion und stochastische Unabhängigkeit 49
   2.3 Fast sichere und stochastische Konvergenz 64
   2.4 0-1-Gesetze 72
   2.5 Schwaches Gesetz großer Zahlen 78
       2.5.1 Schwache Gesetze großer Zahlen von Bernoulli, Tschebyscheff, Khinchin und Feller 79
       2.5.2 Anwendungen des schwachen Gesetzes großer Zahlen 88
   2.6 Starkes Gesetz großer Zahlen 95

3 Konstruktion von stochastischen Modellen 107
   3.1 Maße auf Produkträumen und stochastische Modelle 107
       3.1.1 Stochastische Modelle und konstruktive Verfahren 108
       3.1.2 Maße auf Produkträumen 112
   3.2 Markovketten 121
       3.2.1 Grundbegriffe und Beispiele 122
       3.2.2 Eintrittszeiten und Absorptionsverteilung 126
       3.2.3 Grenzwertsätze für Markovketten 130
   3.3 Rekurrenz, Transienz und Erneuerungssatz 144
   3.4 Erneuerungsprozesse 153
   3.5 Stationäre Prozesse und Ergodensatz 158

4 Verteilungskonvergenz und zentraler Grenzwertsatz 175
4.1 Verteilungskonvergenz in $(\mathbb{R}^1, \mathcal{B}^1)$ 177
4.2 Charakteristische Funktionen 195
4.2.1 Charakteristische Funktionen und Satz von Cramér-Wold 196
4.2.2 Eigenschaften von charakteristischen Funktionen und Momentenmethode 210
4.3 Stetigkeitssatz von Lévy-Cramér und zentraler Grenzwertsatz 224
4.3.1 Der Stetigkeitssatz von Lévy-Cramér 225
4.3.2 Zentraler Grenzwertsatz und stabile Verteilungen 236
4.3.3 Anwendungen des zentralen Grenzwertsatzes 246
4.4 Allgemeines Grenzwertproblem, ∞-teilbare Maße und Lévy-Prozesse . 249
4.4.1 ∞-teilbare Wahrscheinlichkeitsmaße und allgemeines Grenzwertproblem 249
4.4.2 Faltungshalbgruppen und Lévy-Prozesse 252
4.4.3 Charakterisierung ∞-teilbarer Maße und allgemeiner zentraler Grenzwertsatz 257

5 Bedingte Erwartungswerte und Martingale 279
5.1 Bedingte Erwartungswerte und Verteilungen 279
5.2 Martingale in diskreter Zeit 300
5.3 Martingalkonvergenzsätze 325
5.4 Optimales Stoppen 346
5.5 Subadditivität und Konzentrationsungleichungen 356
5.5.1 Subadditive Folgen und Konzentrationsungleichungen 356
5.5.2 Einbettung eines Funktionals in ein Martingal 361

6 Einführung in stochastische Prozesse 367
6.1 Prozesse mit vorgegebener Pfadmenge und Karhunen-Loève-Entwicklung 367
6.2 Die Brown'sche Bewegung 388
6.3 Stoppzeiten und starke Markoveigenschaft 412
6.3.1 Markovzeiten, Stoppzeiten und starke Markoveigenschaft 412
6.3.2 Anwendungen der starken Markoveigenschaft 418
6.4 Martingaleigenschaft der Brown'schen Bewegung 429
6.5 Skorohod'scher Einbettungssatz und Donsker-Theorem 436

Symbole und Abkürzungen 449

Literatur 453

Sachverzeichnis 455

Grundlagen der Maß- und Integrationstheorie

Die Maßtheorie ist die Grundlage der Wahrscheinlichkeitstheorie. Sie liefert die Sprache und die Methodik, um die Wahrscheinlichkeit von Ereignissen mit derselben Anschaulichkeit und Präzision zu messen, wie die Maßtheorie in der Lage ist, Flächen und Volumina zu bestimmen. Sie ist auch die Grundlage der Integrationstheorie, die im Rahmen der Wahrscheinlichkeitstheorie dem dort fundamentalen Begriff des Erwartungswertes entspricht.

In diesem Kapitel behandeln wir die grundlegende Methodik der Konstruktion von Maßen auf σ-Algebren und die zugehörige allgemeine Integrationstheorie einschließlich der Sätze von Fubini und Radon-Nikodým. Da die Maß- und Integrationstheorie an vielen universitären Studiengängen in den Analysis-Vorlesungen verankert ist, geben wir nur detailliertere Beweise zu einigen zentralen Aussagen und verweisen besonders für die Integrationstheorie auf die entsprechende Literatur. Dieses Kapitel dient insbesondere auch der Einführung der wesentlichen Begriffe und maßtheoretischen Methoden, die für ein Verständnis der Wahrscheinlichkeitstheorie unerlässlich sind.

Die Notwendigkeit der Entwicklung der Maßtheorie ergibt sich auf deutliche Weise insbesondere aus dem Inhalts- und Maßproblem.

1.1 Das Inhalts- und Maßproblem

Im Grundraum $\Omega = \mathbb{R}^k$ soll ein möglichst großes Teilsystem $\mathcal{A} \subset \mathcal{P}(\Omega)$ bestimmt werden, dessen Elementen A man ein geometrisches Volumen $\mu(A)$ zuordnen kann wie etwa Längen für eindimensionale, Flächen für zweidimensionale oder Volumina und Oberflächen für dreidimensionale Gebilde usw. Für dieses geometrische Maß $\mu : \mathcal{A} \longmapsto \overline{\mathbb{R}}_+$ verlangt man die **σ-Additivität**, d. h.

$$\mu\left(\sum_{i=1}^{\infty} A_i\right) = \sum_{i=1}^{\infty} \mu(A_i) \text{ für paarweise disjunkte } A_i \in \mathcal{A}. \qquad (1.1)$$

Weiter soll das Maß μ **translationsinvariant** sein, d. h.

$$\mu(A+a) = \mu(A), \quad \forall A \in \mathcal{A}, \; \forall a \in \mathbb{R}^k. \tag{1.2}$$

Die Forderung (1.2) ist intuitiv naheliegend; die Forderung (1.1) geht über die endliche Additivität hinaus und beinhaltet eine „Stetigkeitseigenschaft" von μ. Allein aus (1.1) und (1.2) lässt sich leicht herleiten, dass für $k = 2$ und einen normierten Flächeninhalt μ mit $\mu([0, 1]) = 1$, $[0, 1]$ das Einheitsquadrat in $\mathbb{R}^2$ für ein Rechteck A mit Seitenlängen a, b gilt

$$\mu(A) = a \cdot b.$$

Der folgende Satz zeigt, dass man nicht allen Teilmengen A des $\mathbb{R}^k$ ein Volumen $\mu(A)$ zuordnen kann, wenn μ die Annahmen (1.1) und (1.2) erfüllt. Für den Beweis verwenden wir das Zorn'sche Lemma.

Satz 1.1.1 (Satz von Kuratowski, Zorn) *Sei $(M, \leq) \neq \emptyset$ eine induktiv geordnete Menge (d. h., jede total geordnete Teilmenge hat eine obere Schranke in M). Dann hat M ein maximales Element.*

Es stellt sich nun heraus, dass ein Volumenmaß mit den obigen natürlichen Eigenschaften nicht auf $\mathcal{A} = \mathcal{P}(\mathbb{R}^k)$ konstruiert werden kann.

Satz 1.1.2 (Existenz nicht-messbarer Mengen) *Es gibt kein translationsinvariantes σ-additives Maß $\mu : \mathcal{P}(\mathbb{R}^k) \longmapsto \overline{\mathbb{R}}_+$ mit $\mu([0, 1]) = 1$.*

Beweis Sei ohne Einschränkung $k = 1$. Betrachte das Mengensystem

$$\mathcal{M} := \{A \subset [0, 1]; \; (x + A) \text{ paarweise disjunkt für } x \in \mathbb{Q}\}.$$

Es ist $\mathcal{M} \neq \emptyset$, da beispielsweise für $a \in \mathbb{R} \setminus \mathbb{Q}$, $A = \{a\} \in \mathcal{M}$.

1) Das Mengensystem $(\mathcal{M}, \subset)$ ist induktiv geordnet, d. h., jede total geordnete Teilmenge von $\mathcal{M}$ hat eine obere Schranke in $\mathcal{M}$.
   Denn sei $\{A_i\}_{i \in I} \subset \mathcal{M}$ eine total geordnete Teilmenge, dann ist $A := \bigcup_{i \in I} A_i \in \mathcal{M}$ eine obere Schranke.
   Nach dem *Zorn'schen Lemma* existiert ein maximales Element $A_0 \in \mathcal{M}$.
2) Es ist leicht zu sehen, dass

$$[0, 1] \subset \bigcup_{x \in \mathbb{Q}} (x + A_0) =: A;$$

sonst ließe sich A_0 vergrößern, im Widerspruch zu dessen Maximalität. Ohne Einschränkung lässt sich $A_0 \subset [0, 1]$ wählen.

3) Nehmen wir jetzt an, es existiert ein translationsinvariantes Maß μ auf $\mathcal{P}(\mathbb{R}^1)$ mit $\mu([0,1]) = 1$. Ist $\mu(A_0) = 0$, dann folgt

$$1 = \mu([0,1]) \leq \mu\left(\bigcup_{x \in \mathbb{Q}}(x + A_0)\right) = \sum_{x \in \mathbb{Q}} \mu(x + A_0) = 0,$$

ein Widerspruch. Ist $\mu(A_0) > 0$, dann folgt

$$\infty = \sum_{x \in \mathbb{Q} \cap [0,1]} \mu(x + A_0) = \mu\left(\bigcup_{x \in \mathbb{Q} \cap [0,1]}(x + A_0)\right)$$
$$\leq \mu([0,2]) = \mu([0,1]) + \mu((1,2])$$
$$\leq \mu([0,1]) + \mu([1,2]) = 2,$$

ebenfalls ein Widerspruch. □

Bemerkung 1.1.3 (Existenz nicht-messbarer Mengen, Auswahlaxiom) *Statt mit dem Zorn'schen Lemma lässt sich eine Konstruktion auch mit dem Auswahlaxiom geben. Sei $\sim$ die Äquivalenzrelation auf $\mathbb{R}$ mit*

$$x \sim y \quad :\Leftrightarrow \quad x - y \in \mathbb{Q}$$

und sei $\mathbb{R}/\sim \ = \mathbb{R}/\mathbb{Q} = \{[x]; \ x \in \mathbb{R}\}$ die Menge der Äquivalenzklassen. Nach dem Auswahlaxiom existiert ein Repräsentantensystem $A \subset \mathbb{R}$ von $\mathbb{R}/\sim$, d. h., für alle $x \in \mathbb{R}^1$ ist

$$|A \cap [x]| = 1.$$

Sei o. E. $A \subset [0,1]$, sonst verschiebe mit Elementen aus $\mathbb{Q}$, so folgt

$$[0,1] \subset \bigcup_{q \in \mathbb{Q} \cap [-1,1]} (q + A) \subset [-1,2],$$

woraus sich wie im Beweis zuvor ein Widerspruch herleiten lässt. Es folgt also, A ist nicht messbar. ⌋

Definition 1.1.4 (Inhalt) $\mu : \mathcal{P}(\mathbb{R}^k) \longmapsto \overline{\mathbb{R}}_+$ heißt **Inhalt**, wenn

1) $\mu(\emptyset) = 0$,
2) μ ist **endlich additiv**, d. h. $\mu(\sum_{i=1}^n A_i) = \sum_{i=1}^n \mu(A_i)$ für alle $(A_i) \subset \mathcal{P}(\mathbb{R}^k)$ paarweise disjunkt.

Sei G die Gruppe der Bewegungen (= Isometrien) des $\mathbb{R}^k$, d. h.,

$$G = \langle O(k), \text{Translationen} \rangle$$

ist die von den orthogonalen Transformationen und den Translationen erzeugte Gruppe.

Definition 1.1.5 (Kongruenz)
1) *Zwei Teilmengen A und $B \subset \mathbb{R}^k$ heißen **kongruent**, $A \sim B$, genau dann, wenn ein Element $g \in G$ existiert, so dass $g(A) = B$.*
2) *$\mu : \mathcal{P}(\mathbb{R}^k) \longrightarrow \overline{\mathbb{R}}_+$ heißt **bewegungsinvariant**, wenn*

$$\mu(g(A)) = \mu(A) \quad \forall\, g \in G, \forall\, A \subset \mathbb{R}^k.$$

Der folgende Satz stammt für $k = 1, 2$ von Banach, für $k \geq 3$ von Hausdorff. Er besagt insbesondere, dass für $k \geq 3$ keine bewegungsinvarianten Inhalte auf $\mathcal{P}(\mathbb{R}^k)$ existieren.

Satz 1.1.6 (Inhaltsproblem) *Es existiert ein bewegungsinvarianter Inhalt*

$$\mu : \mathcal{P}(\mathbb{R}^k) \longrightarrow \overline{\mathbb{R}}_+ \quad \textit{mit } \mu([0,1]) = 1$$

genau dann, wenn $k = 1, 2$.

Die Nichtexistenz von normierten, bewegungsinvarianten Inhalten für $k \geq 3$ ist eine Folgerung des Banach-Tarski-Paradoxons, eines der erstaunlichsten Resultate der Mathematik.

Satz 1.1.7 (Banach-Tarski-Paradoxon) *Seien $A, B \subset \mathbb{R}^k$ beschränkte Teilmengen mit $\mathring{A} \neq \emptyset$, $\mathring{B} \neq \emptyset$ und sei $k \geq 3$. Dann existiert ein $m \in \mathbb{N}$ und es existieren paarweise disjunkte Mengen $A_i, B_i \subset \mathbb{R}^k$, $1 \leq i \leq m$, so dass*

$$A = \bigcup_{i=1}^m A_i, \quad B = \bigcup_{i=1}^m B_i \quad \textit{und } A_i \sim B_i, 1 \leq i \leq m.$$

Es gibt eine Reihe von Aussagen über paradoxe Zerlegungen konkreter Mengen. So lässt sich eine Einheitskugel in $\mathbb{R}^3$ in 5 Teile zerlegen, so dass nach Zusammenfügen daraus zwei Einheitskugeln entstehen (vgl. Abb. 1.1).

Das Banach-Tarski-Paradoxon ist eine Konsequenz davon, dass die Gruppe der Bewegungen G nicht amenable (mittelbar) ist (vgl. dazu Pier (1984) und Wagon (1985)).

Die Konsequenz aus den Sätzen 1.1.2, 1.1.6 und 1.1.7 ist, dass Inhalte und Maße i. A. nicht in sinnvoller Weise auf der ganzen Potenzmenge definiert werden können, sondern nur auf kleineren Definitionsbereichen.

Abb. 1.1 Paradoxe Zerlegung der Einheitskugel

1.2 Der Maßerweiterungssatz

Geeignete Definitionsbereiche von Maßen sind σ-Algebren. Wie sich aus dem Inhalts- und Maßproblem ergibt, können diese i. A. nicht als Potenzmenge gewählt werden. Der Maßfortsetzungssatz von Carathéodory ist das zentrale Mittel zur Konstruktion von Maßen. Messbare Abbildungen erlauben die Übertragung von Maßen auf Bildräume (Bildmaße), und sie induzieren geeignete σ-Algebren, z. B. die Produkt-σ-Algebra auf Produkträumen.

Definition 1.2.1 (σ-Algebra) *Sei $\Omega \neq \emptyset$ ein Grundraum; eine Teilmenge $\mathcal{A} \subset \mathcal{P}(M)$ heißt σ-Algebra in Ω genau dann, wenn*

A1) $\Omega \in \mathcal{A}$,
A2) $A \in \mathcal{A} \Rightarrow A^c \in \mathcal{A}$,
A3) $(A_n)_{n \in \mathbb{N}} \subset \mathcal{A} \Rightarrow \bigcup_{n \in \mathbb{N}} A_n \in \mathcal{A}$.

*Das Paar $(\Omega, \mathcal{A})$ heißt **Messraum**.*

Bemerkung 1.2.2 *Ist $(\Omega, \mathcal{A})$ ein Messraum, dann gilt*

1) $\emptyset = \Omega^c \in \mathcal{A}$.
2) $A, B \in \mathcal{A} \Rightarrow A \cup B, \quad A \cap B, \quad A \setminus B := A \cap B^c$ und $A \Delta B := (A \setminus B) \cup (B \setminus A)$ sind in $\mathcal{A}$, denn $A \cap B = (A^c \cup B^c)^c \in \mathcal{A}$.
3) $(A_n) \subset \mathcal{A} \Rightarrow \bigcap_{n \in \mathbb{N}} A_n = \left(\bigcup_n A_n^c\right)^c \in \mathcal{A}$.

Im Allgemeinen ist die Vereinigung von σ-Algebren keine σ-Algebra, wohl aber der Durchschnitt.

Proposition 1.2.3 *Seien $\mathcal{A}_t \subset \mathcal{P}(\Omega)$ σ-Algebren, $t \in T$, dann ist $\bigcap_{t \in T} \mathcal{A}_t$ eine σ-Algebra.*

Als Konsequenz lässt sich nun aus Proposition 1.2.3 die von einem Mengensystem $\mathcal{E} \subset \mathcal{P}(\Omega)$ erzeugte σ-Algebra einführen.

Definition 1.2.4 (Erzeugte σ-Algebra) *Sei $\mathcal{E} \subset \mathcal{P}(\Omega)$, dann heißt*

$$\sigma(\mathcal{E}) := \bigcap \{\mathcal{A}; \ \mathcal{A} \text{ ist } \sigma\text{-Algebra}, \mathcal{E} \subset A\},$$

die von $\mathcal{E}$ erzeugte σ-Algebra. $\sigma(\mathcal{E})$ ist die kleinste $\mathcal{E}$ enthaltende σ-Algebra.

Beispiel 1.2.5 Beispiele von erzeugten σ-Algebren

a) $\mathcal{A} = \mathcal{P}(\Omega)$ ist eine σ-Algebra
b) Sei $\Omega = \mathbb{N}$, $\mathcal{E} = \{\{i\};\ i \in \mathbb{N}\}$, dann ist $\sigma(\mathcal{E}) = \mathcal{P}(\Omega)$. Denn für jede σ-Algebra $\mathcal{A} \supset \mathcal{E}$ und für $A \subset \mathbb{N}$ ist $A = \bigcup_{j \in A}\{j\} \in \mathcal{A}$.
Also ist $A \in \sigma(\mathcal{E})$; daher gilt: $\sigma(\mathcal{E}) = \mathcal{P}(\Omega)$.
c) Sei $A \subset \Omega$ und $\mathcal{E} = \{A\}$, dann ist

$$\sigma(\mathcal{E}) = \{\emptyset, A, A^c, \Omega\}.$$

d) Sei $(\Omega_2, \mathcal{A}_2)$ ein Messraum und $f : \Omega_1 \longrightarrow \Omega_2$, dann ist

$$\sigma(f) := f^{-1}(\mathcal{A}_2) = \{f^{-1}(A);\ A \in \mathcal{A}_2\}$$

eine σ-Algebra in Ω_1, die von f **induzierte σ-Algebra** in Ω_1; dabei ist

$$f^{-1}(A) := \{w \in \Omega_1;\ f(\omega) \in A\}\ \text{das \textbf{Urbild} von}\ A\ \text{unter}\ f.\quad \diamond$$

Beispiel 1.2.6 (Borel'sche σ-Algebra) Sei $\Omega = \mathbb{R}^k$, $\mathcal{E} = \mathcal{O}^k$ das System der offenen Teilmengen des $\mathbb{R}^k$, dann heißt $\mathcal{B}^k := \sigma(\mathcal{O}^k)$ die Borel'sche σ-Algebra auf $\mathbb{R}^k$. Sei $\mathcal{C}^k$ das System der abgeschlossenen Teilmengen des $\mathbb{R}^k$, dann ist

$$\mathcal{B}^k = \sigma(\mathcal{C}^k).$$

Für die Konstruktion der Borel'schen σ-Algebra sind weitere Erzeuger bequem. Seien

$\mathcal{E}_1 := \{(a,b];\ a,b \in \mathbb{R}^k, a \leq b\},\qquad \mathcal{E}_2 := \{(a,b);\ a,b \in \mathbb{R}^k, a < b\},$

$\mathcal{E}_3 := \{(-\infty,b];\ b \in \mathbb{R}^k\}$ und $\qquad \mathcal{E}_4 := \{[a,b];\ a,b \in \mathbb{R}^k, a \leq b\},$

dann gilt

$$\mathcal{B}^k = \sigma(\mathcal{E}_i)\ \text{für}\ i \in 1,\ldots,4.\quad \diamond$$

Bemerkung 1.2.7 *Um die Gleichheit $\sigma(\mathcal{E}_1) = \sigma(\mathcal{E}_2)$ von zwei erzeugten σ-Algebren nachzuweisen, sind zwei Schritte zu zeigen:*

$$1)\ \mathcal{E}_1 \subset \sigma(\mathcal{E}_2) \quad \text{und} \quad 2)\ \mathcal{E}_2 \subset \sigma(\mathcal{E}_1).$$

Aus 1) folgt $\sigma(\mathcal{E}_1) \subset \sigma(\mathcal{E}_2)$. Aus 2) folgt $\sigma(\mathcal{E}_2) \subset \sigma(\mathcal{E}_1)$, also $\sigma(\mathcal{E}_1) = \sigma(\mathcal{E}_2)$.

Bequeme Erzeuger von σ-Algebren sind Ringe und Algebren.

Definition 1.2.8 (Ring und Algebra) *Sei $\mathcal{R} \subset \mathcal{P}(\Omega)$.*

a) *$\mathcal{R}$ heißt **Ring** (in Ω) genau dann, wenn*
   R1) $\emptyset \in \mathcal{R}$,
   R2) $A, B \in \mathcal{R} \Rightarrow A \setminus B = A \cap B^c \in \mathcal{R}$,
   R3) $A, B \in \mathcal{R} \Rightarrow A \cup B \in \mathcal{R}$.
b) *Ein Ring $\mathcal{R}$ heißt **Algebra**, wenn $\Omega \in \mathcal{R}$.*

Bemerkung 1.2.9

a) *Ist $\mathcal{R}$ ein Ring und sind $A, B \in \mathcal{R}$, dann gilt:*

$$A \triangle B \in \mathcal{R} \quad und \quad A \cap B \in \mathcal{R}.$$

b) *$\mathcal{R}$ ist eine Algebra genau dann, wenn*
   1) $\emptyset \in \mathcal{R}$,
   2) $A, B \in \mathcal{R} \Rightarrow A \cup B \in \mathcal{R}$,
   3) $A \in \mathcal{R} \Rightarrow A^c \in \mathcal{R}$.
c) *Seien $\mathcal{R}_t \subset \mathcal{P}(\Omega)$ Ringe (Algebren), $t \in T$; dann ist $\bigcap_{t \in T} \mathcal{R}_t$ ein Ring (Algebra).* ⌐

Basierend auf c) in obiger Bemerkung definieren wir erzeugte Ringe und Algebren.

Definition 1.2.10 (Erzeugte Ringe und Algebren) *Sei $\mathcal{E} \subset \mathcal{P}(\Omega)$, dann heißt*

$$\mathcal{R}(\mathcal{E}) := \bigcap \{\mathcal{R}; \; \mathcal{R} \text{ ist ein Ring}, \mathcal{E} \subset \mathcal{R}\}$$

*der **von $\mathcal{E}$ erzeugte Ring**, und*

$$\alpha(\mathcal{E}) := \bigcap \{\mathcal{A} \text{ Algebra}; \; \mathcal{E} \subset \mathcal{A}\}$$

*die **von $\mathcal{E}$ erzeugte Algebra**.*

Es gelten folgende Inklusionen:

$$\mathcal{E} \subset \mathcal{R}(\mathcal{E}) \subset \alpha(\mathcal{E}) \subset \sigma(\mathcal{E}).$$

Beispiel 1.2.11 (Ring der k-dimensionalen Figuren) Sei $\Omega = \mathbb{R}^k$, $\mathcal{E} = \mathcal{E}_1 = \{(a, b]; \; a, b \in \mathbb{R}^k, a \leq b\} \subset \mathcal{B}^k$ das System der halboffenen Intervalle. Dann ist

$$\mathcal{R}(\mathcal{E}) = \mathcal{F}^k := \left\{ \sum_{i=1}^n I_i; \; n \in \mathbb{N}, (I_i) \subset \mathcal{E} \text{ paarweise disjunkt} \right\}$$

der **Ring der k-dimensionalen Figuren**.

Zum Nachweis zeigt man elementar, dass für $A, B \in \mathcal{F}^k$ folgt, dass $A \setminus B \in \mathcal{F}^k$ und $A \cup B \in \mathcal{F}^k$.

Der allgemeine Hintergrund dieser Eigenschaft ist der folgende:

a) $\mathcal{E}_1$ ist ein **Semiring**, d. h.
   1) $\emptyset \in \mathcal{E}_1$,
   2) $A, B \in \mathcal{E}_1 \Rightarrow A \cap B \in \mathcal{E}_1$,
   3) $A, B \in \mathcal{E}_1 \Rightarrow$ es existieren paarweise disjunkte $(A_i) \subset \mathcal{E}_1$, so dass
   $$A \setminus B = \bigcup_{i=1}^{n} A_i.$$

b) Sei $\mathcal{E}_1$ ein Semiring, dann ist
   $$\mathcal{R} := \left\{ \sum_{i=1}^{n} I_i; \ (I_i) \subset \mathcal{E}_1 \text{ paarweise disjunkt} \right\} \text{ ein Ring.} \qquad \diamond$$

Einen nützlichen Übergang von den endlich definierten Strukturen Ring bzw. Algebra zu σ-Algebren bilden die Dynkin-Systeme.

Definition 1.2.12 (Dynkin-System) $\mathcal{D} \subset \mathcal{P}(\Omega)$ heißt **Dynkin-System**, wenn

D1) $\Omega \in \mathcal{D}$,
D2) $E, F \in \mathcal{D}, E \subset F \Rightarrow F \setminus E \in \mathcal{D}$,
D3) $(D_i) \subset \mathcal{D}$ paarweise disjunkt $\Rightarrow \bigcup_{i=1}^{\infty} D_i \in \mathcal{D}$.

Bemerkung 1.2.13 (Erzeugtes Dynkin-System) *Seien $D_t \in \mathcal{P}(\Omega)$ Dynkin-Systeme, $t \in T$, dann ist auch $\bigcap_{t \in T} D_t$ ein Dynkin-System.*
Für $\mathcal{E} \subset \mathcal{P}(\Omega)$ ist

$$\mathcal{D}(\mathcal{E}) := \bigcap \{\mathcal{D} \text{ Dynkin-System}; \ \mathcal{E} \subset \mathcal{D}\}$$

*ein Dynkin-System. $\mathcal{D}(\mathcal{E})$ heißt das **von $\mathcal{E}$ erzeugte Dynkin-System**.* ⌐

Ein Mengensystem $\mathcal{D}$ heißt **∩-stabil**, wenn mit $D_1, D_2 \in \mathcal{D}$ auch $D_1 \cap D_2 \in \mathcal{D}$ ist. ∩-stabile Dynkin-Systeme sind sogar σ-Algebren.

Satz 1.2.14
a) *Sei $\mathcal{D}$ ein Dynkin-System und sei $\mathcal{D}$ ∩-stabil (d. h. $A, B \in \mathcal{D} \Rightarrow A \cap B \in \mathcal{D}$).*
   Dann ist $\mathcal{D}$ eine σ-Algebra.
b) *Sei $\mathcal{E} \subset \mathcal{P}(\Omega)$ ∩-stabil, dann gilt: $\mathcal{D}(\mathcal{E}) = \sigma(\mathcal{E})$.*

Beweis

a) Sind $A, B \in \mathcal{D}$, so ist $A \cup B \in \mathcal{D}$; denn $A \cup B = A \cup (B \setminus (A \cap B)) \in \mathcal{D}$, da $\mathcal{D}$ $\cap$-stabil ist.

Daraus folgt, für $(D_i) \subset \mathcal{D}$ sind auch die endlichen Vereinigungen in $\mathcal{D}$, d. h.

$$A_n := \bigcup_{i=1}^{n} D_i \in \mathcal{D}.$$

Es folgt nach D2) und D3)

$$\bigcup_{i=1}^{\infty} D_i = \bigcup_{i=1}^{\infty} (A_i \setminus A_{i-1}) \in \mathcal{D}.$$

Nach D2) enthält $\mathcal{D}$ Komplemente; also ist $\mathcal{D}$ eine σ-Algebra.

b) „$\subset$": $\sigma(\mathcal{E})$ ist ein Dynkin-System, $\mathcal{E} \subset \sigma(\mathcal{E})$, also ist $\mathcal{D}(\mathcal{E}) \subset \sigma(\mathcal{E})$.

„$\supset$": Beh.: $\mathcal{D}(\mathcal{E})$ ist $\cap$-stabil;

denn zu $D \in \mathcal{D}(\mathcal{E})$ definiere die „**good sets**"

$$\mathcal{D}_D := \{A \subset \Omega;\ A \cap D \in \mathcal{D}(\mathcal{E})\}.$$

Diese sind zum einen ein Dynkin-System, und zum anderen gilt: $\mathcal{E} \subset \mathcal{D}_D$, denn für $E \in \mathcal{E}$ ist $\mathcal{E} \subset \mathcal{D}_E$, da $\mathcal{E}$ $\cap$-stabil ist.

Daher folgt: $\mathcal{D}(\mathcal{E}) \subset \mathcal{D}_E$.

Also gilt für $E \in \mathcal{E}$ und $D \in \mathcal{D}(\mathcal{E})$, dass $E \cap D \in \mathcal{D}(\mathcal{E})$.

Es folgt: $\mathcal{E} \subset \mathcal{D}_D$.

Somit folgt $\mathcal{D}(\mathcal{E}) \subset \mathcal{D}_D$. Damit ist für $D, D' \in \mathcal{D}(\mathcal{E})$: $D' \cap D \in \mathcal{D}(\mathcal{E})$, d. h., $\mathcal{D}(\mathcal{E})$ ist $\cap$-stabil.

Als Konsequenz gilt nach a):

$$\mathcal{D}(\mathcal{E}) \text{ ist eine } \sigma\text{-Algebra und } \mathcal{D}(\mathcal{E}) \supset \mathcal{E}.$$

Daraus ergibt sich: $\mathcal{D}(\mathcal{E}) \supset \sigma(\mathcal{E})$. □

Der zentrale Begriff der Maßtheorie ist der Begriff des Maßes auf einer σ-Algebra.

Definition 1.2.15 (Maß auf einer σ-Algebra) *Sei $(\Omega, \mathcal{A})$ ein Messraum, dann heißt*

$$\mu : \mathcal{A} \longmapsto \overline{\mathbb{R}}_+ := [0, \infty]$$

Maß auf $\mathcal{A}$, wenn

M1) $\mu(\emptyset) = 0$,

M2) **σ-Additivität:** $(A_i)_{i \in \mathbb{N}} \subset \mathcal{A}$ paarweise disjunkt

$$\Rightarrow \mu\left(\sum_{i=1}^{\infty} A_i\right) = \sum_{i=1}^{\infty} \mu(A_i).$$

Einfache Beispiele von Maßen sind diskrete Maße. Diese lassen sich auf der ganzen Potenzmenge definieren.

Beispiel 1.2.16 (Diskrete Maße) *Sei $\Omega \notin \emptyset$, $x \in \Omega$, $\mathcal{A} = \mathcal{P}(\Omega)$, dann ist*

$$\varepsilon_x(A) := \begin{cases} 1, & x \in A \\ 0, & x \notin A \end{cases} = \mathbb{1}_A(x)$$

*ein Maß. ε_x heißt **Einpunktmaß** oder **Dirac-Maß** in x.*
Seien allgemeiner $x_i \in \Omega$, $\alpha_i \in \overline{\mathbb{R}}_+$, $i \in \mathbb{N}$, und sei

$$\mu(A) := \sum_{i=1}^{\infty} \alpha_i \varepsilon_{x_i}(A), \quad A \subset \Omega.$$

*μ heißt **diskretes Maß** auf $\mathcal{A} = \mathcal{P}(\Omega)$ mit Träger (x_i) und Massen (α_i).*
*Ist speziell $|\Omega| = n < \infty$, $\alpha_i = \frac{1}{n}$, $1 \leq i \leq n$, dann ist μ die **Laplace-Verteilung** auf Ω.* ◇

Im Allgemeinen ist es nicht einfach, Maße direkt zu konstruieren. So gibt es z. B. keine „Formel" für Flächen von allgemeinen geometrischen Objekten $A \subset \mathbb{R}^2$. Es ist jedoch in vielen Fällen möglich, Inhalte auf Ringen konstruktiv einzuführen.

Definition 1.2.17 (Inhalte und Prämaße) *Sei $\mathcal{R}$ ein Ring in Ω und sei $\mu : \mathcal{R} \longmapsto \overline{\mathbb{R}}_+$.*

a) *μ heißt **Inhalt** auf $\mathcal{R}$, wenn*
   I1) $\mu(\emptyset) = 0$,
   I2) $(A_i)_{1 \leq i \leq n} \subset \mathcal{R}$ *paarweise disjunkt*

$$\Rightarrow \mu\left(\sum_{i=1}^{n} A_i\right) = \sum_{i=1}^{n} \mu(A_i).$$

b) *μ heißt **Prämaß** auf $\mathcal{R}$, wenn*
   PM1) $\mu(\emptyset) = 0$,
   PM2) $(A_i) \subset \mathcal{R}$ *paarweise disjunkt und $\sum_{i=1}^{\infty} A_i \in \mathcal{R}$*

$$\Rightarrow \mu\left(\sum_{i=1}^{\infty} A_i\right) = \sum_{i=1}^{\infty} \mu(A_i),$$

   d. h., μ ist σ-additiv auf $\mathcal{R}$.

Bemerkung 1.2.18
a) Ein Prämaß μ auf einer σ-Algebra $\mathcal{A}$ ist ein Maß.
b) Sei $\Omega = \mathbb{N}, \mathcal{R} = \{A \subset \mathbb{N};\ A \text{ endlich oder } A^c \text{ endlich}\}$. Dann ist $\mathcal{R}$ eine Algebra.

$$\mu(A) := \begin{cases} 0, & A \text{ endlich}, \\ 1, & A^c \text{ endlich}, \end{cases} \quad A \in \mathcal{R},$$

ist ein Inhalt, aber kein Prämaß auf $\mathcal{R}$, denn sonst ergibt sich

$$1 = \mu(\mathbb{N}) = \mu\left(\bigcup_{k=1}^{\infty} \{k\}\right) \neq \sum_{i=1}^{\infty} \mu(\{k\}) = 0.$$

c) **Lebesgue'scher Inhalt auf $\mathcal{F}^k$.** Sei $\mathcal{I}^k = \{(a, b];\ a, b \in \mathbb{R}^k, a \leq b\}$ das System der Intervalle und sei $\mathcal{F}^k = \mathcal{R}(\mathcal{I}^k)$ der **Ring der k-dimensionalen Figuren**. Dann definiere für $I = (a, b]$ mit $a = (a_1, \ldots, a_k)$ und $b = (b_1, \ldots, b_k)$ den Elementarinhalt

$$\lambda(I) := \prod_{i=1}^{k} (b_i - a_i).$$

$\lambda(F) = \lambda(\sum_{i=1}^{n} I_i) = \sum_{i=1}^{n} \lambda(I_i)$ ist wohldefiniert auf $\mathcal{F}^k$, und λ ist ein Inhalt auf $\mathcal{F}^k$. λ heißt **Lebesgue'scher Inhalt auf $\mathcal{F}^k$**. ⌐

Inhalte haben die folgenden Eigenschaften:

Proposition 1.2.19 *Sei μ Inhalt auf einem Ring $\mathcal{R}$, dann gilt:*

a) $\mu(A \cup B) + \mu(A \cap B) = \mu(A) + \mu(B)$, *für* $A, B \in \mathcal{R}$,
b) **Monotonie.** $A, B \in \mathcal{R}, A \subset B \Rightarrow \mu(A) \leq \mu(B)$.
   Falls $\mu(A) < \infty$, *so folgt* $\mu(B \setminus A) = \mu(B) - \mu(A)$.
c) **Subadditivität.**

$$\mu\left(\bigcup_{i=1}^{n} A_i\right) \leq \sum_{i=1}^{n} \mu(A_i).$$

d) **σ-Subadditivität.** *Sind* $(A_n) \subset \mathcal{R}$ *paarweise disjunkt und ist* $\sum_{n=1}^{\infty} A_n \in \mathcal{R}$

$$\Rightarrow \sum_{n=1}^{\infty} \mu(A_n) \leq \mu\left(\sum_{n=1}^{\infty} A_n\right).$$

Beweis
a) Seien $A, B \in \mathcal{R}$, dann gilt:
$$\mu(A \cup B) + \mu(A \cap B) = \mu(A + B \setminus A) + \mu(A \cap B)$$
$$= \mu(A) + \mu(B \setminus A) + \mu(A \cap B) = \mu(A) + \mu\underbrace{(B \setminus A + A \cap B)}_{=B}$$
$$= \mu(A) + \mu(B).$$

b) Seien $A, B \in \mathcal{R}$ und $A \subset B$, dann folgt:
$$\mu(B) = \mu(A + B \setminus A) = \mu(A) + \mu(B \setminus A) \geq \mu(A).$$

c) Seien $B_1 := A_1$, $B_k := A_k \setminus \bigcup_{i=1}^{k-1} A_i$ für $k \geq 2$; dann folgt: $B_i \in \mathcal{R}$ sind paarweise disjunkt und
$$\bigcup_{i=1}^{n} A_i = \bigcup_{i=1}^{n} B_i.$$

Nach b) folgt:
$$\mu\left(\bigcup_{i=1}^{n} A_i\right) = \mu\left(\sum_{i=1}^{n} B_i\right) = \sum_{i=1}^{n} \mu(B_i) \leq \sum_{i=1}^{n} \mu(A_i),$$

da $B_i \subset A_i$.

d) Nach b) gilt:
$$\sum_{i=1}^{n} \mu(A_i) = \mu\left(\sum_{i=1}^{n} A_i\right) \leq \mu\left(\sum_{i=1}^{\infty} A_i\right) \text{ für alle } n \in \mathbb{N}.$$
$$\Rightarrow \sum_{i=1}^{\infty} \mu(A_i) \leq \mu\left(\sum_{i=1}^{\infty} A_i\right). \qquad \square$$

Bemerkung 1.2.20
a) *Im Allgemeinen sind Inhalte keine Prämaße (vgl. Bemerkung 1.2.17).*
b) ***Konvergenz von Mengen.*** *Sei* $(A_n) \subset \mathcal{P}(\Omega)$, *dann ist*

$$\limsup A_n := \bigcap_{n=1}^{\infty} \bigcup_{m=n}^{\infty} A_m := \{\omega \in \Omega; \, \exists \text{ unendlich viele } m \text{ mit } \omega \in A_m\}$$

und

$$\liminf A_n := \bigcup_{n=1}^{\infty} \bigcap_{m=n}^{\infty} A_m := \{\omega \in \Omega; \, \exists n_0 \in \mathbb{N}, \omega \in A_i, \forall i \geq n_0\}.$$

Es ist: $\liminf A_n \subset \limsup A_n$.
Ist $\liminf A_n = \limsup A_n =: A$, *dann heißt* (A_n) **konvergent** *mit* $\lim_{n\to\infty} A_n := A$.
Für $(A_n) \uparrow$, *d. h.* $A_n \subset A_{n+1}$ *für alle n ist* $\lim A_n = \bigcup_{n=1}^{\infty} A_n$.
Für $(A_n) \downarrow$ *ist* $\lim A_n = \bigcap_{n=1}^{\infty} A_n$.

Prämaße haben im Vergleich zu Inhalten einige bedeutende Stetigkeitseigenschaften, die es erlauben, den Inhalt von Mengen A durch Approximation von außen oder von innen zu bestimmen.

Satz 1.2.21 (Stetigkeitssatz für Prämaße) *Sei* μ *ein Inhalt auf einem Ring* $\mathcal{R}$. *Für die Eigenschaften*

a) μ *ist ein Prämaß auf* $\mathcal{R}$,
b) **Stetigkeit von unten.** $(A_n) \subset \mathcal{R}, A_n \uparrow A \in \mathcal{R} \Rightarrow \mu(A_n) \uparrow \mu(A)$,
c) **Stetigkeit von oben.** $(A_n) \subset \mathcal{R}, A_n \downarrow A \in \mathcal{R}, \mu(A_n) < \infty \Rightarrow \mu(A_n) \downarrow \mu(A)$,
d) **Stetigkeit in $\emptyset$.** $(A_n) \subset \mathcal{R}, A_n \downarrow \emptyset, \mu(A_n) < \infty$ *für alle* $n \Rightarrow \mu(A_n) \downarrow 0$

gelten die Implikationen:
$$\text{a)} \Leftrightarrow \text{b)} \Rightarrow \text{c)} \Leftrightarrow \text{d)}.$$

Ist μ *endlich, dann sind a) bis d) äquivalent.*

Beweis
a) $\Rightarrow$ b): $A_n \uparrow A \in \mathcal{R}$, definiere $B_1 := A_1$, $B_n := A_n \setminus A_{n-1}$ für alle $n \in \mathbb{N}$. Dann folgt:

$$\mu(A) = \mu\left(\bigcup_{n=1}^{\infty} A_n\right) = \mu\left(\sum_{n=1}^{\infty} B_n\right)$$
$$= \sum_{n=1}^{\infty} \mu(B_n) = \lim_{m\to\infty} \sum_{n=1}^{m} \mu(B_n)$$
$$= \lim_{m\to\infty} \mu\left(\sum_{n=1}^{m} B_n\right) = \lim_{m\to\infty} \mu(A_m).$$

b) $\Rightarrow$ a): Seien $(A_n) \subset \mathcal{R}$ paarweise disjunkt und sei $A := \sum_{n=1}^{\infty} A_n \in \mathcal{R}$. Dann gilt:

$$B_n := \bigcup_{j=1}^{n} A_j \uparrow A, \quad B_n \in \mathcal{R}.$$

Es folgt

$$\mu(A) = \lim_{n\to\infty} \mu(B_n) = \lim_{n\to\infty} \mu\left(\sum_{j=1}^{n} A_j\right) = \sum_{j=1}^{\infty} \mu(A_j),$$

also ist μ ein Prämaß.

b) $\Rightarrow$ c): Sei $A_n \downarrow A \in \mathcal{R}$, $\mu(A_n) < \infty$, dann folgt

$$\mu(A) < \infty \text{ und } (A_1 \setminus A_n) \uparrow (A_1 \setminus A)$$

$$\Rightarrow \mu(A_1) - \mu(A) = \mu(A_1 \setminus A) = \lim_{n \to \infty} \mu(A_1 \setminus A_n)$$
$$= \lim_{n \to \infty} (\mu(A_1) - \mu(A_n)) = \mu(A_1) - \lim_{n \to \infty} \mu(A_n).$$

c) $\Rightarrow$ d): ist klar.
d) $\Rightarrow$ c): Sei $A_n \downarrow A \in \mathcal{R}$, $\mu(A_n) < \infty$, so folgt $A_n \setminus A \downarrow \emptyset$

$$\Rightarrow \lim_{n \to \infty} \mu(A_n \setminus A) = \lim_{n \to \infty} (\mu(A_n) - \mu(A)) = 0.$$

Ist μ endlich, dann folgt d) $\Rightarrow$ b): Denn aus $A_n \uparrow A$ folgt $A \setminus A_n \downarrow \emptyset$

$$\Rightarrow 0 = \lim_{n \to \infty} \mu(A \setminus A_n) = \lim_{n \to \infty} (\mu(A) - \mu(A_n)) = \mu(A) = \lim_{n \to \infty} \mu(A_n). \quad \square$$

Ein wichtiger Begriff zum Nachweis der Prämaßeigenschaft eines Inhaltes ist die kompakte Approximierbarkeit.

Definition 1.2.22 (Kompaktes Mengensystem)
a) $\mathcal{E} \subset \mathcal{P}(\Omega)$ heißt **kompaktes Mengensystem**, wenn für $(E_n)_{n \in \mathbb{N}} \subset \mathcal{E}$ mit $\bigcap_{i=1}^n E_i \neq \emptyset$, für alle $n \in \mathbb{N}$ folgt:

$$\bigcap_{i=1}^{\infty} E_i \neq \emptyset.$$

b) *Sei μ ein Inhalt auf einem Ring $\mathcal{R}$ in Ω.*
*μ heißt **kompakt approximierbar**, wenn ein kompaktes Mengensystem $\mathcal{E}$ existiert, so dass*

$$\forall A \in \mathcal{R} : \forall \varepsilon > 0 : \exists C \in \mathcal{E} \text{ und } B \in \mathcal{R} \text{ mit}$$
$$B \subset C \subset A \text{ und } \mu(A \setminus B) < \varepsilon.$$

Bemerkung 1.2.23 $\mathcal{O} \subset \mathcal{P}(\Omega)$ heißt **Topologie auf** Ω, wenn

1) $\emptyset \in \mathcal{O}, \Omega \in \mathcal{O},$
2) $A, B \in \mathcal{O} \Rightarrow A \cap B \in \mathcal{O},$
3) $(A_i)_{i \in I} \in \mathcal{O} \Rightarrow \bigcup_{i \in I} A_i \in \mathcal{O}.$

$A \subset \Omega$ heißt **kompakt**, wenn jede offene Überdeckung von A eine endliche Teilüberdeckung hat, oder, äquivalent dazu:

1.2 Der Maßerweiterungssatz

Sind $(F_i)_{i \in I}$ abgeschlossen $\subset A$ und ist $\bigcap_{i \in J} F_i \neq \emptyset$, $\forall J \subset I$ endlich, dann gilt:

$$\bigcap_{i \in I} F_i \neq \emptyset.$$

Ist $(\Omega, \mathcal{O})$ ein topologischer Raum und ist $\mathcal{E} = \mathcal{K}$ das System der kompakten Teilmengen von Ω, dann ist $\mathcal{E}$ ein kompaktes Mengensystem. ⌟

Satz 1.2.24 *Sei $\mathcal{R}$ ein Ring in Ω und μ ein endlicher Inhalt auf $\mathcal{R}$.*
Ist μ kompakt approximierbar, dann ist μ ein Prämaß auf $\mathcal{R}$.

Beweis Nach Satz 1.2.21 ist zu zeigen: μ ist stetig in $\emptyset$.
Äquivalent dazu: Ist $(A_n) \subset \mathcal{R}$, $A_n \downarrow$ und $\lim \mu(A_n) =: \alpha > 0$, dann folgt:

$$\lim_{n \to \infty} A_n = \bigcap_{n=1}^{\infty} A_n \neq \emptyset.$$

Sei $\mathcal{E}$ ein kompaktes approximierendes Mengensystem wie in Definition 1.2.22 b), dann existieren $C_n \in \mathcal{E}$, $B_n \in \mathcal{R}$ mit $B_n \subset C_n \subset A_n$ und

$$\mu(A_n \setminus B_n) < \frac{\alpha}{2^{n+1}}.$$

Da $B_n = A_n \setminus (A_n \setminus B_n)$, folgt

$$\bigcap_{n=1}^{m} B_n = \bigcap_{n=1}^{m} A_n \setminus (A_n \setminus B_n) \supset \bigcap_{n=1}^{m} \left(A_n \setminus \bigcup_{i=1}^{m} (A_i \setminus B_i) \right)$$

$$= \bigcap_{n=1}^{m} A_n \setminus \left(\bigcup_{i=1}^{m} (A_i \setminus B_i) \right).$$

Daraus folgt,

$$\mu\left(\bigcap_{n=1}^{m} B_n\right) \geq \mu\left(\bigcap_{n=1}^{m} A_n\right) - \underbrace{\mu\left(\bigcup_{i=1}^{m} A_i \setminus B_i\right)}_{\leq \sum_{i=1}^{m} \mu(A_i \setminus B_i)} \geq \alpha - \sum_{i=1}^{m} \frac{\alpha}{2^{i+1}} \geq \alpha - \frac{\alpha}{2} = \frac{\alpha}{2} > 0$$

für alle $m \in \mathbb{N}$. Daher gilt für alle $m \in \mathbb{N}$:

$$\bigcap_{n=1}^{m} C_n \supset \bigcap_{n=1}^{m} B_n \neq \emptyset.$$

Da $\mathcal{E}$ ein kompaktes Mengensystem ist, folgt $\bigcap_{n=1}^{\infty} C_n \neq \emptyset$ und daher:

$$\bigcap_{n=1}^{\infty} A_n \neq \emptyset;$$

also gilt die Behauptung. □

Beispiel 1.2.25 (Lebesgue'sches Prämaß) Es sei λ der Lebesgue'sche Inhalt auf dem Ring $\mathcal{F}^k$ der k-dimensionalen Figuren, dann ist $\lambda(F) < \infty$ für alle $F \in \mathcal{F}^k$.

Dies folgt elementargeometrisch für Intervalle $I \in \mathcal{I}^k$. Jedes Element $F \in \mathcal{F}^k$ hat eine Darstellung der Form

$$F = \sum_{i=1}^{r} I_i.$$

Seien $J_i \subset C_i \subset I_i$, $C_i \in \mathcal{K}$, $J_i \in \mathcal{I}^k$ mit $\lambda(I_i \setminus J_i) < \frac{\varepsilon}{r}$.
Dann ist $J := \sum_{i=1}^{r} J_i \in \mathcal{F}^k$, $C := \sum_{i=1}^{r} C_i \in \mathcal{K}$, und es gilt:

$$\lambda(F \setminus J) \leq \sum_{i=1}^{r} \lambda(I_i \setminus J_i) < \varepsilon.$$

λ ist also kompakt approximierbar auf $\mathcal{F}^k$ durch das kompakte Mengensystem $\mathcal{K}$. Nach Satz 1.2.24 ist λ also ein Prämaß, das **Lebesgue'sche Prämaß auf $\mathcal{F}^k$**. ◇

Sei $\mu : \mathcal{R} \longrightarrow \overline{\mathbb{R}}_+$ ein Prämaß auf einem Ring $\mathcal{R}$. Das zentrale Resultat der Maßtheorie besagt die Existenz einer Fortsetzung von μ zu einem Maß $\overline{\mu}$ auf der erzeugten σ-Algebra $\sigma(\mathcal{R})$.

Die Idee zur Konstruktion von Maßen auf einer von einem Ring $\mathcal{R}$ erzeugten σ-Algebra $\mathcal{A} = \sigma(\mathcal{R})$ besteht aus drei Schritten (vgl. Abb. 1.2):

1. Konstruktion eines Prämaßes μ auf $\mathcal{R}$,
2. Konstruktion eines „äußeren Maßes" μ^* auf $\mathcal{P}(\Omega)$ durch Approximation.
3. Die Einschränkung $\overline{\mu}$ von μ^* auf das System $\mathcal{A}^* = \mathcal{A}^*_{\mu^*}$ der μ^*-messbaren Mengen ist eine Maßfortsetzung von μ und $\mathcal{A}^* \supset \mathcal{A} = \sigma(\mathcal{R})$.

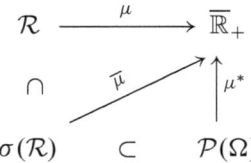

Abb. 1.2 Konstruktion einer Maßfortsetzung

1.2 Der Maßerweiterungssatz

Der erste Schritt dieser Konstruktion besteht in der Konstruktion einer Fortsetzung $\mu^* : \mathcal{P}(\Omega) \longmapsto \overline{\mathbb{R}}_+$ von μ als **äußeres Maß**.

Definition 1.2.26 (Äußeres Maß)
a) $\mu^* : \mathcal{P}(\Omega) \to \overline{\mathbb{R}}_+$ *heißt* **äußeres Maß** *auf* Ω, *wenn*
  1) $\mu^*(\emptyset) = 0$,
  2) $A_1, A_2 \in \mathcal{P}(\Omega), A_1 \subset A_2 \Rightarrow \mu^*(A_1) \leq \mu^*(A_2)$,
  3) $(A_n) \subset \mathcal{P}(\Omega) \Rightarrow \mu^*\left(\bigcup_{n=1}^{\infty} A_n\right) \leq \sum_{n=1}^{\infty} \mu^*(A_n)$.
b) $A \in \mathcal{P}(\Omega)$ *heißt* **μ^*-messbar**, *wenn für alle* $B \in \mathcal{P}(\Omega)$ *gilt*

$$\mu^*(B) \geq \mu^*(B \cap A) + \mu^*(B \cap A^c).$$

Bemerkung 1.2.27
a) Ist A μ^*-messbar, dann gilt

$$\mu^*(B) = \mu^*(B \cap A) + \mu^*(B \cap A^c),$$

d. h., μ^* ist additiv auf Schnitten mit μ^*-messbaren Mengen.
b) In seiner Entwicklung der Maßtheorie auf dem $\mathbb{R}^k$ hat Lebesgue Teilmengen $A \subset \mathbb{R}^k$ von außen mit offenen Mengen und von innen mit abgeschlossenen Mengen approximiert, $m_i(A) \leq m_e(A)$, m_i, m_e das innere bzw. äußere Maß,

$$m_e(A) = \inf\{\lambda(O); \ O \supset A, O \text{ offen}\},$$
$$m_i(A) = \sup\{\lambda(F); \ F \subset A, F \text{ abgeschlossen}\},$$

λ das Lebesgue'sche Prämaß auf $\mathcal{O}^k$ bzw. $\mathcal{F}^k$.
Eine Menge A heißt **Lebesgue-messbar**, wenn $m_i(A) = m_e(A)$ gilt.
Der oben eingeführte Begriff der messbaren Menge nach Carathéodory verwendet nur noch das äußere Maß. Carathéodory beschreibt seine Entdeckung begeistert: „Es geht keine messbare Menge verloren. Die Beweise der Hauptsätze sind unvergleichlich einfacher und kürzer." (vgl. Elstrodt (2011, S. 50))

Für $\mathcal{C} \subset \mathcal{A} \subset \mathcal{P}(\Omega)$, $\mu : \mathcal{A} \to \overline{\mathbb{R}}_+$ bezeichnen wir mit

$$\mu|_\mathcal{C} : \mathcal{C} \longmapsto \overline{\mathbb{R}}_+, \quad \mu|_\mathcal{C}(A) := \mu(A) \text{ für } A \in \mathcal{C}$$

die Restriktion von μ auf $\mathcal{C}$. Die folgende Aussage ist bedeutend für den sich anschließenden Maßerweiterungssatz.

Satz 1.2.28 (Äußeres Maß und σ-Additivität) *Sei μ^* ein äußeres Maß auf Ω und $\mathcal{A}^* := \{A \in \mathcal{P}(\Omega); \ A \text{ ist } \mu^*\text{-messbar}\}$, dann folgt:*

a) $\mathcal{A}^*$ *ist eine σ-Algebra*,
b) $\mu^*|_{\mathcal{A}^*}$ *ist ein Maß auf $\mathcal{A}^*$*.

Beweis Wir zeigen a) und b) in zwei Schritten:

1) $\mathcal{A}^*$ ist eine Algebra,
   A1) $\Omega \in \mathcal{A}^*$ und A2) $A \in \mathcal{A}^* \Rightarrow A^c \in \mathcal{A}^*$ sind offensichtlich.
   A3) $\mathcal{A}^*$ ist $\cap$-stabil. Denn seien $A, B \in \mathcal{A}^*, C \subset \Omega$, dann gilt:

$$\mu^*((A \cap B) \cap C) + \mu^*((A \cap B)^c \cap C)$$
$$= \mu^*(A \cap B \cap C) + \mu^*((A \cap B)^c \cap C)$$
$$= \mu^*(A \cap B \cap C) + \mu^*[(A^c \cap B \cap C) \cup (A^c \cap B^c \cap C) \cup (A \cap B^c \cap C)]$$
$$\leq \mu^*(A \cap B \cap C) + \mu^*(A^c \cap B \cap C) + \mu^*(A^c \cap B^c \cap C) + \mu^*(A \cap B^c \cap C)$$
$$= \mu^*(B \cap C) + \mu^*(B^c \cap C) = \mu^*(C) \quad \text{da } B \in \mathcal{A}^*.$$

2) Es ist noch zu zeigen, dass $\mathcal{A}^*$ ein Dynkin-System ist.
   Seien dazu $(A_n) \subset \mathcal{A}^*$ paarweise disjunkt, $A := \bigcup_{n=1}^{\infty} A_n$, $Q \subset \Omega$, dann folgt:

$$\mu^*(Q \cap (A_1 \cup A_2))$$
$$= \mu^*(Q \cap (A_1 \cup A_2) \cap A_1) + \mu^*(Q \cap (A_1 \cup A_2) \cap A_1^c)$$
$$= \mu^*(Q \cap A_1) + \mu^*(Q \cap A_2), \quad \text{da } A_1 \in \mathcal{A}^*.$$

$B_n := \bigcup_{i=1}^{n} A_i \in \mathcal{A}^*$ da $\mathcal{A}^*$ eine Algebra ist.
Induktiv folgt dann

$$\mu^*(Q \cap B_n) = \sum_{i=1}^{n} \mu^*(Q \cap A_i).$$

Hieraus ergibt sich, da $B_n \in \mathcal{A}^*$:

$$\mu^*(Q) = \mu^*(Q \cap B_n) + \mu^*(Q \cap B_n^c)$$
$$\geq \sum_{i=1}^{n} \mu^*(Q \cap A_i) + \mu^*(Q \cap A^c),$$

denn $A^c \subset B_n^c$. Für $n \to \infty$ ist dann

$$\mu^*(Q) \geq \sum_{i=1}^{\infty} \mu^*(Q \cap A_i) + \mu^*(Q \cap A^c)$$
$$\geq \mu^*(Q \cap A) + \mu^*(Q \cap A^c), \quad \text{da } \mu^* \text{ äußeres Maß}.$$

Daher folgt: $A \in \mathcal{A}^*$ und es gilt Gleichheit.
Mit $Q = A$ folgt: $\mu^*(A) = \sum_{i=1}^{\infty} \mu^*(A_i)$.
Also ist $\mathcal{A}^*$ ein $\cap$-stabiles Dynkin-System.
Es folgt also, dass $\mathcal{A}^*$ eine σ-Algebra und $\mu^*|_{\mathcal{A}^*}$ σ-additiv, also ein Maß auf $\mathcal{A}^*$, ist.
□

1.2 Der Maßerweiterungssatz

Im folgenden zentralen Maßerweiterungssatz von Carathéodory wird eine Maßfortsetzung von μ konstruiert durch Einschränkung eines intuitiv naheliegenden äußeren Maßes auf $\sigma(\mathcal{R})$.

Satz 1.2.29 (Maßerweiterungssatz von Carathéodory) *Sei $\mu : \mathcal{R} \longmapsto \overline{\mathbb{R}}_+$ ein Prämaß auf einem Ring $\mathcal{R}$, dann gilt:*

a) *Es existiert ein Maß $\overline{\mu}$ auf $\mathcal{A} := \sigma(\mathcal{R})$ mit $\overline{\mu}|_\mathcal{R} = \mu$.*
b) *Sei für $A \in \mathcal{P}(\Omega)$,*

$$\mathcal{U}(A) := \left\{ (A_n) \subset \mathcal{R} \text{ paarweise disjunkt}; A \subset \bigcup_{i=1}^{\infty} A_n \right\}$$

das System der (paarweise disjunkten) Überdeckungen von A und sei

$$\mu^*(A) := \begin{cases} \inf\{\sum_{n=1}^{\infty} \mu(A_n); (A_n) \in \mathcal{U}(A)\}, & \text{falls } \mathcal{U}(A) \neq \emptyset, \\ \infty, & \text{sonst.} \end{cases}$$

*Dann ist $\mu^*|_{\sigma(\mathcal{R})}$ ein Maß mit $\mu^*|_\mathcal{R} = \mu$, d. h., $\mu^*|_\mathcal{A}$ ist eine **Maßfortsetzung** von μ auf $\mathcal{A} = \sigma(\mathcal{R})$.*

Beweis Nur b) ist zu beweisen. Es gilt

$$\mu^*(A) = \inf\left\{ \sum_{i=1}^{\infty} \mu(A_n); (A_n) \subset \mathcal{R}, A \subset \bigcup_{n=1}^{\infty} A_n \right\},$$

denn jede Überdeckung lässt sich disjunkt machen mit $B_n := A_n \setminus \bigcup_{i=1}^{n-1} A_i \in \mathcal{R}$.

Der Beweis des Satzes lässt sich in vier Schritte einteilen.

I) μ^* ist ein äußeres Maß auf Ω.
   Dies lässt sich leicht nachrechnen.
II) $\mathcal{R} \subset \mathcal{A}^*$.
   Es ist also zu zeigen, dass für alle $A \in \mathcal{R}$ und $Q \subset \Omega$ gilt:

$$\mu^*(Q) \geq \mu^*(Q \cap A) + \mu^*(Q \cap A^c).$$

Sei dazu o. E. $\mu^*(Q) < \infty$, also $\mathcal{U}(Q) \neq \emptyset$.
Sei $A \in \mathcal{R}$ und $(A_n) \in \mathcal{U}(Q)$, dann folgt $(A_n \cap A) \in \mathcal{U}(Q \cap A)$ und $(A_n \cap A^c) \in \mathcal{U}(Q \cap A^c)$. Daher folgt

$$\sum_{n=1}^{\infty} \mu(A_n) = \sum_{n=1}^{\infty} \mu \underbrace{(A_n \cap A)}_{\in \mathcal{R}} + \sum_{n=1}^{\infty} \mu \underbrace{(A_n \cap A^c)}_{\in \mathcal{R}}, \quad \text{da } \mu \text{ additiv auf } \mathcal{R} \text{ ist,}$$

$$\geq \mu^*(Q \cap A) + \mu^*(Q \cap A^c).$$

Also gilt
$$\mu^*(Q) \geq \mu^*(Q \cap A) + \mu^*(Q \cap A^c), \quad \forall Q \in \mathcal{P}(\Omega)$$
und damit $A \in \mathcal{A}^*$.

III) $\mu^*|_{\mathcal{R}} = \mu$

„$\leq$": Sei $A \in \mathcal{R}$, $A_n := \begin{cases} A, & n = 1, \\ \emptyset & n \geq 2, \end{cases}$ dann ist $(A_n) \in \mathcal{U}(A)$ und daher

$$\mu^*(A) \leq \sum_{n=1}^{\infty} \mu(A_n) = \mu(A).$$

„$\geq$": Sei $(A_n) \in \mathcal{U}(A)$, also (A_n) paarweise disjunkt. Dann ist $(A_n \cap A) \in \mathcal{U}(A)$; also

$$\mu(A) = \mu\left(\bigcup_{i=1}^{\infty}(A_i \cap A)\right) = \sum_{i=1}^{\infty} \mu(A_i \cap A) \leq \sum_{i=1}^{\infty} \mu(A_i).$$

Daraus folgt $\mu(A) \leq \mu^*(A)$ für alle $A \in \mathcal{R}$.

IV) Nach Satz 1.2.28 und Teil II des Beweises folgt:

$$\mathcal{R} \subset \mathcal{A}^*, \quad \mathcal{A}^* \text{ ist eine } \sigma\text{-Algebra und } \mu^*|_{\mathcal{A}^*} \text{ ist ein Maß.}$$

Daher gilt: $\mathcal{A} = \sigma(\mathcal{R}) \subset \mathcal{A}^*$ und $\mu^*|_{\mathcal{A}}$ ist ein Maß.
Nach Teil III) ist $\mu^*|_{\mathcal{R}} = \mu$; also ist $\mu^*|_{\mathcal{A}}$ eine Maßfortsetzung von μ. □

Bemerkung 1.2.30

a) Das im Satz von Carathéodory konstruierte äußere Maß μ^* wird durch „minimale" Überdeckungen, also Approximationen von außen, gewonnen. Es entspricht also der Konstruktion des äußeren Maßes m_e von Lebesgue (vgl. Bemerkung 1.2.27 b)).

b) (**Messbare Hülle**) Sei $(\Omega, \mathcal{A}, \mu)$ ein Maßraum und sei $\mu^* : \mathcal{P}(\Omega) \longrightarrow \overline{\mathbb{R}}_+$ das in Satz 1.2.29 definierte äußere Maß. Dann gilt:

Für alle $Q \subset \Omega$ existiert $A \in \mathcal{A}$ mit $Q \subset A$, so dass
$$\mu^*(Q) = \mu(A).$$

A heißt **messbare Hülle** von Q.

c) (**μ-Vervollständigung**) Wie viel größer ist $\mathcal{A}^*$ als $\mathcal{A} = \sigma(\mathcal{R})$?
Es gilt: $\mathcal{A}^* = \mathcal{A}_\mu$ ist die **μ-Vervollständigung von $\mathcal{A}$**, d. h., mit

$$\mathcal{N}(\mu) := \{B \subset \Omega; \ \exists A \in \mathcal{A} \text{ mit } \mu(A) = 0 \text{ und } B \subset A\},$$

dem System der Teilmengen von μ-Nullmengen, gilt:

$$\mathcal{A}_\mu = \sigma(\mathcal{A} \cup \mathcal{N}(\mu)) =: \mathcal{A} \vee \mathcal{N}(\mu).$$

Alternativ gilt mit der Pseudometrik $d(A, B) := \mu^*(A \triangle B)$:

$$\mathcal{A}^* = \{A \subset \Omega; \, \exists \, (A_n) \subset \mathcal{R}, d(A, A_n) \longrightarrow 0\}.$$

Lebesgue definierte die Maßfortsetzung (des Lebesgue'schen Prämaßes) als äußeres Maß μ^* auf $\mathcal{A}^*$.

d) Eine Verschärfung des Maßproblems aus Satz 1.1.2 ist der
Satz von Banach-Kuratowski. Unter der Voraussetzung der Kontinuumshypothese gilt: Es gibt kein Maß μ auf $\mathcal{P}(\mathbb{R}^1)$, so dass $\mu([0, 1]) = 1$ und $\mu(\{x\}) = 0$ für alle $x \in \mathbb{R}^1$.
Allgemeiner gilt nach einem Theorem von Ulam diese Aussage für Mengen Ω mit card(Ω) nicht größer als jede unerreichbare Kardinalzahl. Für weitere Details vgl. Oxtoby (1980).

e) **Approximation von innen?** Nach Satz 1.2.29 b) lässt sich das Maß einer Menge A durch Approximation von außen durch abzählbar viele Ringelemente approximieren. Eine entsprechende Approximation von innen ist i. A. nicht möglich.
Sei z. B. $\mathcal{R} = \mathcal{F}^k$, $k = 1$, $\mu = \lambda$ das Lebesgue'sche Prämaß auf $\mathcal{R}$ und $I = \mathbb{R}^1 \setminus \mathbb{Q}$ die Menge der irrationalen Zahlen.
Ist $R \in \mathcal{R}$ ein Ringelement mit $R \subset I$, dann folgt $R = \emptyset$. Also gilt für das innere bzw. äußere Lebesgue'sche Maß λ_*, λ^*:

$$\lambda_*(I) = 0, \quad \lambda^*(I) = \infty. \qquad \lrcorner$$

Für die grundlegende Frage nach der Eindeutigkeit von Maßfortsetzungen ist die σ-Endlichkeit von Maßen wichtig.

Definition 1.2.31 (σ-endliche Maße) *Sei $\mathcal{E} \subset \mathcal{P}(\Omega)$ und $\mu : \mathcal{E} \longrightarrow \overline{\mathbb{R}}_+$.*

μ *heißt σ-endlich(auf $\mathcal{E}$)*
$:\Leftrightarrow \exists \, (E_n) \subset \mathcal{E}$ *mit* $E_n \uparrow \Omega$, *so dass*: $\mu(E_n) < \infty, \quad \forall \, n \in \mathbb{N}$.

Bemerkung 1.2.32 *Ist μ ein Inhalt auf einem Ring $\mathcal{R}$, dann ist μ σ-endlich genau dann, wenn es paarweise disjunkte $(B_n) \subset \mathcal{R}$ gibt, so dass $\sum_{n=1}^{\infty} B_n = \Omega$ und $\mu(B_n) < \infty$ für alle $n \in \mathbb{N}$.* $\lrcorner$

Satz 1.2.33 (Eindeutigkeitssatz) *Sei $\mathcal{E}$ ein $\cap$-stabiler Erzeuger einer σ-Algebra $\mathcal{A}$ und seien μ_1, μ_2 Maße auf $\mathcal{A}$ mit $\mu_1|_{\mathcal{E}} = \mu_2|_{\mathcal{E}}$.*
Ist $\mu_1|_{\mathcal{E}}$ σ-endlich, dann folgt: $\mu_1 = \mu_2$.

Beweis Sei $E \in \mathcal{E}$, $\mu_1(E) < \infty$, dann definiere das System der „good sets"
$$\mathcal{D}_E := \{D \in \mathcal{A};\ \mu_1(E \cap D) = \mu_2(E \cap D)\}.$$
Dann gilt:

1) $\mathcal{D}_E$ ist ein Dynkin-System,
2) $\mathcal{E} \subset \mathcal{D}_E$, da $\mathcal{E}$ ∩-stabil.

Daraus folgt:
$$\mathcal{A} = \sigma(\mathcal{E}) = \mathcal{D}(\mathcal{E}) \subset \mathcal{D}_E,\ \text{also}\ \mathcal{D}_E = \mathcal{A}.$$
Sei $(E_n) \subset \mathcal{E}$, $E_n \uparrow \Omega$ mit $\mu(E_n) < \infty$ für alle $n \in \mathbb{N}$, dann gilt für alle $D \in \mathcal{A}$
$$\mu_1(D) = \lim_n \mu_1(D \cap E_n)$$
$$= \lim_n \mu_2(D \cap E_n) = \mu_2(D). \qquad \square$$

Korollar 1.2.34 (Eindeutigkeit der Maßfortsetzung) *Ist μ ein σ-endliches Prämaß auf dem Ring $\mathcal{R}$, dann existiert genau eine Maßfortsetzung von μ auf $\mathcal{A} = \sigma(\mathcal{R})$, d. h.*
$$\exists!\ \text{Maß}\ \overline{\mu}\ \text{auf}\ \mathcal{A}\ \text{mit}\ \overline{\mu}|_{\mathcal{R}} = \mu.$$

Beweis $\mu^*|_{\mathcal{A}}$ ist eine Maßfortsetzung. Ist $\overline{\mu}$ eine weitere Maßfortsetzung von μ, dann folgt
$$\overline{\mu}|_{\mathcal{R}} = \mu^*|_{\mathcal{R}} = \mu\ \text{ist}\ \sigma\text{-endlich auf}\ \mathcal{R}.$$
Nach Satz 1.2.33 folgt dann: $\mu^*|_{\sigma(\mathcal{R})} = \overline{\mu}|_{\sigma(\mathcal{R})}$. Die Maßfortsetzung ist also eindeutig bestimmt. $\qquad \square$

Insbesondere erhalten wir eine eindeutige Fortsetzung des Lebesgue'schen Prämaßes auf die Borel'sche σ-Algebra $\mathcal{B}^k = \mathbb{B}^k$.

Satz 1.2.35 (Lebesgue-Borel'sches Maß) *Es existiert genau ein Maß λ^k λ^k λ^k auf $\mathcal{B}^k$ mit*
$$\lambda^k(I) = \lambda(I) = \prod_{i=1}^n (b_i - a_i)\ \text{für}\ I = (a, b] \in \mathcal{J}^k.$$

λ^k heißt *Lebesgue-Borel'sches-Maß auf $\mathcal{B}^k$*.

Das Lebesgue-Borel'sche Maß λ^k hat die folgenden grundlegenden Eigenschaften (vgl. das Maß- und Inhaltsproblem aus der Einleitung dieses Kapitels):

Proposition 1.2.36
a) $B \in \mathcal{B}^k$, $a \in \mathbb{R}^k$, *dann ist* $a + B = \{a + x;\ x \in B\} \in \mathcal{B}^k$.
b) λ^k *ist translationsinvariant, d. h., für alle a und $B \in \mathcal{B}^k$ ist*
$$\lambda^k(a + B) = \lambda^k(B).$$

1.2 Der Maßerweiterungssatz

c) λ^k ist das einzige translationsinvariante Maß μ auf $\mathcal{B}^k$ mit $\mu([0,1]) = 1$.
d) λ^k ist invariant bzgl. orthogonalen Transformationen, d. h., sei $B \in \mathcal{B}^k$ und $T \in \mathcal{O}(k)$, dann ist $TB \in \mathcal{B}^k$ und $\lambda^k(TB) = \lambda^k(B)$.
e) Sei $H \subset \mathbb{R}^k$ eine Hyperebene (d. h. ein affiner Unterraum mit $\dim H = k-1$), dann ist $H \in \mathcal{B}^k$ und $\lambda^k(H) = 0$.

Beweis
a) Sei $\mathcal{D} := \{B \in \mathcal{B}^k; \ a + B \in \mathcal{B}^k, \ \forall a \in \mathbb{R}^k\}$.
 1) $\mathcal{J}^k \subset \mathcal{D}$, da $a + (x, y] = (x+a, y+a]$,
 2) $\mathcal{D}$ ist ein Dynkin-System.
 Aus 1) und 2) folgt, dass $\mathcal{B}^k \supset \mathcal{D} \supset \mathcal{D}(\mathcal{J}^k) = \mathcal{B}^k$.
b) Sei $\mathcal{D} := \{B \in \mathcal{B}^k; \ \lambda^k(a+B) = \lambda^k(B) \ \forall a \in \mathbb{R}^k\}$. Dann folgt: $\mathcal{J}^k \subset \mathcal{D}$, und $\mathcal{D}$ ist ein Dynkin-System.
 Daraus folgt $\mathcal{D} \supset \mathcal{D}(\mathcal{J}^k) = \sigma(\mathcal{J}^k) = \mathcal{B}^k$, also die Behauptung.
c) Sei μ ein translationsinvariantes Maß auf $\mathcal{B}^k$ mit $\mu([0,1]) = 1$. Dann ist $\mu|_{\mathcal{F}^k} = \lambda$ der Lebesgue'sche Inhalt.
 Im Fall $k = 1$ folgt aus der Translationsinvarianz $\mu((0, \frac{r}{n}]) = \frac{r}{n}$ für alle $r, n \in \mathbb{N}$.
 Aus der Stetigkeit von Maßen erhalten wir daher

$$\mu((0, s]) = s, \quad \forall s > 0.$$

 Das Argument im Fall $k > 1$ ist analog.
d) Die Aussage ist für das System $\mathcal{E}$ der Kugeln in $\mathbb{R}^k$ offensichtlich. Für Schnitte von zwei Kugeln gilt sie mit einem einfachen Approximationsargument von innen mit kleinen Kugeln. Da $\sigma(\mathcal{E}) = \mathcal{B}^k$, folgt die Behauptung dann nach dem Eindeutigkeitssatz. Alternativ folgt sie auch aus der aus der linearen Algebra bekannten Formel $\lambda^k(T[0,1]) = |\det T| = 1$.
e) Ist $H \subset \mathbb{R}^k$ eine Hyperebene, dann lässt sich $H \cap [-n, n]^k$ elementargeometrisch durch ein Element $F_n \in \mathcal{F}^k$ mit $\lambda(F_n) \leq \frac{1}{n}$ überdecken.
 Nach dem Stetigkeitssatz folgt dann die Behauptung. □

Bemerkung 1.2.37 (Regularität von Matrizen) Sei $M(n, \mathbb{R}) = \mathbb{R}^{n \times n}$ die Menge der $n \times n$-Matrizen, $GL(n, \mathbb{R})$ die Menge der regulären $n \times n$-Matrizen und $S(n, \mathbb{R}) = \{A \in \mathbb{R}^{n \times n}; \ \det A = 0\}$ die Menge der singulären $n \times n$-Matrizen. Dann gilt:

$$\lambda^{n \times n}(S(n, \mathbb{R})) = 0;$$

es sind fast alle Matrizen (bzgl. des Lebesgue-Borel'schen Maßes) regulär.
  Zum Beweis beachte, dass mit $A = (a^1, \ldots, a^n)$, $\{A \in \mathbb{R}^{n \times n}; \ a^i \in \langle a^j; \ j \neq i \rangle\}$ in einer Hyperebene H_i liegt, $1 \leq i \leq n$. Daher folgt die Behauptung aus Proposition 1.2.36 e).

1.3 Messbare Abbildungen und Bildmaße

Ein wichtiger Begriff in der Maßtheorie ist der Begriff der messbaren Abbildung. Messbare Abbildungen respektieren die Struktur von Messräumen und ermöglichen die Konstruktion von interessanten initialen und finalen σ-Algebren. Sie spielen in der Maßtheorie dieselbe Rolle wie stetige Funktionen in der Topologie.

Definition 1.3.1 (Messbare Abbildung) *Seien $(\Omega, \mathcal{A})$ und $(\Omega', \mathcal{A}')$ Messräume. Eine Abbildung $T : \Omega \to \Omega'$ heißt $(\mathcal{A}, \mathcal{A}')$-messbar, wenn*

$$T^{-1}(\mathcal{A}') := \{T^{-1}(A'); \; A' \in \mathcal{A}'\} \subset \mathcal{A}.$$

Wir verwenden die Schreibweise $T : (\Omega, \mathcal{A}) \longrightarrow (\Omega', \mathcal{A}')$ für messbare Abbildungen T.

Urbilder $T^{-1}(A')$ von messbaren Mengen A' in Ω' sind also messbar in Ω. Zum Nachweis der Messbarkeit von Abbildungen reicht es, Urbilder eines Erzeugendensystems zu betrachten.

Proposition 1.3.2 *Seien $T : \Omega_1 \longrightarrow \Omega_2$ und $\mathcal{E}_2 \subset \mathcal{P}(\Omega_2)$, dann gilt*

a) $T^{-1}(\sigma(\mathcal{E}_2)) = \sigma(T^{-1}(\mathcal{E}_2))$.
b) *Ist $\mathcal{A}_2 = \sigma(\mathcal{E}_2)$ und $\mathcal{A}_1$ eine σ-Algebra in Ω_1, dann gilt:*

T *ist $(\mathcal{A}_1, \mathcal{A}_2)$-messbar genau dann, wenn $T^{-1}(\mathcal{E}_2) \subset \mathcal{A}_1$.*

Beweis
a) „$\supset$": $T^{-1}(\mathcal{E}_2) \subset T^{-1}(\sigma(\mathcal{E}_2))$ und $T^{-1}(\sigma(\mathcal{E}_2))$ ist eine σ-Algebra.
   Daraus folgt: $\sigma(T^{-1}(\mathcal{E}_2)) \subset T^{-1}(\sigma(\mathcal{E}_2))$.
   „$\subset$": Definiere die „**good sets**"

$$\mathcal{A}_0 := \{B \subset \Omega_2; \; T^{-1}(B) \in \sigma(T^{-1}(\mathcal{E}_2))\},$$

dann gilt
1) $\mathcal{E}_2 \subset \mathcal{A}_0$ nach Definition von $\mathcal{A}_0$,
2) $\mathcal{A}_0$ ist eine σ-Algebra.
Daraus folgt: $\mathcal{A}_0 \supset \sigma(\mathcal{E}_2)$.
Also gilt $T^{-1}(\sigma(\mathcal{E}_2)) \subset T^{-1}(\mathcal{A}_0) \subset \sigma(T^{-1}(\mathcal{E}_2))$ nach Definition von $\mathcal{A}_0$.
b) „$\Leftarrow$": Nach a) gilt:

$$T^{-1}(\mathcal{A}_2) = T^{-1}(\sigma(\mathcal{E}_2)) = \sigma(\underbrace{T^{-1}(\mathcal{E}_2)}_{\subset \mathcal{A}_1}) \subset \mathcal{A}_1.$$

Die umgekehrte Richtung „$\Rightarrow$" ist klar. $\square$

Als Folgerung von Proposition 1.3.2 erhalten wir insbesondere, dass monotone Funktionen auf $\mathbb{R}^1$ messbar sind. Des Weiteren folgt:

1.3 Messbare Abbildungen und Bildmaße

Korollar 1.3.3 *Sei $T : \mathbb{R}^n \longmapsto \mathbb{R}^m$ stetig, dann ist T $(\mathcal{B}^n, \mathcal{B}^m)$-messbar.*

Beweis Da T stetig ist, folgt

$$T^{-1}(\mathcal{O}^m) \subset \mathcal{O}^n \subset \sigma(\mathcal{O}^n) = \mathcal{B}^n.$$

Nach Proposition 1.3.2 b) folgt dann, dass T $(\mathcal{B}^n, \mathcal{B}^m)$-messbar ist. □

Bemerkung 1.3.4
a) *(Bildkatastrophe). Urbilder messbarer (offener) Mengen unter messbaren (stetigen) Abbildungen sind wieder messbare (offene) Mengen. Aber Bilder messbarer (offener) Mengen unter messbaren (stetigen) Abbildungen sind i. A. nicht messbar (offen), es gibt also eine „Bildkatastrophe".*
b) *Kompositionen messbarer Abbildungen sind messbar.*

Sind $T_1 : (\Omega_1, \mathcal{A}_1) \longrightarrow (\Omega_2, \mathcal{A}_2)$ und $T_2 : (\Omega_2, \mathcal{A}_2) \longrightarrow (\Omega_3, \mathcal{A}_3)$ messbare Abbildungen, dann ist $T_2 \circ T_1 : (\Omega_1, \mathcal{A}_1) \longrightarrow (\Omega_3, \mathcal{A}_3)$ messbar. ⌐

Definition 1.3.5 *Seien $(\Omega_i, \mathcal{A}_i)_{i \in I}$ Messräume und seien $f_i : \Omega' \longrightarrow \Omega_i, i \in I$, dann heißt*

$$\sigma(f_i, i \in I) := \sigma\left(\bigcup_{i \in I} f_i^{-1}(\mathcal{A}_i)\right)$$

die von den Abbildungen f_i erzeugte σ-Algebra.

Bemerkung 1.3.6
a) $\sigma(f_i, i \in I)$ *ist die kleinste σ-Algebra $\mathcal{B}$ in Ω, so dass für alle $i \in I$ gilt: f_i ist $(\mathcal{B}, \mathcal{A}_i)$-messbar.*
b) *Seien $f_i : \Omega \longrightarrow \Omega_i$ und $h : \Omega' \longrightarrow \Omega$, $(\Omega', \mathcal{A}')$ ein Messraum, dann gilt:*

h ist $(\mathcal{A}', \sigma(f_i, i \in I))$-messbar genau dann,
wenn für alle $i \in I$ gilt: $f_i \circ h$ ist $(\mathcal{A}', \mathcal{A}_i)$-messbar. ⌐

Beispiel 1.3.7 (Produkträume) Seien $(\Omega_i, \mathcal{A}_i)$ Messräume, $i \in I$, und

$$\Omega := \prod_{i \in I} \Omega_i = \left\{x = (x_i)_{i \in I}; \; x_i \in \Omega_i, \forall i \in I\right\}$$

das kartesische Produkt. Sei π_i die i-te Projektion, $\pi_i : \Omega \longrightarrow \Omega_i, x \longmapsto x_i$. Dann heißt

$$\bigotimes_{i \in I} \mathcal{A}_i := \sigma(\pi_i; \; i \in I)$$

Produkt-σ-Algebra der $(\mathcal{A}_i)$. Bezeichnung: $(\Omega, \bigotimes_{i \in I} \mathcal{A}_i) = \bigotimes_{i \in I}(\Omega_i, \mathcal{A}_i)$.

Proposition 1.3.8
a) *Sei* $I = \{1, \ldots, n\}$, *dann gilt*

$$\bigotimes_{i=1}^{n} \mathcal{A}_i = \sigma(A_1 \times \cdots \times A_n; \; 1 \leq i \leq n, A_i \in \mathcal{A}_i) = \sigma\left(\prod_{i=1}^{n} \mathcal{A}_i\right).$$

b) *Seien* $(\Omega_i, \mathcal{A}_i)$ *Messräume,* $\mathcal{A}_i = \sigma(\mathcal{E}_i)$ *für* $1 \leq i \leq n$, *und es existieren* $(E_{i,k})_k \subset \mathcal{E}_i$, $E_{i,k} \uparrow_k \Omega_i$ *für* $1 \leq i \leq n$. *Dann folgt*

$$\mathcal{A}_i \otimes \cdots \otimes \mathcal{A}_n = \sigma(\mathcal{E}_1 \times \cdots \times \mathcal{E}_n) = \sigma\left(\prod_{i=1}^{n} \mathcal{E}_i\right).$$

Beweis
a) „$\supset$": Sei $A_i \in \mathcal{A}_i$, dann ist $\pi_i^{-1}(A_i) = \Omega_1 \times \cdots \times A_i \times \cdots \times \Omega_n$. Dann folgt:

$$\bigcap_{i=1}^{n} \pi_i^{-1}(A_i) = A_1 \times \cdots \times A_n \in \bigotimes_{i=1}^{n} \mathcal{A}_i.$$

„$\subset$": Es ist

$$\pi_i^{-1}(A_i) = \Omega_1 \times \cdots \times A_i \times \cdots \times \Omega_n \in \sigma(\{A_1 \times \cdots \times A_n; \; A_j \in \mathcal{A}_j \text{ für } j \neq i\}).$$

b) „$\subset$": Sei $E_i \in \mathcal{E}_i$, dann folgt

$$\pi_i^{-1}(E_i) = \Omega_1 \times \cdots \times E_i \times \cdots \times \Omega_n = \lim_k E_{1k} \times \cdots \times E_i \times \cdots \times E_{nk} \in \sigma(\mathcal{E}_1 \times \cdots \times \mathcal{E}_n)$$

$\Rightarrow \pi_i^{-1}(\mathcal{A}_i) = \pi_i^{-1}(\sigma(\mathcal{E}_i)) = \sigma(\pi_i^{-1}(\mathcal{E}_i)) \subset \sigma(\mathcal{E}_1 \times \cdots \times \mathcal{E}_n)$, nach Proposition 1.3.2.
„$\supset$": ist klar. □

Insbesondere sind $\mathcal{J}^k := \{(-\infty, a]; \; a \in \mathbb{R}^k\}$, $\mathcal{I}^k := \{(a,b]; \; a,b \in \mathbb{R}^k, a \leq b\}$ Erzeuger von $\mathcal{B}^k$. Daher folgt

$$\mathcal{B}^k = \sigma(\mathcal{J}^k) = \sigma(\mathcal{J}^1 \times \cdots \times \mathcal{J}^1) = \sigma(\mathcal{J}^1) \otimes \cdots \otimes \sigma(\mathcal{J}^1) = \mathcal{B}^1 \otimes \cdots \otimes \mathcal{B}^1.$$

Die Borel'sche σ-Algebra $\mathcal{B}^k$ auf $\mathbb{R}^k$ ist identisch mit der Produkt-σ-Algebra $\underbrace{\mathcal{B}^1 \otimes \cdots \otimes \mathcal{B}^1}_{k\text{-fach}}$. ◇

Proposition 1.3.9 (Bildmaße) *Sei* $(\Omega_1, \mathcal{A}_1, \mu)$ *ein Maßraum und* $X : (\Omega_1, \mathcal{A}_1) \to (\Omega_2, \mathcal{A}_2)$, *dann definiere* $\mu^X : \mathcal{A}_2 \mapsto \overline{\mathbb{R}}_+$, $\mu^X(A_2) := \mu(X^{-1}(A_2))$, $A_2 \in \mathcal{A}_2$. *Es gilt:* μ^X *ist ein Maß auf* $(\Omega_2, \mathcal{A}_2)$; μ^X *heißt* **Bildmaß** *von* μ *unter* X.

1.3 Messbare Abbildungen und Bildmaße

Beweis Seien $(A_n) \subset \mathcal{A}_2$ paarweise disjunkt, dann ist $(X^{-1}(A_n)) \subset \mathcal{A}_1$ paarweise disjunkt und es gilt:

$$\mu^X\left(\sum_n A_n\right) = \mu\left(X^{-1}\left(\sum_n A_n\right)\right) = \mu\left(\sum_n X^{-1}(A_n)\right)$$
$$= \sum_n \mu(X^{-1}(A_n)) = \sum_n \mu^X(A_n). \qquad \square$$

Bemerkung 1.3.10 *Für $a \in \mathbb{R}^k$ bezeichne $T_a : \mathbb{R}^k \longrightarrow \mathbb{R}^k$, $x \longmapsto x+a$ die Translation um a. Dann folgt*

$$(\lambda^k)^{T_a} = \lambda^k.$$

Diese Aussage ist äquivalent zur Translationsinvarianz von λ^k (vgl. Satz 1.2.35).

Bildmaße erlauben es, z. B. Oberflächenmaße als Bildmaße von zweidimensionalen Parametrisierungen zu definieren.

Numerische Funktionen

Die im Folgenden eingeführten numerischen Funktionen sind bedeutend für die Integrationstheorie.

Sei $\overline{\mathbb{R}} = \mathbb{R} \cup \{\infty, -\infty\}$ mit der natürlichen Ordnung versehen und

$$\overline{\mathcal{B}} = \overline{\mathcal{B}}^1 = \{B, B \cup \{\infty\}, B \cup \{-\infty\}, B \cup \{\infty, -\infty\};\ B \in \mathcal{B}^1\}$$

die Borel'sche σ-Algebra auf $\overline{\mathbb{R}}$.

Eine numerische Funktion ist eine Funktion $f : \Omega \longrightarrow \overline{\mathbb{R}}$. Sei $(\Omega, \mathcal{A})$ ein Messraum, dann heißt f **numerische, $\mathcal{A}$-messbare Funktion**, wenn

$$f : (\Omega, \mathcal{A}) \longrightarrow (\overline{\mathbb{R}}, \overline{\mathcal{B}}).$$

Für $f, g : \Omega \to \overline{\mathbb{R}}$ sei

$$\{f \leq g\} := \{\omega \in \Omega;\ f(\omega) \leq g(\omega)\}$$

ebenso $\{f > g\}, \{f \neq g\}$ usw.

Sei f numerisch, dann gilt:

$$f \text{ ist } \mathcal{A}\text{-messbar} \Leftrightarrow \{f \leq \alpha\} \in \mathcal{A} \quad \forall \alpha \in \mathbb{R}^1 \Leftrightarrow \{f > \alpha\} \in \mathcal{A} \quad \forall \alpha \in \mathbb{R}^1$$
$$\Leftrightarrow \{f < \alpha\} \in \mathcal{A} \quad \forall \alpha \in \mathbb{R}^1.$$

Eigenschaften: Seien f, g numerisch, $\mathcal{A}$-messbar und $\alpha, \beta \in \mathbb{R}$, dann gilt

1) $\{f < g\},\ \{f \leq g\},\ \{f = g\},\ \{f \neq g\} \in \mathcal{A}$,
2) $\alpha f + \beta g$ ist $\mathcal{A}$-messbar, falls wohldefiniert.

3) Ist $f \pm g$ definiert auf Ω, dann ist $f \pm g$ $\mathcal{A}$-messbar.

4) $f \cdot g$ ist $\mathcal{A}$-messbar, dazu definiere $\infty \cdot x := \begin{cases} \infty, & x > 0, \\ 0, & x = 0, \\ -\infty, & x < 0. \end{cases}$

5) Ist (f_n) numerisch messbar, dann gilt

$$\sup_n f_n, \quad \inf_n f_n, \quad \limsup_n f_n, \quad \liminf_n f_n, \quad \sup\{f_1, \ldots, f_n\}, \quad \inf\{f_1, \ldots, f_n\}$$

sind $\mathcal{A}$-messbar und numerisch.

Aufbau der messbaren, numerischen Funktionen. Sei $(\Omega, \mathcal{A}, \mu)$ ein Maßraum. Dann bezeichnen

$$\mathcal{Z} := \{f : (\Omega, \mathcal{A}) \longrightarrow (\mathbb{R}^1, \mathcal{B}^1)\} \text{ messbare, reelle Funktionen,}$$

$$\overline{\mathcal{Z}} := \{f : (\Omega, \mathcal{A}) \longrightarrow (\overline{\mathbb{R}}^1, \overline{\mathcal{B}}^1)\} \text{ messbare, numerische Funktionen,}$$

$$\mathcal{E} := \{f \in \mathcal{Z}; \ |f(\Omega)| < \infty\}$$

$$= \left\{ f = \sum_{i=1}^n \alpha_i \mathbb{1}_{A_i}; \ (A_i)_{1 \leq i \leq n} \subset \mathcal{A} \text{ messbare Zerlegung von } \Omega \right\}$$

die Menge der **Elementarfunktionen**. Beachte, dass $A_i := f^{-1}(\{\alpha_i\})$ für $f \in \mathcal{E}$, falls $\alpha_i \neq \alpha_j$ für $i \neq j$. Seien weiter $\mathcal{Z}_+ := \{f \in \mathcal{Z}; \ f \geq 0\}$, $\overline{\mathcal{Z}}_+ := \{f \in \overline{\mathcal{Z}}; \ f \geq 0\}$ usw.

Satz 1.3.11 (Darstellungssatz)
a) $f \in \mathcal{Z} \Rightarrow \exists (u_n) \in \mathcal{E}$ mit $|u_1| \leq |u_2| \leq \cdots$ und $f(x) = \lim u_n(x)$ für alle $x \in \Omega$.
b) $f \in \overline{\mathcal{Z}}_+ \Rightarrow \exists (u_n) \subset \mathcal{E}_+, u_n \uparrow f$.
c) $\sup_\Omega |f(x)| < \infty$, f eine numerisch messbare Funktion, dann folgt:

$$\exists (u_n) \subset \mathcal{E} \text{ mit } \lim_{n \to \infty} \sup_{x \in \Omega} |u_n(x) - f(x)| = 0.$$

Beweis b) Für $f \in \overline{\mathcal{Z}}_+, n \in \mathbb{N}$, definiere

$$A_{n,k} := \left\{ x \in \Omega \,\Big|\, \frac{k-1}{2^n} \leq f(x) < \frac{k}{2^n} \right\}, \quad 1 \leq k \leq n 2^n \text{ und } B_n := \{f \geq n\}.$$

Dann folgt

$$\Omega = \sum_{k=1}^{n2^n} A_{k,n} + B_n.$$

Mit $u_n := \sum_{k=1}^{n2^n} \frac{k-1}{2^n} A_{n,k} + n \mathbb{1}_{B_n}$ gilt: $u_n \uparrow f$ und $|u_n(x) - f(x)| \leq \frac{1}{2^n}$ für $x \in B_n^c$.
Sei $f \in \overline{\mathcal{Z}}$ und $f = f^+ - f^-$ mit $f^+ = \max\{f, 0\}$ und $f' = \min\{f, 0\}$.
Aus b) folgen dann c) und a). $\square$

1.4 Integrationstheorie

Wir beschreiben den Aufbau des μ-Integrals für numerische Funktionen auf $(\Omega, \mathcal{A}, \mu)$ über den Aufbau der numerischen Funktionen im Darstellungssatz 1.3.11, d. h. zuerst für Elementarfunktionen, dann für nicht-negative numerische Funktionen und dann für numerische Funktionen.

1) Für $f = \sum_{i=1}^{m} \alpha_i \mathbb{1}_{A_i} \in \mathcal{E}$ definiere das Integral

$$\int f \, d\mu := \sum_{i=1}^{m} \alpha_i \mu(A_i).$$

2) Für $f \in \overline{\mathcal{Z}}_+$ existiert nach Satz 1.3.11 eine Folge $(f_n) \subset \mathcal{E}_+$, $f_n \uparrow f$. Definiere

$$\int f \, d\mu := \lim_{n \to \infty} \int f_n \, d\mu.$$

3) $f \in \overline{\mathcal{Z}}$ heißt **quasi integrierbar**, wenn $\int f^+ \, d\mu < \infty$ oder $\int f^- \, d\mu < \infty$, und **integrierbar**, wenn $\int f^+ \, d\mu < \infty$ und $\int f^- \, d\mu < \infty$. Definiere dann

$$\int f \, d\mu := \int f^+ \, d\mu - \int f^- \, d\mu.$$

Sei $\mathcal{L}^1(\mu)$ die Menge der μ-integrierbaren Funktionen. Die Integrale in 1)–3) sind wohldefiniert und unabhängig von der darstellenden bzw. approximierenden Folge, und es gelten die folgenden **Integrationsregeln**:

Seien $f, g \in \mathcal{L}^1(\mu), \alpha, \beta \in \mathbb{R}^1$, dann gilt

a) $|f| < \infty \, [\mu]$, d. h. f ist μ fast sicher endlich, $\mu(|f| = \infty) = 0$,
b) $\alpha f + \beta g \in \mathcal{L}^1(\mu)$ und

$$\int (\alpha f + \beta g) \, d\mu = \alpha \int f \, d\mu + \beta \int g \, d\mu \quad \text{für } \alpha, \beta \in \mathbb{R}^1,$$

c) $f \leq g \Rightarrow \int f \, d\mu \leq \int g \, d\mu$,
d) $\sup(f, g), \inf(f, g) \in \mathcal{L}^1(\mu)$,
e) $|\int f \, d\mu| \leq \int |f| \, d\mu$.

Es folgen der grundlegende Satz über monotone Konvergenz und das Lemma von Fatou.

Satz 1.4.1

a) **(Monotone Konvergenz)**

Sei $(f_n) \uparrow \subset \overline{\mathcal{Z}}_+$ eine monoton wachsende Folge von nicht-negativen numerischen Funktionen, dann ist $\lim f_n \in \overline{\mathcal{Z}}_+$ und

$$\int \lim_n f_n \, d\mu = \lim_n \int f_n \, d\mu.$$

b) **(Lemma von Fatou)**

Sei $(f_n) \subset \overline{\mathcal{Z}}_+$ eine Folge von nicht-negativen numerischen Funktionen, $(f_n) \uparrow$, dann gilt

$$\int \liminf_n f_n \, d\mu \leq \liminf_n \int f_n \, d\mu.$$

Als Konsequenz aus Satz 1.4.1 ergibt sich

Korollar 1.4.2

a) Sei (f_n) eine Folge von numerischen Funktionen in $\overline{\mathcal{Z}}_+$, dann gilt

$$\int \left(\sum_{n=1}^{\infty} f_n \right) d\mu = \sum_{n=1}^{\infty} \int f_n \, d\mu.$$

b) Sei $(A_n) \subset \mathcal{A}$, dann ist $\mu(\liminf_n A_n) \leq \liminf_n \mu(A_n)$. Ist μ endlich, dann gilt:

$$\mu(\limsup_n A_n) \geq \limsup_n \mu(A_n).$$

Beweis

a) Seien $s_m = \sum_{n=1}^{m} f_n \uparrow \sum_{n=1}^{\infty} f_n$, so folgt mit dem Satz über monotone Konvergenz

$$\int \left(\sum_{n=1}^{\infty} f_n \right) d\mu = \lim_{m \to \infty} \int s_m \, d\mu = \lim_{m \to \infty} \sum_{n=1}^{m} \int f_n \, d\mu = \sum_{n=1}^{\infty} \int f_n \, d\mu.$$

b) Sei $f_n := 1_{A_n}$, dann ist $\liminf f_n = 1_{\liminf A_n}$, und aus dem Lemma von Fatou folgt

$$\mu(\liminf_n A_n) = \int \liminf_n f_n \, d\mu \leq \liminf_n \int f_n \, d\mu = \liminf_n \mu(A_n).$$

Ist μ endlich, dann folgt durch Übergang von A_n zu $\Omega \setminus A_n$ die Aussage über den lim sup. □

1.4 Integrationstheorie

Proposition 1.4.3

a) *Sei $f \in \overline{\mathcal{Z}}_+$ eine nicht-negative numerische Funktion, dann gilt:*

$$\int f \, d\mu = 0 \text{ genau dann, wenn } f = 0 \, [\mu].$$

b) *Seien $f, g \in \mathcal{L}^1(\mu)$, dann gilt:*

$$f \le g \, [\mu] \;\Leftrightarrow\; \int_A f \, d\mu \le \int_A g \, d\mu, \quad \forall A \in \mathcal{A}.$$

Beweis

a) „$\Rightarrow$": Aus der Ungleichung

$$\frac{1}{n} \mu\left(f > \frac{1}{n}\right) \le \int \mathbb{1}_{\{f > \frac{1}{n}\}} f \, d\mu \le \int f \, d\mu = 0$$

folgt, dass $\mu(f > \frac{1}{n}) = 0$, $n \in \mathbb{N}$.
Nach dem Stetigkeitssatz folgt

$$\mu(f \ne 0) = \mu(f > 0) = \lim_{n \to \infty} \mu\left(f > \frac{1}{n}\right) = 0;$$

also ist $f = 0 \, [\mu]$.
„$\Leftarrow$": Es ist

$$\int f \, d\mu = \int f \mathbb{1}_{\{f \ne 0\}} \, d\mu.$$

Es existiert eine monotone Folge $(u_n) \subset \mathcal{E}_+$ mit $u_n \uparrow f \mathbb{1}_{\{f \ne 0\}}$ und $u_n = \sum_i \alpha_i^n \mathbb{1}_{E_{i,n}}$.
Aus $\alpha_i^n > 0$ folgt $E_{i,n} \subset \{f \ne 0\}$. Daher folgt $\int u_n \, d\mu = 0$, also auch $\int f \, d\mu = 0$.

b) „$\Rightarrow$": Aus $f \le g \, [\mu]$ folgt $(f - g)^+ = 0 \, [\mu]$. Also folgt nach a)
$\int (f - g)^+ \, d\mu = 0$ und daher

$$\int_A f \, d\mu - \int_A g \, d\mu = \int (f - g) \mathbb{1}_A \, d\mu \le \int (f - g)^+ \, d\mu = 0.$$

„$\Leftarrow$": Mit $A := \{f - g > 0\} \in \mathcal{A}$ gilt

$$0 \le \int (f - g)_+ \, d\mu = \int (f - g) \mathbb{1}_A \, d\mu \le 0.$$

Nach a) folgt: $(f - g)^+ = 0 \, [\mu]$, also $f \le g \, [\mu]$. □

Für die Integrationstheorie ist der Satz über majorisierte Konvergenz von Lebesgue zentral.

Satz 1.4.4 (Majorisierte Konvergenz, Lebesgue) *Seien f, g und $f_n \in \overline{\mathcal{Z}}_+$, $|f_n| \leq g \, [\mu]$ für alle $n \in \mathbb{N}$ und sei $g \in \mathcal{L}^1(\mu)$.*
Ist $\lim_{n\to\infty} f_n = f \, [\mu]$, dann ist $f \in \mathcal{L}^1(\mu)$ und es gilt

$$\int f \, d\mu = \lim_{n\to\infty} \int f_n \, d\mu.$$

Für Riemann-integrierbare Funktionen kann das Lebesgue-Integral mit dem Hauptsatz der Differential- und Integralrechnung über Stammfunktionen bestimmt werden.

Bemerkung 1.4.5 (Riemann- und Lebesgue-Integral) *Sei $f : [a,b] \to \mathbb{R}$ eine (eigentlich) Riemann-integrierbare Funktion, dann ist $f \in \mathcal{L}^1(\lambda^1_{[a,b]})$ Lebesgue-integrierbar und die Integrale stimmen überein,*

$$\int_{[a,b]} f \, d\lambda = \int_a^b f(x) \, dx. \qquad \lrcorner$$

Die Lebesgue'sche Integrationstheorie ermöglicht die Einführung einer wichtigen Klasse von Beispielen für Banachräume, die $\mathcal{L}^p$-Räume.

Definition 1.4.6 ($\mathcal{L}^p$-Räume) *Sei $(\Omega, \mathcal{A}, \mu)$ ein Maßraum, $0 < p < \infty$, dann bezeichnet*

$$\mathcal{L}^p(\mu) := \{f \in \overline{\mathcal{Z}}; \; |f|^p \in \mathcal{L}^1(\mu)\}$$

den $\mathcal{L}^p$-Raum der p-fach integrierbaren Funktionen.
Für $f \in \mathcal{L}^p(\mu)$ ist die p-Norm definiert durch

$$\|f\|_p := \begin{cases} \left(\int |f|^p d\mu\right)^{\frac{1}{p}}, & 1 \leq p < \infty, \\ \int |f|^p \, d\mu, & 0 < p < 1. \end{cases}$$

Sei $L^p(\mu) := \mathcal{L}^p(\mu)/_{\sim_\mu}$ der Quotientenraum, wobei

$$f \sim_\mu g \; :\Longleftrightarrow \; f - g \in \mathcal{N}_\mu := \{f \in \overline{\mathcal{Z}}; \; f = 0 \, [\mu]\}.$$

Für $p = \infty$ ist

$$\mathcal{L}^\infty(\mu) := \{f \in \mathcal{Z}; \; \exists K : |f| \leq K < \infty \, [\mu]\}$$

mit

$$\|f\|_\infty := \inf\{K; \; |f| \leq K \, [\mu]\} \; \text{der } \mathcal{L}^\infty\text{-Raum.}$$

Die folgenden beiden Sätze formulieren einige der grundlegenden Integralungleichungen und zeigen, dass $\|\;\|_p$ eine Norm auf $L^p(\mu)$ definiert.

1.4 Integrationstheorie

Satz 1.4.7 *Sei $1 \leq p < \infty$, dann gilt*

a) **Minkowski-Ungleichung.** *Für $f, g \in \mathcal{L}^p(\mu)$ ist $f + g \in \mathcal{L}^p(\mu)$ und*

$$\|f + g\|_p \leq \|f\|_p + \|g\|_p.$$

b) **Hölder'sche Ungleichung.** *Für $p, q \geq 1$ mit $\frac{1}{p} + \frac{1}{q} = 1$ und $f \in \mathcal{L}^p(\mu), g \in \mathcal{L}^q(\mu)$, ist $f \cdot g \in \mathcal{L}^1(\mu)$ und*

$$\|f \cdot g\|_1 \leq \|f\|_p \|g\|_q.$$

*Für $p = q = 2$ erhalten wir die **Cauchy-Schwarz-Ungleichung** als Spezialfall.*

Die folgende Tschebyscheff- (auch notiert als Chebychev-)Ungleichung zeigt, dass man Tail-Wahrscheinlichkeiten über p-te Momente kontrollieren kann.

Satz 1.4.8 (Tschebyscheff-Ungleichung) *Sei $f \in \mathcal{L}^p(\mu)$ und $0 < p < \infty$, dann ist für alle $a > 0$*

$$\mu(\{|f| \geq a\}) \leq \frac{\int |f|^p \, d\mu}{a^p}.$$

Beweis

$$\int |f|^p \, d\mu = \int |f|^p (\mathbb{1}_{\{|f| < a\}} + \mathbb{1}_{\{|f| \geq a\}}) \, d\mu$$
$$\geq \int |f|^p \mathbb{1}_{\{|f| \geq a\}} \, d\mu \geq a^p \mu(\{|f| \geq a\}). \qquad \square$$

Definition 1.4.9 (μ-stochastische Konvergenz) *Seien $f_n, f \in \overline{\mathcal{Z}}$ und sei die Differenz $f_n - f$, μ f. s. definiert.*
 f_n konvergiert μ-stochastisch gegen f
 $\Leftrightarrow \forall A \in \mathcal{A}$ mit $\mu(A) < \infty$ und $\forall \varepsilon > 0$ gilt:

$$\mu(\{|f_n - f| \geq \varepsilon\} \cap A) \longrightarrow 0.$$

Schreibweise: $f_n \xrightarrow[\mu]{} f$ *oder auch* $\mu\text{-lim } f_n = f$.

Bemerkung 1.4.10 *Sei μ endlich, dann ist äquivalent zur Definition von μ-stochastischer Konvergenz:*

$$\forall \varepsilon > 0 : \mu(\{|f_n - f| \geq \varepsilon\}) \longrightarrow 0. \qquad \lrcorner$$

Korollar 1.4.11 *Seien $f_n, f \in \mathcal{L}^p(\mu)$, $0 < p < \infty$, dann gilt*

$$f_n \xrightarrow{L^p} f \implies f_n \xrightarrow[\mu]{} f.$$

Beweis Für alle $A \in \mathcal{A}$ mit $\mu(A) < \infty$ und für alle $\varepsilon > 0$ gilt nach der Tschebyscheff-Ungleichung

$$\mu(\{|f_n - f| \geq \varepsilon\} \cap A) \leq \mu(\{|f_n - f| \geq \varepsilon\}) \leq \frac{\int |f_n - f|^p \, d\mu}{\varepsilon^p} \to 0,$$

da nach Voraussetzung L^p-Konvergenz gilt. □

Bemerkung 1.4.12 *Die Umkehrung von Korollar 1.4.11 ist i. A. falsch.*
Sei z. B. $(\Omega, \mathcal{A}, \mu) = (\mathbb{R}^1, \mathcal{B}^1, \lambda^1)$ *und* $f_n := n \mathbb{1}_{(0, \frac{1}{n})}$, *dann folgt*

$$f_n \xrightarrow[\mu]{} 0 \quad \text{aber} \quad \int |f_n - 0|^1 \, d\mu = 1, \quad \forall n \in \mathbb{N}.$$

Der Satz von Riesz-Fischer, das Cauchy-Kriterium für L^p-Räume, ist zentral für L^p-Räume.

Satz 1.4.13 (Riesz-Fischer, 1906) *Sei* $p \geq 1$, $(f_n) \subset \mathcal{L}^p(\mu)$, *dann gilt:*

$$\text{Es existiert ein } f \in \mathcal{L}^p(\mu) : f_n \xrightarrow{L^p} f$$
$$\Leftrightarrow \lim_{m \to \infty} \sup_{n \geq m} \|f_n - f_m\|_p = 0,$$

d. h., $(L^p(\mu), \|\cdot\|_p)$ *ist vollständig. Für* $p = 2$ *ist* $(L^2(\mu), \|\cdot\|_2)$ *ein Hilbertraum.*

Der folgende Satz betrifft Integrale bzgl. der Bildmaße.

Satz 1.4.14 (Transformation von Maßen) *Sei* $(\Omega, \mathcal{A}, \mu)$ *ein Maßraum und seien* $T : (\Omega, \mathcal{A}) \to (\Omega', \mathcal{A}')$ *und* $f \in \overline{\mathcal{Z}}(\mathcal{A}')$, *dann gilt*

a) $f \in \overline{\mathcal{Z}}_+(\mathcal{A}') \Rightarrow \int f \, d\mu^T = \int f \circ T \, d\mu$,
b) $f \in \mathcal{L}^1(\mu^T) \Leftrightarrow f \circ T \in \mathcal{L}^1(\mu)$, *und dann ist:* $\int f \, d\mu^T = \int f \circ T \, d\mu$.

Beweis
a) 1) Sei $f = \sum \alpha_i \mathbb{1}_{A_i} \in \mathcal{E}_+(\mathcal{A}')$, dann ist

$$f \circ T = \sum \alpha_i \mathbb{1}_{A_i} \circ T = \sum \alpha_i \mathbb{1}_{T^{-1}(A_i)} \in \mathcal{E}_+(\mathcal{A}).$$

Also ist

$$\int f \circ T \, d\mu = \sum \alpha_i \mu(T^{-1}(A_i)) = \sum \alpha_i \mu^T(A_i) = \int f \, d\mu^T.$$

2) Sei $f \in \overline{\mathcal{Z}}_+(\mathcal{A}')$, dann existiert $(u_n) \subset \mathcal{E}_+(\mathcal{A}'), u_n \uparrow f$
$\Rightarrow u_n \circ T \uparrow f \circ T$ und $u_n \circ T \in \mathcal{E}_+(\mathcal{A})$. Also folgt

$$\int f \circ T \, d\mu = \lim_n \int u_n \circ T \, d\mu = \lim_n \int u_n \, d\mu^T = \int f \, d\mu^T.$$

b) Da $(f \circ T)^+ = f^+ \circ T$ und $(f \circ T)^- = f^- \circ T$, folgt b) nach a). □

Proposition 1.4.15 (Transformation von Maßen mit Dichten) *Sei* $T : (\Omega, \mathcal{A}) \to (\Omega', \mathcal{A}')$ *bijektiv und* T^{-1} *messbar. Weiter sei* $f \in \overline{\mathcal{Z}}^+(\mathcal{A})$ *und* $(f\mu)(A) := \int_A f \, d\mu$ *für* $A \in \mathcal{A}$ *das **Maß mit Dichte** f bzgl.* μ. *Dann gilt*

$$(f\mu)^T = (f \circ T^{-1})\mu^T.$$

Beweis Für $A \in \mathcal{A}'$ ist nach der Transformationsformel

$$(f\mu)^T(A) = \int_{T^{-1}(A)} f \, d\mu = \int (\mathbb{1}_A \circ T) f \, d\mu = \int (\mathbb{1}_A \circ T)((f \circ T^{-1}) \circ T) \, d\mu$$

$$= \int \mathbb{1}_A (f \circ T^{-1}) \, d\mu^T = \int_A f \circ T^{-1} \, d\mu^T. \qquad \square$$

Satz 1.4.16 (Transformationsformel für Lebesgue-Integrale) *Seien* $V, W \subset \mathbb{R}^n$ *offen und nicht-leer,* $T: V \longmapsto W$ *eine stetig differenzierbare, bijektive Abbildung, dann gilt für alle* $h \in \mathcal{L}^1(\lambda_W^n) \cup \overline{\mathcal{Z}}_+$

a)
$$\int_W h \, d\lambda_W^n = \int_V h \circ T \, |\det DT| \, d\lambda_V^n,$$

wobei $DT = \left(\frac{\partial T_i}{\partial x_j}\right)$ *die Jacobi-Matrix ist,* $T = (T_1, \ldots, T_n)$.
b) *Für* $f \in \overline{\mathcal{Z}}_+(V)$, $\mu := f \lambda_V^n$ *gilt:* $\mu^T = f \circ T^{-1} |\det DT^{-1}| \lambda_W^n$.

Beweis
a) Vergleiche z. B. Elstrodt (2011).
b) folgt aus a), angewendet auf T^{-1}

$$\int_W h \, d\mu^T = \int_V h \circ T \, f \, d\lambda_V^n$$

$$\stackrel{a)}{=} \int_W h \circ T \circ T^{-1} \, f \circ T^{-1} |\det DT^{-1}| \, d\lambda_W^n.$$

Es folgt $\mu^T = f \circ T^{-1} |\det DT^{-1}| \lambda_W^n$. □

1.5 Sätze von Fubini und Radon-Nikodým

Im abschließenden Abschnitt dieses Kapitels behandeln wir die grundlegenden Sätze von Fubini und Radon-Nikodým. Sie sind insbesondere von Bedeutung für die Konstruktion von Produktmaßen. Der Satz von Radon-Nikodým beantwortet die Frage, wann sich ein Maß mittels des Integrals bzgl. eines vorgegebenen Maßes μ berechnen lässt.

1.5.1 Satz von Fubini

Satz 1.5.1 (Fubini) *Seien $(\Omega_i, \mathcal{A}_i, \mu_i)$ σ-endliche Maßräume für $i = 1, 2$. Sei $(\Omega, \mathcal{A}) = (\Omega_1 \times \Omega_2, \mathcal{A}_1 \otimes \mathcal{A}_2)$ das Produkt, dann gilt:*

a) *Für $A \in \mathcal{A}_1 \otimes \mathcal{A}_2, x_1 \in \Omega_1$ und den x_1-Schnitt A_{x_1} von A ist*

$$A_{x_1} := \{x_2 \in \Omega_2; \; (x_1, x_2) \in A\} \in \mathcal{A}_2$$

und $x_1 \longmapsto \mu_2(A_{x_1})$ ist $(\mathcal{A}_1, \mathcal{B}^1)$-messbar.
b) *$\mu(A) := \int \mu_2(A_{x_1}) \, d\mu_1(x_1)$ definiert ein Maß auf $\mathcal{A}_1 \otimes \mathcal{A}_2$.*
*$\mu =: \mu_1 \otimes \mu_2$ heißt **Produktmaß** von μ_1 und μ_2.*
c) *Ist $g \in \mathcal{L}^1(\mu) \cup \overline{\mathcal{Z}}_+$, dann gilt:*

$$\int g \, d\mu_1 \otimes \mu_2 = \int \left(\int g(x_1, x_2) \, d\mu_1(x_1) \right) d\mu(x_2)$$
$$= \int \left(\int g(x_1, x_2) \, d\mu_2(x_2) \right) d\mu_1(x_1).$$

Beweis
a) Sei $\mathcal{A}_0 := \{A \in \mathcal{A}_1 \otimes \mathcal{A}_2; \; A_{x_1} \in \mathcal{A}_2, \forall x_1 \in \Omega_1\}$ das System der „**good sets**", dann gilt
1) $\mathcal{A}_0 \supset \{A_1 \times A_2; \; A_i \in \mathcal{A}_i\} = \mathcal{A}_1 \times \mathcal{A}_2$,

denn $(A_1 \times A_2)_{x_1} = \begin{cases} A_2, & x_1 \in A_1, \\ \emptyset, & x_1 \notin A_1, \end{cases} \in \mathcal{A}_2.$

2) $\mathcal{A}_0$ ist eine σ-Algebra,
und es folgt die Behauptung.
Sei $\mathcal{B}_0 := \{A \in \mathcal{A}_1 \otimes \mathcal{A}_2; \; x_1 \to \mu_2(A_{x_1}) \text{ ist messbar}\}$ das System der „good sets".
Dann gilt:
1') $\mathcal{B}_0 \supset \mathcal{A}_1 \times \mathcal{A}_2$, denn $x_1 \longmapsto \mu_2((A_1 \times A_2)_{x_1}) = \mathbb{1}_{A_1}(x_1) \mu_2(A_2)$ ist messbar und
2') $\mathcal{B}_0$ ist eine σ-Algebra.

Aus 1') und 2') folgt wieder die Behauptung.

b) Seien $(A_i) \subset \mathcal{A}_1 \otimes \mathcal{A}_2$ paarweise disjunkt, dann gilt mit monotoner Konvergenz

$$\mu\left(\sum_{i=1}^{\infty} A_i\right) = \int \underbrace{\mu_2\left(\left(\sum_{i=1}^{\infty} A_i\right)_{x_1}\right)}_{=\mu_2(\sum_{i=1}^{\infty}(A_i)_{x_1})} d\mu_1(x_1) = \int \sum_{i=1}^{\infty} \mu_2((A_i)_{x_1}) \, d\mu_1(x_1)$$

$$= \sum_{i=1}^{\infty} \int \mu_2((A_i)_{x_1}) \, d\mu_1(x_1) = \sum_{i=1}^{\infty} \mu(A_i).$$

c) Der Beweis geht über den Aufbau der messbaren Funktionen. Für $g \in \mathcal{E}$ gilt

$$g(x_1, x_2) = \sum_{i=1}^{\infty} \alpha_i \mathbb{1}_{B_i}(x_1, x_2) = \sum_{i=1}^{\infty} \alpha_i \mathbb{1}_{(B_i)_{x_1}}(x_2).$$

Es folgt

$$\int g \, d\mu_1 \otimes \mu_2 = \sum_{i=1}^{\infty} \alpha_i \mu_1 \otimes \mu_2(B_i) = \sum_{i=1}^{\infty} \alpha_i \int \mu_2((B_i)_{x_1}) \, d\mu_1(x_1)$$

$$= \int \left(\int g(x_1, x_2) \, d\mu_2(x_2)\right) d\mu_1(x_1).$$

Zu $g \in \overline{\mathcal{Z}}_+$ existiert eine Folge $(f_n) \subset \mathcal{E}_+$, $f_n \uparrow g$. Es folgt nun mit monotoner Konvergenz

$$\int g \, d\mu_1 \otimes \mu_2 = \lim_n \int f_n \, d\mu_1 \otimes \mu_2 = \lim_n \int \underbrace{\left(\int f_n(x_1, x_2) \, d\mu_2(x_2)\right)}_{=:h_n(x_1)\uparrow} d\mu_1(x_1)$$

$$= \int \lim_n h_n(x_1) \, d\mu_1(x_1) = \int \left(\int g(x_1, x_2) \, d\mu_2(x_2)\right) d\mu_1(x_1).$$

Die andere Integrationsreihenfolge folgt analog.
Für $\mathcal{L}^1(\mu)$ erfolgt der Beweis durch Zerlegung in Positiv- und Negativteil. □

Das in Satz 1.5.1 eingeführte Produktmaß wird durch eine Produkteigenschaft eindeutig charakterisiert. Diese erklärt die Bezeichnung **Produktmaß**.

Satz 1.5.2 (Charakterisierung des Produktmaßes) *Seien $(\Omega_i, \mathcal{A}_i, \mu_i)$, $i = 1, 2$, σ-endliche Maßräume, $(\Omega, \mathcal{A}) := \bigotimes_{i=1}^{2} (\Omega_i, \mathcal{A}_i)$. Dann existiert genau ein Maß μ auf $\mathcal{A}_1 \otimes \mathcal{A}_2$ mit*

$$\mu(A_1 \times A_2) = \mu_1(A_1) \cdot \mu_2(A_2), \quad \forall \, A_i \in \mathcal{A}_i. \tag{1.3}$$

Es gilt $\mu = \mu_1 \otimes \mu_2$.

Beweis

a) **Existenz.** Für alle $A_i \in \mathcal{A}_i$ sei $\mu := \mu_1 \otimes \mu_2$. Dann gilt

$$\mu(A_1 \times A_2) = \int \mu_2(A_2) \mathbb{1}_{A_1}(x_1) \, d\mu_1(x_1) = \mu_2(A_2)\mu_1(A_1),$$

also gilt (1.3).

b) Die **Eindeutigkeit** folgt aus dem Eindeutigkeitssatz. Nach (1.3) ist $\mu = \mu_1 \otimes \mu_2$ auf einem $\cap$-stabilen Erzeuger der Produkt-σ-Algebra. Daraus folgt $\mu = \mu_1 \otimes \mu_2$. □

Bemerkung 1.5.3 *Für das Lebesgue-Maß ergibt sich als Konsequenz aus dem Satz von Fubini*

$$\lambda^{k+m} = \lambda^k \otimes \lambda^m.$$

Insbesondere gilt für $k = m = 1$ das Cavalieri-Prinzip:

$$\lambda^2(A) = \int \lambda^1(A_{x_1}) \, d\lambda^1(x_1), \quad A \in \mathcal{B}^2.$$

⌐

Das Integral einer nicht-negativen Funktion lässt sich als Fläche (Volumen) unter dem Graphen interpretieren.

Satz 1.5.4 (Maß und Fläche) *Sei $(\Omega, \mathcal{A}, \mu)$ ein σ-endlicher Maßraum und $f \in \overline{\mathcal{Z}}_+$, dann gilt:*

a) *Die Abbildung* $[0, \infty) \longmapsto \overline{\mathbb{R}}_+$ *ist messbar.*
$\phantom{a) \text{Die Abbildung } } t \longmapsto \mu(\{f \geq t\})$

b) *Es gilt:* $\displaystyle\int f \, d\mu = \int_{[0,\infty)} \mu(\{f \geq t\}) \, d\lambda^1(t) = \mu \otimes \lambda^1(A_f)$

mit $A_f := \{(x, y) \in \Omega \times \mathbb{R}^1; \; 0 \leq y \leq f(x)\}$.

Beweis

a) $t \to \mu(f \geq t)$ ist monoton fallend, also messbar.

b) $A := A_f \in \mathcal{A} \otimes \mathcal{B}^1$; denn für $f = \sum_j \alpha_j \mathbb{1}_{A_j} \in \mathcal{E}_+$ gilt $A_f = \bigcup_j A_j \times [0, \alpha_j] \in \mathcal{A} \otimes \mathcal{B}^1$. Zu $f \in \overline{\mathcal{Z}}_+$ existiert $(u_n) \subset \mathcal{E}$, $u_n \uparrow f$ und daher $A_{u_n} \uparrow A_f$; also ist A_f in $\mathcal{A} \otimes \mathcal{B}^1$. Nach Fubini folgt $u_n \in \mathcal{E}$

$$\mu \otimes \lambda^1(A_f) = \int \lambda^1(A_x) \, d\mu(x) = \int f(x) \, d\mu(x)$$
$$= \int_{[0,\infty)} \mu(A_y) \, d\lambda^1(y) = \int_{[0,\infty)} \mu(f \geq y) \, d\lambda^1(y). \quad \square$$

Bemerkung 1.5.5

a) Zu $f \in \mathcal{L}^1(\mu)$ sei $f = f^+ - f^-$; dann ist $\int f \, d\mu$ die Fläche zwischen Graphen von f und x-Achse, positiv gewichtet oberhalb der x-Achse, negativ unterhalb der x-Achse.

b) Satz 1.5.4 ermöglicht einen alternativen Zugang zur Integrationstheorie über die Maßtheorie.
Definiere: $\int f \, d\mu := \mu \otimes \lambda^1(A_f)$ für $f \in \overline{\mathcal{Z}}_+$.
Aus dieser Definition lassen sich die Eigenschaften des Integrals herleiten. ⌐

Wir verwenden die Schreibweise: $\displaystyle\int_a^b f(x) \, dx := \int_{[a,b]} f \, d\lambda^1$.

Als nächstes Thema behandeln wir Maße mit Dichten.

1.5.2 Maße mit Dichten

Sei $(\Omega, \mathcal{A}, \mu)$, $f \in \overline{\mathcal{Z}}_+$, sei $\nu = f\mu$ das **Maß mit Dichte f bzgl. μ**, d. h.

$$\nu(A) = \int f \, d\mu, \quad A \in \mathcal{A}.$$

Proposition 1.5.6 *Sei $\nu = f\mu$, $g \in \overline{\mathcal{Z}}$.*

a) *Für $g \in \overline{\mathcal{Z}}_+$ gilt:* $\displaystyle\int g \, d\nu = \int gf \, d\mu,$

b)
$$g \in \mathcal{L}^1(\nu) \Leftrightarrow fg \in \mathcal{L}^1(\mu)$$

und es gilt: $\displaystyle\int g \, d\nu = \int gf \, d\mu.$

c) *Für $f, g \in \overline{\mathcal{Z}}_+$ und $f = g \, [\mu]$ gilt:* $f\mu = g\mu$.

d) *Ist $f \in \mathcal{L}^1(\mu)$ und $f\mu = g\mu$ dann gilt:* $f = g \, [\mu]$.

Eine grundlegende Frage der Maßtheorie ist die folgende: Gegeben seien zwei Maße μ, ν auf $(\Omega, \mathcal{A})$. Unter welchen Bedingungen hat ν eine μ-Dichte, d. h. es existiert ein $f \in \overline{\mathcal{Z}}_+$ mit $\nu = f\mu$?

Als Konsequenz lassen sich dann ν-Integrale auf μ-Integrale zurückführen (vgl. Proposition 1.5.6 b)), insbesondere

$$\nu(A) = \int_A f \, d\mu.$$

Bezeichne $\mathcal{N}(\mu) := \{A \in \mathcal{A}; \, \mu(A) = 0\}$ das System der μ-Nullmengen.

Definition 1.5.7 *Seien ν und μ Maße auf $\mathcal{A}$;*

$$\nu \text{ heißt } \mu\text{-stetig} \;\Leftrightarrow\; \mathcal{N}(\mu) \subset \mathcal{N}(\nu).$$

Schreibweise: $\nu \ll \mu$.

Bemerkung 1.5.8
a) *Hat ν eine μ-Dichte $\nu = f\mu$, dann gilt: $\nu \ll \mu$.*
   Im Allgemeinen gilt die Umkehrung nicht.
b) *Ist ν ein endliches Maß auf $(\Omega, \mathcal{A})$, dann gilt:*

$$\nu \ll \mu \;\Leftrightarrow\; (\forall \varepsilon > 0 : \exists \delta > 0 :\; \mu(A) \leq \delta \Rightarrow \nu(A) \leq \varepsilon).$$

Zur Beantwortung der Frage nach der Existenz von μ-Dichten verwenden wir aus der Hilbertraum-Theorie den Projektionssatz und den Riesz'schen Darstellungssatz.

Definition 1.5.9 (Hilbertraum) *Sei H ein Vektorraum über $\mathbb{R}$ mit Skalarprodukt $\langle \cdot, \cdot \rangle$ und zugehöriger Norm $\|x\| = \langle x, x \rangle^{\frac{1}{2}}$. H heißt **Hilbertraum**, wenn $(H, \|\cdot\|)$ vollständig ist.*

Beispiel 1.5.10 Sei $(\Omega, \mathcal{A}, \mu)$ ein Maßraum und sei $L^2(\mu) = \mathcal{L}^2(\mu)/_{\sim_\mu}$ mit

$$f \sim_\mu g :\Leftrightarrow \{f \neq g\} \in \mathcal{N}(\mu) \quad \text{für } f, g \in \mathcal{L}^2(\mu).$$

$L^2(\mu)$ ist mit dem Skalarprodukt $\langle f, g \rangle := \int fg \, d\mu$ ein Hilbertraum.
Ein Beispiel ist der Folgenraum

$$l_2 = \left\{ (a_n) \subset \mathbb{R}^\infty \,\Big|\, \sum_{n=1}^\infty a_n^2 < \infty \right\}$$

mit dem abzählenden Maß μ auf $\mathbb{N}$. ◇

Definition 1.5.11 (Beste Approximation) *Sei $S \subset H$, $x \in H$.*

a) $x_0 \in S$ *heißt **beste Approximation von x** in S, wenn*

$$\|x - x_0\| = \inf\{\|x - y\|;\; y \in S\}.$$

b) $S^\perp := \{x \in H;\; \langle x, y \rangle = 0, \forall\, y \in S\}$ *heißt **orthogonales Komplement von S**.*
   $S^\perp$ *ist ein Teilraum von H.*

1.5 Sätze von Fubini und Radon-Nikodým

Satz 1.5.12 (Projektionssatz) *Sei $S \subset H$ ein abgeschlossener Teilraum, $x \in H$, dann folgt: Es existiert eine beste Approximation $\pi_S(x)$ von x in S.*
$\pi_S : H \to H$ *hat die folgenden Eigenschaften:*

a) $x - \pi_S(x) \in S^\perp, \ x \in H$.
b) $\langle \pi_S(x), y \rangle = \langle x, \pi_S(y) \rangle = \langle \pi_S(x), \pi_S(y) \rangle, \ \forall x, y \in H$.
c) $\pi_S(x)$ *ist die eindeutige Lösung $x_0 \in S$ der* **Projektionsgleichungen**

$$\langle x_0, y \rangle = \langle x, y \rangle, \ \forall y \in S.$$

d) π_S *ist eine* **Orthogonalprojektion**, *d. h.* $\pi_S^2 = \pi_S$ *und* $\pi_S \perp (\mathrm{id} - \pi_S) = \pi_{S^\perp}$,

d. h. $\langle \pi_S x, (id - \pi_S) y \rangle = 0, \ \forall x, y \in H$.

e) *Für alle $x \in H$ existiert genau ein $y \in S$ und ein $z \in S^\perp$ mit $x = y + z$, nämlich $y = \pi_S(x)$, und es gilt der* **Satz von Pythagoras**

$$\|x\|^2 = \|\pi_S(x)\|^2 + \|x - \pi_S(x)\|^2.$$

f) *Es gilt die* **Parallelogrammregel**

$$\|x + y\|^2 + \|x - y\|^2 = 2\|x\|^2 + 2\|y\|^2.$$

Beweis Existenz einer besten Approximation. Sei $(x_n) \subset S$, so dass

$$\lim_{n \to \infty} \|x - x_n\| = \inf_{y \in S} \|x - y\|.$$

Behauptung: (x_n) ist eine Cauchy-Folge, denn es ist nach der Parallelogrammregel

$$\begin{aligned}
\|x_n - x_m\|^2 &= \|(x_n - x) + (x - x_m)\|^2 \\
&= -\|2x - (x_n + x_m)\|^2 + 2\|x_n - x\|^2 + 2\|x_m - x\|^2 \\
&= -4 \Big\| x - \underbrace{\frac{x_n + x_m}{2}}_{\in S} \Big\|^2 + 2\|x_n - x\|^2 + 2\|x_m - x\|^2.
\end{aligned}$$

Hieraus folgt:

$$\limsup_{n,m \to \infty} \|x_n - x_m\|^2 \leq 0.$$

Da (x_n) eine Cauchy-Folge ist, existiert ein $x_0 \in S : \|x_n - x_0\| \longrightarrow 0$ und

$$\|x - x_n\| \longrightarrow \|x - x_0\| = \inf_{y \in S} \|x - y\|.$$

Zum Beweis von a)–f) vgl. die lineare Algebra. □

Satz 1.5.13 (Riesz'scher Darstellungssatz) *Sei H ein Hilbertraum, $\lambda : H \to \mathbb{R}^1$ eine stetige, lineare reelle Abbildung auf H. Dann existiert genau ein $x_\lambda \in H$ mit*

$$\lambda(x) = \langle x, x_\lambda \rangle, \ \forall x \in H.$$

Beweis $N_\lambda := \{x \in H; \lambda(x) = 0\} = \ker \lambda$ ist ein abgeschlossener Teilraum von H.

Ist $\lambda \neq 0$, so folgt $N_\lambda \neq H$, somit ist $N_\lambda^\perp \neq \{0\}$, also existiert ein $x_0 \in N_\lambda^\perp$ mit $\|x_0\| = 1$ und $\lambda(x_0) \neq 0$. Daraus folgt für alle $x \in H$:

$$x - \frac{\lambda(x)}{\lambda(x_0)} x_0 \in N_\lambda,$$

d. h. $\Big\langle \underbrace{x - \frac{\lambda(x)}{\lambda(x_0)} x_0}_{\in N_\lambda}, \underbrace{x_0}_{\in N_\lambda^\perp} \Big\rangle = 0.$

Also ist $\langle x, x_0 \rangle = \frac{\lambda(x)}{\lambda(x_0)} \|x_0\|^2$ und deswegen

$$\lambda(x) = \langle x, \underbrace{\lambda(x_0) x_0}_{=:x_\lambda \in H} \rangle. \qquad \square$$

Satz 1.5.14 (Zerlegungssatz) *Seien λ und μ zwei σ-endliche Maße auf $(\Omega, \mathcal{A})$. Dann existieren paarweise disjunkte Elemente $A_1, A_2, A_3 \in \mathcal{A}$, so dass:*

1) $\Omega = A_1 + A_2 + A_3$,
2) $\lambda(A_3) = \mu(A_1) = 0$ und
3) *es existiert $g \in \overline{\mathcal{Z}}_+$, mit $g(x) > 0$ für $x \in A_2$, so dass für alle $A \in \mathcal{A}, A \subset A_2$ gilt:*

$$\lambda(A) = \int_A g \, d\mu \quad \text{und} \quad \mu(A) = \int_A \frac{1}{g} \, d\lambda.$$

Beweis
a) Seien zunächst λ und μ endlich. Definiere $\nu := \lambda + \mu$, dann ist für $f \in \overline{\mathcal{Z}}_+$

$$\int f \, d\nu = \int f \, d\lambda + \int f \, d\mu.$$

$L^2(\nu)$ ist ein Hilbertraum, und ν ist endlich. Daher gelten die Inklusionen

$$L^2(\nu) \subset L^1(\nu) \subset L^1(\lambda).$$

Die Abbildung $\Lambda : L^2(\nu) \longrightarrow \mathbb{R}, \ f \mapsto \int f \, d\lambda$ ist wohldefiniert und es gilt

$$|\Lambda(f)| \leq \left(\int f^2 \, d\lambda \right)^{\frac{1}{2}} (\lambda(\Omega))^{\frac{1}{2}} \leq (\lambda(\Omega))^{\frac{1}{2}} \underbrace{\left(\int f^2 \, d\nu \right)^{\frac{1}{2}}}_{=\|f^2\|_{2,\nu}}.$$

1.5 Sätze von Fubini und Radon-Nikodým

Λ ist beschränkt, also stetig. Nach dem Riesz'schen Darstellungssatz existiert ein $f_0 \in \mathcal{L}^2(\nu)$ mit

$$\Lambda(f) = \int f \, d\lambda = \langle f, f_0 \rangle = \int f f_0 \, d\nu.$$

Wir bestimmen jetzt einige Eigenschaften von f_0. Sei dazu $f = \mathbb{1}_A$ für $A \in \mathcal{A}$.

i) Für $A \in \mathcal{A}$ ist $\lambda(A) = \int_A f_0 \, d\nu \geq 0$. Daraus folgt $f_0 \geq 0 \, [\nu]$. Außerdem ist

$$\nu(A) \geq \lambda(A) = \int_A f_0 \, d\nu.$$

Daher ist für $A \in \mathcal{A}$

$$\int_A (1 - f_0) \, d\nu \geq 0.$$

Es folgt $f_0 \leq 1 \, [\nu]$; also ist o. E.

ii) $0 \leq f_0(x) \leq 1$ für alle $x \in \Omega$.
Definiere nun:

$$A_1 := \{x \in \Omega; \ f_0(x) = 1\}, \quad A_2 := \{x \in \Omega; \ 0 < f_0(x) < 1\}$$

und $A_3 := \{x \in \Omega; \ f_0(x) = 0\}$.

Die A_i sind paarweise disjunkt und $\Omega = A_1 + A_2 + A_3$, also gilt Satz 1.5.14, 1). Es ist

$$\lambda(A_3) = \int_{A_3} f_0 \, d\nu = 0 \text{ und}$$

$$\mu(A_1) = \nu(A_1) - \lambda(A_1) = \int_{A_1} (1 - f_0) \, d\nu = 0;$$

also gilt Satz 1.5.14, 2).

iii) Für $A \subset A_2, A \in \mathcal{A}$ ist

$$\int_A (1 - f_0) \, d\lambda = \underbrace{\lambda(A) - \int_A f_0 \, d\nu}_{=0 \text{ nach i)}} + \int_A f_0 \, d\mu = \int_A f_0 \, d\mu.$$

Somit ist für alle $f \in \overline{\mathcal{Z}}_+$

$$\int_{A_2} f(1 - f_0) \, d\lambda = \int_{A_2} f f_0 \, d\mu. \tag{1.4}$$

Mit $f = \frac{\mathbb{1}_A}{1 - f_0}$ für $A \subset A_2$ folgt

iv) $\lambda(A) = \int_A \frac{f_0}{1-f_0} \, d\mu$ für alle $A \in \mathcal{A}$ mit $A \subset \mathcal{A}_2$.

Definiere $g := \begin{cases} \frac{f_0}{1-f_0} & \text{auf } A_2, \\ 0 & \text{sonst,} \end{cases}$ dann gilt Satz 1.5.14, 3).

b) Seien nun λ und μ σ-endlich, dann folgt:
$\exists$ messbare, disjunkte Zerlegung (B_n) von Ω mit $\mu(B_n) < \infty$ und $\lambda(B_n) < \infty$, $n \in \mathbb{N}$. Nach Teil a) des Beweises folgt:
B_n hat eine Zerlegung $B_n = A_{1,n} + A_{2,n} + A_{3,n}$ mit obigen Eigenschaften.
Definiere $A_1 := \sum_n A_{1,n}$, $A_2 := \sum_n A_{2,n}$ und $A_3 := \sum_n A_{3,n}$, dann folgt die Behauptung. □

Satz 1.5.15 (Satz von Radon-Nikodým) *Seien λ und μ zwei σ-endliche Maße auf $(\Omega, \mathcal{A})$; dann hat λ eine μ-Dichte $f \Leftrightarrow \lambda \ll \mu$.*

Beweis „⇐": nach Satz 1.5.14 existiert eine Zerlegung $\Omega = A_1 + A_2 + A_3$ mit $\lambda(A_3) = \mu(A_1) = 0$.
Aus $\lambda \ll \mu$ folgt daher $\lambda(A_1) = 0$. Somit ist für alle $A \in \mathcal{A}$

$$\lambda(A) = \lambda(A \cap A_2) = \int_A g \mathbb{1}_{A_2} \, d\mu$$

mit g aus dem Zerlegungssatz. Setze $f := g \mathbb{1}_{A_2} \in \overline{\mathcal{Z}}_+$, so ist f eine μ-Dichte. □

Bemerkung 1.5.16
1) *Ein Gegenbeispiel zur Aussage des Satzes von Radon-Nikodým für nicht-σ-endliche Maße ist der Fall, dass μ das Zählmaß auf $\mathbb{R}^1$ ist und $\lambda = \lambda^1$. Dann ist $\lambda^1 \ll \mu$, aber λ^1 hat keine μ-Dichte.*
2) *Der Beweis des Satzes von Radon-Nikodým lässt sich verallgemeinern zu dem Fall, dass nur das Maß μ σ-endlich ist (vgl. Bauer (2002)).* ⌐

Satz 1.5.17 (Lebesgue'scher Zerlegungssatz) *Seien μ und λ zwei σ-endliche Maße auf $(\Omega, \mathcal{A})$, dann existieren zwei eindeutig bestimmte σ-endliche Maße λ_1, λ_2, so dass $\lambda = \lambda_1 + \lambda_2$ und*

1) $\lambda_1 \ll \mu$,
2) $\lambda_2 \perp \mu$, *d.h., es existiert $A \in \mathcal{A}$, so dass $\mu(A) = \lambda(A^c) = 0$.*

Beweis Die Existenz folgt aus dem Zerlegungssatz mit $\Omega = A_1 + A_2 + A_3$. Setze dazu $A := A_1, \lambda_1(B) := \lambda(B \cap A^c)$ und $\lambda_2(B) := \lambda(B \cap A)$ für $B \in \mathcal{A}$, dann ist $\lambda = \lambda_1 + \lambda_2$.

Es gelten 1) und 2); denn aus $\mu(B) = 0$ folgt

$$\lambda_1(B) = \lambda(B \cap A^c) = \lambda(B \cap A_2) + \underbrace{\lambda(B \cap A_3)}_{=0}$$

$$= \int_{B \cap A_2} g \, d\mu = 0.$$

Es gilt also $\lambda_1 \ll \mu$.

Aus $\mu(A_1) = 0$ und $\lambda_2(A_1^c) = 0$ folgt dann $\lambda_2 \perp \mu$.

Der Nachweis der Eindeutigkeit ist einfach und wird hier nicht ausgeführt. □

Definition 1.5.18 (Radon-Nikodým-Ableitung) *Seien λ und μ zwei σ-endliche Maße auf $(\Omega, \mathcal{A})$ mit $\lambda \ll \mu$. Die nach Satz 1.5.15 existierende und μ fast sicher eindeutige μ-Dichte $f \in \overline{\mathcal{Z}}_+$ heißt **Radon-Nikodým-Ableitung** von λ nach μ.*

Schreibweise: $f = \frac{d\lambda}{d\mu}$ (genauer $f \in \frac{d\lambda}{d\mu}$).

Bemerkung 1.5.19
1) **Verallgemeinerte Differentiation.** *Für $\mu = f\lambda^1$, $f \in \mathcal{L}_+^1(\lambda)$, mit der Verteilungsfunktion $F(x) = \mu((-\infty, x])$ ist $f(x) = F'(x) \, [\lambda^1]$.*
   *Ist allgemeiner F eine Funktion von beschränkter Variation, dann existiert $F' = f \, [\lambda^1]$ (**Lebesgue'scher Differentiationssatz**).*
   Ist F stetig, dann ist $F(x) = \int_{(-\infty, x]} f \, d\lambda^1$.
2) **Kettenregel.** *Sind $\nu \ll \mu \ll \lambda$, dann ist $\nu \ll \lambda$ und es gilt:*

$$\frac{d\nu}{d\lambda} = \frac{d\nu}{d\mu} \frac{d\mu}{d\lambda} \, [\lambda].$$

⌟

2 Stochastische Unabhängigkeit und Gesetze großer Zahlen

Die Grundbegriffe der Wahrscheinlichkeitstheorie wie Wahrscheinlichkeitsraum, Zufallsvariable, Verteilung und Erwartungswert und Verteilungsfunktion werden auf maßtheoretischer Grundlage eingeführt und motiviert durch verschiedene Aufgabenstellungen. Grundlegende Themen dieses Kapitels sind der Begriff der stochastischen Unabhängigkeit, seine natürliche Verwendung zur Modellierung stochastischer Vorgänge und die fundamentalen Gesetze großer Zahlen, die einen Bezug zwischen Experimenten und den erklärenden Parametern des stochastischen Modells herstellen. Damit liefert die Wahrscheinlichkeitstheorie eine Brücke zwischen Empirie und Theorie, die wesentlich ihre Bedeutung für die Wissenschaften ausmacht.

2.1 Grundbegriffe der Wahrscheinlichkeitstheorie

In diesem einführenden Abschnitt werden zentrale Begriffe der Wahrscheinlichkeitstheorie eingeführt und Eigenschaften dieser Begriffe erläutert. Dies geschieht durch Spezialisierung und Interpretation von Begriffen und Aussagen der Maß- und Integrationstheorie. Einige Beispiele zeigen die Motivation dieser Begriffe und weiterführende Fragestellungen.

Definition 2.1.1 (Wahrscheinlichkeitsraum) *Sei $(\Omega, \mathcal{A})$ ein Messraum. Ein normiertes Maß P auf $(\Omega, \mathcal{A})$, d. h., es gilt: $P(\Omega) = 1$, heißt **Wahrscheinlichkeitsmaß** auf $(\Omega, \mathcal{A})$. $(\Omega, \mathcal{A}, P)$ heißt **Wahrscheinlichkeitsraum**.*

Interpretation Ein Experiment habe als Grundraum möglicher Elementarereignisse Ω. $\mathcal{A}$ sei das System der interessierenden Ereignisse. P beschreibt eine Gewichtsfunktion, nach der gewichtet als Ergebnis des Experiments ein zufälliges Ergebnis ω erhalten wird. Das stochastische Modell $(\Omega, \mathcal{A}, P)$ ist also ähnlich einem Urnenmodell, aus dem zufällig mit P gewichtet eine Kugel entnommen wird.

Definition 2.1.2 (Zufallsvariable und Verteilung) *Sei $(\Omega, \mathcal{A}, P)$ ein Wahrscheinlichkeitsraum und $(\Omega', \mathcal{A}')$ ein Messraum.*

a) *Eine messbare Abbildung $X : (\Omega, \mathcal{A}) \longmapsto (\Omega', \mathcal{A}')$ heißt **Zufallsvariable**. X heißt reelle Zufallsvariable, wenn $(\Omega', \mathcal{A}') = (\mathbb{R}^1, \mathcal{B}^1)$ ist.*
b) *Das Bildmaß P^X von P unter X heißt **Verteilung** von X.*

Interpretation Als Ergebnis eines Zufallsexperiments im Modell $(\Omega, \mathcal{A}, P)$ ergibt sich ein zufälliges Element $\omega \in \Omega$. Von Interesse ist aber nur der Wert $X(\omega)$ einer Funktion X. $X(\omega)$ ist dann auch eine zufällige Variable, deren Verteilung in $(\Omega', \mathcal{A}')$ durch $P^X =: P_X$ beschrieben wird.

Definition 2.1.3 (Erwartungswert und Varianz) *Sei X eine reelle Zufallsvariable (ZVe) auf $(\Omega, \mathcal{A}, P)$.*

a) *Für $X \in \overline{\mathcal{Z}}_+ \cup \mathcal{L}^1(P)$ heißt $EX := \int X \, dP = \int x \, dP^X(x)$ **Erwartungswert** von X.*
b) *Für $X \in \mathcal{L}^1(P)$ heißt $\text{Var}(X) := E(X - EX)^2$ **Varianz** von X.*
   Es gilt: $\text{Var}(X) = EX^2 - (EX)^2$.

   $\sigma(x) := \sqrt{\text{Var}(X)}$ *heißt **Streuung** von X.*
c) $EX^r = \int x^r \, dP^X(x)$ *heißt **Moment der Ordnung r** (falls existent).*

Interpretation Bei einem Spiel mit zufälligem Ausgang X ist EX der faire Einsatz. Ist P^X eine Masseverteilung, dann ist EX der Schwerpunkt. Die Varianz $\text{Var}(X)$ ist die mittlere quadratische Schwankung um den Erwartungswert. EX und $\text{Var}(X)$ sind zwei charakteristische Größen zur Beschreibung der Verteilung P^X von X.

Definition 2.1.4 (Kovarianz, Korrelationskoeffizient) *Seien X und Y reelle Zufallsvariable auf $(\Omega, \mathcal{A}, P)$.*

a) $\text{Cov}(X, Y) := E(X - EX)(Y - EY)$ *heißt **Kovarianz** von X, Y (falls existent).*
b) $\varrho(X, Y) := \dfrac{\text{Cov}(X, Y)}{\sigma(X)\sigma(Y)}$ *heißt **Korrelationskoeffizient** von X, Y (falls existent).*
c) X, Y *heißen **unkorreliert**, wenn $\text{Cov}(X, Y) = 0$.*

Interpretation Die Kovarianz und der Korrelationskoeffizient beschreiben den Grad von linearer Abhängigkeit von X, Y. Diese Interpretation ergibt sich aus der folgenden Proposition.

Proposition 2.1.5 *Seien X, Y reelle Zufallsvariable.*

a) $\text{Var}(X) = 0 \Leftrightarrow X = EX \, [P]$.
b) $|\varrho(X,Y)| \leq 1$;
   $|\varrho(X,Y)| = 1 \Leftrightarrow \exists \, a, b \in \mathbb{R}^1 : Y = aX + b \, [P]$.
c) *Für $X, Y \in \mathcal{L}^2(P)$ gilt:*
$$E(X-a)^2 \geq E(X - EX)^2 = \text{Var}(X), \quad \forall \, a \in \mathbb{R}^1.$$
d) *Für $X, Y \in \mathcal{L}^2(P)$ gilt:*
$$E(Y - (aX+b))^2 = \min_{a,b}$$

hat die Lösung
$$a^* := \varrho(X,Y) \frac{\sigma(X)}{\sigma(Y)}, \quad b^* := EY - a^* EX.$$

$g^*(x) = a^* x + b^*$ *heißt* **Regressionsgerade** *von Y nach X.*

Bemerkung 2.1.6 *Aussage b) in Proposition 2.1.5 ist eine Folgerung aus der Cauchy-Schwarz-Ungleichung. c) besagt, dass der Erwartungswert EX die beste Approximation von X durch eine Konstante im L^2-Sinne ist. Entsprechend ist nach d) $g^*(X)$, g^* die Regressionsgerade, die beste Vorhersage (Approximation) von Y durch eine lineare Funktion von X.*

2.2 Verteilungsfunktion und stochastische Unabhängigkeit

Verteilungsfunktionen erlauben eine einfache Beschreibung von Wahrscheinlichkeitsmaßen auf $\mathbb{R}^1$. Der Begriff der stochastischen Unabhängigkeit ist fundamental für die Modellbildung stochastischer Experimente. Wir behandeln die grundlegenden Rechenregeln für diesen Begriff.

Definition 2.2.1 (Verteilungsfunktion)
Eine Abbildung $F : \mathbb{R} \longmapsto [0,1]$ heißt **Verteilungsfunktion** *auf $\mathbb{R}^1$, wenn*

i) $F \uparrow$ *(d. h., F ist monoton wachsend),*
ii) *F ist rechtsseitig stetig,*
iii) $\lim_{x \to \infty} F(x) = 1$ *und* $\lim_{x \to -\infty} F(x) = 0$, *$F$ ist normiert.*

Sei $M^1(\Omega, \mathcal{A})$ die Menge der Wahrscheinlichkeitsmaße auf $(\Omega, \mathcal{A})$ und sei $\mathcal{F} = \mathcal{F}^1$ die Menge der Verteilungsfunktionen auf $\mathbb{R}^1$.

Satz 2.2.2 (Korrespondenzsatz)
1. *Sei $P \in M^1(\mathbb{R}^1, \mathcal{B}^1)$, dann ist $F_P(x) := P((-\infty, x])$ für $x \in \mathbb{R}$ eine Verteilungsfunktion.*
2. *Sei $F \in \mathcal{F}$, dann existiert genau ein Wahrscheinlichkeitsmaß $P \in M^1(\mathbb{R}^1, \mathcal{B}^1)$, so dass $F = F_P$.*
3. *Die Abbildung* $\quad M^1(\mathbb{R}^1, \mathcal{B}^1) \longrightarrow \mathcal{F} \quad$ *ist bijektiv.*
   $$P \longmapsto F_P$$

Beweis
1) i) Ist $x \leq y$, dann folgt $F_P(x) = P((-\infty, x]) \leq P((-\infty, y]) = F_P(y)$.
   ii) Sei $x_n \downarrow x$, dann folgt nach dem Stetigkeitssatz für Maße:
   $$F_P(x_n) = P((-\infty, x_n]) \downarrow P((-\infty, x]).$$
   iii) Sei $x_n \uparrow \infty$, dann folgt:
   $$F_P(x_n) = P((-\infty, x_n]) \uparrow P(\mathbb{R}^1) = 1;$$
   für $x_n \downarrow -\infty$ folgt
   $$F_P(x_n) = P((-\infty, x_n]) \downarrow P(\emptyset) = 0.$$

2) **Existenz.** Definiere für ein Intervall $I = (a, b]$ mit $a < b$,
$$P((a, b]) := F(b) - F(a). \tag{2.1}$$

Sei $A := \sum_{i=1}^n (a_i, b_i] \in \mathcal{F}^1$ eine Vereinigung paarweise disjunkter Intervalle, d. h. eine eindimensionale Figur, und definiere
$$P(A) := \sum_{i=1}^n (F(b_i) - F(a_i)).$$

Wie bei der Konstruktion des Lebesgue-Maßes ist P wohldefiniert auf $\mathcal{F}^1$, endlich additiv und ein Prämaß (kompakt approximierbar). Außerdem ist P σ-endlich auf $\mathcal{F}^1$. Nach dem Maßerweiterungssatz existiert daher eine Fortsetzung von P auf $\mathcal{B}^1 = \sigma(\mathcal{F}^1)$, und es ist $F = F_P$ nach (2.1).

Eindeutigkeit. Da $\mathcal{J}^1 = \{(-\infty, x]; x \in \mathbb{R}\}$ ein $\cap$-stabiler Erzeuger von $\mathcal{B}^1$ ist und $(-\infty, n] \uparrow \mathbb{R}^1$ mit $P((-\infty, n]) \leq 1$, folgt aus dem Eindeutigkeitssatz die Eindeutigkeit der Maßfortsetzung.

3) folgt aus 1) und 2). □

Die Eigenschaften einer Verteilungsfunktion lassen sich in der Regel einfach nachprüfen, und daher erhalten wir nach dem Korrespondenzsatz eindeutig zugeordnete Wahrscheinlichkeitsmaße auf $\mathbb{R}^1$. Eine wichtige Klasse von Beispielen von Verteilungsfunktionen wird über Lebesgue-Dichten definiert.

2.2 Verteilungsfunktion und stochastische Unabhängigkeit

Definition 2.2.3 *Eine messbare Abbildung $f : (\mathbb{R}^1, \mathcal{B}^1) \longrightarrow (\overline{\mathbb{R}}_+, \overline{\mathcal{B}}_+)$ heißt **Lebesgue-Dichte** auf $\mathbb{R}^1$, wenn sie normiert ist, d. h. wenn $\int f \, d\lambda^1 = 1$.*

Proposition 2.2.4 *Sei f eine Lebesgue-Dichte auf $\mathbb{R}^1$ und definiere $F(x) := \int_{(-\infty,x]} f \, d\lambda_1$, dann gilt:*

1) *$F \in \mathcal{F}$, F ist eine Verteilungsfunktion und das zugehörige Wahrscheinlichkeitsmaß $P = f\lambda^1$ ist das Maß mit der Dichte f bzgl. λ^1.*
2) *F ist stetig und P ist nicht-atomar (stetig), d. h., für alle $x \in \mathbb{R}^1$ ist $P(\{x\}) = 0$.*
3) *Ist f stetig in x_0, dann ist F in x_0 differenzierbar und es gilt: $F'(x_0) = f(x_0)$.*

Beweis

1) Aus der Definition und den Eigenschaften des Integrals folgt für alle x

$$P((-\infty, x]) = F(x) = \int_{(-\infty,x]} f \, d\lambda^1 = f\lambda^1((-\infty, x]).$$

Somit ist $P = f\lambda^1$ auf $\mathcal{J}^1$, und aus dem Eindeutigkeitssatz folgt: $P = f\lambda^1$, d. h.

$$P(A) = \int_A f \, d\lambda^1 \quad \text{für alle } A \in \mathcal{B}^1.$$

2) Es ist $P = f\lambda^1 \ll \lambda^1$.
   Da $\lambda^1(\{x\}) = 0, \forall x \in \mathbb{R}^1$, folgt $P(\{x\}) = 0$, d. h., P ist stetig.
   Behauptung: F ist stetig $\Leftrightarrow$ P ist stetig
   „$\Rightarrow$": $P(\{x\}) = F(x) - F(x-) = 0$, also folgt „$\Rightarrow$"
   „$\Leftarrow$": F ist rechtsseitig stetig nach dem Stetigkeitssatz

$$\lim_{h \downarrow 0}(F(x+h) - F(x)) = \lim_{h \downarrow 0} P((x, x+h]) = 0.$$

F ist auch linksseitig stetig, da wieder nach dem Stetigkeitssatz

$$\lim_{h \downarrow 0} \underbrace{\big(F(x) - F(x-h)\big)}_{=P((x-h,x])} = P(\{x\}) = 0.$$

3) Sei f stetig in x_0, dann existiert eine Umgebung $U = (x_0 - h, x_0 + h)$ von x_0 und $k \in \mathbb{R}^1$ mit $|f(y)| \leq k$ für $y \in U$. Daraus folgt: für alle $x, y \in U$ mit $x < x_0 < y$ gilt

$$\frac{F(y) - F(x_0)}{y - x_0} = \frac{1}{y - x_0} \int_{(x_0,y]} f \, d\lambda^1 \xrightarrow[y \downarrow x_0]{} f(x_0)$$

und ebenso

$$\frac{F(x_0) - F(x)}{x_0 - x} \xrightarrow[x \uparrow x_0]{} f(x_0).$$

Falls f stetig ist, folgt die Behauptung auch direkt aus dem Hauptsatz der Differential- und Integralrechnung, d. h., $F(x) = \int_{-\infty}^{x} f(y)\,dy$ ist differenzierbar in x_0 und $F'(x_0) = f(x_0)$. □

Bemerkung 2.2.5
a) Ist $P = f\lambda^1$, dann gilt für $F = F_P$, dass $F'\;\lambda^1$ fast sicher existiert und $F' = f\,[\lambda^1]$. Dies ist der Inhalt des **Lebesgue'schen Differentiationssatzes**.
b) Ist F stetig, so folgt nicht, dass das zugehörige Maß P Lebesgue-stetig ist. Es existiert $P \in M^1(\mathbb{R}^1, \mathcal{B}^1)$ mit $P \perp \lambda^1$, d. h., P und λ^1 haben disjunkte Träger so dass F_P stetig ist.
c) **Maße mit Dichten.** Ist μ ein Maß auf $(\mathbb{R}^1, \mathcal{B}^1)$ und $f \in \overline{\mathcal{Z}}_+ \cap \mathcal{L}^1(\mu)$ mit $\int f\,d\mu = 1$, dann definiert $F(x) = \int_{(-\infty,x]} f\,d\mu$ eine Verteilungsfunktion, $F \in \mathcal{F}^1$. Das zugehörige Wahrscheinlichkeitsmaß P ist das Maß mit Dichte f bzgl. μ, d. h. $P = f\mu$. Der Beweis ist analog zu dem von Proposition 2.2.4.
Insbesondere durch die Wahl von $\mu = \lambda_A$ als abzählendes Maß einer abzählbaren Menge $A \subset \mathbb{R}^1$ erhält man die kanonischen diskreten Wahrscheinlichkeitsmaße. ⌐

Beispiel 2.2.6
a) *Diskrete Maße*
  1. **Bernoulli-Verteilung:** $\mathcal{B}(1, \vartheta)$, $\vartheta \in [0, 1]$
     $A = \{0, 1\}$, Dichte $f(1) = \vartheta$, $f(0) = 1 - \vartheta$.
  2. **Binomialverteilung:** $\mathcal{B}(n, \vartheta)$
     $A = \{0, 1, \ldots, n\}$, Dichte $f_\vartheta(k) = \binom{n}{k}\vartheta^k(1-\vartheta)^{n-k}$.
  3. **Poisson-Verteilung:** $\mathcal{P}(\lambda)$, $0 < \lambda < \infty$
     $A = \mathbb{N}_0$, Dichte $f_\lambda(k) = \frac{\lambda^k}{k!}e^{-\lambda}$.
  4. **Geometrische Verteilung:** $\mathcal{G}(\vartheta)$, $0 < \vartheta \leq 1$
     $A = \mathbb{N}$, Dichte $f_\vartheta(n) = (1-\vartheta)^{n-1}\vartheta$.
b) *Stetige Maße*
   Für $\mu = \lambda^1$ erhält man die stetigen Standardverteilungen wie z. B.
  1. **Gleichverteilung:** $U_A = U(A)$ auf $A \subset \mathbb{R}^1$ mit $0 < \lambda^1(A) < \infty$
     Dichte $f = \frac{1}{\lambda^1(A)}\mathbb{1}_A$,
  2. **Normalverteilung:** $N(\mu, \sigma^2)$, $\mu \in \mathbb{R}^1$, $\sigma^2 > 0$
     Dichte $\varphi_{\mu,\sigma^2}(x) = \frac{1}{\sqrt{2\pi\sigma^2}}e^{-\frac{1}{2}\frac{(x-\mu)^2}{\sigma^2}}$,
  3. **Exponentialverteilung:** $\mathcal{E}(\lambda)$, $\lambda > 0$
     Dichte $f_\lambda(x) = \lambda e^{-\lambda x}$, $x \geq 0$. ◇

Beispiel 2.2.7 (Normalverteilung) *Sei* $\varphi(x) := \frac{1}{\sqrt{2\pi}}e^{-\frac{x^2}{2}}$, $x \in \mathbb{R}^1$, *die Dichte der* **Standard-Normalverteilung** $P = \varphi\lambda^1 = N(0, 1)$. *Ist X eine normalverteilte Zufalls-*

2.2 Verteilungsfunktion und stochastische Unabhängigkeit

variable auf $(\Omega, \mathcal{A}, P)$, *d.h.* $P^X = N(0,1)$, *dann gilt:*

$$EX = \int X \, dP = \int x \, dP^X(x) = \int x \varphi(x) \, dx = 0$$

$$\text{und} \quad \text{Var}(X) = EX^2 - (EX)^2 = \int x^2 \varphi(x) \, dx = 1.$$

Für $X \sim N(\mu, \sigma^2)$ *gilt analog* $EX = \mu$, $\text{Var } X = \sigma^2$. *Die allgemeinen Momente* α_k *für* $X \sim N(0, 1)$ *erhält man mit Induktion und partieller Integration. Es ist*

$$\alpha_{2k+1} = 0, \quad \alpha_{2k} = EX^{2k} = (2k-1)(2k-3) \cdots 1,$$

speziell $\alpha_2 = 1$, $\alpha_4 = 3$ *und* $\alpha_6 = 15$. ◊

Der Begriff der stochastischen Unabhängigkeit wird zunächst für zwei Ereignisse A, B eingeführt. Dazu ist es nützlich, an die elementare bedingte Wahrscheinlichkeit zu erinnern.

Definition 2.2.8 *Sei* $(\Omega, \mathcal{A}, P)$ *ein Wahrscheinlichkeitsraum und* $A, B \in \mathcal{A}$, *dann heißt*

$$P(A \mid B) := \begin{cases} \frac{P(A \cap B)}{P(B)}, & P(B) > 0, \\ P(A), & \text{sonst}, \end{cases}$$

die **elementare bedingte Wahrscheinlichkeit**.

Definition 2.2.9 (Stochastische Unabhängigkeit) *Sei* $(\Omega, \mathcal{A}, P)$ *ein Wahrscheinlichkeitsraum und* $A, B, C \in \mathcal{A}$.

a) A, B *heißen* **stochastisch unabhängig**

$$\Leftrightarrow \quad P(A \cap B) = P(A) P(B)$$
$$\Leftrightarrow \quad P(A \mid B) = P(A).$$

b) *Die Ereignisse* A, B, C *heißen stochastisch unabhängig, wenn sie paarweise unabhängig sind und zusätzlich*

$$P(A \cap B \cap C) = P(A) P(B) P(C) \tag{2.2}$$

gilt.

Bemerkung 2.2.10

a) *Es gilt: A, B sind stochastisch unabhängig*

$$\Leftrightarrow \mathbb{1}_A, \mathbb{1}_B \text{ sind unkorreliert,}$$

d. h. $\text{Cov}(\mathbb{1}_A, \mathbb{1}_B) = 0$.

b) *Bedingung (2.2) ist äquivalent zu*

$$P(A \cap B \mid C) = P(A \cap B) = P(A)P(B)$$

oder äquivalent zu

$$P(B \cap C \mid A) = P(B \cap C) \quad \text{oder auch zu} \quad P(A \cap C \mid B) = P(A \cap C). \quad \lrcorner$$

Für allgemeinere Mengensysteme wird der Unabhängigkeitsbegriff durch eine Produkteigenschaft definiert.

Definition 2.2.11

a) *Ein System* $(A_i)_{i \in I} \subset \mathcal{A}$ *heißt stochastisch unabhängig, wenn*

$$\forall J \subset I \text{ endlich}: P\left(\bigcap_{j \in J} A_j\right) = \prod_{j \in J} P(A_j).$$

b) *Seien* $\mathcal{E}_i \subset \mathcal{A}$ *für* $i \in I$. $(\mathcal{E}_i)_{i \in I}$ *heißt* **stochastisch unabhängig**, *wenn*

$$\forall A_i \in \mathcal{E}_i, \forall i \in I \text{ gilt}: (A_i)_{i \in I} \text{ ist stochastisch unabhängig.}$$

c) *Seien* $X_i : (\Omega, \mathcal{A}) \to (\Omega_i, \mathcal{A}_i)$, $i \in I$, *Zufallsvariablen, dann heißt* $(X_i)_{i \in I}$ **stochastisch unabhängig**, *wenn* $(\sigma(X_i))_{i \in I}$ *stochastisch unabhängig ist.*

Bemerkung 2.2.12 $(\mathcal{E}_i)_{i \in I}$ *ist stochastisch unabhängig genau dann, wenn für alle* $J \subset I$ *endlich* $(\mathcal{E}_j)_{j \in J}$ *stochastisch unabhängig ist. Die stochastische Unabhängigkeit ist also eine Eigenschaft endlicher Teilsysteme.* $\lrcorner$

Beispiel 2.2.13 Geometrische Verteilung. Die Wartezeit W auf den ersten Erfolg einer unabhängigen Bernoulli-Folge (X_n), $X_n \sim \mathcal{B}(1, \vartheta)$ mit Erfolgswahrscheinlichkeit ϑ (pro Versuch) ist geometrisch verteilt: $W \sim \mathcal{G}(\theta)$, d. h., es gilt

$$f_W(n) := P(W = n) = (1 - \theta)^{n-1}\theta, \quad n \in \mathbb{N}, \text{ und es gilt}: EW = \frac{1}{\theta}.$$

Da $W = \inf\{n \in \mathbb{N} : X_n = 1\}$, gilt wegen der Unabhängigkeit der (X_n):

$$P(W = n) = P(X_1 = 0, \ldots, X_{n-1} = 0, X_n = 1)$$
$$= P(X_1 = 0) \cdots P(X_{n-1} = 0) P(X_n = 1) = (1 - \vartheta)^{n-1}\vartheta.$$

Die Formel $EW = \frac{1}{\vartheta}$ folgt elementar.

2.2 Verteilungsfunktion und stochastische Unabhängigkeit

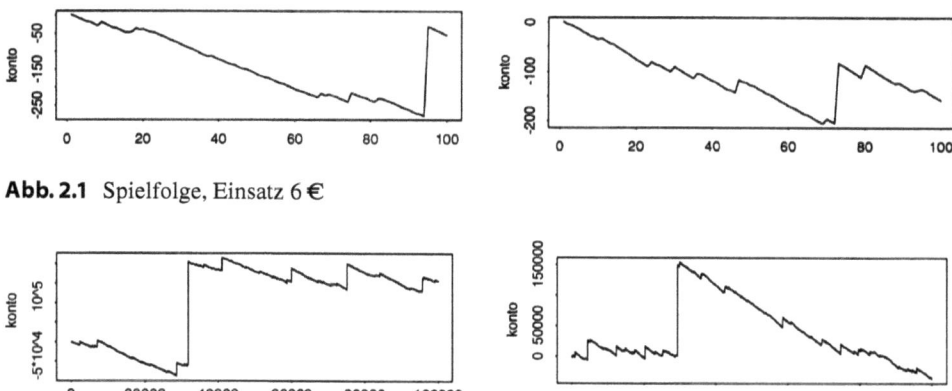

Abb. 2.1 Spielfolge, Einsatz 6 €

Abb. 2.2 Spielfolge, Einsatz 10 €

Als Anwendung ergibt sich das auch historisch interessante **Petersburger Paradoxon**. Eine faire Münze wird so lange geworfen, bis zum ersten Mal die Seite mit dem Wappen erscheint. Die Wartezeit X ist nach a) dann geometrisch verteilt, $X \sim \mathcal{G}(\frac{1}{2})$. Als Gewinn wird einem Spieler dieses Spiels

$$Y = 2^{X-1}$$

ausgezahlt. Die Frage ist nun: Was ist ein fairer Einsatz für dieses Spiel?

Es ist $P(X = n) = 2^{-n}$, $n \geq 1$ und nach a) ist $EX = 2$. Im Mittel dauert es nur zwei Würfe bis zum ersten Wappen. Die Wahrscheinlichkeit für lange Zahl-Serien nimmt schnell ab, z. B. ist $P(X \geq 11) = \frac{1}{1024}$. Es gilt aber

$$EY = E2^{X-1} = \sum_{n=1}^{\infty} 2^{n-1} P(X = n)$$

$$= \sum_{n=1}^{\infty} \frac{1}{2} = \infty.$$

Dieses scheinbar paradoxe Resultat: im Mittel sind Serien kurz, aber der faire Einsatz $EY = \infty$, erklärt sich mit Hilfe von Simulationen. Bei einem Einsatz von 6 € und $n = 100$ Spielen tritt typischerweise (aber nicht immer) ein negativer Verlauf ein (vgl. Abb. 2.1). Ist n jedoch sehr groß, z. B. $n = 10.000$, dann gibt es typischerweise (aber nicht immer) eine lange Serie und einen beträchtlichen Gewinn (vgl. Abb. 2.2 für $n = 10.000$, Einsatz 10 €). ◇

Die folgenden Rechenregeln über „Vergrößern" und „Zusammenfassen" stochastisch unabhängiger Systeme sind nützlich.

Satz 2.2.14 („Vergrößern" und „Zusammenfassen") Sei $(\mathcal{E}_i)_{i \in I} \subset \mathcal{A}$ ein stochastisch unabhängiges System, dann gilt:

1) $(\mathcal{D}(\mathcal{E}_i))_{i \in I}$ ist stochastisch unabhängig.
2) Sind $\mathcal{E}_i$ $\cap$-stabil, $i \in I$, dann ist $(\sigma(\mathcal{E}_i))_{i \in I}$ stochastisch unabhängig.
3) Seien $\mathcal{E}_i$ $\cap$-stabil, $i \in I$, sei $I = \bigcup_{j \in K} I_j$ eine disjunkte Zerlegung von I und sei $\mathcal{A}_{I_i} := \sigma(\bigcup_{j \in I_i} \mathcal{E}_j)$. Dann sind die Systeme $(\mathcal{A}_{I_i})_{i \in K}$ stochastisch unabhängig.

Beweis
1) Sei o. B. d. A. $|I| < \infty$ und für $i_0 \in I$ sei

$$\mathcal{D}_{i_0} := \{E \in \mathcal{A};\ ((\mathcal{E}_i)_{i \neq i_0}, \{E\})\ \text{stochastisch unabhängig}\}.$$

Nach Voraussetzung gilt: $\mathcal{D}_{i_0} \supset \mathcal{E}_{i_0}$. Daraus folgt: $\mathcal{D}_{i_0} \supset \mathcal{D}(\mathcal{E}_{i_0})$.
Also sind $((\mathcal{E}_i)_{i \neq i_0}, \mathcal{D}(\mathcal{E}_{i_0}))$ stochastisch unabhängig. Induktiv ergibt sich: $(\mathcal{D}(\mathcal{E}_i))_{i \in I}$ ist stochastisch unabhängig.

2) Die Behauptung folgt aus 1), da $\mathcal{D}(\mathcal{E}_i) = \sigma(\mathcal{E}_i)$.

3) Sei $\mathcal{A}_i := \sigma(\mathcal{E}_i)$, $i \in I$. Diese sind nach 2) stochastisch unabhängig.
Für $j \in K$ definiere $\mathcal{B}_j := \{\bigcap_{i \in J} C_i;\ J \subset I_j\ \text{endlich}, C_i \in \mathcal{A}_i, i \in J\}$.
Es folgt $\mathcal{B}_j$ ist $\cap$-stabil, $(\mathcal{B}_j)_{j \in K}$ sind stochastisch unabhängig und $\mathcal{A}_{I_j} = \sigma(\mathcal{B}_j)$.
Nach 2) folgt $(\mathcal{A}_{I_j})_{j \in K}$ sind stochastisch unabhängig. □

Korollar 2.2.15 Seien $X_i : (\Omega, \mathcal{A}) \longmapsto (\Omega_i, \mathcal{A}_i)$ Zufallsvariable und $\mathcal{E}_i$ $\cap$-stabile Erzeuger von $\mathcal{A}_i$ mit $\Omega_i \in \mathcal{E}_i$, $1 \leq i \leq n$. Dann gilt:

$(X_i)_{1 \leq i \leq n}$ sind stochastisch unabhängig

$$\Leftrightarrow P\left(\bigcap_{i=1}^n \{X_i \in E_i\}\right) = \prod_{i=1}^n P(\{X_i \in E_i\}), \quad \forall\, E_i \in \mathcal{E}_i.$$

Beweis „$\Rightarrow$": ist klar.
„$\Leftarrow$": $\mathcal{B}_i := X_i^{-1}(\mathcal{E}_i)$ sind $\cap$-stabile Erzeuger von $\sigma(X_i)$ und $\Omega \in \mathcal{B}_i$. Daraus folgt: $(\mathcal{B}_i)_{1 \leq i \leq n}$ sind stochastisch unabhängig. (Wähle einige $E_i = \Omega_i$.)
Daher gilt: $(\mathcal{D}(\mathcal{B}_i)) = (\sigma(\mathcal{B}_i)) = (\sigma(X_i))$ sind stochastisch unabhängig. □

Funktionen stochastisch unabhängiger Zufallsvariablen sind stochastisch unabhängig.

Lemma 2.2.16 Seien $X_i : (\Omega, \mathcal{A}) \longrightarrow (\Omega_i, \mathcal{A}_i)$ Zufallsvariable und $f_i : (\Omega_i, \mathcal{A}_i) \longrightarrow (\Omega'_i, \mathcal{A}'_i)$, $i \in I$. Sind die $(X_i)_{i \in I}$ stochastisch unabhängig, dann sind auch $(f_i \circ X_i)_{i \in I}$ stochastisch unabhängig.

2.2 Verteilungsfunktion und stochastische Unabhängigkeit

Beweis Es ist
$$\sigma(f_i \circ X_i) = (f_i \circ X_i)^{-1}(\mathcal{A}_i') = X_i^{-1}(f_i^{-1}(\mathcal{A}_i')) \subset X_i^{-1}(\mathcal{A}_i) = \sigma(X_i)$$
und es folgt die Behauptung. □

Für Zufallsvariablen $X_i : (\Omega, \mathcal{A}) \longrightarrow (\Omega_i, \mathcal{A}_i)$, $1 \leq i \leq n$, ist
$$X = (X_1, \ldots, X_n) : (\Omega, \mathcal{A}) \longmapsto \left(\prod_{i=1}^n \Omega_i, \bigotimes_{i=1}^n \mathcal{A}_i \right),$$
denn $X \circ \pi_i = X_i$ ist messbar für alle $i \in 1, \ldots, n$. $P^X = P^{(X_1, \ldots, X_n)}$ heißt **gemeinsame Verteilung** von $X_1, \ldots, X_n$. P^X ist ein Wahrscheinlichkeitsmaß auf $(\prod_{i=1}^n \Omega_i, \bigotimes_{i=1}^n \mathcal{A}_i)$.

Der folgende Satz beinhaltet, dass Produktmaße den Begriff der stochastischen Unabhängigkeit beschreiben.

Satz 2.2.17 (Stochastische Unabhängigkeit und Produktmaß)
Seien $X_i : (\Omega, \mathcal{A}) \longrightarrow (\Omega_i, \mathcal{A}_i)$ Zufallsvariable, $1 \leq i \leq n$ und $X = (X_1, \ldots, X_n)$. Dann gilt:
$X_1, \ldots, X_n$ sind stochastisch unabhängig $\Leftrightarrow P^X = \bigotimes_{i=1}^n P^{X_i}$.

Beweis Wegen der Eindeutigkeit des Produktmaßes gilt:
$$P^X = \otimes_{i=1}^n P^{X_i}$$
$$\Leftrightarrow P^X(A_1 \times \cdots \times A_n) = \prod_{i=1}^n P^{X_i}(A_i), \quad \forall A_i \in \mathcal{A}_i.$$

Wegen $P^X(A_1 \times \cdots \times A_n) = P(\{X \in A_1 \times \cdots \times A_n\}) = P(\bigcap_{i=1}^n \{X_i \in A_i\})$ ist obige Gleichheit nach Korollar 2.2.15 äquivalent zur stochastischen Unabhängigkeit der $(X_i)_{1 \leq i \leq n}$. □

Als Folgerung von Satz 2.2.17 wird die Verteilung von Summen unabhängiger Zufallsvariablen durch Faltungen beschrieben (vgl. Satz 2.2.23). Zunächst behandeln wir einige allgemeine Eigenschaften von Faltungen.

Definition 2.2.18 (Faltung von Maßen) *Seien $\mu_1, \ldots, \mu_m \in M_\sigma(\mathbb{R}^n, \mathcal{B}^n)$ σ-endliche Maße, sei $\|\mu_i\| = \mu_i(\mathbb{R}^n)$ und sei*
$$S_m : \mathbb{R}^n \times \cdots \times \mathbb{R}^n \longmapsto \mathbb{R}^n$$
$$(x_1, \ldots, x_m) \longmapsto \sum_{i=1}^n x_i.$$

Dann heißt $\quad \mu_1 * \cdots * \mu_m := \left(\bigotimes_{i=1}^{m} \mu_i\right)^{S_m} \quad$ *die **Faltung** von* $\mu_1, \ldots, \mu_m$.

Proposition 2.2.19 (Faltungsalgebra) *Seien* $\nu, \mu_i \in M_e(\mathbb{R}^n, \mathcal{B}^n)$ *(d. h. endliche Maße auf* $(\mathbb{R}^n, \mathcal{B}^n)$), $1 \leq i \leq m$, *dann gilt:*

1) $\mu_1 * \cdots * \mu_m \in M_e(\mathbb{R}^n, \mathcal{B}^n)$.
2) $\|\mu_1 * \cdots * \mu_m\| = \prod_{i=1}^{m} \|\mu_i\|$.
3) $\mu_1 * (\mu_2 * \mu_3) = (\mu_1 * \mu_2) * \mu_3$.
4) *Ist* $f \in \mathcal{L}^1(\mu_1 * \mu_2)$, *dann ist* $\int f \, d\mu_1 * \mu_2 = \int (\int f(x+y) \, d\mu_1(x)) \, d\mu_2(y)$.
   Insbesondere ist $\mu_1 * \mu_2(B) = \int \mu_1(B - y) \, d\mu_2(y)$, $B \in \mathcal{B}^n$.
5) $\mu_1 * \mu_2 = \mu_2 * \mu_1$.
6) $\nu * \sum_{i=1}^{m} \mu_i = \sum_{i=1}^{m} \nu * \mu_i$.

Bemerkung 2.2.20 *Die Menge* $M_s(\mathbb{R}^n, \mathcal{B}_n)$ *der signierten Maße ist definiert als*

$$M_s(\mathbb{R}^n, \mathcal{B}_n) := \{\mu = \mu_1 - \mu_2; \ \mu_i \in M_e(\mathbb{R}^n, \mathcal{B}^n)\}$$
$$= \{\mu = \mu_+ - \mu_-; \ \mu_+, \mu_- \in M_e(\mathbb{R}^n, \mathcal{B}^n), \mu_+ \perp \mu_-\}.$$

*Die obige Darstellung von signierten Maßen ist die **Jordan-Hahn-Zerlegung**. Diese Zerlegung lässt sich z. B. aus dem Zerlegungssatz in Satz 1.5.14 folgern.*

$(M_s(\mathbb{R}^n, \mathcal{B}^n), +, *)$ *ist eine kommutative Banachalgebra mit* $\|\mu\| = \|\mu_+\| + \|\mu_-\|$.
⌟

Beweis
1) und 2) ergeben sich aus

$$\mu_1 * \cdots * \mu_m(\mathbb{R}^n) = \bigotimes_{i=1}^{m} \mu_i \Big(\underbrace{S_m \in \mathbb{R}^n}_{=\mathbb{R}^n \times \cdots \times \mathbb{R}^n}\Big) = \prod_{i=1}^{m} \underbrace{\mu_i(\mathbb{R}^n)}_{\|\mu_i\|}.$$

3) Wegen $S_3 = S_2 \circ B$, $B(x_1, x_2, x_3) := (x_1 + x_2, x_3)$ ergibt sich

$$\mu_1 * \mu_2 * \mu_3 = (\mu_1 \otimes \mu_2 \otimes \mu_3)^{S_3} = \left(\bigotimes_{i=1}^{3} \mu_i\right)^{S_2 \circ B}$$
$$= ((\mu_1 * \mu_2) \otimes \mu_3)^{S_2} = ((\mu_1 \otimes \mu_2 \otimes \mu_3)^B)^{S_2} = (\mu_1 * \mu_2) * \mu_3.$$

Ebenso gilt $\mu_1 * \mu_2 * \mu_3 = \mu_1 * (\mu_2 * \mu_3)$.

2.2 Verteilungsfunktion und stochastische Unabhängigkeit

4) und 5) Es gilt nach Fubini

$$\int f \, d\mu_1 * \mu_2 = \int f \, d(\mu_1 \otimes \mu_2)^{S_2} = \int f \circ S_2 \, d\mu_1 \otimes \mu_2$$

$$= \int \left(\int f(x+y) \, d\mu_1(x) \right) d\mu_2(y)$$

$$= \int \left(\int f(x+y) \, d\mu_2(y) \right) d\mu_1(x) = \int f \, d\mu_2 * \mu_1.$$

Insbesondere ist

$$\mu_1 * \mu_2(B) = \int \mathbb{1}_B \, d\mu_1 * \mu_2 = \int \mathbb{1}_B \, d\mu_2 * \mu_1 = \mu_2 * \mu_1(B), \quad B \in \mathcal{B}^n.$$

6) $$\nu * \sum_{i=1}^{m} \mu_i(A) = \int \int \underbrace{\mathbb{1}_A(x+y)}_{\mathbb{1}_{A-x}(y)} \left(\sum_{i=1}^{m} \mu_i \right)(dy) \nu(dx)$$

$$= \int \sum_{i=1}^{m} \mu_i(A-x) \nu(dx) \underset{4)}{=} \sum_{i=1}^{m} \mu_i * \nu(A), \quad A \in \mathcal{B}^n. \qquad \square$$

Proposition 2.2.21 (Faltungen mit Dichten) *Seien* $\mu_i = f_i \lambda^n \in M_e(\mathbb{R}^n, \mathcal{B}^n)$ *für* $i = 1, 2$ *zwei endliche Maße, so ist* $\mu_1 * \mu_2 = f_1 * f_2 \lambda^n$, *mit*

$$f_1 * f_2(y) := \int f_1(x) f_2(y-x) \, d\lambda^n(x),$$

der Faltung der Dichten f_1 *und* f_2.

Beweis Sei $S_x(y) = x + y$, dann gilt für $B \in \mathcal{B}^n$:

$$\mu_1 * \mu_2(B) = \int \left(\int \mathbb{1}_B \underbrace{(x+y)}_{=S_x(y)} f_2 \underbrace{(y)}_{= S_x(y-x)} d\lambda^n(y) \right) f_1(x) \, d\lambda^n(x)$$

$$= \int \left(\int \mathbb{1}_B(y) f_2(y-x) \, d\lambda^n(y) \right) f_1(x) \, d\lambda^n(x), \quad \text{da } (\lambda^n)^{S_x} = \lambda^n$$

$$= \int \left(\underbrace{\int f_1(x) f_2(y-x) \, d\lambda^n(x)}_{=f_1 * f_2(y)} \right) d\lambda^n(y) = \int_B f_1 * f_2(y) \, d\lambda^n(y). \qquad \square$$

Beispiel 2.2.22 (Faltung von Normalverteilungen)
Sei $\varphi_{\mu,\sigma^2}(x) = \frac{1}{\sqrt{2\pi\sigma^2}} e^{-\frac{(x-\mu)^2}{2\sigma^2}}$, $x \in \mathbb{R}^1$, *die* λ^1-*Dichte von* $N(\mu,\sigma^2)$, $\varphi = \varphi_{0,1}$. *Dann gilt:*

$$\varphi(y-x)\varphi(x) = \frac{1}{2\pi} e^{-\frac{1}{2}(y-x)^2 - \frac{1}{2}x^2} = \frac{1}{2\pi} e^{-\frac{1}{4}y^2 - (x-\frac{y}{2})^2}.$$

Daraus folgt

$$f_1 * f_2(y) = \frac{e^{-\frac{1}{4}y^2}}{2\sqrt{\pi}} \int \frac{e^{-(x-\frac{y}{2})^2}}{2\sqrt{\pi}} \, d\lambda^1(x) = \frac{e^{-\frac{1}{4}y^2}}{\sqrt{2\pi}} \sim N(0,2).$$

Es folgt also: $N(0,1) * N(0,1) = N(0,2)$.
Allgemeiner folgt auf ähnliche Weise:

$$N(a_1, \sigma_1^2) * N(a_2, \sigma_2^2) = N(a_1 + a_2, \sigma_1^2 + \sigma_2^2). \qquad \diamond$$

Satz 2.2.23 (Faltungen und unabhängige Summen) *Seien* $X_1, \ldots, X_m$ *stochastisch unabhängige Zufallsvariablen mit Werten in* $\mathbb{R}^n$, *dann ist*

$$P^{\sum_{i=1}^m X_i} = P^{X_1} * \cdots * P^{X_m}.$$

Beweis Mit $X = (X_1, \ldots, X_m)$ gilt nach Satz 2.2.17

$$P^{\sum_{i=1}^m X_i} = P^{S_m \circ X} = (P^X)^{S_m}$$
$$= \Big(\bigotimes_{i=1}^m P^{X_i}\Big)^{S_m} = P^{X_1} * \cdots * P^{X_m}. \qquad \square$$

Eine wichtige Konsequenz der stochastischen Unabhängigkeit ist der Multiplikationssatz.

Satz 2.2.24 (Multiplikationssatz) *Seien* $X_1, \ldots, X_n$ *stochastisch unabhängige, reelle Zufallsvariablen mit* $X_i \in \mathcal{L}^1(P)$ ($\in \overline{\mathcal{Z}}_+$).
Dann gilt: $\prod_{i=1}^n X_i \in \mathcal{L}^1(P)$ ($\in \overline{\mathcal{Z}}_+$) *und es ist*

$$E \prod_{i=1}^n X_i = \prod_{i=1}^n EX_i.$$

Beweis Sei o. E. $n = 2$; der Fall $n > 2$ folgt dann mittels Induktion. Mit Fubini gilt

$$E|XY| = \int |XY| \, dP = \int |xy| \, dP^{(X,Y)}(x,y) = \int\int |x| \cdot |y| P^X \otimes P^Y(dx, dy)$$
$$= \int |x| \Big(\int |y| \, dP^Y(y)\Big) dP^X(x) = E|Y| E|X|.$$

2.2 Verteilungsfunktion und stochastische Unabhängigkeit

Falls $X, Y \in \overline{\mathcal{Z}}_+$, folgt damit die Behauptung. Für $X, Y \in \mathcal{L}^1(P)$ ist $E|XY| = E|X| E|Y| < \infty$, also $XY \in \mathcal{L}^1(P)$. Dann wende das obige Argument ohne $|\cdot|$ an. □

Korollar 2.2.25 (Bienaymé-Formel) *Seien $X_1, \ldots, X_n$ reelle Zufallsvariablen.*

a) *Bienaymé-Formel*

$$\mathrm{Var}\left(\sum_{i=1}^n X_i\right) = \sum_{i=1}^n \mathrm{Var}(X_i) + \sum_{i \neq j} \mathrm{Cov}(X_i, X_j).$$

b) *Sind $X_1, \ldots, X_n$ stochastisch unabhängig, dann sind X_i, X_j unkorreliert und es gilt*

$$\mathrm{Var}\left(\sum_{i=1}^n X_i\right) = \sum_{i=1}^n \mathrm{Var}(X_i).$$

Beweis
a) Seien o. E. $EX_i = 0$, dann folgt

$$\mathrm{Var}\left(\sum_{i=1}^n X_i\right) = E\left(\sum_{i=1}^n X_i\right)^2 = \sum_{i=1}^n EX_i^2 + \sum_{i \neq j} \underbrace{EX_i X_j}_{=\mathrm{Cov}(X_i, X_j)}.$$

b) Nach dem Multiplikationssatz 2.2.24 gilt

$$EX_i X_j = EX_i\, EX_j,$$

also $\mathrm{Cov}(X_i, X_j) = 0$ und es folgt die Behauptung. □

Als Konsequenz erhalten wir, dass das arithmetische Mittel ein Schätzer für den Erwartungswert ist mit erwartetem quadratischem Fehler der Ordnung $\frac{1}{n}$.

Korollar 2.2.26 (Schätzfehler) *Seien $X_1, \ldots, X_n$ reelle, stochastisch unabhängige Zufallsvariablen, $EX_i = \mu$ und $\mathrm{Var}(X_i) = \sigma^2$ für $1 \leq i \leq n$, dann gilt:*

$$E\left(\frac{1}{n}\sum_{i=1}^n X_i - \mu\right)^2 = \frac{\sigma^2}{n}.$$

Beweis Aus der Bienaymé-Formel folgt

$$E\left(\frac{1}{n}\sum_{i=1}^n X_i - \mu\right)^2 = E\left(\frac{1}{n}\sum_{i=1}^n (X_i - \mu)\right)^2 = \frac{1}{n^2} \mathrm{Var}\left(\sum_{i=1}^n X_i\right) = \frac{1}{n} \mathrm{Var}(X_1) = \frac{\sigma^2}{n}. \quad \square$$

Bemerkung 2.2.27 Seien $X_1,\ldots,X_n$ stochastisch unabhängige und identisch verteilte Zufallsvariablen mit Werten in $(\mathcal{X},\mathcal{B})$ und seien $f_i : (\mathcal{X},\mathcal{B}) \longrightarrow (\mathbb{R}^1,\mathcal{B}^1)$. Dann sind $f_1(X_1),\ldots,f_n(X_n)$ stochastisch unabhängig. Also ist nach Korollar 2.2.26

$$\operatorname{Var}\left(\sum_{i=1}^n f_i(X_i)\right) = \sum_{i=1}^n \operatorname{Var}(f_i(X_i)).$$

Insbesondere ist

$$E\left(\sum_{i=1}^n \left(f(X_i) - Ef(X_i)\right)\right)^2 = n\operatorname{Var}(f(X_1)). \tag{2.3}$$

Als Anwendungen behandeln wir zwei Beispiele:

i) **Empirisches Maß.** Sei $f(x) = \mathbb{1}_B(x)$, dann ist

$$\frac{1}{n}\sum_{i=1}^n f(X_i) = \frac{1}{n}\sum_{i=1}^n \mathbb{1}_B(X_i) =: \widehat{\mu}_n(B)$$

das **empirische Maß**. Für die Varianz von $f(X_1)$ gilt

$$\operatorname{Var}(f(X_1)) = \operatorname{Var}\mathbb{1}_B(X_1) = P^{X_1}(B)(1 - P^{X_1}(B)) \le \frac{1}{4}.$$

Daraus folgt:

$$E(\widehat{\mu}_n(B) - \mu(B))^2 \le \frac{1}{4n}.$$

ii) **Monte-Carlo-Simulation.** Seien $X_1,\ldots,X_n$ unabhängig, identisch verteilt, $X_i \sim U((0,1)^k)$ die **Gleichverteilung** auf $(0,1)^k$, dann gilt:

$$Ef(X_i) = \int_{(0,1)^k} f(x)\,d\lambda^k(x)$$

und

$$E\left(\frac{1}{n}\sum_{i=1}^n f(X_i) - \int_{(0,1)^k} f(x)\,d\lambda^k(x)\right)^2 = \frac{\sigma^2}{n}$$

mit $\sigma^2 = \operatorname{Var} f(X_1)$. Das arithmetische Mittel $\frac{1}{n}\sum_{i=1}^n f(X_i)$ ist die Monte-Carlo-Simulation für das Integral. Der mittlere quadratische Fehler der Monte-Carlo-Simulation ist also von der Ordnung $\frac{1}{n}$.

2.2 Verteilungsfunktion und stochastische Unabhängigkeit

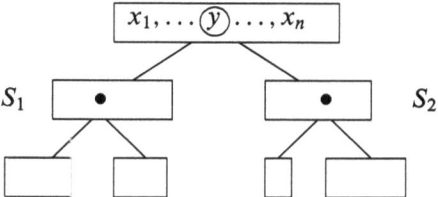

Abb. 2.3 Quicksort Algorithmus

Beispiel 2.2.28 (Random Quicksort-Algorithmus) Der Quicksort-Algorithmus hat die Aufgabe, eine Menge $S = \{x_1, \ldots, x_n\} \subset \mathbb{R}^1$ von reellen paarweise verschiedenen Zahlen zu sortieren. Dazu wählt der R-Quicksort (R = Random) ein Splitelement $y \in S$ zufällig gleichverteilt aus und erhält durch Vergleich eine Menge S_1 von Elementen kleiner als y und eine Menge S_2 von Elementen größer als y.

Dann werden die kleineren Mengen S_1, S_2 nach demselben Verfahren behandelt. Dieses wird iteriert, bis schließlich einelementige Mengen übrig bleiben und als Konsequenz eine vollständige Ordnung erhalten wird (vgl. Abb. 2.3).

Die Größen der Teilmengen S_1, S_2 sind Zufallsvariable $|S_1| = I_n - 1$, $|S_2| = n - I_n$, wobei $I_n \stackrel{d}{=} U_{\{1,\ldots,n\}}$ gleichverteilt auf $\{1, \ldots, n\}$ ist. Bedingt unter I_n werden beide Mengen S_1, S_2 unabhängig voneinander sortiert. Sei X_n die Anzahl der Vergleiche, um n Elemente zu sortieren. X_n ist eine Zufallsvariable und erfüllt die **stochastische Rekursion** ($\stackrel{d}{=}$ bedeutet Gleichheit in Verteilung):

$$X_n \stackrel{d}{=} X_{I_n-1} + \overline{X}_{n-I_n} + (n-1). \tag{2.4}$$

Dabei sind $X_0, \ldots, X_{n-1}, \overline{X}_0, \ldots, \overline{X}_{n-1}, I_n$ stochastisch unabhängige Zufallsvariablen mit $\overline{X}_i \stackrel{d}{=} X_i$ und mit Anfangswerten $X_0 = X_1 = 0$, $X_2 = 1$. Um n Zahlen zu sortieren, sind $n - 1$ Vergleiche mit dem Splitelement nötig, und es müssen die Gruppe der kleineren und die der größeren Elemente sortiert werden. Für die erwartete Anzahl EX_n der benötigten Vergleiche des Quicksort-Algorithmus gilt der folgende Satz, der auf Knuth (1972), dem Begründer der Average-Case-Analyse, zurückgeht.

Satz 2.2.29 (Quicksort-Algorithmus) *Die erwartete Anzahl der Vergleiche des Quicksort-Algorithmus hat die folgende Entwicklung:*

$$EX_n = 2n \ln n + (2\gamma - 4) + 2 \ln n + (2\gamma + 1) + O\left(\frac{\ln n}{n}\right)$$

mit der Euler'schen Konstanten $\gamma = 0{,}57722\ldots$

Beweis Es ist $EX_0 = EX_1 = 0$, $EX_2 = 1$ und aus (2.4) folgt

$$\begin{aligned}
EX_n &= EX_{I_n-1} + E\overline{X}_{n-I_n} + (n-1) \\
&= \sum_{i=1}^{n} E\big[\big((X_{I_n-1} + \overline{X}_{n-I_n})\mathbb{1}_{\{I_n=i\}}\big)\big] + (n-1) \\
&= \sum_{i=1}^{n} E\big[(X_{i-1} + \overline{X}_{n-i})\mathbb{1}_{\{I_n=i\}}\big] + (n-1) \\
&= \sum_{i=1}^{n} E((X_{i-1} + X_{n-i}))\frac{1}{n} + (n-1) \qquad \text{stochastische Unabhängigkeit} \\
&= n - 1 + \frac{2}{n}\sum_{i=2}^{n-1} EX_i.
\end{aligned}$$

Es folgt: $nEX_n - (n-1)EX_{n-1} = 2(n-1) + 2EX_{n-1}$ und daher

$$\frac{EX_n}{n+1} = \frac{EX_{n-1}}{n} + \frac{2(n-1)}{n(n+1)}, \quad n \geq 2.$$

Durch Induktion ergibt sich hieraus nach leichter Umrechnung

$$EX_n = (n+1)\sum_{k=2}^{n} \frac{2(k-1)}{k(k+1)} = 2(n+1)\Big(H_n + \frac{1}{n+1} - 1\Big)$$

mit der harmonischen Reihe $H_n = \sum_{k=1}^{n} \frac{1}{k}$. Aus der Entwicklung

$$H_n = \ln n + \gamma + \frac{1}{2n} - \frac{1}{12n^2} + \frac{\varepsilon_n}{120n^4}, \quad 0 < \varepsilon_n < 1$$

für die harmonische Reihe H_n folgt die Behauptung. □

Bemerkung 2.2.30 *In der Algorithmenanalyse wird gezeigt, dass es keinen Algorithmus gibt, der im Mittel $o(n \ln n)$ Vergleiche benötigt. Der Merge-Sort-Algorithmus, der auf Zerlegung in Teillisten und Einsortieren dieser Listen basiert, hat als Hauptterm $n \ln n$, hat aber im Vergleich zum Quicksort einen höheren Speicherplatzbedarf.*

◇

2.3 Fast sichere und stochastische Konvergenz

Zur Formulierung der Gesetze großer Zahlen verwenden wir unterschiedliche Konvergenzbegriffe, die fast sichere Konvergenz, die stochastische Konvergenz und die L^r-Konvergenz. In diesem Abschnitt beschreiben wir einige Zusammenhänge dieser Begriffe.

2.3 Fast sichere und stochastische Konvergenz

Definition 2.3.1 (Fast sichere Konvergenz) *Seien* $(X_n)_{n \in \mathbb{N}_0}$ *reelle Zufallsvariablen auf* $(\Omega, \mathcal{A}, P)$:

$$X_n \longrightarrow X_0 [P] \quad \textbf{P-fast sichere Konvergenz}$$
$$:\Leftrightarrow \lim_{n \to \infty} X_n = X_0 [P],$$

d. h., es existiert ein $N \in \mathcal{A}$, *so dass* $P(N) = 0$ *und für alle* $\omega \in N^c$ *gilt*:

$$X_n(\omega) \to X_0(\omega).$$

Bemerkung 2.3.2

a) *Die stochastische Konvergenz wurde in Definition 1.4.9 eingeführt,* **P-stochastische Konvergenz**

$$X_n \xrightarrow{P} X_0 \quad \textbf{P-stochastische Konvergenz}$$
$$:\Leftrightarrow \lim_{n \to \infty} P(|X_n - X_0| > \varepsilon) = 0, \quad \forall \varepsilon > 0.$$

b) *Falls* $(X_n) \subset L^r(P)$ *mit* $r > 0$, *dann ist* **L^r-Konvergenz** *definiert durch*

$$X_n \xrightarrow{L^r} X_0 :\Leftrightarrow \int |X_n - X_0|^r \, dP \to 0.$$

Nach Korollar 1.4.11 impliziert die L^r-Konvergenz die stochastische Konvergenz

$$X_n \xrightarrow{L^r} X_0 \Rightarrow X_n \xrightarrow{P} X.$$

c) (X_n) *ist P-fast sicher konvergent* $\Leftrightarrow (X_n)$ *ist P-fast sicher eine Cauchy-Folge: Schreibweise:* (X_n) f. s. *korvergent.*

Fast sichere Konvergenz impliziert stochastische Konvergenz. Es gilt aber stärker die folgende Charakterisierung.

Satz 2.3.3 *Seien* (X_n) *reelle Zufallsvariablen, dann gilt:*

1) $$X_n \longrightarrow X_0 [P] \Leftrightarrow \lim_{n \to \infty} P\left(\bigcup_{m=n}^{\infty} |X_m - X_0| \geq \varepsilon\right) = 0, \quad \forall \varepsilon > 0$$
$$\Leftrightarrow \sup_{m \geq n} |X_m - X_0| \xrightarrow{P} 0.$$

2) $$X_n \longrightarrow X_0 [P] \Rightarrow X_n \xrightarrow{P} X_0.$$

3) **Stochastisches Cauchy-Kriterium.**

(X_n) *ist P-fast sicher konvergent*
$$\Leftrightarrow \lim_{n \to \infty} P\left(\bigcup_{m=n}^{\infty} \{|X_{m+n} - X_n| \geq \varepsilon\}\right) = 0, \quad \forall \varepsilon > 0.$$

Beweis

1) Sei $A := \{\omega \in \Omega;\ \lim_{n\to\infty} X_n(\omega) = X_0(\omega)\} = \bigcap_{k\in\mathbb{N}} \bigcup_{m\in\mathbb{N}} \bigcap_{n\geq m} \{|X_n - X_0| \leq \tfrac{1}{k}\}$. Dann gilt:

$$X_n \longrightarrow X_0\,[P]$$

$$\Leftrightarrow 0 = P(A^c) = P\Big(\bigcup_{k\in\mathbb{N}} \bigcap_{m\in\mathbb{N}} \underbrace{\bigcup_{n\geq m} \{|X_n - X_0| \leq \tfrac{1}{k}\}}_{=:B_m}\Big)$$

$$\Leftrightarrow \forall k \in \mathbb{N}:\ P\Big(\bigcap_{m\in\mathbb{N}} B_m\Big) = \lim_{m\to\infty} P(B_m) = 0$$

$$\Leftrightarrow \forall k \in \mathbb{N}:\ 0 = \lim_{m\to\infty} P\Big(\sup_{n\geq m} |X_n - X_0| > \tfrac{1}{k}\Big)$$

$$\Leftrightarrow \sup_{n\geq m} |X_m - X_0| \xrightarrow[P]{} 0.$$

2) Aus $X_n \longrightarrow X_0\,[P]$ folgt:

$$P(|X_m - X_0| > \varepsilon) \leq P\Big(\sup_{n\geq m} |X_n - X_0| > \varepsilon\Big) \longrightarrow 0,\quad \forall \varepsilon > 0.$$

Also gilt $X_n \xrightarrow[P]{} X_0$.

3) (X_n) ist P-f. s. konvergent (Schreibweise: $X_n \longrightarrow [P]$),

$\Leftrightarrow\ (X_n)$ ist P-f. s. eine Cauchy-Folge

$\Leftrightarrow\ P(A) = 1$ mit $A := \{\omega \in \Omega;\ X_n(\omega)$ ist eine Cauchy-Folge$\}$

$$= \bigcap_{k\in\mathbb{N}} \bigcup_{m\in\mathbb{N}} \bigcap_{n\geq m} \{|X_m - X_n| \leq \tfrac{1}{k}\}$$

$$\Leftrightarrow \lim_m P\Big(\bigcap_{n\geq m} \{|X_m - X_n| \leq \tfrac{1}{k}\}\Big) = 1,\quad \forall k$$

$$\Leftrightarrow \lim_m P\Big(\bigcap_{n\geq m} \{|X_m - X_n| \leq \varepsilon\}\Big) = 1,\quad \forall \varepsilon > 0$$

$$\Leftrightarrow \lim_m P\Big(\bigcup_{n\geq m} \{|X_m - X_n| > \varepsilon\}\Big) = 0,\quad \forall \varepsilon > 0,$$

und das ist äquivalent zur Behauptung. $\square$

Beispiel 2.3.4 *Sei* $(\Omega, \mathcal{A}, P) = \big([0,1], [0,1]\mathcal{B}^1, \lambda^1\big/_{[0,1]}\big)$, *sei* $A_n := [\tfrac{k}{2^h}, \tfrac{k+1}{2^h}]$, *wobei* $n = 2^h + k$ *mit* $0 \leq k < 2^h$, *und sei* $f_n := \mathbb{1}_{A_n}$. *Dann gilt:*

2.3 Fast sichere und stochastische Konvergenz

∀ ω ist $(f_n(\omega))$ nicht konvergent, da

$$\limsup f_n(\omega) = 1 \neq 0 = \liminf f_n(\omega).$$

Aber für $0 < \varepsilon < 1$ ist $P(|f_n| > \varepsilon) \leq P(A_n) = \frac{1}{2^n} \leq \frac{2}{n} \longrightarrow 0$,
d. h. $f_n \xrightarrow[P]{} 0$. Aus stochastischer Konvergenz folgt also nicht f. s. Konvergenz. ◇

Satz 2.3.5 (Vollständige Konvergenz) Seien $(X_n)_{n \in \mathbb{N}_0}$ reelle Zufallsvariablen.

1) Aus **vollständiger Konvergenz** von X_n gegen X_0, d. h.

$$\forall \varepsilon > 0 \text{ gilt } \sum_{n=1}^{\infty} P(|X_n - X_0| \geq \varepsilon) < \infty,$$

folgt: $X_n \longrightarrow X_0 [P]$.

2) Sind die (X_n) stochastisch unabhängig, dann gilt:

$$X_n \longrightarrow 0 [P] \Leftrightarrow \forall \varepsilon > 0 : \sum_{n=1}^{\infty} P(|X_n| \geq \varepsilon) < \infty,$$

d. h. f. s. Konvergenz und vollständige Konvergenz gegen 0 sind äquivalent.

Beweis

1) Es gilt

$$P\left(\bigcup_{m=n}^{\infty} \{|X_m - X_0| \geq \varepsilon\}\right) \leq \sum_{m=n}^{\infty} P(|X_m - X_0| \geq \varepsilon) \xrightarrow[n \to \infty]{} 0.$$

Nach Satz 2.3.3 folgt: $X_m \longrightarrow X_0 [P]$.

2) „$\Leftarrow$": Gilt nach 1).
„$\Rightarrow$": $X_n \longrightarrow 0 [P] \Leftrightarrow \forall \varepsilon > 0$ gilt: $\lim |X_n| < \varepsilon [P]$.
Dies ist äquivalent zu: $P(\limsup_{n \to \infty} \{|X_n| \geq \varepsilon\}) = 0 \quad \forall \varepsilon > 0$.
Da die $A_n = \{|X_n| \geq \varepsilon\}$ stochastisch unabhängig sind, folgt aus dem Lemma von Borel-Cantelli (vgl. Satz 2.4.8), dass das äquivalent ist zu

$$\sum_{n=1}^{\infty} P(|X_n| \geq \varepsilon) < \infty. \qquad \square$$

Aus genügend schneller stochastischer Konvergenz lässt sich also die f. s. Konvergenz folgern. Die folgende Proposition gibt eine hinreichende Bedingung für f. s. Konvergenz durch hinreichend schnelle Konvergenz von Momenten.

Proposition 2.3.6 *Seien* $(X_n) \subset \mathcal{L}^r(P)$ *reelle Zufallsvariablen, $r > 0$, dann gilt:*

1) $X_n \xrightarrow{L^r} X_0 \;\Rightarrow\; X_n \xrightarrow{P} X_0$.
2) $\sum_{n=1}^{\infty} E|X_n - X_0|^r < \infty \;\Rightarrow\; X_n \longrightarrow X_0 \,[P]$.

Beweis
1) folgt aus der Tschebyscheff-Markov-Ungleichung (vgl. Satz 1.4.8).
2) Wegen der Ungleichung

$$\sum_{n=1}^{\infty} P(|X_n - X_0| \geq \varepsilon) \leq \frac{\sum_{n=1}^{\infty} E|X_n - X_0|^r}{\varepsilon^r} < \infty,$$

folgt aus Satz 2.3.5: $X_n \longrightarrow X_0 \,[P]$.

Aus stochastischer Konvergenz folgt nicht f. s. Konvergenz. Es gilt aber folgendes Teilfolgenkriterium.

Satz 2.3.7 *Seien* (X_n) *reelle Zufallsvariablen mit $X_n \xrightarrow{P} X_0$, dann existiert eine Teilfolge $(m) \subset \mathbb{N}$, so dass $X_m \longrightarrow X_0 \,[P]$.*

Beweis Sei o. E. $X_0 = 0$; nach Voraussetzung gilt:

$$P(|X_n| \geq \varepsilon) \longrightarrow 0, \quad \forall \varepsilon > 0$$
$$\Rightarrow \quad \forall k \in \mathbb{N} : \exists n_k \in \mathbb{N} : P(|X_{n_k}| \geq 2^{-k}) \leq 2^{-k}$$
$$\Rightarrow \quad \sum_k P(|X_{n_k}| \geq 2^{-k}) < \infty$$
$$\Rightarrow \quad \sum_k P(|X_{n_k}| \geq \varepsilon) < \infty, \quad \forall \varepsilon > 0,$$

d. h., es gilt vollständige Konvergenz von (X_{n_k}).
Daraus folgt nach Satz 2.3.5: $X_{n_k} \xrightarrow[k \to \infty]{} 0 \,[P]$. □

Bemerkung 2.3.8
a) *Es gilt auch die „Umkehrung" in Satz 2.3.7:*

$$X_n \xrightarrow{P} X_0 \Leftrightarrow \forall (m) \subset \mathbb{N} : \exists (k) \subset (m) : X_k \longrightarrow X_0 \,[P].$$

b) *Sei $f : \mathbb{R}^1 \to \mathbb{R}^1$ stetig, so folgt aus a):*

$$X_n \longrightarrow X_0 \,[P] \Rightarrow f(X_n) \longrightarrow f(X_0) \,[P]$$
$$X_n \xrightarrow{P} X_0 \Rightarrow f(X_n) \xrightarrow{P} f(X_0).$$

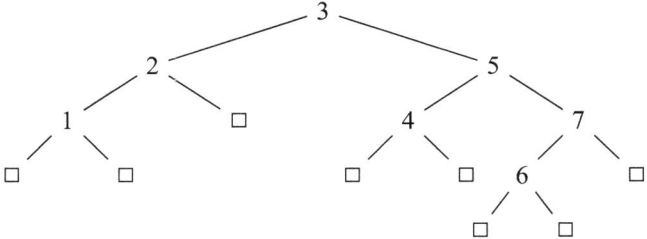

Abb. 2.4 Unsuccessful searching, erzeugter Binärbaum

Die folgende Proposition gibt ein einfaches, aber nützliches Kriterium für stochastische Konvergenz.

Proposition 2.3.9 *Seien $X_n \geq 0$ nicht-negative Zufallsvariablen, $\mu_n = EX_n > 0$ und* Var $X_n = \sigma_n^2 < \infty$, *und es gelte*

$$\frac{\sigma_n}{\mu_n} \xrightarrow[n\to\infty]{} 0.$$

Dann folgt:

$$\frac{X_n}{\mu_n} \xrightarrow{P} 1.$$

Beweis Aus der Tschebyscheff-Ungleichung in Satz 1.4.8, folgt

$$P\left(\left|\frac{X_n}{\mu_n} - 1\right| > \varepsilon\right) = P(|X_n - \mu_n| > \varepsilon\mu_n) \leq \frac{\text{Var } X_n}{\varepsilon^2 \mu_n^2} \to 0, \quad \forall\, \varepsilon > 0. \quad \square$$

Beispiel 2.3.10 (Unsuccessful searching, successful searching) n Zahlen $X_1, \ldots, X_n$, paarweise verschieden in zufälliger Anordnung werden in einen Binärbaum sortiert. Die kleineren Zahlen werden an jedem Knoten links, die größeren Zahlen rechts einsortiert (vgl. Abb. 2.4).

Beispiel: 3 5 2 7 1 4 6

Sei U_n die Anzahl der Vergleiche, um ein neues Element einzusortieren (∼ **unsuccessful search**) unter der Annahme, dass $X_1, \ldots, X_n, X_{n+1}$ in zufälliger Reihenfolge ist, und sei S_n die Anzahl der benötigten Vergleiche, um ein zufällig ausgewähltes Element im Baum zu finden (∼ **successful search**), dann bestimmt man (rekursiv) ähnlich wie beim Quicksort-Beispiel

$$EU_n \sim \ln n, \quad \text{Var}(U_n) \sim 2\ln n \quad \text{und ebenso} \quad ES_n \sim 2\ln n, \quad \text{Var}(S_n) \sim 2\ln n$$

(vgl. Mahmoud (1992, S. 75, S. 80)). Nach Proposition 2.3.9 folgt also

$$\frac{U_n}{\ln n} \xrightarrow{P} 2 \quad \text{und} \quad \frac{S_n}{n} \xrightarrow{P} 2.$$

Ein zufällig ausgewähltes Element im Baum befindet sich typischerweise in der Nähe von einem Blatt des Baumes. ◊

Das folgende Diagramm (vgl. Abb. 2.5) gibt die bisher etablierten Beziehungen zwischen den Konvergenzbegriffen an. Zur Vervollständigung fehlt noch der Begriff der gleichgradigen Integrierbarkeit.

Definition 2.3.11 (Gleichgradige Integrierbarkeit) *Eine Folge* $(X_n) \subset \mathcal{L}^1(P)$ *heißt* ***gleichgradig integrierbar***, *wenn*

$$\sup_{n \in \mathbb{N}} \int_{\{|X_n| \geq \lambda\}} |X_n| \, dP \xrightarrow[\lambda \to \infty]{} 0.$$

Bemerkung 2.3.12
a) (X_n) *ist gleichgradig integrierbar*
  $\Leftrightarrow$ i) $\sup E|X_n| < \infty$ *und*
  ii) $\forall \varepsilon > 0, \exists \delta > 0$, *so dass aus* $P(A) \leq \delta$ *folgt:* $\int_A |X_n| \, dP \leq \varepsilon, \forall n \in \mathbb{N}$.
b) *Falls* $|X_n| \leq Y, n \in \mathbb{N}$, *für ein* $Y \in \mathcal{L}^1(P)$, *dann ist* (X_n) *gleichgradig integrierbar,*

$$\text{denn} \quad \int_A |X_n| \, dP \leq \int_A Y \, dP \xrightarrow[P(A) \to 0]{} 0. \qquad \lrcorner$$

Satz 2.3.13 (Gleichgradige Integrierbarkeit und Satz von Vitali) *Sei* $(X_n) \subset \mathcal{L}^1(P)$, *dann gilt:*

$$X_n \xrightarrow{L^1} X_0$$
$\Leftrightarrow$ i) $X_n \xrightarrow{P} X_0$ *und* ii) (X_n) *ist gleichgradig integrierbar.*
$\Leftrightarrow$ i) $X_n \xrightarrow{P} X_0$ *und* ii) $E|X_n| \longrightarrow E|X_0|$ (***Satz von Vitali***).

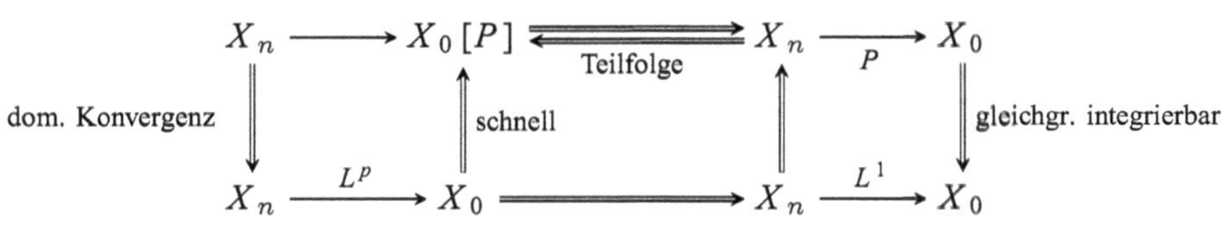

$$\begin{array}{ccccccc}
X_n & \longrightarrow & X_0 \, [P] & \rightleftarrows & X_n & \xrightarrow{P} & X_0 \\
\big\| & & & \text{Teilfolge} & \big\uparrow & & \big\uparrow \\
\text{dom. Konvergenz} \Big\downarrow & & \Big\uparrow \text{schnell} & & & & \Big\downarrow \text{gleichgr. integrierbar} \\
X_n & \xrightarrow{L^p} & X_0 & = & X_n & \xrightarrow{L^1} & X_0
\end{array}$$

Abb. 2.5 Zusammenfassung der Konvergenzbegriffe

2.3 Fast sichere und stochastische Konvergenz

Beweis Erste Äquivalenz: „⇒":

i) folgt nach Proposition 2.3.6.
ii) Wir überprüfen die Bedingungen aus der Bemerkung:
   a) $\forall \varepsilon > 0, \exists n_0$, so dass für alle $n \geq n_0$: $E|X_n - X_{n_0}| < \varepsilon$.
      Daraus folgt
      $$\sup_{n \in \mathbb{N}} E|X_n| \leq \sum_{i=1}^{n_0} E|X_i| + \varepsilon < \infty.$$
   b) $\forall \varepsilon > 0, \exists \delta > 0$, so dass aus $P(A) < \delta$ folgt
      $$\int_A |X_n|\, dP \leq \varepsilon, \quad \forall n \geq n_0. \tag{2.5}$$

Denn sei μ_n das Maß definiert durch $\mu_n(A) := \int_A |X_n|\, dP$, dann ist $\mu_n \ll P$.
Aus der $\varepsilon - \delta$-Formulierung der Dominiertheit folgt
$$\exists \delta_n > 0 : P(A) < \delta_n \Rightarrow \mu_n(A) < \varepsilon, \quad \forall n \geq n_0.$$

Wähle jetzt $\delta := \min\{\delta_n;\, n \leq n_0\}$, dann gilt (2.5) für $n \leq n_0$.
Für $n \geq n_0$ gilt
$$\int_A |X_n|\, dP \leq \int_A |X_n - X_{n_0}|\, dP + \int_A |X_{n_0}|\, dP$$
$$\leq E|X_n - X_{n_0}| + \int_A |X_{n_0}|\, dP < \varepsilon.$$

„⇐": Sei o. E. $X_0 = 0$, $\delta > 0$. Es ist zu zeigen, dass $E|X_n| \to 0$.
Sei dazu $\lambda > 0$, dann ist
$$E|X_n| = \int_{\{|X_n| \geq \lambda\}} |X_n|\, dP + \int_{\{|X_n| < \lambda\}} |X_n|\, dP$$
$$\leq \underbrace{\sup_{m \in \mathbb{N}} \int_{\{|X_m| \geq \lambda\}} |X_m|\, dP}_{=: I(\lambda)} + \int_{\{|X_n| < \lambda\}} |X_n|\, dP.$$

Für $0 < \varepsilon < \lambda$ folgt
$$\int_{\{|X_n| < \lambda\}} |X_n|\, dP = \int_{\{|X_n| < \varepsilon\}} |X_n|\, dP + \int_{\{\varepsilon \leq |X_n| < \lambda\}} |X_n|\, dP$$
$$\leq \varepsilon \underbrace{P(|X_n| < \varepsilon)}_{\leq 1} + \lambda \underbrace{P(|X_n| > \varepsilon)}_{=: \mathrm{II}(\varepsilon, \lambda)}.$$

Für $\lambda \geq \lambda_0$ ist $I(\lambda) < \delta$, wegen der gleichgradigen Integrierbarkeit und für $n \geq n_0(\lambda)$, und $\varepsilon < \delta$ ist $II(\varepsilon, \lambda) < \delta$, da $X_n \xrightarrow[P]{} 0$. Daraus folgt die Behauptung.

Für den Beweis des Satzes von Vitali vgl. z. B. Elstrodt (2011). □

Bemerkung 2.3.14 *Die stochastische Konvergenz ist metrisierbar, z. B. durch die **Ky-Fan-Metrik**,*
$$X_n \xrightarrow[P]{} X \Leftrightarrow K(X_n, X) := E\frac{|X_n - X|}{1 + |X_n - X|} \to 0.$$
Es gilt das Cauchy-Kriterium für den vollständigen metrischen Raum $(M^1(\Omega, \mathcal{A}), K)$. ⌐

2.4 0-1-Gesetze

Gesetze großer Zahlen befassen sich mit terminalen Ereignissen, d. h. mit Ereignissen in Ereignisfolgen, die nicht von endlich vielen Elementen der Folge abhängen. Für solche terminalen Ereignisse gilt unter Unabhängigkeitsannahmen, dass sie nur die Wahrscheinlichkeit 0 oder 1 haben, d. h. f. s. gelten oder f. s. nicht gelten. Die 0-1-Gesetze machen Aussagen dieses Typs.

Sei im Folgenden $(\Omega, \mathcal{A}, P)$ ein Wahrscheinlichkeitsraum.

Definition 2.4.1 (Terminale Ereignisse) *Sei $(\mathcal{A}_n) \subset \mathcal{A}$, eine Folge von Unter-$\sigma$-Algebren von $\mathcal{A}$ und sei $\mathcal{T}_n := \sigma\left(\bigcup_{m=n}^{\infty} \mathcal{A}_m\right)$. Dann heißt*
$$\mathcal{T}_\infty := \bigcap_{n=1}^{\infty} \mathcal{T}_n$$
die σ-Algebra der terminalen Ereignisse.

Nach Definition hängen terminale Ereignisse nicht von endlich vielen der σ-Algebren ab.

Beispiel 2.4.2 (Beispiele terminaler Ereignisse)
a) Seien $A_n \in \mathcal{A}$ für alle $n \in \mathbb{N}$, und definiere $\mathcal{A}_n := \sigma(A_n) = \{A_n, A_n^c, \emptyset, \Omega\}$. Dann folgt
$$\limsup_{n \to \infty} A_n = \bigcap_{n=1}^{\infty} \bigcup_{m=n}^{\infty} A_m = \bigcap_{n=k}^{\infty} \bigcup_{m=n}^{\infty} A_m \in \mathcal{T}_k, \quad \forall k.$$
Daraus folgt: $\limsup A_n \in \mathcal{T}_\infty$.
Analog folgt für den limes inferior
$$\liminf_{n \to \infty} A_n = \bigcup_{n=1}^{\infty} \bigcap_{m=n}^{\infty} A_m = \bigcup_{n=k}^{\infty} \bigcap_{m=n}^{\infty} A_m \in \mathcal{T}_k, \quad \forall k.$$
Daher gilt: $\liminf A_n \in \mathcal{T}_\infty$.
$\liminf A_n$ und $\limsup A_n$ sind also terminale Ereignisse.

b) Seien $X_n : (\Omega, \mathcal{A}) \longmapsto (\overline{\mathbb{R}}, \overline{\mathcal{B}})$ Zufallsvariable, $\mathcal{A}_n := \sigma(X_n), n \in \mathbb{N}$, dann gilt:
1. $\limsup X_n$, $\liminf X_n$ sind $(\mathcal{T}_\infty, \overline{\mathcal{B}})$-messbar.
2. Sind die X_n reelle Zufallsvariablen, so ist

$$\left\{ \lim_n \frac{1}{n} \sum_{i=1}^n (X_i - EX_i) = 0 \right\} \in \mathcal{T}_\infty$$

und

$$\left\{ \sum_{n=1}^\infty X_n \text{ konvergiert (in } \mathbb{R}) \right\} \in \mathcal{T}_\infty.$$

Im Allgemeinen ist

$$\left\{ \sum_{n=1}^\infty X_n \in \left[\frac{1}{2}, 1\right] \right\} \notin \mathcal{T}_\infty.$$

3. Seien $\alpha_n > 0$ für alle $n \in \mathbb{N}$ und $\alpha_n \to \infty$, dann sind $\limsup \frac{1}{\alpha_n} \sum_{i=1}^n X_i$, $\liminf \frac{1}{\alpha_n} \sum_{i=1}^n X_i$ $(\mathcal{T}_\infty, \overline{\mathcal{B}})$-messbar. $\diamond$

Beweis
1) Es ist

$$\limsup X_n = \inf_{n \in \mathbb{N}} \underbrace{\sup_{m \geq n} X_m}_{:=Y_n} = \lim_{n \to \infty} Y_n.$$

Für $n \geq k$ ist $Y_n \in \overline{\mathcal{Z}}(\mathcal{T}_n) \subset \overline{\mathcal{Z}}(\mathcal{T}_k)$.
Daher gilt: $\lim Y_n \in \overline{\mathcal{Z}}(\mathcal{T}_k)$ für alle k; also ist $\lim Y_n \in \overline{\mathcal{Z}}(\mathcal{T}_\infty)$.
Der Beweis für den $\liminf X_n$ erfolgt analog.

2) $\left\{ \sum_{n=1}^\infty X_n \text{ konvergiert (in } \mathbb{R}) \right\} = \left\{ \sum_{n=m}^\infty X_n \text{ konvergiert} \right\} \in \mathcal{T}_m, \quad \forall m.$

Also ist diese Konvergenzmenge ein Element aus $\mathcal{T}_\infty$. Ebenso gilt:

$$\left\{ \lim_{n \to \infty} \frac{1}{n} \sum_{i=1}^n (X_i - EX_i) = 0 \right\} = \left\{ \lim_{n \to \infty} \frac{1}{n} \sum_{i=m}^n (X_i - EX_i) = 0 \right\} \in \mathcal{T}_m, \quad \forall m,$$

also ist der Grenzwert in $\mathcal{T}_\infty$.
3) folgt analog. $\square$

Das grundlegende Resultat dieses Abschnitts ist das 0-1-Gesetz von Kolmogorov.

Satz 2.4.3 (0-1-Gesetz von Kolmogorov) *Sei $(\mathcal{A}_n) \subset \mathcal{A}$ eine Folge stochastisch unabhängiger Unter-σ-Algebren, dann gilt:*

$$P(A) \in \{0, 1\} \quad \textit{für alle } A \in \mathcal{T}_\infty.$$

Beweis Nach Satz 2.2.14 für alle $n \in \mathbb{N}$:

$$\sigma\left(\bigcup_{n \geq m+1} \mathcal{A}_n\right), \sigma\left(\bigcup_{n=1}^{m} \mathcal{A}_n\right) \quad \text{sind stochastisch unabhängig.}$$

Aus $\mathcal{T}_\infty \subset \sigma(\bigcup_{n \geq m+1} \mathcal{A}_n)$ folgt: $\mathcal{T}_\infty$ und $\sigma(\bigcup_{n=1}^{m} \mathcal{A}_n)$ sind stochastisch unabhängig für alle $m \in \mathbb{N}$.

$$\text{Daher sind } \mathcal{T}_\infty, \mathcal{D} := \bigcup_{m=1}^{\infty} \sigma\left(\bigcup_{n=1}^{m} \mathcal{A}_n\right) \quad \text{stochastisch unabhängig.}$$

Da $\mathcal{D}$ $\cap$-stabil ist, folgt, dass

$$\mathcal{T}_\infty, \sigma(\mathcal{D}) = \sigma\left(\bigcup_{n=1}^{\infty} \mathcal{A}_n\right) \quad \text{stochastisch unabhängig sind.}$$

Aber es ist $\mathcal{T}_\infty \subset \sigma(\bigcup_{n=1}^{\infty} \mathcal{A}_n)$; somit ist $(\mathcal{T}_\infty, \mathcal{T}_\infty)$ stochastisch unabhängig!
Für $A \in \mathcal{T}_\infty$ folgt damit:

$$P(A) = P(A \cap A) = P(A)\, P(A) = (P(A))^2.$$

Also ist $P(A) \in \{0, 1\}$. $\square$

Als Konsequenz ergibt sich, dass $\mathcal{T}_\infty$-messbare Zufallsvariable f. s. konstant sind.

Korollar 2.4.4 *Seien* $(\mathcal{A}_n)$ *stochastisch unabhängige Unter-σ-Algebren und sei* $X \in \overline{\mathcal{Z}}(\mathcal{T}_\infty)$. *Dann folgt:*

$$\exists c \in \overline{\mathbb{R}} \quad mit\ X = c\ [P].$$

Beweis Für alle $B \in \overline{\mathcal{B}}$ gilt $P(\underbrace{X \in B}_{\in \mathcal{T}_\infty}) \in \{0, 1\}$.

1. Fall: $P(X = \infty) = 1$ oder $P(X = -\infty) = 1$, klar.
2. Fall: $x_0 := \inf\{x \in \mathbb{R};\ F_X(x) = 1\} \in \mathbb{R}$.

Da F_X rechtsseitig stetig ist, folgt:

$$F_X(x_0) = 1, \quad F_X(x_0-) = 0.$$

Daraus folgt: $P(X = x_0) = F_X(x_0) - F_X(x_0-) = 1$, also die Behauptung. $\square$

2.4 0-1-Gesetze

Korollar 2.4.5 *Seien (X_n) stochastisch unabhängige, reelle Zufallsvariablen, dann ist*

$$P\left(\left\{\sum_{n=1}^{\infty} X_n \text{ konvergiert in } \mathbb{R}\right\}\right) \in \{0, 1\}.$$

Beweis Nach Beispiel 2.4.2 ist $\{\sum_{n=1}^{\infty} X_n \text{ konvergiert in } \mathbb{R}\} \in \mathcal{T}_\infty$. Also folgt die Behauptung nach dem 0-1-Gesetz von Kolmogorov, Satz 2.4.3. □

Definition 2.4.6 *Sei (X_n) eine Folge reeller Zufallsvariablen, dann gilt für den Konvergenzradius R der zufälligen Potenzreihe $\sum_{n=1}^{\infty} X_n z^n$ die **Hadamard'sche Formel***

$$R = \frac{1}{\limsup \sqrt[n]{|X_n|}}.$$

Korollar 2.4.7 (Konvergenzradius von zufälligen Potenzreihen) *Seien (X_n) stochastisch unabhängige, reelle Zufallsvariablen und sei R der Konvergenzradius der zufälligen Potenzreihe $\sum_{n=1}^{\infty} X_n z^n$. Dann existiert ein $c \in \overline{\mathbb{R}}_+$ mit*

$$R = c \, [P].$$

Beweis Es ergibt sich nach der Hadamard-Formel für alle $k \in \mathbb{N}$

$$R = \frac{1}{\limsup \sqrt[n]{|X_n|}} = \frac{1}{\limsup \sqrt[n+k]{|X_{n+k}|}}.$$

Also ist $\sigma(R) \subset \mathcal{T}_k$ für alle k; also $\sigma(R) \subset \mathcal{T}_\infty$. Nach Korollar 2.4.4 existiert ein $c \in \overline{\mathbb{R}}_+$, so dass $R = c \, [P]$. □

Das Borel-Cantelli-Lemma liefert ein Kriterium dafür, ob im 0-1-Gesetz die 0 oder die 1 angenommen wird.

Satz 2.4.8 (Borel-Cantelli-Lemma)
Seien $A_n \in \mathcal{A}$, $n \in \mathbb{N}$ und $A := \limsup A_n$. Dann gilt

a) *Aus $\sum_{n=1}^{\infty} P(A_n) < \infty$ folgt $P(A) = 0$.*
b) *Sind (A_n) stochastisch unabhängig und ist $\sum_{n=1}^{\infty} P(A_n) = \infty$, dann folgt: $P(A) = 1$.*

Beweis

a) Aus dem Stetigkeitssatz für Maße folgt

$$P(\limsup A_n) = P\left(\bigcap_{n=1}^{\infty} \bigcup_{m=n}^{\infty} A_m\right)$$

$$= \lim_n P\left(\bigcup_{m=n}^{\infty} A_m\right) \leq \lim_{n\to\infty} \sum_{m=n}^{\infty} P(A_m) = 0,$$

da die unendliche Reihe konvergiert.

b) Für $x \geq 0$ ist $1 - x \leq e^{-x}$; daher gilt nach dem Stetigkeitssatz

$$1 - P(\limsup A_n) = 1 - \lim_{n\to\infty} P\left(\bigcup_{m\geq n} A_m\right) = \lim_{n\to\infty} P\left(\bigcap_{m\geq n} A_m^c\right)$$

$$= \lim_{n\to\infty} \lim_{k\to\infty} P\left(\bigcap_{m=n}^{k} A_m^c\right) = \lim_{n\to\infty} \prod_{m=n}^{\infty} (1 - P(A_m))$$

$$\leq \lim_{n\to\infty} \prod_{m=n}^{\infty} e^{-P(A_m)} = \lim_{n\to\infty} e^{-\sum_{m=n}^{\infty} P(A_m)} = 0. \qquad \square$$

Bemerkung 2.4.9 (0-1-Gesetz von Hewitt-Savage) Seien $X = (X_n)$ reelle, stochastisch unabhängige Zufallsvariablen und $S_n := \sum_{i=1}^{n} X_i$. Dann gilt für $B \in \widetilde{\mathcal{B}}$:

$$A := \{S_n \in B \text{ für unendlich viele } n \in \mathbb{N}\} \notin \mathcal{T}_\infty,$$

A ist kein terminales Ereignis, aber A ist ein **symmetrisches Ereignis**, d. h., es ist unabhängig von der Vertauschung von endlich vielen der X_i. Das 0-1-Gesetz von Hewitt-Savage besagt, dass $P(A) \in \{0, 1\}$ für symmetrische Ereignisse A ist.

Sei $Q = P^X$ die Verteilung von X auf dem unendlichen Produktraum $(\Omega, \mathcal{A}) = (\mathbb{R}^\infty, \mathcal{B}^\infty)$. $Q = \bigotimes_{i=1}^{\infty} P^{X_i}$ ist das unendliche Produktmaß (vgl. Abschn. 3.1.2).

Dann heißt $B \in \mathcal{B}^\infty$ **symmetrisch**, wenn $\pi B = B$ für alle Permutationen π endlich vieler Koordinaten ist.

0-1-Gesetz von Hewitt-Savage: Sei $Q = P^X$; dann gilt: $Q(B) \in \{0, 1\}$, $\forall B \in \mathcal{B}^\infty$ symmetrisch.

Die oben definierte Menge A lässt sich mit einer symmetrischen Menge $\widetilde{A} \in \mathcal{B}^\infty$ identifizieren, $P(A) = P^X(\widetilde{A})$, $\widetilde{A} = \{x \in \mathbb{R}^\infty; \sum_{i=1}^{n} x_i \in B \text{ unendlich oft}\}$. Ein Beweis des 0-1-Gesetzes von Hewitt-Savage wird in Abschn. 5.3 gegeben. ⌐

Beispiel 2.4.10

a) **Häufigkeit von Mustern.** Sei (X_n) eine Folge von stochastisch unabhängigen Zufallsvariablen, $P(X_n = 1) = P(X_n = 0) = \frac{1}{2}$. (X_n) beschreibt also eine Münzwurffolge. Sei $a = (a_1, \ldots, a_k) \in \{0, 1\}^k$ eine beliebige Sequenz, d. h. ein Muster aus 0 und 1.

2.4 0-1-Gesetze

Frage: Wie oft kommt „a" in der unendlichen Folge (X_n) vor?
Definiere

$$A_n := \{(X_n, X_{n+1}, \ldots, X_{n+k-1}) = a\} \sim \text{Muster } a \text{ an der Stelle } n.$$

Dann gilt: $\quad P(A_n) = \left(\frac{1}{2}\right)^k.$

Sei $A := \limsup A_n \sim$ Ereignis: Das Muster a kommt unendlich oft in (X_n) vor. Beachte, dass die (A_n) nicht stochastisch unabhängig sind. Es ist aber die Teilfolge (A_{kn}) stochastisch unabhängig und

$$\sum_{n=1}^{\infty} P(A_{kn}) = \sum_{n=1}^{\infty} \left(\frac{1}{2}\right)^k = \infty.$$

Aus dem Lemma von Borel-Cantelli folgt:

$$P(\limsup_n A_{kn}) = 1 \text{ und somit } P(A) = P(\limsup_n A_n) = 1.$$

Monkey typewriter. Sei $A = \{a_1, \ldots, a_k\}$ ein Alphabet, und sei a ein in diesem Alphabet geschriebenes Werk von Shakespeare. Dann folgt, dass ein Affe, der zufällig auf eine Schreibmaschine tippt, unendlich oft dieses Werk reproduziert.

b) **Urnenbeispiel.** Aus einer unendlichen, durchnummerierten Menge von Kugeln $1, 2, 3, 4, \ldots$ lege man Kugeln in eine Urne und entferne sie nach folgendem zeitlichen Ablauf:

$n = 1$: Lege die ersten beiden Kugeln in die Urne.
$n = 2$: Nehme zufällig eine Kugel aus der Urne.
$n = 3$: Lege die beiden nächsten Kugeln mit Nr. 3 und Nr. 4 in die Urne.
$n = 4$: Nehme zufällig eine aus den in der Urne vorhandenen Kugeln heraus.
$n = 5$: ...

A_n sei die Menge der Kugeln in der Urne zum Zeitpunkt n. A_n ist eine zufällige Menge.
Es ist: $|A_{2n}| = n$ und $|A_{2n+1}| = n + 2$.
Was ist $\limsup A_n$, $\liminf A_n$, ... ?
Behauptung: $\lim A_n = \limsup A_n = \emptyset \, [P]$.

Beweis Sei $k_0 \in \mathbb{N}$. Betrachte $B_n \sim$, die Kugel k_0 wird zum Zeitpunkt $2n$ entnommen aus $\widetilde{A}_n := A_n \cup \{k_0\}$, dann ist

$$P(B_n) = \begin{cases} \frac{1}{n} \text{ oder } \frac{1}{n+1}, & n \geq k_0, \text{ je nachdem, ob } k_0 \in A_n \text{ oder } k_0 \notin A_n, \\ 0, & \text{sonst.} \end{cases}$$

Da die (B_n) stochastisch unabhängig sind und $\sum_n P(B_n) = \infty$, folgt nach dem Lemma von Borel-Cantelli:
$$P(\limsup B_n) = 1.$$
Also wird die Kugel k_0 f. s. unendlich oft aus der Folge $(\widetilde{A}_n)$ gezogen.
Daher wird die Kugel k_0 mit Wahrscheinlichkeit 1 aus (A_n) gezogen.
Es folgt: $\limsup A_n = \emptyset$. □

Bekannt ist dieses Beispiel auch als **Tannenbaumbeispiel**, bei dem nach obigem Muster Tannenbaumkugeln auf- und abgehängt werden.

c) **Länge von Erfolgsserien.** Sei (A_n) eine unabhängige Folge in $(\Omega, \mathcal{A}, P)$, $A_n \sim$ Erfolg im n-ten Versuch und sei $P(A_n) = \vartheta \in (0, 1)$.
Sei $A_{n,m} := \bigcap_{n \leq k < n+m} A_k \sim$ Erfolgsserie der Länge m beginnend zur Zeit n.
Dann gilt für $\alpha > 0$:

$$P(A_{n,\alpha \ln n} \text{ unendlich oft}) = P(\limsup_n A_{n,\alpha \ln n})$$
$$= \begin{cases} 0, & \text{wenn } \dfrac{1}{\alpha} < \ln \dfrac{1}{\vartheta}, \quad \text{d.h. } \vartheta > e^{-\frac{1}{\alpha}}, \\ 1, & \text{wenn } \dfrac{1}{\alpha} > \ln \dfrac{1}{\vartheta}, \quad \text{d.h. } \vartheta < e^{-\frac{1}{\alpha}}. \end{cases}$$

Die maximalen Längen von Erfolgsserien sind also von der Ordnung $\alpha \ln n$ mit
$$\alpha \sim \frac{1}{\ln \frac{1}{\vartheta}} = -\ln \vartheta.$$

Beweis Sei $\frac{1}{\alpha} < \ln \frac{1}{\vartheta}$ oder äquivalent: $\alpha \ln \vartheta = -1 - \varepsilon$, $\varepsilon > 0$. Nehmen wir der Einfachheit halber an, dass $\alpha \ln n \in \mathbb{N}$. Dann gilt
$$P(A_{n,\alpha \ln n}) = \vartheta^{\alpha \ln n} = e^{(-1-\varepsilon) \ln n} = \frac{1}{n^{1+\varepsilon}}.$$

Wegen $\sum_n \frac{1}{n^{1+\varepsilon}} < \infty$ für $\varepsilon > 0$ folgt die Behauptung nach Borel-Cantelli. Elementar überträgt sich dieses Argument auch auf $P(A_{n,\lceil \alpha \ln n \rceil})$.
Der Fall $\frac{1}{\alpha} > \ln \frac{1}{p}$ wird ähnlich wie in Beispiel 2.3.10 a) durch Übergang zu unabhängigen Teilfolgen gezeigt. □
◇

2.5 Schwaches Gesetz großer Zahlen

Das schwache Gesetz großer Zahlen geht auf Jakob Bernoulli (1654–1705) zurück und wurde erstmalig posthum in seiner *Ars Conjectandi* 1713 veröffentlicht. Dieses für die Entwicklung der Wahrscheinlichkeitstheorie fundamentale Gesetz besagt, dass sich bei

2.5 Schwaches Gesetz großer Zahlen

einer unabhängigen Folge von Zufallsvariablen die arithmetischen Mittel am theoretischen Mittel konzentrieren. Dieses auch in der Wissenschaftsgeschichte besonders bedeutsame Resultat stellt zum ersten Mal einen quantitativen Zusammenhang zwischen empirischen Größen aus Experimenten und bedeutsamen theoretischen Größen aus dem Modell her und kann daher als quantitative Fassung der naturwissenschaftlichen Methode von Galilei angesehen werden. Es gehört wohl zu den einflussreichsten Resultaten der Mathematik.

2.5.1 Schwache Gesetze großer Zahlen von Bernoulli, Tschebyscheff, Khinchin und Feller

Grundlage für das Gesetz großer Zahlen ist die **Tschebyscheff-Ungleichung** (vgl. Abschn. 1.4):

$$P(|X - EX| \geq \varepsilon) \leq \frac{\text{Var}(X)}{\varepsilon^2}.$$

Diese Ungleichung und Varianzen hierzu erlauben es, Abweichungen von Zufallsvariablen vom Erwartungswert durch die Varianz zu kontrollieren.

Beispiel 2.5.1 (Ehrenfest'sches Urnenmodell)
In einer Urne mit gelochter Trennwand befinden sich r Moleküle, davon x im linken Behälter, $y = r - x$ im rechten (vgl. Abb. 2.6). Die Gasdynamik wird dadurch beschrieben, dass in jedem Zeitschritt zufällig ein Element aus der Urne aus seinem Behälter genommen und in den anderen Behälter versetzt wird. Zur Zeit n ist dann die Anzahl X_n der Moleküle im linken Behälter eine Zufallsvariable und es gilt

$$P\left(X_{n+1} = \begin{matrix} x+1 \\ x-1 \end{matrix} \,\middle|\, X_n = x\right) = \begin{cases} \frac{y}{r}, \\ \frac{x}{r}. \end{cases}$$

Es ist leicht zu zeigen, dass X_n gegen die stationäre Verteilung $\pi = \mathcal{B}(r, \frac{1}{2})$ konvergiert, d. h. $P(X_n = x) \longrightarrow \pi(x) = \binom{r}{x} 2^{-r}$, $0 \leq x \leq r$ (vgl. Abschn. 3.2).

Die Frage ist nun: Wie groß ist im stationären Zustand, d. h. $X_n \sim \pi$, die Abweichung von X_n vom Erwartungswert $\frac{r}{2}$?

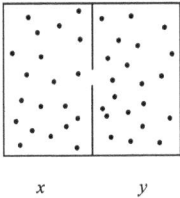

Abb. 2.6 Ehrenfest'sche Urne, Modell für die Gasdynamik

Seien $Y_1, \ldots, Y_r$ unabhängig, $Y_i \sim \mathcal{B}(1, \frac{1}{2})$, dann ist $Y := \sum_{i=1}^r Y_i \sim \pi = \mathcal{B}(r, \frac{1}{2})$, also $Y \stackrel{d}{=} X_n$. Nach der Tschebyscheff-Ungleichung folgt

$$P\left(\left|X_n - \frac{r}{2}\right| \geq \varepsilon \frac{r}{2}\right) = P\left(\left|\frac{1}{r}\sum_{i=1}^r Y_i - \frac{1}{2}\right| \geq \frac{\varepsilon}{2}\right)$$

$$\leq \frac{\text{Var}(\frac{1}{r}\sum_{i=1}^r Y_i)}{\frac{\varepsilon^2}{4}} = \frac{1}{\varepsilon^2 \cdot r}, \text{ da } \text{Var}(Y_i) = \frac{1}{4}.$$

Ist also z. B. $r = 10^{23}$ (~ 1 mol) und $\varepsilon = 10^{-8}$, dann ist

$$P\left((1 - 10^{-8})\frac{r}{2} \leq X_n \leq (1 + 10^{-8})\frac{r}{2}\right) \geq 1 - 10^{-7},$$

d. h., schon sehr kleine Abweichungen von $\frac{r}{2}$ sind sehr unwahrscheinlich. $\diamond$

Die folgende Version des schwachen Gesetzes großer Zahlen enthält eine Reihe von wichtigen Spezialfällen.

Proposition 2.5.2 *Sei $(X_n) \subset \mathcal{L}^2(P)$ eine Folge von paarweise unkorrelierten Zufallsvariablen und sei $(a_n) \subset \mathbb{R}_+$ mit $\frac{1}{a_n^2}\sum_{i=1}^n \text{Var}(X_i) \longrightarrow 0$. Dann gilt:*

$$\frac{1}{a_n}\sum_{i=1}^n (X_i - EX_i) \xrightarrow[P]{} 0.$$

Beweis Für $S_n := \sum_{i=1}^n (X_i - EX_i)$ folgt nach der Bienaymé-Formel

$$E\left(\frac{S_n}{a_n}\right)^2 = \text{Var}\left(\frac{S_n}{a_n}\right) = \frac{1}{a_n^2}\sum_{i=1}^n \text{Var}(X_i) \longrightarrow 0.$$

Aus der L^2-Konvergenz folgt die stochastische Konvergenz $\frac{S_n}{a_n} \xrightarrow[P]{} 0$, also die Behauptung. $\square$

Als Folgerung ergibt sich die folgende Version des schwachen Gesetzes großer Zahlen.

Satz 2.5.3 (Schwaches Gesetz für unabhängige Folgen) *Seien (X_n) stochastisch unabhängige Zufallsvariablen mit $EX_n = \mu, n \in \mathbb{N}$, $\text{Var}(X_n) < \infty$ und es gelte $\frac{\text{Var}(X_n)}{n} \longrightarrow 0$. Dann folgt:*

$$\frac{1}{n}\sum_{i=1}^n X_i \xrightarrow[P]{} \mu.$$

2.5 Schwaches Gesetz großer Zahlen

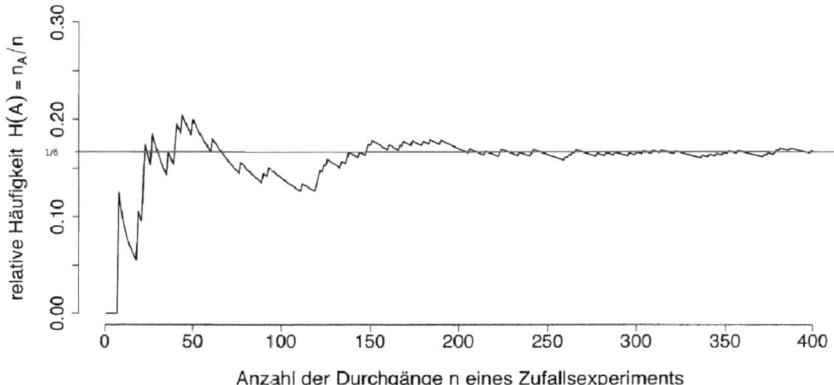

Abb. 2.7 Würfeln einer 6

Beweis Sei $a_n = n$ und $\varepsilon > 0$, dann ist $\mathrm{Var}(X_n) \leq \varepsilon n$ für $n \geq n_0(\varepsilon)$. Damit folgt für $n \geq n_1(\varepsilon)$

$$\frac{1}{n^2} \sum_{i=1}^n \mathrm{Var}(X_i) \leq \frac{1}{n^2} \sum_{i=1}^{n_0} \mathrm{Var}(X_i) + \frac{1}{n^2} \sum_{i=n_0+1}^n \varepsilon \cdot i \leq 2\varepsilon.$$

Nach Proposition 2.5.2 folgt die Behauptung. □

Korollar 2.5.4 (Schwaches Gesetz von Tschebyscheff) *Seien (X_n) unabhängige, identisch verteilte Zufallsvariablen mit $\mathrm{Var}(X_1) < \infty$ und $EX_1 = \mu$ und sei $S_n := \sum_{i=1}^n X_i$, dann gilt*

$$\frac{S_n}{n} \xrightarrow{P} \mu.$$

Bemerkung 2.5.5
(a) **Schwaches Gesetz von Bernoulli.** Insbesondere für stochastisch unabhängige, Bernoulli-verteilte Zufallsvariablen $X_i \sim \mathcal{B}(1, \theta)$ (vgl. Abb. 2.7) gilt das schwache Gesetz großer Zahlen von Bernoulli:

$$\frac{S_n}{n} \xrightarrow{P} \theta = EX_1.$$

b) **Konvergenzgeschwindigkeit.** Seien (X_i) unabhängige, gleichverteilte Zufallsvariablen mit $\mathrm{Var}(X_1) < \infty$, dann gilt für alle $\varepsilon > 0$ sogar:

$$n^{\frac{1}{2}-\varepsilon}\left(\frac{S_n}{n} - \mu\right) \xrightarrow{P} 0,$$

denn

$$\mathrm{Var}\left(n^{\frac{1}{2}-\varepsilon}\left(\frac{S_n}{n} - \mu\right)\right) = n^{1-2\varepsilon} \frac{\mathrm{Var}(X_1)}{n} = n^{-2\varepsilon} \mathrm{Var}(X_1) \longrightarrow 0.$$

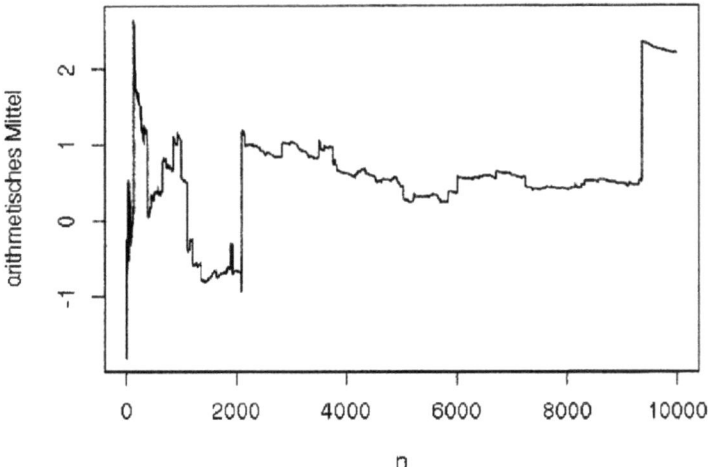

Abb. 2.8 Arithmetisches Mittel 10.000 Cauchy-verteilter Zufallsvariablen

Aber es gilt i. A. nicht:
$$n^{\frac{1}{2}}\left(\frac{S_n}{n}-\mu\right)\xrightarrow[P]{}0;$$
so ist z. B. für $X_i \sim N(0,1)$, $S_n = \sum_{i=1}^{n} X_i \sim N(0,n)$, also folgt:
$$\sqrt{n}\left(\frac{S_n}{n}-0\right)=\frac{S_n}{\sqrt{n}}\sim N(0,1)\xrightarrow[P]{\not\,}0.$$

Die Konvergenzgeschwindigkeit von $\frac{S_n}{n}-\mu\xrightarrow[P]{}0$ ist $O_p(\frac{1}{\sqrt{n}})$, aber nicht $O_p(\frac{1}{n^{\frac{1}{2}-\varepsilon}})$, $\forall\,\varepsilon>0$.

Dabei ist $X_n = O_p(a_n)$, wenn $\frac{1}{a_n}X_n$ stochastisch beschränkt ist.

(c) Unter der Annahme eines endlichen ersten Moments gilt für eine i.i.d. Folge das schwache Gesetz von Khinchin. Wir erhalten in Satz 2.5.12 eine Verschärfung dieser Aussage.

Satz von Khinchin. Seien (X_i) stochastisch unabhängige, identisch verteilte Zufallsvariablen und $E|X_1|<\infty$, dann gilt
$$\frac{1}{n}\sum_{i=1}^{n}X_i\xrightarrow[P]{}\mu=EX_1.\qquad\lrcorner$$

Bemerkung 2.5.6 (Endlichkeit des ersten Moments) *Ohne Annahme der Existenz des Erwartungswertes konvergieren i. A. die arithmetischen Mittel nicht gegen den Lageparameter der Verteilung. Das Beispiel in Abb. 2.8 zeigt die Folge der arithmetischen Mittel*

2.5 Schwaches Gesetz großer Zahlen

von 10.000 Cauchy-$\mathcal{C}(0, 1)$-verteilten Zufallsvariablen mit Lageparameter 0 und Dichte $f(x) = \frac{1}{2\pi} \frac{1}{1+x^2}$.

Beispiel 2.5.7

a) **Konvergenz empirischer Maße.** Seien $X_n : (\Omega, \mathcal{A}) \longmapsto (\Omega', \mathcal{A}')$ unabhängige, identisch verteilte Zufallsvariablen, $n \in \mathbb{N}$. Das **empirische Maß** ist definiert für $B \in \mathcal{A}'$,

$$\widehat{\mu}_n(B) := \frac{1}{n} \sum_{i=1}^{n} \mathbb{1}_B(X_i).$$

Dann gilt

$$\widehat{\mu}_n(B) \xrightarrow[P]{} P^{X_1}(B).$$

Beweis Seien $Y_i := \mathbb{1}_B(X_i)$ dann ist: $P^{Y_i} = \mathcal{B}(1, P^{X_1}(B))$.
Es gilt also: $EY_i = P^{X_1}(B)$, $\text{Var}(Y_i) = P^{X_1}(B)(1 - P^{X_1}(B)) \leq \frac{1}{4}$.
Aus Korollar 2.5.4 folgt die Behauptung. □

Aus den empirischen Beobachtungen $X_1, \ldots, X_n$ lässt sich also die theoretische Verteilung P^{X_1} approximativ ermitteln.

b) **Monte-Carlo-Methode.** Sei $f : [0, 1] \longmapsto [0, 1]$ eine messbare Funktion. Um das Integral $\int_{[0,1]} f \, d\lambda^1$ zu approximieren, verwendet die Monte-Carlo-Methode unabhängige, auf $[0, 1]^2$ gleichverteilte Zufallsvariable $X_1, \ldots, X_n$, d.h. $P^{X_i}(A) = \text{vol}(A)$, $A \in [0, 1]^2 \mathcal{B}^2$.
Seien $Y_i := \mathbb{1}_{A_f}(X_i)$ mit $A_f := \{(x, y); 0 \leq x \leq 1, 0 \leq y \leq f(x)\}$ dem Subgraphen von f. Dann gilt

$$P(Y_i = 1) = P(X_i \in A_f) = \text{vol}(A_f) = \int_{[0,1]} f \, d\lambda^1.$$

Nach dem Gesetz großer Zahlen gilt also:

$$\frac{1}{n} \sum_{i=1}^{n} \mathbb{1}_{A_f}(X_i) = \widehat{\mu}_n(A_f) \xrightarrow[P]{} \int_{[0,1]} f \, d\lambda^1.$$

Insbesondere erhält man z. B. eine Approximation von π (vgl. Abb. 2.9).
Ist allgemeiner $f : A \longrightarrow \mathbb{R}^1$ eine reelle, integrierbare Funktion auf einem d-dimensionalen Bereich $A \subset \mathbb{R}^d$ mit $\lambda^d(A) > 0$. Sei $\lambda_A = \frac{1}{\lambda^d(A)} \mathbb{1}_A \lambda^d$ die Gleichverteilung auf A und $X_1, \ldots, X_n$ unabhängig mit $X_i \sim \lambda_A$, dann gilt nach dem schwachen Gesetz großer Zahlen

$$\frac{1}{n} \sum_{i=1}^{n} f(X_i) \xrightarrow[P]{} \frac{1}{\lambda^d(A)} \int_A f \, d\lambda^d.$$

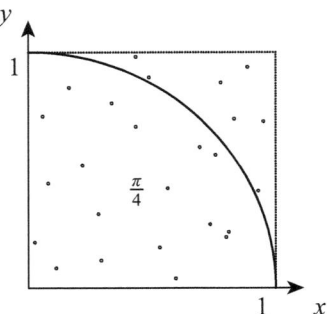

Abb. 2.9 Monte-Carlo-Simulation von π

c) **Volumen in hochdimensionalen Räumen.** Betrachte die Hyperebene H_n in $[0,1]^n$, $H_n := \{x \in [0,1]^n | \frac{1}{n}\sum_{i=1}^n x_i = \frac{1}{2}\}$. Für $\varepsilon > 0$ bezeichne

$$H_n(\varepsilon) := \left\{x \in [0,1]^n;\ \left|\frac{1}{n}\sum_{i=1}^n x_i - \frac{1}{2}\right| \leq \varepsilon\right\}$$

eine anscheinend „kleine" Umgebung von H_n. Dann gilt für alle $\varepsilon > 0$:

$$\lambda^n(H_n(\varepsilon)) \longrightarrow 1,$$

d. h., $\lambda^n_{[0,1]^n}$ ist „auf $H_n(\varepsilon)$ konzentriert", für n groß. Der Großteil des n-dimensionalen Volumens befindet sich in der „kleinen" Umgebung $H_n(\varepsilon)$ der Hyperebene H_n.

Beweis Sei $(\Omega, \mathcal{A}, P)$ ein Wahrscheinlichkeitsraum und seien (X_i) stochastisch unabhängige Zufallsvariablen auf $(\Omega, \mathcal{A}, P)$ mit $P^{X_i} = \lambda^1_{[0,1]}$, dann ist

$$P^{(X_1,\ldots,X_n)} = \lambda^n_{[0,1]^n}.$$

Es ist $EX_i = \frac{1}{2}$ und $\text{Var}(X_i) = EX_i^2 - \left(\frac{1}{2}\right)^2 = \frac{1}{3} - \frac{1}{4} = \frac{1}{12}$. Daraus folgt nach dem schwachen Gesetz großer Zahlen in Korollar 2.5.4

$$\lambda^n(H_n(\varepsilon)) = P^{(X_1,\ldots,X_n)}(H_n(\varepsilon)) = P\left(\left|\frac{1}{n}\sum_{i=1}^n X_i - \frac{1}{2}\right| \leq \varepsilon\right) \longrightarrow 1. \qquad \square$$

d) **Innenkugel in hohen Dimensionen.** Im n-dimensionalen Einheitswürfel $[0,1]^n$ werden durch Halbierung aller Seiten 2^n Teilwürfel der Seitenlängen $\frac{1}{2}$ erzeugt. Bezeichne δ_n den Durchmesser der Innenkugel. Dann gilt für $n = 2$, $\delta_2 = \frac{\sqrt{2}-1}{2} \sim 0{,}2$ (vgl. Abb. 2.10). Kolmogorov empfahl Schülern zur Schulung des geometrischen Vor-

2.5 Schwaches Gesetz großer Zahlen

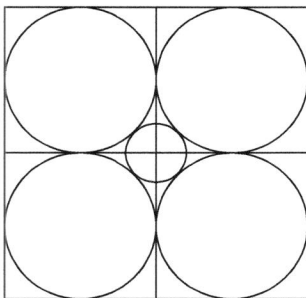

Abb. 2.10 Innenkugel für $n = 2$

stellungsvermögens, diesen Durchmesser in Dimension 3, 4 und 5 zu ermitteln. Es ergibt sich als allgemeine Formel

$$\delta_n = \frac{\sqrt{n} - 1}{2}.$$

Dies hat die überraschende Konsequenz, dass für $n = 9$, $\delta_9 = 1$. Für Dimension 10 und größer ragt die Innenkugel über den Rand des Einheitswürfels hinaus. ◇

Zum Beweis allgemeinerer Versionen des schwachen Gesetzes großer Zahlen beschreiben wir im Folgenden die Methode gestutzter Variablen.

Definition 2.5.8 (Stochastisch äquivalente Folgen) *Zwei Folgen (X_n), (Y_n) von reellen Zufallsvariablen heißen* **stochastisch äquivalent**, *wenn für alle $\varepsilon > 0$*

$$\lim_{n \to \infty} P(|Y_n - X_n| > \varepsilon) = 0.$$

Schreibweise: $(X_n) \sim_{st} (Y_n)$.

Lemma 2.5.9 *Seien (X_n) reelle Zufallsvariablen mit $X_n \xrightarrow[P]{} X$ und $(X_n) \sim_{st} (Y_n)$. Dann gilt:*

$$Y_n \xrightarrow[P]{} X.$$

Beweis Für alle $\varepsilon > 0$ gilt

$$P(|Y_n - X| > \varepsilon) \leq P\left(|Y_n - X_n| \geq \frac{\varepsilon}{2}\right) + P\left(|X_n - X| > \frac{\varepsilon}{2}\right) \to 0. \qquad \square$$

Bezeichnungen:
a) Für eine reelle Zufallsvariable X und $c \in \mathbb{R}_+$ definieren wir die gestutzte Variable $X^{(c)} := X \mathbb{1}_{\{|X| \leq c\}}$; es ist also $|X^{(c)}| \leq c$.
b) $a_n = o(b_n) : \Leftrightarrow \frac{a_n}{b_n} \longrightarrow 0$.

Der folgende Satz gibt eine notwendige und hinreichende Bedingung für ein schwaches Gesetz. Wir beweisen nur die hinreichende Bedingung.

Satz 2.5.10 *Seien (X_n) stochastisch unabhängige, reelle Zufallsvariablen. Es existiere eine Folge (a_n), $0 < a_n \uparrow \infty$, mit*

a) $\frac{1}{a_n^2} \sum_{j=1}^n E(X_j^{(a_n)})^2 \longrightarrow 0$,

b) $\sum_{j=1}^n P(|X_j| \geq a_n) \longrightarrow 0$,

dann folgt mit $S_n := \sum_{i=1}^n X_i$ *und* $b_n := \sum_{i=1}^n EX_i^{(a_n)}$:

$$\frac{1}{a_n}(S_n - b_n) \xrightarrow[P]{} 0.$$

Bemerkung 2.5.11 *Die Umkehrung gilt auch: Wenn eine Folge $a_n \uparrow \infty$ existiert, so dass $\frac{1}{a_n}(S_n - b_n) \xrightarrow[P]{} 0$, dann gelten a), b) mit dieser Folge (a_n).* ⌐

Beweis Sei $T_n := \sum_{i=1}^n X_i^{(a_n)}$. Wir zeigen zunächst

$$\left(\frac{1}{a_n} T_n\right) \sim_{st} \left(\frac{S_n}{a_n}\right).$$

Es gilt wegen Voraussetzung b):

$$P(|T_n - S_n| > \varepsilon a_n) \leq P\left(\bigcup_{i=1}^n \{X_i \neq X_i^{(a_n)}\}\right)$$

$$\leq \sum_{i=1}^n P\left(X_i \neq X_i^{(a_n)}\right) = \sum_{i=1}^n P(|X_i| > a_n) = o(1).$$

Daraus folgt

$$\left(\frac{1}{a_n}(T_n - b_n)\right) \sim_{st} \left(\frac{1}{a_n}(S_n - b_n)\right).$$

Es reicht jetzt zu zeigen, dass

$$\frac{1}{a_n}(T_n - b_n) \xrightarrow[P]{} 0.$$

Dies folgt aus:

$$\frac{1}{a_n^2} \sum_{i=1}^n \text{Var}\left(X_i^{(a_n)}\right) \leq \frac{1}{a_n^2} \sum_{i=1}^n E\left(X_i^{(a_n)}\right)^2 = o(1)$$

nach Proposition 2.5.2. □

Der folgende Satz von Feller gibt eine notwendige und hinreichende Bedingung für ein schwaches Gesetz. Wir beweisen nur die hinreichende Richtung.

2.5 Schwaches Gesetz großer Zahlen

Satz 2.5.12 (Satz von Feller) *Seien (X_n) reelle, stochastisch unabhängige, gleichverteilte Zufallsvariablen, dann gilt:*

$$\lim_{n\to\infty} nP(|X_1| \geq n) = 0 \quad \Rightarrow \quad \frac{1}{n}(S_n - b_n) \xrightarrow[P]{} 0, \quad \text{mit } b_n := nEX_1^{(n)}.$$

Beweis Wir weisen Bedingung a) von Satz 2.5.10 nach mit $a_n = n$. Bedingung b) gilt nach Voraussetzung. Dazu ist

$$\frac{1}{n^2} nE(X_1^{(n)})^2 = \frac{1}{n} \int_{\{|x|\leq n\}} x^2 \, dP^{X_1}(x) \leq \frac{1}{n} \sum_{m=1}^{n} m^2 P(\{m-1 < |X_1| \leq m\})$$

$$\leq \frac{2}{n} \sum_{m=1}^{n} \underbrace{\sum_{r=1}^{m} r}_{=\frac{m(m+1)}{2}} P(\{m-1 < |X_1| \leq m\})$$

$$= \frac{2}{n} \sum_{r=1}^{n} r \underbrace{\sum_{m=r}^{n} P(\{m-1 < |X_1| \leq m\})}_{=P(\{r-1<|X_1|\leq n\})} \leq \frac{2}{n} \underbrace{\sum_{r=1}^{n} rP(|X_1| \geq r-1)}_{\frac{r}{r-1}c_{r-1}\to 0}$$

mit $c_r := rP(|X_1| \geq r)$. Jetzt folgt die Behauptung aus dem folgenden Lemma von Césaro (Lemma 2.5.13). □

Lemma 2.5.13 (Lemma von Césaro) *Seien $a_n, a \in \mathbb{R}, n \in \mathbb{N}$ mit $a_n \longrightarrow a$, dann gilt:*

$$\frac{1}{n}\sum_{i=1}^{n} a_i \longrightarrow a.$$

Beweis Es existiert ein $n_0 \in \mathbb{N}$, so dass für alle $n \geq n_0$, $|a_n - a| \leq \varepsilon$.
Also existiert ein $n_1 \geq 0$, so dass für $n \geq n_1$ gilt:

$$\left|\frac{1}{n}\sum_{i=1}^{n} a_i - a\right| \leq \frac{1}{n}\sum_{i=1}^{n_0} |a_i - a| + \frac{1}{n}\sum_{i=n_0+1}^{n} |a_i - a| \leq \varepsilon. \quad \square$$

Bemerkung 2.5.14
a) *Ist $E|X| < \infty$, dann folgt:*

$$nP(|X| \geq n) \leq \int_{\{|X|\geq n\}} |X| \, dP \longrightarrow 0.$$

Es gilt also das schwache Gesetz großer Zahlen, d. h., aus dem Satz von Feller folgt der Satz von Khinchin.

b) *Es gilt die Umkehrung von Satz 2.5.12: Seien (X_n) i. i. d. (= iid = independent, identically distributed), und es existiere eine Folge (b_n) mit $\frac{1}{n}(S_n - b_n) \xrightarrow[P]{} 0$.*
Dann folgt: $nP(|X_1| \geq n) \longrightarrow 0$.
*Eine mögliche Wahl von b_n ist $b_n = nEX_1^{(n)}$. Die **Feller-Bedingung***

$$nP(|X_1| \geq n) \longrightarrow 0$$

ist also notwendig und hinreichend für das schwache Gesetz großer Zahlen. ⌐

2.5.2 Anwendungen des schwachen Gesetzes großer Zahlen

Im Folgenden behandeln wir weitere Anwendungen des schwachen Gesetzes großer Zahlen.

2.5.2.1 Konvergenz von Bernstein-Polynomen

Definition 2.5.15 (Bernstein-Polynom) *Sei $f : [0, 1] \longrightarrow \mathbb{R}$ eine stetige Funktion, dann heißt*

$$B_{n,f}(\vartheta) := \sum_{k=0}^{n} f\left(\frac{k}{n}\right) \cdot \binom{n}{k} \cdot \vartheta^k \cdot (1 - \vartheta)^{n-k}, \quad \vartheta \in [0, 1]$$

*das **n-te Bernstein-Polynom**.*

Nach dem Satz von Weierstraß lassen sich stetige Funktionen auf einem kompakten Intervall gleichmäßig durch eine Folge von Polynomen approximieren. Eine konkrete approximierende Polynomfolge bilden die Bernstein-Polynome.

Satz 2.5.16 (Konvergenz von Bernstein-Polynomen) *Sei $f : [0, 1] \to \mathbb{R}$ eine stetige Funktion, dann gilt:*

1) *Für alle $\vartheta \in [0, 1]$ gilt: $B_{n,f}(\vartheta) \longrightarrow f(\vartheta)$.*
2) *Die Konvergenz in 1) ist gleichmäßig auf $[0, 1]$.*

Beweis
1) Seien (X_i) i. i. d., $P^{X_1} = \mathcal{B}(1, \vartheta)$. Dann ist $S_n = \sum_{i=1}^{n} X_i \sim \mathcal{B}(n, \vartheta)$. Daraus folgt, dass

$$Ef\left(\frac{S_n}{n}\right) = \sum_{k=0}^{n} f\left(\frac{k}{n}\right) \cdot \binom{n}{k} \cdot \vartheta^k \cdot (1 - \vartheta)^{n-k} = B_{n,f}(\vartheta).$$

2.5 Schwaches Gesetz großer Zahlen

Nach dem schwachen Gesetz großer Zahlen gilt wegen der Stetigkeit von f

$$f\left(\frac{S_n}{n}\right) \xrightarrow{P} f(\vartheta).$$

Die Folge $\left(f\left(\frac{S_n}{n}\right)\right)$ ist gleichgradig integrierbar, da f beschränkt ist. Also folgt $f\left(\frac{S_n}{n}\right) \xrightarrow{L^1} f(\vartheta)$ und insbesondere

$$Ef\left(\frac{S_n}{n}\right) = B_{n,f}(\vartheta) \longrightarrow f(\vartheta).$$

2) Sei $|f| \leq K < \infty$, dann gilt

$$|B_{n,f}(\vartheta) - f(\vartheta)| \leq E\left|f\left(\frac{S_n}{n}\right) - f(\vartheta)\right|$$

$$\leq E\left|f\left(\frac{S_n}{n}\right) - f(\vartheta)\right| \mathbb{1}_{\{|\frac{S_n}{n} - \vartheta| \leq \varepsilon\}} + E\left|f\left(\frac{S_n}{n}\right) - f(\vartheta)\right| \mathbb{1}_{\{|\frac{S_n}{n} - \vartheta| > \varepsilon\}}$$

$$\leq \sup_{|y-x| \leq \varepsilon} |f(y) - f(x)| + 2KP\left(\left|\frac{S_n}{n} - \vartheta\right| \geq \varepsilon\right).$$

Hieraus folgt die Behauptung. □

Bemerkung 2.5.17 (Bézier-Kurven) *Die Bernstein-Polynome sind die Grundlage für viele Anwendungen im CAD (= computer aided design), insbesondere für die Bézier-Kurven und deren Erweiterungen zu grafischen Darstellungen. In Dimension $d = 1$ und $d = 2$ werden durch Vorgabe von n Knoten $f_{k,n}(= f(\frac{k}{n}))$ eine glatte Kurve f, das Bernstein-Polynom bzw. die Bézier-Kurve zu diesen Knoten erzeugt (vgl. Abb. 2.11). f ist nicht interpolierend, aber für n groß approximierend.*

Diese Technik wird z. B. in TEX und in vielen Bildsystemen (mit Abwandlungen) verwendet, z. B. in PostScript, Metafont, Microsoft Excel. In $d = 2, 3$ ist es die Grundlage im CAD für die Gestaltung von (Ober-)Flächen und Räumen. ⌐

2.5.2.2 Zusammenhang zur Korovkin-Theorie

Die Korovkin-Theorie aus der Funktionalanalysis befasst sich mit der Beschreibung von konvergenzerzeugenden Funktionenklassen für die Konvergenz linearer Operatoren.

Seien T, T_n positive, stetige, lineare Operatoren auf $C[0, 1]$. $F \subset C[0, 1]$ heißt konvergenzerzeugende Klasse, wenn aus $T_n/F \longrightarrow T/F$ bereits $T_n \longrightarrow T$ folgt.

Die **Korovkin-Hülle** K von $F \subset C[0, 1]$ ist die größte F umfassende Menge $K \subset C[0, 1]$, so dass Konvergenz auf F die Konvergenz auf K impliziert. Die betrachtete Konvergenzart ist die gleichmäßige Konvergenz auf $C[0, 1]$. Das erste Korovkin-Theorem besagt:

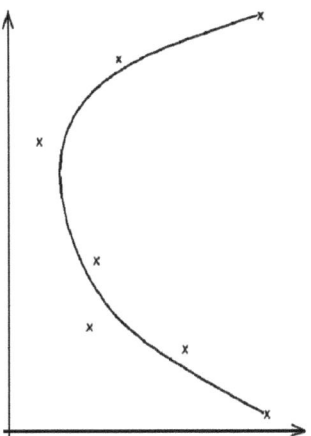

Abb. 2.11 Bezier-Kurve für $d = 2$, Darstellung des Buchstabens C

Korovkin-Theorem Gilt $T_n h \longrightarrow h$ für $h \in \{e_0, e_1, e_2\}$, $e_i(x) = x^i$, dann gilt

$$T_n f \longrightarrow f, \quad \forall f \in C[0, 1].$$

Wahrscheinlichkeitsmaße $P_n, P \in M^1(\mathbb{R}^1, \mathcal{B}^1)$ lassen sich als positive, stetige lineare Operatoren auf $C_b(\mathbb{R}^1)$ auffassen,

$$(P_n f)(x) = \int f(x - y) \, dP_n(y).$$

Punktweise Konvergenz dieser Operatoren $P_n f \longrightarrow Pf$, $f \in C_b(\mathbb{R}^1)$ beschreibt die Verteilungskonvergenz von P_n gegen P (vgl. Kap. 4). Die zur Korovkin-Theorie entsprechende Bestimmung von konvergenzerzeugenden Klassen ist ein wichtiges Thema zur Beschreibung der Verteilungskonvergenz.

Fasst man P_n, P als positive stetige lineare Funktionale auf $C[0, 1]$ auf,

$$P : C[0, 1] \longrightarrow \mathbb{R}^1, \quad Pf = \int f \, dP,$$

dann ergibt sich durch den Zusammenhang mit schwacher Konvergenz und schwachen Gesetzen ein Analogon des Korovkin-Satzes für lineare Funktionale.

Satz 2.5.18 *Sei* $(P_n) \subset M^1([0, 1], \mathcal{B}[0, 1])$. *Es existiere ein* $\alpha \in \mathbb{R}$ *mit* $P_n x \longrightarrow \alpha$ *und* $P_n x^2 \longrightarrow \alpha^2$, *dann folgt:*

$$P_n f \longrightarrow f(\alpha), \text{ für alle } f \in C[0, 1], \text{ d. h. } P_n \longrightarrow \varepsilon_{\{\alpha\}}.$$

2.5 Schwaches Gesetz großer Zahlen

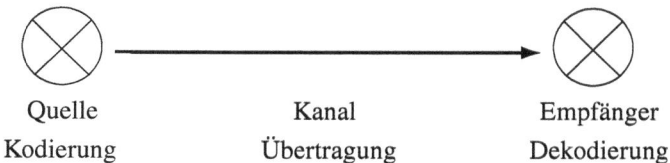

Abb. 2.12 Grundmodell der Informationsübertragung

Beweis Seien (X_n) Zufallsvariablen auf $(\Omega, \mathcal{A}, P)$ mit $P^{X_n} = P_n$.
Nach Voraussetzung folgt:

$$EX_n = \int X_n \, dP = \int x \, dP_n(x) \longrightarrow \alpha$$

$$\text{und} \quad EX_n^2 = \int x^2 \, dP_n(x) \longrightarrow \alpha^2.$$

Daraus folgt:

$$\text{Var}(X_n) = EX_n^2 - (EX_n)^2 \to 0, \text{ d.h. } X_n - EX_n \xrightarrow{L^2} 0.$$

Damit gilt: $X_n - EX_n \xrightarrow{P} 0$, also auch $X_n \xrightarrow{P} \alpha$, da $EX_n \longrightarrow \alpha$.

Da f stetig ist, folgt $f(X_n) \xrightarrow{P} f(\alpha)$ und $Ef(X_n) = P_n f \longrightarrow f(\alpha)$, da $(f(X_n))$ gleichgradig integrierbar ist. $\square$

2.5.2.3 Datenkompression, Kodierung und Quellenkodierungssatz von Shannon (1948)

Die folgende Anwendung des schwachen Gesetzes befasst sich mit dem Quellenkodierungssatz von Shannon, dem ersten von drei wichtigen Sätzen von Shannon. Dieser betrifft die Kodierung mit Worten konstanter Länge und Fehlerwahrscheinlichkeit ε. Das Noiseless-Coding-Theorem behandelt Wortcodes unterschiedlicher Länge (häufig auftretende Worte erhalten ein kurzes Codewort). Das dritte Shannon-Theorem betrifft die Kanalkapazität.

Eine Nachrichtenquelle sendet eine Folge $X^{(n)} = (X_1, \ldots, X_n)$ von Signalen aus einem endlichen Alphabet $A = \{a_1, \ldots, a_m\}$ aus (vgl. Abb. 2.12). Im einfachsten Modell sind X_i, $1 \leq i \leq n$, unabhängige, identisch verteilte Zufallsvariable mit Zähldichte f, d.h.

$$P(X_i = a) = f(a), \quad a \in A.$$

Eine Grundfrage der Informationstheorie ist die nach dem **Informationsgehalt der Quelle**:

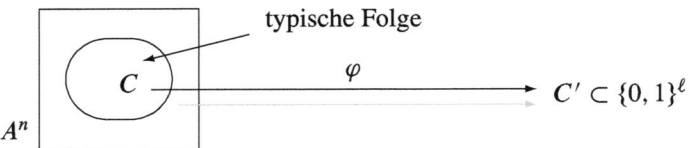

Abb. 2.13 Kodierung typischer Folgen durch 0-1-Folgen

Wie viele Ja-/Nein-Fragen (Bits) werden benötigt, um bis auf eine Irrtumswahrscheinlichkeit $\varepsilon > 0$ die Nachricht $X = X^{(n)}$ zu ermitteln? Zur Beantwortung dieser Frage wähle eine möglichst kleine Menge $C \subset A^n$, $|C| \leq 2^k$, so dass $P(X \in C) \geq 1 - \varepsilon$, d. h., bestimme

$$\ell := \min\{k;\, \exists\, C \subset A^n,\, |C| \leq 2^k \text{ und } P(X \in C) \geq 1 - \varepsilon\}.$$

Dann existiert eine Lösung $C \subset A^n$ mit $|C| \leq 2^\ell$.

Sei $\varphi : C \longrightarrow C' \subset \{0,1\}^\ell$ eine bijektive Abbildung (Code). φ kodiert ein Wort $\omega \in C$ durch das Codewort $\varphi(\omega)$ und $\omega = \psi \circ \varphi(\omega)$, $\psi := \varphi^{-1}$ auf C'. Definiere $\varphi : A^n \setminus C \to C'$ beliebig.

φ ist eine Kodierung an der Quelle von der **typischen Menge** C mit Codeworten in C' der festen Länge ℓ (ℓ Bits $\sim \ell$ Ja-/Nein-Fragen) (vgl. Abb. 2.13). Es gilt:

$$P(X \neq \psi \circ \varphi(X)) = P(X \notin C) \leq \varepsilon.$$

Die aus der Quelle gesandten Nachrichten werden mit Wahrscheinlichkeit $\geq 1 - \varepsilon$ aus dem Codeword ermittelt.

Wie viele Bits ℓ werden zur Quellenkodierung mit Fehlerwahrscheinlichkeit $\leq \varepsilon$ benötigt oder äquivalent, was ist der Informationsgehalt der Quelle? Ist ℓ groß, so ist der Informationsgehalt der Nachricht hoch.

Wegen $|A^n| = m^n = 2^{(\log_2 m)n}$ reichen $\lceil (\log_2 m)n \rceil$ Bits für $\varepsilon = 0$. Zur Beschreibung des Informationsgehalts für $\varepsilon > 0$ benötigen wir den Begriff der Entropie.

Definition 2.5.19 (Entropie) *Sei f eine Zähldichte auf A. Dann heißt*

$$H(f) := -\sum_{a \in A} f(a) \log_2 f(a)$$

Entropie von f; $\log_2 = $ Logarithmus zur Basis 2.

Die Entropie ist ein Maß für die Unsicherheit und damit für den Informationsgehalt der Quelle.

Bemerkung 2.5.20 *Ist $f(a_0) = 1$, d. h. $f \sim \varepsilon_{\{a_0\}}$, f entspricht dem Einpunktmaß in a_0, dann ist $H(f) = -\log_2 1 = 0$, d. h., es gibt keine Unsicherheit und auch keine Information.*

2.5 Schwaches Gesetz großer Zahlen

Ist $f(a) = \frac{1}{m}, a \in A$, die Gleichverteilung auf A, dann gilt:

$$H(f) = -\frac{1}{m} m \log_2 \frac{1}{m} = \log_2 m.$$

Aus der Konvexität von $x \longmapsto x \log_2 x$ folgt:

$$0 \leq H(f) \leq \log_2 m \quad \text{für alle Zähldichten } f.$$

Die Gleichverteilung impliziert maximale Unsicherheit und damit auch maximalen Informationsgehalt der Quelle. ⌐

Satz 2.5.21 (Quellenkodierungssatz von Shannon) *Sei (X_i) eine i. i. d. Folge mit Werten in A und Zähldichte $f = f_{X_i}$, $\forall i$, sei $\varepsilon > 0$ und sei*

$$L(n, \varepsilon) := \min\{\ell > 0 : \exists C \subset A^n, |C| \leq 2^\ell \text{ und } P(X^{(n)} \in C) \geq 1 - \varepsilon\}$$

die minimale notwendige Codewortlänge. Dann gilt:

$$\lim_n \frac{L(n, \varepsilon)}{n} = H(f).$$

Beweis O. E. sei $f(a) > 0, \forall a \in A$. Sei $\delta > 0$ und $Q = P^{X_1}$, dann hat $Q^{(n)} := \bigotimes_{i=1}^n Q$ die Zähldichte $f^{(n)} = \bigotimes_{i=1}^n f$. Definiere die „**typische Menge**" B_n,

$$B_n = B_n(\delta) := \{w \in A^n;\ 2^{-n(H(f)+\delta)} \leq f^{(n)}(w) \leq 2^{-n(H(f)-\delta)}\}.$$

Dann gilt:

1) **Asymptotisches Gleichverteilungsgesetz (AEP):**

$$\text{Es gibt ein } n_0 \in \mathbb{N}, \text{ so dass } P\left(X^{(n)} \in B_n\right) \geq 1 - \delta, \quad \forall n \geq n_0, \tag{2.6}$$

d. h., für die typischen Worte $\omega \in A^n$ (in B_n) gilt

$$f^{(n)}(\omega) \approx 2^{-nH(f)};$$

daher die Bezeichnung AEP (= asymptotic equipartition property).
Zum Beweis von (2.6) seien $Y_i := -\log_2 f(X_i)$, $i \geq 1$. Dann ist (Y_i) eine i. i. d. Folge und es ist

$$EY_i = -\sum_{a \in A}(\log_2 f(a))f(a) = H(f) \quad \text{und} \quad \text{Var}(Y_i) =: v < \infty.$$

Nach dem schwachen Gesetz großer Zahlen folgt:

$$P\left(\left|\frac{1}{n}\sum_{i=1}^{n} Y_i - H(f)\right| > \delta\right) \leq \delta \text{ für } n \geq n_0.$$

Wegen $\frac{1}{n}\sum_{i=1}^{n} Y_i = -\frac{1}{n}\log_2 f^{(n)}(X^{(n)})$ folgt für n_0 genügend groß

$$P(X^{(n)} \in B_n) = P\left(\left|\log_2 f^{(n)}(X^{(n)}) + nH(f)\right| \leq n\delta\right)$$
$$= P\left(\left|\frac{1}{n}\sum_{i=1}^{n} Y_i - H(f)\right| \leq \delta\right) \geq 1 - \delta, \quad n \geq n_0.$$

Im zweiten Schritt zeigen wir nun die obere Schranke:

2) **$H(f)$ ist eine obere Schranke.**
Ist $\delta \leq \varepsilon$, dann ist nach dem AEP für $n \geq n_0$ die typische Menge B_n ein Kandidat für eine Codemenge; also gilt:

$$L(n,\varepsilon) \leq \min\{\ell; \ |B_n| \leq 2^\ell\}, \quad B_n = B_n(\delta).$$

Es ist unter Verwendung der unteren Schranke in der Definition von B_n

$$1 = \sum_{\omega \in A^n} f^{(n)}(\omega) \geq \sum_{\omega \in B_n} 2^{-n(H(f)+\delta)}$$
$$= |B_n| 2^{-n(H(f)+\delta)}.$$

Es folgt: $L(n,\varepsilon) \leq n(H(f)+\delta)$.
Da $\delta > 0$ beliebig ist, folgt hieraus

$$\varlimsup_n \frac{L(n,\varepsilon)}{n} \leq H(f).$$

3) **$H(f)$ ist eine untere Schranke.**
Zu $n \geq n_0$ und $\ell = L(n,\varepsilon)$ existiert eine Codemenge $C \subset A^n$ mit $|C| \leq 2^\ell$ und $P(X^{(n)} \in C) \geq 1 - \varepsilon$. Wegen $f^{(n)}(\omega) 2^{n(H(f)-\delta)} \leq 1$ für $w \in B_n$ gilt

$$2^{L(n,\varepsilon)} \geq |C| \geq |C \cap B_n|$$
$$\geq \sum_{\omega \in C \cap B_n} \underbrace{f^{(n)}(\omega) 2^{n(H(f)-\delta)}}_{\leq 1}$$
$$= P(X^{(n)} \in C \cap B_n) 2^{n(H(f)-\delta)}$$
$$\geq (1 - \varepsilon - \delta) 2^{n(H(f)-\delta)},$$

da $P(X^{(n)} \in (C \cap B_n)^c) \leq \varepsilon + \delta$. Hieraus folgt

$L(n,\varepsilon) \geq \log_2(1-\varepsilon-\delta) + n(H(f)-\delta)$, $\forall n \geq n_0$, $\forall \delta > 0$. Also gilt:

$$\lim_n \frac{L(n,\varepsilon)}{n} \geq H(f). \qquad \square$$

Um eine zufällige Nachricht der Länge n aus dem Alphabet A durch einen binären Code mit konstanter Länge bis auf einen Fehler $\varepsilon > 0$ zu kodieren, reichen also $nH(f)$ Bits (für $n \geq n_0$).

2.6 Starkes Gesetz großer Zahlen

Das starke Gesetz großer Zahlen macht Aussagen vom Typ

$$\frac{1}{a_n}\sum_{i=1}^{n}(X_i - EX_i) \longrightarrow 0\,[P],$$

insbesondere: $\frac{1}{n}\sum_{i=1}^{n} X_i \longrightarrow EX_1\,[P]$, wenn $EX_i = EX_1$, $\forall i$. Im Unterschied zum schwachen Gesetz wird der stärkere Konvergenzbegriff der f. s. Konvergenz verwendet, so dass die Konvergenzaussage pfadweise beobachtet wird. Borel hat 1909 ein starkes Gesetz $\frac{S_n}{n} \longrightarrow \vartheta\,[P]$ für eine unabhängige Bernoulli-Folge (X_i), $X_i \sim \mathcal{B}(1,\vartheta)$ und $S_n = \sum_{i=1}^{n} X_i$ gezeigt und auf ein zahlentheoretisches Problem angewendet (vgl. Satz 2.6.15).
Wir behandeln unterschiedliche Methoden zum Nachweis des starken Gesetzes.

Satz 2.6.1 (Methode hoher Momente) *Seien (X_i) unabhängige, identisch verteilte Zufallsvariablen mit $EX_i =: \mu$, $\mathrm{Var}(X_i) =: \sigma^2$ und $E(X_i - \mu)^4 =: m_4 < \infty$. Dann gilt:*

$$\frac{S_n}{n} \longrightarrow \mu\,[P].$$

Beweis Sei o. E. $\mu = 0$, sonst betrachte $X_i \to X_i - \mu$. Es ist zu zeigen, dass $\frac{S_n}{n} \longrightarrow 0\,[P]$. Dazu bestimmen wir Schranken für die vierten Momente von S_n.

$$ES_n^4 = \sum_{1 \leq i,j,k,l \leq n} EX_i X_j X_k X_l$$

$$= \sum_{i=1}^{n} EX_i^4 + 4\sum_{i \neq j} \underbrace{EX_i^3 X_j}_{=0} + 6\sum_{i \neq j} EX_i^2 X_j^2$$

$$+ \sum_{i,j,k,l \text{ p.d.}} \underbrace{EX_i X_j X_k X_l}_{=0} + 12\sum_{i,j,k \text{ p.d.}} \underbrace{EX_i^2 X_j X_k}_{=0}$$

$$= nm_4 + 6n(n-1)\sigma^4 \leq Kn^2.$$

Es folgt: $\sum_{n=1}^{\infty} E(\frac{S_n}{n})^4 \leq K \sum_{n=1}^{\infty} \frac{1}{n^2}$, also gilt vollständige Konvergenz. Aus Satz 2.3.5 folgt, dass $\frac{S_n}{n} \longrightarrow \mu\,[P]$. □

Die folgende Lückenmethode von Rajchman benötigt nicht die Voraussetzung der stochastischen Unabhängigkeit, sondern nur die Unkorreliertheit.

Satz 2.6.2 (Lückenmethode) *Seien* (X_i) *unkorrelierte, reelle Zufallsvariablen mit* $\text{Var}(X_i) \leq M < \infty$ *für alle* $n \in \mathbb{N}$. *Dann gilt:*

$$\frac{1}{n} \sum_{i=1}^{n} (X_i - EX_i) \longrightarrow 0\,[P].$$

Beweis Sei o. E. $EX_i = 0$ und definiere $Z_n := \frac{1}{n} \sum_{i=1}^{n} X_i$. Im ersten Schritt zeigen wir die Konvergenz der Teilfolge (Lückenfolge) Z_{n^2}.

1) $Z_{n^2} \longrightarrow 0\,[P]$.
   Denn $\text{Var}(Z_{n^2}) = \frac{1}{n^4} \sum_{i=1}^{n^2} \text{Var}(X_i) \leq \frac{M}{n^2}$. Daher folgt aus der Tschebyscheff-Ungleichung, dass

$$\sum_{n=1}^{\infty} P(|Z_{n^2}| \geq \varepsilon) \leq \sum_{n=1}^{\infty} \frac{M}{n^2 \varepsilon^2} < \infty,$$

also vollständige Konvergenz. Nach Satz 2.3.5 folgt die Behauptung 1).

2) **Ausfüllen der Lücken.** Seien zu $m \in \mathbb{N}$, $n = n(m) > 0$ so, dass $n^2 \leq m < (n+1)^2$. Dann gilt

$$\frac{1}{n(m)^2} |S_m - S_{n(m)^2}| \xrightarrow[m \to \infty]{} 0\,[P].$$

Denn für alle $m > n^2$, $\varepsilon > 0$, gilt nach Tschebyscheff

$$P(|S_m - S_{n^2}| \geq \varepsilon^2) \leq \frac{M}{\varepsilon^2 n^4} (m - n^2).$$

Daraus folgt:

$$\sum_{m=1}^{\infty} P\left(\frac{1}{n(m)^2} |S_m - S_{n(m)^2}| \geq \varepsilon\right)$$

$$\leq \frac{M}{\varepsilon^2} \sum_{n=1}^{\infty} \sum_{m=n^2}^{(n+1)^2-1} \frac{m - n^2}{n^4} = \frac{M}{\varepsilon^2} \sum_{n=1}^{\infty} \frac{1}{n^4} \underbrace{(1 + 2 + \cdots + 2n)}_{= \frac{2n(2n+1)}{2}} < \infty,$$

also vollständige Konvergenz. Nach Satz 2.3.5 folgt die fast sichere Konvergenz.

2.6 Starkes Gesetz großer Zahlen

3) Nach 1) ist für $\varepsilon > 0$ und für P-fast alle $\omega \in \Omega$ und für $m \geq m(\omega)$:

$$\left| \frac{S_{n(m)^2}(\omega)}{n(m)^2} \right| < \varepsilon.$$

Nach 2) gelten für P-fast alle $\omega \in \Omega$ und $m \geq m'(\omega)$: $\left| \frac{S_m(\omega)}{n(m)^2} \right| < 2\varepsilon$.

Daher gilt: $\left| \frac{S_m(\omega)}{m} \right| < 2\varepsilon$ für alle $m \geq n(m'(\omega))^2$.

Daraus folgt für alle $\varepsilon > 0$: $\limsup |Z_n| < \varepsilon \, [P]$. Also ist $\lim_n Z_n = 0 \, [P]$. $\square$

Im Folgenden werden die klassischen starken Gesetze im unabhängigen Fall behandelt, insbesondere die Kolmogorov'schen Sätze. Die hierzu entwickelten methodischen Mittel sind auch von allgemeinerem Interesse und ermöglichen es, notwendige und hinreichende Bedingungen zu formulieren. Ein wichtiges Hilfsmittel ist die Kolmogorov'sche Maximal-Ungleichung.

Satz 2.6.3 (Kolmogorov'sche Maximal-Ungleichung) *Seien (X_i) stochastisch unabhängige, reelle Zufallsvariablen, $EX_i = 0$, $\operatorname{Var}(X_i) = \sigma_i^2 < \infty$, $S_n := \sum_{k=1}^n X_k$. Dann gilt für alle $\varepsilon > 0$:*

$$P\left(\max_{1 \leq k \leq n} |S_k| \geq \varepsilon \right) \leq \frac{1}{\varepsilon^2} \sum_{k=1}^n \sigma_k^2.$$

Beweis Methode der Stoppzeiten

Definiere

$$\tau := \begin{cases} \inf\{k; \, |S_k| \geq \varepsilon\}, & \text{falls } \neq 0, \\ \infty, & \text{sonst.} \end{cases}$$

Dann ist $\{\tau \leq n\} = \{\max_{k \leq n} |S_k| \geq \varepsilon\}$, und es ist

$$\{\tau = k\} = \{|S_1| < \varepsilon\} \cap \cdots \cap \{|S_{k-1}| < \varepsilon\} \cap \{|S_k| \geq \varepsilon\} \in \sigma(X_1, \ldots, X_k) \subset \mathcal{A}.$$

τ ist eine Stoppzeit; das Ereignis $\{\tau = k\}$ hängt nur von $X_1, \ldots, X_k$ ab, nicht aber von der Zukunft. Es gilt:

$$\sum_{k=1}^n \sigma_k^2 = \operatorname{Var}(S_n) = \int S_n^2 \, dP$$

$$\geq \int_{\{\tau \leq n\}} S_n^2 \, dP = \sum_{k=1}^n \int_{\{\tau = k\}} S_n^2 \, dP.$$

Aus der Eigenschaft der Stoppzeit und der Unabhängigkeitsannahme folgt:

$$\int_{\{\tau=k\}} S_n^2 \, dP = \int_{\{\tau=k\}} (S_k + S_n - S_k)^2 \, dP$$

$$= \int \underbrace{\mathbb{1}_{\{\tau=k\}}}_{\in \sigma(X_1,\ldots,X_k)} \left(S_k^2 + 2S_k(S_n - S_k) + (S_n - S_k)^2\right) dP$$

$$= \int_{\{\tau=k\}} S_k^2 \, dP + \underbrace{2E\left(\mathbb{1}_{\{\tau=k\}}S_k\right)(S_n - S_k)}_{=(E\mathbb{1}_{\{\tau=k\}}S_k)E(S_n-S_k)=0} + \underbrace{E(S_n - S_k)^2 \mathbb{1}_{\{\tau=k\}}}_{=E(S_n-S_k)^2 P(\tau=k)\geq 0}$$

$$\geq \varepsilon^2 P(\{\tau = k\}).$$

Daraus folgt

$$\sum_{k=1}^n \sigma_k^2 \geq \varepsilon^2 \sum_{k=1}^n P(\tau = k) = \varepsilon^2 P(\tau \leq n) = \varepsilon^2 P\left(\left\{\max_{k \leq n} |S_k| \geq \varepsilon\right\}\right). \qquad \square$$

Als Folgerung erhalten wir folgendes Resultat über die Konvergenz von Reihen.

Satz 2.6.4 (Konvergenz von Reihen) *Seien (X_n) stochastisch unabhängig, $EX_n = 0$ für alle $n \in \mathbb{N}$.*
Gilt $\sum_{n=1}^\infty \mathrm{Var}(X_n) < \infty$, dann ist $\sum_{n=1}^\infty X_n$ P-fast sicher konvergent.

Beweis Nach dem Cauchy-Kriterium für fast sichere Konvergenz ist zu zeigen, dass

$$P\left(\sup_{n \geq m} |S_n - S_m| \geq \varepsilon\right) \xrightarrow[m \to \infty]{} 0.$$

Nach der Maximal-Ungleichung Satz 2.6.3 folgt

$$P\left(\max_{m \leq n \leq k} |S_n - S_m| \geq \varepsilon\right) \leq \frac{1}{\varepsilon^2} \sum_{i=m+1}^k \mathrm{Var}(X_i).$$

Aus dem Stetigkeitssatz folgt daher

$$P\left(\sup_{n \geq m} |S_n - S_m| \geq \varepsilon\right) = \lim_{n \to \infty} P\left(\max_{m \leq n \leq k} |S_n - S_m| \geq \varepsilon\right)$$

$$\leq \frac{1}{\varepsilon^2} \sum_{i=m+1}^\infty \mathrm{Var}(X_i) \xrightarrow[m \to \infty]{} 0,$$

also die Behauptung. $\qquad \square$

2.6 Starkes Gesetz großer Zahlen

Korollar 2.6.5 *Seien (X_n) stochastisch unabhängig, $\sum_{i=1}^{\infty} EX_i$ und $\sum_{i=1}^{\infty} \text{Var}(X_i)$ konvergent, dann konvergiert $\sum_{i=1}^{\infty} X_i$ P-fast sicher.*

Beweis Aus Satz 2.6.4 folgt, dass $\sum(X_i - EX_i)$ P-fast sicher konvergiert.
Da $\sum_i EX_i$ konvergiert, folgt die Behauptung. □

Beispiel 2.6.6 (Reihen mit zufälligen Vorzeichen) Sei (Y_i) i. i. d., eine Folge von zufälligen Vorzeichen $P(Y_i = \pm 1) = \frac{1}{2}$ und sei $(c_k) \subset \mathbb{R}$ eine Folge von Gewichten mit $\sum_{k=1}^{\infty} c_k^2 < \infty$. Dann folgt: $\sum_{k=1}^{\infty} c_k Y_k$ ist P-fast sicher konvergent.

Zum Beweis definiere $X_k := c_k Y_k$. Dann sind (X_k) unabhängig, $EX_k = 0$, $\text{Var}(X_k) = c_k^2$, also

$$\sum_{k=1}^{\infty} \text{Var}(X_k) = \sum_{k=1}^{\infty} c_k^2 < \infty.$$

Nach Satz 2.6.4 folgt, dass die Reihe $\sum_{k=1}^{\infty} c_k Y_k$ mit zufälligen Vorzeichen P-fast sicher konvergiert.

Im Allgemeinen folgt aus der Konvergenz von $\sum_{k=1}^{\infty} c_k^2$ nicht die Konvergenz der Reihe $\sum_{k=1}^{\infty} c_k$. Auch die Umkehrung obiger Aussage gilt (vgl. Satz 2.6.9), d. h., aus der f. s. Konvergenz von $\sum_{k=1}^{\infty} c_k Y_k$ folgt, dass $\sum_{k=1}^{\infty} c_k^2 < \infty$. ◇

Ein Schlüssel für allgemeine starke Gesetze ist der Begriff der fast sicheren Äquivalenz.

Definition 2.6.7 (f. s. Äquivalenz) *Seien (X_n), (Y_n) Folgen reeller Zufallsvariablen. (X_n) und (Y_n) heißen **fast sicher äquivalent**, wenn*

$$\sum_{n=1}^{\infty} P(X_n \neq Y_n) < \infty.$$

Schreibweise: $(X_n) \underset{f.s.}{\sim} (Y_n)$.

Proposition 2.6.8 *Sei $a_n \uparrow \infty$, $(X_n) \underset{f.s.}{\sim} (Y_n)$, dann gilt*

1) $\sum_n (X_n - Y_n)$ *ist P-fast sicher konvergent.*
2) $\frac{1}{a_n} \sum_{j=1}^{n} (X_j - Y_j) \longrightarrow 0 \; [P]$.

Beweis
1) Aus Borel-Cantelli folgt: $P(\limsup\{X_n \neq Y_n\}) = 0$,
   d. h., es existiert ein $N \in \mathcal{A}$, $P(N) = 0$, so dass für $\forall \omega \in N^c$ und alle $n \geq n_0(\omega)$ gilt: $X_n(\omega) = Y_n(\omega)$. Daraus folgt 1).

2) Ist (x_n) eine reelle Zahlenfolge, so dass $\sum_{n=1}^{\infty} x_n$ konvergiert, und sei $M = \sum_{n=1}^{\infty} x_n$, dann folgt für alle $n \geq n_0$: $\frac{1}{a_n} \left| \sum_{k=1}^{n} x_k \right| \leq \frac{1}{a_n}(|M| + \varepsilon)$.

Mit $x_n = X_n(\omega) - Y_n(\omega)$ folgt die Behauptung 2) dann aus 1). □

Zentrales Resultat in der Kolmogorov'schen Methode ist der folgende Dreireihensatz.

Satz 2.6.9 (Dreireihensatz) *Seien (X_n) stochastisch unabhängige, reelle Zufallsvariablen.*

1) *Es existiere $0 < c < \infty$, so dass die folgenden drei Reihen konvergieren:*

$$\text{i)} \sum_{i=1}^{\infty} P(|X_i| \geq c), \quad \text{ii)} \sum_{i=1}^{\infty} \text{Var}\left(X_i^{(c)}\right) \quad \text{und} \quad \text{iii)} \sum_{i=1}^{\infty} E X_i^{(c)},$$

dann folgt: $S_n := \sum_{i=1}^{n} X_i$ *konvergiert P-fast sicher.*
2) *Es gilt auch die Umkehrung in 1).*

Beweis
1) Aus Satz 2.6.4 und Korollar 2.6.5 folgt:

$$\sum_i X_i^{(c)} \text{ konvergiert } P \text{ f. s. und } \sum_k P\left(X_k \neq X_k^{(c)}\right) = \sum_k P(|X_k| > c) < \infty.$$

Daraus folgt: $(X_k) \underset{\text{f.s.}}{\sim} (X_k^{(c)})$. Nach Proposition 2.6.8 folgt: $\sum_k X_k$ ist P-fast sicher konvergent.

2) Wir zeigen nur Bedingung i). Es konvergiere (S_n) P-fast sicher,

$$\text{dann folgt:} \quad P(\limsup |X_n| > \varepsilon) = 0, \quad \forall \varepsilon > 0.$$

Für $c > 0$ ist daher nach Borel-Cantelli: $\sum_n P(|X_n| \geq c) < \infty$; also gilt Bedingung i). Auf den Beweis zu ii) und iii) wird hier verzichtet. □

Die Verbindung des Dreireihensatzes zum starken Gesetz liefert das Kronecker-Lemma.

Lemma 2.6.10 (Kronecker-Lemma) *Sei $(x_n) \subset \mathbb{R}$, $a_n > 0$, $a_n \uparrow \infty$ und sei $\sum_{n=1}^{\infty} \frac{x_n}{a_n}$ konvergent. Dann folgt:*

$$\frac{1}{a_n} \sum_{j=1}^{n} x_j \longrightarrow 0.$$

2.6 Starkes Gesetz großer Zahlen

Beweis Sei $b_n := \sum_{k=1}^{n} \frac{x_k}{a_k}$, $a_0 := 0$, $b_0 := 0$, dann ist $x_n = a_n(b_n - b_{n-1})$. Es folgt mit partieller Summation:

$$\frac{1}{a_n} \sum_{j=1}^{n} x_j = \frac{1}{a_n} \sum_{j=1}^{n} a_j(b_j - b_{j-1}) = b_n - \frac{1}{a_n} \sum_{j=0}^{n-1} b_j \underbrace{(a_{j+1} - a_j)}_{\geq 0}.$$

Da $\frac{1}{a_n} \sum_{j=0}^{n-1} (a_{j+1} - a_j) = 1$ und $b_n \longrightarrow b$, folgt:

$$\sum_{j=0}^{n-1} \frac{a_{j+1} - a_j}{a_n} b_j - b = \sum_{j=0}^{n-1} \frac{a_{j+1} - a_j}{a_n} (b_j - b) =: A_n.$$

Wie im Césaro-Lemma gilt:

Für alle $\varepsilon > 0$ existiert $j_0 = j_0(\varepsilon)$, so dass für alle $j \geq j_0$: $|b_j - b| < \varepsilon$.
Daraus folgt für $n > j_0$:

$$|A_n| \leq \underbrace{\sum_{j=0}^{j_0-1} \frac{a_{j+1} - a_j}{a_n} |b_j - b|}_{<\varepsilon \text{ für } n \geq n_0} + \varepsilon.$$

Es folgt die Behauptung. □

Als Konsequenz erhalten wir das erste starke Gesetz großer Zahlen von Kolmogorov.

Satz 2.6.11 (Starkes Gesetz großer Zahlen von Kolmogorov) *Seien (X_n) stochastisch unabhängige, reelle Zufallsvariablen mit $\text{Var}(X_n) < \infty$ für alle n und sei $0 < a_n \uparrow \infty$.*

Gilt die **Kolmogorov-Bedingung** $\sum_{n=1}^{\infty} \frac{\text{Var}(X_n)}{a_n^2} < \infty$, *dann folgt:*

$$\frac{1}{a_n} \sum_{i=1}^{n} (X_i - EX_i) \longrightarrow 0 \, [P].$$

Beweis Definiere $Y_n := \frac{1}{a_n}(X_n - EX_n)$, dann gilt:

Die (Y_n) sind stochastisch unabhängig, $\text{Var}(Y_n) = \frac{1}{a_n^2} \text{Var}(X_n)$ und $EY_n = 0$.
Aus $\sum_n \text{Var}(Y_n) < \infty$ folgt nach Satz 2.6.4:

$$\sum_{n=1}^{\infty} Y_n \text{ ist } P \text{ fast sicher konvergent.}$$

Aus dem Kronecker-Lemma 2.6.10 folgt:

$$\frac{1}{a_n} \sum_{k=1}^{n} a_k Y_k = \frac{1}{a_n} \sum_{k=1}^{n} (X_k - EX_k) \longrightarrow 0 \, [P]. \qquad \square$$

Bemerkung 2.6.12
a) *Sind die Varianzen der X_i beschränkt, d. h. $\text{Var}(X_i) \leq M$, dann gilt:*

$$n^{\frac{1}{2}-\varepsilon}\left(\frac{S_n - ES_n}{n}\right) \longrightarrow 0\,[P], \quad \forall\, \varepsilon > 0.$$

b) *Sei $a_n = n$, $\text{Var}(X_n) \leq K \cdot n^{1-\varepsilon}$, dann gilt das starke Gesetz großer Zahlen.*

Der folgende Satz gibt eine notwendige und hinreichende Bedingung für das starke Gesetz im Fall von i. i. d. Folgen. Insbesondere ergibt sich, dass die Endlichkeit des ersten Moments notwendig und hinreichend für das starke Gesetz großer Zahlen SLLN (= strong law of large numbers) ist. Die Existenz endlicher Varianz ist also nicht notwendig.

Satz 2.6.13 (Kolmogorovs SLLN, i. i. d. Fall) *Seien (X_n) i. i. d., reelle Zufallsvariablen, dann gilt*

a) $E|X_1| < \infty \;\Rightarrow\; \frac{S_n}{n} \longrightarrow EX_1\,[P]$,
b) $E|X_1| = \infty \;\Rightarrow\; \overline{\lim} \frac{|S_n|}{n} = \infty\,[P]$.

Beweis
a) Sei $Y_n := X_n^{(n)} = X_n \mathbb{1}_{\{|X_n| \leq n\}}$, dann gilt

$$\sum_{n=1}^{\infty} P(X_n \neq Y_n) = \sum_{n=1}^{\infty} P(|X_n| > n) = \sum_{n=1}^{\infty} P(|X_1| > n)$$

$$= \sum_{n=1}^{\infty} P(n < |X_1| \leq n+1) \leq E|X_1| < \infty.$$

Es folgt: 1) $(X_n) \underset{\text{f.s.}}{\sim} (Y_n)$, die Folgen (X_n) und (Y_n) sind f. s. äquivalent.
2) Für (Y_n) gelten die Voraussetzungen von Satz 2.6.11, denn

$$\sum_{n=1}^{\infty} \frac{\text{Var}(Y_n)}{n^2} \leq \sum_{n=1}^{\infty} \frac{EY_n^2}{n^2} = \sum_{n=1}^{\infty} \frac{1}{n^2} \int_{\{|X_1| \leq n\}} X_1^2\, dP$$

$$= \sum_{n=1}^{\infty} \frac{1}{n^2} \sum_{j=1}^{n} \int_{\{j-1 < |X_1| \leq j\}} X_1^2\, dP$$

$$= \sum_{j=1}^{\infty} \left(\int_{\{j-1 < |X_1| \leq j\}} X_1^2\, dP\right) \sum_{n=j}^{\infty} \frac{1}{n^2}.$$

Es gilt:

$$\sum_{n=j}^{\infty} \frac{1}{n^2} \leq \int_{(j-1,\infty)} \frac{1}{x^2}\, d\lambda(x) = -\frac{1}{x}\Big|_{j-1}^{\infty} = \frac{1}{j-1}.$$

2.6 Starkes Gesetz großer Zahlen

Daraus folgt

$$\sum_{n=1}^{\infty} \frac{\operatorname{Var}(Y_n)}{n^2} \leq \sum_{j=1}^{\infty} \left(j \int_{\{j-1<|X_1|\leq j\}} |X_1|\, dP \right) \frac{1}{j-1}$$

$$\leq 2 \sum_{j=1}^{\infty} \int_{\{j-1<|X_1|\leq j\}} |X_1|\, dP = 2E|X_1| < \infty.$$

Aus Satz 2.6.11 folgt daher

$$\frac{1}{n} \sum_{j=1}^{n} (Y_j - EY_j) \longrightarrow 0\, [P].$$

Nach majorisierter Konvergenz gilt: $EY_n = EX_1^{(n)} \longrightarrow EX_1$.
Das Lemma von Césaro impliziert daher

$$\frac{1}{n} \sum_{j=1}^{n} EY_j \longrightarrow EX_1.$$

Damit erhalten wir: $\frac{1}{n} \sum_{j=1}^{n} Y_j \longrightarrow EX_1\, [P]$.

Nach Proposition 2.6.8 und 1) folgt daher: $\frac{1}{n} \sum_{j=1}^{n} X_j \longrightarrow EX_1\, [P]$.

b) Sei $E|X_1| = \infty$, dann ist $E\frac{|X_1|}{A} = \infty$ für alle $A > 0$,
Daraus folgt:

$$\sum_{n=0}^{\infty} P\left(\frac{|X_1|}{A} \geq n\right) \geq E\frac{|X_1|}{A} = \infty.$$

Es gilt also: $\sum_{n=0}^{\infty} P(|X_n| \geq An) = \infty$, da (X_i) i.i.d. Nach Borel-Cantelli folgt:

$$P\left(\limsup \frac{|X_n|}{n} \geq A\right) \geq P(\limsup\{|X_n| \geq An\}) = 1.$$

Daher gilt für alle $A > 0$:

$$\limsup \frac{|X_n|}{n} \geq A\, [P]. \tag{2.7}$$

Angenommen, $\left(\left|\frac{1}{n}\sum_{j=1}^{n} X_j\right|\right) = \left(\left|\frac{X_n}{n} + \frac{n-1}{n}\frac{1}{n-1}S_{n-1}\right|\right)$ ist beschränkt; dann ist $\left(\frac{X_n}{n}\right)$ beschränkt, ein Widerspruch zu (2.7). □

Als Anwendung erhalten wir den Borel'schen Satz über normale Zahlen.

Beispiel 2.6.14 (Normale Zahlen) Sei $x \in [0, 1]$, $b \in \mathbb{N}$, $b \geq 2$. Die b-adische Entwicklung $x = \sum_{n=1}^{\infty} \frac{\pi_n(x)}{b^n}$ mit $\pi_n(x) \in \{0, \ldots, b-1\}$ heißt **regulär**, wenn nicht schließlich alle $\pi_n(x) = b - 1$ sind. Sei

$$N_n^{(k)}(x) := |\{j \leq n;\ \pi_j(x) = k\}|.$$

Eine Zahl x aus $[0, 1]$ heißt **b-normal**, wenn $\frac{1}{n} N_n^{(k)}(x) \longrightarrow \frac{1}{b}$ für $0 \leq k \leq b-1$.

x heißt **normal** $\Leftrightarrow x$ ist b-normal für alle $b = 2, 3, \ldots$

Ein Beispiel einer normalen Zahl ist $0{,}12345678910111213\ldots$ Ob π, e, $\sqrt{2}$, $\ldots$ normal sind, ist unbekannt. $\diamond$

Es gilt aber der folgende Satz.

Satz 2.6.15 (Satz von Borel) *Fast alle Zahlen $x \in [0, 1]$ bzgl. λ^1 sind normal.*

Beweis Wir behandeln den Fall $b = 10$; für andere b erfolgt der Beweis analog. Sei $(\Omega, \mathcal{A}, P) = ([0, 1], \mathcal{B}([0, 1]), \lambda_{[0,1]})$. Für die Koeffizientenabbildung $\pi_n : [0, 1] \longrightarrow \{0, \ldots, 9\}$ der Dezimalentwicklung gilt: $P(\pi_n = k) = \frac{1}{10}$ für $0 \leq k \leq 9$ und

$$P(\pi_1 = a_1, \ldots, \pi_k = a_k) = \frac{1}{10^k} = \prod_{i=1}^{k} P(\pi_i = a_i).$$

Dies folgt aus elementarer geometrischer Beschreibung der zugehörigen Mengen. Als Konsequenz ergibt sich: $\pi_1, \pi_2, \ldots$ sind unabhängig identisch verteilt.

Also ist für alle k die Folge $Y_n := \mathbb{1}_{\{\pi_n = k\}}$ eine i. i. d. Folge und

$$EY_n = P(\pi_n = k) = \frac{1}{10} \quad \text{für } 0 \leq k \leq 9.$$

Aus dem starken Gesetz großer Zahlen folgt:

$$\frac{1}{n} N_n^{(k)} = \frac{1}{n} \sum_{i=1}^{n} Y_i \longrightarrow EY_i = \frac{1}{10} [P]; \quad \text{die Behauptung.} \qquad \Box$$

Bemerkung 2.6.16 *Genauer gilt nach dem Gesetz vom iterierten Logarithmus (vgl. Kap. 6): Sei $b = 10$, dann ist:*

$$\limsup \frac{N_n^k - 0{,}1 \cdot n}{\sqrt{n \log \log n}} = 0{,}3\sqrt{3}\,[P].$$

Das starke Gesetz großer Zahlen ermöglicht es, Verteilungsparameter durch pfadweise Konvergenz zu approximieren. Dies ist die Grundlage für die Konsistenz in der Statistik und für pfadweise Approximation in der Monte-Carlo-Simulation.

Beispiel 2.6.17

a) **Konsistenz von Schätzverfahren.** Sei (X_n) eine unabhängige, identisch verteilte Folge reeller Zufallsvariablen mit $\mu = EX_i$, $\sigma^2 = \text{Var}(X_i)$, μ, σ^2 unbekannt. Das starke Gesetz großer Zahlen liefert die **f. s. Konsistenz** vieler Standardschätzverfahren.

1) **Schätzer für μ:** Das Stichproben-Mittel $\overline{X}_n = \frac{1}{n}\sum_{i=1}^n X_i$ ist ein Standardschätzer für μ. Es hat die folgenden Eigenschaften:

   1a) $E\overline{X}_n = \mu$, d. h., $\overline{X}_n$ ist **erwartungstreu** für μ.

   1b) $E(\overline{X}_n - \mu)^2 = \text{Var}(\overline{X}_n) = \frac{\sigma^2}{n} \longrightarrow 0$, der **mittlere quadratische Fehler** ist von der Ordnung $\frac{1}{n}$.

   1c) $\overline{X}_n \longrightarrow \mu \,[P]$, es gilt **f. s. Konsistenz**.

2) **Schätzer für σ^2:** Die **Stichprobenvarianz** $\widehat{\sigma}_n^2 := \dfrac{1}{n-1}\sum_{i=1}^n (X_i - \overline{X}_n)^2$ ist ein Standardschätzer für die Varianz. Es gilt:

   2a) $E\widehat{\sigma}_n^2 = \sigma^2$, d. h. $\widehat{\sigma}_n^2$ ist **erwartungstreu**, denn

$$(n-1)\widehat{\sigma}_n^2 = \sum_{i=1}^n (X_i - \mu + \mu - \overline{X}_n)^2$$
$$= \sum_{i=1}^n (X_i - \mu)^2 + 2\underbrace{\sum_{i=1}^n (X_i - \mu)(\mu - \overline{X}_n)}_{=-2n(\mu - \overline{X}_n)^2} + n(\mu - \overline{X}_n)^2.$$

Es folgt:
$$(n-1)E\widehat{\sigma}_n^2 = \sum_{i=1}^n \text{Var}(X_i) - \frac{1}{n}\sum_{i=1}^n \text{Var}(X_i)$$
$$= (n-1)\text{Var}(X_1) = (n-1)\sigma^2.$$

   2b) $\widehat{\sigma}_n^2 \longrightarrow \sigma^2 \,[P]$, **f. s. Konsistenz**, denn nach 2a) ist:

$$\widehat{\sigma}_n^2 = \frac{n}{n-1}\left(\frac{1}{n}\sum_{i=1}^n (X_i - \mu)^2 - (\overline{X}_n - \mu)^2\right).$$

Nach dem starken Gesetz gilt:

$$(\overline{X}_n - \mu)^2 \longrightarrow 0\,[P] \quad \text{und} \quad \frac{1}{n}\sum_{i=1}^n (X_i - \mu)^2 \longrightarrow \sigma^2 \,[P].$$

Also folgt $\widehat{\sigma}_n^2 \longrightarrow \sigma^2 \,[P]$.

3) **Schätzer für Funktionen $f(\mu, \sigma^2)$:** Sei f eine stetige Funktion, dann folgt

$$f(\overline{X}_n, \widehat{\sigma}_n^2) \longrightarrow f(\mu, \sigma^2)\,[P],$$

d. h., der Schätzer $f(\overline{X}_n, \widehat{\sigma}_n^2)$ nach der **Einsetzungsmethode** ist f. s. konsistent.

b) **Monte-Carlo-Methode:** Sei $g : D \longmapsto \mathbb{R}^1$, $D \subset \mathbb{R}^k$, $\lambda^k(D) > 0$, und sei $g\lambda^k$-integrierbar. Seien (U_i) unabhängige, gleichverteilte Zufallsvariablen auf D. Dann ist der **Monte-Carlo-Schätzer:** $\frac{1}{n}\sum_{i=1}^{n} g(U_i)$ erwartungstreu und f. s. konsistent für $\frac{1}{\lambda^k(D)} \int_D g\, d\lambda^k$. Es lässt sich also approximativ durch den Monte-Carlo-Schätzer das Integral $\int_D g\, d\lambda^k$ bestimmen. ◇

Konstruktion von stochastischen Modellen 3

Ein Hauptthema der Wahrscheinlichkeitstheorie ist die Konstruktion von stochastischen Modellen für Zufallsexperimente. Ein Grundlagenproblem ist die Konstruktion einer Folge $(X_i)_{i \in \mathbb{N}}$ von stochastisch unabhängigen Zufallsvariablen zu einer vorgegebenen Folge $(P_i)_{i \in \mathbb{N}}$ von Wahrscheinlichkeitsmaßen. Mit der Standardkonstruktion ist dieses Problem äquivalent zur Existenz von abzählbaren Produktmaßen. Der grundlegende Konsistenzsatz von Kolmogorov erlaubt ähnliche Konstruktionen auch von abhängigen Modellen wie z. B. dem Wiener-Prozess oder dem Poisson-Prozess oder allgemein von Markov-Prozessen.

Wir behandeln einige der grundlegenden Grenzwertsätze für Markovketten, einer wichtigen Klasse von stochastischen Modellen, und beschreiben Kriterien für Rekurrenz und Transienz von Markovketten. Erneuerungsprozesse und das mit ihnen verknüpfte Erneuerungstheorem sind ein wichtiges Mittel der stochastischen Analyse von rekurrenten Ereignisfolgen. Stationäre Prozesse sind eng verknüpft mit dynamischen Systemen. Die Ergodensätze verallgemeinern die Gesetze großer Zahlen auf stationäre Prozesse und sind ein zentrales Mittel zur Beschreibung des Langzeitverhaltens von dynamischen Systemen.

3.1 Maße auf Produkträumen und stochastische Modelle

Sei $P_1, P_2, P_3, \ldots$ eine Folge von Wahrscheinlichkeitsmaßen auf $\mathbb{R}^1$. Ein Grundproblem der stochastischen Modellierung ist es, eine Folge von stochastisch unabhängigen Zufallsvariablen $X_1, X_2, X_3, \ldots$ zu konstruieren mit $X_i \sim P_i$, d. h., X_i hat die Verteilung P_i, $i \in \mathbb{N}$. (X_i) ist die stochastische Modellierung einer unabhängigen Versuchsreihe.

Wir beschreiben zunächst konstruktive Verfahren für dieses Problem und behandeln dann allgemeine Existenzaussagen und den Zusammenhang mit Maßen auf Produkträumen.

3.1.1 Stochastische Modelle und konstruktive Verfahren

Sei $\Omega = [0, 1)$, $\mathcal{A} = [0, 1)\mathcal{B}^1$, $P := \lambda^1_{[0,1)}$ und bezeichne für $x \in [0, 1)$

$$x = \sum_{i=1}^{\infty} \frac{\pi_i}{2^i}, \quad \pi_i = \pi_i(x) \in \{0, 1\}$$

die reguläre dyadische Darstellung von x, d. h., für alle n existiert ein $m \geq n$ mit $\pi_m(x) = 0$ (vgl. Satz 2.6.15, Satz von Borel). Dann ist $(\pi_i)_{i \in \mathbb{N}}$ eine unabhängige Folge von $\mathcal{B}(1, \frac{1}{2})$ verteilten Zufallsvariablen auf $(\Omega, \mathcal{A}, P)$. Es gilt: $P(\pi_{i_1} = c_1, \ldots, \pi_{i_k} = c_k) = \frac{1}{2^k}$ für alle k und $c_i \in \{0, 1\}$ (vgl. Beweis zum Satz von Borel, Satz 2.6.15). Allgemeiner gilt:

Proposition 3.1.1 (Bernoulli-Folgen)
a) *Sei U eine auf $[0, 1)$ gleichverteilte Zufallsvariable $U \sim U(0, 1)$ auf einen Wahrscheinlichkeitsraum $(\Omega, \mathcal{A}, P)$ und sei $X_i := \pi_i(U)$, $i \in \mathbb{N}$. Dann ist $(X_i)_{i \in \mathbb{N}}$ eine **Bernoulli-Folge**, d. h. eine stochastisch unabhängige Folge von $\mathcal{B}(1, \frac{1}{2})$-verteilten Zufallsvariablen.*
b) *Ist umgekehrt $(Z_i)_{i \in \mathbb{N}}$ eine Bernoulli-Folge und $Z := \sum_{i=1}^{\infty} \frac{Z_i}{2^i}$, dann gilt: $Z \sim U(0, 1)$, Z ist auf $[0, 1)$ gleichverteilt.*

Beweis
a) folgt aus der Vorbemerkung, da $P^U = \lambda^1_{[0,1)}$.
b) Da $Z_i \in \{0, 1\}$ folgt, dass der Limes Z der Reihe existiert. Sei U $U(0, 1)$-verteilt und $X_i := \pi_i(U)$; dann ist

$$P^{(X_1, \ldots, X_n)} = \bigotimes_{i=1}^{n} P^{X_i} = \bigotimes_{i=1}^{n} \mathcal{B}\left(1, \frac{1}{2}\right) = P^{(Z_1, \ldots, Z_n)}.$$

Daraus folgt, dass für alle $n \in \mathbb{N}$ mit $h(x_1, \ldots, x_n) = \sum_{k=1}^{n} \frac{x_k}{2^k}$

$$P^{\sum_{k=1}^{n} \frac{Z_k}{2^k}} = P^{h(Z_1, \ldots, Z_n)} = P^{h(X_1, \ldots, X_n)} = P^{\sum_{k=1}^{n} \frac{X_k}{2^k}}.$$

Es gilt:

$$T_n := \sum_{k=1}^{n} \frac{Z_k}{2^k} \longrightarrow Z \quad \text{und} \quad S_n := \sum_{k=1}^{n} \frac{X_k}{2^k} \longrightarrow U.$$

Da aus f. s. Konvergenz die stochastische Konvergenz folgt und $P^{S_n} = P^{T_n}$, ergibt sich:

$$P^Z = P^U = U(0, 1). \qquad \square$$

3.1 Maße auf Produkträumen und stochastische Modelle

Aus einer uniform verteilten Zufallsvariable U lässt sich also eine Bernoulli-Folge konstruieren und umgekehrt aus einer Bernoulli-Folge eine $U(0, 1)$-verteilte Zufallsvariable. Zu einer Verteilungsfunktion F definiere die **verallgemeinerte Inverse** F^{-1},

$$F^{-1}(u) := \inf\{x \in \mathbb{R}^1; \ F(x) \geq u\}.$$

Proposition 3.1.2 (Simulationslemma) *Sei F eine Verteilungsfunktion und $U \sim U(0, 1)$ eine auf $(0, 1)$ uniform verteilte Zufallsvariable, dann gilt:*

$$X := F^{-1}(U) \text{ ist eine Zufallsvariable mit Verteilungsfunktion } F_X = F.$$

Beweis F^{-1} ist linksseitig stetig und es gilt

$$F \circ F^{-1}(u) \geq u, \quad F^{-1} \circ F(x) \leq x.$$

$$F(x) \geq u \iff x \geq F^{-1}(u), \text{ da } F^{-1} \uparrow.$$

Also ist X messbar und es gilt $P^X = P_F$, denn

$$P(X \leq x) = P(F^{-1}(U) \leq x) = P(U \leq F(x)) = F(x). \qquad \square$$

Die verallgemeinerte Inverse ermöglicht es, stochastisch unabhängige reelle Folgen zu konstruieren.

Satz 3.1.3 *Sei (F_n) eine Folge von Verteilungsfunktionen auf $\mathbb{R}$, dann existiert eine Folge (X_n) von unabhängigen Zufallsvariablen auf einem Wahrscheinlichkeitsraum $(\Omega, \mathcal{A}, P)$ mit $F_{X_n} = F_n, n \in \mathbb{N}$.*

Beweis Sei $(\Omega, \mathcal{A}, P) = ([0, 1), \mathcal{B}([0, 1)), \lambda_{[0,1]})$ und sei U eine $U(0, 1)$-verteilte Zufallsvariable auf $(\Omega, \mathcal{A}, P)$. Dann ist nach Proposition 3.1.1 $U = \sum_{i=1}^{\infty} \frac{Z_i}{2^i}$ mit (Z_i) i. i. d. und $P^{Z_i} = \mathcal{B}(1, \frac{1}{2})$. Schreibe jetzt (Z_i) als Doppelfolge

$$\begin{array}{cccc} X_{11} & X_{12} & X_{13} & \cdots \\ X_{21} & X_{22} & X_{23} & \cdots \\ X_{31} & X_{32} & X_{33} & \cdots \\ \vdots & \vdots & \vdots & \vdots \end{array}$$

Dann sind die Zeilen unabhängige Bernoulli-Folgen. Definiere $U_n := \sum_{k=1}^{\infty} \frac{X_{n,k}}{2^k}$; dann ist $U_n = h(X_{n1}, X_{n2}, \dots)$ eine messbare Funktion von $X_{n1}, X_{n2}, \dots$

Daher ist nach Proposition 3.1.1 (U_n) eine unabhängige Folge von $U(0, 1)$-verteilten Zufallsvariablen. Definiere $X_n := F_n^{-1}(U_n)$, $n \in \mathbb{N}$. Nach dem Simulationslemma, Proposition 3.1.2, folgt: $F_{X_n} = F_n$ und (X_n) ist eine stochastisch unabhängige Folge. □

Wir erinnern an die **Produkt-σ-Algebra**: Sei $(\Omega, \mathcal{A}) = \bigotimes_{i \in I}(\Omega_i, \mathcal{A}_i)$, wobei $\bigotimes_{i \in I} \mathcal{A}_i = \sigma(\pi_i, i \in I)$, $\pi_i(\omega) = \omega_i$ die Projektionen, die Produkt-σ-Algebra bezeichnet. Sei $\mathcal{P}_0(I) = \{J \subset I;\ J \text{ endlich}\}$ das System der endlichen Teilmengen von I. Sei $\mathcal{A}_J := \bigotimes_{j \in J} \mathcal{A}_j$ und $\pi_J : \Omega \longrightarrow \Omega_J = \prod_{i \in J} \Omega_i$, $x \longmapsto (x_j)_{j \in J}$ die Projektion auf Ω_J.

Für $J \subset J'$ seien $\pi_J^{J'} : \Omega_{J'} \longrightarrow \Omega_J$ die Projektionen von $\Omega_{J'}$ auf Ω_J und definiere die **Zylindermengen**:

$$\mathcal{Z} := \bigcup_{J \in \mathcal{P}_0(I)} \pi_J^{-1}(\mathcal{A}_J) = \bigcup_{J \in \mathcal{P}_0(I)} \{A_J \times \Omega_{J^c};\ A_J \in \mathcal{A}_J\}.$$

Lemma 3.1.4 *$\mathcal{Z}$ ist eine Algebra und es gilt:*

$$\sigma(\mathcal{Z}) = \bigotimes_{i \in I} \mathcal{A}_i.$$

Beweis Seien $Z_1, Z_2 \in \mathcal{Z}$ und sei $J \in \mathcal{P}_0(I)$ mit $Z_1, Z_2 \in \widetilde{\mathcal{A}}_J := \pi_J^{-1}(\mathcal{A}_J)$. Dann ist $Z_1 \cup Z_2$, $Z_1 \cap Z_2 \in \widetilde{\mathcal{A}}_J \subset \mathcal{Z}$; also ist $\mathcal{Z}$ eine Algebra.

$\pi_J : \Omega \longrightarrow \Omega_J$ ist $(\bigotimes_{i \in I} \mathcal{A}_i, \mathcal{A}_J)$-messbar, denn $\pi_j^J \circ \pi_J = \pi_j$ sind messbar, $\forall j \in J$. Also ist $\pi_J^{-1}(\mathcal{A}_J) \subset \bigotimes_{i \in I} \mathcal{A}_i$ und somit ist $\mathcal{Z} \subset \bigotimes_{i \in I} \mathcal{A}_i$.

Die Inklusion $\bigotimes_{i \in I} \mathcal{A}_i \subset \sigma(\mathcal{Z})$ ist trivial, also folgt die Gleichheit. □

Für den Spezialfall: $(\Omega_i, \mathcal{A}_i) = (\mathbb{R}, \mathcal{B})$ für $i \in \mathbb{N}$ ist $\mathcal{B}^{\mathbb{N}} := \bigotimes_{i \in \mathbb{N}} \mathcal{B}$, $\mathbb{R}^{\mathbb{N}} = \prod_{i \in \mathbb{N}} \mathbb{R}$, das abzählbare Produkt von $(\mathbb{R}^1, \mathcal{B}^1)$. Für eine Folge (X_n) reeller Zufallsvariablen auf $(\Omega, \mathcal{A}, P)$ ist $X := (X_n)$ messbar, d.h. $X : (\Omega, \mathcal{A}) \longrightarrow (\mathbb{R}^{\mathbb{N}}, \mathcal{B}^{\mathbb{N}})$. Die Verteilung P^X von X ist ein Wahrscheinlichkeitsmaß auf $\mathcal{B}^{\mathbb{N}}$.

Definition 3.1.5 *Sei $Z = (Z_n)$ i.i.d., $P^{Z_n} = \mathcal{B}(1, \frac{1}{2})$, $n \in \mathbb{N}$. Dann heißt (Z_n) **Bernoulli-Folge**, und $\mu := P^Z$ heißt **Bernoulli-Maß** auf $(\mathbb{R}^{\mathbb{N}}, \mathcal{B}^{\mathbb{N}})$.*

Als Konsequenz von Satz 3.1.3 erhalten wir die Existenz des abzählbaren Produktmaßes.

Satz 3.1.6 (Abzählbares Produktmaß) *Sei $\mu_n \in M^1(\mathbb{R}, \mathcal{B})$, $n \in \mathbb{N}$, dann existiert genau ein Wahrscheinlichkeitsmaß μ auf $(\mathbb{R}^{\mathbb{N}}, \mathcal{B}^{\mathbb{N}})$ mit*

$$\mu^{\pi_J} = \bigotimes_{j \in J} \mu_j \quad \text{für alle } J \in \mathcal{P}_0(\mathbb{N}).$$

$\mu := \bigotimes_{n \in \mathbb{N}} \mu_n$ heißt **Produktmaß** der μ_n.

Beweis *Existenz:* Seien $F_n = F_{\mu_n}$ die Verteilungsfunktionen von μ_n.

Nach Satz 3.1.3 existiert eine Folge (X_n) von stochastisch unabhängigen Zufallsvariablen X_n mit $F_{X_n} = F_n$.

Definiere $\mu := P^X$, $X := (X_n)$. Dann folgt:

$$\mu^{\pi_J} = (P^X)^{\pi_J} = P^{\pi_J \circ X} = P^{(X_j)_{j \in J}}$$
$$= \bigotimes_{j \in J} P^{X_j} = \bigotimes_{j \in J} \mu_j, \quad J \in \mathcal{P}_0(\mathbb{N}).$$

Eindeutigkeit: Sei $\nu \in M^1(\mathbb{R}^{\mathbb{N}}, \mathcal{B}^{\mathbb{N}})$ mit $\nu^{\pi_J} = \mu^{\pi_J} = \bigotimes_{j \in J} \mu_j$ für alle $J \in \mathcal{P}_0(\mathbb{N})$. Dann folgt: $\nu\big/_{\mathcal{Z}} = \mu\big/_{\mathcal{Z}}$ und $\sigma(\mathcal{Z}) = \bigotimes_{n \in \mathbb{N}} \mathcal{B}^1$. Aus dem Eindeutigkeitssatz folgt daher, dass $\mu = \nu$. □

Bemerkung 3.1.7 (Standardkonstruktion) *Sei $\mu \in M^1(\mathbb{R}^{\mathbb{N}}, \mathcal{B}^{\mathbb{N}})$ mit $\mu^{\pi_J} = \bigotimes_{n \in J} \mu_n$, $\forall J \in \mathcal{P}_0(\mathbb{N})$. Auf dem Wahrscheinlichkeitsraum $(\Omega, \mathcal{A}, P) = (\mathbb{R}^{\mathbb{N}}, \mathcal{B}^{\mathbb{N}}, \mu)$ definiere $X_n := \pi_n$; dann ist $P^{X_n} = \mu^{\pi_n} = \mu_n$ und*

$$P^{(X_n)_{n \in J}} = \mu^{\pi_J} = \bigotimes_{n \in J} \mu^{\pi_n} = \bigotimes_{n \in J} P^{X_n}, \quad J \in \mathcal{P}_0(\mathbb{N}).$$

Also ist (X_n) eine stochastisch unabhängige Folge mit $X_n \sim \mu_n$.

*(X_n) heißt **Standardkonstruktion**.* ⌐

Die Existenz von unabhängigen Zufallsvariablen (X_n) mit vorgegebenen Verteilungen (μ_n) ist also äquivalent zur Existenz des Produktmaßes $\bigotimes_{n \in \mathbb{N}} \mu_n$ auf $(\mathbb{R}^{\mathbb{N}}, \mathcal{B}^{\mathbb{N}})$.

Im nächsten Schritt sei $T \neq \emptyset$ eine allgemeine Indexmenge und seien $\mu_t \in M^1(\Omega_t, \mathcal{A}_t)$, $t \in T$. Wir behandeln das allgemeine

Existenzproblem für unabhängige Modelle
Gibt es einen Wahrscheinlichkeitsraum $(\Omega, \mathcal{A}, P)$ und Zufallsvariable $X_t : (\Omega, \mathcal{A}) \longrightarrow (\Omega_t, \mathcal{A}_t)$, $t \in T$ mit

1) $(X_t)_{t \in T}$ sind stochastisch unabhängig.
2) $P^{X_t} = \mu_t$, $t \in T$.

Äquivalent zu dem Existenzproblem ist die Frage nach der Existenz eines **Produktmaßes** $\mu = \bigotimes_{t \in T} \mu_t \in M^1\left(\prod_{t \in T} \Omega_t, \bigotimes_{t \in T} \mathcal{A}_t\right)$, so dass $\mu^{\pi_J} = \bigotimes_{t \in J} \mu_t$, $\forall J \in \mathcal{P}_0(T)$.

Für $T = \mathbb{N}$ und $(\Omega_t, \mathcal{A}_t) = (\mathbb{R}^1, \mathcal{B}^1)$ gibt Satz 3.1.6 eine konstruktive Antwort. Der folgende Satz gibt eine Verallgemeinerung auf allgemeine Indexmengen T.

Satz 3.1.8 (Existenz von Produktmaßen) *Seien $\mu_t \in M^1(\mathbb{R}, \mathcal{B})$ für $t \in T$, dann existiert genau ein Produktmaß $\mu = \bigotimes_{t \in T} \mu_t \in M^1(\mathbb{R}^T, \mathcal{B}^T)$.*

Beweis Ist T abzählbar, dann folgt die Existenz nach Satz 3.1.6. Für eine allgemeine Indexmenge T gilt die Darstellung

$$\mathcal{B}^T = \bigcup_{F \subset T \text{ abzählbar}} \{B_F := A_F \times \mathbb{R}^{T \setminus F};\ A_F \in \mathcal{B}^F\} =: \mathcal{A}.$$

Zum Beweis zeige, dass $\mathcal{A}$ eine σ-Algebra ist und $\mathcal{A} \supset \mathcal{Z}$.

Definiere für $B_F \in \mathcal{B}^T$:

$$\mu(B_F) := \bigotimes_{t \in F} \mu_t(A_F).$$

μ ist wohldefiniert, denn aus $B_F = A_F \times \mathbb{R}^{T \setminus F} = \widetilde{B}_{F'} = \widetilde{A}_{F'} \times \mathbb{R}^{T \setminus F'}$ folgen

$$A_F = A_{F \cap F'} \times \mathbb{R}^{F \setminus (F \cap F')} \quad \text{und} \quad \widetilde{A}_{F'} = \widetilde{A}_{F \cap F'} \times \mathbb{R}^{F' \setminus (F \cap F')},$$

also $A_{F \cap F'} = \widetilde{A}_{F \cap F'}$. Daraus folgt:

$$\bigotimes_{t \in F} \mu_t(A_F) = \bigotimes_{t \in F \cap F'} \mu_t(A_{F \cap F'}) = \bigotimes_{t \in F'} \mu_t(\widetilde{A}_{F'}).$$

μ ist ein Wahrscheinlichkeitsmaß;

denn seien F_n abzählbar, $B_n = A_{F_n} \cap \mathbb{R}^{T \setminus F_n}$ paarweise disjunkt, dann ist $F := \bigcup_n F_n$ abzählbar. Die $\widetilde{B}_n := \pi_F(B_n)$ sind paarweise disjunkt in $\mathbb{R}^F$ und $B_n = \widetilde{B}_n \times \mathbb{R}^{T \setminus F}$. Daraus folgt:

$$\mu\left(\sum_{n \in \mathbb{N}} B_n\right) = \underbrace{\mu_F}_{=\bigotimes_{t \in F} \mu_t}\left(\sum_{n \in \mathbb{N}} \widetilde{B}_n\right) = \sum_{n \in \mathbb{N}} \bigotimes_{t \in F} \mu_t(\widetilde{B}_n) = \sum_{n \in \mathbb{N}} \mu(B_n).$$

Die Eindeutigkeit folgt aus dem Eindeutigkeitssatz. □

3.1.2 Maße auf Produkträumen

Das folgende Resultat von Sparre Andersen und Jessen (1948) zeigt die Existenz allgemeiner Produktmaße auf beliebigen Produkträumen. Der Beweis ist nicht konstruktiv, sondern basiert auf dem Maßerweiterungssatz.

Satz 3.1.9 (**Existenz allgemeiner Produktmaße, Andersen-Jessen**) *Seien $(\Omega_i, \mathcal{A}_i, P_i)$ Wahrscheinlichkeitsräume für alle $i \in I$. Dann existiert genau ein Produktmaß $P = \bigotimes_{i \in I} P_i$ auf $(\prod_{i \in I} \Omega_i, \bigotimes_{i \in I} \mathcal{A}_i)$.*

Beweis Für $J \in \mathcal{P}_0(I)$ und $Z = A_J \times \Omega_{J^c} \in \mathcal{Z}$ definiere

$$P(Z) := P_J(A_J), \quad P_J := \bigotimes_{j \in J} P_j.$$

P ist wohldefiniert auf $\mathcal{Z}$, ist ein Inhalt auf $\mathcal{Z}$ und $P(\Omega) = 1$.

3.1 Maße auf Produkträumen und stochastische Modelle

Zum Beweis der Wohldefiniertheit vgl. den Beweis von Satz 3.1.8.

P ist ein Prämaß auf $\mathcal{Z}$. Dazu zeigen wir, dass P stetig in $\emptyset$ ist. Wir zeigen indirekt, dass aus der Existenz einer Folge $(B_n) \subset \mathcal{Z}$ mit $B_n \downarrow$ und $\varepsilon = \lim P(B_n) > 0$ bereits $\lim B_n \neq \emptyset$ folgt.

Seien dazu $B_n = A_{J_n} \times \Omega_{J_n^c} \downarrow$ mit $A_{J_n} \in \mathcal{A}_{J_n}$. Ohne Einschränkung sei $J_n \subset J_{n+1}$ für alle $n \in \mathbb{N}$. $J = \lim J_n = \{j_1, j_2, \ldots, \}$. Ohne Einschränkung $|J| = \infty$, da sonst der bereits bekannte endliche Fall vorliegt. Definieren wir nun

$$D_n := \left\{ x_i \in \Omega_{j_1};\ P_n^{(j_1)}\left((B_n)_{x_{j_1}}\right) > \frac{\varepsilon}{2} \right\}, \text{ wobei } P_n^{(j_1)} := P^{\pi_{J_n \setminus \{j_1\}}} = P_{J_n \setminus j_1}.$$

Dann folgt mit Fubini

$$\varepsilon \leq P(B_n) = P\left(A_{J_n} \times \Omega_{J_n^c}\right) = P_{J_n}(A_{J_n}) = \int P_{J_n \setminus \{j_1\}}\left((A_{J_n})_{x_{j_1}}\right) dP_{j_1}(x_{j_1})$$

$$= \int P_n^{(j_1)}\left((B_n)_{x_{j_1}}\right) dP_{j_1}(x_{j_1})$$

$$= \int_{D_n} P_n^{(j_1)}\left((B_n)_{x_{j_1}}\right) dP_{j_1}(x_{j_1}) + \int_{D_n^c} P_n^{(j_1)}\left((B_n)_{x_{j_1}}\right) dP_{j_1}(x_{j_1})$$

$$\leq P_{j_1}(D_n) + \frac{\varepsilon}{2}.$$

Daraus folgt, dass für alle $n \in \mathbb{N}$: $P_{j_1}(D_n) \geq \frac{\varepsilon}{2}$. Da die $D_n \downarrow$ sind, folgt, dass $P_{j_1}(\lim_n D_n) \geq \frac{\varepsilon}{2}$. Daher existiert ein $x_1 \in \Omega_{j_1}$, so dass $x_1 \in \lim_n D_n = \bigcap_n D_n$. Also gilt: $(B_n)_{x_1} \downarrow$, $(B_n)_{x_1} \subset \Omega_{I \setminus \{j_1\}}$ und

$$P_n^{(j_1)}((B_n)_{x_1}) \geq \frac{\varepsilon}{2}, \quad \forall n \in \mathbb{N}.$$

Setzen wir jetzt $(B_n)_{x_1}$ als neue antitone Folge, so erhalten wir induktiv die Existenz eines $x_2 \in \Omega_{j_2}$, so dass

$$P^{(j_1, j_2)}\left((B_n)_{(x_1, x_2)}\right) \geq \frac{\varepsilon}{4}, \quad \forall n \in \mathbb{N}.$$

Allgemein erhalten wir die Existenz von $(x_1, \ldots, x_m)$ mit $x_k \in \Omega_{j_k}$, und für alle $m \in \mathbb{N}$ und $n \geq m$ ist

$$P_n^{(j_1, \ldots, j_m)}\left((B_n)_{(x_1, \ldots, x_m)}\right) \geq \frac{\varepsilon}{2^m}. \tag{3.1}$$

Definiere jetzt $x_J := (x_1, x_2, \ldots) \in \prod_k \Omega_{j_k}$.

Dann gilt: $x_J \in A_J$, denn $B_n = A_{J_n} \times \Omega_{J_n^c}$.

Für $m \geq |J_n|$ gilt

$$(B_n)_{(x_1,\ldots,x_m)} = \begin{cases} \Omega_{I\setminus\{j_1,\ldots,j_m\}}, & \text{falls } (x_1,\ldots,x_{|J_n|}) \in A_{J_n}, \\ \emptyset, & \text{sonst.} \end{cases}$$

Nach (3.1) ist $(B_n)_{(x_1,\ldots,x_m)} \neq \emptyset$, also ist für $m \geq |J_n|$

$$(B_n)_{(x_1,\ldots,x_m)} = \Omega_{I\setminus\{j_1,\ldots,j_m\}}.$$

Wir haben also gezeigt, dass $x_J \times \Omega_{J^c} \subset B_n$ ist für alle $n \in \mathbb{N}$ und somit folgt der Widerspruch. Es folgt, dass P ein Prämaß auf $\mathcal{Z}$ ist.

Nach dem Maßerweiterungssatz folgt, dass genau eine Maßfortsetzung von $P/_{\mathcal{Z}}$ zu $P/_{\sigma(\mathcal{Z})} = P/_{\bigotimes_{i\in I} \mathcal{A}_i}$ existiert. Nach Konstruktion ist $P = \bigotimes_{i\in I} P_i$. □

Korollar 3.1.10 *Sei $P_i \in M^1(\Omega_i, \mathcal{A}_i)$, $i \in I$, eine Familie von Wahrscheinlichkeitsmaßen. Dann existieren ein Wahrscheinlichkeitsraum $(\Omega, \mathcal{A}, P)$ und Zufallsvariablen $X_i : (\Omega, \mathcal{A}) \longrightarrow (\Omega_i, \mathcal{A}_i)$, so dass: $P_{X_i} = P_i$, $i \in I$, und die $(X_i)_{i\in I}$ sind stochastisch unabhängig.*

Beweis Definiere $(\Omega, \mathcal{A}, P) := \bigotimes_{i\in I}(\Omega_i, \mathcal{A}_i, P_i)$ und $X_i := \pi_i$ die Projektionen, dann ist

$$P_{X_i} = P_i \quad \text{und} \quad P^{(X_j)_{j\in J}} = P^{\pi_J} = \bigotimes_{j\in J} P_j = \bigotimes_{j\in J} P^{X_j}.$$

Also sind die $(X_j)_{j\in J}$ stochastisch unabhängig für alle endlichen Teilmengen $J \subset I$; daher sind die $(X_i)_{i\in I}$ stochastisch unabhängig. □

Korollar 3.1.11 *Sei $(\Omega, \mathcal{A}, P)$ ein Wahrscheinlichkeitsraum, $X_i : (\Omega, \mathcal{A}) \longrightarrow (\Omega_i, \mathcal{A}_i)$ für $i \in I$ und $X = (X_i)_{i\in I} : (\Omega, \mathcal{A}) \longrightarrow \bigotimes_{i\in I}(\Omega_i, \mathcal{A}_i)$. Dann gilt:*

$$(X_i)_{i\in I} \text{ sind stochastisch unabhängig} \Leftrightarrow P^X = \bigotimes_{i\in I} P^{X_i}.$$

Beweis Es gilt nach Satz 3.1.9:

$(X_i)_{i\in I}$ sind stochastisch unabhängig

$\Leftrightarrow \forall J \in \mathcal{P}_0(I) : (X_j)_{j\in J}$ sind stochastisch unabhängig

$\Leftrightarrow \forall J \in \mathcal{P}_0(I) : \bigotimes_{j\in J} P^{X_j} = P^{X_J} = P^{\pi_J \circ X} = (P^X)^{\pi_J}$

$\Leftrightarrow P^X = \bigotimes_{i\in I} P^{X_i}.$ □

3.1 Maße auf Produkträumen und stochastische Modelle

Konstruktion von abhängigen Modellen

Ausgangspunkt der Konstruktion ist ein System $P_J \in M^1(\Omega_J, \mathcal{A}_J)$, $J \in \mathcal{P}_0(I)$ endlichdimensionaler Verteilungen.

Definition 3.1.12

a) *Das System* $(P_J)_{J \in \mathcal{P}_0(I)}$ *heißt* **konsistent**, *wenn für alle* $J, J' \in \mathcal{P}_0(I)$ *mit* $J \cap J' \neq \emptyset$

$$P_J^{\pi_{J \cap J'}^{J}} = P_{J'}^{\pi_{J \cap J'}^{J'}},$$

bzw. wenn für alle $J, J' \in \mathcal{P}_0(I)$, $J \subset J'$, *bereits folgt, dass* $P_J = P_{J'}^{\pi_J^{J'}}$.

b) *Ein Wahrscheinlichkeitsmaß* $P \in M^1(\Omega, \mathcal{A})$, $(\Omega, \mathcal{A}) = \bigotimes_{i \in I}(\Omega_i, \mathcal{A}_i)$, *heißt* **projektiver Limes** *von* $(P_J)_{J \in \mathcal{P}_0(I)}$, *wenn für alle* $J \in \mathcal{P}_0(I)$ *gilt*: $P^{\pi_J} = P_J$.

Existenzproblem für abhängige Modelle

Existiert zu einem gegebenen konsistenten System $(P_J)_{J \in \mathcal{P}_0(I)}$ ein $P \in M^1(\Omega, \mathcal{A})$ mit $P^{\pi_J} = P_J$ für alle $J \in \mathcal{P}_0(I)$?

Bemerkung 3.1.13

a) *Die Konsistenz ist eine notwendige Bedingung, denn falls* P *existiert, dann ist*

$$P_J^{\pi_{J \cap J'}^{J}} = (P^{\pi_J})^{\pi_{J \cap J'}^{J}} = P^{\pi_{J \cap J'}^{J} \circ \pi_J} = P^{\pi_{J \cap J'}} = P_{J \cap J'} = P_{J'}^{\pi_{J \cap J'}^{J'}}.$$

b) *Ein Beispiel für ein konsistentes System ist das System der Produktmaße* $P_J := \bigotimes_{j \in J} P_j$ *mit* $P_j \in M^1(\Omega_j, \mathcal{A}_j)$ *für alle* $j \in J$. *Nach Satz 3.1.9 folgt die Existenz des Produktmaßes, also des projektiven Limes.*

Die Frage nach der Existenz des projektiven Limes beantwortet der Kolmogorov'sche Konsistenzsatz. Für einen allgemeinen Existenzsatz wird eine zusätzliche topologische Annahme benötigt.

Satz 3.1.14 (Kolmogorov'scher Konsistenzsatz) *Seien* $(\Omega_i, \mathcal{A}_i)_{i \in I}$ *vollständige, separable metrische Räume mit Borel-σ-Algebren* $\mathcal{A}_i$ *für* $i \in I$, *und sei* $(P_J)_{J \in \mathcal{P}_0(I)}$ *konsistent. Dann existiert genau ein* $P \in M^1(\Omega, \mathcal{A})$ *mit* $P^{\pi_J} = P_J$ *für alle* $J \in \mathcal{P}_0(I)$, *d. h., es existiert genau ein* **projektiver Limes** *von* $(P_J)_{J \in \mathcal{P}_0(I)}$.

Beweisskizze

1) Ähnlich wie im Beweis von Satz 3.1.9 definiere P auf der Zylinderalgebra $\mathcal{Z}$ durch

$$P(A_J \times \Omega_{J^c}) := P_J(A_J), \quad J \in \mathcal{P}_0(I).$$

P ist wohldefiniert und ein Inhalt. Das folgt aus der Konsistenzeigenschaft wie im Fall von Produktmaßen.

2) P ist stetig in $\emptyset$, also ist P ein Prämaß. Dazu betrachten wir das kompakte Mengensystem
$$\mathcal{E} := \left\{ B_J \times \Omega_{I \setminus J}; \ B_J \subset \Omega_J, B_J \text{ kompakt}, J \in \mathcal{P}_0(I) \right\}.$$
Definiere $\mathcal{Z}_0 := (\{A_J \times \Omega_{I \setminus J}; \ A_J \text{ ist eine } |J|\text{-dimensionale offene Kugel}, J \in \mathcal{P}_0(I)\}) \subset \mathcal{Z}$, die Zylindermengen mit endlich-dimensionalen offenen Kugeln bzgl. der Summenmetrik $d_J = \sum_{j \in J} d_j$ auf Ω_J als Basis. Dann gilt:
$$\sigma(\mathcal{Z}_0) = \sigma(\mathcal{Z}) = \bigotimes_{i \in I} \mathcal{A}_i.$$
Auf polnischen Räumen sind Wahrscheinlichkeitsmaße regulär, und daher ist $P/_{\mathcal{Z}_0}$ durch $\mathcal{E}$ kompakt approximierbar. Daraus folgt die Prämaßeigenschaft von P.
3) Nach dem Maßerweiterungssatz und dem Eindeutigkeitssatz für Maßfortsetzungen folgt die Behauptung. $\square$

Durch Vorgabe einer konsistenten Familie von endlich-dimensionalen Verteilungen lässt sich damit ein stochastisches Modell mit den vorgegebenen (abhängigen) endlich-dimensionalen Verteilungen P_J, $J \in \mathcal{P}_0(I)$, konstruieren. Ein wichtiges Beispiel ist der Wiener-Prozess.

Beispiel 3.1.15 (Wiener-Prozess) Sei $T = [0, \infty)$ und $(\Omega_t, \mathcal{A}_t) = (\mathbb{R}^1, \mathcal{B}^1)$, $t \in T$. Für $J = \{t_1, \ldots, t_n\}$ mit $0 \leq t_1 < \cdots < t_n$ sei $P_J = N(0, \Sigma_J)$ eine mehrdimensionale Normalverteilung, wobei

$$\Sigma_J := \sigma^2(\min(t_i, t_j)) = \sigma^2 \begin{pmatrix} t_1 & t_1 & \cdots & t_1 \\ t_1 & t_2 & \cdots & t_2 \\ \vdots & & \cdots & \vdots \\ t_1 & \cdots & \cdots & t_n \end{pmatrix}, \quad N(0,0) = \varepsilon_{\{0\}}.$$

Es folgt, dass $(P_J)_{J \in \mathcal{P}_0(T)}$ konsistent ist.

Dazu betrachte $J = \{t_1, \ldots, t_n\}$ und $J' = J\{t_1, \ldots, t_{n-1}\}$.

Zu zeigen ist: $N(0, \Sigma_J)^{\pi_{J'}^J} = N(0, \Sigma_{J'})$. Für $X \sim N(0, \Sigma)$, $A \in \mathbb{R}^{m \times n}$ und $\Sigma \in \mathbb{R}^{n \times n}$, folgt nach einem bekannten Ergebnis der Stochastik, dass
$$AX \sim N(0, A\Sigma A^\top),$$
denn AX ist normalverteilt und $\mathrm{Cov}(AX) = A\Sigma A^\top$. Für $A = \pi_{J'}^J$ folgt
$$N(0, \Sigma_J)^{\pi_{J'}^J} = N\left(0, \pi_{J'}^J \Sigma_J \left(\pi_{J'}^J\right)^\top\right) = N(0, \Sigma_{J'}).$$

Nach dem Satz von Kolmogorov folgt daher: $\exists! P \in M_1(\mathbb{R}^T, \mathcal{B}^T)$ mit $P^{\pi_J} = P_J$ für alle $J \in \mathcal{P}_0(T)$. P heißt **Wiener-Maß** auf $\mathbb{R}^T$.

3.1 Maße auf Produkträumen und stochastische Modelle

Für die Standardkonstruktion $X = (X_t)_{t \in T}$ mit $X_t = \pi_t$ gilt:
$P^{X_J} = P_J$ für alle $J \in \mathcal{P}_0(T)$. X heißt **Wiener-Prozess**.

Der Wiener-Prozess ist ein erstes stochastisches Modell für die Brown'sche Molekularbewegung. Der Name geht auf den Botaniker Brown 1827 zurück. Dieser Prozess war wesentlich für den Nachweis der Molekularstruktur der Materie. In Abschn. 6.2 wird gezeigt, dass man den Wiener-Prozess zu einem Prozess mit stetigen Pfaden modifizieren kann, die Brown'sche Bewegung.

Eigenschaften des Wiener-Prozesses

a) 1) $X_t \sim N(0, \sigma^2 t)$ und $X_0 \sim \varepsilon_{\{0\}} =: N(0, 0)$, insbesondere $\mathrm{Var}(X_t) = \sigma^2 t$.
   2) Für $t_1 < t_2 < \cdots < t_n$ gilt: $X_{t_n} - X_{t_{n-1}}, \ldots, X_{t_2} - X_{t_1}, X_{t_1}$ sind stochastisch unabhängig
      X hat **stochastisch unabhängige Zuwächse**.
   3) Für $s < t$ gilt: $X_t - X_s \sim X_{t-s}$.
      X hat **stationäre Zuwächse**.

Beweis Nach Konstruktion ist

$$\begin{pmatrix} X_s \\ X_t \end{pmatrix} \sim N\left(0, \sigma^2 \begin{pmatrix} s & s \\ s & t \end{pmatrix}\right).$$

Für die Abbildung T mit $\binom{x}{y} \xrightarrow{T} \binom{y-x}{y}$ folgt nach der Transformationsformel:
$X_t - X_s \sim N(0, \sigma^2(t-s))$. □

b) Es gilt auch die Umkehrung von a):
   Erfüllt ein Prozess $X = (X_t)_{0 \leq t}$ die Bedingungen 1), 2) und 3), dann ist X ein Wiener-Prozess.
   Dies folgt direkt aus der Transformationsformel für lineare Transformationen von normalverteilten Vektoren mit

$$(X_{t_i}) = A \begin{pmatrix} X_{t_1} \\ X_{t_2} - X_{t_1} \\ \vdots \\ X_{t_n} - X_{t_{n-1}} \end{pmatrix}, \quad A = \begin{pmatrix} 1 & & & 0 \\ -1 & 1 & & \\ & & \ddots & \\ 0 & & -1 & 1 \end{pmatrix}. \quad \diamond$$

Bemerkung 3.1.16 *Für einen Prozess X mit stationären unabhängigen Zuwächsen und mit $\sigma^2(t) = \mathrm{Var}(X_t)$ beschränkt und messbar auf endlichen Intervallen gilt:*

$$\sigma^2(t) = \sigma^2 t, \quad t > 0, \quad \sigma^2 = \sigma^2(1).$$

Denn aus $X_t = X_s + (X_t - X_s)$ und den unabhängigen Zuwächsen folgt:

$$\sigma^2(t) = \sigma^2(s) + \sigma^2(t-s).$$

Unter obiger Annahme hat diese Funktionalgleichung nur lineare Funktionen als Lösungen. ⌋

Wie erhält man konsistente Systeme endlich-dimensionaler Verteilungen?
Grundlegend zur Beantwortung dieser Frage sind Markovkerne.

Definition 3.1.17 (Markovkerne) *Seien $(\Omega_i, \mathcal{A}_i)$ Messräume. $K : \Omega_1 \times \mathcal{A}_2 \longrightarrow [0,1]$ heißt **Markovkern von** $(\Omega_1, \mathcal{A}_2)$ **nach** $(\Omega_2, \mathcal{A}_2)$, wenn*

1) $K(\omega_1, \cdot) \in M^1(\Omega_2, \mathcal{A}_2)$ *für alle* $\omega_1 \in \Omega_1$ *und*
2) $K(\cdot, A_2)$ $(\mathcal{A}_1, \mathcal{B}_1)$-*messbar für alle* $A_2 \in \mathcal{A}_2$ *ist.*

Beispiel 3.1.18
a) Sei $P_2 \in M^1(\Omega_2, \mathcal{A}_2)$, dann definiert $K(\omega_1, A_2) := P_2(A_2)$, $\forall \omega_1 \in \Omega_1$, einen Markovkern von Ω_1 nach Ω_2.
b) **Stochastische Matrix.** Seien Ω_1, Ω_2 endlich oder abzählbar unendlich und seien $\mathcal{A}_i = P(\Omega_i)$.
   $\pi : \Omega_1 \times \Omega_2 \longrightarrow [0,1]$ heißt **stochastische Matrix**.
   $\Leftrightarrow \sum_{\omega_2 \in \Omega_2} \pi(\omega_1, \omega_2) = 1$ für alle $\omega_1 \in \Omega_1$.
   $\Pi = (\pi(\omega_i, \omega_j))$ bezeichnet die zu π assoziierte (stochastische) Matrix.
   $K(\omega_1, A_2) := \sum_{\omega_2 \in A_2} \pi(\omega_1, \omega_2)$ ist ein Markovkern von Ω_1 nach Ω_2 assoziiert zur stochastischen Matrix π.
c) Sei $\Omega_1 = \Omega_2 = \mathbb{R}$, $P \in M^1(\mathbb{R}, \mathcal{B})$, dann ist $K(s, A) := P(A-s) =: P_s(A)$, $A \in \mathcal{B}$, $s \in \mathbb{R}^1$ ein Markovkern.
   Mit der Translation $T_s x := x + s$ ist $P_s = P^{T_s} = P * \varepsilon_s$ und es gilt
   $$P_{s+t} = P^{T_{s+t}} = P^{T_t \circ T_s} = (P^{T_s})^{T_t} = (P_s)_t.$$
d) Sei $P_t := N(0, \sigma^2 t)$, $t \geq 0$ und $P_0 = \varepsilon_{\{0\}}$. Dann ist $K(t, A) = P_t(A)$ ein Markovkern.
   Es ist: $P_t * P_s = P_{t+s}$. ◇

Lemma 3.1.19 *Sei $f \in \widetilde{Z}_+(\Omega_1 \times \Omega_2, \mathcal{A}_1 \otimes \mathcal{A}_2)$, und sei K ein Markovkern von Ω_1 nach Ω_2, dann ist $\omega_1 \longrightarrow \int_{\Omega_2} f(\omega_1, \omega_2) K(\omega_1, d\omega_2)$ $(\mathcal{A}_1, \overline{\mathcal{B}})$-messbar.*

Beweis Es ist $f_{\omega_1}(\omega_2) := f(\omega_1, \omega_2)$ messbar für alle ω_1. Für $f = \mathbb{1}_A$, $A \in \mathcal{A} = \mathcal{A}_1 \otimes \mathcal{A}_2$, sei
$$\mathcal{D} := \{A \in \mathcal{A};\ \text{die Behauptung gilt für } f = \mathbb{1}_A\}.$$
Dann gilt: $\mathcal{D}$ ist ein Dynkin-System.

3.1 Maße auf Prodükträumen und stochastische Modelle

Weiter enthält $\mathcal{D}$ den $\cap$-stabilen Erzeuger $\{A_1 \times A_2 \mid A_i \in \mathcal{A}_i\}$ von $\mathcal{A}_1 \otimes \mathcal{A}_2$. Es gilt also die Behauptung für $f = \mathbb{1}_A$, $A \in \mathcal{A}_1 \otimes \mathcal{A}_2$. Mit algebraischer Induktion folgt dann die Behauptung. $\square$

Satz 3.1.20 *Sei $P_1 \in M^1(\Omega_1, \mathcal{A}_1)$ ein Wahrscheinlichkeitsmaß auf $(\mathcal{A}_1, \mathcal{A}_2)$ und K ein Markovkern von Ω_1 nach Ω_2. Dann ist*

$$P_1 \otimes K(A) := \int \left(\int \mathbb{1}_A(\omega_1, \omega_2) K(\omega_1, d\omega_2) \right) P_1(d\omega_1), \quad A \in \mathcal{A}_1 \otimes \mathcal{A}_2,$$

ein Wahrscheinlichkeitsmaß auf $\mathcal{A}_1 \otimes \mathcal{A}_2$.

Beweis Es ist $P_1 \otimes K(\Omega_1 \times \Omega_2) = 1$. Seien $(A_n) \subset (\Omega, \mathcal{A}) = (\Omega_1 \times \Omega_2, \mathcal{A}_1 \otimes \mathcal{A}_2)$ paarweise disjunkt, dann folgt analog zum Beweis des Satzes von Fubini

$$P_1 \otimes K\left(\bigcup_n A_n\right) = \int \left(\int \mathbb{1}_{\bigcup_n A_n}(\omega_1, \omega_2) K(\omega_1, d\omega_2) \right) P_1(d\omega_1)$$

$$= \int K\left(\omega_1, \left(\bigcup_n A_n\right)_{\omega_1}\right) P_1(d\omega_1) = \int \sum_n K(\omega_1, (A_n)_{\omega_1}) \, dP_1(\omega_1)$$

$$= \sum_n \int K(\omega_1, (A_n)_{\omega_1}) \, dP_1(\omega_1)$$

$$= \sum_n \int \left(\int \mathbb{1}_{A_n}(\omega_1, \omega_2) K(\omega_1, d\omega_2) \right) P_1(d\omega_1)$$

$$= \sum_n P_1 \otimes K(A_n). \quad \square$$

Bemerkung 3.1.21
a) $P_1 \otimes K$ ist eindeutig bestimmt durch

$$P_1 \otimes K(A_1 \times A_2) = \int_{A_1} K(\omega_1, A_2) P_1(d\omega_1), \quad A_i \in \mathcal{A}_i.$$

Das Produkt $P_1 \otimes K$ beschreibt ein **zweistufiges Experiment**. Die erste Komponente ω_1 wird durch P_1 modelliert. Die zweite Komponente ω_2 wird dann durch $K(\omega_1, \cdot)$ modelliert.

b) **Produkt von Markovkernen.** Sei K_1 ein Markovkern von $(\Omega_1, \mathcal{A}_1)$ nach $(\Omega_2, \mathcal{A}_2)$ und K_2 ein Markovkern von $(\Omega_1, \mathcal{A}_1) \otimes (\Omega_2, \mathcal{A}_2)$ nach $(\Omega_3, \mathcal{A}_3)$, dann ist das Produkt

$$K_1 \otimes K_2(\omega_1, A_2 \times A_3) := \int_{A_2} K_1(\omega_1, d\omega_2) K_2((\omega_1, \omega_2), A_3), \quad A_i \in \mathcal{A}_i,$$

ein Markovkern von $(\Omega_1, \mathcal{A}_1)$ nach $(\Omega_2, \mathcal{A}_2) \otimes (\Omega_3, \mathcal{A}_3)$ und es gilt:

$$(P_1 \otimes K_1) \otimes K_2 = P_1 \otimes (K_1 \otimes K_2).$$

Allgemein: Seien $(\Omega_i, \mathcal{A}_i)$, $i \in \mathbb{N}$ Messräume, $(\Omega, \mathcal{A}) = \bigotimes_{i \in \mathbb{N}}(\Omega_i, \mathcal{A}_i)$ und $(\Omega^{(i)}, \mathcal{A}^{(i)}) = \bigotimes_{k=1}^{i}(\Omega_k, \mathcal{A}_k)$. Sei $P_1 \in M^1(\Omega_1, \mathcal{A}_1)$ und $K^{(i)}$ ein Markovkern von $(\Omega^{(i)}, \mathcal{A}^{(i)})$ nach $(\Omega_{i+1}, \mathcal{A}_{i+1})$. Definiere das Produkt

$$P_n := P_1 \otimes K^{(1)} \otimes \cdots \otimes K^{(n-1)} \in M^1(\Omega^{(n)}, \mathcal{A}^{(n)})$$

iterativ wie in Satz 3.1.20. Dann gilt:

$$P_n(A_1 \times \cdots \times A_n)$$
$$= \int_{A_1} P_1(d\omega_1) \int_{A_2} K^{(1)}(\omega_1, d\omega_2) \int_{A_3} \cdots \int_{A_n} K^{(n-1)}(\omega_1, \ldots, \omega_{n-1}, d\omega_n). \quad \lrcorner$$

Der folgende Satz von Ionescu-Tulcea konstruiert ein Wahrscheinlichkeitsmaß, das ein Modell für eine durch eine Folge von Markovkernen beschriebene abhängige Dynamik liefert.

Satz 3.1.22 (Satz von Ionescu-Tulcea) *Sei $P_1 \in M^1(\Omega_1, \mathcal{A}_1)$ ein Wahrscheinlichkeitsmaß auf $(\Omega_1, \mathcal{A}_1)$, $(\Omega, \mathcal{A}) = \bigotimes_{i=1}^{\infty}(\Omega_i, \mathcal{A}_i)$ und $K^{(i)}$ ein Markovkern von $(\Omega^{(i)}, \mathcal{A}^{(i)})$ nach $(\Omega_{i+1}, \mathcal{A}_{i+1})$, dann existiert genau ein $P \in M^1(\Omega, \mathcal{A})$ mit*

$$P^{\pi_{\{1,\ldots,n\}}} = P_n = P_1 \otimes K^{(1)} \otimes \cdots \otimes K^{(n-1)}, \quad \forall n \in \mathbb{N}.$$

Beweis Definiere für $A^{(n)} \in \mathcal{A}^{(n)}$, $\Omega_{(n)} := \prod_{i=n}^{\infty} \Omega_i$:

$$P\left(A^{(n)} \times \Omega_{(n+1)}\right) := P_n(A^{(n)}).$$

Dann ist wie im Beweis des Satzes von Andersen-Jessen

1) P wohldefiniert auf $\mathcal{Z}$,
2) P endlich additiv auf $\mathcal{Z}$,
3) P stetig in $\emptyset$.

Dazu verwende das Argument: Wenn $Z_n \downarrow \emptyset$ und $\lim P(Z_n) = \alpha > 0$, dann konstruiere induktiv ein Element $x \in \bigcap_n Z_n$, also einen Widerspruch zur Annahme. $\square$

Beispiel 3.1.23

a) **Markovketten.** Sei E ein abzählbarer Zustandsraum, o. E. sei $E = \mathbb{N}$, seien $k_n : \mathbb{N} \times \mathbb{N} \longrightarrow [0, 1]$ stochastische Matrizen und $P_1 \in M^1(\mathbb{N}, \mathcal{P}(\mathbb{N}))$, dann existiert genau ein $P \in M^1(\mathbb{N}^{\mathbb{N}}, \mathcal{P}(\mathbb{N})^{\mathbb{N}})$ mit $P^{(\pi_1,\ldots,\pi_n)} = P_n = P_1 \otimes K^{(1)} \otimes \cdots \otimes K^{(n-1)}$ für alle $n \in \mathbb{N}$, d. h.

3.2 Markovketten

$$P(\pi_1 = x_1, \ldots, \pi_n = x_n) = P_1(\{x_1\})k_1(x_1, x_2) \cdots k_{n-1}(x_{n-1}, x_n)$$
$$= P_1 \otimes K^{(1)} \cdots \otimes K^{(n-1)}(\{(x_1, \ldots, x_n)\}), \quad \forall x_i \in \mathbb{N}$$

mit $K^{(i)}((x_1, \ldots, x_i), A) = \sum_{y \in A} k_i(x_i, y)$.
$X = (\pi_n)$ heißt **Markovkette** mit Anfangsverteilung P_1 und **Übergangsfunktion** k_n (bzw. Übergangskern $K^{(n)}$).

b) **Markov-Prozesse in stetiger Zeit.** Für $T = [0, \infty)$ seien für $s < t$, $P_{s,t}$ Markovkerne von $(E, \mathcal{A})$ nach $(E, \mathcal{A})$, so dass für $B \in \mathcal{A}$ und $x \in E$ die **Chapman-Kolmogorov-Gleichung**

$$P_{s,\tau}(x, B) = \int P_{s,t}(x, dy) P_{t,\tau}(y, B), \quad s < t < \tau$$

gilt. Sei $\nu \in M^1(E, \mathcal{A})$ die Anfangsverteilung zum Zeitpunkt $t = 0$ und $P_J := \nu \otimes P_{0,t_1} \otimes \cdots \otimes P_{t_{n-1},t_n}$, $J = \{0, t_1, \ldots, t_n\}$.
Nach der Chapman-Kolmogorov-Gleichung ist dann $(P_J)_{J \in \mathcal{P}_0(T)}$ konsistent. Dazu überprüft man $P_{s,\tau} = (P_{s,t} \otimes P_{t,\tau})^{\pi_\tau^{(t,\tau)}}$.
Ist $(E, \mathcal{A})$ ein vollständiger metrischer Raum, dann folgt nach dem Konsistenzsatz von Kolmogorov die Existenz eines Wahrscheinlichkeitsmaßes P mit den Marginalverteilungen $(P_J)_{J \in \mathcal{P}_0(T)}$. Ein zugehöriger stochastischer Prozess $X \sim P$ heißt **Markov-Prozess** zu den Übergangskernen $(P_{s,t})$ und zur Anfangsverteilung ν.

Bemerkung 3.1.24 Die Verteilung einer Markovkette (eines Markov-Prozesses) ist eindeutig bestimmt durch die Anfangsverteilung ν und die Übergangsmatrix Π (die Übergangskerne $P_{s,t}$). Umgekehrt wird in Beispiel 3.1.23 zu ν, Π eine Markovkette (X_n) (ein Markov-Prozess $(X_t)_{t \in T}$) mit Anfangsverteilung ν und Übergangsmatrix Π (Übergangskernen $(P_{s,t})$) konstruiert.
Ein Beispiel für einen Markov-Prozess in stetiger Zeit $T = [0, \infty)$ ist der Wiener-Prozess (vgl. Beispiel 3.1.15). Hierfür ist $P_{s,t}(x, B) = N_{0,\sigma^2(t-s)}(B - x) =: P_{t-s}(B-x)$ mit $P_t := N(0, \sigma^2 t)$, $t > 0$. $P_{s,t}$ ist zeitlich homogen, d. h. hat (stationäre) Übergangswahrscheinlichkeiten und ist auch räumlich homogen, d. h., die Übergangswahrscheinlichkeit von x nach B hängt nur von $B - x$ ab.

3.2 Markovketten

Markovketten sind ein universelles Modell für die zeitliche Entwicklung von stochastischen dynamischen Prozessen in diskreter Zeit. Sie beschreiben stochastische Rekursionen der Form

$$X_{n+1} = f_n(X_n, Z_{n+1}), \quad n \in \mathbb{N} \text{ (oder } \mathbb{N}_0),$$

wobei (Z_n) eine i. i. d. Folge von Innovationen ist. Der Zustand X_{n+1} der Kette zur Zeit $n + 1$ ergibt sich als Funktion des Zustandes X_n zur Zeit n und einer von X_n unabhängigen Zufallsvariablen Z_{n+1}. Es gibt vielfältige Anwendungen dieses Modells, z. B. auf Random Walks, Verzweigungsprozesse, auf rekursive stochastische Algorithmen auf Populationsdynamiken, zufällige Graphenmodelle u. v. a. Wir behandeln die Bestimmung von Absorptionsverteilungen und Grenzwertsätze für Markovketten und insbesondere das Rekurrenzverhalten.

3.2.1 Grundbegriffe und Beispiele

Sei $(\Omega, \mathcal{A}, P)$ ein Wahrscheinlichkeitsraum, E ein abzählbarer Zustandsraum mit $\mathcal{E} = \mathcal{P}(E)$. Nach den Beispielen 3.1.18 und 3.1.23 erhält man zu einer Anfangsverteilung ν auf E und zu einer Folge von stochastischen Matrizen p_n eine Markovkette mit Übergangsfunktionen $p_n = p_n(i,j)$. Wir geben noch eine formale Definition.

Sei $X = (X_n)$ eine Folge von Zufallsvariablen mit Werten in $(E, \mathcal{E})$:

$$X_n : (\Omega, \mathcal{A}) \longrightarrow (E, \mathcal{E}), \quad n \in \mathbb{N}_0.$$

Definition 3.2.1 (Markovkette)
a) $X = (X_n)$ heißt **Markovkette**, wenn für alle $i, j, i_0, \ldots, i_{n-1} \in E$

$$P(X_{n+1} = j \mid X_n = i, X_{n-1} = i_{n-1}, \ldots, X_0 = i_0)$$
$$= P(X_{n+1} = j \mid X_n = i) =: p_n(i,j).$$

$\Pi_n = (p_n(i,j))$ heißt Übergangsmatrix von (X_n).
b) Eine Markovkette $X = (X_n)$ heißt **homogen**, wenn $p_n(i,j) = p(i,j) = p_{i,j}$, für alle $i, j \in E$, unabhängig von n ist. $\Pi = (p_{i,j})$ heißt Übergangsmatrix von (X_n).

Im Folgenden beschränken wir uns in der Regel auf homogene Markovketten.

Bemerkung 3.2.2
a) Sei $\Pi = (p_{i,j})$ die Übergangsmatrix einer Markovkette. Dann ist $p_{i,j} \geq 0$, $\sum_{k \in E} p_{i,k} = 1$; also ist $\Pi = (p_{i,j})$ eine stochastische Matrix.
b) **Random Walk:**
Sei $S_n := \sum_{i=1}^n Y_i$ mit (Y_i) eine i. i. d. Folge in $\mathbb{Z}^d$ ($\mathbb{R}^d$), dann ist: $S_{n+1} = S_n + Y_{n+1} = f(S_n, Y_{n+1})$, also ist (S_n) eine Markovkette (vgl. Proposition 3.2.3). (S_n) heißt (allgemeiner) Random Walk auf $\mathbb{Z}^d$ ($\mathbb{R}^d$).
c) **Übergangsgraph G einer Markovkette:**
Wir betrachten zu einer Markovkette den Graphen G mit Knotenmenge E. (i,j) ist eine Kante in G, genau dann, wenn $p_{i,j} > 0$. G heißt **Übergangsgraph** der Markovkette.

3.2 Markovketten

d) **Verteilung der Markovkette:**
Sei $v(i) = P(X_0 = i)$ die Anfangsverteilung einer Markovkette X, dann erhalten wir die Verteilung von $(X_0, \ldots, X_k)$ durch

$$P(X_0 = i_0, X_1 = i_1, \ldots, X_k = i_k)$$
$$= P(X_0 = i_0) P(X_1 = i_1 \mid X_0 = i_0) P(X_2 = i_2 \mid X_1 = i_1, X_0 = i_0) \cdots$$
$$P(X_k = i_k \mid X_{k-1} = i_{k-1}, \ldots, X_0 = i_0)$$
$$= v(i_0) p_{i_0, i_1} \cdots p_{i_{k-1}, i_k}.$$

Die Verteilung einer Markovkette ist also eindeutig bestimmt durch die Anfangsverteilung v und die Übergangsmatrix $\Pi = (p_{i,j})$. Umgekehrt existiert nach Beispielen 3.1.18 und 3.1.23 zu v, Π eine Markovkette (X_n) mit Anfangsverteilung v und Übergangsmatrix Π.

e) **Übergangswahrscheinlichkeit n-ter Ordnung:**
$v_n(j) := P(X_n = j)$ heißt Verteilung der Markovkette zur Zeit n,
$p_{i,j}^{(n)} := P(X_n = j \mid X_0 = i)$, $p_{i,j}^{(0)} = \delta_{i,j}$ ist die **Übergangswahrscheinlichkeit n-ter Ordnung**. Es gilt:

$$v_{n+1}(j) = \sum_{i \in E} P(X_{n+1} = j \mid X_n = i) P(X_n = i) = \sum_{i \in E} p_{i,j} v_n(i).$$

Mit v_n als Spaltenvektor ergibt sich: $v_{n+1}^T = v_n^T \Pi$.
Daraus folgt: $v_n^T = v^T \Pi^n$, $v = v_0$ die Anfangsverteilung. Also ist

$$\left(p_{i,j}^{(n)} \right) = \Pi^n.$$

Also sind die Übergangswahrscheinlichkeiten n-ter Ordnung gegeben durch n-te Matrixpotenzen. Wesentliche Hilfsmittel zur Untersuchung von Matrixpotenzen sind der Satz über die Jordan-Normalform und der Satz von Perron-Frobenius.

f) Die Chapman-Kolmogorov-Gleichung liefert für Zeitpunkte $k < m < n$ und $h, j \in E$:

$$P(X_n = j \mid X_k = h) = \sum_{i \in E} P(X_n = j \mid X_m = i) P(X_m = i \mid X_k = h)$$

äquivalent:
$$p_{h,j}^{(n-k)} = \sum_{i \in E} p_{i,j}^{(n-m)} p_{h,i}^{(m-k)}.$$

Dies folgt aus obiger Darstellung der Übergangswahrscheinlichkeit aus der Gleichung

$$\Pi^{n-k} = \Pi^{n-m} \Pi^{m-k}$$

für die Übergangsmatrizen.

g) Die Markoveigenschaft impliziert allgemeiner:

$$P(\underbrace{X_{n+1} = j_1, \ldots, X_{n+k} = j_k}_{=: Z = \text{Zukunft}} \mid \underbrace{X_n = i}_{=: G = \text{Gegenwart}}, \underbrace{X_{n-1} = i_{n-1}, \ldots, X_0 = i_0}_{=: V = \text{Vergangenheit}})$$
$$= P(Z \mid G)$$

äquivalent: $\quad P(Z \cap V \mid G) = \dfrac{P(Z \cap V \cap G)}{P(G \cap V)} \dfrac{P(G \cap V)}{P(G)}$
$$= P(Z \mid G \cap V) P(V \mid G) = P(Z \mid G) P(V \mid G).$$

Die Markoveigenschaft ist also äquivalent dazu, dass Zukunft und Vergangenheit unabhängig sind bedingt unter der Gegenwart.

Schreibweise: Wir bezeichnen mit P_i das Wahrscheinlichkeitsmaß zur Markovkette mit Anfangsverteilung $\nu = \varepsilon_i$, d. h. $X_0 = i \, [P_i]$ und Π als Übergangsmatrix. P_ν bezeichnet das Wahrscheinlichkeitsmaß zur Markovkette mit Anfangsverteilung ν und mit Π als Übergangsmatrix. ⌟

Proposition 3.2.3 (Stochastische Rekursionen) *Sei $(E, \mathcal{E})$ abzählbar, $(F, \mathcal{B})$ ein Messraum und sei $f : E \times F \longrightarrow E$ messbar. Sei X_0 eine Zufallsvariable mit Werten in E, (Z_n) eine i. i. d. Folge mit Werten in F, und seien $X_0, (Z_n)$ stochastisch unabhängig. Sei $X_{n+1} := f(X_n, Z_{n+1}), n \in \mathbb{N}$, dann ist (X_n) eine homogene Markovkette.*

Beweis Nach der Konstruktion folgt $X_n = g_n(X_0, Z_1, \ldots, Z_n)$ für eine messbare Funktion $g_n : E \times F^n \longrightarrow E$. Daraus folgt nach der Einsetzungsregel wegen der Unabhängigkeit von (Z_n):

$$P(X_{n+1} = j \mid X_n = i, X_{n-1} = i_{n-1}, \ldots, X_0 = i_0)$$
$$= P(f(i, Z_{n+1}) = j \mid \underbrace{X_n = i, \ldots, X_0 = i_0}_{=h(X_0, Z_1, \ldots, Z_n)})$$
$$= P(f(i, Z_{n+1}) = j) = P(X_{n+1} = j \mid X_n = i).$$

Daher ist (X_n) eine homogene Markovkette mit Übergangsmatrix $\Pi = (p_{i,j})$ und Anfangsverteilung $\nu = P^{X_0}$. □

Umgekehrt lässt sich jede Markovkette in rekursiver Form darstellen. Viele der Beispiele homogener Markovketten werden direkt in rekursiver Form konstruiert.

Beispiel 3.2.4
a) **Random Walk in $\mathbb{Z}^d$:** Sei (Z_n) eine i. i. d. Folge in $\{1, 0, -1\}^d$, z. B. sei $P(Z_1 = i) = \frac{1}{2^d}, \forall i \in \{1, -1\}^d$. Mit $S_0 := 0$ und $S_n := \sum_{i=1}^n Z_i, n \in \mathbb{N}$, hat (S_n) eine stochastisch rekursive Struktur wie in Proposition 3.2.3, ist also eine homogene Markovkette.

b) **Warteschlangenmodell:** Seien Z_n die Anzahl von Maschinen, die am Tag n in eine Reparaturwerkstatt kommen. Wir treffen die Annahme, dass (Z_n) i.i.d. ist und dass pro Tag K Maschinen repariert werden.
Sei X_n die Länge der Warteschlange in der Werkstatt, dann gilt:

$$X_{n+1} = (X_n - K)_+ + Z_{n+1}.$$

(X_n) erfüllt also eine stochastische Rekursion der Form aus Proposition 3.2.3 und ist daher eine Markovkette.

c) **Lagerhaltungsmodell:** Seien X_n die Lagerbestände eines Warenlagers zum Zeitpunkt n, $E = \{0, \ldots, s, \ldots, S\}$ und (Z_n) i.i.d. die täglichen Anforderungen aus dem Lager.
Die **(s, S)-Politik** der Lagerhaltung wird beschrieben durch die rekursive Folge

$$X_{n+1} = \begin{cases} (X_n - Z_{n+1})_+, & \text{falls } s < X_n \leq S, \\ (S - Z_{n+1})_+, & \text{falls } X_n \leq s. \end{cases}$$

Ist der Lagerbestand X_n zur Zeit n kleiner als s, dann wird das Lager auf den Bestand S aufgefüllt. (X_n) hat die stochastisch rekursive Struktur aus Proposition 3.2.3, ist also eine Markovkette. Eine typische Aufgabe ist die Beschreibung der stationären Lagerhaltungslänge, der Größe der nicht lieferbaren Anforderungen oder die Bestimmung optimaler Lagerhaltungsgrenzen s und S bei gegebenen Kosten und Verteilung der Anforderungen.

d) **Verzweigungsprozess:** Der **Galton-Watson-Prozess** ist ein Standardmodell für das Wachstum von Populationen. Bezeichne X_n die Größe der Population in der n-ten Generation und sei Z_n^k die Anzahl der Nachkommen für Individuum k in der n-ten Generation, dann gilt mit $X_0 = 1$:

$$X_{n+1} = \sum_{k=1}^{X_n} Z_n^k.$$

$(Z_n^k)_k$ sei eine i.i.d. Folge unabhängig von X_n, $n \in \mathbb{N}$, die die Anzahl der Nachkommen des k-ten Individuums in der n-ten Generation beschreiben. Da $X_{n+1} = f(X_n, (Z_n^k)_k)$, ist (X_n) eine Markovkette.

e) **Stochastische Automaten:** Ein stochastischer Automat wird beschrieben durch ein Tripel $(E, \mathcal{A}, f)$, E ist ein endlicher Zustandsraum, $\mathcal{A}$ ein Alphabet und $f : E \times \mathcal{A} \to E$ eine Evolution. Auf einem (unendlichen) Band wird sukzessive eine zufällige Folge $(Z_i)_{i \in \mathbb{N}}$ von Buchstaben eingelesen; im einfachsten Fall eine i.i.d. Folge. Ist X_n der Zustand des Automaten zur Zeit n, dann ist

$$X_{n+1} = f(X_n, Z_{n+1})$$

der Zustand zur Zeit $n + 1$. Wegen der rekursiven Struktur ist (X_n) eine Markovkette.

f) **Ehrenfest'sches Urnenmodell:** Im Ehrenfest'schen Urnenmodell (vgl. Beispiel 2.5.1) mit r Molekülen in 2 Urnen A und B sei X_n die Anzahl von Molekülen in Urne A zur Zeit n. Dann ist (X_n) eine homogene Markovkette, denn

$$P\left(X_{n+1} = \begin{matrix} i+1 \\ i-1 \end{matrix} \mid X_n = i, X_{n-1} = i_{n-1}, \ldots, X_1 = i_1\right) = \begin{cases} \frac{r-i}{r} =: p_{i,i+1}, \\ \frac{i}{r} =: p_{i,i-1}. \end{cases}$$

Nach den folgenden Grenzwertsätzen in diesem Abschnitt gilt:

$$P_i(X_n = k) \longrightarrow \varrho_k = \binom{r}{k}\left(\frac{1}{2}\right)^r, \quad 0 \le k \le r.$$

Die Binomialverteilung $\mathcal{B}(r, \frac{1}{2})$ ist die Limes-Verteilung (stationäre Verteilung) von (X_n). Aus der Annahme, dass $P_i(X_n = k) = P(X_n = k \mid X_0 = i) \longrightarrow \tau_k, \forall k \in E$, folgt:

$$\tau_k = \lim_n \sum_j P(X_n = k \mid X_{n-1} = j) P(X_{n-1} = j \mid X_0 = i) = \sum_j p_{j,k} \tau_j,$$

d. h., es gilt die **Stationaritätsgleichung**

$$\tau^\top = \tau^\top \Pi.$$

Diese Gleichung kann rekursiv aufgelöst werden und hat als eindeutige Lösung $\tau = \mathcal{B}(r, \frac{1}{2})$, d. h. $\tau_k = \varrho_k$. ◇

3.2.2 Eintrittszeiten und Absorptionsverteilung

Definition 3.2.5 (Eintrittszeit) *Sei $X = (X_n)_{n \in \mathbb{N}_0}$ eine homogene Markovkette, $J \subset E$, dann heißt*

$$\tau_J(\omega) := \begin{cases} \inf\{n \in \mathbb{N}_0 \mid X_n(\omega) \in J\}, & \text{falls } \ne \emptyset, \\ \infty, & \text{sonst,} \end{cases}$$

die Eintrittszeit von X in J.

Bemerkung 3.2.6 τ_J *ist eine Stoppzeit, d. h., für alle $n \in \mathbb{N}_0$ gilt:*

$$\{\tau_J = n\} = \{X_0 \notin J, X_1 \notin J, \ldots, X_{n-1} \notin J, X_n \in J\} \in \sigma(X_0, \ldots, X_n).$$

Das Ereignis $\{\tau_J = n\}$ hängt von der Kette nur bis zur Zeit n ab. ⌐

Die Wahrscheinlichkeit, mit der eine Zustandsmenge J bei Start in i in endlicher Zeit erreicht wird, kann man als Lösung eines linearen Gleichungssystems erhalten.

3.2 Markovketten

Proposition 3.2.7 *Sei für alle $i \in E$, $\alpha_i := P_i(\tau_J < \infty) = P(\tau_J < \infty \mid X_0 = i)$, dann gilt:*

$$\begin{cases} \alpha_i = 1, & i \in J, \\ \alpha_i = \sum_{j \in E} p_{i,j} \alpha_j, & i \in J^c. \end{cases}$$

Beweis Für $k \geq 0$ hat die Markovkette (Y_k), $Y_k := X_{k+1}$ die Übergangsmatrix Π und die Anfangsverteilung $\nu_j = P(X_1 = j)$, $j \in E$. Daher ist für alle j

$$\begin{aligned} P(\exists 0 \leq n \leq N; Y_n \in J \mid Y_0 = j) &= P(\exists 0 \leq n \leq N; X_n \in J \mid X_0 = j) \quad (3.2) \\ &= P_j(\exists 0 \leq n \leq N; X_n \in J) \\ &= P_j(\tau_J \leq N). \end{aligned}$$

Für $i \in J^c$ ist nach der Formel über totale Wahrscheinlichkeit und mit Verwendung der Homogenität der Markovkette

$$\begin{aligned} P_i(\tau_J \leq N + 1) &= P_i(\exists n; 1 \leq n \leq N + 1, X_n \in J) \\ &= \sum_{j \in E} P_i(X_1 = j) P_i(\exists 1 \leq n \leq N + 1; X_n \in J \mid X_1 = j) \\ &= \sum_{j \in E} p_{i,j} P(\exists 0 \leq n \leq N, Y_n \in J \mid Y_0 = j) \\ &= \sum_{j \in E} p_{i,j} P_j(\tau_J \leq N). \end{aligned}$$

Da $P_j(\tau_J \leq N) \longrightarrow P_j(\tau_J < \infty) = \alpha_j$, folgt hieraus die Behauptung. $\square$

Definition 3.2.8 (Absorptionsverteilung) *Die Wahrscheinlichkeiten*

$$\alpha_{i,j} := \alpha_{i,j}^J = P_i(\tau_J < \infty, X_{\tau_J} = j), \quad i \in E, j \in J,$$

heißen Absorptionswahrscheinlichkeiten in j.
$(\alpha_{i,j})_{j \in J}$ *heißt Absorptionsverteilung von (X_n) in J.*

Sei $B(E) := \{f : E \longrightarrow \mathbb{R} \mid f \text{ ist beschränkt}\}$ und sei Π aufgefasst als linearer Operator auf $B(E)$, $\Pi : B(E) \longrightarrow B(E)$, so dass

$$\Pi f(i) := \sum_{k \in E} p_{i,k} f(k).$$

Dann ist $\underbrace{\Pi \circ \cdots \circ \Pi}_{m\text{-mal}} = \Pi^m$ oder äquivalent $\Pi^m = \left(p_{i,j}^{(m)}\right)$,

$$\Pi^m f(i) = \sum_{j \in E} p_{i,j}^{(m)} f(j) = \sum_{j \in E} \underbrace{P(X_m = j \mid X_0 = i)}_{P_i(X_m = j)} f(j)$$
$$= \int f(X_m) \, dP_i =: E_i f(X_m).$$

Wir definieren nun allgemeiner den Erwartungswertoperator bzgl. der Absorptionsverteilung.

Definition 3.2.9 (Absorptionsverteilung) *Sei $X = (X_n)$ eine homogene Markovkette, $\tau = \tau_J$ mit $J \subset E$. Definiere den Erwartungswert bzgl. der **Absorptionsverteilung***

$$H : B(E) \longrightarrow B(E), \quad Hf(i) := E_i f(X_\tau) \mathbb{1}_{\{\tau < \infty\}} \text{ für } f \in B(E).$$

Bemerkung 3.2.10
a) *Definiert man $X_\infty := \delta$ für $\delta \notin E$ und $f(\delta) := 0$, dann ist $Hf(i) = E_i f(X_\tau)$.*
b) *Für $f = \mathbb{1}_J$ ist $Hf(i) = \alpha_i$ die Eintrittswahrscheinlichkeit in J. Ist $f = \mathbb{1}_{\{j\}}$ für $j \in J$, so erhält man, dass $Hf(i) = P_i(\tau < \infty, X_\tau = j) = \alpha_{i,j}$ die **Absorptionswahrscheinlichkeit** im Zustand j ist.* ⌟

Lemma 3.2.11 *Sei $Z_n := X_{\tau \wedge n}$, $\tau = \tau_J$, $n \in \mathbb{N}$, dann gilt:*

a) *Z_n ist eine homogene Markovkette mit Übergangswahrscheinlichkeiten*

$$q_{i,j} := \begin{cases} p_{i,j}, & i \in J^c, j \in E, \\ 1, & i \in J, j = i, \\ 0, & i \in J, j \neq i, \end{cases} \quad \text{und Übergangsmatrix } Q = (q_{i,j}),$$

b) $P_i(Z_0 = i_0, \ldots, Z_n = i_n) = \delta_{i,i_0} q_{i_0,i_1} \cdots q_{i_{n-1},i_n}$ *und*
c) $\alpha_{i,j} = P_i(\tau < \infty, X_\tau = j) = \lim_n Q^n f(i)$ *mit $f := \mathbb{1}_{\{j\}}$ für $j \in J$.*

Beweis a) und b) folgen direkt aus der Definition.

c): Sei $j \in J$ und $f = \mathbb{1}_{\{j\}}$, dann ist

$$Q^n f(i) = q_{i,j}^{(n)} = P_i(Z_n = j) = P_i(\tau \leq n, X_\tau = j).$$

Es gilt: $P_i(\tau \leq n, X_\tau = j) \uparrow_n P_i(\tau < \infty, X_\tau = j) = \alpha_{i,j}$. □

Die Absorptionsverteilung wird im folgenden Satz charakterisiert.

3.2 Markovketten

Satz 3.2.12 *Sei $f \in B(E)$, $f \geq 0$; dann gilt:*
$Hf \in B(E)$ ist die minimale nicht-negative Lösung h von

$$\begin{cases} Qh = h, \\ h(j) = f(j), \quad j \in J. \end{cases} \tag{3.3}$$

Beweis
1. Hf ist eine Lösung von (3.3);
   denn sei $f' := f \mathbb{1}_J$, dann ist $Hf' = Hf$, da $f/_J = f'/_J$ da $f(X_\tau) = f'(X_\tau)$ auf $\{\tau < \infty\}$.

   Aus $Z_n = X_{\tau \wedge n} = \begin{cases} X_\tau, & \tau \leq n, \\ X_n, & \tau > n, \end{cases}$ folgt
   $f'(Z_n) = f(X_\tau)\mathbb{1}_{\{\tau \leq n\}}$, da $f' = 0$ auf J^c. Daraus ergibt sich:
   $f_n(i) := Q^n f'(i) = E_i f'(Z_n) = E_i f(X_\tau)\mathbb{1}_{\{\tau \leq n\}} \uparrow_n f_\infty(i) := E_i f(X_\tau)\mathbb{1}_{\{\tau < \infty\}} = Hf(i)$.

   Aus dem Satz über monotone Konvergenz folgt daher:

   $$Q(Hf)(i) = Qf_\infty(i) = \sum_k q_{i,k} f_\infty(k) = \sum_k q_{i,k} \lim_{n \to \infty} \underbrace{Q^n f'(k)}_{=f_n(k)}$$

   $$= \lim_{n \to \infty} \sum_k q_{i,k} Q^n f'(k) = \lim Q^{n+1} f'(i) = f_\infty(i) = Hf(i).$$

   Also ist $h = Hf$ eine Lösung von $Qh = h$.
   Für $j \in J$ folgt

   $$Hf(j) = E_j f(X_\tau)\mathbb{1}_{\{\tau < \infty\}} = E_j f(X_0) = f(j).$$

2. Hf ist die minimale nicht-negative Lösung von (3.3).
   Sei dazu $h \in B_+(E)$ eine nicht-negative Lösung von (3.3).
   Dann folgt; $Q^n h = h$ für alle $n \in \mathbb{N}$ und $h \geq f'$, da $h \geq 0$ auf J^c und $h/_J = f/_J$.
   Daraus ergibt sich

   $$h(i) = Q^n h(i) = E_i h(Z_n) \geq E_i f'(Z_n) \longrightarrow Hf(i),$$

   d. h., Hf ist die minimale nicht-negative Lösung von (3.3). □

Bemerkung 3.2.13
a) *Beispiele für Absorptionsverteilungen:*
   1) **Ruinproblem** beim symmetrischen Random Walk.
      Sei $a < 0 < b$ und $J = \{a, b\}$. Die Absorptionswahrscheinlichkeit ergibt sich für den Zustand a (= Ruinwahrscheinlichkeit) nach Satz 3.2.12 als: $\alpha = \frac{b}{b+|a|}$.

2) **Verzweigungsprozess.** Sei (X_n) ein Galton-Watson-Verzweigungsprozess (vgl. Beispiel 3.2.4 d)) sei $J = \{0\}$ und sei q die **Aussterbewahrscheinlichkeit** von (X_n). Dann ist

$$\alpha_{1,0} = q = \lim_n P(X_n = 0) = Hf(0), \quad f = \mathbb{1}_{\{0\}}, \tag{3.4}$$

und q ist die minimale Lösung der Fixpunktgleichung:

$$G(x) = x, \quad x \in [0, 1],$$

G die erzeugende Funktion der Nachkommenverteilung. Dass $G(q) = q$ ist, folgt direkt aus (3.4). Die Minimalität der Lösung ist ein Standardresultat der Stochastik und folgt aus der Konvexität von G.

b) Die Gleichung $Qh = h$ ist äquivalent dazu, dass für alle $i \in J^c$ gilt:

$$h(i) = \sum_k p_{i,k} h(k).$$

Funktionen h mit dieser Eigenschaft heißen auf J^c **harmonisch für** Π. Die Absorptionsverteilungen Hf werden also durch die Eigenschaft charakterisiert, dass sie minimale Π-harmonische Funktionen sind, die der Randbedingung $h = f$ auf J genügen. ⌟

3.2.3 Grenzwertsätze für Markovketten

Sei X im Folgenden eine Markovkette mit Übergangsmatrix Π und Anfangsverteilung ν.

Definition 3.2.14 (Stationäre Verteilung) *Ein Wahrscheinlichkeitsmaß $\varrho \in M^1(E, \mathcal{E})$, heißt **stationäre Verteilung der Markovkette** X, wenn für alle $i \in E$ gilt:*

$$\varrho_i = \sum_{j \in E} \varrho_j p_{j,i},$$

d. h., mit ϱ als Spaltenvektor gilt: $\varrho^\top = \varrho^\top \Pi$ oder auch $\varrho = \Pi^\top \varrho$.

Bemerkung 3.2.15 *Ist die Anfangsverteilung $\nu = \varrho$ stationär, dann ist $\nu_n = \varrho$, $\forall n \geq 0$; denn es ist*

$$\varrho^\top = \varrho^\top \Pi^n = \nu_n^\top.$$

Es gilt darüber hinaus:

$$P_\varrho(X_n = i_0, X_{n+1} = i_1, \ldots, X_{n+k} = i_k) = \varrho_{i_0} p_{i_0, i_1} \cdots p_{i_{k-1}, i_k}; \tag{3.5}$$

die endlich-dimensionalen Verteilungen sind stationär (d. h. unabhängig von n). Also ist die Markovkette X bzgl. P_ϱ ein stationärer Prozess (vgl. Abschn. 3.5).

Für $|E| = k$ erfüllen stationäre Verteilungen zusammen mit der Normierungsgleichung $\varrho^\top \cdot 1 = 1$, $(k+1)$-Gleichungen für k Variablen. ⌟

3.2 Markovketten

Beispiel 3.2.16

a) **Zwei-Zustandsmodell.** Sei $E = \{1, 2\}$ und $\Pi = \begin{pmatrix} 1-\alpha & \alpha \\ \beta & 1-\beta \end{pmatrix}$, $\alpha, \beta \in (0, 1)$. Dann gilt:

$$\varrho^\top \Pi = \varrho^\top \Leftrightarrow \begin{cases} \varrho_1 = \varrho_1(1-\alpha) + \varrho_2\beta, \\ \varrho_2 = \varrho_2\alpha + \varrho_2(1-\beta), \end{cases} \text{ und } \varrho_1 + \varrho_2 = 1.$$

Also ist $\varrho_1 = \frac{\beta}{\alpha+\beta}$ und $\varrho_2 = \frac{\alpha}{\alpha+\beta}$ eindeutige stationäre Verteilung.

b) **Ehrenfest-Modell.** Aus den Gleichungen (mit $r = N$)

$$\varrho_i = \varrho_{i-1}\left(1 - \frac{i-1}{N}\right) + \varrho_{i+1}\frac{i+1}{N}$$

$$\varrho_0 = \varrho_1 \cdot \frac{1}{N}, \quad \varrho_N = \varrho_{N-1} \cdot \frac{1}{N}$$

mit $1 \leq i \leq N-1$ folgt:

$$\varrho_i = \varrho_0 \binom{N}{i}, \quad 1 = \sum_{i=1}^{N} \varrho_i = \varrho_0 \cdot \left(1 + \sum_{i=1}^{N} \binom{N}{i}\right) = \varrho_0 \cdot 2^N.$$

Somit ist $\varrho_0 = \frac{1}{2^N}$ und $\varrho_i = \frac{1}{N}\binom{N}{i}$; d. h., die stationäre Verteilung ϱ ist eindeutig bestimmt. ϱ ist die Binomialverteilung $\varrho = \mathcal{B}(N, \frac{1}{2})$ mit Parametern $N, \frac{1}{2}$. $\diamond$

Bemerkung 3.2.17 *Die Existenz und Eindeutigkeit von stationären Verteilungen gilt i. A. nicht.*

1) **Symmetrischer Random Walk auf $\mathbb{Z}$.**
   Sei ϱ eine stationäre Verteilung für den symmetrischen Random Walk (X_n) auf $\mathbb{Z}$, dann ist $\varrho_i = \frac{1}{2}\varrho_{i-1} + \frac{1}{2}\varrho_{i+1}$.
   Daraus folgt: $\varrho_i - \varrho_{i-1} = \varrho_{i+1} - \varrho_i =: \delta$, und daher gilt:
   $\varrho_i = \varrho_0 + |i|\delta$. Also existiert keine stationäre Verteilung.
2) **Triviale Markovkette** Sei $\Pi = I$, dann gilt $\varrho^\top \Pi = \varrho^\top$ für jede Verteilung ϱ, d. h., jede Verteilung ϱ ist stationär.

Für reversible Markovketten existieren stationäre Verteilungen. Allgemeiner existieren stationäre Verteilungen, wenn die „balance equation" erfüllt ist.

Proposition 3.2.18 (Balance equation) *Sei $\Pi = (p_{i,j})$ eine stochastische Matrix und $\varrho \in M^1(E)$. Existiert eine stochastische Matrix $Q = (q_{i,j})$, so dass die **balance equation**"*

$$\varrho_i q_{i,j} = \varrho_j p_{j,i}, \quad \forall i, j \in E,$$

erfüllt ist, dann ist ϱ eine stationäre Verteilung von Π.

Beweis Die Aussage ergibt sich aus der folgenden Gleichungskette. Es ist

$$\sum_{j \in E} \varrho_j p_{j,i} = \sum_{j \in E} \varrho_i q_{i,j} = \varrho_i \sum_{j \in E} q_{i,j} = \varrho_i.$$

Es folgt, dass

$$\varrho^\top = \varrho^\top \Pi;$$

also ist ϱ eine stationäre Verteilung. $\square$

Bemerkung 3.2.19

a) **Zeitumkehr.** Die Matrix Q in Proposition 3.2.18 heißt „**time reversed**" Übergangsmatrix zu Π.
   Falls für alle $i \in E$ gilt $\varrho_i > 0$, dann definiere $q_{i,j} := \frac{\varrho_j}{\varrho_i} p_{j,i}$.
   Falls $P(X_n = i) = \varrho_i, i \in E, \forall n \in \mathbb{N}$, d.h., $\varrho = (\varrho_i)$ ist eine stationäre Verteilung von (X_n), dann folgt nach der Bayes-Regel

$$P(X_n = j \mid X_{n+1} = i) = P(X_{n+1} = i \mid X_n = j) \frac{P(X_n = j)}{P(X_{n+1} = i)} = p_{j,i} \frac{\varrho_j}{\varrho_i} = q_{i,j},$$

d.h., $Q = (q_{i,j})$ ist die Übergangsmatrix der Kette nach einer Zeitumkehr, Q ist also eine time reversed Übergangsmatrix.

b) Gilt die balance equation für $q = p$, d.h., für alle $i, j \in E$ ist

$$\varrho_i p_{i,j} = \varrho_j p_{j,i},$$

dann heißt X **reversible Markovkette**. Nach Proposition 3.2.18 ist dann ϱ eine stationäre Verteilung von X. $\lrcorner$

Der folgende Satz von Perron-Frobenius liefert im Fall von endlichen Zustandsräumen die Existenz stationärer Verteilungen.

Satz 3.2.20 (Satz von Perron-Frobenius) *Ist der Zustandsraum E endlich und ist (X_n) eine (homogene) Markovkette mit Übergangmatrix Π in E, dann existiert eine stationäre Verteilung ϱ von X.*

Beweis Zu $\nu \in M^1(E)$ definiere die Folge

$$\nu_n := \frac{1}{n} \sum_{k=0}^{n-1} (\nu \Pi^k) \in M^1(E).$$

Dabei ist ν als Zeilenvektor aufgefasst und es ist für alle $x \in E$

$$(\nu \Pi^k)(x) = \sum_{y \in E} \nu(y) \Pi^k_{y,x}$$

$$= \sum_{y \in E} \nu(y) p^{(k)}_{y,x}.$$

3.2 Markovketten

Wegen
$$\nu_n \Pi - \nu_n = \frac{1}{n}(\nu \Pi^n - \nu)$$
gilt
$$\nu_n \Pi - \nu_n \longrightarrow 0, \tag{3.6}$$
da $\nu \Pi^n$ und ν beschränkt sind.

Die Menge der Wahrscheinlichkeitsvektoren $\nu \in M^1(E)$, $|E| < \infty$, ist eine beschränkte, abgeschlossene Teilmenge von $\mathbb{R}_+^{|E|}$, also kompakt.

Daher existieren eine Teilfolge $(n_k) \subset \mathbb{N}$ und ein $\mu \in M^1(E)$, so dass $\nu_{n_k} \longrightarrow \mu$. Aus (3.6) folgt dann:
$$\mu \Pi = \mu;$$
also ist μ eine stationäre Verteilung (hier als Zeilenvektor). □

Die Hauptfragen sind nun:

- Wann hat eine Markovkette genau eine stationäre Verteilung (invariantes Maß) ϱ?
- Wie kann man diese Verteilung stochastisch identifizieren?
- Unter welchen Bedingungen konvergiert $p_{x,y}^{(n)}$ gegen diese eindeutige stationäre Verteilung?

Für endliche Zustandsräume E beantwortet folgender Satz diese Fragen unter einer „Irreduzibilitätsbedingung". Darüber hinaus gilt dann sogar die Konvergenz von $\nu^\top \Pi^n \longrightarrow \varrho^\top$ für alle Anfangsverteilungen ν (mit Spaltenvektoren ν, ϱ).

Satz 3.2.21 (Grenzwertsatz für Markovketten) *Ist (X_n) eine homogene Markovkette, $|E| < \infty$ und existiert ein $k \geq 1$ mit $p_{x,y}^{(k)} > 0$ für alle $x, y \in E$, dann gilt:*

1) *Der Limes $\lim_{n \to \infty} p_{x,y}^{(n)} =: \tau_y > 0$ existiert für alle $y \in E$ und ist unabhängig von x.*
2) *Es existiert genau eine stationäre Verteilung ϱ für (X_n), d.h. $\varrho^\top = \varrho^\top \Pi$ und es gilt $\varrho = \tau$.*
3) *Für jede Anfangsverteilung $\nu \in M^1(E)$ und alle $y \in E$ gilt: $P_\nu(X_n = y) \longrightarrow \varrho_y$.*

Beweis

1), 2) Im ersten Schritt des Beweises zeigen wir eine **Kontraktionseigenschaft** der Übergangsmatrix Π.

Für zwei Zähldichten f, g auf E bezeichne $\|f - g\| := \sum_{z \in E} |f(z) - g(z)|$ den **Variationsabstand** von f, g. Sei $f \Pi(y) := \sum_{x \in E} f(x) p_{x,y} = P_f^{X_1}(\{y\})$ die Zähldichte von X_1 bzgl. P_f. Dann gilt

$$\|f \Pi - g \Pi\| \leq \sum_x \sum_y |f(x) - g(x)| p_{x,y} \tag{3.7}$$
$$\leq \|f - g\|.$$

Wir verschärfen (3.7) zu einer strikten Ungleichung. Nach Voraussetzung folgt wegen $|E| < \infty$

$$\exists\, 0 < \delta < 1, \text{ so dass: } p_{x,y}^{(k)} \geq \frac{\delta}{|E|}, \quad \forall\, x, y \in E.$$

Behauptung 1: Mit $m := \lfloor \frac{n}{k} \rfloor$ gilt für $n \geq k$

$$\| f\, \Pi^n - g\, \Pi^n \| \leq 2(1-\delta)^m.$$

Hierzu der Beweis: Sei U die stochastische Matrix mit $u_{x,y} = \frac{1}{|E|}, \forall\, x, y \in E$. Nach Voraussetzung folgt

$$\Pi^k \geq \delta U;$$

daher ist $V := (1-\delta)^{-1}(\Pi^k - \delta U)$ eine stochastische Matrix und es gilt: $\Pi^k = \delta U + (1-\delta)V$. Hieraus folgt:

$$\| f\, \Pi^k - g\, \Pi^k \| \leq \delta \| f\, U - g\, U \| + (1-\delta)\| f\, V - g\, V \|.$$

Da $f\, U(y) = \sum_x f(x) \frac{1}{|E|} = \frac{1}{|E|} = g\, U(y)$, $y \in E$, ist der erste Term gleich 0. Damit folgt

$$\| f\, \Pi^k - g\, \Pi^k \| \leq (1-\delta)\| f - g \|.$$

Durch Iteration ergibt sich hieraus

$$\| f\, \Pi^n - g\, \Pi^n \| \leq \| f\, \Pi^{km} - g\, \Pi^{km} \| \leq 2(1-\delta)^m, \qquad (3.8)$$

also die Behauptung.

Im *zweiten Schritt* zeigen wir die Konvergenz in 1) gegen eine stationäre Verteilung.
Da $\{f;\ f \text{ Zähldichte auf } E\} \subset [0,1]^E$ eine kompakte Teilmenge von $[0,1]^E$ ist, existiert für die Folge $(f^\top \Pi^n)$ eine konvergente Teilfolge,
d. h., $\exists\, (n_k) \subset \mathbb{N}, n_k \longrightarrow \infty$ und $\exists$ Zähldichte ϱ auf E:

$$f^\top \Pi^{n_k} \longrightarrow \varrho^\top.$$

Nach (3.8), angewendet auf $f^\top$ und $g = f^\top \Pi$, folgt

$$\varrho^\top = \lim_k f^\top \Pi^{n_k} = \lim_k f^\top \Pi^{n_k+1} = \varrho^\top \Pi,$$

d. h., ϱ ist eine stationäre Verteilung und es gilt, da $p_{x,y}^{(k)} \geq \frac{\delta}{|E|}$,

$$\varrho(y) = \varrho^\top \Pi^k(y) \geq \frac{\delta}{|E|}, \quad \forall\, y \in E.$$

3.2 Markovketten

Wählen wir in (3.8) $g = \varrho$, dann folgt

$$f^\top \Pi^n \longrightarrow \varrho^\top, \qquad (3.9)$$

d. h. die Übergangswahrscheinlichkeiten konvergieren.
Zum Nachweis der **Eindeutigkeit** der stationären Verteilung sei f eine weitere stationäre Verteilung. Dann folgt aus der Konvergenz in (3.9)

$$f^\top \Pi^n(y) \longrightarrow \varrho_y, \quad \forall y \in E;$$

andererseits gilt aber wegen der Stationarität

$$f^\top \Pi^n = f^\top, \text{ also } f = \varrho.$$

3)   folgt aus 1), denn $p_{x,y}^{(n)} = P_x(X_n = y) \longrightarrow \varrho_y$, und daher folgt:

$$P_\nu^{X_n}(\{y\}) = \sum_{x \in E} P_x^{X_n}(\{y\}) \nu(x) \longrightarrow \varrho_y. \qquad \square$$

Bemerkung 3.2.22 (Konvergenzraten) *Nach (3.8) in obigem Beweis ist die Konvergenzgeschwindigkeit im Variationsabstand exponentiell. Insbesondere gibt es ein $\eta \in [0, 1)$ und ein $c > 0$, so dass*

$$|p_{x,y}^{(n)} - \varrho_y| \leq c\eta^n, \quad \forall x, y \in E, \forall n \in \mathbb{N}.$$

Die exponentiellen Konvergenzraten sind spezifisch für den endlichen Fall. Im abzählbar unendlichen Fall gibt es auch polynomielle Konvergenzraten. ⌟

Beispiel 3.2.23

a) Sei $\Pi = \begin{pmatrix} 0 & \frac{3}{4} & \frac{1}{4} \\ \frac{1}{2} & 0 & \frac{1}{2} \\ 1 & 0 & 0 \end{pmatrix}$. Man sieht am Graphen, dass $\Pi^4 > 0$. Also folgt nach Satz 3.2.21, dass $p_{i,j}^{(n)} \longrightarrow \varrho_j$, $\varrho_j > 0$, $\varrho_1 + \varrho_2 + \varrho_3 = 1$. Die Gleichung $\varrho^\top \Pi = \varrho^\top$ hat die eindeutige Lösung: $\varrho_1 = \frac{8}{19}$, $\varrho_2 = \frac{6}{19}$, $\varrho_3 = \frac{5}{19}$, mit $\varrho_1 + \varrho_2 + \varrho_3 = 1$, $\varrho_i \geq 0$. $\varrho = (\varrho_1, \varrho_2, \varrho_3)$ ist eine eindeutige stationäre Verteilung.

b) **Verlangsamte Markovkette.** Im Ehrenfest-Modell ist die Konvergenzbedingung aus Satz 3.2.21 nicht erfüllt, da Übergänge von i nach j nur in einer geraden (bzw. nur in einer ungeraden) Anzahl von Schritten möglich ist. Definiert man die verlangsamte Markovkette mit der Übergangsmatrix $\Pi_\varepsilon = (1-\varepsilon)\Pi + \varepsilon I$, $0 < \varepsilon < 1$, dann erfüllt diese die Konvergenzbedingung und konvergiert gegen die stationäre Verteilung $\varrho = \mathcal{B}(N, \frac{1}{2})$.

c) **Random Walk auf Graphen.** Sei G ein unorientierter, zusammenhängender Graph, $G = (V, E)$ mit Kantenmenge $E \subset V \times V$, und sei $d_i = \#$ Kanten in Knoten $i =:$ Grad i. Durch Splittung der Kanten in beide Richtungen erfolgt ein Übergang zu einem orientierten Graphen.
Durch

$$p_{i,j} = \begin{cases} \frac{1}{d_i}, & \forall\, j, \text{ die mit } i \text{ verbunden sind,} \\ 0, & \text{sonst,} \end{cases}$$

definieren wir die Übergangswahrscheinlichkeiten eines Random Walks X auf G. Annahme: $d_i > 0, \forall\, i$. Dann ist
$\varrho_i := \frac{d_i}{\sum_{j \in E} d_j}, i \in E$, eine stationäre Verteilung von X. Denn es ist:

$$\varrho_i\, p_{i,j} = \varrho_i \frac{1}{d_i} = \varrho_j \frac{1}{d_j} = \varrho_j\, p_{j,i}, \quad \text{d.h., } X \text{ ist reversibel.}$$

Also folgt nach Proposition 3.2.18: ϱ ist eine stationäre Verteilung von X, und daher gilt:

$$p_{i,j}^{(n)} \longrightarrow \varrho_j = \frac{d_j}{\sum_l d_l} \quad \text{falls } \exists\, k\,:\, p_{i,j}^{(k)} > 0, \forall\, i, j.$$

Diese Bedingung ist äquivalent zur Nichtperiodizität der Kette (vgl. Proposition 3.2.34). ◇

Unter der Voraussetzung von Satz 3.2.21 ist die Verteilung der ganzen Kette asymptotisch invariant unter Zeitverschiebungen.

Korollar 3.2.24 (Stationarität der Markovkette) *Unter der Voraussetzung von Satz* 3.2.21 *gilt für alle* $x \in E$

$$\sup\{|P_x((X_n, X_{n+1}, \ldots) \in A) - \overline{P}_\varrho(A)|;\ A \in \mathcal{A} := \bigotimes_{n=1}^{\infty} \mathcal{P}(E)\} \longrightarrow 0$$

mit $\overline{P}_\varrho(A) := P_\varrho((X_n, X_{n+1}, \ldots) \in A) = P_\varrho((X_1, X_2, \ldots) \in A)$, ϱ *die stationäre Verteilung von* (X_n).

Beweis Es ist

$$P_x((X_n, X_{n+1}, \ldots) \in A) = \sum_{y \in E} P_x((X_n, X_{n+1}, \ldots) \in A \mid X_n = y) P_x(X_n = y),$$

$$= \sum_{y \in E} P_y((X_1, X_2, \ldots) \in A) P_x(X_n = y), \quad y \in E.$$

Weiter ist

$$\overline{P}_\varrho(A) = P_\varrho((X_n, X_{n+1}, \ldots) \in A)$$
$$= \sum_{y \in E} \underbrace{P_\varrho((X_n, X_{n+1}, \ldots) \in A \mid X_n = y)}_{=P_\varrho((X_1,X_2,\ldots)\in A\mid X_1=y)=:\overline{P}_y(A)} \underbrace{P_\varrho(X_n = y)}_{\varrho_y}.$$

Somit ergibt sich nach Satz 3.2.21

$$|P_x((X_n, X_{n+1}, \ldots) \in A) - \overline{P}_\varrho(A)| = \left| \sum_{y \in E} [P_x(X_n = y) - \varrho_y] \underbrace{\overline{P}_y(A)}_{\leq 1} \right|$$
$$\leq \sum_{y \in E} |P_x(X_n = y) - \varrho_y| \longrightarrow 0. \qquad \square$$

Bemerkung 3.2.25 *Korollar 3.2.24 gilt auch für abzählbare Zustandsräume unter der Annahme, dass P^{X_n} im Variationsabstand gegen eine stationäre Verteilung ϱ konvergiert. Dasselbe gilt auch für die folgenden Sätze 3.2.26 und 3.2.28.* ⌐

Für irreduzible Markovketten gilt das folgende 0-1-Gesetz für terminale Ereignisse.

Satz 3.2.26 (0-1-Gesetz von Orey) *Unter den Voraussetzungen von Satz 3.2.21 gilt für alle A in der terminalen σ-Algebra $\tau_\infty = \bigcap_{n \geq 1} \sigma(\{X_m; m \geq n\})$ von X,*

$$P_x(A) = P_\varrho(A) \in \{0, 1\}, \quad \forall x \in E.$$

Beweis Ohne Einschränkung beschränken wir uns auf das kanonische Modell, $\Omega = E^{\mathbb{N}_0}$, X_i die Projektionen und $\overline{P}_\varrho = P_\varrho$. Zu $A \in \tau_\infty$ existiert für alle $n \in \mathbb{N}$ ein $B_n \in \mathcal{A}$, so dass

$$A = \{(X_n, X_{n+1}, \ldots) \in B_n\} = E^n \times B_n = E^{n+k} \times B_{n+k}, \quad \forall k \geq 0.$$

Daraus folgt $B_n = E^k \times B_{n+k}$, $\forall k \geq 0$, also $B_n \in \tau_\infty$.

Für ϱ stationär folgt: $P_\varrho(A) = P_\varrho(B_n)$. Das impliziert nach Korollar 3.2.24

$$|P_x(A) - P_\varrho(A)| = |P_x((X_n, X_{n+1}, \ldots) \in B_n) - P_\varrho(B_n)| \longrightarrow 0.$$

Daraus folgt: $P_\alpha(A) = P_\varrho(A)$, $\forall A \in \tau_\infty$, $\forall \alpha \in M^1(E)$.

Da $B_n \in \tau_\infty$, folgt: $P_x(B_n) = P_\varrho(B_n)$, $\forall n, x$. Für $x_n \in E$ gilt daher mit Verwendung der Markoveigenschaft:

$$\begin{aligned} P_\alpha(A) &= P_\varrho(A) = P_\varrho(B_n) = P_{x_n}(B_n) \\ &= P_\alpha((X_0, X_1, \ldots) \in B_n \mid X_0 = x_n) \\ &= P_\alpha((X_n, X_{n+1}, \ldots) \in B_n \mid X_n = x_n) \\ &= P_\alpha((X_n, X_{n+1}, \ldots) \in B_n \mid X_0 = x_0, \ldots, X_n = x_n) \\ &= P_\alpha(A \mid X_0 = x_0, \ldots, X_n = x_n). \end{aligned}$$

Daher sind A, $(X_0, \ldots, X_n)$ stochastisch unabhängig bzgl. P_α, $\forall n$ und damit sind A, $\sigma(X)$ stochastisch unabhängig bzgl P_α.

Da $A \in \sigma(X)$, folgt: A ist stochastisch unabhängig von A bzgl. P_α, also: $P_\alpha(A) \in \{0, 1\}$. □

Seien für $J = \{z\}$, $\tau_J := \tau_z = \inf\{n \geq 1; X_n = z\}$, $z \in E$ die Ersteintrittszeit in den Zustand z, E_x der Erwartungswert bzgl. P_x und $E_z \tau_z$ die erwartete Rückkehrzeit nach z. Die erwartete Rückkehrzeit hat einen engen Zusammenhang mit der stationären Verteilung. Der folgende Satz von Kac gilt für abzählbare Zustandsräume.

Satz 3.2.27 (Rückkehrsatz von Kac) *Sei E abzählbar und sei (X_n) eine Markovkette mit stationärer Verteilung ϱ, dann gilt:*

$$\varrho_x E_x \tau_x = P_\varrho(\tau_x < \infty).$$

Beweis Es gilt unter Verwendung der Markoveigenschaft und der Stationarität

$$\varrho_x E_x \tau_x = E_\varrho(\mathbb{1}_{\{X_0 = x\}} \tau_x) = E_\varrho\left(\mathbb{1}_{\{X_0 = x\}} \sum_{k \geq 0} \mathbb{1}_{\{\tau_x > k\}}\right)$$

$$= \sum_{k \geq 0} P_\varrho(X_0 = x, \tau_x > k) = \lim_{n \to \infty} \sum_{k=0}^{n-1} P_\varrho(X_0 = x, X_i \neq x, 1 \leq i \leq k)$$

$$= \lim_{n \to \infty} \sum_{k=0}^{n-1} P_\varrho(X_{n-k} = x, X_i \neq x, n - k + 1 \leq i \leq n)$$

Zeitverschiebung um $n - k$ Zeitpunkte

$$= \lim_{n \to \infty} P_\varrho(\tau_x \leq n) = P_\varrho(\tau_x < \infty). \qquad \square$$

Damit ergibt sich nun die folgende Identität für die stationäre Verteilung.

3.2 Markovketten

Satz 3.2.28 (Mittlere Rückkehrzeit) *Es gelten die Voraussetzungen von Satz 3.2.21. Dann gilt:*

$$\varrho_x = \frac{1}{E_x \tau_x}, \quad \forall\, x \in E,$$

d. h., die stationäre Verteilung ist 1/mittlere Rückkehrzeit.

Beweis Es ist zu zeigen: $P_\varrho(\tau_x < \infty) = 1, \forall\, x \in E$. Sei dazu $\varrho_x > 0$ für alle $x \in E$.
Nach dem Satz von Kac folgt: $E_x \tau_x \leq \frac{1}{\varrho_x} < \infty$ für alle $x \in E$.
Daraus folgt: $P_x(\tau_x < \infty) = 1$, d. h., die Rückkehrzeit ist fast sicher endlich.
Nach dem Rekurrenzsatz (vgl. Satz 3.3.3) folgt:

$$P_x(B_x = \infty) = 1 \quad \text{mit} \quad B_x := \sum_{n=1}^{\infty} \mathbb{1}_{\{X_n = x\}}$$

die Anzahl der Besuche in x. Daraus folgt nach Korollar 3.2.24

$$\begin{aligned} P_\varrho(\tau_x < \infty) &= P_\varrho(\exists k \geq 1;\ X_k = x) \\ &= \lim_{n \to \infty} P_x(\exists k \geq n;\ X_k = x) \geq P_x(B_x = \infty) = 1. \end{aligned} \qquad \square$$

Beispiel 3.2.29

a) **Erneuerungszeitpunkte.** Sei (ξ_i) eine i. i. d. Folge von Zufallsvariablen, welche die Lebensdauern eines technischen Gerätes (z. B. Glühbirne, Chip, Bestellzyklus in einem Warenlager) repräsentieren. ξ habe Werte in $\{1, \ldots, N\}$ und $P(\xi_1 = l) > 0$ für $1 \leq l \leq N$.
Definiere $T_k := \sum_{i=1}^{k} \xi_i$ den Zeitpunkt der k-ten **Erneuerung**, $T_0 := 0$.
Es stellt sich jetzt die Frage: Mit welcher Wahrscheinlichkeit ist der Zeitpunkt n ein Erneuerungszeitpunkt (für große n)?
Dazu betrachtet man das Alter des zum Zeitpunkt n benutzten Gerätes: $X_n := n - \max\{T_k, T_k \leq n\}$.
Die Folge dieser X_n bildet eine Markovkette auf $E = \{0, \ldots, N-1\}$ mit Übergangswahrscheinlichkeit

$$p_{x,y} = \begin{cases} P(\xi_1 > y \mid \xi_1 > x), & y = x+1 < N, \\ P(\xi_1 = x+1 \mid \xi_1 > x), & y = 0, \quad \text{d. h., es gibt eine Erneuerung.} \\ 0, & \text{sonst}, \end{cases}$$

Beginnend in einem Erneuerungszeitpunkt wächst der Prozess in jedem Zeitschritt um 1 bis zum Zeitpunkt der nächsten Erneuerung, in dem der Prozess dann wieder auf 0 fällt („**Kartenhausprozess**").

Also ist $p_{x,y} > 0$ für $y = x + 1 < N$ oder $y = 0$. Es folgt: $p_{x,y}^{(N)} > 0$, $\forall x, y$. Wir erhalten daher nach Satz 3.2.21

$$\lim_{n \to \infty} P(\text{„}n\text{"ist ein Erneuerungszeitpunkt})$$
$$= \lim_{n \to \infty} P \underbrace{\left(\exists k \geq 1, \ T_k = \sum_{i=1}^{k} \xi_i = n \right)}_{\text{d. h., } n \text{ ist Erneuerungszeitpunkt}}$$
$$= \lim_{n \to \infty} P_0(X_n = 0) = \varrho_0 = \frac{1}{E_0 \tau_0} = \frac{1}{E \xi_1}.$$

Die Wahrscheinlichkeit einer Erneuerung zum Zeitpunkt n ist asymptotisch reziprok zur mittleren Funktionsdauer des technischen Gerätes.

b) **Ehrenfest'sches Urnenmodell.** Die stationäre Verteilung für die Anzahl der Moleküle in Urne A im Ehrenfest'schen Urnenmodell ist die Binomialverteilung $\mathcal{B}(N, \frac{1}{2})$, also ist $\varrho_j = \binom{N}{j} 2^{-N}$. Nach Satz 3.2.28 ist daher die erwartete Rückkehrzeit gegeben durch $E_j \tau_j = \frac{1}{\varrho_j} = \frac{2^N}{\binom{N}{j}}$.

Für $N = 10^{23}$ ergibt sich für die erwartete Rückkehrzeit in den Zustand 0 (d. h., die linke Kammer ist leer) der beachtliche Wert

$$E \tau_0 = 2^{10^{23}}.$$

Zermelo hatte gegen das Ehrenfest'sche Urnenmodell eingewendet, dass es als Modell für den Wärmeaustausch nicht geeignet sei, weil es nach dem Poincaré'schen Wiederkehrsatz als dynamisches System in den Ausgangszustand zurückkehren müsste, im Widerspruch zum 1. Hauptsatz der Thermodynamik. Dieser Einwand führte dazu, dass das Ehrenfest'sche Modell für längere Zeit als nicht adäquat angesehen wurde.
Der Einwand von Zermelo gegen das Ehrenfest'sche Modell als Modell für den Temperaturaustausch ist aber nach obiger Überlegung in praktischer Hinsicht nicht relevant, d. h., eine Rückkehr in den Ausgangszustand ist in diesem Modell nicht beobachtbar. ◇

Zur Bedeutung der Voraussetzung $p_{i,j}^{(N)} > 0$ für alle i, j und ein N.
Die Bedeutung der Bedingung $p_{i,j}^{(N)} > 0$, $\forall i, j$, für ein $N \in \mathbb{N}$ ergibt sich aus der folgenden **Klassifikation von Markovketten.**

Definition 3.2.30 *Seien $i, j \in E$, dann definiere*

a) $i \overset{n}{\leadsto} j :\Leftrightarrow p_{i,j}^{(n)} > 0$.
b) $i \leadsto j :\Leftrightarrow \exists n \geq 1 : i \overset{n}{\leadsto} j$.
c) $i \leftrightsquigarrow j :\Leftrightarrow i \leadsto j$ *und* $j \leadsto i$, ***i kommuniziert mit j**.*

3.2 Markovketten

d) i heißt **wesentlich**: $\Leftrightarrow$ ($i \leadsto j \Rightarrow j \leadsto i$).
e) Für $i \in E$, $i \leadsto i$ sei $d_i := \mathrm{ggT}\{n \geq 1;\ i \overset{n}{\leadsto} i\}$ die Periode von i.
Ist $d_i = 1$, dann heißt i **aperiodisch**. Eine Kette heißt aperiodisch, wenn für alle $i \in E$ gilt: i ist aperiodisch.

Bemerkung 3.2.31
a) $\leadsto$ ist transitiv, d. h. $i \leadsto j$, $j \leadsto h \Rightarrow i \leadsto h$,
denn aus $p_{i,j}^{(n)} > 0$ und $p_{j,h}^{(m)} > 0$ folgt

$$p_{i,h}^{(n+m)} = \sum_k p_{i,k}^{(n)} p_{k,h}^{(m)} \geq p_{i,j}^{(n)} p_{j,h}^{(m)} > 0.$$

b) $i \leadsto j \Leftrightarrow \exists n$ und $\exists i_0 = i, i_1, \ldots, i_n = j : i_j \leadsto i_{j+1}$ für alle $0 \leq j \leq n-1$.
c) Im Allgemeinen ist $\leadsto$ nicht symmetrisch.

Kommunizierende Zustände haben dieselbe Periode.

Proposition 3.2.32 Aus $i \leftrightsquigarrow j$ folgt $d_i = d_j$.

Beweis Sei $j \overset{n}{\leadsto} j$ und sei $i \overset{k}{\leadsto} j$ und $j \overset{m}{\leadsto} i$, dann folgt:
$i \overset{k+m}{\leadsto} i$ und $i \overset{k+m+n}{\leadsto} i$. Daher gilt:
$d_i \mid k+m$ und $d_i \mid k+m+n$ und es folgt $d_i \mid n$.
Insbesondere gilt: $d_i \leq d_j$. Aus der Symmetrie folgt daher $d_i = d_j$. $\square$

Sei $C(i) := \{j \in E;\ i \leftrightsquigarrow j\}$ die Menge der **mit i kommunizierenden Zustände** oder auch die **Klasse von i**. Dann ist:

$$C(i) \neq \emptyset \Leftrightarrow i \leftrightsquigarrow i.$$

Es gilt nun das folgende zahlentheoretische Lemma.

Lemma 3.2.33 Seien $n_1, n_2, \ldots \in \mathbb{N}$ und sei $d = \mathrm{ggT}(n_1, n_2, \ldots)$. Dann existieren $K, L \in \mathbb{N}$, so dass für alle $l \geq L$, $c_k \in \mathbb{N}_0$ existieren mit

$$ld = \sum_{k=1}^{K} c_k n_k.$$

Beweis Es existiert ein $k \in \mathbb{N}$, so dass $d = \mathrm{ggT}(n_1, \ldots, n_k)$. Ohne Einschränkung sei $d = 1$.
Nach dem Hauptsatz über größte gemeinsame Teiler von Euklid existieren $a_1, \ldots, a_k \in \mathbb{Z}$, so dass

$$a_1 n_1 + \cdots + a_k n_k = 1.$$

Definiere $a := \max\{|a_1|, \ldots, |a_k|\}$ und $L := a n_1 (n_1 + \cdots + n_k)$.

Für $l \geq L$ folgt nach dem euklidischen Algorithmus die Existenz von $i \geq 0$ und $0 \leq r < n_1$, so dass:

$$l = an_1(n_1 + \cdots + n_k) + \underbrace{in_1 + r}_{=l-L} = L + in_1 + r(a_1 n_1 + \cdots + a_k n_k).$$

Für $i \geq 2$ ist $r|a_i| \leq n_1 |a_i| \leq n_1 a$, und
für $i = 1$ ist $an_1 + i + ra_1 \geq i > 0$, denn $n_1 > r, a > |a_1|$.
Wir haben also eine Darstellung der Form $l = \sum_{i=1}^{k} c_i n_i, c_i \geq 0$ erhalten. □

Als Folgerung ergibt sich eine Interpretation der Bedingung aus dem Konvergenzsatz als Irreduzibilitätsbedingung.

Proposition 3.2.34 *Sei $|E| < \infty$, dann gilt:*

$$\exists L \geq 1 : \; p_{i,j}^{(L)} > 0, \quad \forall i, j$$

⇔ a) $\exists$ *eine Klasse kommunizierender Zustände, d. h. $\forall i, j \in E$ gilt:*

$i \leftrightsquigarrow j$; *die Markovkette ist **irreduzibel**.*

b) *Die Markovkette ist aperiodisch, d. h. $d_i = 1, \forall i \in E$.*

Beweis „⇐" Zu $j \in E$ existiert nach Lemma 3.2.33 $N(j) \in \mathbb{N}$ so, dass $\forall l \geq N(j)$: $p_{j,j}^{(l)} > 0$. Weiter existieren für alle $i, j \in E, m_{i,j} \in \mathbb{N}$ mit $p_{i,j}^{(m_{i,j})} > 0$. Daher gilt für $l \geq L := \max_{i,j \in E} m_{i,j} + \max_{j \in E} N(j)$, dass $p_{i,j}^{(l)} \geq p_{i,j}^{(m_{i,j})} p_{j,j}^{(l-m_{i,j})} > 0$.
„⇒" a) Ist klar.
b) Aus $p_{i,j}^{(L)} > 0, \forall i, j \in E$ folgt:

$$i \overset{L}{\rightsquigarrow} i, \text{ und } \exists j \neq i: \; i \overset{1}{\rightsquigarrow} j, \text{ und } j \overset{L}{\rightsquigarrow} i.$$

Daraus folgt: $i \overset{L+1}{\rightsquigarrow} i$; also ist $d_i = 1$. □

Die Klassifizierung von nicht notwendig irreduziblen, homogenen Markovketten enthält der folgende Satz.

Satz 3.2.35 (Klassifikation homogener Markovketten) *Sei $|E| < \infty$, dann gilt:*

1) *Für alle $j \in C(i)$ existiert ein $r_j \in \mathbb{N}_0, 0 \leq r_j < d_i$, so dass: $i \overset{n}{\rightsquigarrow} j$ impliziert $n \equiv r_j \mod d_i$.*
2) *Zu $j \in C(i)$ existiert ein $N(j) \in \mathbb{N}$, so dass für alle $n \geq N(j)$ mit $n \equiv r_j \mod d_i$ gilt: $i \overset{n}{\rightsquigarrow} j$.*

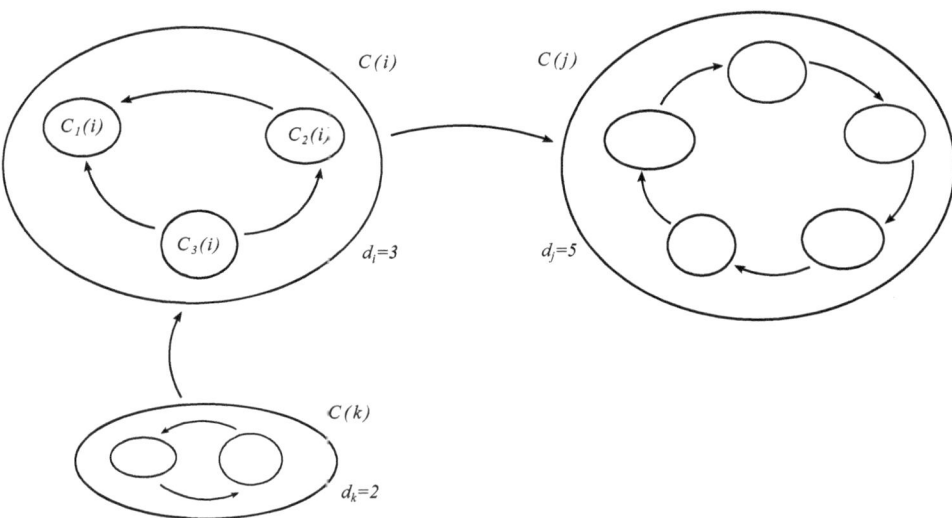

Abb. 3.1 Klassifikation der Dynamik

Beweis
1) Sei $j \in C(i) \Rightarrow \exists k: j \overset{k}{\leadsto} i$.
   Sei $m < n$ mit: $i \overset{m}{\leadsto} j$ und $i \overset{n}{\leadsto} j$, dann folgt: $i \overset{k+m}{\leadsto} i$ und $i \overset{k+n}{\leadsto} i$.
   Daher gilt: $d_i \mid (n-m)$,
   d. h., alle n mit $i \overset{n}{\leadsto} j$ liegen in derselben Restklasse $r_j \mod d_i$; also $n = l \cdot d_i + r_j$.
2) Zu $j \in C(i)$ existiert ein $s \in \mathbb{N}$ mit $i \overset{s}{\leadsto} j$.
   Nach 1) folgt: $\exists m \geq 0: s = m \cdot d_i + r_j$. Mit $d_i = \mathrm{ggT}(n_1, \ldots, n_K)$ sei $L = L(d_i)$,
   wie in Lemma 3.2.33 für d_i definiert, und sei $N(j) := Ld_i + \underbrace{r_j + m \cdot d_i}_{=s}$, so dass
   $l \cdot d_i = \sum_{j=1}^{K} c_j n_j$ für $l \geq L$.
   Für $n \geq N(j), n \equiv r_j \mod d_i$ existiert ein $l \geq L$ mit $n = r_j + m \cdot d_i + l \cdot d_i$. Daraus
   folgt $i \overset{ld_i}{\leadsto} i$, denn $ld_i = \sum_{k=1}^{K} c_k n_k$ mit $c_k \in \mathbb{N}$ und o. E. $c_k = 1$, sonst nehme man
   n_k mehrfach. Daher gilt:
   $$p_{i,i}^{(ld_i)} \geq \prod_{k=1}^{K} \underbrace{p_{i,i}^{(n_k)}}_{>0} > 0$$
   und somit ist $i \overset{n}{\leadsto} j$, da $i \overset{ld_i}{\leadsto} i \overset{s}{\leadsto} j$. □

Bemerkung 3.2.36 Für $0 \leq r < d_i$ definiere die Teilklasse der Zustände in $C(i)$ mit Restklasse r
$$C_r(i) := \{j \in C(i); \ r_j = r\}.$$

Sei $j \in C_r(i)$ und $j \leftrightsquigarrow k$ (also $k \in C(i)$).

Für $j \overset{1}{\rightsquigarrow} k$, d. h. $p_{j,k} > 0$, und $i \leftrightsquigarrow k$ gilt: $i \overset{ld_i+r_j}{\rightsquigarrow} j$ für $l \geq L$.

Daher folgt: $i \overset{ld_i+r_j+1}{\rightsquigarrow} k$ für $l \geq L$.

Hieraus ergibt sich: $r_k = r_j + 1 \mod d_i$,

d. h., die Klassen $C_r(i)$ werden zyklisch durchlaufen, solange die Klasse $C(i)$ nicht verlassen wird (vgl. Abb. 3.1). ⌟

3.3 Rekurrenz, Transienz und Erneuerungssatz

Gegenstand dieses Abschnitts ist die Beschreibung des Rekurrenzverhaltens von Markovketten auf abzählbaren Zustandsräumen, insbesondere auch eine Beschreibung der mittleren Rückkehrzeit. Die Untersuchung des Rekurrenzverhaltens besitzt nach dem Satz von Kac einen engen Zusammenhang mit der Existenz von stationären Verteilungen und führt weiter auf die Bestimmung des Erneuerungsverhaltens und auf Erneuerungstheoreme.

Im Folgenden sei $X = (X_n)$ eine homogene Markovkette mit abzählbarem Zustandsraum E und seien x, y, i, j Zustände in E.

Definition 3.3.1 (Besuchszeiten, Potentialmatrix)

a) *Für alle $x, y \in E$ sei*

$$f_{x,y}^{(n)} := P_x(\{\tau_y = n\}) = P_x(\{n \text{ ist erste Besuchszeit von } y\})$$
$$= P_x(\{X_1 \neq y, \ldots, X_{n-1} \neq y, X_n = y\}), \qquad f_{x,y}^{(0)} := 0, \quad y \neq x$$

und $\displaystyle f_{x,y}^* := \sum_{n=1}^{\infty} f_{x,y}^{(n)} = P_x(\{\tau_y < \infty\}).$

b) *Sei*

$$p_{x,y}^{(n)} := P_x(\{X_n = y\}) = E_x \mathbb{1}_{\{X_n=y\}}$$

und $\displaystyle p_{x,y}^* := \sum_{n=1}^{\infty} E_x \mathbb{1}_{\{X_n=y\}} = \sum_{n=1}^{\infty} p_{x,y}^{(n)}.$

$G := (p_{x,y}^*)$ *heißt* **Potentialmatrix** *der Markovkette.*

Bemerkung 3.3.2 *Mit $B_y := \sum_{n=1}^{\infty} \mathbb{1}_{\{X_n=y\}}$ der Anzahl der Besuche in y ist $p_{x,y}^* = E_x B_y$ die erwartete Anzahl der Besuche in y und $f_{x,y}^* = P(B_y \geq 1)$.* ⌟

Satz 3.3.3 (Rekurrenzsatz) *Für jedes $x \in E$ gelten folgende Alternativen*

a) *Entweder ist $f_{x,x}^* = 1$. Dann gilt: $P_x(\{B_x = \infty\}) = 1$ und $p_{x,x}^* = \infty$. Der Zustand x heißt in diesem Fall* **rekurrent**.

3.3 Rekurrenz, Transienz und Erneuerungssatz

b) *Oder es ist $f^*_{x,x} < 1$. Dann gilt: $P_x(\{B_x = \infty\}) = 0$, und $p^*_{x,x} = \left(1 - f^*_{x,x}\right)^{-1} < \infty$. In diesem Fall heißt x **transient**.*

Bemerkung 3.3.4 *Als Konsequenz aus dem Rekurrenzsatz ergibt sich:*
Ist $x \in E$ transient, dann folgt, dass $p^{(n)}_{x,x} \longrightarrow 0$. Weiter gilt:
x ist rekurrent $\Leftrightarrow p^*_{x,x} = \infty$. ⌐

Beweis Sei $\sigma := \sup\{n \geq 0;\ X_n = x\}$ die letzte Besuchszeit in x.
Dann gilt: $1 - P_x(B_x = \infty) = P_x(\sigma < \infty)$.
Für alle $n \geq 0$ folgt aus der Stationarität

$$P_x(\{\sigma = n\}) = P_x(\{X_n = x\}) \cdot P_x(\{X_i \neq x, \forall i \geq 1\}) = p^{(n)}_{x,x}(1 - f^*_{x,x}).$$

Hieraus folgt:

$$1 - P_x(\{B_x = \infty\}) = \sum_{n=1}^{\infty} P_x(\{\sigma = n\}) = p^*_{x,x}\left(1 - f^*_{x,x}\right). \tag{3.10}$$

Für $f^*_{x,x} = 1$ folgt, dass

$$1 = P_x(\{B_x = \infty\}) = P_x(\{X_n = x \text{ unendlich oft}\}) = P_x(\limsup\{X_n = x\}).$$

Nach Borel-Cantelli folgt:

$$p^*_{x,x} = \sum_{n=1}^{\infty} p^{(n)}_{x,x} = \sum_{n=1}^{\infty} P_x(\{X_n = x\}) = \infty,$$

und es ist $f^*_{x,x} = 1$.

Im Fall b) folgt aus (3.10) und $f^*_{x,x} < 1$, dass $p^*_{x,x} < \infty$. Mit Borel-Cantelli folgt: $P_x(\{B_x = \infty\}) = P_x(\limsup\{X_n = x\}) = 0$, und nach (3.10) gilt: $p^*_{x,x} = \left(1 - f^*_{x,x}\right)^{-1}$.
□

Beispiel 3.3.5 (Symmetrische Irrfahrt auf $\mathbb{Z}^d$) Sei (X_n) eine Markovkette in $\mathbb{Z}^d$, die zu jedem Zeitpunkt einen Übergang ± 1 unabhängig voneinander in allen Koordinaten auswählt, d. h.

$$p_{x,y} = \begin{cases} \frac{1}{2d}, & |y_i - x_i| = 1, \forall\, i, \\ 0, & \text{sonst.} \end{cases}$$

(X_n) heißt symmetrischer Random Walk in $\mathbb{Z}^d$. Wir nennen dieses Modell der Übergänge Modell I.

Ein alternatives Modell ist Modell II mit

$$p_{x,y} = \begin{cases} \frac{1}{2d}, & \text{falls } |x-y| = 1, \\ 0, & \text{sonst.} \end{cases}$$

Hier verändert sich in einem Übergangsschritt nur eine Komponente. ◇

Satz 3.3.6 (Rekurrenz und Transienz des symmetrischen Random Walks) *Ein symmetrischer Random Walk in $\mathbb{Z}^d$ nach Modell I oder II ist rekurrent genau dann, wenn $d \leq 2$ ist.*

Beweis Wir beweisen nur den Fall von Modell I. Da (X_n) homogen ist, gilt $f^*_{x,x} = f^*_{0,0}$, also reicht es, den Fall $x = 0$ zu betrachten. Es gilt wegen der Unabhängigkeit der Übergänge in den Komponenten:

$$p^{(2n)}_{0,0} = \left(\binom{2n}{n} 2^{-2n}\right)^d \sim \left(\frac{1}{\sqrt{\pi n}}\right)^d \quad \text{nach der Stirling-Formel.}$$

Daher gilt: $\sum_n p^{(2n)}_{0,0} \sim \frac{1}{\pi^{d/2}} \sum_n \frac{1}{n^{d/2}} \begin{cases} = \infty & \Leftrightarrow\ d = 1, 2, \\ < \infty & \Leftrightarrow\ d \geq 3. \end{cases}$

Also ist (X_n) rekurrent für $d = 1, 2$ und transient für $d \geq 3$. □

Das Rekurrenzresultat für symmetrische Irrfahrten auf $\mathbb{Z}^d$ geht auf Pólya zurück. Allgemeiner gilt das folgende Theorem von Chung und Fuchs auf $\mathbb{Z}$.

Satz 3.3.7 (Chung-Fuchs-Theorem für Rekurrenz) *Eine Irrfahrt $S_n = \sum_{i=1}^n X_i$, (X_i) eine i.i.d. Folge mit Werten in $\mathbb{Z}$ und $E|X_i| < \infty$, ist genau dann rekurrent, wenn $EX_i = 0$.*

Beispiel 3.3.8 Im Warteschlangenmodell bezeichne X_n die Anzahl der wartenden Kunden in der Warteschlange. Sei Z_n die Anzahl der ankommenden Kunden pro Zeiteinheit. Sei (Z_n) eine i.i.d. Folge und es werde pro Zeiteinheit ein Kunde bedient. Dann ist

$$X_n - X_{n-1} = \begin{cases} Z_n - 1, & X_{n-1} \geq 1, \\ Z_n, & X_{n-1} = 0. \end{cases}$$

Nach obigem Chung-Fuchs-Theorem gilt dann:

$$0 \text{ ist rekurrent} \quad \Leftrightarrow \quad EZ_n \leq 1. \qquad ◇$$

3.3 Rekurrenz, Transienz und Erneuerungssatz

Bemerkung 3.3.9 *Der Satz von Chung-Fuchs gilt auch für Irrfahrten (S_n) in $\mathbb{R}^1$. Hier bedeutet Rekurrenz, dass für jeden Startpunkt $x \in \mathbb{R}$ und jede ε-Umgebung U_ε von x die Irrfahrt nach U_ε zurückkehrt.* ⌐

Definition 3.3.10 *Ein rekurrenter Zustand $x \in E$ heißt **positiv rekurrent**, wenn $E_x \tau_x < \infty$. x heißt **null-rekurrent**, wenn $E_x \tau_x = \infty$.*

Die Endlichkeit der erwarteten Rückkehrzeit nach x liefert nun ein wichtiges Kriterium für die Existenz von stationären Verteilungen ϱ.

Satz 3.3.11 (Positive Rekurrenz und stationäre Verteilung) *Sei X eine homogene Markovkette mit abzählbarem Zustandsraum E. Dann gilt:*

1) *Ist $x \in E$ positiv rekurrent, dann existiert eine stationäre Verteilung ϱ so dass $\varrho_x = \frac{1}{E_x \tau_x} > 0$.*
2) *Ist ϱ eine stationäre Verteilung und $\varrho_x > 0$, dann ist x positiv rekurrent.*

Beweis
1) Sei x positiv rekurrent, also $E_x \tau_x < \infty$. Definiere

$$\beta(y) := \sum_{n \geq 1} P_x(\{X_n = y, n \leq \tau_x\}) = E_x \left(\sum_{n=1}^{\tau_x} \mathbb{1}_{\{X_n = y\}} \right), \quad \beta(x) := 0,$$

die erwartete Anzahl an Besuchen in y vor der Rückkehr nach x. Dann gilt für $y \neq x$:

$$\beta(y) = E_x \left(\sum_{n=1}^{\tau_x - 1} \mathbb{1}_{\{X_n = y\}} \right);$$

denn $\mathbb{1}_{\{X_{\tau_x} = y\}} = \delta_{x,y} = \mathbb{1}_{\{X_0 = y\}} [P_x]$. Damit gilt für $z \in E$

$$(\beta \Pi)(z) = \sum_{y \in E} \beta(y) p_{y,z} = \sum_{y \in E} \sum_{n \geq 0} P_x(\{\tau_x > n, X_n = y\}) p_{y,z}$$

$$= \sum_{n \geq 0} \sum_{y \in E} P_x(\{\underbrace{\tau_x > n}_{=\{\tau_x \geq n+1\}}, X_n = y, X_{n+1} = z\}) = \beta(z).$$

Es gilt

$$\sum_{y \in E} \beta(y) = E_x \sum_{n=1}^{\tau_x} \underbrace{\left(\sum_y \mathbb{1}_{\{X_n = y\}} \right)}_{=1} = E_x \tau_x.$$

Der normierte Vektor $\varrho := \frac{1}{E_x \tau_x} \beta$ ist eine stationäre Verteilung und es ist

$$\varrho_x = \frac{1}{E_x \tau_x} \beta(x) = \frac{1}{E_x \tau_x} > 0, \text{ da } \beta(x) = 1 \text{ nach Definition.}$$

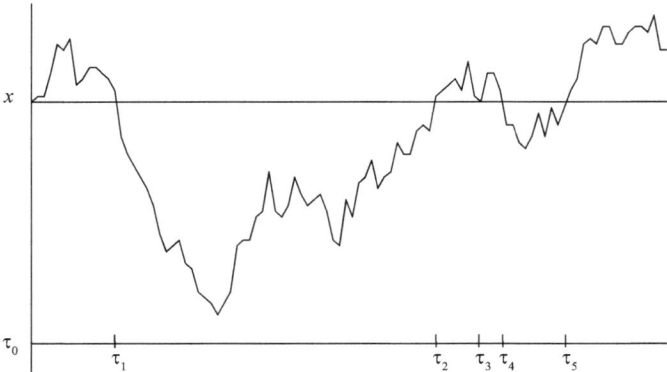

Abb. 3.2 Erneuerungsargument, Erneuerungszeitpunkte τ_j

2) Sei ϱ eine stationäre Verteilung, d. h. $\varrho^\top \Pi = \varrho^\top, \varrho_x > 0$.
Nach dem Satz von Kac folgt: $\varrho_x E_x \tau_x = P_\varrho(\tau_x < \infty)$. Daraus folgt:
$E_x \tau_x \leq \frac{1}{\varrho_x} < \infty$, d. h., x ist positiv rekurrent. □

Bestimmung der Limiten $p_{i,j}^{(n)}$ Im Fall j transient ist der Limes $\lim_n p_{i,j}^{(n)}$ gleich 0. Für den rekurrenten Fall erhalten wir den Limes der Übergangswahrscheinlichkeiten aus dem Erneuerungssatz. Die folgende Bemerkung führt in das Erneuerungsargument ein und behandelt einige Beispiele.

Bemerkung 3.3.12
a) **Erneuerungsargument für die Besuche in x.**
Sei (X_n) eine homogene Markovkette mit abzählbarem Zustandsraum E. Sei $\tau_0 = 0$, $\tau_k := \inf\{n > \tau_{k-1}; X_n = x\}$ der Zeitpunkt für den k-ten Besuch von x. Sei $L_k := \tau_k - \tau_{k-1}$; dann ist (L_k) eine unabhängige, identisch verteilte Folge von ganzzahligen Zufallsvariablen mit $L_k \sim \tau_x$ und $EL_k = E_x \tau_x$. Die Besuchszeitpunkte (τ_k) bilden Erneuerungszeitpunkte für die Markovkette (X_n), d. h., das stochastische Verhalten von $X_{\tau_k}, X_{\tau_k+1}, \ldots$ ist identisch zu dem von $X_0, X_1, \ldots$ (vgl. Abb. 3.2). Nach dem starken Gesetz großer Zahlen folgt

$$\frac{1}{E_x \tau_x} = \lim_{k \to \infty} \frac{k}{\sum_{j=1}^k L_j} = \lim_{k \to \infty} \frac{k}{\tau_k} = \lim_N \frac{1}{N} \sum_{n=1}^N \mathbb{1}_{\{X_n = x\}} [P],$$

denn für $\tau_k \leq N < \tau_{k+1}$ hat die Summe den Wert k und $\tau_{k+1}/\tau_k \longrightarrow 1\,[P]$.
Also ist $\frac{1}{E_x \tau_x}$ approximativ gleich der relativen Häufigkeit der Besuche in x. Ebenso ist $\frac{\beta(y)}{E_x \tau_x}$ approximativ gleich der relativen Häufigkeit der Besuche in y bei Start in x vor Rückkehr zu x. Eine Untersuchung des Erneuerungsverhaltens liefert die Information über die stationäre Verteilung.

3.3 Rekurrenz, Transienz und Erneuerungssatz

b) **Nullrekurrenz der symmetrischen Irrfahrt auf $\mathbb{Z}^d$, $d \leq 2$.**
Für die symmetrische Irrfahrt in $d \leq 2$ ist jeder Zustand x null-rekurrent. Denn sonst gäbe es eine stationäre Verteilung ϱ (mit $\varrho(x) = \varrho_x > 0$ und $\sum_y \varrho(y) = 1$).
In Modell II folgt: $\exists z \in \mathbb{Z}^d$ mit $\varrho(z) = m = \max_{y \in \mathbb{Z}^d} \varrho(y) > 0$, also

$$m = \varrho(z) = (\varrho^\top \Pi)(z) = \frac{1}{2d} \sum_{y:|y-z|=1} \varrho(y).$$

Daraus folgt: $\varrho(y) = m$ für alle y mit $|y - z| = 1$.
Induktiv folgt: $\varrho(y) = m$ für alle $y \in \mathbb{Z}^d$, ein Widerspruch. Das Argument in Modell I ist ähnlich.

c) **Warteschlangenmodell.** Sei Z_n die Anzahl neuer Kunden pro Zeiteinheit in einem Warteschlangenmodell, in dem pro Zeiteinheit ein Kunde bedient wird (vgl. Beispiel 3.3.8). Dann gilt:
Ist $EZ_n < 1$, dann ist 0 positiv rekurrent. Ist $EZ_n = 1$, dann ist 0 null-rekurrent, und ist $EZ_n > 1$, dann ist 0 transient, d. h. $f^*_{0,0} < 1$.

Die folgende elementare Beschreibung der Übergangswahrscheinlichkeiten $p_{i,j}^{(n)}$ mit Hilfe der $p_{j,j}^{(m)}$ führt im Anschluss auf die Erneuerungsgleichung.

Proposition 3.3.13 *Sei X eine homogene Markovkette und $i, j \in E$, dann ist für $n \geq 1$*

$$p_{i,j}^{(n)} = \sum_{m=1}^{n} f_{i,j}^{(m)} p_{j,j}^{(n-m)}.$$

Beweis Nach der Markoveigenschaft gilt:

$$p_{i,j}^{(n)} = \sum_{m=1}^{n} P_i(\{X_1 \neq j, \ldots, X_{m-1} \neq j, X_m = j, X_n = j\})$$

$$= \sum_{m=1}^{n} P_i(\{X_1 \neq j, \ldots X_m = j\}) P_i(\{X_n = j \mid X_m = j\})$$

$$= \sum_{m=1}^{n} f_{i,j}^{(m)} p_{j,j}^{(n-m)}. \qquad \square$$

Korollar 3.3.14 *Ist $j \in E$ transient, dann ist $p^*_{i,j} < \infty$ und $\lim_{n \to \infty} p_{i,j}^{(n)} = 0$.*

Beweis Nach Proposition 3.3.13 gilt

$$p^*_{i,j} = \sum_{n=1}^{\infty} \sum_{m=1}^{n} f^{(m)}_{i,j} p^{(n-m)}_{j,j}$$

$$= \sum_{m=1}^{\infty} \sum_{k=0}^{\infty} f^{(m)}_{i,j} p^{(k)}_{j,j} = f^*_{i,j}(1 + p^*_{j,j}) < \infty.$$

Da $\sum_n p^{(n)}_{i,j} < \infty$ folgt, dass $p^{(n)}_{i,j} \longrightarrow 0$. □

Sei nun j rekurrent. Definiere $u_n := p^{(n)}_{j,j}$, $f_m := f^{(m)}_{j,j}$.

Nach Proposition 3.3.13 ist (u_n) eine „**Erneuerungsfolge**", d. h., (u_n) löst die **Erneuerungsgleichung** zu (f_m):

$$\begin{cases} u_n = \sum_{m=1}^{n} f_m u_{n-m}, & n \geq 1, \\ u_0 = 1, u_n \geq 0. \end{cases} \qquad (3.11)$$

Ist j rekurrent, dann ist (f_m) eine Wahrscheinlichkeitsverteilung auf $\mathbb{N}$.

Bemerkung 3.3.15 (Interpretation beim Erneuerungsbeispiel) Sei (ξ_i) eine i. i. d. Folge in $\mathbb{N}$ und $S_k := \sum_{i=1}^{k} \xi_i$. Sind die ξ_i Lebensdauern von technischen Geräten, dann ist S_k der Zeitpunkt der k-ten Erneuerung. Sei

$$u_n := P\{\exists k \geq 0; \ \sum_{i=1}^{k} \xi_i = n\})$$

$$= P(\{\text{Zeitpunkt „}n\text{" ist Erneuerungszeitpunkt für } (S_k)\}).$$

Dann gilt:

$$u_n = \sum_{m=1}^{n} f_m u_{n-m}, \quad n \geq 1,$$

d. h., m ist erster Erneuerungszeitpunkt und $n - m$ ist ein Erneuerungszeitpunkt. ⌐

Sei nun allgemein $f = (f_n)$ eine Wahrscheinlichkeitsverteilung auf $\mathbb{N}$ und $u_n \geq 0$ eine Erneuerungsfolge wie in (3.11), d. h. eine Lösung der Erneuerungsgleichung. Definiere $d_u := \text{ggT}\{n \geq 1; u_n > 0\}$ sowie $d_f := \text{ggT}\{n \geq 1; f_n > 0\}$. Dann gilt:

$$d_u = d_f,$$

denn aus $f_m > 0$ folgt $u_m > 0$ und somit $d_u \mid d_f$.

Die Lebensdauern aller Geräte sind Vielfache von d_f, also sind Erneuerungen nur zu den Zeiten $k d_f$ möglich. Es folgt $d_f \mid d_u$ und damit $d_u = d_f$.

Der folgende elementare Erneuerungssatz beschreibt das asymptotische Verhalten von Erneuerungsfolgen.

3.3 Rekurrenz, Transienz und Erneuerungssatz

Satz 3.3.16 (Elementarer Erneuerungssatz) *Sei $f = (f_n) \in M^1(\mathbb{N})$, sei (u_n) eine zugehörige Erneuerungsfolge, d. h. Lösung von (3.11) und $\mu := \sum_{m=1}^{\infty} m f_m$. Ist $d_u = 1$, dann folgt:*

$$u_n \longrightarrow \frac{1}{\mu}.$$

Für den Beweis vgl. z. B. Krengel (2002, S. 219 ff.). Vergleiche auch Satz 3.4.8 für den reellen Fall.

Wir wenden den elementaren Erneuerungssatz auf die Bestimmung der Limiten der Übergangswahrscheinlichkeiten an. Sei $m_i := \sum_{n=1}^{\infty} n f_{i,i}^{(n)} = E_i \tau_i$ die erwartete Rückkehrzeit in den Zustand i.

Satz 3.3.17 (Konvergenz der Übergangswahrscheinlichkeiten) *Ist i rekurrent und $j \in C_r(i)$, so ist $p_{i,j}^{(n)} = 0$ für $n \not\equiv r \mod d_i$ und es gilt*

$$\lim_{n \to \infty} p_{i,j}^{(n d_i + r)} = \frac{d_i}{m_j}.$$

Beweis Für alle n, die nicht Vielfache von $d_j = d_i$ sind, ist $f_{j,j}^{(n)} = p_{j,j}^{(n)} = 0$.
Nach Proposition 3.3.13 gilt:

$$\underbrace{p_{j,j}^{n d_i}}_{=: u_n} = \sum_{m=1}^{n} \underbrace{f_{j,j}^{(m d_i)}}_{=: f_m} \underbrace{p_{j,j}^{((n-m) d_i)}}_{= u_{n-m}}.$$

Also erfüllen u_n, f_n die Erneuerungsgleichung mit $d_u = 1$.
Es gilt

$$\mu = \sum_m m f_{j,j}^{(m d_i)} = \frac{1}{d_i} \sum_m (m d_i) f_{j,j}^{(m d_i)} = \frac{1}{d_i} \sum_n n f_{j,j}^{(n)} = \frac{1}{d_i} m_j.$$

Nach dem elementaren Erneuerungssatz folgt nun: $p_{j,j}^{(n d_i)} \longrightarrow \frac{d_i}{m_j}$.
Als Folgerung aus Proposition 3.3.13 erhalten wir

$$p_{i,j}^{(n d_i + r)} = \sum_{m=0}^{n} f_{i,j}^{(m d_i + r)} p_{j,j}^{((n-m) d_i)}.$$

Da $\sum_m f_{i,j}^{(m d_i + r)} = 1$, folgt aus dem Césaro-Lemma: $p_{i,j}^{(n d_i + r)} \longrightarrow \frac{d_i}{m_j}$. □

Wir erhalten also als Konsequenz des elementaren Erneuerungssatzes eine Konvergenzaussage für die Übergangswahrscheinlichkeiten für endliche Zustandsräume ohne die Annahme der Irreduzibilität.

Bemerkung 3.3.18

a) **Coupling-Methode.** Im irreduziblen, positiv rekurrenten Fall zeigen die vorangehenden Aussagen die Existenz von stationären Verteilungen, deren Zusammenhang mit erwarteten Rückkehrzeiten und die Identität mit den Limiten der Übergangswahrscheinlichkeiten $p_{i,j}^{(n)}$.

Von Doeblin (ca. 1935) wurden für abzählbare Zustandsräume E Aussagen dieses Typs mit der Coupling-Methode gezeigt. Es bezeichne $\|\ \|_{\sup}$ die Supremumsmetrik auf $M^1(E) = M^1(E, \mathcal{A})$.

Satz 3.3.19 *Sei X eine irreduzible, positiv rekurrente Markovkette auf E mit invarianter Verteilung ϱ. Dann sind äquivalent:*

1) *X ist aperiodisch,*
2) *$\|P_x^{X_n} - \varrho\|_{\sup} \longrightarrow 0$, für alle $x \in E$,*
3) *$\|P_x^{X_n} - \varrho\|_{\sup} \longrightarrow 0$, es existiert ein $x \in E$,*
4) *$\|P_\mu^{X_n} - \varrho\|_{\sup} \longrightarrow 0$, für alle $\mu \in M^1(E)$.*

Beweisidee Kern der Coupling-Methode ist das folgende Coupling-Argument. Zu einer Übergangsmatrix Π und zu $x, y \in E$ existiert ein erfolgreiches Coupling, d. h. zwei Markovketten X, Y mit Übergangswahrscheinlichkeitsmatrix Π und Start in x bzw. y, so dass

$$\tau := \inf\{n \in \mathbb{N} \mid X_n = Y_n\} < \infty\ [P].$$

Die Konstruktion eines solchen Couplings ist der zentrale Schritt des Beweises. Nach dem Zeitpunkt τ verhalten sich beide Ketten gleich. Daher folgt:

$$\|P^{X_n} - P^{Y_n}\|_{\sup} \leq P(\{\tau > n\}) \longrightarrow 0.$$

Sei nun (X_n) eine Markovkette mit Übergangsmatrix Π und mit Start in x und sei (Y_n) eine Markovkette mit derselben Übergangsmatrix Π und mit Start in der stationären Verteilung ϱ. Dann folgt aus obigem Coupling-Resultat leicht, dass auch ein erfolgreiches Coupling von Markovketten (X_n) und (Y_n) bei Start in x bzw. in ϱ existiert. Daraus folgt, dass $\|P_x^{X_n} - P_\varrho^{Y_n}\|_{\sup} \longrightarrow 0$.

Wegen $P_\varrho^{Y_n} = \varrho, \forall n \in \mathbb{N}$ folgt die Behauptung. (Für Details des Arguments vgl. z. B. Klenke (2014, Kap. 18.2).)

b) **Ergodensatz.** Für positiv rekurrente, aperiodische Zustände $y \in E$ gilt nach den Sätzen 3.2.28 und 3.3.19

$$p_{y,y}^{(n)} \longrightarrow \frac{1}{m_y} \quad \text{und} \quad p_{x,y}^{(m)} \longrightarrow \frac{1}{m_y} f_{x,y}.$$

Ohne Annahme der Aperiodizität gilt der folgende Ergodensatz, eine Version des starken Gesetzes großer Zahlen. Wegen der detaillierten Behandlung des allgemeinen Ergodensatzes für stationäre Prozesse in Abschn. 3.5 verzichten wir auf den Beweis dieses Satzes für homogene Markovketten.

Satz 3.3.20 (Ergodensatz) *Ist (X_n) eine positiv rekurrente, irreduzible Markovkette auf E mit stationärer Verteilung ϱ und gilt $\sum_{i \in E} |f(i)|\varrho(i) < \infty$, dann gilt für $\mu \in M^1(E)$:*

$$\frac{1}{N} \sum_{k=1}^{N} f(X_k) \longrightarrow \sum_{i \in E} f(i)\varrho(i) \, [P_\mu].$$

3.4 Erneuerungsprozesse

Seien (X_n) i.i.d., reelle Zufallsvariablen, $X_i \geq 0\,[P]$, $0 < EX_i = \mu < \infty$ und sei $S_n := \sum_{i=1}^{n} X_i$, $S_0 := 0$. S_n beschreibt den Zeitpunkt des n-ten Ereignisses in einer Ereignisfolge wie z. B. Lebensdauern von Maschinen, Servicezeiten für Reparaturen oder Wartezeiten auf Schadensfälle. Die Folge (S_n) heißt Erneuerungsfolge (vgl. Bemerkung 3.3.15). Sei

$$N_t := \max\{n \geq 0; \; S_n \leq t\}$$

die Anzahl der **Erneuerungen bis zur Zeit** t. Der stochastische Prozess $(N_t)_{t \geq 0}$ heißt **Erneuerungsprozess**. Im Unterschied zu Abschn. 3.3 betrachten wir in diesem Abschnitt Folgen reeller Zufallsvariablen.

Mit der Beziehung

$$\{N_t < k\} = \{S_k > t\} \tag{3.12}$$

folgt, dass N_t messbar ist. N_t ist ein **Sprungprozess** mit ganzzahligen Sprüngen.

Lemma 3.4.1 *Für $t \to \infty$ konvergiert N_t f.s. gegen ∞, d.h. $N_t \longrightarrow \infty\,[P]$.*

Beweis N_t ist monoton wachsend, $N_t \uparrow_t$.

Angenommen, es existiert $K \in \mathbb{N}$, so dass $P(\sup_{t>0} N_t < K) > 0$. Dann folgt für $t_n \uparrow \infty$ aus (3.12):

$$0 < P(\lim_n \{N_{t_n} < K\}) = \lim_n P(N_{t_n} < K) = \lim_{n \to \infty} P(S_K > t_n) = 0. \qquad \square$$

Der Erneuerungssatz gibt an, wie viele Erneuerungen asymptotisch zu erwarten sind.

Satz 3.4.2 (Erneuerungssatz) *Für $t \to \infty$ gilt*

$$\frac{N_t}{t} \longrightarrow \frac{1}{\mu} \, [P].$$

Beweis Nach dem Kolmogorov'schen starken Gesetz großer Zahlen gilt

$$\frac{S_n}{n} \longrightarrow \mu \, [P].$$

Da $\{N_t = n\} = \{S_n \leq t < S_{n+1}\}$, folgt $S_{N_t} \leq t < S_{N_t+1}$.

Sind (S_n) Zufallsvariablen und ist $N: \Omega \longrightarrow \mathbb{N}$ eine Zufallsvariable, dann ist auch $S_N := \sum 1_{\{N=k\}} S_k$ eine Zufallsvariable. Also ist S_{N_t} eine Zufallsvariable und es gilt:

$$\frac{S_{N_t}}{N_t} \leq \frac{t}{N_t} < \frac{S_{N_t+1}}{N_t+1} \cdot \frac{N_t+1}{N_t}.$$

Nach Lemma 3.4.1 gilt $N_t(\omega) \uparrow \infty \ [P]$ und $\frac{S_n(\omega)}{n} \longrightarrow \mu \ [P]$. Daraus folgt

$$\mu = \lim_{t \to \infty} \frac{S_{N_t(\omega)}(\omega)}{N_t(\omega)} \leq \liminf_{t \to \infty} \frac{t}{N_t(\omega)} \leq \limsup_{t \to \infty} \frac{t}{N_t(\omega)} \leq \mu \ [P];$$

also folgt die Gleichheit. □

Definition 3.4.3 *Die erwartete Anzahl der Erneuerungen $M(t) := EN_t$ heißt* **Erneuerungsfunktion**.

Lemma 3.4.4 *Sei $F_n(x) := P(S_n \leq x)$ für $n \in \mathbb{N}$ und $P(X_1 = 0) < 1$. Dann ist*

a) $M(t) = \sum_{n=1}^{\infty} F_n(t)$.
b) *Für alle $t > 0$ ist $M(t) < \infty$.*

Beweis
a) Aus Beziehung (3.12) folgt

$$M(t) = EN_t = \sum_{n=1}^{\infty} P(N_t \geq n) = \sum_{n=1}^{\infty} P(S_n \leq t) = \sum_{n=1}^{\infty} F_n(t).$$

b) Für $t > 0$, $1 < m \leq n-1$ gilt:

$$F_n(t) = P(S_n \leq t) = P^{S_{n-m}} * P^{S_m}((-\infty, t])$$

$$= P^{S_{n-m}} * P^{S_m}([0, t]) = \int_0^t F_{n-m}(t-y) \, dP^{S_m}(y)$$

$$\leq F_{n-m}(t) F_m(t).$$

Daraus folgt für alle $l, m, n \in \mathbb{N}$ mit $0 \leq n < m - 1$

$$F_{lm+n}(t) \leq F_m(t) F_{(l-1)m+n}(t) \leq (F_m(t))^l F_n(t). \tag{3.13}$$

Nach Voraussetzung ist $P(X_i = 0) = F_1(0) < 1$; also existiert ein $x_0 > 0$ mit $F_1(x_0) < 1$.
Mit Induktion folgt: Für alle $t > 0$ existiert ein $m \in \mathbb{N}$, $m = m(t)$, so dass $F_m(t) < 1$ (z. B. $t < m x_0$). Nach (3.13) und a) folgt daher:

$$M(t) = \sum_{k=1}^{\infty} F_k(t) \leq \sum_{n=0}^{m-1} \sum_{l=0}^{\infty} (F_m(t))^l F_n(t) = \left(\sum_{n=0}^{m-1} F_n(t) \right) \frac{1}{1 - F_m(t)} < \infty. \quad \square$$

3.4 Erneuerungsprozesse

Beispiel 3.4.5 (Poisson-Prozess) *Der Poisson-Prozess ist ein Erneuerungsprozess mit $X_i \sim \mathcal{E}(\lambda)$, die Exponentialverteilung mit Parameter λ. Es ist $f_{X_i}(x) = \lambda e^{-\lambda x}$ für $x \geq 0$ und $P(X_i \leq x) = 1 - e^{-\lambda x}$. Es ist $\mathcal{E}(\lambda) = \Gamma(\lambda, 1)$ und daher ist $S_n \sim \Gamma(\lambda, n)$ eine Gamma-Verteilung mit Dichte*

$$f_{S_n}(x) = \frac{1}{\Gamma(n)} \lambda^n x^{n-1} e^{-\lambda x}, \quad x > 0.$$

Für die Gammafunktion $\Gamma(t) = \int_0^\infty x^{t-1} e^{-x} dx$ gilt: $\Gamma(n) = (n-1)!$; damit erhalten wir die Erneuerungsfunktion

$$M(t) = EN_t = \sum_{n=1}^\infty P(N_t \geq n) = \sum_{n=1}^\infty P(S_n \leq t)$$

$$= \sum_{n=1}^\infty F_n(t) = \sum_{n=1}^\infty \int_0^t \frac{\lambda(\lambda s)^{n-1} e^{-\lambda s}}{(n-1)!} ds$$

$$= \int_0^t \lambda \, ds = \lambda t;$$

die erwartete Zahl an Erneuerungen in $[0, t]$ ist λt. Dies ist auch intuitiv klar, da $EX_1 = \frac{1}{\lambda}$. Die erwartete Anzahl an Erneuerungen in dem Intervall $[t, t+h]$ ist $M(t+h) - M(t) = \lambda h$. ◇

Es gilt nun für einen Erneuerungsprozess ein Analogon der diskreten Erneuerungsgleichung in (3.11) in stetiger Zeit.

Proposition 3.4.6 (Erneuerungsgleichung) *Sei $F = F_1 = F_{X_1}$ Verteilungsfunktion von X_1. Dann gilt:*
*Die Erneuerungsfunktion $M(t)$ ist Lösung der **Erneuerungsgleichung**:*

$$M(t) = F_1(t) + \int_0^\infty M(t-y) \, dP^{X_1}(y). \tag{3.14}$$

Beweis Es ist
$$M(t) = \sum_{r=1}^\infty F_n(t) = F_1(t) + \sum_{n=2}^\infty F_n(t)$$

$$= F_1(t) + \int_0^\infty \sum_{n=2}^\infty F_{n-1}(t-y) \, dP^{X_1}(y)$$

$$= F_1(t) + \int_0^\infty M(t-y) \, dP^{X_1}(y). \quad \square$$

M ist sogar eine eindeutige Lösung von (3.14) unter den auf endlichen Intervallen beschränkten Lösungen. Das folgt aus dem folgenden Satz zu der **allgemeinen Erneuerungsgleichung** der Form

$$m(t) = H(t) + \int_0^t m(t-x)\,dF(x). \qquad (3.15)$$

Sei H beschränkt auf $[0,t]$ für alle t ($\Leftrightarrow$: H ist lokal beschränkt).

Satz 3.4.7 (Allgemeine Erneuerungsgleichung)
Die Funktion

$$m(t) := H(t) + \int_0^t H(t-x)\,dM(x)$$

ist eine Lösung der Erneuerungsgleichung (3.15).

Ist H lokal beschränkt, dann ist m lokal beschränkt und m ist eine eindeutige, lokal beschränkte Lösung von (3.15).

Beweis Lösung: Nach Proposition 3.4.6 gilt: $M = F + M * F$. Daher folgt

$$m = H + H * M = H + H * (F + M * F)$$
$$= H + (H + H * M) * F = H + m * F.$$

Eindeutigkeit: Sei m_1 eine weitere Lösung von (3.15) und setze $h := m - m_1$, dann folgt:

$$h(t) = \int_0^t h(t-y)\,dF(y) = h * F(t) = F * h(t).$$

Dann folgt durch iterative Anwendung:

$$h(t) = F^{(n)} * h(t) = F_{S_n} * h(t).$$

Aus $F^{(n)}(t) \xrightarrow[n \to \infty]{} 0$ folgt mit majorisierter Konvergenz $h(t) = 0$. $\square$

Die Erneuerungsgleichung bestimmt also M eindeutig, wenn M lokal beschränkt ist.

Satz 3.4.8 (Elementarer Erneuerungssatz) *Es gilt:*

$$\frac{M(t)}{t} \xrightarrow[t \to \infty]{} \frac{1}{\mu}.$$

3.4 Erneuerungsprozesse

Beweis Nach Satz 3.4.2 gilt: $\frac{N_t}{t} \longrightarrow \frac{1}{\mu}\,[P]$; zu zeigen ist, dass auch die Erwartungswerte konvergieren.

Es existiert ein $\lambda > 0$ mit $\vartheta := P(X_n \geq \lambda) > 0$. Sei $X_n' := \begin{cases} \lambda, & X_n \geq \lambda, \\ 0, & \text{sonst}; \end{cases}$ dann ist

$X_n' \leq X_n$ und (X_n') ist eine i. i. d. Folge.
Sei $S_n' := \sum_{k=1}^n X_k'$ und o. E. sei $\lambda = 1$, da $\frac{X_n'}{\lambda} \sim \mathcal{B}(1, \vartheta)$.
Betrachte den zugehörigen Erneuerungsprozess: $N_t' := \max\{k;\ S_k' \leq t\}$. N_t' ist eine negativ binomialverteilte Zufallsvariable. Es ergibt sich mit Hilfe des zweiten Moments der negativen Binomialverteilung

$$E\left(\frac{N_t}{t}\right)^2 \leq E\left(\frac{N_t'}{t}\right)^2 = O(1), \quad \text{für } t \longrightarrow \infty.$$

Da $\limsup E\left(\frac{N_t}{t}\right)^2 < \infty$, ist $\left(\frac{N_t}{t}\right)$ gleichgradig integrierbar.
Aus der gleichgradigen Integrierbarkeit und der stochastischen Konvergenz $\frac{N_t}{t} \xrightarrow[P]{} \frac{1}{\mu}$ folgt die L^1-Konvergenz und daraus die Behauptung. □

Am Ende dieses Abschnitts geben wir noch zwei Resultate für die Asymptotik zweiter Ordnung.

Satz 3.4.9
1) **Erneuerungstheorem zweiter Ordnung.** Ist X_1 nicht arithmetisch, d. h., es existiert kein λ, so dass $P^{X_1}(\lambda \mathbb{Z}) = 1$, dann gilt für alle $h > 0$

$$M(t+h) - M(t) \xrightarrow{t \to \infty} \frac{h}{\mu}. \qquad (3.16)$$

Ist X_1 arithmetisch, dann gilt (3.16) für $h \in \lambda \mathbb{N}$.

2) **Limes-Verteilung.** Ist $0 < \sigma^2 = \operatorname{Var} X_1 < \infty$, und ist $\widetilde{N}_t := \left(t\frac{\sigma^2}{\mu^3}\right)^{-\frac{1}{2}}(N_t - \frac{t}{\mu})$, dann gilt

$$F_{\widetilde{N}_t}(x) \xrightarrow[t \to \infty]{} F_{N(0,1)}(x), \quad \forall x \in \mathbb{R}^1, \qquad (3.17)$$

d. h., die Verteilungsfunktionen konvergieren punktweise.

$N_t - \frac{t}{\mu}$ ist für $t \to \infty$ also approximativ normalverteilt. Dieses Resultat beschreibt dann auch approximativ die Größenordnung des Fehlers. Aus (3.17) erhält man mit der gleichgradigen Integrierbarkeit auch die Asymptotik der zweiten Momente.

3.5 Stationäre Prozesse und Ergodensatz

Der Ergodensatz ist eine Version des starken Gesetzes großer Zahlen für stationäre Prozesse. Er geht zurück auf Arbeiten von Birkhoff (1931) und v. Neumann (1932) und war wesentlich motiviert durch Fragestellungen der statistischen Mechanik.

Definition 3.5.1 (Stationärer Prozess) *Sei* $(\Omega, \mathcal{A}, P)$ *ein Wahrscheinlichkeitsraum und seien* $X_n : (\Omega, \mathcal{A}) \to (\mathcal{X}, \mathcal{B}), n \in I, I = \mathbb{N}, \mathbb{N}_0$ *oder* $\mathbb{Z}$.

$$X = (X_n)_{n \in I} \text{ heißt } \textbf{stationärer Prozess}$$
$$:\Leftrightarrow P^{(X_n, X_{n+1}, \ldots, X_{n+m})} = P^{(X_{n+1}, X_{n+2}, \ldots, X_{n+m+1})}, \quad \forall n \in I, m \geq 0$$
$$:\Leftrightarrow P^X = P^{S \circ X} \text{ mit der } \textbf{Shift-Abbildung}$$
$$S : \mathcal{X}^I \longrightarrow \mathcal{X}^I, \quad S(x) = (x_{n+1})_n.$$

Stationäre Prozesse verallgemeinern i. i. d. Folgen.

Beispiel 3.5.2 (i. i. d. Folgen und „moving average"-Prozesse) Sei $(X_n)_{n \in I}$ eine i. i. d. Folge, dann gilt

$$P^{(X_n, X_{n+1}, \ldots, X_{n+m})} = \bigotimes_{i=n}^{m+n} P^{X_i} = \bigotimes_{i=n+1}^{n+m+1} P^{X_i} = P^{(X_{n+1}, \ldots, X_{n+m+1})},$$

d. h., X ist ein stationärer Prozess.

Ist $\varphi : \mathcal{X}^\infty \longrightarrow Y$ eine messbare Abbildung und $Y_n := \varphi(X_n, X_{n+1}, \ldots), n \in I$, dann ist $Y = (Y_n)$ ein stationärer Prozess. Das Argument ist ähnlich zu dem obigen. Typische Beispiele sind endliche oder unendliche **„moving average"**-(MA-)Prozesse der Form

$$Y_n := \sum_{k=0}^{K} c_k X_{n+k}, \quad K \leq \infty, I = \mathbb{N}, \qquad \text{(einseitiger MA)}$$
$$\text{oder} \quad Y_n := \sum_{k=0}^{K} c_k X_{n-k}, \quad K \leq \infty, I = \mathbb{Z}, n \in I, \qquad \text{(einseitiger MA)}$$
$$\text{oder} \quad Y_n = \sum_{k \in \mathbb{Z}} c_k X_{n-k}, \quad I = \mathbb{Z} \qquad \text{(zweiseitiger MA)}.$$

Diese bilden eine reichhaltige Klasse von stationären Prozessen. ◇

Es besteht ein enger Zusammenhang zwischen stationären Prozessen und maßerhaltenden Transformationen von Maßräumen und den von ihnen erzeugten dynamischen Systemen. Dieser Zusammenhang wird im Folgenden erläutert.

3.5 Stationäre Prozesse und Ergodensatz

Definition 3.5.3 (Maßerhaltende Transformation, Ergodizität)
Sei $(\Omega, \mathcal{A}, \mu)$ ein σ-endlicher Maßraum und sei $T : (\Omega, \mathcal{A}) \longrightarrow (\Omega, \mathcal{A})$, dann heißt

a) T **maßerhaltend**, wenn $\mu^T = \mu$.
b) $A \in \mathcal{A}$ heißt **T-invariant**, wenn $T^{-1}(A) = A$.
   Sei $\mathcal{I} := \{A \in \mathcal{A} \mid A \ T\text{-invariant}\} = \mathcal{I}_T$ die σ-Algebra der T-invarianten Mengen.
c) T heißt **ergodisch**, wenn für alle $A \in \mathcal{I}$ gilt, $\mu(A) = 0$ oder $\mu(A^c) = 0$,
   d. h., es gibt nur triviale invariante Mengen.

Bemerkung 3.5.4
a) Sei T maßerhaltend auf $(\Omega, \mathcal{A}, \mu)$, dann heißt $(\Omega, \mathcal{A}, \mu, T)$ ein **maßerhaltendes dynamisches System**.
b) 1) Eine messbare Abbildung $f : (\Omega, \mathcal{A}) \longrightarrow (\mathbb{R}^1, \mathcal{B}^1)$ ist $\mathcal{I}$-messbar genau dann, wenn $f = f \circ T$.
   2) T ist ergodisch genau dann, wenn jede (beschränkte) $\mathcal{I}$-messbare Funktion $f : \Omega \longrightarrow \mathbb{R}^1$ μ-f. s. konstant ist.
   Zum Beweis sei o. E. μ ein Wahrscheinlichkeitsmaß. Dann folgt mit $\mu(\{f \leq x\}) \in \{0, 1\}, \forall x$ die Behauptung (vgl. Abschn. 2.4 über 0-1-Gesetze).
   3) $A \in \mathcal{A}$ heißt f. s. T-invariant genau dann, wenn $\mu(A \triangle T^{-1}A) = 0$.
   Es gilt: Ist A f. s. T-invariant, dann existiert $B \in \mathcal{I}$ mit $\mu(A \triangle B) = 0$.

   Beweis Definiere $\overline{A} := \bigcup_{n=0}^{\infty} T^{-n}A$, $T^0 A := A$, die Menge der Punkte, die irgendwann A bei iterierter Anwendung von T besuchen.
   Da $T^{-n}A = A\,[\mu]$, folgt $\overline{A} = A\,[\mu]$.
   Es ist: $T^{-1}(\overline{A}) = \bigcup_{n=1}^{\infty} T^{-n}A \subset \overline{A}$. Also ist $T^{-n}\overline{A}$ antiton in n.
   Definiere: $B := \bigcap_{n=0}^{\infty} T^{-n}\overline{A} = \lim_{n\to\infty} T^{-n}\overline{A}$.
   Dann gilt: $T^{-1}B = \lim_{n \to \infty} T^{-(n+1)}\overline{A} = B$ und $\mu(A \triangle B) = 0$. □

Beispiel 3.5.5
a) In $(\Omega, \mathcal{A}, \mu) = (\mathbb{R}^k, \mathcal{B}^k, \lambda^k)$ sind Translationen, Rotationen um eine Achse und Spiegelungen maßerhaltend. Sie sind nicht ergodisch.
b) Sei $\Omega = [0, 1)^2$, $\mathcal{A} = [0, 1)^2 \cap \mathcal{B}^2$. Zu $\mu = \lambda^2\big|_{[0,1)^2}$, $a > 0$ sei
$$T_a(x, y) = ((x + a) \mod 1, (y + a) \mod 1).$$

T_a ist maßerhaltend, aber nicht ergodisch (vgl. Abb. 3.3).
c) Sei $(\Omega, \mathcal{A}, P) = (\mathcal{X}, \mathcal{B}, Q)^{(\infty)}$ und sei Q ein Wahrscheinlichkeitsmaß auf $(\mathcal{X}, \mathcal{B})$.
Weiter sei $S : (\Omega, \mathcal{A}) \longrightarrow (\Omega, \mathcal{A})$, $(x_n) \longrightarrow (x_{n+1})$ der **Shift auf $\mathcal{X}^\infty$**.

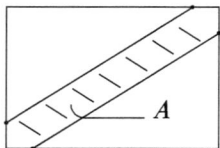

Abb. 3.3 A ist invariant für T_a

Dann gilt: S ist maßerhaltend und ergodisch.
Denn für $A \in \mathcal{I}$ folgt: $A \in \tau_\infty$. A ist Element der terminalen σ-Algebra. Daher gilt nach dem 0-1-Gesetz von Kolmogorov: $P(A) \in \{0, 1\}$.

d) Sei $\Omega = [0, 1)$, $P = \lambda^1_{[0,1)}$ und sei $\vartheta \in \mathbb{R} \setminus \mathbb{Q}$ irrational, $\vartheta > 0$.
Sei $Tx = (x + \vartheta) \mod 1$, die Translation um $\vartheta \mod 1$.

Behauptung T ist ergodisch.

Beweis Sei $f \in L^2(\lambda^1_{[0,1)})$; dann hat f eine Fourier-Entwicklung, d. h., es existiert die Fourier-Reihendarstellung von f

$$f(x) = \sum_{n=-\infty}^{\infty} c_n e^{2\pi i n x} \; [\lambda^1] \text{ mit } \sum |c_n|^2 < \infty.$$

Sei f T-invariant, dann folgt:

$$f \circ T(x) = \sum_n c_n e^{2\pi i n \vartheta} e^{2\pi i n x} = f(x) \, [\lambda^1].$$

Daraus folgt wegen der Eindeutigkeit von Fourier-Reihendarstellungen, dass

$$c_n(e^{2\pi i n \vartheta} - 1) = 0 \quad \text{für alle } n \in \mathbb{Z}.$$

Hieraus folgt: $c_n = 0$ oder $e^{2\pi i n \vartheta} = 1$, $\forall n \in \mathbb{N}$.
Da ϑ irrational ist, folgt also $c_n = 0$, $\forall n \neq 0$ und damit $f(x) = c_0 \, [\lambda^1]$. Nach Bemerkung 3.5.4 b) folgt, dass T ergodisch ist. □

Ähnliche Aussagen gelten z. B. auch im Billard an einem rechteckigen Tisch für Stöße im irrationalen Winkel. Interessante und z. T. offene Fragen gibt es für andere Tischgeometrien. ◇

Eine wichtige hinreichende Bedingung für Ergodizität einer Abbildung T ist die Mischungseigenschaft

Proposition 3.5.6 (Mischende Transformationen) *Sei T eine mischende Transformation auf $(\Omega, \mathcal{A}, P)$, d. h. $\lim_n P(A \cap T^{-n} B) = P(A) P(B)$ für alle $A, B \in \mathcal{A}$, dann ist T ergodisch.*

3.5 Stationäre Prozesse und Ergodensatz

Beweis Sei $A \in \mathcal{I}$; dann gilt mit $B = A$: $P(A) = P(A \cap T^{-n}A) \longrightarrow P(A)^2$.
Es folgt also: $P(A) \in \{0, 1\}$. □

Bemerkung 3.5.7 (Motivation: statistische Mechanik)
Sei Ω der Phasenraum der Orts- und Geschwindigkeitskoordinaten eines Gases mit n Molekülen, d. h. $\Omega \subset \mathbb{R}^{6n}$, $\Omega = \{\omega = (p,q);\ H(p,q) = E\}$ (abgeschlossenes System), wobei H die Hamilton-Funktion ist und p, q die Orts- und Geschwindigkeitskoordinaten sind. ω ist der Zustand des Systems zur Zeit $t = 0$, $T_t\omega$ ist der Zustand zur Zeit t. $t \to T_t\omega$ ist die Bewegungsgleichung des Systems, beschrieben als Lösung der Hamilton'schen Differentialgleichung. Es gilt die Halbgruppeneigenschaft: $T_{s+t} = T_s \circ T_t$; im diskreten Zeitmodell: $T_n = T^n$.

Die Gibbs-Vermutung besagt, dass das dynamische System $\omega_t = T_t\omega$ den Phasenraum Ω in kurzer Zeit durchläuft, die empirische Dichte m_t des Systems konvergiert gegen eine Grenzverteilung $\widetilde{P}$, die stationäre Zustandsverteilung. $\widetilde{P}$ ist invariant unter T (bzw. T_t), und für jede messbare Funktion X am System gilt (im diskreten Modell):

$$\frac{1}{n} \sum_{k=1}^n X(T^{k-1}\omega) \longrightarrow \int X(\omega)\widetilde{P}(d\omega), \tag{3.18}$$

d. h., die zeitlichen Mittel konvergieren gegen das räumliche Mittel unter dem stationären Maß $\widetilde{P}$. Die Konvergenz in (3.18) wurde gerechtfertigt durch den Ergodensatz von Birkhoff (1931) für die obige Bewegung auf der Fläche konstanter Energie $\Omega = \{H(p,q) = E\}$. Ist $\widetilde{P}$ das normierte Flächenmaß auf Ω, dann folgt aus dem Satz von Liouville, dass die Hamilton'sche Bewegung maßerhaltend bzgl. $\widetilde{P}$ ist und damit $\widetilde{P}$ das stationäre Maß ist. ⌐

In der folgenden Proposition wird zu einer maßerhaltenden Transformation ein zugehöriger stationärer Prozess assoziiert.

Proposition 3.5.8 *Sei T maßerhaltend auf $(\Omega, \mathcal{A}, P)$, $X_1 \in \mathcal{Z}(\Omega, \mathcal{A})$ und definiere $X_n := X_1 \circ T^{n-1}$, für $n \in \mathbb{N}$, $T_0 := \mathrm{id}$. Dann ist $X = (X_n)$ ein stationärer Prozess.*

Beweis Es ist $P^{(X_1,\ldots,X_n)} = P^{(X_1, X_1 \circ T, \ldots, X_1 \circ T^{n-1})}$. Daher ist

$$P^{(X_2,\ldots,X_{n-1})} = P^{(X_1 \circ T, \ldots, X_1 \circ T^n)} = P^{(X_1,\ldots,X_n) \circ T}$$
$$= (P^T)^{(X_1,\ldots,X_n)} = P^{(X_1,\ldots,X_n)},$$

also die Behauptung. □

Bemerkung 3.5.9 (Stationäre Prozesse und maßerhaltende Transformationen)
Sei umgekehrt $X = (X_n)$ ein stationärer Prozess, dann ist nach Definition $P^X = P^{S \circ X} = (P^X)^S$ mit dem Shift S auf $\mathcal{X}^\infty$.

Das heißt, S ist eine maßerhaltende Transformation auf dem Produktraum mit $\mu = P^X$ und $X = (X_n) \stackrel{d}{=} (\pi_1 \circ S^{n-1})$, denn

$$\mu^S = P^{S \circ X} = P^{(X_2, X_3, \ldots)} = P^X = \mu.$$

$\stackrel{d}{=}$ bedeutet Gleichheit in Verteilung, π_1 die Projektion auf die erste Komponente.

Als Folgerung erhalten wir also, dass jeder stationäre Prozess (in Verteilung) von einer maßerhaltenden Transformation stammt und umgekehrt eine maßerhaltende Transformation auf einem Wahrscheinlichkeitsraum in natürlicher Weise einen stationären Prozess beschreibt. ⌐

Das folgende „Maximal Ergodic Theorem" ist das zentrale Mittel für den Beweis des Ergodensatzes. Wir formulieren die folgenden Aussagen für maßerhaltende Transformationen auf Wahrscheinlichkeitsräumen im Fall $I = \mathbb{N}$. Die entsprechenden Aussagen gelten auch für den Fall σ-endlicher Maßräume und für $I = \mathbb{Z}$.

Satz 3.5.10 (Maximal Ergodic Theorem) *Sei T eine maßerhaltende Transformation auf dem Wahrscheinlichkeitsraum $(\Omega, \mathcal{A}, P)$, sei $X_1 \in \mathcal{L}^1(P)$ und definiere $S_n := \sum_{j=0}^{n-1} X_1 \circ T^j$, $M_n := \max(0, S_1, \ldots, S_n)$. Dann gilt*

$$\int_{\{M_n > 0\}} X_1 \, dP \geq 0.$$

Beweis Für $1 \leq k \leq n$ ist $M_n \circ T \geq S_k \circ T$ und daher $X_1 + M_n \circ T \geq X_1 + S_k \circ T = S_{k+1}$. Daraus folgt: $X_1 \geq S_{k+1} - M_n \circ T$. Da $X_1 \geq S_1 - M_n \circ T$, erhalten wir

$$X_1 \geq \max(S_1, \ldots, S_n) - M_n \circ T.$$

Mit Hilfe dieser Ungleichung ergibt sich:

$$\int_{\{M_n > 0\}} X_1 \, dP \geq \int_{\{M_n > 0\}} (\max(S_1, \ldots, S_n) - M_n \circ T) \, dP$$

$$= \int_{\{M_n > 0\}} (M_n - M_n \circ T) \, dP$$

$$= \int M_n \, dP - \int_{\{M_n > 0\}} M_n \circ T \, dP$$

$$\geq \int M_n \, dP - \int \underbrace{M_n \circ T}_{\geq 0} \, dP = 0, \quad \text{da } P^T = P. \qquad \square$$

3.5 Stationäre Prozesse und Ergodensatz

Für den folgenden Ergodensatz machen wir Gebrauch vom Begriff des bedingten Erwartungswertes, vgl. hierzu Abschn. 5.2. Für $X_1 \in \mathcal{L}^1(\Omega, \mathcal{A}, P)$ heißt $Y_1 = E(X_1 \mid \mathcal{I})$ **bedingter Erwartungswert** von X_1 unter $\mathcal{I}$, wenn $Y_1 \in \mathcal{L}(\Omega, \mathcal{I})$ und $\int_B X_1 \, dP = \int_B Y_1 \, dP, \forall B \in \mathcal{I}$.

Es gilt die Existenz und Eindeutigkeit des bedingten Erwartungswertes. Der bedingte Erwartungswert $E(X_1 \mid \mathcal{I})$ ist ein natürlicher Kandidat für den Limes $\frac{1}{n} \sum_{k=0}^{n-1} X_1 \circ T^k$ der zeitlichen Mittel.

Satz 3.5.11 (Ergodensatz) *Sei T maßerhaltend auf $(\Omega, \mathcal{A}, P)$ und $X_1 \in \mathcal{L}^1(P)$, dann gilt:*

$$\lim_{n \to \infty} \frac{1}{n} \sum_{k=0}^{n-1} X_1 \circ T^k = E(X_1 \mid \mathcal{I}) \, [P].$$

Beweis Ohne Einschränkung sei $E(X_1 \mid \mathcal{I}) = 0$, sonst ersetze X_1 durch $X_1 - E(X_1 \mid \mathcal{I})$.
Sei $\overline{X} := \overline{\lim} \frac{S_n}{n}$, $S_n = \sum_{k=0}^{n-1} X_1 \circ T^k$, und zu $\varepsilon > 0$ sei $D := \{\overline{X} > \varepsilon\} = D_\varepsilon$. Dann gilt: $\overline{X} = \overline{X} \circ T$, d. h., $\overline{X}$ ist invariant, also $D \in \mathcal{I}$.
Sei $X_1^* := (X_1 - \varepsilon) \mathbb{1}_D$ und seien $S_k^* := \sum_{k=0}^{n-1} X_1^* \circ T^k$, $M_n^* := \max(0, S_1^*, \ldots, S_n^*)$.
Dann folgt nach dem Maximal Ergodic Theorem 3.5.10:

$$\int_{\{M_n^* > 0\}} X_1^* \, dP \geq 0.$$

Mit $F_n := \{M_n^* > 0\} = \{\max_{1 \leq k \leq n} S_k^* > 0\}$ gilt

$$F_n \uparrow F := \{\sup_{k \geq 1} S_k^* > 0\} = \left\{\sup_{k \geq 1} \frac{S_k^*}{k} > 0\right\}$$

$$= \left\{\sup_{k \geq 1} \frac{S_k}{k} > \varepsilon\right\} \cap D.$$

Da $\sup_{k \geq 1} \frac{S_k}{k} \geq \overline{X}$ folgt: $F = D$.
Wegen $E|X_1^*| \leq E|X_1| + \varepsilon$ folgt nach dem Satz über monotone Konvergenz

$$\int_{F_n} X_1^* \, dP \longrightarrow \int_D X_1^* \, dP \geq 0.$$

Andererseits gilt:

$$\int_D X_1^* \, dP = \int_D X_1 \, dP - \varepsilon P(D)$$
$$= \int_D \underbrace{E(X_1 \mid \mathcal{I})}_{=0} \, dP - \varepsilon P(D)$$
$$= -\varepsilon P(D).$$

Daraus folgt: $P(D) = 0$ für alle $\varepsilon > 0$ und daher $\overline{X} \leq 0 \, [P]$.

Dasselbe Argument angewendet auf $-X_1$ gibt:

$$\overline{\lim}\left(-\frac{S_n}{n}\right) = -\underline{\lim}\frac{S_n}{n} = -\underline{X} \leq 0, \quad \text{also } \underline{X} = \underline{\lim}\frac{S_n}{n} \geq 0.$$

Es folgt: $\lim \frac{S_n}{n} = 0\,[P]$; also die Behauptung. □

Korollar 3.5.12 (Räumliche und zeitliche Mittel) *Sei T maßerhaltend und ergodisch und $X_1 \in \mathcal{L}^1(P)$, dann folgt*

$$\frac{1}{n}\sum_{k=0}^{n-1} X_1 \circ T^k \longrightarrow EX_1\,[P],$$

d. h., die zeitlichen Mittel konvergieren gegen das räumliche Mittel.

Beweis Da T ergodisch und $E(X_1 \mid \mathcal{I})$ invariant ist, folgt $E(X_1 \mid \mathcal{I}) = c$, also $c = EX_1$. □

Bemerkung 3.5.13
a) Ist $EX_1 = \infty$, dann gilt in Korollar 3.5.12:

$$\frac{1}{n}\sum_{k=0}^{n-1} X_1 \circ T^k \longrightarrow \infty\,[P],$$

denn mit $X_1^\alpha := \begin{cases} X_1, & X_1 \leq \alpha, \\ 0, & \text{sonst,} \end{cases}$ gilt $E|X_1^\alpha| < \infty$ und in Konsequenz

$$\underline{\lim}\frac{1}{n}\sum_{k=0}^{n-1} X_1 \circ T^k \geq \lim_n \frac{1}{n}\sum_{k=0}^{n-1} X_1^\alpha \circ T^k = EX_\alpha.$$

Für $\alpha \uparrow \infty$ folgt die Behauptung.
b) **Asymptotische Dichte.** Sei $A \in \mathcal{A}$ und T ergodisch und maßerhaltend. Dann folgt aus Korollar 3.5.12 für $X_1 = \mathbb{1}_A$

$$\frac{1}{n}\sum_{k=0}^{n-1} \mathbb{1}_A \circ T^k \longrightarrow P(A)\,[P],$$

d. h., die relative **asymptotische Dichte** der Punkte der Iterationen von T in A ist gleich der Wahrscheinlichkeit $P(A)$.

Als Korollar ergibt sich:

3.5 Stationäre Prozesse und Ergodensatz

Korollar 3.5.14 (Dichtheitssatz von Poincaré) *Sei (Ω, O) ein topologischer Raum mit Borel'scher σ-Algebra $\mathcal{A} = \sigma(O)$ und es habe O eine abzählbare Basis $\mathcal{B}$ mit $P(B) > 0, \forall B \in \mathcal{B}, B \neq \emptyset$. Sei T maßerhaltend und ergodisch auf (Ω, O), dann gilt*

$$\{T^k \omega; \; k \geq 0\} \text{ ist dicht in } \Omega \; [P].$$

Als Folgerung aus Korollar 3.5.14 ergibt sich insbesondere für ergodische Transformationen das **Wiederkehrgesetz von Poincaré**. ⌐

Als Anwendung von Beispiel 3.5.5 d) erhalten wir nun folgenden Gleichverteilungssatz von Weyl.

Beispiel 3.5.15 (Gleichverteilungssatz von Weyl)
Sei $\Omega, \mathcal{A}, P) = \left(([0, 1), [0, 1)\mathcal{B}^1, \lambda^1_{[0,1)}\right)$, sei $\vartheta \in \mathbb{R}^1 \setminus \mathbb{Q}$ irrational und sei

$$T : [0, 1) \longrightarrow [0, 1), \quad x \longrightarrow x + \vartheta \mod 1.$$

Dann ist T nach Beispiel 3.5.5 ergodisch und maßerhaltend.
Nach Korollar 3.5.12 folgt der
Gleichverteilungssatz von Weyl: Für jedes Intervall $I \subset [0, 1)$ gilt mit $X_1 = \mathbb{1}_I$

$$\frac{1}{n} \sum_{k=0}^{n-1} X_1 \circ T^k(x) = \frac{1}{n} \sum_{k=0}^{n-1} \mathbb{1}_I\left((x + n\vartheta) \mod 1\right) \longrightarrow EX_1 = \lambda^1(I) \; [\lambda^1].$$

Allgemeiner gilt für $f \in \mathcal{L}^1\left((\lambda^1_{[0,1)}\right)$:

$$\frac{1}{n} \sum_{k=0}^{n-1} f\left((x + n\vartheta) \mod 1\right) \longrightarrow \int_{[0,1)} f \, d\lambda^1 \; [\lambda^1].$$

Das Mittel auf der Bahn lässt sich also zur Approximation des Integrals verwenden. ◇

Korollar 3.5.16 *Sei $T : (\Omega, \mathcal{A}) \longrightarrow (\Omega, \mathcal{A})$ und seien $P_1, P_2 \in M^1(\Omega, \mathcal{A})$.*
Ist T ergodisch und maßerhaltend bzgl. P_1 und P_2, dann folgt:

a) $P_1 = P_2$ oder   b) $P_1 \perp P_2$,   d. h., P_1 und P_2 sind orthogonal.

Beweis Sei $P_1 \neq P_2$ und $B \in \mathcal{A}$, so dass $P_1(B) \neq P_2(B)$. Mit $X_1 := \mathbb{1}_B$ und $A := \{\frac{S_n}{n} \longrightarrow P_1(B)\}$ gilt dann nach Korollar 3.5.12: $P_1(A) = 1$.
Da $A^c \supset \{\frac{S_n}{n} \longrightarrow P_2(B)\}$, folgt wiederum nach Korollar 3.5.12: $P_2(A^c) = 1$. Also sind P_1 und P_2 orthogonale Maße. □

Im folgenden Satz zeigen wir, dass im Ergodensatz auch L^1-Konvergenz gilt.

Satz 3.5.17 (L^1-Ergodensatz) *Sei T maßerhaltend auf $(\Omega, \mathcal{A}, P)$ und $X_1 \in \mathcal{L}^1(P)$, dann gilt:*
$$\frac{S_n}{n} \xrightarrow{L^1} E(X_1 \mid \mathcal{I}).$$

Beweis Sei o. E. $E(X_1 \mid \mathcal{I}) = 0$; nach dem Ergodensatz 3.5.11 gilt dann:
$$\frac{S_n}{n} \longrightarrow 0 \, [P].$$

Wir verwenden nun den **Satz von Egorov** aus der Analysis:
Gilt $X_n \longrightarrow X \, [P]$, dann existiert $\forall \varepsilon > 0$ ein $A_\varepsilon \in \mathcal{A}$ mit $P(A_\varepsilon) \le \varepsilon$, so dass
$$X_n \longrightarrow X \text{ gleichmäßig auf } A_\varepsilon^c.$$

In Konsequenz gilt: $\dfrac{S_n}{n} \longrightarrow 0$ gleichmäßig auf A_ε^c.

Daraus folgt:
$$\overline{\lim}_n E\left|\frac{S_n}{n}\right| = \overline{\lim}_n \int_{A_\varepsilon} \left|\frac{S_n}{n}\right| dP$$
$$\le \overline{\lim} \frac{1}{n} \sum_{k=0}^{n-1} \int_{A_\varepsilon} |X_k| \, dP, \quad X_k = X_1 \circ T^k.$$

Es gilt nun für $\varepsilon > 0$ die Abschätzung:
$$\int_{A_\varepsilon} |X_k| \, dP = \int_{A_\varepsilon \cap \{|X_k| > N\}} |X_k| \, dP + \int_{A_\varepsilon \cap \{|X_k| \le N\}} |X_k| \, dP$$
$$\le \int_{A_\varepsilon \cap \{|X_k| > N\}} |X_k| \, dP + N P(A_\varepsilon)$$
$$\le \int_{\{|X_1| > N\}} |X_1| \, dP + N P(A_\varepsilon), \quad \text{da } P^{X_k} = P^{X_1}.$$

Daraus folgt:
$$\overline{\lim} \, E\left|\frac{S_n}{n}\right| \le \int_{\{|X_1| > N\}} |X_1| \, dP, \quad \forall N.$$

Für $N \to \infty$ folgt die Behauptung. □

3.5 Stationäre Prozesse und Ergodensatz

Bemerkung 3.5.18 *Analog folgt für $X_1 \in \mathcal{L}^p(P)$, $p \geq 1$, dass:*

$$\frac{S_n}{n} \xrightarrow{L^p} E(X_1 \mid \mathcal{I}).$$

⌟

Aus der Mischungseigenschaft aus Proposition 3.5.6 von T folgt die Ergodizität. Die folgende schwache Form der Mischungseigenschaft ist äquivalent zur Ergodizität von T.

Proposition 3.5.19 *Sei T maßerhaltend auf $(\Omega, \mathcal{A}, P)$. Dann gilt:*

1) *T ist ergodisch.*
⇔ 2) *Für alle $X_1 \in \mathcal{L}^1(P)$ existiert ein $c \in \mathbb{R}^1$ so dass*

$$\lim_{n \to \infty} \frac{1}{n} \sum_{k=0}^{n-1} X_1 \circ T^k = c \, [P].$$

⇔ 3) *T ist **schwach mischend**, d. h., für alle $A, B \in \mathcal{A}$ gilt:*

$$\lim_{n \to \infty} \frac{1}{n} \sum_{k=0}^{n-1} P(T^{-k} A \cap B) = P(A) P(B).$$

Beweis
1) ⇒ 2) gilt nach Satz 3.5.11.
2) ⇒ 1) Für $A \in \mathcal{I}$ gilt:

$$\frac{1}{n} \sum_{k=0}^{n-1} \mathbb{1}_A \circ T^k = \mathbb{1}_A \longrightarrow c \, [P].$$

Also gilt: $P(A) \in \{0, 1\}$.
1) ⇒ 3) Nach den Sätzen 3.5.11 und 3.5.17 gilt:

$$\frac{1}{n} \sum_{k=0}^{n-1} \mathbb{1}_{T^{-k}A} \mathbb{1}_B \longrightarrow P(A) \mathbb{1}_B \quad \text{f. s. und in } L^1.$$

Es folgt:

$$\frac{1}{n} \sum_{k=0}^{n-1} P((T^{-k}A) \cap B) \longrightarrow P(A) P(B).$$

3) ⇒ 1) Für $A = B \in \mathcal{I}$ folgt aus 3)

$$P(A) = (P(A))^2, \text{ also } P(A) \in \{0, 1\}. \qquad \square$$

Bemerkung 3.5.20 *Es reicht aus, 3) für A und B aus einem $\cap$-stabilen Erzeuger der σ-Algebra $\mathcal{A}$ zu verlangen.*

⌟

Die Aussagen über maßerhaltende Transformationen, insbesondere der Ergodensatz, lassen sich nun mittels des Shifts auf dem Produktraum auf entsprechende Aussagen für stationäre Prozesse $X = (X_n)_{n \in \mathbb{N}}$ (oder $(X_n)_{n \in \mathbb{Z}}$) übertragen (vgl. Bemerkung 3.5.9). Wir behandeln den Fall $n \in \mathbb{N}$; der Fall $n \in \mathbb{Z}$ ist analog.

Definition 3.5.21 *Für einen reellwertigen Prozess $X = (X_n)_{n \in \mathbb{N}}$ auf $(\Omega, \mathcal{A}, P)$ definieren wir*

a) $A \in \mathcal{A}$ *heißt* **invariant (bzgl. X)**
$:\Leftrightarrow \exists B \in \mathcal{B}^\infty$, *so dass für alle $n \in \mathbb{N}$ gilt:* $A = \{(X_n, X_{n+1}, \dots) \in B\}$.
Sei $\mathcal{J} := \{A \in \mathcal{A}; A \text{ invariant}\} =: \mathcal{J}^X$ *die σ-Algebra der (bzgl. X) invarianten Mengen.*
b) $Z : (\Omega, \mathcal{A}) \longrightarrow (\mathbb{R}^1, \mathcal{B}^1)$ *heißt* **invariant (bzgl. X)**
$:\Leftrightarrow \exists \varphi : (\mathbb{R}^\infty, \mathcal{B}^\infty) \longrightarrow (\mathbb{R}^1, \mathcal{B}^1)$, *so dass für alle $n \in \mathbb{N}$ gilt:*

$$Z = \varphi(X_n, X_{n+1}, \dots).$$

Eine messbare Funktion $Z \in \mathcal{L}(\mathcal{A})$ ist invariant (bzgl. X) genau dann, wenn sie messbar bzgl. $\mathcal{J}$ ist. Für stationäre Prozesse gilt nun die folgende Version des Ergodensatzes.

Satz 3.5.22 (Ergodensatz für stationäre Prozesse) *Für einen stationären Prozess $X = (X_n)_{n \in \mathbb{N}}$ mit $E|X_1| < \infty$ gilt*

$$\frac{1}{n} \sum_{k=1}^n X_k \longrightarrow E(X_1 \mid \mathcal{J}) \, [P] \text{ und in } L^1.$$

Beweis Der Shift S ist nach Definition eine maßerhaltende Transformation auf $(\mathbb{R}^\infty, \mathcal{B}^\infty, P^X)$. Mit $\widehat{X}_k := \pi_1 \circ S^{k-1}$ gilt daher nach den Sätzen 3.5.11 und 3.5.17:

$$\frac{1}{n} \sum_{k=1}^n \widehat{X}_k \longrightarrow E\left(\widehat{X}_1 \mid \mathcal{I}\right) [P^X] \text{ und in } L^1(P^X).$$

Daher folgt:

$$\frac{1}{n} \sum_{i=1}^n X_k = \frac{1}{n} \sum_{k=1}^n \widehat{X}_k \circ X \longrightarrow E\left(\widehat{X}_1 \mid \mathcal{I}\right) \circ X =: Y \, [P] \text{ und in } L^1(P).$$

Der Limes Y ist eine invariante Funktion von X und ist daher $\mathcal{J}$-messbar. Zu zeigen bleibt, dass $Y = E(X_1 \mid \mathcal{J}) [P]$.

3.5 Stationäre Prozesse und Ergodensatz

Für $A \in \mathcal{J}$ existiert nach Definition ein $B \in \mathcal{B}^\infty$ so dass $A = \{(X_k, X_{k+1}, \ldots) \in B\}$, $\forall\, k \in \mathbb{N}$. Daher gilt mit $\widehat{A} = \{x \in \mathbb{R}^\infty;\ (x_k, x_{k+1}, \ldots) \in B\}, \forall\, k$:

$$\int_A Y\, dP = \int_{\{X \in \widehat{A}\}} E\left(\widehat{X}_1 \mid \mathcal{I}\right) \circ X\, dP$$

$$= \int_{\widehat{A}} E\left(\widehat{X}_1 \mid \mathcal{I}\right) dP^X = \int_{\widehat{A}} \widehat{X}_1\, dP^X$$

$$= \int_A X_1\, dP.$$

Aus der Radon-Nikodým-Gleichung folgt $Y = E(X_1 \mid \mathcal{J})\,[P]$, also die Behauptung. □

Definition 3.5.23 (Ergodizität) *Sei $X = (X_n)_{n\in\mathbb{N}}$ ein stationärer Prozess. Dann heißt X ergodisch, wenn $P(A) \in \{0,1\}, \forall A \in \mathcal{J} = \mathcal{J}^X$.*

Proposition 3.5.24 *Sei $X = (X_n)_{n\in\mathbb{N}}$ stationär, ergodisch, sei $\varphi: (\mathbb{R}^\infty, \mathcal{B}^\infty) \longrightarrow (\mathbb{R}^1, \mathcal{B}^1)$ und $Y_k := \varphi \circ S^{k-1} \circ X = \varphi(X_k, X_{n+1}, \ldots), k \in \mathbb{N}$, dann folgt:*
$Y = (Y_k)_{k\in\mathbb{N}}$ *ist ergodisch und stationär.*

Beweis Da $P^X = P^{S \circ X}$, folgt, dass auch $P^Y = P^{S \circ Y}$; also ist Y stationär. Nach Konstruktion von Y existiert für alle $B \in \mathcal{B}^\infty$ ein $Y \in \mathcal{B}^\infty$ mit

$$\{Y \in B\} = \{X \in A\}.$$

Daraus folgt: $\{(Y_2, Y_3, \ldots) \in B\} = \{(X_2, X_3, \ldots) \in A\}$.

Ist $\{Y \in B\} \in \mathcal{J}^Y$, dann ist $\{X \in A\} \in \mathcal{J}^X$ und es folgt

$$P(\{Y \in B\}) = P(\{X \in A\}) \in \{0, 1\}.$$

Also ist Y ergodisch. □

Die folgende Proposition gibt einen Zusammenhang zur Tail-σ-Algebra.

Proposition 3.5.25 *Ist $X = (X_n)_{n\in\mathbb{N}}$ stationär und $A \in \mathcal{J}^X$, dann ist $A \in \tau_\infty$.*

Beweis Zu $A \in \mathcal{J}^X$ existiert ein $B \in \mathcal{I} \subset \mathcal{B}^\infty$, so dass $A = \{S^{k-1} \circ X \in B\}, \forall\, k \in \mathbb{N}$. Daher ist $A \in \sigma(X_k, X_{k+1}, \ldots) = \tau_k, \forall\, k \in \mathbb{N}$, also $A \in \tau_\infty$. □

Als Folgerung ergibt sich nochmals

Korollar 3.5.26 *Ist $X = (X_n)_{n\in\mathbb{N}}$ eine i. i. d. Folge, dann ist X ergodisch.*

Beweis Dieses Korollar ergibt sich aus Proposition 3.5.25 und dem 0-1-Gesetz von Kolmogorov. □

Das folgende Lemma gibt hinreichende Bedingungen für Ergodizität.

Lemma 3.5.27 *Sei $X = (X_n)_{n \in \mathbb{N}}$ stationär, dann gilt:*

a) *X ist ergodisch*
   $\Leftrightarrow$ jede beschränkte invariante Funktion $Z = Z(X)$ ist P-f.s. konstant.
b) *Gilt $Ef(X_1, \ldots, X_k)g(X_{n+1}, \ldots, X_{n+k}) \xrightarrow[n \to \infty]{} Ef(X_1, \ldots, X_k)Eg(X_1, \ldots, X_k)$,*
   $\forall k \in \mathbb{N}$ und für alle f, g beschränkt, messbar, dann ist X ergodisch.

Beweis
a) Vergleiche Bemerkung 3.5.4.
b) entspricht der Aussage in Proposition 3.5.6. Sei $Z = Z \circ S^{k-1}(X)$, $\forall k \in \mathbb{N}$ eine beschränkte, invariante, messbare Funktion von X. Dann existiert für alle $\varepsilon > 0$ ein $k \in \mathbb{N}$ und $h_\varepsilon : (\mathbb{R}^k, \mathcal{B}^k) \longrightarrow (\mathbb{R}^1, \mathcal{B}^1)$ beschränkt, so dass

$$\|Z - h_\varepsilon(X_1, \ldots, X_k)\|_2 \leq \varepsilon$$

(vgl. das Approximationsargument im Beweis zum Satz von Hewitt-Savage (Satz 5.3.30) in Kap. 5). Daraus folgt einerseits, da Z invariant ist:

$$Eh_\varepsilon(X_1, \ldots, X_k)h_\varepsilon(X_{n+1}, \ldots, X_{n+k}) \xrightarrow[\varepsilon \downarrow 0]{} EZ(X)Z \circ S^n(X) = EZ^2.$$

Andererseits gilt nach Voraussetzung

$$Eh_\varepsilon(X_1, \ldots, X_k)h_\varepsilon(X_{n+1}, \ldots, X_{n+k}) \xrightarrow[n \to \infty]{} (Eh_\varepsilon(X_1, \ldots, X_k))^2 \xrightarrow[\varepsilon \downarrow 0]{} (EZ)^2.$$

Aus $EZ^2 = (EZ)^2$ folgt, dass $Z = c$, also die Behauptung. □

Beispiel 3.5.28 *Sei $X = (X_1, X_2, \ldots)$ ein Gauß'scher Prozess, d. h.*

$$P^{(X_1, \ldots, X_n)} = N(0, \Sigma_n),$$

Σ_n *eine konsistente Folge von positiv definiten Kovarianzmatrizen. Dann ist leicht zu verifizieren:*

a) *X ist stationär $\Leftrightarrow \exists r : \mathbb{N}_0 \longrightarrow \mathbb{R}$, $EX_i X_j = r(|i - j|)$.*
   Weiter gilt für einen stationären Gauß'schen Prozess:
b) *Ist $\lim_{m \to \infty} r(m) = 0$, dann ist X ergodisch.*

3.5 Stationäre Prozesse und Ergodensatz

Beweis Sei $\Psi_n = \text{Cov}((X_1, \ldots, X_k), (X_{n+1}, \ldots, X_{n+k}));$ dann gilt $\Psi_n \longrightarrow \begin{pmatrix} \Sigma_k & 0 \\ 0 & \Sigma_k \end{pmatrix}$.
Daraus folgt für die Dichten h_n von $(X_1, \ldots, X_k), (X_{n+1}, \ldots, X_{n+k})$

$$h_n(x, y) \xrightarrow[n \to \infty]{} f_{\Sigma_k}(x) f_{\Sigma_k}(y).$$

Damit ergibt sich für beschränkte messbare Funktionen f, g

$$Ef(X_1, \ldots, X_k)g(X_{n+1}, \ldots, X_{n+k}) = \int f(x)g(y)h_n(x,y)\, d\lambda^{2k}(x,y)$$

$\longrightarrow Ef(X_1, \ldots, X_k)Eg(X_1, \ldots, X_k)$, und damit nach Lemma 3.5.27 die Behauptung. □

◇

Zum Abschluss dieses Abschnitts geben wir eine Anwendung des Ergodensatzes auf Rekurrenzzeiten an. Sei $(X_n)_{n \geq 1}$ eine i.i.d. Folge von Zufallsvariablen mit Werten in $\mathbb{Z}$, $X_1 \in \mathcal{L}^1(P)$ und sei $R_n := |\{S_1, S_2, \ldots, S_n\}|$ der **Range** (überdeckter Bereich) von $S_1, \ldots, S_n$. Die Grundidee ist, dass die Tendenz, zur Null zurückzukehren, um so größer ist, je kleiner der Range ist. Die asymptotische Größe des Range lässt sich wie folgt beschreiben.

Proposition 3.5.29 (Erwarteter Range) *Es gilt:*

$$\lim_{n \to \infty} \frac{ER_n}{n} = P(\{S_n \neq 0, \ \forall n \in \mathbb{N}\}).$$

Beweis Sei $W_k := \begin{cases} 1, & S_j \neq S_k, 1 \leq j \leq k-1, \\ 0, & \text{sonst}, \end{cases}$ mit $S_k := \sum_{l=1}^k X_l$, dann ist $R_n = \sum_{k=0}^n W_k$ und es gilt

$$\begin{aligned} EW_k &= P(\{S_k - S_{k-1} \neq 0, \ S_k - S_{k-2} \neq 0, \ldots, S_k - S_1 \neq 0\}) \\ &= P(\{X_k \neq 0, \ X_k + X_{k-1} \neq 0, \ldots, X_k + \cdots + X_2 \neq 0\}) \\ &= P(\{S_1 \neq 0, \ S_2 \neq 0, \ldots, S_{k-1} \neq 0\}). \end{aligned}$$

Daraus folgt:

$$\lim_n \frac{ER_n}{n} = \lim_{k \to \infty} EW_k = P(\{S_n \neq 0, \ \forall n \in \mathbb{N}\}). \qquad \square$$

Es gilt auch die folgende f.s. Version des Satzes, die die obige Intuition bestätigt.

Satz 3.5.30 (Rekurrenzsatz von Spitzer, Kesten und Whitman (1962))
Sei (X_i) eine i.i.d. Folge, $X_1 \in \mathcal{L}^1(P)$, dann gilt:

$$\lim_n \frac{R_n}{n} = P(\{S_n \neq 0, \ \forall n \in \mathbb{N}\})\, [P].$$

Beweis Zu $N \in \mathbb{N}$ sei $Z_k := |\{S_{(k-1)N+1}, \ldots, S_{kN}\}|$. Dann ist (Z_k) eine i.i.d. Folge, $|Z_k| \leq N$ und $R_{nN} \leq Z_1 + \cdots + Z_n$. Daher gilt nach dem starken Gesetz großer Zahlen

$$\overline{\lim}_n \frac{R_{nN}}{nN} \leq \overline{\lim}_n \frac{1}{nN}(Z_1 + \cdots + Z_n)$$
$$= \frac{1}{N} E Z_1 \, [P].$$

Für $n' \in (nN, (n+1)N) \cap \mathbb{N}$ ist $\frac{R_{n'}}{n'} \leq \frac{R_{(n+1)N}}{nN}$, also: $\overline{\lim}_{n \to \infty} \frac{R_n}{n} \leq \frac{1}{N} E Z_1 \, [P]$.
Da $Z_1 = R_N$, folgt nach Proposition 3.5.29:

$$\overline{\lim} \frac{R_n}{n} \leq \lim_N \frac{E R_N}{N} = P(\{S_n \neq 0, \ \forall n \in \mathbb{N}\}).$$

Umgekehrt sei $V_k = \begin{cases} 1, & S_j \neq S_k, \forall j > k, \\ 0, & \text{sonst}, \end{cases}$ also $V_k = 1$, wenn der Zustand S_k
nicht wieder besucht wird. Dann ist $V_1 + \cdots + V_n$ die Anzahl der Zustände bis zur Zeit n, die nie wieder besucht werden. Es folgt $R_n \geq V_1 + \cdots + V_n$.

Sei $\varphi : \mathbb{Z}^\infty \longrightarrow \mathbb{Z}^\infty, \varphi(x_1, x_2, \ldots) = \begin{cases} 1, & s_k \neq 0, \forall k, \\ 0, & \text{sonst}, \end{cases} \quad s_k := \sum_{i=1}^k x_i,$

dann gilt: $V_k = \begin{cases} 1, & X_{k+1} \neq 0, X_{k+1} + X_{k+2} \neq 0, \ldots, \\ 0, & \text{sonst} \end{cases} = \varphi(X_{k+1}, X_{k+2}, \ldots).$

Also ist $(V_k)_{k \geq 1}$ ein stationärer und ergodischer Prozess. Nach dem Ergodensatz folgt

$$\underline{\lim} \frac{R_n}{n} \geq \underline{\lim} \frac{V_1 + \cdots + V_n}{n} = E V_1$$
$$= P(\{S_1 \neq 0, S_2 \neq 0, \ldots\}) \, [P]. \qquad \square$$

Zum Abschluss dieser Anwendungen geben wir noch zwei Rekurrenzaussagen für stationäre Folgen an, den Rekurrenzsatz von Kac (ohne Beweis) und den Satz von Ryll-Nardzewski. Beide Sätze befassen sich mit Rekurrenzzeiten von stationären Prozessen für Teilmengen $A \subset E$. Sei $(X_n)_{n \geq 0}$ eine reelle stationäre Folge, $A \in \mathcal{B}^1$ und definiere die Folge der **k-ten Rekurrenzzeiten von A**

$$R_1 := \min\{n > 0; \ X_n \in A\}, \quad R_{k+1} := \min\{n > R_k; \ X_n \in A\}.$$

Seien $T_1 := R_1$, $T_k := R_k - R_{k-1}$ die Wartezeiten zwischen zwei Rekurrenzzeiten von A. Ist (X_n) ergodisch, dann ist $P(\limsup\{X_n \in A\}) = 1$ und daher die Folge (R_k) wohldefiniert. Es gilt nun der folgende Rekurrenzsatz von Kac:

3.5 Stationäre Prozesse und Ergodensatz

Satz 3.5.31 (Rekurrenzsatz von Kac) *Sei $(X_n)_{n\geq 0}$ ein stationärer Prozess und sei $A \in \mathcal{B}^1$ mit $P(\bigcup_{n\geq 0}\{X_n \in A\}) = 1$, dann gilt:*

a) $R_k < \infty\,[P],\, \forall\, k \geq 1$.
b) *Sei $\Omega_A := \Omega \cap \{X_0 \in A\}$, $\mathcal{A}_A := \{X_0 \in A\} \cap \mathcal{A}$ und $P_A(B) := P(B \mid \{X_0 \in A\})$, $B \in \mathcal{A}_A$. Dann ist $(T_n)_{n\in\mathbb{N}}$ ein stationärer Prozess auf $(\Omega_A, \mathcal{A}_A, P_A)$ und es gilt*

$$E_{P_A} T_1 = \frac{1}{P(X_0 \in A)}.$$

Es sind also bei Start in A die Wartezeiten auf eine Rückkehr zu A stationär.

Satz 3.5.32 (Ryll-Nardzewski) *Ist (X_n) stationär und ergodisch und gilt die Voraussetzung von Satz 3.5.31, dann folgt:*

$$(T_n) \text{ ist ergodisch auf } \Omega_A \text{ bzgl. } P_A.$$

Beweis Nach dem Ergodensatz gilt

$$\frac{1}{n} \sum_{k=1}^{n} \mathbb{1}_A(X_k) \longrightarrow P(X_0 \in A)\,[P].$$

Da $R_n \longrightarrow \infty\,[P]$, folgt:

$$\frac{1}{R_n} \underbrace{\sum_{k=1}^{R_n} \mathbb{1}_A(X_k)}_{=n} \longrightarrow P(X_0 \in A)\,[P],$$

also:

$$\frac{T_1 + \cdots + T_n}{n} \longrightarrow \frac{1}{P(X_0 \in A)}\,[P].$$

Für jede messbare Funktion $f : \mathbb{Z}^\infty \longrightarrow \mathbb{R}^1$ existiert eine messbare Funktion g, so dass auf $\{R_{k-1} = j\}$ gilt:

$$f(T_k, T_{k+1}, \ldots) = g(U_{j+1}, U_{j+2}, \ldots), \quad U_n := \mathbb{1}_A(X_n);$$

die Wartezeiten $T_k, T_{k+1}, \ldots$ sind auf $\{R_{k-1} = j\}$ beschreibbar durch den Punktprozess $U_{j+1}, U_{j+2}, \ldots$ Daraus folgt: $\sum_{k=1}^{n} f(T_k, T_{k+1}, \ldots) = \sum_{j=0}^{R_n-1} U_j g(U_{j+1}, \ldots)$.

Nach dem Ergodensatz folgt für integrierbares g

$$\frac{1}{n}\sum_{k=1}^{n} f(T_k, T_{k+1}, \ldots) = \frac{R_{n-1}}{n} \frac{1}{R_{n-1}} \sum_{j=0}^{R_{n-1}} U_j g(U_{j+1}, \ldots)$$

$$\longrightarrow \frac{1}{P(X_0 \in A)} E U_0 g(U_1, U_2, \ldots) \, [P]$$

$$= E(g(U_1, \ldots) \mid X_0 \in A) = E(f(T_1, T_2, \ldots) \mid X_0 \in A) \, [P].$$

Ist f eine beschränkte, invariante Funktion von $T_1, T_2, \ldots$ auf Ω_A, dann folgt:

$$f(T_1, T_2, \ldots) = E(f(T_1, T_2, \ldots) \mid X_0 \in A) = E_{P_A} f(T_1, T_2, \ldots);$$

also ist (T_n) ergodisch auf $(\Omega_A, \mathcal{A}_A, P_A)$. $\qquad\square$

4 Verteilungskonvergenz und zentraler Grenzwertsatz

Der zentrale Grenzwertsatz – genauer die zentralen Grenzwertsätze – sind das fundamentale Mittel der Wahrscheinlichkeitstheorie, das es ermöglicht, die Verteilungen einer großen Fülle von Funktionen $\psi(X_1, \ldots, X_n)$ einer unabhängigen Folge von Zufallsvariablen (X_i) approximativ zu bestimmen. Der klassische Fall ist die Frage nach der Verteilung der Summenfunktion $\psi(X_1, \ldots, X_n) = \sum_{i=1}^{n} X_i$. Ein weiterer Fall von großem Interesse ist $\psi(X_1, \ldots, X_n) = M_n := \max\{X_1, \ldots, X_n\}$. Dieser ist wesentliches Thema der Extremwertstatistik. Es zeigt sich, dass für beide Fälle universelle Resultate gefunden werden können, die die Verteilungen im Sinne der Verteilungskonvergenz approximieren.

Wir behandeln im Folgenden zunächst den Fall eindimensionaler Zufallsvariablen. Für einige interessante Klassen von Funktionen, z. B. für Maxima, lassen sich auf recht direkte Weise ohne große zusätzliche Technik interessante Grenzwertsätze herleiten. Wir geben einige relevante Beispiele. Für den wichtigen Fall von Summen sind charakteristische Funktionen ein höchst nützliches Werkzeug und ermöglichen einen einfachen Beweis des zentralen Grenzwertsatzes. Mit dem „Cramér-Wold device" lassen sich viele der Konvergenzaussagen auf den mehrdimensionalen Fall übertragen.

Zur Einführung und Motivation des Kapitels behandeln wir ein Beispiel aus der **Extremwertstatistik**: **Was ist der höchste IQ in der Welt?**

Der IQ-Test ist so standardisiert, dass die Ergebnisse in der Gesamtpopulation approximativ normalverteilt $N(\mu, \sigma^2)$ sind mit den Parametern $\mu = 100$ und $\sigma = 15$ (vgl. Abb. 4.1). Wir nehmen an, es wäre ein derartiger IQ-Test für die gesamte Weltbevölkerung entwickelt worden – eine vermutlich nicht sehr sinnvolle Annahme.

In die sogenannte **Vier-σ-Gesellschaft** werden Personen aufgenommen, deren Intelligenzquotient oberhalb des Vier-σ-Bereiches liegt: IQ $\geq \mu + 4\sigma$.

Bei normalverteilten Zufallsvariablen $X \sim N(\mu, \sigma^2)$ liegen 99,936 % der Werte im Vier-σ-Bereich, d. h., sie sind nicht weiter als 4σ vom Mittelwert entfernt. Es ist also $P(X \geq \mu + 4\sigma) = 0{,}000032$.

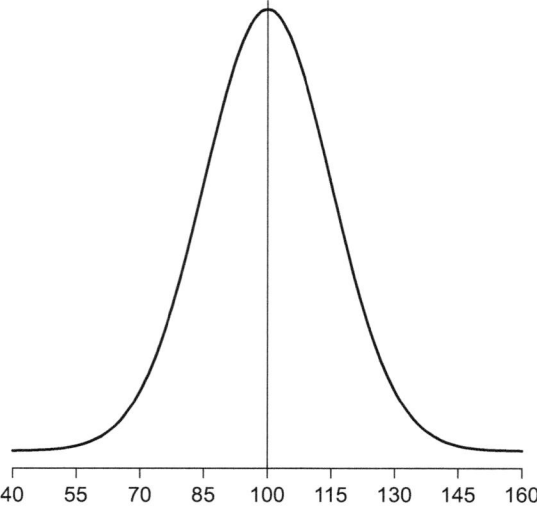

Abb. 4.1 Dichte von $N(100, 15^2)$

Das bedeutet, dass etwa eine von 30.000 Personen Mitglied in der Vier-σ Gesellschaft werden kann. Auf der Welt gab es in 2000 rund sechs Milliarden Menschen, heutiger Stand 2015 ca. 7,3 Milliarden. Deren Intelligenzquotienten fassen wir auf als unabhängige, $N(100, 15^2)$-verteilte Zufallsvariablen $X_1, \ldots, X_n$ auf. Der höchste IQ der Welt ist dann gegeben durch die Maximumstatistik $M_n = X_{(n)} := \max(X_1, \ldots, X_n)$. Von Interesse ist auch $U_\alpha := \#\{i : X_i > \alpha\}$, die Anzahl der Personen mit einem IQ größer α.

Zur Beantwortung der Frage nach dem höchsten IQ der Welt bieten sich unterschiedliche Vorgehensweisen an.

a) α sollte so festgelegt sein, dass $EU_\alpha = 1$, d.h., es gibt im Mittel genau eine Person mit IQ $\geq \alpha$.
Sei $I_i := \mathbb{1}_{\{X_i > \alpha\}}$, dann ist

$$EU_\alpha = E \sum_{k=1}^n I_k = \sum_{k=1}^n E I_k = \sum_{k=1}^n P(X_k > \alpha)$$
$$= n \cdot P\left(\frac{X_n - \mu}{\sigma} > \delta\right) \qquad \text{mit } \delta := \frac{\alpha - \mu}{\sigma}$$
$$= n \cdot (1 - \Phi(\delta)) = n \int_\delta^\infty \frac{1}{\sqrt{2\pi}} \exp\left(-x^2/2\right) dx$$
$$\approx \frac{n}{\delta} \frac{1}{\sqrt{2\pi}} \exp\left(-\delta^2/2\right) \qquad \text{mit einer Standardapproximation.}$$

Die Forderung: $EU_\alpha = 1$ führt mit $n = 6 \cdot 10^9$ zu $\delta = 6{,}29$ und es folgt $\alpha = 194$, mit $n = 7{,}3 \cdot 10^9$ zu $\delta = 6{,}31$ und $\alpha = 194{,}7$.

b) Wir konstruieren ein Konfidenzintervall $[\beta, \gamma]$, welches den höchsten IQ der Welt mit einer Wahrscheinlichkeit von 98 % überdeckt. Wir wählen Konfidenzschranken $\beta > 0$ und $\gamma > 0$ so, dass

$$P(X_{(n)} \leq \beta) = 0{,}01 \quad \text{und} \quad P(X_{(n)} \leq \gamma) = 0{,}99.$$

Aus dieser Festlegung folgt:

$$0{,}01 \stackrel{!}{=} P(X_{(n)} \leq \beta) = P\left(\bigcap_{i=1}^{n}\{X_i \leq \beta\}\right) = \Phi^n(\delta), \qquad \delta := \frac{\beta - 100}{15}$$

$$= \left(1 - \int_{\delta}^{\infty} \frac{1}{\sqrt{2\pi}} \exp(-x^2/2)\, dx\right)^n$$

$$\approx \left(1 - \frac{1}{\delta}\frac{1}{\sqrt{2\pi}} \exp\left(-\delta^2/2\right)\right)^n \approx \exp\left(-\frac{n}{\delta\sqrt{2\pi}} \exp\left(-\delta^2/2\right)\right).$$

Dazu verwenden wir die Approximationsformel von Euler:

$$\left(1 - \frac{x}{n}\right)^n \approx e^{-x}.$$

Als Ergebnis erhält man für $n = 6 \cdot 10^9$ $\delta = 6{,}05$ und damit die untere Schranke $\beta = 191$. Für $n = 7{,}3 \cdot 10^9$ ergibt sich $\delta = 6{,}08$ und $\beta = 191{,}1$.
Analog ergibt sich bei der Berechnung der oberen Schranke für $n = 6 \cdot 10^9$ $\delta = 6{,}97$ und es folgt $\gamma = \frac{\gamma - 100}{15} = 204{,}47$ und für $n = 7{,}3 \cdot 10^9$ $\delta = 6{,}99$ und $\gamma = 204{,}89$.
Das Wachstum der Weltbevölkerung von 2000 bis 2015 vergrößert also den maximalen IQ-Wert nur geringfügig. Als Konsequenz ergibt sich damit für

$$F(191 \leq \max \text{IQ} \leq 205) \approx 0{,}98.$$

Das Konfidenzintervall $[191, 205]$ überdeckt mit einer Wahrscheinlichkeit von 98 % den höchsten Intelligenzquotienten der Welt.
Mit etwas größerem Realitätsgehalt lassen sich analog die maximalen IQ-Werte für homogenere Populationen ermitteln, z. B. alle Studenten in Deutschland, die Bevölkerung der EU oder von Baden-Württemberg etc. Weitere interessante und motivierende Anwendungsbeispiele finden sich in Hesse (2003) und Georgii (2015).

4.1 Verteilungskonvergenz in $(\mathbb{R}^1, \mathcal{B}^1)$

Die Verteilungskonvergenz von reellen Zufallsvariablen ist über die Konvergenz der Verteilungsfunktionen definiert d. h., es lässt sich die Verteilungsfunktion durch geeignete Limiten approximieren. Dieser Konvergenzbegriff kann in einigen relevanten Beispielklassen direkt nachgewiesen werden, z. B. mit den Gesetzen großer Zahlen, und führt zu wichtigen Anwendungen etwa im Satz von Glivenko-Cantelli oder für Maxima in der Extremwerttheorie. Die relativ kompakten Mengen der assoziierten Topologie beschreibt der Satz von Prohorov als straffe Familien von Wahrscheinlichkeitsmaßen bzw. der Satz von Helly-Bray für folgenkompakte Mengen. Im folgenden Abschn. 4.2 werden dann diese Aussagen in natürlicher Weise auf den höherdimensionalen Fall übertragen.

Sei $(\Omega, \mathcal{A}, Q)$ ein Wahrscheinlichkeitsraum und seien $X, X_n : (\Omega, \mathcal{A}) \longrightarrow (\mathbb{R}^1, \mathcal{B}^1)$ reelle, $\mathcal{A}$-messbare Zufallsvariablen, $X_n, X \in \mathcal{L}(\Omega, \mathcal{A}, Q)$, mit den Verteilungsfunktionen F und F_n für $n \in \mathbb{N}$. C_F bezeichne die Menge der Stetigkeitsstellen von F.

$$\mathcal{F} := \{F : \mathbb{R}^1 \longrightarrow [0,1],\ F \uparrow,\ \text{rechtsseitig stetig},\ F(-\infty) = 0,\ F(\infty) = 1\}$$

bezeichne die Menge aller Verteilungsfunktionen.

Definition 4.1.1 (Verteilungskonvergenz)

$$X_n \xrightarrow{\mathcal{D}} X \ \text{„Konvergenz in Verteilung"}$$
$$:\Leftrightarrow \lim_{n\to\infty} F_n(x) = F(x),\ \forall x \in C_F.$$

Bezeichnungen: $F_n \xrightarrow{\mathcal{D}} F$, $P_n \xrightarrow{\mathcal{D}} P$ mit $P_n = Q^{X_n}$, $P = Q^X$.

Bemerkung 4.1.2

a) Warum fordert man bei der Verteilungskonvergenz die Konvergenz nur für die Stetigkeitsstellen von F? Als Beispiel betrachten wir $P_n := \delta_{\{\frac{1}{n}\}}$, die Verteilung der konstanten Funktion $X_n \equiv \frac{1}{n}$. Dann ist $F_n = \mathbb{1}_{[1/n,\infty)}$. Sei $P := \delta_{\{0\}}$, d. h. $X \equiv 0$ und $F = \mathbb{1}_{[0,\infty)}$. Für dieses Beispiel sollte $X_n \xrightarrow{\mathcal{D}} X$ gelten. Die Konvergenz der Verteilungsfunktionen kann man aber nur für die Stetigkeitsstellen erwarten. Es gilt:

$$F_n(x) \longrightarrow F(x) \Leftrightarrow x \neq 0 \Leftrightarrow x \in C_F.$$

b) Die Klasse der Verteilungsfunktionen $\mathcal{F}$ ist nicht abgeschlossen bzgl. der Verteilungskonvergenz. Die Masse kann ins Unendliche abwandern.
Sei z. B. $F \in \mathcal{F}$ eine Verteilungsfunktion und sei $F_n(x) := F(x+n)$ für $x \in \mathbb{R}^1$. Dann folgt:

$$F_n \in \mathcal{F} \quad \text{und} \quad F_n(x) \longrightarrow 1 = \mathbb{1}_{\mathbb{R}^1}(x).$$

Der Limes der Folge (F_n) ist keine Verteilungsfunktion. Ist X eine Zufallsvariable mit Verteilungsfunktion F, dann ist $X_n := X - n \sim F_n$ und es folgt: $X_n \longrightarrow -\infty$, d. h., in unserem Beispiel wandert die Masse nach $-\infty$ ab.

c) **Diskrete Wahrscheinlichkeitsmaße:** Seien P_n, P Wahrscheinlichkeitsmaße auf $\mathbb{Z}$, dann gilt:

$$P_n \xrightarrow{\mathcal{D}} P \Leftrightarrow F_n(x) \longrightarrow F(x), \quad \forall x \in \mathbb{Z}$$
$$\Leftrightarrow F_n(x) \longrightarrow F(x), \quad \forall x \in \mathbb{R}^1$$
$$\Leftrightarrow P_n(\{x\}) \longrightarrow P(\{x\}), \quad \forall x \in \mathbb{Z},$$

d. h., Verteilungskonvergenz ist äquivalent zur Konvergenz der Zähldichten. Diese Eigenschaft gilt nicht für allgemeine diskrete Maße, wie Bemerkung 4.1.2 a) zeigt. ⌐

Die Verteilungskonvergenz ist eine Abschwächung des Begriffes der stochastischen Konvergenz. Der folgende Satz von Skorohod zeigt jedoch, dass sich ein Modell desselben stochastischen Experiments konstruieren lässt, in dem sogar f. s. Konvergenz vorliegt.

Satz 4.1.3 (f. s. konvergente Versionen, Satz von Skorohod)
Seien $F_n, F \in \mathcal{F}$, dann gilt:

$F_n \xrightarrow{\mathcal{D}} F$
$\Leftrightarrow$ *∃ Wahrscheinlichkeitsraum $(\widetilde{\Omega}, \widetilde{\mathcal{A}}, \widetilde{Q})$ und Zufallsvariablen $X_n, X \in \mathcal{L}(\widetilde{\Omega}, \widetilde{\mathcal{A}})$*
mit $X_n \sim F_n$, $X \sim F$, so dass $X_n \longrightarrow X \, [\widetilde{Q}]$.

Beweis Sei $(\widetilde{\Omega}, \widetilde{\mathcal{A}}, \widetilde{Q}) = ([0, 1), [0, 1)\mathcal{B}^1, \lambda^1_{[0,1)})$, dann ist $U := \mathrm{id}_{[0,1)}$ eine uniform verteilte Zufallsvariable auf $(\widetilde{\Omega}, \widetilde{\mathcal{A}})$. Die Zufallsvariablen $X_n := F_n^{-1}(U)$, $X := F^{-1}(U)$ mit den verallgemeinerten Inversen

$$F^{-1}(t) := \inf\{x : F(x) \geq t\}$$

erfüllen nach dem Simulationslemma: $X_n \sim F_n$ und $X \sim F$. Nach Voraussetzung gilt $F_n(x) \longrightarrow F(x)$, $\forall x \in C_F$. Hieraus folgt $F_n^{-1}(u) \longrightarrow F^{-1}(u) \, [\lambda^1_{[0,1)}]$, denn monotone Funktionen haben höchstens abzählbar viele Sprünge und Konstanzbereiche (vgl. Abb. 4.2). Daher gilt: $X_n \longrightarrow X \, [\widetilde{Q}]$. □

Satz 4.1.4 (Stochastische Konvergenz und Stetigkeitssatz) *Für reelle Zufallsvariable $X_n, Y_n, X \in \mathcal{L}(\Omega, \mathcal{A}, Q)$, $n \in \mathbb{N}$ und $c \in \mathbb{R}^1$, gilt:*

a) $X_n \xrightarrow[Q]{} X$ „*stochastische Konvergenz*" $\implies X_n \xrightarrow{\mathcal{D}} X$.
b) $X_n \xrightarrow[Q]{} c \Leftrightarrow X_n \xrightarrow{\mathcal{D}} c$.

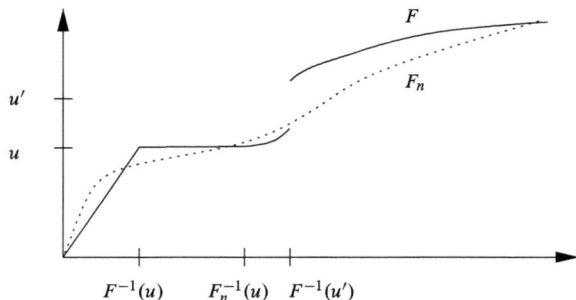

Abb. 4.2 Approximation von F durch F_n

c) **(Lemma von Slutsky)** Sei $X_n \xrightarrow{\mathcal{D}} X$, dann gilt:
$$Y_n \xrightarrow[Q]{} c \;\Leftrightarrow\; X_n + Y_n \xrightarrow{\mathcal{D}} X + c \text{ und } X_n Y_n \xrightarrow{\mathcal{D}} cX.$$

d) **(Stetigkeitssatz)**
$$X_n \xrightarrow{\mathcal{D}} X \;\Leftrightarrow\; Ef(X_n) \longrightarrow Ef(X), \; \forall \, f \in C_b = C_b(\mathbb{R}^1) \; d.\,h.\,\textit{für stetige,}$$
beschränkte Funktionen.

e) Gilt $\sqrt{n}(X_n - a) \xrightarrow{\mathcal{D}} X$ und ist f stetig und in a differenzierbar, dann gilt
$$\sqrt{n}(f(X_n) - f(a)) \xrightarrow{\mathcal{D}} f'(a)X.$$

Beweis

a) folgt aus d), denn aus $X_n \xrightarrow[Q]{} X$ folgt $f(X_n) \xrightarrow[Q]{} f(X)$ für alle stetigen beschränkten Funktionen $f \in C_b$. Mit dem Satz über majorisierte Konvergenz folgt dann die Konvergenz der Erwartungswerte, d. h.
$$Ef(X_n) \longrightarrow Ef(X),$$
also
$$X_n \xrightarrow{\mathcal{D}} X.$$

b) „ $\Rightarrow$ " gilt nach a)

„ $\Leftarrow$ " Angenommen, $X_n \xrightarrow{\mathcal{D}} c$, dann folgt mit dem Satz über fast sicher konvergente Versionen, Satz 4.1.3, die Existenz eines Wahrscheinlichkeitsraums $(\widetilde{\Omega}, \widetilde{\mathcal{A}}, \widetilde{Q})$ und einer Folge $\widetilde{X}_n \sim X_n$, die f. s. gegen eine Zufallsvariable $\widetilde{X} \sim c$ konvergiert, d. h., $\widetilde{X}_n \longrightarrow \widetilde{X} = c \, [\widetilde{Q}]$. Aus der $\widetilde{Q}$-fast sicheren Konvergenz folgt die stochastische Konvergenz der Folge, d. h. $\widetilde{X}_n \xrightarrow[\widetilde{Q}]{} c$. Wegen
$$\widetilde{Q}(|\widetilde{X}_n - c| \geq \varepsilon) = Q(|X_n - c| \geq \varepsilon)$$
konvergiert dann auch die Folge X_n stochastisch gegen c.

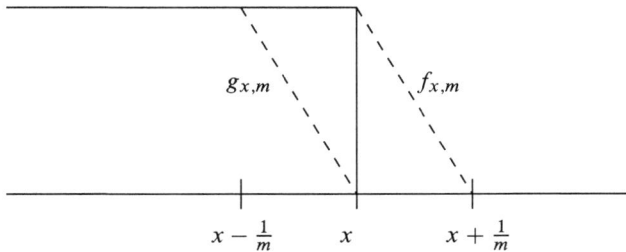

Abb. 4.3 Approximation der Indikatorfunktion $\mathbb{1}_{(-\infty,x]}$

c) Zunächst zeigt man für alle Stetigkeitsstellen $x \in C_{F_Y}$, dass

$$\limsup_{n\to\infty} P(Y_n \leq x - \varepsilon) \leq \liminf_{n\to\infty} P(X_n \leq x)$$

und

$$\limsup_{n\to\infty} P(X_n \leq x) \leq \liminf_{n\to\infty} P(Y_n \leq x + \varepsilon).$$

Hieraus erhält man, dass

$$|X_n - Y_n| \xrightarrow[P]{} 0 \text{ und } Y_n \xrightarrow{\mathcal{D}} Y \text{ impliziert: } X_n \xrightarrow{\mathcal{D}} Y.$$

Dann folgt die Behauptung mit Hilfe von elementaren Abschätzungen.

d) „$\Rightarrow$" Nach dem Satz über fast sichere Versionen gilt $X_n \xrightarrow{\mathcal{D}} X$ genau dann, wenn Versionen $\widetilde{X}_n \sim X_n$ und $\widetilde{X} \sim X$ existieren mit $\widetilde{X}_n \longrightarrow \widetilde{X}[\widetilde{Q}]$.
Damit folgt $f(\widetilde{X}_n) \longrightarrow f(\widetilde{X})[\widetilde{Q}]$ für alle stetigen und beschränkten Funktionen f und damit

$$Ef(X_n) = Ef(\widetilde{X}_n) \longrightarrow Ef(\widetilde{X}) = Ef(X)$$

für alle $f \in C_b$.

„$\Leftarrow$" Für alle stetigen und beschränkten Funktionen $f \in C_b$ gilt nach Voraussetzung

$$Ef(X_n) \longrightarrow Ef(X).$$

Wir approximieren die Indikatorfunktion $\mathbb{1}_{(-\infty,x]}$ von oben und von unten mit den stetigen, beschränkten Funktionen $g_{x,m}$ und $f_{x,m}$, vgl. Abb. 4.3. Daraus folgt für die Verteilungsfunktionen F_n, dass

$$\begin{array}{ccccc} Eg_{x,m}(X_n) & \leq & F_n(x) & \leq & Ef_{x,m}(X_n). \\ \downarrow & & & & \downarrow \\ Eg_{x,m}(X) & & & & Ef_{x,m}(X) \end{array}$$

Für alle Stetigkeitsstellen $x \in C_F$ konvergieren dann die Folgen

$$Eg_{x,m}(X) \longrightarrow F(x) \quad \text{und} \quad Ef_{x,m}(X) \longrightarrow F(x)$$

und es folgt

$$F_n(x) \longrightarrow F(x).$$

e) Seien $\widetilde{X}_n$ und $\widetilde{X}$ Versionen von X_n und X, für welche $\sqrt{n}(\widetilde{X}_n - a) \longrightarrow \widetilde{X}\,[\widetilde{Q}]$. Dazu sei $(\widetilde{Z}_n)$ eine Folge von Zufallsvariablen mit $\widetilde{Z}_n \sim \sqrt{n}(X_n - a)$ und sei $\widetilde{X}_n := \frac{1}{\sqrt{n}}\widetilde{Z}_n + a$. Wegen der Differenzierbarkeit von f in a folgt die $\widetilde{Q}$-fast sichere Konvergenz $\sqrt{n}(f(\widetilde{X}_n) - f(a)) \longrightarrow f'(a)\widetilde{X}\,[\widetilde{Q}]$. Daher folgt:

$$\sqrt{n}\bigl(f(X_n) - f(a)\bigr) \xrightarrow{\mathcal{D}} f'(a)X. \qquad \square$$

Bemerkung 4.1.5

a) *Mit dem Skorohod-Argument gilt in d) auch $Ef(X_n) \longrightarrow Ef(X)$ für Funktionen f, die fast sicher stetig bzgl. Q^X, d. h. $Q^X(C_f) = 1$, und beschränkt sind.*

b) *Sei $f : (\mathbb{R}^1, \mathcal{B}^1) \longrightarrow (\mathbb{R}^1_+, \mathcal{B}^1_+)$ messbar, nicht-negativ, nicht notwendig beschränkt und P-fast sicher stetig, d. h. $P(C_f) = 1$. Dann folgt aus $P_n \xrightarrow{\mathcal{D}} P$:*

$$\int f\,dP \leq \liminf \int f\,dP_n. \qquad \lrcorner$$

Beweis Seien $\widetilde{X}_n$ und $\widetilde{X}$ Versionen von X_n und X mit $\widetilde{X}_n \longrightarrow \widetilde{X}\,[\widetilde{Q}]$. Dann folgt nach dem Lemma von Fatou:

$$\liminf_{n \to \infty} \int f\,dP_n = \liminf_{n \to \infty} \int f(\widetilde{X}_n)\,d\widetilde{Q}$$
$$\geq \int \liminf_{n \to \infty} f(\widetilde{X}_n)\,d\widetilde{Q}$$
$$= \int f(\widetilde{X})\,d\widetilde{Q} = \int f\,dP. \qquad \square$$

Proposition 4.1.6 *Seien $F_n, F \in \mathcal{F}$.*

a) *Ist F stetig und $F_n \xrightarrow{\mathcal{D}} F$, dann folgt:*

$$\varrho(F_n, F) := \sup_x |F_n(x) - F(x)| \longrightarrow 0.$$

b) *Gilt $F_n(x) \longrightarrow F(x)$, $\forall x \in A$, für eine dichte Menge $A \subset \mathbb{R}^1$ und gilt: $F_n(x) - F_n(x-) \longrightarrow F(x) - F(x-)$, $\forall x \in D := C_F^c = $ Menge der Unstetigkeitsstellen von F, dann folgt: $\varrho(F_n, F) \longrightarrow 0$.*

4.1 Verteilungskonvergenz in $(\mathbb{R}^1, \mathcal{B}^1)$

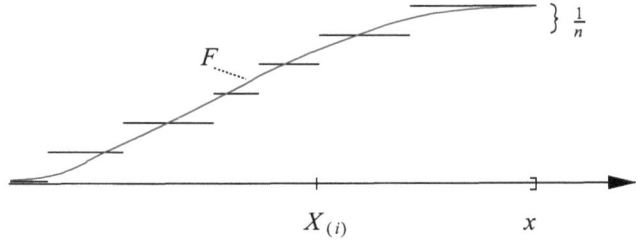

Abb. 4.4 Empirische Verteilungsfunktion zu $X_{(1)} < \cdots < X_{(n)}$

Beweis

a) Da F und F_n Verteilungsfunktionen sind, existiert für jedes $\delta > 0$ ein $k \in \mathbb{N}$ und eine endliche Folge $x_1 < \cdots < x_k$, $x_i \in C_F$, so dass mit $x_0 := -\infty$, $x_{k+1} := +\infty$ und

$$F(x_i) - F(x_{i-1}) \leq \delta, \qquad \text{für } 1 \leq i \leq k+1 \text{ und}$$
$$|F_n(x_i) - F(x_i)| \leq \delta, \qquad \text{für } n \geq n_0.$$

Für $x \in [x_i, x_{i+1}]$ gilt dann

$$|F_n(x) - F(x)| \leq \max\{F_n(x_{i+1}) - F(x_i), F(x_{i+1}) - F_n(x_i)\}$$
$$= \max\{F_n(x_{i+1}) - F(x_{i+1}) + F(x_{i+1}) - F(x_i),$$
$$F(x_{i+1}) - F(x_i) + F(x_i) - F_n(x_i)\} \leq 2\delta.$$

b) Zu $\delta > 0$ existieren nur endlich viele $x_1, \ldots, x_m \in D$ mit $F(x_i) - F(x_{i-}) \geq \delta$. Wir ergänzen x_i durch Punkte aus A wie in a). Dann folgt die Behauptung wie in a) mit der Zusatzannahme an die Unstetigkeitsstellen. □

Als Folgerung erhalten wir nun den Satz von Glivenko-Cantelli über die empirische Verteilungsfunktion.

Definition 4.1.7 (Empirische Verteilungsfunktion) *Sei (X_i) eine Folge von unabhängigen, identisch verteilten reellen Zufallsvariablen mit Verteilungsfunktion $F_{X_i} = F$ für alle i, dann heißt*

$$\widehat{F}_n(x) := \frac{1}{n} \sum_{i=1}^{n} \mathbb{1}_{(-\infty, x]}(X_i)$$

empirische Verteilungsfunktion, $\widehat{F}_n(x) = \widehat{F}_n(x, \omega)$.

$\widehat{F}_n$ ist eine stückweise konstante Funktion mit Sprüngen der Höhe $\frac{1}{n}$ (vgl. Abb. 4.4) an den Realisierungen der geordneten Stichprobe $X_{(1)}, X_{(2)}, \ldots, X_{(n)}$ (falls paarweise verschieden). Das Glivenko-Cantelli-Theorem besagt, dass die empirische Verteilungsfunktion gleichmäßig gegen die Verteilungsfunktion F konvergiert. Deswegen heißt dieses Resultat auch **Fundamentaltheorem der Statistik**.

Satz 4.1.8 (Satz von Glivenko-Cantelli) *Sei (X_n) eine Folge von unabhängigen, identisch verteilten reellen Zufallsvariablen mit Verteilungsfunktionen $F_{X_n} = F$ für alle n, dann folgt:*
$$\sup_x \left| \widehat{F}_n(x) - F(x) \right| \longrightarrow 0\,[P].$$

Beweis Der Supremumsabstand reduziert sich auf ein endliches Maximum
$$\sup_x \left| \widehat{F}_n(x) - F(x) \right| = \max_{1 \le i \le n} \left\{ \left| \widehat{F}_n(X_i) - F(X_i) \right|, \left| \widehat{F}_n(X_i-) - F(X_i-) \right| \right\},$$
und ist daher eine messbare Funktion. Nach dem starken Gesetz großer Zahlen folgt für alle x die P-fast sichere Konvergenz:
$$\widehat{F}_n(x) \longrightarrow F(x)\,[P],$$
d. h., $\forall\, x$ existiert eine P-Nullmenge $N_x \in \mathcal{A}$, $P(N_x) = 0$, so dass für alle $\omega \in (N_x)^c$:
$$\widehat{F}_n(x, \omega) \longrightarrow F(x).$$
Sei $D = (C_F)^c$, die Menge der Sprungstellen von F. Dann folgt nach dem starken Gesetz großer Zahlen für alle $x \in D$:
$$\widehat{F}_n(x) - \widehat{F}_n(x-) = \frac{1}{n} \sum_{i=1}^n \mathbb{1}_{\{x\}}(X_i) \longrightarrow F(x) - F(x-)\,[P],$$
d. h., $\forall\, x$ existiert eine P-Nullmenge $M_x \in \mathcal{A}$, $P(M_x) = 0$, so dass $\forall \omega \in (M_x)^c$:
$$\widehat{F}_n(x, \omega) - \widehat{F}_n(x-, \omega) \longrightarrow F(x) - F(x-).$$
Wir definieren
$$N := \bigcup_{x \in \mathbb{Q}} N_x \cup \bigcup_{x \in D} M_x;$$
dann ist N eine P-Nullmenge, d. h. $P(N) = 0$. Mit $A \in C_F$ abzählbar dicht sind die Voraussetzungen von Proposition 4.1.6 b) für alle $\omega \in N^c$ erfüllt und die Behauptung folgt. $\square$

Es gibt viele interessante Approximationssätze in der Wahrscheinlichkeitstheorie der Form $F_n \xrightarrow{\mathcal{D}} F$, wie z. B. den Poisson'schen oder den zentralen Grenzwertsatz. Im folgenden Beispiel sind einige konkrete Beispiele angegeben, die einen direkten Nachweis erlauben.

Beispiel 4.1.9

a) **Wartezeiten:** Das Warten auf einen Erfolg kann man modellieren mit einer unabhängigen Versuchsreihe von Bernoulli-verteilten Zufallsvariablen $Y_1, Y_2, \ldots, Y_n$ mit $Y_i \sim \mathcal{B}(1, p)$ für $i \in \{1, 2, \ldots\}$. Sei

$$X_p := \inf\{i : Y_i = 1\}$$

die Anzahl der Versuche, bis der erste Erfolg eintritt, dann folgt

$$P(\{X_p \geq n\}) = (1-p)^{n-1}$$

für $n \in \{1, 2, \ldots\}$. Die Verteilung von X_p heißt **geometrische Verteilung** zum Parameter p, Schreibweise $X_p \sim \mathcal{G}(p)$. Es gilt für $x > 0$ nach der Euler-Formel

$$P(\{pX_p \geq x\}) = P\left(\left\{X_p \geq \frac{x}{p}\right\}\right)$$
$$= (1-p)^{\lceil \frac{x}{p} \rceil - 1} \xrightarrow[p \downarrow 0]{} e^{-x} = P(\{Y \geq x\})$$

für eine exponentialverteilte Zufallsvariable $Y \sim \mathcal{E}(1)$ mit Parameter 1. Die Exponentialverteilung $\mathcal{E}(\lambda)$ hat die Dichte $f_\lambda(x) = \lambda e^{-\lambda x}$, $x \geq 0$. Wir definieren: $pX_p \xrightarrow{\mathcal{D}} Y$ für $p \longrightarrow 0$, wenn für alle Folgen $p_n \longrightarrow 0$ gilt $p_n X_{p_n} \xrightarrow{\mathcal{D}} Y$.

Proposition 4.1.10 (Approximation von Wartezeiten) *Für $p \downarrow 0$ gilt:*

$$p \cdot X_p \xrightarrow{\mathcal{D}} Y,$$

wobei $Y \sim \mathcal{E}(1)$ exponentialverteilt zum Parameter 1 ist, d. h., für kleine p gilt approximativ

$$X_p \sim \frac{1}{p} Y.$$

b) **Besetzungsproblem:** Mit welcher Wahrscheinlichkeit haben von N Studierenden, die eine Vorlesung über Wahrscheinlichkeitstheorie besuchen, zwei am selben Tag Geburtstag?
Seien $X_1, X_2, \ldots$ unabhängig gleichverteilt auf $\{1, \ldots, N\}$ und sei

$$T_N := \min\{n; \, \exists m < n, X_m = X_n\}$$

der Zeitpunkt der ersten Doppelbesetzung. Es gilt nach dem Schubfachprinzip $T_N \leq N + 1$; es kann nicht mehr als 366 Personen geben, ohne dass ein doppelter Geburtstag auftritt. Unter der Annahme, dass die Geburtstage über das Jahr gleichverteilt sind, folgt:

$$P(T_N > n) = \left(1 - \frac{1}{N}\right)\left(1 - \frac{2}{N}\right) \cdots \left(1 - \frac{n-1}{N}\right)$$
$$= \prod_{m=2}^{n} \left(1 - \frac{m-1}{N}\right).$$

Damit folgt unter Verwendung der Reihenentwicklung für die natürliche Logarithmusfunktion

$$\log P(T_N \geq x\sqrt{N}) = \sum_{m=2}^{x\sqrt{N}} \log\left(1 - \frac{m-1}{N}\right) \stackrel{(*)}{\approx} -\sum_{m=1}^{x\sqrt{N}-1} \left(\frac{m}{N}\right)$$
$$= -\frac{1}{N} \cdot \sum_{m=1}^{x\sqrt{N}-1} m = -\frac{1}{N} \cdot \frac{x\sqrt{N}(x\sqrt{N}-1)}{2} \longrightarrow -\frac{x^2}{2}.$$

(*) folgt aus der Reihenentwicklung $\log(1-p) = -p + \frac{1}{2}p^2 - \cdots$.

Die Verteilungsfunktion $F \in \mathcal{F}$ sei definiert durch

$$F(x) = 1 - e^{-\frac{x^2}{2}} \text{ für } x \geq 0,$$

mit zugehöriger Dichte $f(x) = F'(x) = xe^{-\frac{x^2}{2}}$, $x \geq 0$. Man beachte, dass F nicht die Normalverteilung ist. Sei Y eine Zufallsvariable mit Verteilungsfunktion F. Aus obiger Überlegung folgt nun, dass Y der Limes der normierten Wartezeiten $\frac{T_N}{\sqrt{N}}$ auf eine Doppelbesetzung ist.

Proposition 4.1.11 (Zeitpunkt der ersten Doppelbesetzung) *Es gilt:*

$$\frac{T_N}{\sqrt{N}} \xrightarrow{\mathcal{D}} Y \quad \text{mit } Y \sim F.$$

Konsequenz: Wir betrachten das Geburtstagsproblem $N = 365$, dann ist

$$P(T_{365} > 22) = P\left(\frac{T_{365}}{\sqrt{365}} > \frac{22}{\sqrt{365}}\right)$$
$$\approx e^{-\frac{22^2}{2 \cdot 365}} \approx 0{,}515.$$

Der exakte Wert ist 0,524. Es ist $P(T \leq 23) \geq \frac{1}{2}$; bei 23 Personen ist die Chance eines Doppelgeburtstages $\geq \frac{1}{2}$.

4.1 Verteilungskonvergenz in $(\mathbb{R}^1, \mathcal{B}^1)$

c) **Maxwell'sche Geschwindigkeitsverteilung:** In der kinetischen Gastheorie stellt man sich ein abgeschlossenes System vor, bei dem punktförmige Moleküle zufällig in alle Richtungen fliegen. Ideale Gase sind definiert über die thermische Zustandsgleichung

$$pV = mRT,$$

wobei p den Druck und R die individuelle Gaskonstante beschreibt. Der Abstand zwischen den Molekülen ist bei den Gasen groß. Wegen der geringen Anziehungskraft der Teilchen untereinander ist die potentielle Energie klein gegenüber der kinetischen Energie. Bei idealen Gasen kann man sogar annehmen, dass überhaupt keine potentielle Energie vorhanden ist. Wir bezeichnen mit

$$X_n := \big(\underbrace{X_n^1, X_n^2, X_n^3}_{\text{erstes Teilchen}}, \ldots, \underbrace{X_n^{n-2}, X_n^{n-1}, X_n^n}_{k\text{-tes Teilchen}} \big)$$

den Geschwindigkeitsvektor von $k = \frac{n}{3}$ Teilchen im freien Gas. Wir nehmen an, dass sich die Teilchen auf einem konstanten Energieniveau befinden. Da $|X_n|^2$ proportional zur kinetischen Energie der k Teilchen ist, spricht man von einem konstanten Energieniveau, wenn $|X_n|^2 = \sum (X_n^i)^2$ konstant gleich E ist. Sei

$$S_{n-1} := \Big\{ x \in \mathbb{R}^n : \sum_{i=1}^n x_i^2 = n \Big\}$$

die euklidische Sphäre mit Radius $\sqrt{n}$ in $\mathbb{R}^n$. Motiviert durch den Satz von Liouville nehmen wir an, dass der Vektor der Geschwindigkeiten gleichverteilt ist auf S_{n-1}, der Sphäre konstanter Energie $E = n$.

Proposition 4.1.12 (Satz von Poincaré) *Sei $X_n = (X_n^i)$ gleichverteilt auf der Sphäre vom Radius $\sqrt{n}$. Dann gilt für $i \in \mathbb{N}$*

$$X_n^i \xrightarrow{\mathcal{D}} \mathcal{N}(0,1),$$

X_n^i konvergiert für $n \longrightarrow \infty$ gegen eine $N(0,1)$-verteilte Zufallsvariable $\mathcal{N}(0,1)$.

Beweis
1) Seien (Y_i) i. i. d., $Y_i \sim N(0,1)$ standard-normalverteilte Zufallsvariablen und seien $\widetilde{X}_n^i := \frac{Y_i}{(\frac{1}{n}\sum_{m=1}^n Y_m^2)^{\frac{1}{2}}}$, $\widetilde{X}_n = (\widetilde{X}_n^i)_{i \leq n}$, dann ist $\lambda = P^{\widetilde{X}_n}$ das eindeutig normierte, rotationsinvariante Maß (Haar'sche Maß) auf der Sphäre $S_{n-1}(\sqrt{n})$ vom Radius $\sqrt{n}$. Dieses folgt aus der Rotationsinvarianz der n-dimensionalen Standard-Normalverteilung $N(0, I_n)$; also ist $\widetilde{X}_n \stackrel{d}{=} X_n$.

2) Nach dem starken Gesetz großer Zahlen gilt

$$Z_n := \frac{1}{n} \sum_{m=1}^{n} Y_m^2 \longrightarrow 1 \, [P].$$

Daher folgt

$$\widetilde{X}_n^i \longrightarrow Y_i \, [P].$$

Da $\widetilde{X}_n \stackrel{d}{=} X_n$, folgt hieraus: $X_n^i \xrightarrow{\mathcal{D}} \mathcal{N}(0, 1)$. □

Bemerkung 4.1.13 Der obige Beweis liefert ebenso für alle $k \in \mathbb{N}$

$$\left(\widetilde{X}_n^1, \ldots, \widetilde{X}_n^k\right) \longrightarrow (Y_1, \ldots, Y_k) \, [P]$$

also auch

$$\sum_{i=1}^{k} \left(\widetilde{X}_n^i\right)^2 \longrightarrow \sum_{i=1}^{k} Y_i^2 \, [P].$$

Daraus folgt da $\widetilde{X}_n \sim X_n$:

$$V_n^k := \sqrt{\sum_{i=1}^{k} \left(X_n^i\right)^2} \xrightarrow{\mathcal{D}} V^k := \sqrt{\sum_{i=1}^{k} Y_i^2}.$$

Die Zufallsvariable $(V^k)^2 = \sum_{i=1}^{k} Y_i^2$ ist χ_k^2-verteilt mit k Freiheitsgraden. Für $k = 3$ heißt die Verteilung von V^k **Maxwell-Verteilung der Geschwindigkeit**. Sie hat mit einem zusätzlichen Normierungsfaktor für die Energie die Dichte

$$f(t) = 4\pi \left(\frac{m}{2\pi k_B T}\right)^{3/2} t^2 \cdot \exp\left(-\frac{mt^2}{2k_B T}\right)$$

und beschreibt die Verteilung des Betrages $v = |\vec{v}|$ der Teilchengeschwindigkeit eines idealen Gases. k_B bezeichnet die Boltzmann-Konstante, T die Temperatur, m die Masse.

⌐

◇

Beispiel 4.1.14 (Extremwertverteilungen) Extremwertstatistiken spielen eine große Rolle in der stochastischen Modellierung und in der angewandten Statistik. So muss z. B. bei der Planung von Deichen geschätzt werden, welche Höhe die zu erwartenden Flutwellen erreichen. Dabei interessiert besonders die höchste Flutwelle. Weitere Beispiele für die Anwendung der Maximumstatistik sind extreme Schadstoffkonzentrationen, extreme Versicherungsschäden und Zerfallszeiten von radioaktiven Isotopen.

4.1 Verteilungskonvergenz in $(\mathbb{R}^1, \mathcal{B}^1)$

Bei den Gesetzen der großen Zahlen geht es um die Konvergenz einer standardisierten Summe gegen eine Konstante. Beim zentralen Grenzwertsatz interessiert, wann die Verteilung einer standardisierten Summe von Zufallsvariablen gegen eine Grenzwertverteilung, insbesondere gegen die Standard-Normalverteilung, konvergiert. Wir untersuchen im Folgenden das asymptotische Verhalten von normierten Extrema.

Für eine i. i. d. Folge von Zufallsvariablen mit zugehöriger Verteilungsfunktion F ist es von Interesse, zu untersuchen, ob es Normierungskonstanten a_n, b_n gibt mit

$$a_n M_n + b_n \xrightarrow{\mathcal{D}} Y (\neq 0),$$

d. h. ob das standardisierte Maximum $M_n := \max_{1 \leq i \leq n} X_i$ der Folge in Verteilung gegen eine nicht-triviale Zufallsgröße Y konvergiert.

Satz 4.1.15 (Extremwertverteilungen) *Seien* $X_1, \ldots, X_n$ *unabhängige, identisch verteilte Zufallsvariablen mit Verteilungsfunktion* F.

a) **Gumbel-Verteilung:** *Falls* $1 - F(x) \sim e^{-x}, x \longrightarrow \infty$, *dann folgt*

$$P\left(M_n - \log n \leq y\right) \longrightarrow e^{-e^{-y}} =: \Lambda(y), \quad y \in \mathbb{R}^1,$$

d. h.
$$M_n - \log n \xrightarrow{\mathcal{D}} \Lambda, \quad \Lambda \text{ die \textbf{Gumbel-Verteilung}}.$$

b) **Fréchet-Verteilung:** *Falls* $1 - F(x) \sim x^{-\alpha}$ *für* $x \longrightarrow \infty, \alpha > 0$, *dann folgt*

$$P\left(n^{-1/\alpha} M_n \leq y\right) \longrightarrow \exp(-y^{-\alpha}) = \Phi_\alpha(y), \quad y > 0,$$

d. h.
$$n^{-1/\alpha} M_n \xrightarrow{\mathcal{D}} \Phi_\alpha, \quad \Phi_\alpha \text{ die \textbf{Fréchet-Verteilung}}.$$

c) **Weibull-Verteilung:** *Falls* $1 - F(x) \sim (-x)^\beta$ *für* $x < 0, x \longrightarrow 0, \beta > 0$, *dann folgt*

$$P\left(n^{1/\beta} M_n \leq y\right) \longrightarrow \exp(-|y|^\beta) = \Psi_\beta(y), \quad y < 0,$$

d. h.
$$n^{1/\beta} M_n \xrightarrow{\mathcal{D}} \Psi_\beta, \quad \Psi_\beta \text{ die \textbf{Weibull-Verteilung}}.$$

Beweis Für die Verteilungsfunktion der Maxima gilt:

$$F_{M_n}(x) = P(M_n \leq x) = P\left(\bigcap_{i=1}^n \{X_i \leq x\}\right) = \prod_{i=1}^n P(X_i \leq x) = (F(x))^n.$$

b) Mit der Voraussetzung $1 - F(x) \sim x^{-\alpha}$ folgt für $y > 0$:

$$P\left(M_n \leq n^{1/\alpha} y\right) = \left(F(n^{1/\alpha} y)\right)^n \sim \left(1 - (n^{1/\alpha} y)^{-\alpha}\right)^n$$
$$= \left(1 - \frac{y^{-\alpha}}{n}\right)^n \longrightarrow e^{-y^{-\alpha}} = \Phi_\alpha(y).$$

a) und c) lassen sich analog als Folgerung aus der Euler-Formel beweisen. □

Bemerkung 4.1.16
a) Einige Beispiele für Verteilungsfunktionen F im max-Anziehungsbereich der drei Typen von Limes-Verteilungen sind
  a1) $F(x) = 1 - e^{-x}$, $x \geq 0$; die Exponentialverteilung liegt im Anziehungsbereich der Gumbel-Verteilung (Typ I),
  a2) $F(x) = 1 - x^{-\alpha}$, $x \geq 1$; die Pareto-Verteilung mit Dichte $f(x) = \frac{\alpha}{x^{1+\alpha}}$, liegt im Anziehungsbereich der Fréchet-Verteilung (Typ II),
  a3) $F(x) = 1 - (-x)^\beta$, $x < 0$; liegt im Anziehungsbereich der Weibull-Verteilung (Typ III).
b) Allgemein gilt der **Satz von Gnedenko** (1943):
  Falls $a_n M_n + b_n \xrightarrow{\mathcal{D}} M$, M nicht f. s. konstant, dann gilt:
  b1) $G = F_M$ ist **maximum-stabil**, d. h., für alle natürlichen Zahlen n existieren Normierungskonstanten $A_n > 0$ und B_n:

$$G^n(A_n x + B_n) = G(x), \quad \forall x.$$

  b2) Ist G maximum-stabil, dann ist G vom Typ I, II oder III einer Extremverteilung, d. h. $\exists a > 0, b$, so dass $G(ax + b) \in \{\Lambda, \Psi_\alpha, \Phi_\alpha\}$.
    Das heißt, die einzig möglichen Typen von Grenzverteilungen für normierte Maxima sind die Fréchet-, die Weibull- und die Gumbel-Verteilung.
    Der Beweis von Aussage b1) verwendet das „**Convergence of Types Theorem**" (vgl. Loève (1977, 1978)), das besagt, dass maximum-stabile Verteilungen bis auf den Typ eindeutig bestimmt sind.
c) Als Anwendung lässt sich z. B. die Zerfallszeit von radioaktiven Isotopen bestimmen. Zum Beispiel hat Cs^{137}, Caesium 137, eine Halbwertszeit von $h = 37$ Jahren. 1 mol $\sim$ $1{,}32 \cdot 10^{16} \frac{\text{Becquerel}}{h}$. Bei 137 g Material ist $EM_n \approx 2960$ (Jahre), $\sigma_h \approx 68$. 1 mol ist nach ≈ 80 Halbwertszeiten vollständig zerfallen. Es dauert 370 Jahre, bis sich bei Cs^{137} verseuchter Erde die Strahlungsintensität auf $\frac{1}{1000}$ reduziert. Für diese letzte Rechnung benötigt man allgemeiner die (asymptotische) Verteilung von Ordnungsstatistiken $X_{(k_n)}$. ⌐

◇

Die Klasse der Verteilungsfunktionen ist nicht abgeschlossen bzgl. der Verteilungskonvergenz. Wir definieren deshalb eine größere abgeschlossene Klasse $\mathcal{M}$:

4.1 Verteilungskonvergenz in $(\mathbb{R}^1, \mathcal{B}^1)$

Definition 4.1.17

a) *Sei $\mathcal{M}$ die Menge der nicht-normierten Verteilungsfunktionen,*

$$\mathcal{M} := \{F : \mathbb{R}^1 \longrightarrow [0, 1] : F \uparrow, \text{ rechtsseitig stetig}\}.$$

b) *Verteilungskonvergenz wird für die Klasse $\mathcal{M}$ wie in Definition 4.1.1 definiert.*

Die Funktionen F aus der Klasse $\mathcal{M}$ haben die Eigenschaft $F(-\infty) \geq 0$ und $F(\infty) \leq 1$. Ist $F \in \mathcal{M}$, $F(-\infty) = 0$ und $F(\infty) = 1$, dann ist $F \in \mathcal{F}$. Der Klasse $\mathcal{M}$ fehlt die Normierungseigenschaft.

Satz 4.1.18 (Helly-Bray) *Die Klasse $\mathcal{M}$ ist folgenkompakt bzgl. der Verteilungskonvergenz, d. h., für jede Folge $(G_n) \subset \mathcal{M}$ existiert eine (verteilungs-)konvergente Teilfolge, für alle $(G_n) \subset \mathcal{M}$ existiert also $(m) \subset \mathbb{N}$ und es existiert $G \in \mathcal{M}$, so dass:*

$$G_m \xrightarrow{\mathcal{D}} G.$$

Beweis Wir zeigen die Behauptung mit Hilfe eines **Diagonalfolgenarguments**.

Sei $T = \{x_1, x_2, \ldots\} \subset \mathbb{R}$ eine abzählbare, dichte Teilmenge, dann existieren Teilfolgen von $\mathbb{N}$

$$I_1 = \{n_1^1, n_2^1, \ldots\} \subset \mathbb{N}, \quad \text{so dass} \quad (G_{n_k^1}(x_1)) \text{ konvergiert und} \quad n_k^1 \longrightarrow \infty.$$
$$\exists I_2 = \{n_1^2, n_2^2, \ldots\} \subset I_1, \quad \text{so dass} \quad (G_{n_k^2}(x_2)) \text{ konvergiert und} \quad n_k^2 \longrightarrow \infty,$$
$$\vdots \qquad\qquad\qquad\qquad \vdots$$

Man wählt die Indexmengen iterativ so, dass sie eine absteigende Folge $I_1 \supset I_2 \supset I_3 \supset \ldots$ bilden. Damit konvergiert die Folge $\left(G_{n_k^r}(x_l)\right)_k$ für $l \leq r$.

$$\begin{array}{cccc}
G_{n_1^1}(x_1) & G_{n_2^1}(x_1) & G_{n_3^1}(x_1) & \ldots \longrightarrow \\
G_{n_1^2}(x_2) & G_{n_2^2}(x_2) & G_{n_3^2}(x_2) & \ldots \longrightarrow \\
G_{n_1^3}(x_3) & G_{n_2^3}(x_3) & G_{n_3^3}(x_3) & \ldots \longrightarrow \\
\vdots & \vdots & \vdots &
\end{array}$$

Sei nun (n_r^r) die Diagonalfolge. Für alle $k \in \mathbb{N}$ existiert ein $r \geq k$, so dass $n_r^r \in I_r \subset I_k \subset \mathbb{N}$. Es folgt, dass die Diagonalfolge $(G_{n_r^r}(x_k))_r$ konvergiert, $\forall k$.

Für $x_k \in T$ definieren wir

$$G_0(x_k) := \lim_{r \to \infty} G_{n_r^r}(x_k), \quad k \in \mathbb{N} \quad \text{und}$$
$$G(x) := \lim_{\substack{x_k \downarrow x \\ x_k > x}} G_0(x_k), \quad x \in \mathbb{R}^1.$$

Dann folgt für $x_k, x'_k \in T$, $x_k < x'_k$

$$G_0(x_k) \leq G(x_n) \leq G_0(x'_k)$$

und es gilt:

1) $G \in \mathcal{M}$ nach Konstruktion.
2) Zu $x \in C_G$ sei $x_k < x'_k < x < x''_k$, $x_k, x'_k, x''_k \in T$, dann folgt für die Diagonalfolgen

$$\begin{array}{ccccc} G_{n_r^r}(x'_k) & \leq & G_{n_r^r}(x) & \leq & G_{n_r^r}(x''_k) \\ \downarrow & & & & \downarrow \\ G_0(x'_k) & & & & G_0(x''_k) \end{array}$$

und

$$G(x_k) \leq G_0(x'_k) \leq \liminf G_{n_r^r}(x) \leq \limsup G_{n_r^r}(x) \leq G_0(x''_k) \leq G(x''_k).$$

Ist $x \in C_G$ und $x_k \uparrow x$, $x''_k \downarrow x$, dann gilt: $G(x_k) \longrightarrow G(x)$ und $G(x''_k) \longrightarrow G(x)$.
Hieraus folgt die Konvergenz der Diagonalfolge,

$$\lim_{r \to \infty} G_{n_r^r}(x) = G(x). \qquad \square$$

Korollar 4.1.19 (Konvergenz und Häufungspunkte) *Sei (G_n) eine Folge in $\mathcal{M}$, und sei $G \in \mathcal{M}$ einziger Häufungspunkt von (G_n) bzgl. Verteilungskonvergenz $\xrightarrow{\mathcal{D}}$. Dann konvergiert die Folge (G_n) in Verteilung gegen den Häufungspunkt G, d. h.*

$$G_n \xrightarrow{\mathcal{D}} G.$$

Beweis Angenommen, die Folge (G_n) konvergiert nicht in Verteilung gegen G, dann existiert ein $x_0 \in C_G$, so dass: $G_n(x_0) \not\longrightarrow G(x_0)$. Daher existiert eine Teilfolge $(m) \subset \mathbb{N}$, so dass $G_m(x_0) \longrightarrow a \neq G(x_0)$.

Nach dem Satz von Helly-Bray folgt die Existenz einer verteilungskonvergenten Teilfolge, d. h. $\exists\,(l) \subset (m)$, so dass (G_l) konvergiert bzgl. $\xrightarrow{\mathcal{D}}$.

Da G der einzige Häufungspunkt von (G_n) ist, folgt: $G_l \xrightarrow{\mathcal{D}} G$; also folgt, dass $G_l(x_0) \longrightarrow G(x_0)$, ein Widerspruch. $\qquad \square$

Um die Konvergenz in Verteilung für eine Folge $(G_n) \subset \mathcal{M}$ zu beweisen, genügt es also zu zeigen, dass (G_n) nur einen Häufungspunkt hat. Verteilungskonvergenz in der Klasse $\mathcal{M}$ gilt also im Fall, dass nur ein Häufungspunkt existiert.

Der folgende Begriff der Straffheit sichert, dass der Limes eine Verteilungsfunktion ist.

4.1 Verteilungskonvergenz in $(\mathbb{R}^1, \mathcal{B}^1)$

Definition 4.1.20 (Straffheit)

a) $\mathcal{P} \subset \mathcal{M}^1(\mathbb{R}^1, \mathcal{B}^1)$ heißt **straff**

$$\Leftrightarrow \forall \varepsilon > 0 : \exists K \subset \mathbb{R}^1 \text{ kompakt}: \qquad P(K^c) < \varepsilon, \forall P \in \mathcal{P}$$
$$\Leftrightarrow \forall \varepsilon > 0 : \exists \text{ endliches Intervall } I : \qquad P(I^c) < \varepsilon, \forall P \in \mathcal{P}.$$

b) $\mathcal{F}_0 \subset \mathcal{F}$ heißt straff $\Leftrightarrow \{P_F ; \ F \in \mathcal{F}_0\}$ ist straff.

Bemerkung 4.1.21

1) **Einelementige Mengen** von Wahrscheinlichkeitsmaßen sind straff. Denn für ein Wahrscheinlichkeitsmaß $P \in \mathcal{M}^1(\mathbb{R}^1, \mathcal{B}^1)$ gilt

$$P\bigl([-n,n]\bigr) \longrightarrow 1.$$

Daher ist $\{P\}$ straff.

2) **Endliche Mengen** $\mathcal{P} = \{P_1, \ldots, P_n\}$ von Wahrscheinlichkeitsmaßen sind straff, da endliche Vereinigungen von kompakten Mengen kompakt sind.

3) **Verteilungskonvergente Folgen** von Maßen sind straff,

d. h., $P_n \xrightarrow{\mathcal{D}} P \Rightarrow \mathcal{P} = \{P_n; \ n \in \mathbb{N}\}$ ist straff. Denn ein endliches Anfangsstück der Folge ist straff. Der Rest der Folge ist aber wegen der Approximation durch P straff. ⌐

Definition 4.1.22 (Relative Folgenkompaktheit und Kompaktheit)

$\mathcal{P} \subset \mathcal{M}^1(\mathbb{R}^1, \mathcal{B}^1)$ heißt **relativ folgenkompakt** bzgl. $\xrightarrow{\mathcal{D}}$ in $\mathcal{M}^1(\mathbb{R}^1, \mathcal{B}^1)$

$$:\Leftrightarrow \ \forall (P_n) \subset \mathcal{P} : \exists (m) \subset \mathbb{N} : \exists P \in \mathcal{M}^1(\mathbb{R}^1, \mathcal{B}^1 \text{ mit } P_m \xrightarrow{\mathcal{D}} P,$$

d. h. wenn für jede Folge (P_n) in $\mathcal{P}$ eine konvergente Teilfolge existiert.

$\mathcal{P}$ heißt **relativ kompakt**, wenn der Abschluss $\overline{\mathcal{P}}$ von $\mathcal{P}$ kompakt ist.

Satz 4.1.23 (Satz von Prohorov) *Eine Menge $\mathcal{P} \subset \mathcal{M}^1(\mathbb{R}^1, \mathcal{B}^1)$ von Wahrscheinlichkeitsmaßen auf $(\mathbb{R}^1, \mathcal{B}^1)$ ist relativ folgenkompakt bzgl. $\xrightarrow{\mathcal{D}}$ in $\mathcal{M}^1(\mathbb{R}^1, \mathcal{B}^1)$ genau dann, wenn $\mathcal{P}$ straff ist.*

Beweis

„⇐" Sei $(P_n) \subset \mathcal{P}$ eine Folge von Wahrscheinlichkeitsmaßen mit zugehörigen Verteilungsfunktionen $F_n := F_{P_n}$. Dann existiert nach dem Satz von Helly-Bray eine verteilungskonvergente Teilfolge in $\mathcal{M}$, d. h.

$$\exists (m) \subset \mathbb{N}, \ \exists G \in \mathcal{M} : F_m \xrightarrow{\mathcal{D}} G.$$

Da $\mathcal{P}$ straff ist, existiert für alle $\varepsilon > 0$ ein Intervall $(a,b] \subset \mathbb{R}^1$, so dass für alle $n \in \mathbb{N}$
$$F_n(b) - F_n(a) \geq 1 - \varepsilon.$$
Für alle Stetigkeitsstellen $a', b' \in C_G$ mit $a' < a$ und $b' > b$ gilt
$$F_m(b') - F_m(a') \longrightarrow G(b') - G(a').$$
Daraus folgt dann: $G(b') - G(a') \geq 1 - \varepsilon$. Also ist $G(\infty) = 1, G(-\infty) = 0$, d.h. $G \in \mathcal{F}$, und $P_m \longrightarrow P_G$.

„$\Rightarrow$" Sei $\mathcal{P}$ relativ folgenkompakt. Angenommen, $\mathcal{P}$ ist nicht straff, dann existiert ein $\varepsilon > 0$, so dass für alle endlichen Intervalle I gilt
$$\inf_{P \in \mathcal{P}} P(I) < 1 - \varepsilon.$$
Also existiert für alle $n \in \mathbb{N}$ ein Maß $P_n \in \mathcal{P}$ mit $P_n\big([-n,n]\big) < 1 - \varepsilon$. Sei $F_n := F_{P_n}$. Wegen der relativen Folgenkompaktheit von $\mathcal{P}$ gibt es eine verteilungskonvergente Teilfolge, d.h., es gibt eine Folge $(m) \subset \mathbb{N}$ und eine Verteilungsfunktion $F \in \mathcal{F}$ mit $F_m \xrightarrow{\mathcal{D}} F$. Seien a und b Stetigkeitsstellen von F mit
$$F(b) - F(a) \geq 1 - \frac{\varepsilon}{2}.$$
Für $m > m_0$ ist $(a,b] \subset (-m, m]$. Daher ist
$$F_m(b) - F_m(a) \longrightarrow F(b) - F(a) \geq 1 - \frac{\varepsilon}{2};$$
aber für $m \geq m_0$ ist $F_m(m) - F_m(-m) < 1 - \varepsilon$, ein Widerspruch! □

Bemerkung 4.1.24 (Lévy-Metrik) *Die Verteilungskonvergenz in $\mathcal{F}$ ist metrisierbar durch die Lévy-Metrik*
$$L(F, G) := \inf\{\varepsilon > 0 : F(x - \varepsilon) - \varepsilon \leq G(x) \leq F(x + \varepsilon) + \varepsilon, \ \forall\, x\}.$$
In dem metrischen Raum $(\mathcal{F}, L)$ ist die Verteilungskonvergenz also äquivalent zu der Konvergenz bzgl. der Lévy-Metrik, d.h., für eine Folge von Verteilungsfunktionen $F_n \in \mathcal{F}$ gilt
$$F_n \xrightarrow{\mathcal{D}} F \iff L(F_n, F) \longrightarrow 0.$$
Diese Aussage folgt einfach aus elementaren Abschätzungen. ⌟

Die folgende Proposition liefert eine einfache, hinreichende Bedingung für Straffheit.

4.2 Charakteristische Funktionen

Proposition 4.1.25 (Straffheit) *Sei* $\mathcal{P} \subset M^1(\mathbb{R}^1, \mathcal{B}^1)$, *und es existiere ein* $\varrho > 0$, *so dass* $\sup_{P \in \mathcal{P}} \int |x|^\varrho \, dP(x) =: M < \infty$.
Dann folgt: $\mathcal{P}$ *ist straff.*

Beweis Für $P \in \mathcal{P}$ ist nach der Tschebyscheff-Markov-Ungleichung

$$P(\{|x| \geq a\}) = P(\{|x|^\varrho \geq a^\varrho\})$$
$$\leq \frac{\int |x|^\varrho \, dP(x)}{a^\varrho} \leq \frac{M}{a^\varrho},$$

und die rechte Seite konvergiert gegen null für $a \longrightarrow \infty$. Damit ist $P\big([-a,a]\big) \geq 1 - \varepsilon$ für alle $P \in \mathcal{P}$ und $a \geq a_0$. □

Ähnlich zeigt man auch die folgende Verallgemeinerung:

Proposition 4.1.26 $\mathcal{P} \subset M^1(\mathbb{R}^1, \mathcal{B}^1)$ *ist straff, wenn für eine positive reelle Funktion* $\varphi : \mathbb{R} \longrightarrow \mathbb{R}_+$, *mit* $\varphi(x) \longrightarrow \infty$ *für* $|x| \longrightarrow \infty$, *gilt:*

$$C := \sup_{P \in \mathcal{P}} \int \varphi \, dP < \infty.$$

Beweis Es ist

$$\int \varphi \, dP \geq \int_{\{|x| \geq M\}} \varphi \, dP \geq \inf_{|x| \geq M} \varphi(x) P\big(\{|x| \geq M\}\big).$$

Daraus folgt

$$\sup_{P \in \mathcal{P}} P(\{|x| \geq M\}) \leq \frac{\sup_{P \in \mathcal{P}} \int \varphi \, dP}{\inf_{|x| \geq M} \varphi(x)} \leq \frac{C}{\inf_{|x| \geq M} \varphi(x)}.$$

Die rechte Seite konvergiert für $M \longrightarrow \infty$ gegen null. □

4.2 Charakteristische Funktionen

Wie erzeugende Funktionen für ganzzahlige Zufallsvariablen so sind die charakteristischen Funktionen ein nützliches Hilfsmittel, um allgemeine Verteilungen zu charakterisieren, deren Momente zu bestimmen, Verteilungen von unabhängigen Summen zu berechnen oder Verteilungskonvergenz nachzuweisen.

4.2.1 Charakteristische Funktionen und Satz von Cramér-Wold

Die charakteristische Funktion ist als Integral einer komplexwertigen Funktion definiert.

Bemerkung 4.2.1 (Integral komplexwertiger Funktionen) *Sei f eine komplexwertige Funktion mit Realteil f_1 und Imaginärteil f_2,*

$$f = f_1 + i \cdot f_2 : \Omega \longrightarrow \mathbb{C} \cong \mathbb{R}^2.$$

Dann gilt:

a) *f ist messbar $\Leftrightarrow$ f_1 und f_2 sind messbar.*
b) *f ist genau dann komplex integrierbar, wenn die Komponenten integrierbar sind, d. h.*

$$f \in \mathcal{L}^1_{\mathbb{C}}(P) \quad \Leftrightarrow \quad f_i \in \mathcal{L}^1(P), \quad i = 1, 2,$$

und man definiert das Integral der komplexwertigen Funktion f

$$\int f \, dP := \int f_1 \, dP + i \cdot \int f_2 \, dP = Ef.$$

Für Vektoren $x, y \in \mathbb{R}^k$ bezeichne $\langle \, , \, \rangle$ das euklidische Skalarprodukt $\langle x, y \rangle = \sum_{i=1}^{k} x_i y_i$ in $\mathbb{R}^k$. ⌟

Definition 4.2.2 (Charakteristische Funktion)
a) *Für ein Wahrscheinlichkeitsmaß $P \in M^1(\mathbb{R}^k, \mathcal{B}^k)$ heißt die Abbildung $\varphi_P : \mathbb{R}^k \longrightarrow \mathbb{C}$*

$$\varphi_P(t) := \int e^{i \langle t, x \rangle} \, dP(x)$$

charakteristische Funktion von P.
b) *Ist X ein k-dimensionaler Zufallsvektor auf $(\Omega, \mathcal{A}, P)$, dann heißt $\varphi_X := \varphi_{P^X}$ charakteristische Funktion von X.*

Lemma 4.2.3
a) *$f \in \mathcal{L}^1_{\mathbb{C}}(P) \Leftrightarrow \overline{f} \in \mathcal{L}^1_{\mathbb{C}}(P); \overline{f}$ die zu f konjugierte Funktion und es gilt:*

$$\int \overline{f} \, dP = \overline{\int f \, dP}.$$

b) *Ist $f \in \mathcal{L}_{\mathbb{C}}(\Omega, \mathcal{A})$, dann gilt:*

$$f \in \mathcal{L}^1_{\mathbb{C}}(P) \quad \Leftrightarrow \quad |f| \in \mathcal{L}^1(P).$$

4.2 Charakteristische Funktionen

c) Für $f \in \mathcal{L}^1_{\mathbb{C}}(P)$ gilt die Abschätzung

$$\left| \int f \, dP \right| \leq \int |f| \, dP.$$

Beweis

a) gilt nach Definition.
b) Wegen der Stetigkeit der Betragsfunktion folgt aus der Messbarkeit von f die Messbarkeit von $|f|$, d.h. $f \in \mathcal{L}_{\mathbb{C}}(\Omega, \mathcal{A}) \Rightarrow |f| = \sqrt{f\overline{f}} \in \mathcal{L}(\Omega, \mathcal{A})$. Die Integrierbarkeit folgt dann mit dem Majorantenkriterium unter Verwendung der Abschätzungen

$$|f| \leq |f_1| + |f_2| \quad \text{und} \quad |f_i| \leq |f|.$$

c) Wählt man für $Ef = \int f \, dP$ die Polardarstellung

$$Ef = \int f \, dP = re^{i\vartheta},$$

mit $r = |Ef|$ und $\vartheta = \arg(Ef)$, dann folgt wegen

$$|Ef| = e^{-i\vartheta} Ef = Ee^{-i\vartheta} f \in \mathbb{R}$$

und

$$|\mathrm{Re}(e^{-i\vartheta} f)| \leq |e^{-i\vartheta} f| = |f|,$$

dass

$$|Ef| = r = Ee^{-i\vartheta} f = E\mathrm{Re}(e^{-i\vartheta} f) \leq E|f|. \qquad \square$$

Bemerkung 4.2.4 (Charakteristische Funktion und Fourier-Transformierte)
Die charakteristische Funktion einer Zufallsvariablen ist, bis auf das Vorzeichen, identisch mit der Fourier-Transformierten. Auch für allgemeine Maße μ kann man die Fourier-Transformierte definieren. Sei $f \in \mathcal{L}^1(\mu)$ eine integrierbare Funktion, und sei $\mu \in M(\mathbb{R}^k, \mathcal{B}^k)$ ein Maß auf $\mathbb{R}^k$, dann ist

$$\widehat{f}_\mu(t) := \int e^{i\langle t, x\rangle} f(x) \, d\mu(x)$$

*die **Fourier-Transformierte** von f bzgl. μ. Der typische Fall ist die Fourier-Transformierte bzgl. des Lebesgue'schen Maßes, $\mu = \lambda^k$,*

$$\widehat{f}(t) := \int e^{i\langle t, x\rangle} f(x) \, d\lambda^k(x).$$

Ist f eine Wahrscheinlichkeitsdichte bzgl. μ, d. h. $f\mu = P^X$, dann erhält man eine Variante der Fourier-Transformierten. Wählt man anstelle des Lebesgue'schen Maßes das Zählmaß auf der Menge der natürlichen bzw. ganzen Zahlen, dann erhält man die entsprechenden Fourier-Reihen. ⌋

Für charakteristische Funktionen gilt der folgende, grundlegende Eindeutigkeitssatz.

Satz 4.2.5 (Eindeutigkeitssatz) *Die charakteristische Funktion bestimmt ein Wahrscheinlichkeitsmaß eindeutig, d. h. für Wahrscheinlichkeitsmaße*

$$P, Q \in \mathcal{M}^1(\mathbb{R}^k, \mathcal{B}^k) \quad \textit{mit} \quad \varphi_P = \varphi_Q \quad \textit{folgt} \quad P = Q.$$

Beweis Sei $\varphi_P = \varphi_Q$. Für stetige Funktionen mit kompaktem Träger, d. h. Funktionen f mit $\{f \neq 0\} \subset [a, b]$, verwenden wir die Schreibweise $f \in C_k$. Sei

$$[-n \cdot \mathbf{1}, n \cdot \mathbf{1}] \supset [a - \varepsilon \cdot \mathbf{1}, b + \varepsilon \cdot \mathbf{1}], \quad \mathbf{1} = (1, \ldots, 1)^\top,$$

und

$$P\bigl([-n \cdot \mathbf{1}, n \cdot \mathbf{1}]\bigr) \geq 1 - \varepsilon, \quad Q\bigl([-n \cdot \mathbf{1}, n \cdot \mathbf{1}]\bigr) \geq 1 - \varepsilon.$$

Nach dem **Satz von Stone-Weierstraß** kann man stetige Funktionen mit kompaktem Träger durch trigonometrische Polynome approximieren, d. h., für $\varepsilon_n \longrightarrow 0$ existiert eine beschränkte Folge von trigonometrischen Polynomen (φ_n):

$$\varphi_n(x) = \sum_{j=-k_n \cdot \mathbf{1}}^{k_n \cdot \mathbf{1}} \alpha_j e^{\frac{\pi i}{n} \langle j, x \rangle},$$

mit $|\varphi_n| \leq M$ für alle $n \in \mathbb{N}$, so dass

$$\sup_{x \in [-n \cdot \mathbf{1}, n \cdot \mathbf{1}]} |f(x) - \varphi_n(x)| \leq \varepsilon_n.$$

Auf dem Rand von $\bigl([-n \cdot \mathbf{1}, n \cdot \mathbf{1}]\bigr)$ hat f den Wert null, d. h. $f = 0$ auf $\partial([-n \cdot \mathbf{1}, n \cdot \mathbf{1}])$, und φ_n ist periodisch mit Periode $(2\pi n) \cdot \mathbf{1}$. Durch das Aufspalten der Integrale in der Form

$$\int \ldots dP = \int_{[-n\mathbf{1}, n\mathbf{1}]} \ldots dP + \int_{[-n\mathbf{1}, n\mathbf{1}]^c} \ldots dP,$$

erhält man die Abschätzung

$$\left| \int f \, dP - \int f \, dQ \right| \leq \left| \int (f - \varphi_n) \, dP \right| + \left| \int \varphi_n \, dP - \int \varphi_n \, dQ \right| + \left| \int (\varphi_n - f) \, dQ \right|$$
$$\leq (\varepsilon_n + M\varepsilon) + 0 + (\varepsilon_n + M\varepsilon).$$

4.2 Charakteristische Funktionen

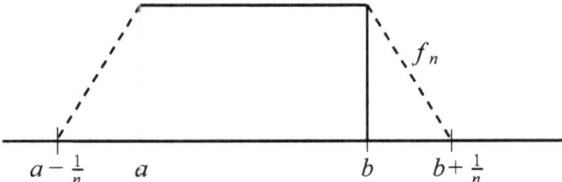

Abb. 4.5 Approximation von $\mathbb{1}_{[a,b]}$

Es gilt also für alle stetigen Funktionen mit kompaktem Träger, dass $\int f\, dP = \int f\, dQ$. Damit folgt für alle kompakten Intervalle $[a,b]$ mit $a \leq b$ und $a, b \in \mathbb{R}^k$, dass

$$P([a,b]) = Q([a,b]).$$

Begründung: Indikatorfunktionen kann man durch stetige Funktionen mit kompaktem Träger approximieren. Man wählt eine antitone Folge (f_n) von stetigen Funktionen mit kompaktem Träger, $f_n \in C_k$ mit $|f_n| \leq 1$ und $f_n \downarrow \mathbb{1}_{[a,b]}$ (vgl. Abb. 4.5). Dann folgt mit dem Eindeutigkeitssatz wegen

$$\int f_n\, dQ = \int f_n\, dP$$

und wegen

$$\int f_n\, dQ \longrightarrow Q([a,b]), \quad \int f_n\, dP \longrightarrow P([a,b]),$$

dass die Maße identisch sind, d. h. $P = Q$. □

Bemerkung 4.2.6 (Stone-Weierstraß) *Das wesentliche Argument bei dem Beweis des Eindeutigkeitssatzes ist der Satz von Stone-Weierstraß. Eine allgemeinere Version des Satzes gilt in kompakten Hausdorff-Räumen für punktetrennende Algebren, abgeschlossen unter Konjugierten – hier die Algebra der trigonometrischen Polynome. Als Ergebnis des allgemeinen Satzes von Stone-Weierstraß sind stetige, beschränkte Funktionen gleichmäßig approximierbar durch Elemente der Algebra.* ⌐

Eine Folgerung aus dem Eindeutigkeitssatz ist der folgende Satz von Cramér-Wold:

Korollar 4.2.7 (Charakterisierungssatz von Cramér-Wold)
Seien $X, Y \in \mathcal{L}_k(\Omega, \mathcal{A}, P)$ k-dimensionale Zufallsvariablen, dann gilt:

$$P^X = P^Y \iff P^{\langle t, X \rangle} = P^{\langle t, Y \rangle}$$

für alle t aus der Einheitssphäre, d. h. für alle $t \in S_{k-1} := \{t \in \mathbb{R}^k, \|t\| = 1\}$.

Beweis

" $\Rightarrow$ " klar.

" $\Leftarrow$ " Sei $P^{\langle t,X\rangle} = P^{\langle t,Y\rangle}$ für alle $t \in S_{k-1}$. Es gilt für $t \in \mathbb{R}^k$, $t \neq 0$:

$$P^{\langle t,X\rangle} = P^{\|t\|\langle \frac{t}{\|t\|},X\rangle},$$

wobei $\frac{t}{\|t\|} \in S_{k-1}$ ein Punkt auf der Einheitssphäre ist. Mit der Transformationsformel folgt nach Voraussetzung für alle $t \in \mathbb{R}^k$

$$\varphi_X(t) = \int e^{i\langle t,X\rangle} dP = \int e^{iy} dP^{\langle t,X\rangle}(y)$$
$$= \int e^{iy} dP^{\langle t,Y\rangle}(y) = \varphi_Y(t).$$

Für alle $t \in \mathbb{R}^k$ sind also die charakteristischen Funktionen von X und Y identisch. Nach dem Eindeutigkeitssatz folgt: $P^X = P^Y$. □

Mit dem Satz von Cramér-Wold können wir Aussagen über mehrdimensionale Wahrscheinlichkeitsmaße auf eindimensionale Wahrscheinlichkeitsmaße zurückführen. Wenn die Verteilungen der Skalarprodukte $\langle t, X \rangle$ und $\langle t, Y \rangle$ für alle t gleich sind, dann sind die Verteilungen der Zufallsvariablen X und Y gleich.

Bemerkung 4.2.8 (Radon-Transformierte und Tomographie) Die Radon-Transformation wurde benannt nach dem Mathematiker Johann Radon, der 1917 eine Arbeit über die Bestimmung von Funktionen über die Integrale längs gewisser Untermannigfaltigkeiten verfasste. Dieses Verfahren wird bei der Computertomographie angewendet. Beim Röntgenverfahren wird ein dreidimensionales Objekt durchleuchtet und auf einen zweidimensionalen Röntgenfilm projiziert. Dabei gehen Informationen über die dritte Dimension verloren. Bei der Computertomographie werden Röntgenbilder aus verschiedenen Richtungen erstellt. Mit Hilfe der Radon-Transformation kann man aus den Projektionen das dreidimensionale Objekt näherungsweise rekonstruieren. Wir betrachten die Projektionsabbildung

$$\mathcal{L}(\mathbb{R}^k, \mathcal{B}^k, Q) \longrightarrow \mathcal{L}(\mathbb{R}^1, \mathcal{B}^1), \quad X \longmapsto \langle t, X\rangle.$$

Die Verteilung von X werde durch das Wahrscheinlichkeitsmaß $P \in M^1(\mathbb{R}^k, \mathcal{B}^k)$, $P := Q^X$ beschrieben. Sei $P_t \in M^1(\mathbb{R}^1, \mathcal{B}^1)$ das zugehörige Bildmaß $P_t := Q^{\langle t,X\rangle}$. Die Abbildung

$$R_P : S_{k-1} \longrightarrow M^1(\mathbb{R}^1, \mathcal{B}^1), \quad t \longmapsto P_t,$$

beschreibt die Verteilung des Skalarproduktes $\langle t, X \rangle$ und heißt **Radon-Transformierte** von P. Nach dem Eindeutigkeitssatz ist die Abbildung $P \longrightarrow R_P$ eindeutig.

Bei der Tomographie betrachtet man ein Gebiet $\mathcal{U} \subset \mathbb{R}^k$ mit $0 < \alpha = \lambda^k(\mathcal{U}) < \infty$. Sei P ein Wahrscheinlichkeitsmaß, d. h. eine normierte Massenverteilung auf $\mathcal{U}$, z. B. die Gleichverteilung.

4.2 Charakteristische Funktionen

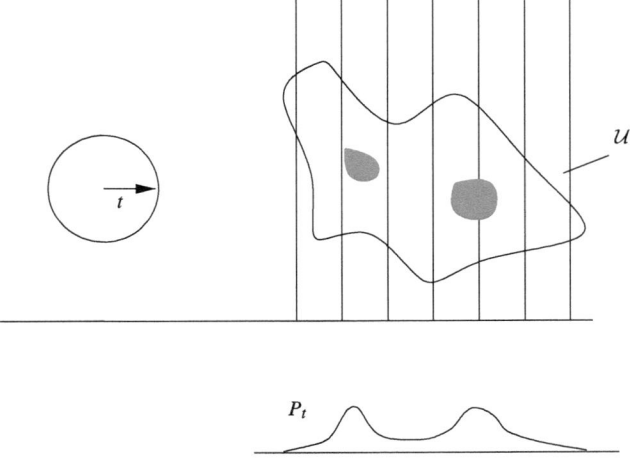

Abb. 4.6 Intensitätsverteilung in Richtung t des Objektes $\mathcal{U}$

Bei der Krebsvorsorge sollen Gebiete mit einer erhöhten Gewebedichte festgestellt werden. Wir messen die Intensität entlang von Hyperebenen $H_t(c) = \{x : \langle x, t \rangle = c\}$. P_t ist die Intensitätsverteilung in Richtung t (vgl. Abb. 4.6). Der Intensitätsabfall ist umso größer, je dichter das Gewebe ist. Man variiert die Richtung der Strahlung, wobei es ideal wäre, wenn man die Intensität für alle Richtungen messen könnte. Dann würde man die Radon-Transformierte erhalten. Praktisch jedoch kann man die Messung nur für endlich viele Richtungen ausführen und erhält so endlich viele Randdichten. Dabei stellt sich folgendes Problem: Wie erhält man eine gute Rekonstruktion der Verteilung P aus endlich vielen Randverteilungen $P_{t_1}, \ldots, P_{t_n}$?

In der Arbeit von Radon wird eine Umkehrformel angegeben, mit der man von der Intensität der Strahlen für alle Richtungen t auf die Dichte des Gewebes schließen kann. Diese Formel ist ein Spezialfall des Umkehrsatzes für charakteristische Funktionen. Insbesondere kann man jedes Gebiet in einer Ebene durch die Projektionen bestimmen. Handelt es sich bei dem Gebiet um einen Kreis, dann gilt nach dem Satz von Pythagoras

$$f_t(y) \sim 2\sqrt{r^2 - (y-z)^2}, \quad |y - z| < r,$$

und die Randverteilungen sind in allen Richtungen gleich (vgl. Abb. 4.7).

Die folgende Proposition behandelt einige Eigenschaften charakteristischer Funktionen.

Proposition 4.2.9 *Seien* $P, P_i \in M^1(\mathbb{R}^k, \mathcal{B}^k)$ *k-dimensionale Wahrscheinlichkeitsmaße, $i \leq m$.*

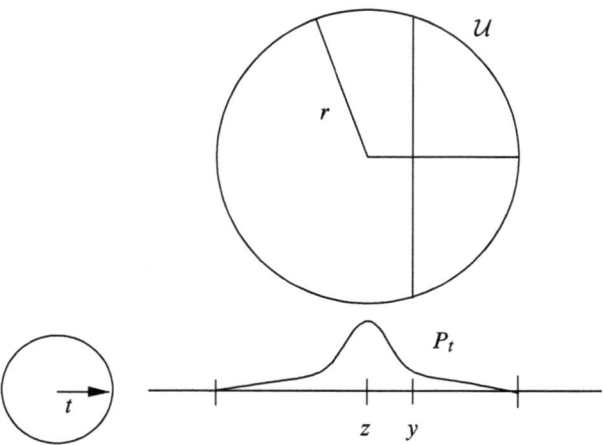

Abb. 4.7 Intensitätsverteilung eines Kreises in Richtung t

a) **Lineare Abbildungen:** Für eine lineare Abbildung $L : \mathbb{R}^k \longrightarrow \mathbb{R}^k$ sei $L^\top$ die Transponierte von L. Dann gilt:

$$\varphi_{PL} = \varphi_P \circ L^\top.$$

Speziell für den Fall, dass die Abbildung eine Spiegelung ist, $S(x) = -x$, folgt:

$$\varphi_{PS} = \varphi_P \circ S = \overline{\varphi}_P.$$

b) Für **Translationen** $T_a x = x + a, a \in \mathbb{R}^k$ gilt:

$$\varphi_{P T_a} = \varphi_{\varepsilon_a} \varphi_P,$$

wobei $\varepsilon_a = \delta_a$ das Einpunktmaß bezeichnet mit der charakteristischen Funktion

$$\varphi_{\varepsilon_a}(t) = e^{i\langle t, a \rangle}.$$

c) Sei $Q \in M^1(\mathbb{R}^p, \mathcal{B}^p)$, dann folgt

$$\varphi_{P \otimes Q}(s, t) = \varphi_P(s) \varphi_Q(t), \quad \forall\, s \in \mathbb{R}^k,\ t \in \mathbb{R}^p.$$

d) Für das **Faltungsprodukt** der Maße $P_1, \ldots, P_m$ gilt

$$\varphi_{P_1 * \ldots * P_m}(t) = \prod_{i=1}^m \varphi_{P_i}(t), \quad \forall\, t \in \mathbb{R}^k.$$

Beweis

a) Aus der Linearität von L folgt die Stetigkeit und damit die Messbarkeit, d. h., das Bildmaß P^L existiert. Für $t \in \mathbb{R}^k$ folgt nach der Transformationsformel

$$\varphi_{P^L}(t) = \int e^{i\langle t,x\rangle} dP^L(x) = \int e^{i\langle t,Lx\rangle} dP(x)$$
$$= \int e^{i\langle L^\top t, x\rangle} dP(x) = \varphi_P(L^\top t),$$

denn wegen $\langle t, x\rangle = t^\top x$ ist $\langle t, Lx\rangle = t^\top L x = (L^\top t)^\top x = \langle L^\top t, x\rangle$. Speziell für $L = S$ folgt

$$\varphi_{P^S}(t) = \varphi_P(S^\top t) = \varphi_P(St) = \varphi_P(-t)$$
$$= \int e^{i\langle -t,x\rangle} dP(x) = \int \overline{e^{i\langle t,x\rangle}} dP(x) = \overline{\varphi_P(t)}.$$

b) folgt aus d) durch Faltung mit einer konstanten Zufallsvariablen.

c) Unter Anwendung des Satzes von Fubini folgt

$$\varphi_{P\otimes Q}(s,t) = \int e^{i(\langle s,u\rangle + \langle t,v\rangle)} dP \otimes Q(u,v)$$
$$= \int \left(\int e^{i\langle s,u\rangle} e^{i\langle t,v\rangle} dP(u)\right) dQ(v)$$
$$= \varphi_P(s)\varphi_Q(t)$$

für $u \in \mathbb{R}^k$ und $v \in \mathbb{R}^p$.

d) Es genügt, die Eigenschaft für $m = 2$ zu zeigen. Dann folgt der allgemeine Fall durch Induktion. Nach Definition der Faltung ist

$$\varphi_{P_1 * P_2}(t) = \int e^{i\langle t,x\rangle} dP_1 * P_2(x)$$
$$= \int \left(\int e^{i\langle t,y+z\rangle} dP_1(y)\right) dP_2(z)$$
$$= \int \left(\int e^{i\langle t,y\rangle} e^{i\langle t,z\rangle} dP_1(y)\right) dP_2(z)$$
$$= \varphi_{P_1}(t)\varphi_{P_2}(t). \qquad \square$$

Proposition 4.2.9 d) vereinfacht die Berechnung der Verteilung von Summen unabhängiger Zufallsvariablen. Wir formulieren die Aussagen von Proposition 4.2.9 wegen ihrer Bedeutung auch für Zufallsvariablen.

Korollar 4.2.10 *Sei $X = (X_1, \ldots, X_k)$ ein Zufallsvektor. Dann gilt:*

a) *$X_1, \ldots, X_k$ sind stochastisch unabhängig genau dann, wenn*
$$\varphi_X(t) = \prod_{i=1}^{k} \varphi_{X_i}(t_i), \quad \forall\, t = (t_1, \ldots, t_k) \in \mathbb{R}^k.$$

b) *Die Verteilung von X ist symmetrisch um null, d.h. $P^X = P^{-X}$, genau dann, wenn die charakteristische Funktion φ_X reellwertig ist.*

c) **Lineare Transformation:** *Für $A \in \mathbb{R}^{k \times k}$ und $b \in \mathbb{R}^k$ gilt:*
$$\varphi_{AX+b}(t) = e^{i\langle t,b \rangle} \varphi_X(A^\top t).$$

Beweis

a) $X_1, \ldots, X_k$ sind stochastisch unabhängig

$$\Leftrightarrow \qquad P^X = \bigotimes_{i=1}^{k} P^{X_i}$$

$$\Leftrightarrow \qquad \varphi_X(t) = \prod_{i=1}^{k} \varphi_{X_i}(t_i) \text{ nach Proposition 4.2.9 c)}.$$

b) $P^X = P^{-X} \Leftrightarrow \varphi_X(t) = \varphi_{-X}(t) = \overline{\varphi_X(t)} \quad \forall\, t.$

c) folgt aus Proposition 4.2.9 a), b). □

Es folgen einige Beispiele für die Berechnung von charakteristischen Funktionen.

Beispiel 4.2.11

a) **Diskrete Verteilungen:** Für eine diskrete Verteilung $P = \sum_{m=1}^{\infty} \alpha_m \varepsilon_{\{a_m\}}$, mit $a_m \in \mathbb{R}^k$, $\sum \alpha_m = 1$, $\alpha_i \geq 0$, ist die charakteristische Funktion
$$\varphi_P(t) = \int e^{i\langle t,x \rangle}\, dP(x) = \sum_m \alpha_m e^{i\langle t,a_m \rangle}.$$

Einige Standardbeispiele sind:

1) **Binomialverteilung:** Für $P = \mathcal{B}(n, \vartheta)$, $\vartheta \in [0,1]$ gilt die **Binomialverteilung** nach der binomischen Formel
$$\varphi_P(t) = \sum_{m=0}^{n} \binom{n}{m} \vartheta^m (1-\vartheta)^{n-m} e^{itm}$$
$$= \sum_{m=0}^{n} \binom{n}{m} (\vartheta \cdot e^{it})^m (1-\vartheta)^{n-m}$$
$$= \left((1-\vartheta) + \vartheta e^{it}\right)^n = \left(\varphi_{\mathcal{B}(1,\vartheta)}(t)\right)^n,$$

4.2 Charakteristische Funktionen

d. h., die charakteristische Funktion einer binomialverteilten Zufallsvariablen mit den Parametern n und ϑ ist das n-fache Produkt der charakteristischen Funktion einer Bernoulli-verteilten Zufallsvariablen zum Parameter ϑ. Also gilt nach dem Eindeutigkeitssatz

$$\mathcal{B}(n, \vartheta) = \underset{i=1}{\overset{n}{*}} \mathcal{B}(1, \vartheta).$$

2) **Poisson-Verteilung:** Für die Poisson-Verteilung $P = \mathcal{P}(\alpha)$ mit der Dichte

$$f_P(n) = P(\{n\}) = e^{-\alpha}\frac{\alpha^n}{n!}, \quad n \in \mathbb{N},$$

erhält man die charakteristische Funktion

$$\varphi(t) = e^{-\alpha} \sum_{n=0}^{\infty} \frac{(\alpha \cdot e^{it})^n}{n!} = e^{\alpha(e^{it}-1)}, \quad t \in \mathbb{R}^1.$$

Als Konsequenz ergibt sich die Faltungsformel

$$\mathcal{P}(\alpha) * \mathcal{P}(\beta) = \mathcal{P}(\alpha + \beta)$$

aus dem Eindeutigkeitssatz. Es folgt, dass die Summe zweier unabhängiger Poisson-verteilter Zufallsvariablen mit den Parametern α und β Poisson-verteilt ist mit Parameter $\alpha + \beta$.

3) **Compound-Poisson-Verteilung:** Die Compound-Poisson-Verteilung ist eine Verteilung der Form

$$P = \mathcal{P}_{\alpha, Q} := \sum_{n=0}^{\infty} \frac{\alpha^n}{n!} e^{-\alpha} Q^{(n)}, \quad \alpha > 0, \; Q \in M^1(\mathbb{R}^1, \mathcal{B}^1);$$

$Q^{(n)} = Q * \cdots * Q$ ist die n-fache Faltung. Es folgt:

$$\varphi_P(t) = \sum_n \frac{\alpha^n}{n!} e^{-\alpha} \varphi_{Q^n}(t)$$

$$= \sum_n \frac{\alpha^n}{n!} e^{-\alpha} \big(\varphi_Q(t)\big)^n = e^{\alpha(\varphi_Q(t)-1)}.$$

Sind $N \sim \mathcal{P}(\alpha)$ und (X_i) eine i. i. d. Folge unabhängig von N mit $X_i \sim Q$, dann gilt:

$$\sum_{i=1}^{N} X_i \sim \mathcal{P}_{\alpha, Q}.$$

Die Compound-Poisson-Verteilung ist identisch mit dem **kollektiven Modell** $\sum_{i=1}^{N} X_i$, einem Standardmodell der Versicherungsmathematik. Hierbei sind $N \sim \#$ die Schadensfälle, Q die Verteilung der Schadenshöhe und $\sum_{i=1}^{N} X_i$ der Gesamtschaden.

b) **Stetige Verteilungen**
1) Die **Gleichverteilung** auf $[-1, 1]$, $P = \mathcal{U}([-1, 1])$, hat die Dichte $f(x) := \frac{1}{2} \mathbb{1}_{\{|x|<1\}}$. Damit erhält man als charakteristische Funktion

$$\varphi_P(t) = \int e^{itx} f(x)\, dx = \frac{1}{2} \int_{-1}^{1} e^{itx}\, dx = \frac{1}{2} \cdot \frac{1}{it} [e^{itx}]_{-1}^{1}$$

$$= \frac{1}{t} \cdot \frac{e^{it} - e^{-it}}{it} = \frac{1}{t} \cdot \sin t.$$

2) Die **Exponentialverteilung** $P = \mathcal{E}(1)$ hat die Dichte

$$f(x) = e^{-x} \cdot \mathbb{1}_{[0,\infty)}(x).$$

Die zugehörige charakteristische Funktion ist dann

$$\varphi_P(t) = \int_0^\infty e^{itx} e^{-x}\, dx = \left[\frac{e^{(it-1)x}}{it - 1} \right]_0^\infty = \frac{1}{1 - it}.$$

3) Die Dichte der **Standard-Normalverteilung**, $P = N(0, 1)$, ist $f(x) = \frac{1}{\sqrt{2\pi}} e^{-x^2/2}$. Es gilt:

$$\varphi_P(t) = e^{-\frac{t^2}{2}}, \quad t \in \mathbb{R}^1.$$

Beweis
$$\varphi_P(t) = \frac{1}{\sqrt{2\pi}} \int e^{itx - \frac{x^2}{2}}\, dx$$
$$= \frac{1}{\sqrt{2\pi}} e^{-\frac{t^2}{2}} \int e^{-\frac{1}{2}(x - it)^2}\, dx.$$

Die Standard-Normalverteilung ist symmetrisch um null. Damit ist die charakteristische Funktion reell und man kann ohne Einschränkung $t > 0$ wählen.
Sei $h(z) := e^{-\frac{1}{2} z^2}$, $z \in \mathbb{C}$. Der **Cauchy-Integralsatz** ist das wichtigste Hilfsmittel zur Berechnung von Integralen komplex differenzierbarer Funktionen. Er sagt aus, dass das Integral über einen geschlossenen orientierten Weg R_T in der komplexen Ebene null ist, d. h., es gilt

$$\int_{R_T} h(z)\, dz = 0.$$

Sei R_T der positiv orientierte Weg in Abb. 4.8 und sei $z = T - iu$ mit $0 \leq u \leq t$, dann erhält man

$$|h(z)| = e^{-\frac{1}{2}(T^2 - u^2)} \leq e^{-\frac{1}{2}(T^2 - t^2)}$$

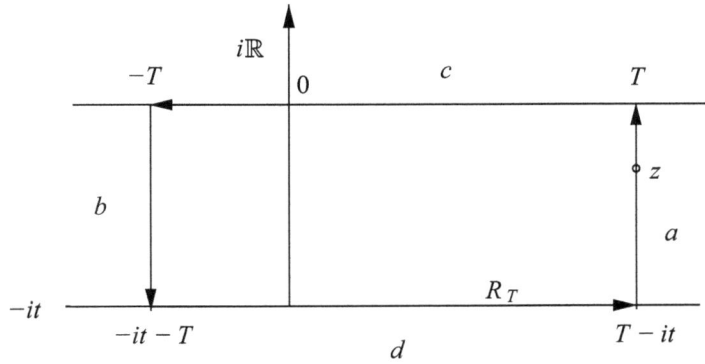

Abb. 4.8 Cauchy-Integralsatz für einen rechteckigen Bereich

und es folgt

$$\left| \int_{T-it}^{T} h(z)\, dz \right| \leq |t| e^{-\frac{1}{2}(T^2 - t^2)} \longrightarrow 0 \text{ für } T \longrightarrow \infty,$$

$$\left| \int_{-T-it}^{-T} h(z)\, dz \right| \leq |t| e^{-\frac{1}{2}(T^2 - t^2)} \longrightarrow 0 \text{ für } T \longrightarrow \infty.$$

Nach dem Integralsatz von Cauchy folgt dann

$$\int_{-\infty}^{\infty} e^{-\frac{1}{2}(x-it)^2}\, dx = \lim_{T \to \infty} \int_{-T}^{T} e^{-\frac{1}{2}(x-it)^2}\, dx$$

$$= -\lim_{T \to \infty} \int_{T}^{-T} e^{-\frac{u^2}{2}}\, du = \sqrt{2\pi},$$

also die Behauptung (vgl. Abb. 4.8). □

Alternativ kann man φ auch durch eine Differentialgleichung bestimmen: Mit Hilfe partieller Integration gilt:

$$\varphi(0) = 1, \quad \frac{d}{dt}\varphi(t) = \frac{1}{\sqrt{2\pi}} \int e^{itx} ixe^{-\frac{x^2}{2}}\, dx = -t\varphi(t).$$

Diese Differentialgleichung hat die eindeutige Lösung $e^{-\frac{t^2}{2}}$.

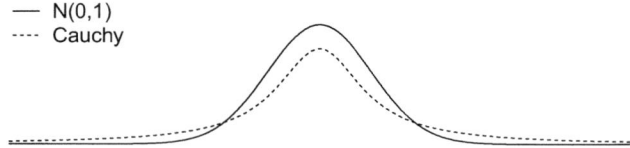

Abb. 4.9 Cauchy- und Normalverteilung

Ist X eine standard-normalverteilte Zufallsvariable, $X \sim N(0,1)$, dann ist $Y = \sigma X + a \sim N(a, \sigma^2)$, normalverteilt mit Mittelwert a und Varianz σ^2. Für Y ergibt sich nach Korollar 4.2.10

$$\varphi_Y(t) = \varphi_{N(a,\sigma^2)}(t) = e^{ita} e^{-\frac{1}{2}\sigma^2 t^2}.$$

4) Die **Cauchy-Verteilung** $P = \mathcal{C}(1)$ hat die Dichte (vgl. Abb. 4.9)

$$f(x) = \frac{1}{\pi} \cdot \frac{1}{1+x^2}.$$

Erwartungswert und Varianz der Cauchy-Verteilung existieren nicht.
Behauptung: Die charakteristische Funktion der Cauchy-Verteilung ist

$$\varphi_P(t) = e^{-|t|}, \quad \forall\, t \in \mathbb{R}.$$

Da die Dichte der Cauchy-Verteilung symmetrisch ist, ist auch die zugehörige charakteristische Funktion symmetrisch, d. h.

$$\varphi(-t) = \overline{\varphi(t)} = \varphi(t)$$

und die charakteristische Funktion

$$\varphi_P(t) = \frac{1}{\pi} \int_{-\infty}^{\infty} \frac{e^{ity}}{1+y^2}\, dy$$

ist reell. Deshalb kann man ohne Einschränkung annehmen, dass $t > 0$ ist. Der Integrand fortgesetzt auf $\mathbb{C}$,

$$h(z) := \frac{e^{itz}}{1+z^2} = \frac{e^{itz}}{(z-i)(z+i)}, \quad z \in \mathbb{C},$$

ist meromorph (besitzt eine Laurent-Entwicklung), d. h., P ist holomorph bis auf Polstellen. Zur Berechnung des Integrals verwenden wir den **Residuensatz**.

4.2 Charakteristische Funktionen

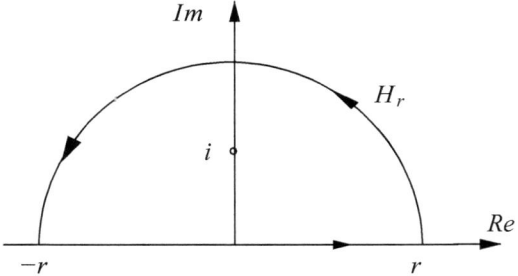

Abb. 4.10 Residuensatz, Kreisbogen H_r mit Pol in i

Nach dem Residuensatz gilt mit dem Kreisbogen H_r (vgl. Abb. 4.10):

$$\int_{-r}^{r} h(z)\,dz + \int_{H_r} h(z)\,dz = 2\pi i \sum \operatorname{Res}(h, z_i).$$

Das Residuum in $a \in \mathbb{C}$ bezeichnet den Koeffizienten von $(z-a)^{-1}$ in der Laurent-Entwicklung. Laurent-Reihen $\sum_{n=-m}^{\infty} a_n(z-a)^n$ sind Verallgemeinerungen von Potenzreihen, bei denen endlich viele negative Potenzen auftreten.
Die Funktion h hat einfache Pole in i und $-i$ mit Residuum

$$a_{-1} := \lim_{z \to i}(z-i)h(z) = -\frac{e^{-t}}{2i} \quad \text{in } i.$$

Es ist ist also

$$\int_{-r}^{r} h(z)\,dz + \int_{H_r} h(z)\,dz = \pi e^{-t}.$$

Wir zeigen, dass das Integral über den Bogen H_r für $r \longrightarrow \infty$ verschwindet.
Sei $z \in H_r$ ein Punkt auf der Kreislinie. Wegen $|h(z)| \leq \frac{1}{r^2-1}, t \geq 0$, gilt:

$$\left| \int_{H_r} h(z)\,dz \right| \leq \frac{\pi r}{r^2 - 1} \xrightarrow{r \to \infty} 0.$$

Also ist

$$\int_{-\infty}^{\infty} h(z)\,dz = \pi e^{-|t|}. \qquad \diamond$$

Bemerkung 4.2.12 (Arithmetisches Mittel bei der Cauchy- und Normalverteilung)
Seien $X_1, \ldots, X_n$ unabhängige, identische, Cauchy-verteilte Zufallsvariable, $X_i \sim \mathcal{C}(1)$. Dann gilt

$$\varphi_{\frac{1}{n}\sum_{i=1}^n X_i}(t) = \varphi_{\sum_{i=1}^n X_i}\left(\frac{t}{n}\right) = \prod_{i=1}^n \varphi_{X_i}\left(\frac{t}{n}\right)$$
$$= \left(e^{-\frac{|t|}{n}}\right)^n = e^{-|t|}.$$

Das arithmetische Mittel ist auch Cauchy-verteilt;

$$\frac{1}{n}\sum_{i=1}^n X_i \sim X_1 \sim \mathcal{C}(1),$$

die Cauchy-Verteilung ist stabil vom Index 1.

Die Normalverteilung ist stabil vom Index 2. Sind $X_1, \ldots, X_n$ unabhängig, identisch normalverteilt, $X_i \sim N(0,1)$, dann folgt

$$\varphi_{\frac{1}{\sqrt{n}}\sum_{i=1}^n X_i}(t) = \left(\varphi_{X_1}\left(\frac{t}{\sqrt{n}}\right)\right)^n = \left(e^{-\frac{t^2}{2n}}\right)^n = e^{-\frac{t^2}{2}} = \varphi_{N(0,1)}(t),$$

also gilt:

$$\frac{1}{\sqrt{n}}\sum_{i=1}^n X_i \sim N(0,1).$$

Daher konvergiert das arithmetische Mittel für standard-normalverteilte Zufallsvariablen in Verteilung gegen null. Denn

$$\frac{1}{n}\sum_{i=1}^n X_i = \frac{1}{\sqrt{n}}\mathcal{N}(0,1) \sim N\left(0, \frac{1}{n}\right) \xrightarrow{\mathcal{D}} 0.$$

Bei der Normalverteilung konzentriert sich das arithmetische Mittel mit wachsender Beobachtungszahl immer mehr um den Erwartungswert. Man kann daher durch Erhöhung der Beobachtungszahl eine Schätzung des Erwartungswertes verbessern. Bei der Cauchy-Verteilung hingegen erhält man durch Mittelung keine Verbesserung. Wenn man in einem Cauchy-Experiment eine Messung mehrfach ausführt, dann ist das arithmetische Mittel kein besserer Schätzer des Lageparameters, als wenn man nur einmal misst. ⌐

4.2.2 Eigenschaften von charakteristischen Funktionen und Momentenmethode

Wegen des Eindeutigkeitssatzes sind alle Eigenschaften einer Verteilung in der charakteristischen Funktion kodiert. Wie kann man diese Eigenschaften an der charakteristischen Funktion ablesen? Zunächst zu einigen Eigenschaften charakteristischer Funktionen selbst.

4.2 Charakteristische Funktionen

Proposition 4.2.13 *Sei $P \in M^1(\mathbb{R}^k, \mathcal{B}^k)$, dann hat die zugehörige charakteristische Funktion $\varphi = \varphi_P$ die folgenden Eigenschaften:*

1) Für alle $t \in \mathbb{R}^k$ $\quad \varphi_P(0) = 1$ und $|\varphi_P(t)| \leq 1$.
2) φ ist gleichmäßig stetig. Ist $m := \int |y|\,dP(y) < \infty$, dann ist φ Lipschitz-stetig:

$$|\varphi_P(t) - \varphi_P(s)| \leq m|t-s|.$$

3) φ ist **positiv semidefinit (hermitesch)**, d. h. $\forall\, x_1, \ldots, x_m \in \mathbb{R}^k$ und $\forall\, t_1, \ldots, t_m \in \mathbb{C}$ ist

$$\sum_{i,j=1}^m t_i \bar{t}_j \varphi_P(x_i - x_j) \geq 0,\ \text{d. h. reell und}\ \geq 0,$$

oder äquivalent, die Matrix $\left(\varphi_P(x_j - x_i)\right)_{1 \leq i,j \leq m}$ *ist hermitesch.*

Beweis

1) $$|\varphi(t)| = \left|\int e^{i\langle t,x\rangle}\,dP\right| \leq \int \left|e^{i\langle t,x\rangle}\right|\,dP = 1.$$

2) $$|\varphi_P(t+h) - \varphi_P(t)| \leq \int \left|e^{i\langle t+h,y\rangle} - e^{i\langle t,y\rangle}\right|\,dP(y)$$
$$= \int \left|e^{i\langle t,y\rangle}\right|\left|e^{i\langle h,y\rangle} - 1\right|\,dP(y) = \int \left|1 - e^{i\langle h,y\rangle}\right|\,dP(y).$$

Für die Taylor-Entwicklung ergeben sich zwei Formen des Restterms (unter Verwendung partieller Integration):

$$\left|e^{ix} - \sum_{k=0}^n \frac{(ix)^k}{k!}\right| \leq \min\left(\frac{|x|^{n+1}}{(n+1)!}, \frac{2|x|^n}{n!}\right), \quad \forall\, n \geq 0. \tag{4.1}$$

Für kleine Werte von x ist die erste Abschätzung besser, für große Werte von x die zweite. Für $n = 0$ folgt aus obigen Abschätzungen, dass $|1 - e^{it}| \leq 2$ und $|1 - e^{it}| \leq |t|$, also ist

$$\left|1 - e^{i\langle h,y\rangle}\right| \leq |\langle h,y\rangle| \leq |h|\cdot|y|,$$

und die gleichmäßige Stetigkeit folgt mit dem Satz über majorisierte Konvergenz. Ist $\int |y|\,dP(y)$ endlich, folgt hieraus die **Lipschitz-Stetigkeit** wegen

$$|\varphi_P(t+h) - \varphi_P(t)| \leq |h| \int |y|\,dP(y) = |h| \cdot m \quad \text{mit}\ m := \int |y|\,dP(y).$$

3) Es gilt

$$\sum_{i,j} t_i \bar{t}_j \varphi_P(x_i - x_j) = \sum_{i,j} t_i \bar{t}_j \int e^{i\langle x_i - x_j, y\rangle} \, dP(y)$$

$$= \int \sum_{i,j} t_i e^{i\langle x_i, y\rangle} \overline{t_j e^{i\langle x_j, y\rangle}} \, dP(y)$$

$$= \int \left| \sum_i t_i e^{i\langle x_i, y\rangle} \right|^2 dP(y) \geq 0,$$

insbesondere ist der Ausdruck reell. □

Der Satz von Bochner in Abschn. 4.3 besagt, dass in Proposition 4.2.13 auch die Umkehrung gilt. Der folgende Satz trifft eine Aussage darüber, wie man die Momente einer Verteilung an der charakteristischen Funktion ablesen kann.

Satz 4.2.14 (Momente einer Verteilung) *Sei X eine reelle Zufallsvariable mit zugehöriger Verteilung $Q^X = P$ und charakteristischer Funktion $\varphi_X = \varphi$. Dann gilt:*

a) *Ist $E|X|^n < \infty$, dann ist φ n-mal stetig differenzierbar, und für $r \leq n$ gilt:*

$$\varphi^{(r)}(t) = \int (ix)^r e^{itx} \, dP, \quad EX^r = \frac{\varphi^{(r)}(0)}{i^r}.$$

Die charakteristische Funktion kann man in eine Taylor-Reihe entwickeln:

$$\varphi(t) = \sum_{r=0}^n \frac{(it)^r}{r!} EX^r + \varepsilon_n(t) \frac{|t|^n}{n!} \quad \text{mit } |\varepsilon_n(t)| \leq 3 E|X|^n \text{ und } \varepsilon_n(t) \xrightarrow[t \to 0]{} 0. \quad (4.2)$$

b) *Existiert $\varphi^{(2n)}(0) < \infty$ und ist endlich, dann gilt: $EX^{2n} < \infty$.*
c) **(Taylor-Reihe)** *Ist $E|X|^n < \infty$, $\forall n \geq 0$, und ist*

$$0 < R := \frac{1}{e} \frac{1}{\varlimsup \frac{\sqrt[n]{|EX^n|}}{n}},$$

dann konvergiert die Taylor-Reihe von φ gegen φ,

$$\varphi(t) = \sum_{n=0}^\infty \frac{(it)^n}{n!} EX^n \quad \text{für } |t| < R.$$

Beweis
a) Nach der Hölder-Ungleichung gilt: $\|X\|_r \uparrow_r$. Damit folgt:

$$E|X|^r < \infty \quad \forall\, r \leq n.$$

4.2 Charakteristische Funktionen

Wegen $\left|\dfrac{e^{ihx}-1}{h}\right| \leq |x|$ gilt:

$$\frac{\varphi(t+h)-\varphi(t)}{h} = E\left(\frac{e^{iX(t+h)}-e^{iXt}}{h}\right) = E\left(e^{itX}\frac{e^{ihX}-1}{h}\right).$$

Nach dem Satz über majorisierte Konvergenz folgt:

$$\varphi'(t) = iEXe^{itX} = \int ixe^{itx}\,dP(x) \text{ und } \varphi' \text{ ist stetig in } t.$$

Mit Induktion folgt: $\varphi^{(r)}(t) = \int (ix)^r e^{itx}\,dP(x)$, und $\varphi^{(r)}$ ist stetig in t, also

$$EX^r = \frac{\varphi^{(r)}(0)}{i^r}.$$

Nach der Abschätzung in (4.1) für die Taylor-Entwicklung gilt:

$$\left|Ee^{itX} - \sum_{r=0}^{n}\frac{(it)^r}{r!}EX^r\right| \leq E\left|e^{itX} - \sum_{r=0}^{n}\frac{(itX)^r}{r!}\right|$$

$$\leq E\min\left(\frac{|tX|^{n+1}}{(n+1)!}, \frac{2|tX|^n}{n!}\right) \leq 2\cdot\frac{|t|^n}{n!}E|X|^n$$

und es gilt auch

$$\varphi(t) = Ee^{itX}$$
$$= \sum_{k=0}^{n-1}\frac{(it)^k}{k!}EX^k + \frac{(it)^n}{n!}(EX^n + \varepsilon_n(t))$$

mit $\varepsilon_n(t) \longrightarrow 0$ und $\varepsilon_n(t) \leq 3E|X|^n$.

b) 1) Behauptung: $\int x^2\,dP(x) \leq -\varphi^{(2)}(0)$.

Mit Hilfe des Lemmas von Fatou und der Regel von l'Hospital erhält man die Abschätzung

$$\varphi^{(2)}(0) = \lim_{h\to 0}\frac{1}{4h^2}(\varphi(2h) - 2\varphi(0) + \varphi(-2h))$$

$$= \lim_{h\to 0}\int\left(\frac{e^{ihx}-e^{-ihx}}{2h}\right)^2 dP(x) = -\lim_{h\to 0}\int\left(\frac{\sin(hx)}{hx}\right)^2 x^2\,dP(x),$$

$$\leq -\int\lim_{h\to 0}\left(\frac{\sin(hx)}{hx}\right)^2 x^2\,dP(x) \qquad \text{nach dem Lemma von Fatou}$$

$$= -\int x^2\,dP(x).$$

Wegen $\int x^2 \, dP(x) \leq -\varphi^{(2)}(0) < \infty$ folgt

$$EX^2 = \int x^2 \, dP(x) < \infty.$$

2) Induktionsschritt: Wir zeigen mit Induktion die Behauptung. Aus der Annahme, $\varphi^{(2k+2)}(0)$ existiert und ist endlich, folgt: $\varphi^{(2k)}(0)$ existiert und ist endlich. Also existieren die Momente der Ordnung $2k$ und

$$\varphi^{(2k)}(t) = \int (ix)^{2k} e^{itx} \, dP(x)$$
$$= \int e^{itx} (-1)^k x^{2k} \, dP(x).$$

Also ist $\psi := (-1)^k \varphi^{(2k)}$ bis auf Normierung die charakteristische Funktion des endlichen Maßes $\mu := x^{2k} \, dP(x)$. Nach Normierung folgt mit dem ersten Teil des Beweises

$$\int x^2 \, d\mu(x) = \int x^{2k+2} \, dP(x) \leq -\psi^{(2)}(0)$$
$$= (-1)^{k+1} \varphi^{(2k+2)}(0) < \infty.$$

c) Nach der **Stirling'schen Formel** gilt für $n \in \mathbb{N}$

$$n! = \sqrt{2\pi n} \left(\frac{n}{e}\right)^n e^{-\frac{\vartheta_n}{12n}} \quad \text{mit} \quad \vartheta_n \in (0,1).$$

Damit erhält man für $n \longrightarrow \infty$ die näherungsweise Formel $n! \simeq \sqrt{2\pi n} \cdot \left(\frac{n}{e}\right)^n$ und es folgt

$$\frac{(n!)^{1/n}}{n} \longrightarrow \frac{1}{e}.$$

Nach der Cauchy-Hadamard-Formel ist der Konvergenzradius einer Potenzreihe $\sum a_n z^n$ gegeben durch $R = \left(\overline{\lim} \sqrt[n]{|a_n|}\right)^{-1}$. Angewendet auf die Reihe $\sum_r \frac{i^r EX^r}{r!} t^r$ folgt mit einer Abschätzung zwischen Momenten gerader und ungerader Ordnung

$$R = \left(\overline{\lim} \sqrt[n]{\frac{|EX^n|}{n!}}\right)^{-1} = \left(\frac{e \cdot \overline{\lim} \sqrt[n]{|EX^n|}}{n}\right)^{-1}.$$

Für $|t| < R$ folgt $\varepsilon_n(t) \longrightarrow 0$, d. h., die Reihenreste gehen gegen null, und die Taylor-Reihe konvergiert gegen die charakteristische Funktion. □

Für den Fall $R = \infty$ ist φ auf der ganzen reellen Zahlengerade analytisch und insbesondere eindeutig durch die Momente bestimmt. Für die eindeutige Bestimmtheit der Verteilung durch die Momente reicht es aus, dass die Momentenfolge nicht zu schnell wächst.

4.2 Charakteristische Funktionen

Satz 4.2.15 (Momentenproblem, eindeutige Bestimmtheit durch Momente) *Sei (m_k) eine reelle Folge mit*

$$\limsup_{k\to\infty}\left(\frac{1}{2k}\cdot (m_{2k})^{\frac{1}{2k}}\right) =: r < \infty.$$

Dann gibt es höchstens ein Wahrscheinlichkeitsmaß $P \in M^1(\mathbb{R}^1, \mathcal{B}^1)$ mit

$$m_k = \int x^k\, dP(x) \quad \forall k \in \mathbb{N}.$$

Beweis Sei $P \in M^1(\mathbb{R}^1, \mathcal{B}^1)$ ein Wahrscheinlichkeitsmaß mit Momenten k-ter Ordnung, $m_k = \int x^k\, dP(x)$ und absoluten Momenten v_k der Ordnung k, $v_k = \int |x|^k\, dP(x)$, $\forall k \in \mathbb{N}$. Für die Momente gradzahliger Ordnung $k = 2n$ gilt $v_k = m_k$.

Die ungeraden absoluten Momente kann man durch die benachbarten geraden absoluten Momente abschätzen, denn mit der Ungleichung von Cauchy-Schwarz folgt

$$v_{2k+1}^2 = \left(\int |x|^{2k+1}\, dP(x)\right)^2 = \left(\int |x|^{k+1}|x|^k\, dP(x)\right)^2$$
$$\leq \left(\int |x|^{2k+2}\, dP(x)\right)\cdot \left(\int |x|^{2k}\, dP(x)\right)$$
$$= v_{2k}\cdot v_{2k+2}.$$

Daraus folgt:

$$\overline{\lim_{k\to\infty}}\frac{(v_k)^{\frac{1}{k}}}{k} = r = \frac{1}{e\,\overline{\lim}\,(n^{-1}\sqrt[n]{|EX^n|})},$$

mit einer Zufallsvariablen $X \sim P$. Mit der Standardabschätzung (4.1) aus der Reihenentwicklung der Exponentialfunktion folgt

$$\left|\left[e^{itx} - \sum_{k=0}^{n-1}\frac{(itx)^k}{k!}\right]e^{it\vartheta}\right| \leq \frac{|tx|^n}{n!}.$$

Für $|t| < R = \frac{1}{e\cdot r}$ folgt mit der Stirling'schen Formel

$$|\varepsilon_n| = \left|\varphi(\vartheta + t) - \varphi(t) - t\varphi'(\vartheta) - \ldots - \frac{t^{n-1}}{n-1}\varphi^{(n-1)}(\vartheta)\right|$$
$$\leq \frac{|t|^n}{n!}v_n \sim \frac{1}{\sqrt{2\pi n}}\left(e|t|\frac{(v_n)^{\frac{1}{n}}}{n}\right)^n \longrightarrow 0 \quad \text{für } n\to\infty.$$

Denn nach Voraussetzung ist $e|t| < \frac{1}{r}$ und $\frac{(v_n)^{\frac{1}{n}}}{n} \longrightarrow r$. Daraus folgt für $|t| < \frac{1}{er}$

$$\varphi(\vartheta + t) = \varphi(\vartheta) + \sum_{k=1}^{\infty}\frac{t^k}{k!}\varphi^{(k)}(\vartheta). \tag{4.3}$$

Es gilt daher mit $t = 0$ die Taylor-Entwicklung

$$\varphi(\vartheta) = \varphi(0) + \sum_{k=1}^{\infty} \frac{\vartheta^k}{k!} \varphi^{(k)}(0), \quad |\vartheta| < \frac{1}{er}.$$

Nach obigem Argument folgt die Entwicklung (4.3) für $|\vartheta|, |t| < \frac{1}{er}$. Für jedes Wahrscheinlichkeitsmaß $Q \in M^1(\mathbb{R}^1, \mathcal{B}^1)$ mit denselben Momenten wie P

$$m_k = \int x^k \, dP(x) = \int x^k \, dQ(x) \quad \forall k$$

und charakteristischer Funktion $\psi = \varphi_Q$ gilt dann $\varphi(0) = \psi(0) = 1$, und nach Satz 4.2.14 folgt: $\varphi(t) = \psi(t), \forall |t| < \frac{1}{e \cdot r}$.

Also gilt nach (4.3) $\varphi(t) = \psi(t)$ für $|t| < \frac{2}{er}$ und nach Induktion dann sukzessive auch für $|t| < \frac{k}{er}$, $\forall k$, d. h. $\varphi = \psi$, so dass nach dem Eindeutigkeitssatz folgt: $P = Q$. □

Bemerkung 4.2.16

a) **Carleman-Bedingung:** Eine verbesserte hinreichende Bedingung für die eindeutige Lösbarkeit des Momentenproblems ist die **Carleman-Bedingung**

$$\sum_{k=1}^{\infty} \frac{1}{(m_{2k})^{\frac{1}{2k}}} = \infty.$$

Für die Carleman-Bedingung reicht eine Wachstumsanforderung der Form:

$$v_k \leq c k^{(1+\varepsilon)k},$$

während Satz 4.2.15 auf eine Schranke der Form

$$v_k \leq c k^k \quad \text{führt.}$$

b) **Hamburger Momentenproblem:** Neben der Frage nach der eindeutigen Bestimmtheit eines Maßes durch seine Momente ist es eine klassische Frage der Funktionalanalysis, die Folgen $(a_j) \subset \mathbb{R}$ zu charakterisieren, die Momentenfolgen eines Borel'schen Maßes μ auf $\mathbb{R}^1$ (Hamburger Momentenproblem) oder auf $\mathbb{R}_+$ (Stieltjes) oder auf $[0, 1]$ (Hausdorff) sind. Notwendig und hinreichend für das Hamburger Momentenproblem ist die Bedingung:

$$\sum_{j,k=1}^{n} c_j \overline{c}_k a_{j+k} \geq 0, \quad \forall (c_j) \subset \mathbb{C}, n \in \mathbb{N}.$$

Die Notwendigkeit ist einfach zu sehen, denn es ist

$$0 \leq \int \left| \sum_{j=1}^{n} c_j x^j \right|^2 d\mu(x) = \sum_{j,k=1}^{n} c_j \overline{c}_k a_{j+k}. \quad \lrcorner$$

4.2 Charakteristische Funktionen

Eine klassische Methode zum Nachweis von Verteilungskonvergenz ist die Momentenmethode.

Satz 4.2.17 (Momentenmethode, Satz von Frechét-Shohat) *Sei (P_n) eine Folge von Wahrscheinlichkeitsmaßen, $(P_n) \subset M^1(\mathbb{R}^1, \mathcal{B}^1)$. Es gelte*

$$\int x^k \, dP_n(X) \xrightarrow[n \to \infty]{} \mu_k, \quad \forall k,$$

und

$$\limsup \frac{\mu_{2k}}{2k} < \infty.$$

Dann existiert genau ein Wahrscheinlichkeitsmaß $P \in M^1(\mathbb{R}^1, \mathcal{B}^1)$ mit

$$\int x^k \, dP(x) = \mu_k, \quad \forall k,$$

so dass

$$P_n \xrightarrow{\mathcal{D}} P.$$

Beweis Nach Proposition 4.1.25 ist die Folge (P_n) straff, also nach dem Satz von Prohorov relativ folgenkompakt. Es bleibt zu zeigen, dass sie höchstens einen Häufungspunkt hat.

Sei P ein Häufungspunkt der Folge $\{P_n\}$ bzgl. $\xrightarrow{\mathcal{D}}$, d. h., es existiert eine Folge $(m) \subset \mathbb{N}$ mit $P_m \xrightarrow{\mathcal{D}} P$.

Behauptung: $\int x^k \, dP(x) = \mu_k, \forall k$; denn

$$\int x^k \, dP_m(x) = \int_{\{|x| \leq K\}} x^k \, dP_m(x) + \int_{\{|x| > K\}} x^k \, dP_m(x)$$

$$\downarrow \qquad\qquad \downarrow$$

$$\mu_k \qquad \int_{\{|x| \leq K\}} x^k \, dP(x) \qquad \text{falls } K, -K \in C_{F_P}.$$

Es folgt: $\displaystyle\int_{\{|x| > K\}} x^k \, dP_m(x) \longrightarrow B_K = B_K(k).$

Für den zweiten Summanden verwenden wir die Abschätzung

$$\limsup_m \int_{\{|x| > K\}} |x|^k \, dP_m(x) = \limsup_m \int_{\{|x| > K\}} \frac{|x|^k}{|x|^{k+1}} \cdot |x|^{k+1} \, dP_m(x)$$

$$\leq \frac{1}{K} \limsup_m \int_{\{|x| > K\}} |x|^{k+1} \, dP_m(x)$$

$$\begin{cases} \leq \frac{1}{K} \cdot \mu_{k+1}, & \text{falls } k+1 \text{ gerade ist,} \\ \leq \frac{1}{K} \sqrt{\mu_k \cdot \mu_{k+2}}, & \text{falls } k \text{ gerade ist.} \end{cases}$$

Also folgt $B_K \xrightarrow[K \to \infty]{} 0$. Nach dem Lemma von Fatou gilt die Abschätzung

$$\int_{\{|x|>K\}} |x|^k \, dP(x) \leq \liminf \int_{\{|x|>K\}} |x|^k \, dP_m(x).$$

Das Lemma von Fatou ist anwendbar, da wir nach dem Skorohod-Theorem, Satz 4.1.3, o. E. f. s.-konvergente Zufallsvariablen, $X_n \longrightarrow X$ f. s. mit $X_n \sim P_n$, $X \sim P$, annehmen können und die Abbildung $f(x) = |x|^k \mathbb{1}_{\{|x|>k\}}$ f. s. stetig bzgl. P ist. Es folgt für alle $k \in \mathbb{N}$

$$\mu_k = \lim_{K \to \infty} \int_{\{|x| \leq K\}} x^k \, dP(x) = \int x^k \, dP(x).$$

Nach der Aussage über das Momentenproblem bestimmen die Momente μ_k das Maß P eindeutig. Es existiert also genau ein Häufungspunkt der Folge P_n und daher folgt nach Korollar 4.1.19: $P_n \xrightarrow{\mathcal{D}} P$. □

Die folgende Umkehrformel besagt, wie sich aus der charakteristischen Funktion die Verteilungsfunktion und die Dichte bestimmen lassen. Insbesondere folgt auch der Eindeutigkeitssatz hieraus.

Satz 4.2.18 (Umkehrformel für charakteristische Funktionen) *Sei $P \in M^1(\mathbb{R}^1, \mathcal{B}^1)$, $\varphi = \varphi_P$ und $F = F_P$ die zugehörige Verteilungsfunktion.*

a) *Für $a < b$ gilt:*

$$\frac{F(b) + F(b-)}{2} - \frac{F(a) + F(a-)}{2} = \lim_{c \to \infty} \Phi_c$$

mit $\Phi_c = \frac{1}{2\pi} \int_{-c}^{c} \frac{e^{-ita} - e^{-itb}}{it} \varphi(t) \, dt$.

b) *Ist $\varphi \in \mathcal{L}_\mathbb{C}^1(\lambda^1)$, dann gilt:*

$$f(x) := \frac{1}{2\pi} \int e^{-itx} \varphi(t) \, dt$$

ist eine Lebesgue-Dichte von P und f ist gleichmäßig stetig und beschränkt.

Beweis
a) Nach Fubini gilt

$$\Phi_c := \frac{1}{2\pi} \int_{-c}^{c} \frac{e^{-ita} - e^{-itb}}{it} \varphi(t) \, dt = \int \left[\frac{1}{2\pi} \int_{-c}^{c} \frac{e^{-ita} - e^{-itb}}{it} e^{itx} \, dt \right] dP(x).$$

4.2 Charakteristische Funktionen

Der Satz von Fubini ist anwendbar, denn wegen

$$\left| \frac{e^{-ita} - e^{-itb}}{it} e^{itx} \right| = \left| \int_a^b e^{-itx}\, dx \right| \leq b - a$$

ist der Integrand durch eine integrierbare Funktion beschränkt. Es gilt

$$\Psi_c(x) := \frac{1}{2\pi} \int_{-c}^{c} \frac{e^{-ita} - e^{-itb}}{it} e^{itx}\, dt$$

$$= \frac{1}{2\pi} \int_{-c}^{c} \frac{\sin t(x-a) - \sin t(x-b)}{t}\, dt$$

$$= \frac{1}{2\pi} \left[\int_{-c(x-a)}^{c(x-b)} \frac{\sin v}{v}\, dv - \int_{-c(x-a)}^{c(x-b)} \frac{\sin u}{u}\, du \right].$$

$\frac{\sin v}{v}$ ist nicht Lebesgue-integrierbar. Wir verwenden die folgenden bekannten Eigenschaften der „**Dirichlet-Integrale**": Für alle $y \geq 0$ und $\alpha \in \mathbb{R}^1$ gilt:

$$\operatorname{sgn}\alpha \int_0^y \frac{\sin \alpha x}{x}\, dx \leq \int_0^\pi \frac{\sin x}{x}\, dx.$$

$$\int_0^\infty \frac{\sin \alpha x}{x}\, dx = \frac{\pi}{2} \operatorname{sgn}\alpha,$$

mit der Signum-Funktion $\operatorname{sgn} y := \begin{cases} 1, & y > 0, \\ 0, & y = 0, \\ -1, & y < 0. \end{cases}$

Hieraus folgt: $|\Psi_c| < \text{const.} < \infty$ und

$$\Psi_c(x) \xrightarrow[c\to\infty]{} \Psi(x) := \begin{cases} 0, & x < a \text{ oder } x > b, \\ 1/2, & x = a \text{ oder } x = b, \\ 1, & a < x < b. \end{cases}$$

Nach dem Satz über majorisierte Konvergenz folgt:

$$\Phi_c = \int \Psi_c\, dP \longrightarrow \int \Psi\, dP = P((a,b)) + \frac{1}{2}P(\{a\}) + \frac{1}{2}P(\{b\}).$$

b) Für den Fall, dass die charakteristische Funktion integrierbar ist, sei

$$f(x) := \frac{1}{2\pi} \int e^{-itx} \varphi(t)\, dt.$$

Dann gilt:

$$|f(x+h) - f(x)| \leq \frac{1}{2\pi} \int |e^{-it(x+h)} - e^{-itx}||\varphi(t)|\, dt$$
$$\leq \frac{1}{\pi} \int |\varphi(t)|\, dt < \infty$$

und es folgt wie in Proposition 4.2.13, dass f gleichmäßig stetig und beschränkt ist. Nach dem Satz von Fubini folgt:

$$\int_a^b f(x)\, dx = \int_a^b \frac{1}{2\pi} \left(\int e^{-itx} \varphi(t)\, dt \right) dx = \frac{1}{2\pi} \int \varphi(t) \left(\int_a^b e^{-itx}\, dx \right) dt$$
$$= \lim_{c \to \infty} \frac{1}{2\pi} \int_{-c}^c \varphi(t) \frac{e^{-ita} - e^{-itb}}{it}\, dt$$
$$= P\big((a,b)\big) + \frac{1}{2}\big(P(\{a\}) + P(\{b\})\big) \geq 0, \quad \forall\, a, b \text{ nach a).}$$

f ist reell und $f \geq 0$ f. s.. Wegen der Stetigkeit ist daher $f \geq 0$ und für $a \longrightarrow -\infty$, $b \longrightarrow +\infty$ folgt $\int f(y)\, dy = 1$. Damit ist f eine Lebesgue-Dichte. Da die Formel insbesondere für die Stetigkeitsstellen der Verteilungsfunktion gilt, folgt: f ist eine Dichte von P. □

Die Existenz von Momenten $\int x^k\, dP(x)$ hängt davon ab, wie schnell die Verteilung im Unendlichen abfällt. Sie entspricht Glattheits- bzw. Differenzierbarkeitseigenschaften der charakteristischen Funktion um null (Satz über Momente). Im Folgenden untersuchen wir den dualen Fall: Die Glattheit der Verteilungsfunktion spiegelt sich darin wider, wie schnell die charakteristische Funktion im Unendlichen gegen null fällt.

Für den Fall $P = \delta_{\{a\}}$ ist die zugehörige charakteristische Funktion $\varphi_P(t) = e^{ita}$. In diesem Fall ist der Limes superior des Betrages der charakteristischen Funktion

$$\limsup_{t \to \pm\infty} |\varphi_P(t)| = 1.$$

Dieses Beispiel ist typisch für diskrete Verteilungen. Wenn eine Verteilung einen diskreten Anteil hat, dann gilt $\limsup_{t \to \pm\infty} |\varphi_P(t)| > 0$. Der folgende Satz behandelt den Fall von Maßen mit Dichten.

4.2 Charakteristische Funktionen

Satz 4.2.19 (Satz von Riemann-Lebesgue) *Sei f eine integrierbare Funktion, $f \in \mathcal{L}^1(\lambda^1)$ mit der zugehörigen Fourier-Transformierten $\widehat{f}(t) := \int e^{itx} f(x) \, d\lambda^1(x)$, dann folgt*

$$\lim_{t \to +\infty} \widehat{f}(t) = \lim_{t \to -\infty} \widehat{f}(t) = 0,$$

d. h., für Maße mit Dichten verschwindet die charakteristische Funktion im Unendlichen.

Beweis Wir reduzieren die Aussage durch Approximation auf den Fall, dass $f = \mathbb{1}_{[a,b]}$.

1) Es existiert ein Intervall I und eine positive reelle Zahl $M \in \mathbb{R}^1$, so dass

$$\int_{I^c} |f| \, d\lambda^1 \leq \varepsilon \quad \text{und} \quad \int_{\{|f|>M\}} |f| \, d\lambda^1 \leq \varepsilon.$$

Daraus folgt:

$$\left| \int e^{itx} f(x) (1 - \mathbb{1}_{I \cap \{|f| \leq M\}}) \, d\lambda^1 \right| \leq 2\varepsilon.$$

Diese Abschätzung gilt für jedes $\varepsilon > 0$, d. h., ohne Einschränkung kann man annehmen, dass f beschränkt ist und einen kompakten Träger besitzt.

2) Ist $f \in L^1(\lambda^1)$ mit einem beschränkten Intervall I als Träger, dann gibt es eine stetige Funktion $g \in C_k$ mit kompaktem Träger I, die die Funktion f bzgl. der L^1-Norm approximiert.

Das ist ein bekanntes Resultat aus der Analysis: Man bildet beispielsweise die Faltung von f mit einer Funktion $K_h(x) = \frac{1}{h} K(\frac{x}{h})$, die stetig und normiert ist und die in einem kleinen Bereich um null schwankt: $g_h = f * K_h$. Dann ist die Faltung stetig und approximiert f, wie gewünscht.

3) Für stetige Funktionen mit kompaktem Träger stimmt das Lebesgue-Integral mit dem Riemann-Integral überein. Nach Definition des Riemann-Integrals existiert eine endliche Linearkombination von paarweise disjunkten Intervallen I_j, so dass g durch eine Linearkombination von Indikatorfunktionen approximiert wird:

$$\int_I |g - \sum_{j=1}^{k} \alpha_j \mathbb{1}_{I_j}| \, d\lambda^1(x) \leq \frac{\varepsilon}{2}.$$

Für $h := \sum_{j=1}^{k} \alpha_j \mathbb{1}_{I_j}$ gilt dann:

$$|\widehat{f}(t) - \widehat{h}(t)| \leq \|f - h\|_1 \leq \varepsilon.$$

Daher genügt es zu zeigen, dass $\widehat{h}(t) \longrightarrow 0$ für $t \longrightarrow \pm\infty$. Ohne Beschränkung der Allgemeinheit nehmen wir an, dass h eine Indikatorfunktion ist, d. h. $h := \mathbb{1}_{[a,b]}$. Dann folgt

$$\widehat{h}(t) = \int e^{itx} h(x)\, dx = \int_a^b e^{itx}\, dx$$
$$= \frac{e^{itb} - e^{ita}}{t} \longrightarrow 0 \quad \text{für } t \longrightarrow \pm\infty. \qquad \square$$

Bemerkung 4.2.20 (Weitere Eigenschaften der charakteristischen Funktion)
a) Zerlegt man die Verteilung P in einen Lebesgue-stetigen und in einen Lebesgue-singulären, d. h. zu λ^1 orthogonalen Anteil $P = P_{st} + P_d$, und ist $P_{st} \neq 0$, dann folgt

$$\limsup |\varphi_P(t)| < 1.$$

b) **Verallgemeinerung des Satzes von Riemann-Lebesgue, Regularität:**
Sei $P = f\lambda$ und sei f n-mal differenzierbar mit $f^{(k)} \in \mathcal{L}^1(\lambda^1)$ für $1 \leq k \leq n$, dann folgt

$$|\varphi_P(t)| = o(|t|^{-n}).$$

Je glatter die Dichte ist, umso schneller geht die charakteristische Funktion im Unendlichen gegen null. Es gilt (in komplizierterer Form) auch die Umkehrung: Die Glattheit der Verteilung kann man daran ablesen, wie schnell die charakteristische Funktion im Unendlichen verschwindet.
Der Beweis lässt sich durch Induktion zurückführen auf den Satz von Riemann-Lebesgue.

c) Für die Wahrscheinlichkeit von Einpunktmengen folgt aus der Umkehrformel

$$P(\{x\}) = \lim_{c \to \infty} \frac{1}{2c} \int_{-c}^{c} \varphi(t) e^{-itx}\, dt.$$

d) Die Zuordnung $f \longrightarrow \widehat{f}$ ist eine L^2-**Isometrie**. Es gilt der folgende Satz von Plancherel.

e) **Satz 4.2.21 (Plancherel)** *Ist φ die Fourier-Transformierte einer Funktion f, $\varphi = \widehat{f}$, dann gilt:*

$$\varphi \in \mathcal{L}^2_{\mathbb{C}}(\lambda^1) \iff f \in \mathcal{L}^2(\lambda^1)$$

und es gilt

$$\frac{1}{2\pi} \int |\varphi(t)|^2\, dt = \int f^2(x)\, dx.$$

4.2 Charakteristische Funktionen

Für den Fall, dass $|\varphi|$ integrierbar ist, hat die Verteilung eine gleichmäßig stetige, beschränkte Dichte (vgl. den Beweis der Umkehrformel). Wegen $|\varphi| \leq 1$ folgt aber $|\varphi|^2 \leq |\varphi|$. Die Quadratintegrierbarkeit von φ ist eine schwächere Bedingung als die Integrierbarkeit von φ.

f) **Gitterverteilungen:** Für die charakteristische Funktion φ_P von Einpunktmaßen $P = \varepsilon_{\{a\}}$, d. h. $\varphi_P(t) = e^{ita}$ gilt:
$$\limsup |\varphi_P(t)| = 1.$$

Es gilt eine Umkehrung dieser Aussage. ⌐

Proposition 4.2.22 (Gitterverteilung)
1) *Existiert $t_0 \neq 0$, so dass $|\varphi(t_0)| = 1$, dann existiert ein $a \in \mathbb{R}^1$, so dass:*
$$P(G_a) = 1,$$
wobei $G_a := a + h\mathbb{Z}$ das Gitter mit der Gitterweite $h := \frac{2\pi}{t_0}$ und Shift-Parameter a ist. P ist eine diskrete Gitterverteilung.
2) *Existieren zwei Punkte t_0 und αt_0 mit $\alpha \in \mathbb{R}\setminus\mathbb{Q}$, so dass*
$$|\varphi(t_0)| = |\varphi(\alpha t_0)| = 1,$$
dann existiert ein c so dass: $P = \varepsilon_{\{c\}}$.

Beweis
1) Aus $|\varphi(t_0)| = 1$ folgt
$$\exists a \in \mathbb{R}^1 : \varphi(t_0) = e^{it_0 a} = \int e^{it_0 x}\, dP(x),$$
also $\int e^{it_0(x-a)}\, dP(x) = 1$.
Daraus folgt:
$$\int \underbrace{(1 - \cos t_0(x-a))}_{\geq 0}\, dP(x) = 0$$
und daher:
$$1 = \cos t_0(x-a)\,[P],$$
d. h.
$$t_o(x-a) \in 2\pi\mathbb{Z}\,[P] \Leftrightarrow x \in a + \frac{2\pi}{t_0}\mathbb{Z} =: G_a\,[P].$$

2) Angenommen, $|\varphi(t)| = |\varphi(\alpha t)| = 1$, $\alpha \in \mathbb{R} \setminus \mathbb{Q}$, dann folgt aus dem Teil 1), dass es zwei Gitter mit Konstanten a und b gibt, so dass die Verteilung auf diese beiden Gitter konzentriert ist.

$$P\left(a + \frac{2\pi}{t}\mathbb{Z}\right) = P\left(b + \frac{2\pi}{\alpha t}\mathbb{Z}\right) = 1.$$

Angenommen, es existieren zwei Trägerpunkte von P, also zwei gemeinsame Punkte von beiden Gittern, d. h., es existieren natürliche Zahlen n_1, n_2, m_1 und m_2, so dass

$$a + \frac{2\pi}{t}n_i = b + \frac{2\pi}{\alpha t}m_i, \quad i = 1, 2.$$

Dann folgt

$$\alpha = \frac{m_1 - m_2}{n_1 - n_2}.$$

Das ist ein Widerspruch zu der Annahme, dass α irrational ist. Also kann P nicht zwei solche Trägerpunkte haben und P ist ein Einpunktmaß, $P = \varepsilon_{\{c\}}$. □

Korollar 4.2.23 *Seien $P, Q \in M^1(\mathbb{R}^1, \mathcal{B}^1)$ und es gelte $P * Q = P$, dann folgt:*

$$Q = \varepsilon_{\{0\}}.$$

Beweis Aus $\varphi_{P*Q} = \varphi_P \varphi_Q = \varphi_P$ folgt, dass $\varphi_Q(t) = 1$ für t in einer Umgebung $U(0)$. Denn $\varphi_P(0) = \varphi_Q(0) = 1$ und die charakteristischen Funktionen sind stetig. Das heißt, in einer Umgebung von Null wird der Wert null nicht angenommen. Dann gilt für die Beträge

$$|\varphi_P(t)| \cdot |\varphi_Q(t)| = |\varphi_P(t)|, \quad t \in U(0),$$

also $|\varphi_Q(t)| = 1$, und daher gilt nach Proposition 4.2.22: $Q = \varepsilon_{\{0\}}$. □

4.3 Stetigkeitssatz von Lévy-Cramér und zentraler Grenzwertsatz

Der Stetigkeitssatz von Lévy-Cramér ist das zentrale Mittel zum Nachweis von Verteilungskonvergenz. Insbesondere ermöglicht er einen einfachen Beweis des zentralen Grenzwertsatzes. Stabile Verteilungen lassen sich über charakteristische Funktionen einführen. Der Stetigkeitssatz von Lévy-Cramér ermöglicht auch einen Beweis der Sätze von Bochner, Herglotz und Pólya zur Charakterisierung charakteristischer Funktionen. Da zentrale Grenzwertsätze auch für mehrdimensionale Zufallsvariablen von Interesse sind, beschreiben wir in diesem Abschnitt auch die Analoga zum Satz von Prohorov und die Möglichkeit der Reduktion der Verteilungskonvergenz mit Cramér-Wold auf den eindimensionalen Fall.

4.3.1 Der Stetigkeitssatz von Lévy-Cramér

Zentral zum Nachweis der Straffheit ist die folgende Abschätzung der Tail-Wahrscheinlichkeit mit Hilfe des Verhaltens charakteristischer Funktionen in 0.

Proposition 4.3.1 *Es existiert eine positive reelle Zahl $\alpha \in (0, \infty)$, so dass für alle Wahrscheinlichkeitsmaße $P \in M^1(\mathbb{R}^1, \mathcal{B}^1)$ und für alle $u > 0$ die Abschätzung*

$$P\left(\left[-\frac{1}{u}, \frac{1}{u}\right]^c\right) \leq \frac{\alpha}{u} \int_0^u \left(1 - \operatorname{Re} \varphi_P(v)\right) dv \quad \text{gilt.}$$

Beweis Unter Anwendung des Satzes von Fubini erhalten wir

$$\frac{1}{u} \int_0^u (1 - \operatorname{Re} \varphi_P(v)) \, dv = \frac{1}{u} \int_0^u \left(\int (1 - \cos vx) \, dP(x) \right) dv$$

$$= \int \left(\frac{1}{u} \int_0^u (1 - \cos vx) \, dv \right) dP(x) = \int \left(1 - \frac{\sin ux}{ux}\right) dP(x)$$

$$\geq \int_{\{x : |x| \geq \frac{1}{u}\}} \left(1 - \frac{\sin ux}{ux}\right) dP(x), \quad \text{denn } \left|\frac{\sin y}{y}\right| < 1 \text{ für } y \neq 0$$

$$\geq \frac{1}{\alpha} P\left(\left\{|x| > \frac{1}{u}\right\}\right), \quad \text{mit } \frac{1}{\alpha} := \inf_{t \geq 1} \left(1 - \frac{\sin t}{t}\right). \qquad \square$$

Verteilungskonvergenz in $\mathbb{R}^k$ In $\mathbb{R}^k$ wird die Verteilungskonvergenz über die Konvergenz von Integralen stetiger, beschränkter Funktionen definiert.

Definition 4.3.2 (Verteilungskonvergenz in $\mathbb{R}^k$)

$$P_n \xrightarrow{\mathcal{D}} P \quad \Leftrightarrow \quad \lim_{n \to \infty} \int f \, dP_n = \int f \, dP \quad \forall f \in C_b(\mathbb{R}^k).$$

Alternativ könnte man die Verteilungskonvergenz wie im eindimensionalen Fall auch über die Konvergenz k-dimensionaler Verteilungsfunktionen einführen (vgl. z. B. Schmitz (1996)). Es gelten nun die folgenden Analoga zu Konvergenzaussagen im eindimensionalen Fall.

Bemerkung 4.3.3 (Verteilungskonvergenz in $\mathbb{R}^k$)

1) **Stetigkeitssatz:** Wie im eindimensionalen Fall gilt für Verteilungsfunktionen $F(x) = F_P(x) = P\bigl((-\infty, x]\bigr)$, $x \in \mathbb{R}^k$ und $F_n := F_{P_n}$, dass

$$P_n \xrightarrow{\mathcal{D}} P \iff F_n(x) \longrightarrow F(x), \quad \forall\, x \in C_F.$$

Sei $\mathcal{F}_k$ die Klasse der **k-dimensionalen Verteilungsfunktionen**.

2) Die Klasse $\mathcal{M}$ wurde in Definition 4.1.17 definiert als die Klasse der nicht-normierten Verteilungsfunktionen auf $(\mathbb{R}^1, \mathcal{B}^1)$. Analog definieren wir für den k-dimensionalen Fall die Klasse $\mathcal{M}_k$ als Klasse der maßerzeugenden Funktionen ohne Normierungseigenschaft (analog zu $\mathcal{F}_k$), d. h., es gilt nur $0 \leq F(x) \leq 1$, $\forall\, x \in \mathbb{R}^k$. Dann gilt das folgende Analogon des Satzes von Helly.

3) **Satz von Helly:** Sei $(F_n) \subset \mathcal{F}_k$ eine Folge von k-dimensionalen Verteilungsfunktionen, dann existiert eine verteilungskonvergente Teilfolge, d. h., es existiert eine Folge $(m) \subset \mathbb{N}$ und ein Element $F \in \mathcal{M}_k$, so dass

$$F_m \xrightarrow{\mathcal{D}} F.$$

Der Limes kann die Normierungseigenschaft verlieren. Die „Straffheit" der Folge sichert, dass der Limes eine Verteilungsfunktion ist.

4) **Satz von Prohorov:** $\mathcal{P} \subset M^1(\mathbb{R}^k, \mathcal{B}^k)$ ist relativ folgenkompakt in $M^1(\mathbb{R}^k, \mathcal{B}^k)$ genau dann, wenn $\mathcal{P}$ **straff** ist, d. h., $\forall\, \varepsilon > 0$ existiert eine kompakte Menge $K \subset \mathbb{R}^k$ so dass $P(K^c) < \varepsilon$, $\forall\, P \in \mathcal{P}$. ⌐

Satz 4.3.4 (Stetigkeitssatz von Lévy-Cramér) *Sei $(P_n) \subset M^1(\mathbb{R}^k, \mathcal{B}^k)$, dann gilt:*

$\exists\, P \in M^1(\mathbb{R}^k, \mathcal{B}^k)$ *so dass:* $\quad P_n \xrightarrow{\mathcal{D}} P$

$\iff$ 1) $h(t) := \lim\limits_{n \to \infty} \varphi_{P_n}(t)$ *existiert $\forall\, t \in \mathbb{R}^k$ und*

2) *h ist stetig in 0.*

Es gilt dann: $\varphi_P = h$.

Beweis

„$\Rightarrow$" folgt aus dem Stetigkeitssatz, Bemerkung 4.3.3, da $e^{i\langle t, x\rangle}$ stetig und beschränkt ist.
„$\Leftarrow$" Wir behandeln für die Rückrichtung zunächst den eindimensionalen Fall: $k = 1$:

4.3 Stetigkeitssatz von Lévy-Cramér und zentraler Grenzwertsatz

1) Zu zeigen ist, dass die Folge $(P_n)_{n\in\mathbb{N}}$ straff ist. Dazu folgt nach Proposition 4.3.1 mit Hilfe des Satzes über majorisierte Konvergenz:

$$\limsup_{n\to\infty} P_n\left(\left[-\tfrac{1}{u}, \tfrac{1}{u}\right]^c\right) \leq \frac{\alpha}{u} \cdot \limsup_{n\to\infty} \int_0^u \left(1 - \operatorname{Re}\varphi_{P_n}(v)\right) dv$$

$$= \frac{\alpha}{u} \cdot \int_0^u \left(1 - \operatorname{Re} h(v)\right) dv.$$

Es ist $h(0) = 1$ und h ist stetig in 0. Daher gilt:
$\operatorname{Re} h(v) \longrightarrow 1$ für $v \to 0$ und es folgt

$$\lim_{u\to 0}\limsup_{n\to\infty} P_n\left(\left[-\tfrac{1}{u}, \tfrac{1}{u}\right]^c\right) = 0.$$

Also existiert für alle $\varepsilon > 0$ ein $a > 0$, so dass $\limsup_{n\to\infty} P_n\left([-a,a]^c\right) < \frac{\varepsilon}{2}$, d.h., für alle hinreichend großen Indizes $n \geq n_0$ gilt $P_n([-a,a]^c) < \varepsilon$. Die Folge (P_n) ist also straff. Nach dem Satz von Prohorov ergibt sich die relative Folgenkompaktheit der Folge (P_n).

2) (P_n) hat höchstens einen Häufungspunkt bzgl. der Verteilungskonvergenz $\xrightarrow{\mathcal{D}}$ in $M^1(\mathbb{R}^1, \mathcal{B}^1)$. Denn angenommen, P und Q sind Häufungspunkte von (P_n), dann existieren Teilfolgen (m) und $(l) \subset \mathbb{N}$, so dass

$$P_m \xrightarrow{\mathcal{D}} P \text{ für } m \longrightarrow \infty \text{ und } P_l \xrightarrow{\mathcal{D}} Q \text{ für } l \longrightarrow \infty. \quad \text{Daher folgt:}$$

$\varphi_{P_m} \longrightarrow \varphi_P = h$ und $\varphi_{P_l} \longrightarrow \varphi_Q = h$, also $\varphi_P = \varphi_Q$. Nach dem Eindeutigkeitssatz für charakteristische Funktionen folgt: $P = Q$.

Die Behauptung folgt nun nach den zu Korollar 4.1.19 analogen Aussagen.
Den Fall $k \geq 1$ führt man auf den Fall $k = 1$ zurück:

3) Die Folge (P_n) ist straff, d.h. $\forall\, \varepsilon > 0 : \exists\, K \subset \mathbb{R}^k$ kompakt mit $P_n(K^c) < \varepsilon$ für alle $n \in \mathbb{N}$.
Nach Voraussetzung konvergiert die Folge der charakteristischen Funktionen $\varphi_n := \varphi_{P_n}$, $\varphi_n(t) \longrightarrow h(t)$, für alle $t \in \mathbb{R}^k$ und $h(t)$ ist stetig in null. Nach der Transformationsformel gilt für die Bildmaße $P_n^{\pi_i}$, π_i die i-te Projektion:

$$\varphi_{P_n^{\pi_i}}(t_i) = \int e^{it_i s_i}\, dP_n^{\pi_i}(s_i) = \int e^{i<0\ldots t_i \ldots 0, s>}\, dP_n(s)$$

$$= \varphi_{P_n}(0, \ldots, t_i, \ldots, 0) \longrightarrow h(0, \ldots, t_i, \ldots, 0) =: h_i(t_i).$$

Wegen der Stetigkeit von h in null ist auch $h_i(t_i)$ stetig in null. Nach dem Argument im Fall $k = 1$ sind die eindimensionalen Maße $\left(P_n^{\pi_i}\right)$ straff, $1 \leq i \leq k$: $\exists$ kompakte Mengen $K_i \subset \mathbb{R}^1$ mit $P_n^{\pi_i}(K_i) \geq 1 - \varepsilon$, $\forall\, i \leq k$, $\forall\, n$.
Man kann hiermit eine kompakte Menge in $\mathbb{R}^k$ konstruieren, auf die die Folge der k-dimensionalen Maße im Wesentlichen konzentriert ist. Es gilt:

$$P_n(K_1 \times \cdots \times K_k) = P_n\Big(\bigcap_{i=1}^k \pi_i^{-1}(K_i)\Big) = 1 - P_n\Big(\bigcup_{i=1}^k \big(\pi_i^{-1}(K_i)\big)^c\Big)$$

$$\geq 1 - \sum_{i=1}^k P_n\big(\pi_i^{-1}(K_i)\big)^c \geq 1 - k \cdot \varepsilon, \quad \forall\, n.$$

$K = K_1 \times \cdots \times K_k$ ist kompakt und daher ist (P_n) straff.
Alternativ kann man auch die Ungleichung aus Proposition 4.3.1 auf den mehrdimensionalen Fall übertragen.
4) Nach dem Eindeutigkeitssatz für charakteristische Funktionen folgt:
(P_n) hat höchstens einen Häufungspunkt P und $h = \varphi_P$ ist die zugehörige charakteristische Funktion von P.
Also folgt nach dem Satz von Prohorov für $k \geq 1$: Es existiert genau ein Häufungspunkt P und $P_n \xrightarrow{\mathcal{D}} P$. □

Eine Folgerung aus dem Stetigkeitssatz von Lévy-Cramér ist das folgende Korollar, das es ermöglicht, den Nachweis für die Verteilungskonvergenz in $\mathbb{R}^k$ auf den Fall $k = 1$ zu reduzieren.

Korollar 4.3.5 (Konvergenzsatz von Cramér-Wold) *Für k-dimensionale Zufallsvektoren (X_n) und $X \in \mathcal{L}_k(\Omega, \mathcal{A}, P)$ gilt:*

$$X_n \xrightarrow{\mathcal{D}} X \iff \langle t, X_n \rangle \xrightarrow{\mathcal{D}} \langle t, X \rangle, \quad \forall\, t \in S_{k-1}.$$

Beweis Es ist $E e^{i\langle t, X \rangle} = E e^{i\|t\| \langle \frac{t}{\|t\|}, X\rangle} = E e^{is\langle u, X\rangle}$ mit $s := \|t\|$, $u := \frac{t}{\|t\|}$. Nach dem Satz von Lévy-Cramér gilt

$$X_n \xrightarrow{\mathcal{D}} X \iff \varphi_{X_n}(t) = E e^{i\langle t, X_n\rangle} \longrightarrow E e^{i\langle t, X\rangle} = \varphi_X(t), \quad \forall\, t \in \mathbb{R}^k$$

$$\iff \varphi_{\langle u, X_n\rangle}(s) = E e^{is\langle u, X_n\rangle} \longrightarrow E e^{is\langle u, X\rangle} = \varphi_{\langle u, X\rangle}(s), \quad s \in \mathbb{R}, u \in S_{k-1}$$

$$\iff \langle u, X_n \rangle \xrightarrow{\mathcal{D}} \langle u, X\rangle, \quad u \in S_{k-1}. \qquad \Box$$

Bemerkung 4.3.6 *Auf die Stetigkeit von h in 0 kann man bei dem Satz von Lévy-Cramér nicht verzichten: Betrachtet man beispielsweise die Gleichverteilung $P_n := \mathcal{U}(-n, n)$,* *dann folgt*

$$\varphi_{P_n}(t) = \begin{cases} \frac{\sin nt}{nt}, & \text{für } t \neq 0, \\ 1, & \text{für } t = 0. \end{cases}$$

Dann gilt:

$$\varphi_{P_n}(t) \xrightarrow[n \to \infty]{} h(t) = \begin{cases} 0, & \text{für } t \neq 0, \\ 1, & \text{für } t = 0. \end{cases}$$

In diesem Beispiel ist der Limes h keine charakteristische Funktion. ⌐

Beispiel 4.3.7 (Faktorisierung von Verteilungen) Mit Hilfe des Stetigkeitssatzes kann man eine Reihe von Produktdarstellungen stochastisch interpretieren.

Für die Gleichverteilung $P = \mathcal{U}(-1, 1)$ ist die zugehörige charakteristische Funktion $\varphi_P(t) = \frac{\sin t}{t}$. Unter Verwendung des Additionstheorems $\sin 2\alpha = 2 \sin \alpha \cos \alpha$ folgt iterativ

$$\frac{\sin t}{t} = \frac{\cos \frac{t}{2} \cdot \sin \frac{t}{2}}{\frac{t}{2}} = \frac{\cos \frac{t}{2} \cdot \sin \frac{t}{4}}{\frac{t}{4}} = \cdots$$

Dies impliziert:

$$\frac{\sin t}{t} = \cos \frac{t}{2} \cdot \cos \frac{t}{4} \cdots \cos \frac{t}{2^n} \cdot \underbrace{\frac{\sin \frac{t}{2^n}}{\frac{t}{2^n}}}_{\longrightarrow 1}.$$

Daraus folgt die Produktdarstellung:

$$\frac{\sin t}{t} = \prod_{k=1}^{\infty} \cos \frac{t}{2^k}.$$

Mit Hilfe von charakteristischen Funktionen können wir dieses Ergebnis stochastisch interpretieren: Auf der linken Seite steht die charakteristische Funktion der Gleichverteilung auf $(-1, 1)$. Auch die rechte Seite kann man als charakteristische Funktion interpretieren: Sei (X_k) eine Folge von stochastisch unabhängigen Zufallsvariablen mit zugehörigen Zweipunktverteilungen

$$X_k \sim P_k := \frac{1}{2}\varepsilon_{\{2^{-k}\}} + \frac{1}{2}\varepsilon_{\{-2^{-k}\}},$$

dann gilt für die zugehörigen charakteristischen Funktionen $\varphi_{X_k}(t) = \cos \frac{t}{2^k}$. Nach dem Stetigkeitssatz von Lévy-Cramér können wir nun folgern, dass

$$\sum_{k=1}^{n} X_k \xrightarrow{\mathcal{D}} X \sim \mathcal{U}(-1, 1),$$

denn $\varphi_X(t) = \frac{\sin t}{t}$. In diesem Fall gilt sogar fast sichere Konvergenz, denn nach dem Dreireihensatz konvergiert die Reihe fast sicher, d. h. $X = \sum_{k=1}^{\infty} X_k \ [P]$.

Äquivalent zur obigen Konvergenzaussage ist die folgende Interpretation:
Ist Z eine gleichverteilte Zufallsvariable $Z \sim \mathcal{U}(-1, 1)$, dann hat Z eine Binärdarstellung mit unabhängigen, gleichverteilten Vorzeichen

$$Z = \sum_{k=1}^{\infty} \frac{a_k(Z)}{2^k} \quad \text{mit} \quad P\big(a_k(Z) = \pm 1\big) = \frac{1}{2}. \qquad \diamond$$

Bei den mehrdimensionalen Verteilungen spielt die multivariate Normalverteilung eine besondere Rolle.

Beispiel 4.3.8 (Multivariate Normalverteilung) Sei $X = (X_1, \ldots X_k)$ ein Vektor unabhängiger, normalverteilter Zufallsvariablen $X_i \sim N(0, 1)$, sei $a \in \mathbb{R}^k$ ein k-dimensionaler Vektor, $A \in \mathbb{R}^{k \times k}$ eine $k \times k$-Matrix und sei $\Sigma := A^\top A$. Durch $Y := A^\top X + a$ definieren wir einen neuen k-dimensionalen Vektor. Dann heißt die Verteilung von Y **multivariate Normalverteilung** $N(a, \Sigma)$ mit Mittelwert a und Kovarianzmatrix Σ.

Für den Mittelwert gilt

$$EY = E(A^\top X + a) = A^\top EX + a = a.$$

Die Kovarianzmatrix $\Sigma = (\sigma_{ij})$ besteht aus den Kovarianzen σ_{ij} der Komponenten Y_i und Y_j. Die X_i sind unabhängig und standard-normalverteilt, haben also Varianz 1. Aus der Unabhängigkeit der Zufallsvariablen X_i, X_j folgt, dass die Kovarianzen für $i \neq j$ null sind. Also gilt: $\mathrm{Cov}(X) = I$. Daher folgt:

$$\mathrm{Cov}\, Y = \big(\mathrm{Cov}(Y_i, Y_j)\big) = A^\top (\mathrm{Cov}\, X) A = A^\top I A = A^\top A = \Sigma.$$

Es gilt:
$$\varphi_X(t) = \prod_{i=1}^{k} \varphi_{X_i}(t_i) = e^{-\frac{\|t\|^2}{2}},$$

und nach Korollar 4.2.10 ist die charakteristische Funktion des transformierten Vektors Y

$$\varphi_Y(t) = \varphi_{A^\top X + a}(t) = e^{i \langle t, a \rangle} \varphi_X(At)$$
$$= e^{i \langle t, a \rangle} e^{-\frac{1}{2} \|At\|^2} = e^{i \langle t, a \rangle} e^{-\frac{1}{2} t^\top \Sigma t}, \quad \text{für alle } t \in \mathbb{R}^k.$$

Falls Σ eine reguläre Matrix ist, erhält man mit der Transformationsformel die Dichte der multivariaten Normalverteilung

$$f_{a, \Sigma}(x) = \frac{1}{\sqrt{2\pi |\Sigma|}} \cdot \exp\left(-\frac{1}{2} (x - a)^\top \Sigma^{-1} (x - a) \right).$$

Σ ist positiv semidefinit $\Leftrightarrow \exists A \in \mathbb{R}^{k \times k} : \Sigma = A^\top A$.

4.3 Stetigkeitssatz von Lévy-Cramér und zentraler Grenzwertsatz

Also ist $N(a, \Sigma)$ definiert für alle positiv semidefiniten Matrizen Σ.

Mit Hilfe der charakteristischen Funktionen erhalten wir für die multidimensionale Normalverteilung die folgenden Charakterisierungen:

a) $X \sim N(0, \Sigma) \Leftrightarrow \langle t, X \rangle \sim N(0, t^\top \Sigma t), \quad \forall\, t \in S_{k-1}$,
b) $X_n \xrightarrow{\mathcal{D}} X \sim N(0, \Sigma) \Leftrightarrow P^{\langle t, X_n \rangle} \xrightarrow{\mathcal{D}} N(0, t^\top \Sigma t), \quad \forall\, t \in S_{k-1}$.

Beweis
a) Nach dem Eindeutigkeitssatz für charakteristische Funktionen und dem Charakterisierungssatz von Cramér-Wold folgt

$$\begin{aligned}
X \sim N(0, \Sigma) &\Leftrightarrow & \varphi_X(t) &= e^{-\frac{1}{2} t^\top \Sigma t}, \quad t \in \mathbb{R}^k \\
&\Leftrightarrow & \varphi_{\langle u, X \rangle}(s) &= E e^{is \langle u, X \rangle} = \varphi_X(su) \\
& & &= e^{-\frac{1}{2} s^2 u^\top \Sigma u}, \quad s \in \mathbb{R}^1, u \in S_{k-1} \\
& & &= \varphi_{N(0, u^\top \Sigma u)}(s), \quad u \in S_{k-1} \\
&\Leftrightarrow & \langle u, X \rangle &\sim N(0, u^\top \Sigma u).
\end{aligned}$$

b) folgt nach dem Konvergenzsatz von Cramér-Wold und Teil a). □

◇

Der Satz von Lévy-Cramér ist für viele Anwendungen insbesondere auch in der Analysis von großer Bedeutung. Eine wichtige Anwendung ist der folgende Satz von Bochner. Wir haben bereits gesehen: Charakteristische Funktionen sind gleichmäßig stetig, positiv semidefinit und normiert. Der Satz von Bochner besagt, dass auch die Umkehrung gilt: Eine stetige Funktion ist genau dann die charakteristische Funktion eines Wahrscheinlichkeitsmaßes auf $\mathbb{R}^k$, wenn sie positiv semidefinit und normiert ist. Der Satz von Bochner liefert also eine Charakterisierung der normierten, positiv semidefiniten Funktionen: Für charakteristische Funktionen und positiv semidefinite Funktionen gelten folgende, einfach zu beweisende Zuwachsungleichungen.

Bemerkung 4.3.9 (Zuwachsungleichung)
a) *Sei φ eine charakteristische Funktion, dann folgt nach Definition*

$$|\varphi(t) - \varphi(t+h)|^2 \leq 2(1 - \operatorname{Re} \varphi(h)).$$

Insbesondere ist φ gleichmäßig stetig.
b) *Sei f positiv semidefinit, d. h. für alle $t_1, \ldots, t_n$ ist $(f(t_i - t_j))$ (hermitesch und) positiv semidefinit, und $f(0) = 1$, dann gilt eine ähnliche Abschätzung:*

$$|f(t) - f(t+h)|^2 \leq 4 |1 - f(h)|.$$

Wenn f stetig in null ist, dann ist f schon gleichmäßig stetig.

Satz 4.3.10 (Satz von Bochner (1932)) *Sei $\varphi : \mathbb{R}^k \longrightarrow \mathbb{C}$, dann gilt:*

Es existiert $P \in M^1(\mathbb{R}^1, \mathcal{B}^1)$ mit $\varphi = \varphi_P$, d. h., φ ist eine charakteristische Funktion

$\Leftrightarrow$ 1) $\varphi(0) = 1$, d. h. φ ist normiert,
2) φ ist stetig in 0 und
3) φ ist positiv semidefinit.

Beweis
„$\Rightarrow$" folgt nach Proposition 4.2.13.
„$\Leftarrow$" Sei $k = 1$. Der Beweis für den Fall $k > 1$ ist ähnlich.
Idee: Man konstruiert eine Folge (φ_n) von charakteristischen Funktionen, die gegen φ konvergiert: $\varphi_n = \varphi_{P_n} \longrightarrow \varphi$. Nach dem Stetigkeitssatz von Lévy-Cramér folgt dann, dass φ eine charakteristische Funktion ist.
1) Sei

$$f_N^{(n)}(y) := \frac{1}{N} \sum_{k,l=1}^{N} \varphi\left(\frac{k-l}{n}\right) \cdot e^{i(k-l)y} \geq 0$$

$$= \sum_{s=-(N-1)}^{N-1} \varphi\left(\frac{s}{n}\right) \cdot e^{-isy} \left(1 - \frac{|s|}{N}\right) \geq 0,$$

denn es gibt $N - |s|$ Paare (k, l) mit $k - l = s$.
Sei $F_N^{(n)}(\lambda) := \frac{1}{2\pi} \cdot \int_{-\pi}^{\lambda} f_N^{(n)}(y)\,dy$, $\lambda \in (-\pi, \pi)$ das Integral über diese nichtnegative Funktion. Für die Terme $s \neq 0$ ist das Integral von $-\pi$ bis π der Summanden null, denn man integriert eine trigonometrische Funktion über eine volle Periode. Nur der Summand mit $s = 0$ bleibt erhalten, und für das Integral ergibt sich

$$F_N^{(n)}(\pi) = \frac{1}{2\pi} \cdot \int_{-\pi}^{\pi} f_N^{(n)}(y)\,dy = 1.$$

Also ist $F_N^{(n)}$ die Verteilungsfunktion eines Wahrscheinlichkeitsmaßes auf $[-\pi, \pi]$, d. h., $F_N^{(n)} \in \mathcal{F}$ ist eine Verteilungsfunktion und

$$\int_{-\pi}^{\pi} e^{iky}\,dF_N^{(n)} = \frac{1}{2\pi} \int_{-\pi}^{\pi} f_N^{(n)}(y) e^{iky}\,dy$$

$$= \left(1 - \frac{|k|}{N}\right) \cdot \varphi\left(\frac{k}{n}\right).$$

2) Nach dem Satz von Helly-Bray gibt es zu $(F_N^{(n)})_N$ eine konvergente Teilfolge, die gegen eine Verteilungsfunktion $F^{(n)}$ konvergiert, d. h. $\exists\,(N_\nu) = (N_\nu^n)$: $\exists\, F^{(n)} \in \mathcal{F}$, so dass

$$F_{N_\nu^n}^{(n)} \xrightarrow{\mathcal{D}} F^{(n)}, \quad \nu \longrightarrow \infty,$$

4.3 Stetigkeitssatz von Lévy-Cramér und zentraler Grenzwertsatz

und es folgt für die charakteristische Funktion von $F^{(n)}$

$$\int e^{iky} \, dF^{(n)}(y) = \lim_{n \to \infty} \left(1 - \frac{|k|}{N}\right) \cdot \varphi\left(\frac{k}{n}\right) = \varphi\left(\frac{k}{n}\right).$$

Skalierung: Definiere $G_n(y) := F^{(n)}\left(\frac{y}{n}\right)$.
Für $X \sim F^{(n)}$ ist $nX \sim G_n$. Also ist $G_n \in \mathcal{F}$ mit Träger $[-n\pi, n\pi]$, und man kann die obige Gleichung mit Hilfe der G_n schreiben in der Form

$$\int_{-n\pi}^{n\pi} e^{i\frac{k}{n}y} \, dG_n(y) = \varphi\left(\frac{k}{n}\right). \tag{4.4}$$

Wir definieren $\varphi_n(t) := \int e^{ity} \, dG_n(y) = \int_{-n\pi}^{n\pi} e^{ity} \, dG_n(y)$, dann gilt
3) $\varphi_n(t) \longrightarrow \varphi(t), \forall t$; denn nach (4.4) ist

$$\varphi_n\left(\frac{k}{n}\right) = \varphi\left(\frac{k}{n}\right) \quad \forall n, k.$$

Zu t wähle eine Folge $\frac{k}{n} \longrightarrow t$ mit $0 \leq \vartheta_n := t - \frac{k}{n} \leq \frac{1}{n}$. Nach der Zuwachsungleichung für charakteristische Funktionen folgt:

$$\left|\varphi_n(t) - \varphi_n\left(\frac{k}{n}\right)\right|^2 \leq 2(1 - \operatorname{Re} \varphi_n(\vartheta_n)) = 2\int_{-\pi}^{\pi} (1 - \cos(\vartheta_n y)) \, dF^{(n)}\left(\frac{y}{n}\right)$$

$$\leq 2 \int_{-\pi}^{\pi} (1 - \cos y) \, dF^{(n)}\left(\frac{y}{n}\right)$$

$$= 2\left(1 - \operatorname{Re} \varphi_n\left(\frac{1}{n}\right)\right)$$

$$= 2\left(1 - \operatorname{Re} \varphi\left(\frac{1}{n}\right)\right) \leq \varepsilon, \quad \forall n \geq n_0,$$

denn $1 - \cos(\vartheta_n y) \leq 1 - \cos y$.
Nun verwenden wir für die positiv semidefinite Funktion φ die Zuwachsungleichung $|\varphi(u) - \varphi(u+h)|^2 \leq 4(\varphi(0) - \operatorname{Re} \varphi(h))$ und erhalten

$$\varphi_n(t) \approx \varphi_n\left(\frac{k}{n}\right) = \varphi\left(\frac{k}{n}\right) \approx \varphi(t),$$

d.h. $\varphi_n(t) \longrightarrow \varphi(t)$. Nach dem Stetigkeitssatz von Lévy-Cramér folgt, dass φ eine charakteristische Funktion ist. $\square$

Bemerkung 4.3.11

1) **Einbettungssatz von Schoenberg:** Ein klassisches Resultat von Schoenberg (ca. 1940) über metrische Räume charakterisiert die Einbettbarkeit eines metrischen Raumes in einen Hilbertraum.
   Einbettungssatz: Ein metrischer Raum (X, d) lässt sich in einen Hilbertraum H einbetten, d.h.

   $$\exists \Phi : X \longrightarrow H \text{ injektiv mit } \|\Phi(x) - \Phi(y)\| = d(x, y)$$
   $$\Leftrightarrow \quad d^2 \text{ ist negativ semidefinit, d.h. } \sum \alpha_i = 0 \Rightarrow \sum \alpha_i \alpha_j d^2(t_i - t_j) \leq 0$$
   $$\Leftrightarrow \quad e^{-td^2} \text{ ist positiv semidefinit, } \forall t > 0.$$

   Dies führt zusammen mit dem Satz von Bochner zu konkreten Bedingungen an den metrischen Raum (X, d) für die Einbettbarkeit in einen Hilbertraum.

2) **Reproducing kernel Hilbert space (RKHS):** Ein verwandtes Resultat ist der folgende Charakterisierungssatz:

   $$\varphi : X \times X \longrightarrow \mathbb{C} \text{ ist positiv semidefinit}$$
   $$\Leftrightarrow \exists \text{ Hilbertraum } H \text{ und } F : X \longrightarrow H, \text{ so dass } \varphi(x, y) = \langle F(x), F(y) \rangle.$$

   Eine mögliche Wahl des Hilbertraumes H ist der reproducing kernel Hilbert space (RKHS) $H(\varphi)$, erzeugt von der Funktionenklasse $\{\varphi_y; \ y \in X\}$, $\varphi_y(x) = \varphi(x, y)$ mit dem Skalarprodukt $\langle f, \varphi_y \rangle = f(y)$. Insbesondere sind $\varphi_y \in H(\varphi)$, $y \in X$, sie reproduzieren den Kern φ, d.h. $\langle \varphi_x, \varphi_y \rangle = \varphi(x, y)$.

3) Eine grundlegende Klasse von Anwendungen des Satzes von Bochner besteht in **Spektral-Darstellungssätzen für Zeitreihen** $(Z_s)_{s \in \mathbb{R}}$, z.B. existiert für stationäre L^2-Zeitreihen eine Darstellung von der Form

   $$Z_t = \int e^{it\lambda} d\pi(\lambda)$$

   mit einem zufälligen orthogonalen Maß π (d.h. $\pi(A)$, $\pi(B)$ sind orthogonal für $A \cap B = \emptyset$).
   Diese basieren auf Bochners Theorem, angewendet auf die positiv semidefiniten Kovarianzfunktionen der Zeitreihen d.h. für $K(s, t) = \text{Cov}(Z_s, Z_t)$.

4) Der **Satz von Herglotz** ist eine diskrete Version des Satzes von Bochner. Sei $\varphi : \mathbb{Z} \longrightarrow \mathbb{C}$, dann gilt:
   a) Es gibt ein Wahrscheinlichkeitsmaß $\mu \in M^1((-\pi, \pi], \mathcal{B}(-\pi, \pi])$, mit

   $$\varphi(n) = \frac{1}{2\pi} \int_{-\pi}^{\pi} e^{inx} d\mu(x), \ n \in \mathbb{Z}$$

   $$\Leftrightarrow \varphi(0) = 1 \text{ und } \varphi \text{ ist positiv semidefinit, d.h. } \sum_{i,j=1}^{n} \varphi(k_i - k_j) t_i \bar{t}_j \geq 0.$$

b) Das Maß μ ist eindeutig durch φ bestimmt.
Der Beweis zu b) verwendet, dass die lineare Hülle von $\{e^{inx}; n \in \mathbb{Z}\}$ dicht in $L^1((-\pi, \pi])$ liegt. Das ist ein grundlegendes Resultat in der Theorie der Fourrierreihen.

5) Für Maße mit beschränktem Träger vereinfacht sich das Problem. In diesem Fall ist $P \in M^1((-\lambda, \lambda])$ eindeutig bestimmt durch $\varphi\left(\frac{n\pi}{\lambda}\right)$ für $n \in \mathbb{Z}$.

6) Eine Umkehrung des Satzes von Herglotz ist das **Sampling-Theorem**. Sei f die Dichte eines Wahrscheinlichkeitsmaßes auf $\mathbb{R}^1$ mit zugehöriger charakteristischer Funktion φ. Ist $\varphi = 0$ auf $[-\lambda, \lambda]^c$, dann ist φ schon durch die Werte der Dichte $f\left(\frac{n\pi}{\lambda}\right)$ für $n \in \mathbb{Z}$ bestimmt. Der Beweis ist eine Folgerung aus der **Poisson'schen Summationsformel** (vgl. Feller (1971)).

Für wichtige Klassen von Verteilungen, wie sie in vielen Anwendungen, so z. B. in der Finanzmathematik, auftreten, kann man keine Dichten angeben, sondern nur die charakteristische Funktion. In Abschn. 4.2 haben wir Aussagen behandelt, mit denen wir von Eigenschaften der charakteristischen Funktion auf Eigenschaften der Verteilung schließen können. Im Allgemeinen ist es aber nicht leicht, die positive Definitheitseigenschaft des Satzes von Bocher zu überprüfen. Der folgende Satz von Pólya liefert eine einfach zu prüfende, hinreichende Bedingung dafür, dass eine gegebene Funktion eine charakteristische Funktion ist.

Satz 4.3.12 (Satz von Pólya) *Sei $\varphi: \mathbb{R}^1 \to \mathbb{R}^1$ gerade, d. h. $\varphi(x) = \varphi(-x)$, mit:*

1) $\varphi(0) = 1$, $\varphi(t) \geq 0$, φ *ist stetig in 0,*
2) φ *ist konvex auf $[0, \infty)$,*
3) $\varphi(t) \longrightarrow 0$ *für $t \longrightarrow \infty$,*

dann ist φ eine charakteristische Funktion.

Beweis Wir approximieren φ durch eine Folge von konvexen Polygonen $f^{(n)}$. Wir zeigen, dass die $f^{(n)}$ charakteristische Funktionen sind. Dann folgt die Aussage nach dem Stetigkeitssatz von Lévy-Cramér.

1) (Dreiecksfunktion (vgl. Abb. 4.11))

$$f_a(t) = \begin{cases} 1 - \frac{|t|}{a}, & |t| \leq a, \\ 0, & \text{sonst.} \end{cases}$$

Die Dreiecksfunktion f_a ist die charakteristische Funktion zur Dichte $g_a(x) = \frac{1}{\pi} \cdot \frac{1-\cos ax}{ax^2}$; Beweis durch Nachrechnen.

2) Für eine Partition $0 < a_1 < a_2 < \cdots < a_n$ des Intervalls $[0, a_n]$ ist $f(x) = \sum_{i=1}^n p_i f_{a_i}(x)$ mit $\sum_{i=1}^n p_i = 1$, $p_i \geq 0$, ein konvexes Polygon mit der Steigung

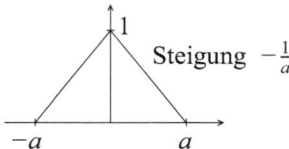

Abb. 4.11 Dreiecksfunktion

$b_i := -\sum_{j=i}^{n} \frac{p_j}{a_j}$ in $[a_{i-1}, a_i]$. Dann ist $g(t) := \sum_{i=1}^{n} p_i g_{a_i}(t)$ eine Dichte mit $\widehat{g} = f$.

3) Sei φ eine konvexe Funktion, die die Voraussetzungen 1)–3) erfüllt, dann existiert eine Folge konvexer Polygone $f^{(n)}$ (wie in 2) definiert) auf dem Intervall $[0, a_n)$, mit $a_n \longrightarrow \infty$, so dass $f^{(n)} \longrightarrow \varphi$. Sei

$$b_i = (f^{(n)})'\big|_{(a_{i-1}, a_i]} \leq 0.$$

Löst man die Gleichung

$$b_i = -\sum_{j=i}^{n} \frac{p_j}{a_j} \quad \text{für } i = n, n-1, \ldots$$

nach (p_j) auf, erhält man eine Darstellung von $f^{(n)}$ wie in 2). Also ist $(f^{(n)})$ eine Folge charakteristischer Funktionen. Wegen der Stetigkeit von φ in null folgt nach dem Stetigkeitssatz von Lévy-Cramér, dass auch der Limes φ eine charakteristische Funktion ist. □

4.3.2 Zentraler Grenzwertsatz und stabile Verteilungen

Der zentrale Grenzwertsatz von Lévy ist eines der fundamentalen Resultate der Wahrscheinlichkeitstheorie. Insbesondere begründet er die besondere Rolle der Normalverteilung für die (approximative) Verteilung von Summen von Zufallsvariablen mit endlichen Varianzen.

Für den Beweis des zentralen Grenzwertsatzes von Lévy geben wir die folgende Spezialisierung der Reihenentwicklung charakteristischer Funktionen an.

Lemma 4.3.13 *Sei X eine reelle Zufallsvariable, $EX = 0$, $\sigma^2 = \mathrm{Var}(X) = EX^2 < \infty$. Dann folgt:*

$$\varphi_X(t) = 1 - \frac{t^2 \sigma^2}{2} + o(t^2) \quad \textit{für } t \longrightarrow 0.$$

Beweis Nach Satz 4.2.14 gilt mit $\varphi = \varphi_X$ die Taylor-Entwicklung

$$\varphi(t) = \sum_{r=0}^{n} \frac{(it)^r}{r!} EX^r + \varepsilon_n(t) \frac{t^n}{n!}$$

4.3 Stetigkeitssatz von Lévy-Cramér und zentraler Grenzwertsatz

mit der Fehlerabschätzung

$$|\varepsilon_n(t)| \leq 2 \cdot E|X|^n \text{ und } \varepsilon_n(t) \xrightarrow{t \to 0} 0.$$

Daraus folgt für $n = 2$:

$$\varphi(t) = 1 - \frac{t^2\sigma^2}{2} + o(t^2). \qquad \square$$

Wir bezeichnen mit $\mathcal{N}(0, 1)$ eine standard-normalverteilte Zufallsvariable.

Satz 4.3.14 (Zentraler Grenzwertsatz von Lévy) *Seien (X_i) unabhängige, identisch verteilte, reelle Zufallsvariable mit $EX_i = \mu$ und $0 < \mathrm{Var}(X_i) = \sigma^2 < \infty$. Dann gilt:*

$$\frac{1}{\sqrt{n}\sigma} \sum_{i=1}^{n} (X_i - \mu) \xrightarrow{\mathcal{D}} \mathcal{N}(0, 1).$$

Beweis Ohne Beschränkung der Allgemeinheit können wir $\mu = 0$ wählen. Nach Lemma 4.3.13 folgt:

$$\varphi_{X_1}(t) = 1 - \frac{\sigma^2 t^2}{2} + o(t^2) \text{ für } t \to 0.$$

Daher gilt:

$$\varphi_{\frac{S_n}{\sqrt{n}\sigma}}(t) = \varphi_{S_n}\left(\frac{t}{\sqrt{n}\sigma}\right) = \left(\varphi\left(\frac{t}{\sqrt{n}\sigma}\right)\right)^n$$

$$= \left(1 - \frac{t^2}{2n} + o\left(\frac{t^2}{n}\right)\right)^n \longrightarrow \exp\left(-\frac{t^2}{n}\right) = \varphi_{\mathcal{N}(0,1)}(t).$$

Nach dem Stetigkeitssatz von Lévy-Cramér folgt

$$\frac{S_n}{\sqrt{n}\sigma} \xrightarrow{\mathcal{D}} \mathcal{N}(0, 1). \qquad \square$$

Für Summen von Zufallsvariablen mit nicht-endlichen Varianzen sind die stabilen Verteilungen von ähnlicher Bedeutung.

Satz 4.3.15 (Stabile Verteilungen) *Für $\alpha \in (0, 2]$ ist $\varphi_\alpha(t) = e^{-|t|^\alpha}, t \in \mathbb{R}^1$ eine charakteristische Funktion. Die zugehörige Verteilung heißt (symmetrisch)* **stabile Verteilung** *vom Index α.*

Beweis
1) Für $\alpha \in (0, 1]$ folgt die Aussage aus dem Satz von Pólya, denn in diesem Fall ist φ_α konvex und symmetrisch, $\varphi_\alpha(t) \geq 0$ und $\varphi_\alpha(t) \to 0$ für $t \to \infty$. Die Konvexität von $\varphi_\alpha(t)$ folgt wegen

$$\varphi_\alpha''(t) = e^{t^\alpha}\left(\alpha^2 t^{2\alpha-2} - \alpha(\alpha-1)t^{\alpha-2}\right) \geq 0,$$

da $\alpha^2 t^{2\alpha-2} \geq 0$ und $\alpha(\alpha - 1) < 0$.

2) Für $\alpha = 2$ ist φ_α die charakteristische Funktion der Normalverteilung.
3) Der allgemeine Fall $\alpha \in (0, 2)$ wurde 1929 von Lévy bewiesen. Sei $\alpha \in (0, 2)$, dann heißt die Verteilung, die durch die Dichte

$$f(x) := \begin{cases} \frac{\alpha}{2|x|^{\alpha+1}}, & |x| > 1, \\ 0, & |x| \le 1, \end{cases}$$

beschrieben wird, **zweiseitige Pareto-Verteilung** zum Parameter α. Das ist eine grundlegende Klasse von Verteilungen in der Versicherungsmathematik. Sei φ die zugehörige Fourier-Transformierte $\varphi := \widehat{f}$, dann ist

$$1 - \varphi(t) = \int (1 - e^{itx}) f(x)\, dx = \alpha \cdot \int_1^\infty \frac{1 - \cos(tx)}{x^{\alpha+1}}\, dx$$

$$= \alpha |t|^\alpha \Big(\int_0^\infty \frac{1 - \cos u}{u^{\alpha+1}}\, du - \int_0^t \frac{1 - \cos u}{u^{\alpha+1}}\, du \Big).$$

Für $t \downarrow 0$ gilt asymptotisch

$$\int_0^t \frac{1 - \cos u}{u^{\alpha+1}}\, du \sim \frac{1}{2} \int_0^t \frac{u^2}{u^{\alpha+1}}\, du = \frac{1}{2(2-\alpha)} t^{2-\alpha} \longrightarrow 0,$$

denn für $u \longrightarrow 0$ ist $1 - \cos u \sim \frac{1}{2} u^2$. Daher folgt

$$\varphi(t) = 1 - c_\alpha |t|^\alpha + O(t^2) \quad \text{für } t \longrightarrow 0.$$

Sei $\varphi_n(t)$ die charakteristische Funktion einer standardisierten Summe von Pareto-verteilten Zufallsvariablen $\frac{1}{n^{1/\alpha}} \sum_{i=1}^n X_i$, dann ist

$$\varphi_n(t) = \Big(\varphi\Big(\frac{t}{n^{1/\alpha}}\Big) \Big)^n = \Big(1 - \frac{c_\alpha |t|^\alpha}{n} + O\Big(\frac{t^2}{n^{2/\alpha}}\Big) \Big)^n \longrightarrow e^{-c_\alpha |t|^\alpha} := \varphi_\alpha(t).$$

$\varphi_\alpha(0) = 1$, φ_α ist stetig in 0, und nach dem Satz von Lévy-Cramér folgt, dass φ_α eine charakteristische Funktion ist. □

Bemerkung 4.3.16
a) **(Faltung stabiler Verteilungen)** Sei (X_i) eine Folge von unabhängigen, identisch verteilten Zufallsvariablen mit charakteristischer Funktion φ_α, d.h. stabil vom Index α. Dann folgt

$$\frac{1}{n^{1/\alpha}} \sum_{i=1}^n X_i \sim X_1,$$

4.3 Stetigkeitssatz von Lévy-Cramér und zentraler Grenzwertsatz

d. h., die standardisierte Summe ist verteilt wie die Zufallsvariable X_1. Insbesondere für $\alpha = 1$ erhalten wir $\frac{1}{n}\sum_{i=1}^{n} X_i \sim X_1$, und X_1 ist Cauchy-verteilt. Denn

$$\varphi_{\frac{1}{n^{1/\alpha}}\sum_{i=1}^{n} X_i}(t) = \varphi_{\sum_{i=1}^{n} X_i}\left(\frac{t}{n^{1/\alpha}}\right) = \left(\varphi_\alpha\left(\frac{t}{n^{1/\alpha}}\right)\right)^n$$
$$= \left(e^{-\frac{|t|^\alpha}{n}}\right)^n = e^{-|t|^\alpha}.$$

Zu jeder stabilen Verteilung gehört daher ein zentraler Grenzwertsatz.

b) Nach dem Beweis zu Satz 4.3.12 folgt: Für unabhängige, identisch verteilte Zufallsvariablen (X_i), die zweiseitig Pareto-verteilt sind mit der Dichte

$$f(x) = \begin{cases} \frac{\alpha}{2|x|^{\alpha+1}}, & |x| > 1 \\ 0, & |x| \leq 1, \end{cases}$$

folgt

$$\frac{1}{n^{1/\alpha}} \sum_{i=1}^{n} X_i \xrightarrow{\mathcal{D}} X$$

und $X \sim \varphi_\alpha$, d. h., der Limes X ist stabil vom Index α.

c) Nach einem Resultat von Lévy sind Verteilungen mit charakteristischer Funktion φ_α, bis auf einen Schiefefaktor, die einzigen **stabilen Verteilungen**, d. h., für alle natürlichen Zahlen n existieren Normierungskonstanten $a_n > 0$ und b_n, so dass die normierte Summe $a_n S_n + b_n$ mit $S_n = \sum_{i=1}^{n} X_i$ verteilt ist wie die X_i:

$$P^{a_n S_n + b_n} = P^{X_i}.$$

Die stabilen Verteilungen sind daher ein Analogon zu den maximum-stabilen Verteilungen in Beispiel 4.1.14. ⌟

Als Korollar zum Beweis von Satz 4.3.15 über stabile Verteilungen und von Bemerkung 4.3.16 ergibt sich der folgende stabile Grenzwertsatz.

Korollar 4.3.17 (Stabiler Grenzwertsatz) *Sei (X_i) eine i.i.d. Folge und es gelte für $0 < \alpha < 2$:*

$$\varphi_{X_1}(t) = 1 - c_\alpha |t|^\alpha + o(|t|^\alpha) \text{ für } t \longrightarrow 0. \tag{4.5}$$

Dann folgt:

$$\frac{1}{n^{\frac{1}{\alpha}}} \sum_{i=1}^{n} X_i \xrightarrow{\mathcal{D}} Y_\alpha,$$

mit Y_α symmetrisch α-stabil verteilt.

Die Bedingung (4.5) des Korollars gilt insbesondere für symmetrische Pareto-verteilte Zufallsvariablen wie in Bemerkung 4.3.16 b).

Historische Anmerkungen
Stabile Verteilungen und zentraler Grenzwertsatz. De Moivre bewies ca. 1735 die erste Form des zentralen Grenzwertsatzes für binomialverteilte Zufallsvariablen. Die Normalverteilungsdichte erschien in seiner Arbeit, die erst 1788 in seiner *Doctrine of chance* veröffentlicht wurde, in Form einer unendlichen Reihenentwicklung.

Die Normalverteilung wurde vom Landvermesser Adrain 1808 als Fehlerverteilung und von Gauß 1809 in der jetzigen Form eingeführt.

Laplace erweiterte 1812 in seiner *Théorie Analytique des Probabilités* den Grenzwertsatz von de Moivre. Er zeigte, dass $\widehat{\varphi}(t) = e^{-\frac{t^2}{2}}$ eine charakteristische Funktion ist, und berechnete die Dichte über die Umkehrformel,

$$f(x) = \frac{1}{\pi} \int_0^\infty e^{-\frac{1}{2}t^2} \cos(tx)\, dx.$$

Seinem Studenten Cauchy stellte er die Aufgabe,

$$f_\alpha(x) = \frac{1}{\pi} \int_0^\infty e^{-ct^\alpha} \cos(tx)\, dx$$

zu berechnen. Dies gelang Cauchy 1850 (nur) im Fall $\alpha = 1$ und führte zur Cauchy-Verteilung mit der Dichte

$$f_1(x) = \frac{c}{\pi(c^2 + x^2)}.$$

Tschebyscheff bewies 1870 und 1887 einen zentralen Grenzwertsatz für beschränkte Zufallsvariablen. Markov, ein Student von Tschebyscheff, gab einen (korrekten) Beweis mit der Momentenmethode. Lyapunov verallgemeinerte die Beschränktheitsannahme mit der Abschneidetechnik. Dieses führte zur Lyapunov-Bedingung. Weitere wichtige Entwicklungen wurden von Lévy, Lindeberg, Khinchin, Feller und Raikov geleistet.

Bernstein zeigte 1919, dass $\varphi_\alpha(t) = e^{-|t|^\alpha}$ für $\alpha > 2$ keine charakteristische Funktion ist, Lévy wies 1929 nach, dass für $\alpha < 2$, φ_α eine charakteristische Funktion ist. Pólyas Kriterium stammt aus dem Jahr 1932. Für die Dichten der α-stabilen Verteilungen gibt es Reihenentwicklungen, die insbesondere in der russischen Schule bewiesen wurden. Nur für einzelne Parameter gibt es explizite Darstellungen dieser Verteilung, z. B. für $\alpha = \frac{1}{2}$ die Smirnov-Verteilung.

Mit Hilfe des Satzes von Cramér-Wold kann man nun mühelos den multivariaten zentralen Grenzwertsatz beweisen.

Korollar 4.3.18 (Multivariater zentraler Grenzwertsatz) *Sei $(X_i) \subset \mathcal{L}_k(\Omega, \mathcal{A}, P)$ eine Folge von unabhängigen, identisch verteilten, k-dimensionalen Zufallsvariablen mit*

4.3 Stetigkeitssatz von Lévy-Cramér und zentraler Grenzwertsatz

Erwartungwertvektor $EX_1 = 0$ und endlicher Kovarianzmatrix $\Sigma = \mathrm{Cov}(X_1)$ und sei $S_n := \sum_{i=1}^{n} X_i$. Dann folgt für die standardisierte Summe

$$\frac{1}{\sqrt{n}} S_n \xrightarrow{\mathcal{D}} \mathcal{N}(0, \Sigma).$$

Beweis Nach dem Satz von Cramér-Wold konvergiert $\frac{1}{\sqrt{n}} S_n \xrightarrow{\mathcal{D}} \mathcal{N}(0, \Sigma)$ genau dann, wenn für alle t aus der Einheitssphäre S_{k-1} gilt

$$\left\langle t, \frac{1}{\sqrt{n}} S_n \right\rangle = \frac{1}{\sqrt{n}} \sum_{i=1}^{n} \langle t, X_i \rangle \xrightarrow{\mathcal{D}} N(0, t^T \Sigma t).$$

Die Skalarprodukte $\langle t, X_i \rangle$ sind identisch verteilt und reell, $E(\langle t, X_i \rangle) = 0$ und $\mathrm{Var}(\langle t, X_i \rangle) = t^\top \Sigma t$. Daher folgt die Behauptung nach dem zentralen Grenzwertsatz von Lévy, Satz 4.3.14. □

Beispiel 4.3.19 Münzwurfexperiment: Bei unabhängigen Münzwurfexperimenten sei X_i das Ergebnis des i-ten Wurfs. Dann ist (X_i) eine Folge unabhängiger, identisch $\mathcal{B}(1, 1/2)$-verteilter Zufallsvariablen, d. h. $P(X_i = 0) = P(X_i = 1) = 1/2$. Sei $X_i = 1$ genau dann, wenn beim i-ten Wurf die Seite mit dem Wappen erscheint, und sei $S_n = \sum_{i=1}^{n} X_i$ die Anzahl der Wappen, die bei dem Experiment insgesamt erzielt wurden. Die Zufallsvariable X_i hat den Erwartungswert $EX_i = 1/2$ und die Varianz $\mathrm{Var}\, X_i = 1/4$. Nach dem zentralen Grenzwertsatz folgt dann

$$\frac{S_n - \frac{n}{2}}{\sqrt{\frac{n}{4}}} \xrightarrow{\mathcal{D}} \mathcal{N}(0, 1).$$

Allgemein gilt für Folgen unabhängiger, identisch verteilter $\mathcal{B}(1, p)$-Zufallsvariablen

$$\frac{S_n - n \cdot p}{\sqrt{np \cdot (1 - p)}} \xrightarrow{\mathcal{D}} \mathcal{N}(0, 1).$$

Der zentrale Grenzwertsatz hat wichtige Konsequenzen für Prognosen und Konfidenzintervalle. Für die Standard-Normalverteilung gilt:

$$P(|\mathcal{N}(0, 1)| \leq 2) = 0{,}954.$$

Daher folgt für obiges Münzwurfexperiment:

$$P\left(S_n - \frac{n}{2} \in [-\sqrt{n}, \sqrt{n}\,]\right) = P\left(\frac{S_n - \frac{n}{2}}{\sqrt{\frac{n}{4}}} \in [-2, 2]\right) \approx 0{,}954.$$

Sei $n = 10.000$, dann liegt die Anzahl der Wappen mit Wahrscheinlichkeit 0,95 zwischen 4900 und 5100. Die Wahrscheinlichkeit, dass die Anzahl der Wappen zwischen 4850 und 5150 liegt, ist sogar 0,99.

Überbuchung von Flugzeugen und Zügen: Eine konkrete Anwendung des obigen Beispiels ist die Fragestellung, wie viele Tickets eine Fluggesellschaft verkaufen sollte, damit die Flugzeuge nicht überbucht werden unter der Annahme, dass ein Käufer eines Tickets nur mit Wahrscheinlichkeit p am Flugschalter erscheint, z. B. $p = 0,8$ oder 0,9.

Ähnliche Überlegungen sind auch im Schienenverkehr relevant. Die Bahn habe auf einer Bahnstrecke n potentielle Reisende. In einem Schnellzug am 20. Dezember sei p die Wahrscheinlichkeit, dass ein potentieller Kunde fährt. Mit wie vielen Kunden muss die Bahn dann rechnen?

Wir beschreiben dieses Beispiel mit einer Bernoulli-Folge, d. h. $X_i \sim \mathcal{B}(1, p)$. Dann ist die Summe binomialverteilt, $S_n = \sum_{i=1}^{n} X_i \sim \mathcal{B}(n, p)$. Wegen des zentralen Grenzwertsatzes können wir durch die Normalverteilung approximieren und es folgt

$$P\left(\frac{S_n - np}{\sqrt{n}\sqrt{p(1-p)}} \geq 3\right) \approx 0,0013.$$

Sei z. B. $p = \frac{1}{10}$, $n = 10.000$. Mit obiger Approximation folgt

$$P(S_n \geq 1090) \approx 0,0013,$$

d. h., die Wahrscheinlichkeit dafür, dass mehr als 1090 Personen erscheinen, ist klein. ◇

Auch Summen unabhängiger Zufallsvariablen, die nicht identisch verteilt sind, genügen dem zentralen Grenzwertsatz, wenn die einzelnen Summanden klein sind, d. h. dass keiner der einzelnen Summanden einen wichtigen Beitrag leistet. Den folgenden Satz hat Lindeberg 1922 bewiesen.

Satz 4.3.20 (Zentraler Grenzwertsatz von Lindeberg) *Sei $(X_{n,m})_{1 \leq m \leq n}$ eine Doppelfolge von unabhängigen Zufallsvariablen mit $EX_{n,m} = 0$ für alle n, m. Sei*

a) $\sum_{m=1}^{n} EX_{n,m}^2 \longrightarrow \sigma^2 > 0$ *und*

b) $\forall \varepsilon > 0 : \mathcal{L}_n(\varepsilon) := \sum_{m=1}^{n} \int_{\{|X_{n,m}| > \varepsilon\}} X_{n,m}^2 \, dP \longrightarrow 0,$ **Lindeberg-Bedingung**,

dann folgt

$$S_n = \sum_{m=1}^{n} X_{n,m} \xrightarrow{\mathcal{D}} \mathcal{N}(0, \sigma^2).$$

Die erste Voraussetzung ist eine Normierungseigenschaft der Summe. Die zweite Bedingung heißt Lindeberg-Bedingung. Sie besagt, dass der Einfluss der einzelnen Summanden klein ist, wenn n groß wird. Zum Beweis verwenden wir folgendes Lemma:

4.3 Stetigkeitssatz von Lévy-Cramér und zentraler Grenzwertsatz

Konvergenz-Lemma Für eine Doppelfolge $(a_{n,m})$ mit $|a_{n,m}| \leq 1$, $\sum_{m=1}^{n} a_{n,m} \longrightarrow a$, und $\sum_{m=1}^{n} |a_{n,m}|^2 \longrightarrow 0$ gilt:

$$\prod_{m=1}^{n}(1 - a_{n,m}) \longrightarrow e^{-a}.$$

Beweis Es ist $\prod_m e^{-a_{n,m}} = e^{-\sum_m a_{n,m}} \longrightarrow e^{-a}$. Daher ergibt sich mit der Reihenentwicklung der Exponentialfunktion:

$$\left| \prod_m (1 - a_{n,m}) - \prod_m e^{-a_{n,m}} \right| \leq \sum_m |e^{-a_{n,m}} - (1 - a_{n,m})|$$
$$\leq \sum_m a_{n,m}^2 \longrightarrow 0. \quad \square$$

Beweis zum ZGWS von Lindeberg Der Beweis ist ähnlich wie der Beweis zum Satz von Lévy. Die Situation ist jedoch etwas allgemeiner. Die Summanden haben die charakteristische Funktion $\varphi_{n,m}(t) := E e^{itX_{n,m}}$ und die Varianz $\sigma_{n,m}^2 := EX_{n,m}^2$. Zu zeigen ist, dass die charakteristische Funktion der standardisierten Summe gegen die charakteristische Funktion der Normalverteilung konvergiert:

$$\prod_{m=1}^{n} \varphi_{n,m}(t) \longrightarrow e^{-\frac{\sigma^2 t^2}{2}}.$$

Für ein fest gewähltes t sei

$$z_m := \varphi_{n,m}(t) =: z_{n,m} \quad \text{und} \quad w_m := 1 - \frac{t^2 \sigma_{n,m}^2}{2}.$$

Dann folgt aus der Taylor-Entwicklung, Lemma 4.3.13 bzw. Beweis zu Satz 4.2.14

$$|z_m - w_m| = \left| E e^{itX_{n,m}} - 1 + \frac{t^2 E X_{n,m}^2}{2} \right| \leq E\left(\frac{|t \cdot X_{n,m}|^3}{3!} \wedge 2 \frac{|t \cdot X_{n,m}|^2}{2!} \right)$$
$$\leq E \frac{|t \cdot X_{n,m}|^3}{3!} \mathbb{1}_{\{|X_{n,m}| \leq \varepsilon\}} + E|t \cdot X_{n,m}|^2 \mathbb{1}_{\{|X_{n,m}| > \varepsilon\}}$$
$$\leq \frac{\varepsilon t^3}{6} E X_{n,m}^2 \mathbb{1}_{\{|X_{n,m}| \leq \varepsilon\}} + E|t \cdot X_{n,m}|^2 \mathbb{1}_{\{|X_{n,m}| > \varepsilon\}}.$$

Mit der Lindeberg-Bedingung folgt: $\limsup_n \sum_{m=1}^{n} |z_m - w_m| \leq \frac{\varepsilon t^3}{6} \sigma^2, \forall \varepsilon > 0$.

Für $z_m, w_m \in \mathbb{C}$ gilt:

$$\left|\prod_{m=1}^{n} z_m - \prod_{m=1}^{n} w_m\right| \leq \left|\prod_{m=1}^{n} z_m - \prod_{m=1}^{n-1} z_m w_n\right| + \left|\prod_{m=1}^{n-1} z_m w_n - \prod_{m=1}^{n-2} z_m w_{n-1} w_n\right| + \ldots$$

$$\ldots + \left|z_1 \prod_{m=2}^{n} w_m - \prod_{m=1}^{n} w_m\right|$$

$$\leq \prod_{m=1}^{n-1} |z_m| |z_n - w_n| + \prod_{m=1}^{n-2} |z_m| |w_n| |z_{n-1} - w_{n-1}| + \ldots$$

$$\leq \sum_{m=1}^{n} |z_m - w_m| \qquad \text{für } |z_i| \leq 1, |w_i| \leq 1.$$

Nach dem Konvergenz-Lemma folgt für obige Wahl von z_m, w_m:

$$\left|\prod_{m=1}^{n} z_m - \prod_{m=1}^{n} w_m\right| = \left|\prod_{m=1}^{n} \varphi_{n,m}(t) - \prod_{m=1}^{n}\left(1 - \frac{t^2 \sigma_{n,m}^2}{2}\right)\right| \longrightarrow 0 \quad (n \to \infty).$$

Die Bedingungen des Konvergenz-Lemmas sind erfüllt für $a_{n,m} := \frac{t^2 \sigma_{n,m}^2}{2}$, denn

1) nach Voraussetzung 1) ist $\sum_m a_{n,m} \longrightarrow \frac{t^2 \sigma^2}{2} =: a$,
2) $\sigma_{n,m}^2 = EX_{n,m}^2 \mathbb{1}_{\{|X_{n,m}| \leq \varepsilon\}} + EX_{n,m}^2 \mathbb{1}_{\{|X_{n,m}| > \varepsilon\}}$
$\leq \varepsilon^2 + EX_{n,m}^2 \mathbb{1}_{\{|X_{n,m}| > \varepsilon\}}$
und es folgt mit der Lindeberg-Bedingung: $\sup_m \sigma_{n,m}^2 \longrightarrow 0$.
3) Wegen $\sum_m \sigma_{n,m}^2 \longrightarrow \sigma^2$ folgt

$$\sum_{m=1}^{n} |a_{n,m}|^2 = \sum_{m=1}^{n} \frac{t^4 \sigma_{n,m}^4}{4} \leq \frac{t^4}{4} \sup \sigma_{n,m}^2 \cdot \sum_{m=1}^{n} \sigma_{n,m}^2 \longrightarrow 0. \qquad \square$$

Bemerkung 4.3.21
a) Der **zentrale Grenzwertsatz von Lévy** folgt aus dem zentralen Grenzwertsatz von Lindeberg. Sei (Y_m) eine i. i. d. Folge mit $EY_m = 0$ und $0 < \sigma^2 = EY_m^2 < \infty$. Dann gilt für die Folge der standardisierten Zufallsgrößen $X_{n,m} := \frac{Y_m}{\sqrt{n}}$:

$$\sum_{m=1}^{n} EX_{n,m}^2 = \sigma^2 \quad \text{und}$$

$$\mathcal{L}_n(\varepsilon) = \sum_{m=1}^{n} EX_{n,m}^2 \mathbb{1}_{\{|X_{n,m}| > \varepsilon\}} = n \cdot E\left(\frac{Y_1}{\sqrt{n}}\right)^2 \mathbb{1}_{\{|X_{n,m}| > \varepsilon\}}$$

$$= \int_{\{|Y_1| > \varepsilon \sqrt{n}\}} Y_1^2 \, dP \longrightarrow 0.$$

4.3 Stetigkeitssatz von Lévy-Cramér und zentraler Grenzwertsatz

Damit sind die Voraussetzungen des Satzes von Lindeberg erfüllt.

b) **Zentraler Grenzwertsatz von Lyapunov:** Der folgende Satz von Lyapunov gibt einfachere Bedingungen für den zentralen Grenzwertsatz. Der Satz von Lyapunov war schon vor dem Satz von Lindeberg bekannt. Man kann ihn als Folgerung des Satzes von Lindeberg herleiten.

Satz 4.3.22 (Lyapunov) *Sei (X_i) eine unabhängige Folge von reellen Zufallsvariablen und sei $\alpha_n := \sqrt{\operatorname{Var}(S_n)}$. Falls eine positive Zahl δ existiert mit*

$$\lim_{n \to \infty} \frac{1}{\alpha_n^{2+\delta}} \cdot \sum_{m=1}^{n} E|X_m - EX_m|^{2+\delta} = 0, \quad \textbf{Lyapunov-Bedingung},$$

dann folgt:

$$\frac{S_n - ES_n}{\alpha_n} \xrightarrow{\mathcal{D}} \mathcal{N}(0,1).$$

Die Voraussetzung des Satzes besagt, dass die Summe der Momente der Ordnung $(2+\delta)$ langsamer anwachsen als die $\frac{2+\delta}{2}$-te Potenz der Varianz. Beim zentralen Grenzwertsatz von Lyapunov werden Momente der Ordnung $(2+\delta)$ angenommen. Der Satz von Lévy dagegen kommt mit Momenten der Ordnung 2 aus. Dafür müssen die Zufallsvariablen beim Satz von Lyapunov nicht identisch verteilt sein.

Die Lyapunov-Bedingung ist in Anwendungen oft einfacher zu verifizieren als die Lindeberg-Bedingung. Insbesondere für i. i. d. Folgen (X_i) mit $E|X_i|^{2+\delta} < \infty$ folgt die Lyapunov-Bedingung direkt.

c) **Asymptotische Vernachlässigbarkeit und Feller-Bedingung:** Die Lindeberg-Bedingung impliziert mit Hilfe der Tschebyscheff-Ungleichung:

1) $\sum_{m=1}^{n} P(|X_{n,m}| > \varepsilon) \longrightarrow 0$; die $(X_{n,m})$ sind **asymptotisch vernachlässigbar**.
2) $\sup_m \sigma_{n,m}^2 \longrightarrow 0$, **Feller-Bedingung**.

d) **Umkehrung des ZGWS von Lindeberg:** Von Feller (1935/1937) stammt eine Umkehrung des zentralen Grenzwertsatzes von Lindeberg:
Ist die Normierungsbedingung: $\sum_m \sigma_{nm}^2 \longrightarrow \sigma^2$ gültig und ist $(X_{n,m})$ asymptotisch vernachlässigbar, dann gilt:
Der zentrale Grenzwertsatz gilt genau dann, wenn die Lindeberg-Bedingung erfüllt ist.

e) **Charakterisierung der Lindeberg-Bedingung:** Sei $\operatorname{Var}(S_n) > 0$, dann gilt:
(X_n) erfüllt die Lindeberg-Bedingung genau dann, wenn:

1) (X_n) die Feller-Bedingung erfüllt, und
2) $\frac{S_n - ES_n}{\sqrt{\operatorname{Var}(S_n)}} \xrightarrow{\mathcal{D}} \mathcal{N}(0,1)$, d. h., es gilt der zentrale Grenzwertsatz.

f) Ein alternativer Zugang zum zentralen Grenzwertsatz mit der Operatorenmethode wird in Gänssler und Stute (1977) ausgearbeitet.

4.3.3 Anwendungen des zentralen Grenzwertsatzes

4.3.3.1 Satz von Erdős-Kac

Es folgt eine Anwendung des zentralen Grenzwertsatzes aus dem Gebiet der probabilistischen Zahlentheorie. Hierbei geht es um die Verteilung der Anzahl der Primteiler:

Wie viele Primteiler besitzt eine uniform aus der Menge $\{1, \ldots, n\}$ gewählte natürliche Zahl? Die Antwort ist ein wichtiges Resultat der Zahlentheorie.

Satz 4.3.23 (Satz von Erdős-Kac) *Sei P_n die Gleichverteilung auf $\Omega_n = \mathbb{N}_n = \{1, \ldots, n\}$ und $g(m) :=$ die Anzahl der Primteiler von $m \in \mathbb{N}$, dann gilt:*

$$P_n\left(\left\{m \in \mathbb{N}_n : \frac{g(m) - \log\log n}{\sqrt{\log\log n}} \leq x\right\}\right) \longrightarrow F_{\mathcal{N}(0,1)}(x) = \Phi(x) = P(\mathcal{N}(0,1) \leq x).$$

Bemerkung 4.3.24

a) **Anzahl der Primteiler:**
   Der Satz von Erdős-Kac besagt, dass

$$\frac{1}{n}\#\{m \leq n;\ g(m) \leq \log\log n + x\sqrt{\log\log n}\} \xrightarrow[n \to \infty]{} \Phi(x).$$

   Dies impliziert:

$$\frac{1}{n}\#\{m \leq n;\ |g(m) - \log\log n| \leq x\sqrt{\log\log n}\} \longrightarrow \Phi(x) - \Phi(-x),$$

   eine Verbesserung eines klassischen Satzes von Hardy und Ramanujan.
   Für $x = 3$ folgt, dass $\sim 99\,\%$ aller natürlichen Zahlen $\leq n$ die Anzahl $\log\log n \pm 3\sqrt{\log\log n}$ Primteiler haben. Der Großteil der Zahlen hat nur sehr wenige Primteiler.

b) **Primzahlsatz:** Der Primzahlsatz von Gauß und Legendre ist ein zentrales Resultat der Zahlentheorie über die Verteilung der Primzahlen.
   Primzahlsatz. Sei für $x > 0$, $\Pi(x) = |\{p \in \mathcal{P};\ p \leq x\}|$, $\mathcal{P}$ die Menge der Primzahlen. Dann gilt:

$$\Pi(x) = L_i(x) + O(\sqrt{x}\log x) \text{ für } x \longrightarrow \infty$$

   mit $L_i(x) = \int_\varepsilon^x \frac{dt}{\log t} \sim \frac{x}{\log x}$.

c) **Satz von Hardy-Wright:** Eine wesentliche Aussage über die Dichte der Primzahlen macht auch der **Satz von Hardy-Wright** (1959):

$$\sum_{\substack{p \in \mathcal{P} \\ p \leq n}} \frac{1}{p} = \log\log n + O(1).$$

Im Vergleich dazu ist $\sum_{k=1}^n \frac{1}{k} \sim \log n + \gamma$. Die Primzahldichte ist also recht dünn. ⌐

4.3 Stetigkeitssatz von Lévy-Cramér und zentraler Grenzwertsatz

Beweis zum Satz von Erdős-Kac
1) Sei $p \in \mathcal{P}$ eine Primzahl, dann gilt

$$P_n(\{m \le n : p \mid m\}) \sim \frac{1}{p}.$$

Diese Aussage gilt exakt für den Fall, dass $n = kp$ ist. Seien X_p unabhängige, Bernoulli-verteilte Zufallsvariablen, $X_p \sim \mathcal{B}(1, \frac{1}{p})$, $p \in \mathcal{P}_n$, d. h. $p \in \mathcal{P}$ und $p \le n$. Wir definieren

$$\delta_p(m) = \begin{cases} 1, & \text{falls } p \mid m, \\ 0, & \text{sonst,} \end{cases} \quad 1 \le m \le n.$$

Dann verhält sich für große n die Folge der Zufallsvariablen (δ_p) bzgl. P_n ungefähr wie die Bernoulli-Folge (X_p). Für $p, q \in \mathcal{P}$, $p \ne q$, sind δ_p, δ_q „approximativ" unabhängig, denn

$$P_n(\delta_p = 1, \delta_q = 1) = P_n(\{m \le n : p \mid m \text{ und } q \mid m\})$$
$$= P_n(\{m \le n : pq \mid m\}) \sim \frac{1}{pq} = P_n(\delta_p = 1) P_n(\delta_q = 1).$$

Die δ_n verhalten sich ungefähr wie unabhängige Zufallsvariablen und es gilt

$$g_n = \sum_{p \in \mathcal{P}_n} \delta_p \sim S_n = \sum_{p \in \mathcal{P}_n} X_p,$$

wobei $g_m(m) = g(m)$ die Anzahl der Primteiler von m ist. Das heißt g_n verhält sich bzgl. P_n wie eine Summe unabhängiger $\mathcal{B}(1, \frac{1}{p})$-verteilter Zufallsvariablen,

$$|g_n - E g_n - (S_n - E S_n)| = o_p(\sqrt{\log \log n}).$$

Dies folgt aus einer Abschätzung zweiter Momente mit der Tschebyscheff-Ungleichung und dem Satz von Hardy-Wright.
2) Verifizieren der Voraussetzungen des Satzes von Lyapunov für S_n: Nach dem Satz von Hardy-Wright (1959) gilt:

$$E S_n = \sum_{p \in \mathcal{P}_n} \frac{1}{p} = \log \log n + O(1).$$

Daraus folgt: $\quad \text{Var}(S_n) = \sum_{p \in \mathcal{P}} \frac{1}{p}\left(1 - \frac{1}{p}\right) = \log \log n + O(1).$

Hieraus ergibt sich die Lyapunov-Bedingung:

$$\frac{\sum_{p \in \mathcal{P}_n} E|X_p - EX_p|^{2+\delta}}{(\log \log n)^{\frac{2+\delta}{2}}} \sim \frac{\sum_{p \in \mathcal{P}_n} \left\{ \left|1 - \frac{1}{p}\right|^{2+\delta} \cdot \frac{1}{p} + \left(\frac{1}{p}\right)^{2+\delta} \left(1 - \frac{1}{p}\right) \right\}}{(\log \log n)^{\frac{2+\delta}{2}}}$$

$$\leq \frac{\sum_{p \in \mathcal{P}_n} \frac{1}{p} + \sum (\frac{1}{p})^{2+\delta}}{(\log \log n)^{\frac{2+\delta}{2}}} \leq \frac{2 \log \log n + o(1)}{(\log \log n)^{1+\frac{\delta}{2}}} \longrightarrow 0.$$

Die Behauptung folgt daher aus dem Satz von Lyapunov. Für weitere Details des Beweises vgl. Billingsley (1965). □

4.3.3.2 Anzahl der Rekorde

Eine weitere Anwendung des zentralen Grenzwertsatzes betrifft die Frage nach der Anzahl der Rekorde bei n unabhängigen Versuchen. Angenommen, Trainingsbedingungen und Leistungsvermögen der Sportler einer Sportart sind konstant. Wie häufig sind dann neue Rekorde zu erwarten?

Sei $X_1, X_2, \ldots$ eine Folge von unabhängigen, identisch verteilten Zufallsvariablen, mit stetiger Verteilungsfunktion F. Sei

$$A_k := \left\{ X_k > \sup_{j < k} X_j \right\}$$

das Ereignis, dass zur Zeit k ein Rekord stattfindet. Dann gilt:

$$P(A_k) = P\left(X_{\pi(k)} > \sup_{j < k} X_{\pi(j)} \right) \text{ für alle Permutationen } \pi \in \mathcal{S}_k.$$

Daraus folgt, dass $P(A_k) = \frac{1}{k}$ ist. Mit einem ähnlichen Invarianzargument folgt, dass die $\{A_j\}$ stochastisch unabhängig sind.

Sei $Y_j := \mathbb{1}_{A_j} \sim j$-ter Versuch in der Folge ist ein Rekord. Dann ist (Y_j) eine stochastisch unabhängige Bernoulli-Folge, $Y_j \sim \mathcal{B}(1, \frac{1}{j})$. Es folgt:

$$EY_j = \frac{1}{j} \text{ und } \text{Var } Y_j = \frac{1}{j} - \frac{1}{j^2}.$$

Sei $S_n := \sum_{m=1}^n Y_m$ die Anzahl der Rekorde bis zum Zeitpunkt n. Dann folgt

$$ES_n \sim \log n, \text{ und } \text{Var } S_n \sim \log n \quad \text{(harmonische Reihe)}.$$

Für die normierten Variablen $X_{n,m} := \frac{Y_m - \frac{1}{m}}{(\log n)^{1/2}}$ gilt: $EX_{n,m} = 0$, und $\sum_{m=1}^n EX_{n,m}^2 \longrightarrow 1$. Die Lindeberg-Bedingung

$$\mathcal{L}_n(\varepsilon) = \sum_{m=1}^n E(X_{n,m})^2 \mathbb{1}_{\{|X_{n,m}| > \varepsilon\}} \longrightarrow 0, \quad \forall \varepsilon > 0,$$

4.4 Allgemeines Grenzwertproblem, ∞-teilbare Maße und Lévy-Prozesse

ist erfüllt; denn die Summe ist sogar gleich null, wenn $\frac{1}{(\log n)^{1/2}} < \varepsilon$. Nach dem zentralen Grenzwertsatz von Lindeberg folgt daher:

$$\frac{S_n - \sum_{m=1}^n \frac{1}{m}}{(\log n)^{1/2}} \xrightarrow{\mathcal{D}} \mathcal{N}(0, 1).$$

Die harmonische Reihe kann man bei dieser Normierung durch den Logarithmus ersetzen:

$$\sum_{m=1}^n \frac{1}{m} > \int_1^n \frac{1}{x}\,dx = \log n \geq \sum_{m=2}^n \frac{1}{m} \Rightarrow \left| \log n - \sum_{m=1}^n \frac{1}{m} \right| \leq 1;$$

es folgt

$$\frac{S_n - \log n}{(\log n)^{1/2}} \xrightarrow{\mathcal{D}} \mathcal{N}(0, 1). \tag{4.6}$$

Die erwartete Anzahl der Rekorde bei n unabhängigen Versuchen ist von der Ordnung $\log n$. Umgekehrt kann man so prüfen, ob die Trainingsbedingungen oder etwa die Kondition der Sportler gleich geblieben sind.

Ein ähnliches Argument liefert auch einen entsprechenden zentralen Grenzwertsatz für die Anzahl der Zykel bei einer zufälligen Permutation. Der zentrale Grenzwertsatz für die Anzahl der Rekorde einer i. i. d. Folge (X_i) in (4.6) kann auch für die Anzahl der Rekorde einer zufälligen Permutation aus $\mathcal{S}_n$ gezeigt werden.

4.4 Allgemeines Grenzwertproblem, ∞-teilbare Maße und Lévy-Prozesse

∞-teilbare Maße sind die möglichen Grenzverteilungen von Summen unabhängiger Zufallsvariablen mit asymptotisch vernachlässigbaren, unabhängigen Summanden. Wie beim klassischen zentralen Grenzwertsatz lassen sich Bedingungen analog zur Lindeberg-Bedingung für die Konvergenz gegen ein ∞-teilbares Maß angeben (Satz von Gnedenko, Kolmogorov). ∞-teilbare Maße lassen sich über die Lévy-Khinchin Formel beschreiben. Sie lassen sich in stetige Faltungshalbgruppen von Wahrscheinlichkeitsmaßen einbetten und entsprechen in eindeutiger Weise den Randverteilungen von Prozessen mit unabhängigen, stationären Zuwächsen (= Lévy-Prozesse).

4.4.1 ∞-teilbare Wahrscheinlichkeitsmaße und allgemeines Grenzwertproblem

Definition 4.4.1 (∞-teilbare Wahrscheinlichkeitsmaße) *Sei* $P \in M^1(\mathbb{R}^1, \mathcal{B}^1)$;

P heißt **∞-teilbar**

$\Leftrightarrow \quad \forall n \in \mathbb{N}: \ \exists P_n \in M^1(\mathbb{R}^1, \mathcal{B}^1): \ P = \underset{i=1}{\overset{n}{*}} P_n.$

Sei $M_\infty^1 = M_\infty^1(\mathbb{R}^1)$ *die Menge der ∞-teilbaren Wahrscheinlichkeitsmaße auf* $\mathbb{R}^1$.

Bemerkung 4.4.2

a) *Sei $P \in M^1(\mathbb{R}^1, \mathcal{B}^1)$, dann gilt*

$$P \in M^1_\infty$$

$\Leftrightarrow$ *P hat n-te Wurzeln in $M^1(\mathbb{R}^1, \mathcal{B}^1)$ bzgl. des Faltungsprodukts „$*$", $\forall\, n \in \mathbb{N}$*

$\Leftrightarrow$ *$\forall\, n \in \mathbb{N}$ existiert eine charakteristische Funktion φ_n so dass $\varphi_P = \varphi_n^n$;*

d. h., φ_P hat n-te Wurzeln in der Menge charakteristischer Funktionen.

b) **Stabile Verteilungen.** *$P_1 \in M^1(\mathbb{R}^1, \mathcal{B}^1)$ heißt **stabile Verteilung**, wenn für eine i. i. d. Folge (X_i) mit $X_1 \sim P_1$ gilt:*

$$\forall\, n \in \mathbb{N}: \ \exists\, c_n > 0,\ \gamma_n \in \mathbb{R}^1: \ S_n \stackrel{d}{=} c_n X_1 + \gamma_n.$$

Speziell die symmetrisch stabilen Verteilungen vom Index α mit charakteristischer Funktion $\varphi_\alpha(t) = e^{-c|t|^\alpha}$, $c > 0$, sind stabil. Stabile Verteilungen sind nach Definition ∞-teilbar.

Definition 4.4.3 (Allgemeine Grenzverteilung) *Wir bezeichnen mit*

$$AG := \left\{ P \in M^1(\mathbb{R}^1, \mathcal{B}^1) : \exists\, (P_n) \subset M^1(\mathbb{R}^1, \mathcal{B}^1) \text{ mit } \underset{i=1}{\overset{n}{*}} P_n \xrightarrow{\mathcal{D}} P \right\}$$

*die Menge der **allgemeinen Grenzverteilungen**.*

Allgemeine Grenzverteilungen sind also die möglichen Grenzverteilungen von Summen identisch verteilter Zufallsvariablen. Es zeigt sich, dass allgemeine Grenzverteilungen ∞-teilbar sind.

Satz 4.4.4 (Allgemeine Grenzverteilungen sind ∞-teilbar) *Die Klasse der allgemeinen Grenzverteilungen ist identisch mit der Klasse der ∞-teilbaren Wahrscheinlichkeitsmaße,*

$$AG = M^1_\infty.$$

Beweis

„$\supset$" Ist $P \in M^1_\infty$, dann hat P für jedes n eine n-te Wurzel, d. h. $\forall\, n: \ \exists\, P_n \in M^1(\mathbb{R}^1, \mathcal{B}^1): P = *_{i=1}^n P_n$. Daher folgt:

$*_{i=1}^n P_n \xrightarrow{\mathcal{D}} P$, und damit ist $P \in AG$.

„$\subset$" Angenommen, es existiert eine Folge von n-fachen Faltungsprodukten, die gegen P konvergiert, d. h.

$$Q_n := \underset{i=1}{\overset{n}{*}} P_n \xrightarrow{\mathcal{D}} P \in AG.$$

4.4 Allgemeines Grenzwertproblem, ∞-teilbare Maße und Lévy-Prozesse

Behauptung: $P \in M_\infty^1$, d. h., dass P für alle $k \in \mathbb{N}$ k-fache Wurzeln hat.
Aus der Konvergenz der Folge (Q_n) folgt, dass die Teilfolge (Q_{nk}) für jede natürliche Zahl $k \geq 1$ in Verteilung gegen P konvergiert,

$$Q_{nk} = \underset{i=1}{\overset{k}{*}} \left(\underset{j=(i-1)n+1}{\overset{in}{*}} P_{nk} \right) \xrightarrow{\mathcal{D}} P.$$

Wir definieren

$$R_{n,k} := \underset{j=(i-1)n+1}{\overset{in}{*}} P_{nk}.$$

(Q_{nk}) hat die Struktur einer k-fachen Faltung. Da die Folge in Verteilung konvergiert, ist sie straff. Wir wollen zeigen, dass dann auch die Folge $(R_{n,k})_n$ straff ist. Dafür betrachten wir unabhängige Zufallsvariablen $Z_{n,i}$ auf einem Wahrscheinlichkeitsraum $(\Omega, \mathcal{A}, R)$, die verteilt sind wie die $R_{n,k}$, d. h. $Z_{n,i} \sim R_{n,k}$ für $1 \leq i \leq k$. Dann ist

$$X_{n,k} := \sum_{i=1}^{k} Z_{n,i} \sim Q_{nk}.$$

Wegen der Straffheit der Folge (Q_{nk}) ergibt sich dann:

$$\left(R_{n,k}(z, \infty)\right)^k = R(Z_{n,1} > z, \ldots, Z_{n,k} > z)$$
$$\leq R(X_{n,k} > k \cdot z) = Q_{nk}((k \cdot z, \infty)) \leq \varepsilon^k, \quad \text{für } z \geq z_0.$$
$$\left(R_{n,k}(-\infty, -z)\right)^k = R(Z_{n,1} < -z, \ldots, Z_{n,k} < -z)$$
$$\leq R(X_{n,k} < -k \cdot z) = Q_{nk}((-\infty, -k \cdot z)) < \varepsilon^k, \quad \text{für } z \geq z_0.$$

Also ist $(R_{n,k})_{n \in \mathbb{N}}$ straff. Nach dem Satz von Prohorov folgt die relative Folgenkompaktheit, d. h., es gibt eine Teilfolge $(m) \subset \mathbb{N}$ und ein Wahrscheinlichkeitsmaß $Q_k \in M^1(\mathbb{R}^1, \mathcal{B}^1)$, so dass

$$R_{m,k} \xrightarrow{\mathcal{D}} Q_k \quad \text{für } m \longrightarrow \infty.$$

Daraus folgt:

$$Q_{mk} = \underset{i=1}{\overset{k}{*}} R_{m,k} \xrightarrow{\mathcal{D}} \underset{i=1}{\overset{k}{*}} Q_k, \quad m \longrightarrow \infty, \text{ also}$$
$$P = \underset{i=1}{\overset{k}{*}} Q_k.$$

P hat daher für alle natürlichen Zahlen k eine k-te Wurzel. Also ist $P \in M_\infty^1$. □

Eine direkte Konsequenz aus der Gleichheit der Klassen M_∞^1 und AG ist das folgende Korollar.

Korollar 4.4.5 (Abgeschlossenheit von M_∞^1) *Die Klasse der ∞-teilbaren Maße M_∞^1 ist abgeschlossen bzgl. der Verteilungskonvergenz, d. h., für $(P_n) \subset M_\infty^1$ mit $P_n \xrightarrow{\mathcal{D}} P \in M^1(\mathbb{R}^1, \mathcal{B}^1)$ folgt: $P \in M_\infty^1$.*

Beweis Nach Voraussetzung existieren $Q_n \in M^1(\mathbb{R}^1, \mathcal{B}^1)$, so dass $P_n = \underset{i=1}{\overset{n}{*}} Q_n \xrightarrow{\mathcal{D}} P$. Also folgt:
$$P \in AG = M_\infty^1. \qquad \square$$

4.4.2 Faltungshalbgruppen und Lévy-Prozesse

Unser nächstes Ziel ist eine Beschreibung von M_∞^1. Dazu sind Faltungshalbgruppen (von Maßen) ein geeignetes Mittel.

Definition 4.4.6 (Faltungshalbgruppe) *Sei $(P_t)_{t>0} \in M^1(\mathbb{R}^1, \mathcal{B}^1)$ eine parametrische Klasse von Wahrscheinlichkeitsmaßen.*

a) (P_t) *heißt* **Faltungshalbgruppe (von Maßen)** *genau dann, wenn*
$$P_s * P_t = P_{s+t}, \quad s, t > 0.$$

b) (P_t) *heißt* **(schwach) stetige Faltungshalbgruppe (von Maßen)** *genau dann, wenn (P_t) eine Faltungshalbgruppe ist und*
$$P_t \xrightarrow{\mathcal{D}} \varepsilon_{\{0\}} \quad \text{für } t \downarrow 0.$$

Bemerkung 4.4.7
a) *Eine Halbgruppe hat im Unterschied zu einer Gruppe i. A. kein neutrales und kein inverses Element. Die Abbildung $\mathbb{R}_+ \longrightarrow M^1(\mathbb{R}^1, \mathcal{B}^1)$, $t \longrightarrow P_t$ ist ein Homomorphismus von Halbgruppen mit den Verknüpfungen Addition $(+)$ bzw. Faltungsprodukt $(*)$.*
b) *Ist $(P_t)_{t>0}$ eine stetige Faltungshalbgruppe und $P_0 = \varepsilon_{\{0\}}$, dann ist $(P_t)_{t\geq 0}$ eine Faltungshalbgruppe.*
   Ist $(P_t)_{t\geq 0}$ eine Faltungshalbgruppe, dann ist $(P_t)_{t>0}$ eine stetige Faltungshalbgruppe und $P_0 = \varepsilon_{\{0\}}$.
c) *Ist (P_t) eine Faltungshalbgruppe, dann ist $P_t \in M_\infty^1, \forall t > 0$, denn $P_t = P_{\frac{t}{n}} * \cdots * P_{\frac{t}{n}}, n \in \mathbb{N}$.*

Beispiel 4.4.8
a) **Normalverteilung**: Sei $P_t := N(0, \sigma^2 t)$ für $t > 0$, dann ist (P_t) eine stetige Faltungshalbgruppe, die **normale Faltungshalbgruppe**.

4.4 Allgemeines Grenzwertproblem, ∞-teilbare Maße und Lévy-Prozesse

b) **Stabile Verteilung**: Zu einem Index α definieren wir $(P_s) := (P_{s,\alpha})$ mit den charakteristischen Funktionen

$$\varphi_{s,\alpha}(t) := e^{-s|t|^\alpha} = e^{-|s^{1/\alpha} \cdot t|^\alpha},$$

d. h., P_s ist eine stabile Verteilung mit Index α und Skalierungsfaktor $s^{1/\alpha}$. Ist $X \sim \varphi_\alpha = \varphi_{1,\alpha}$, dann folgt $s^{1/\alpha} X \sim P_{s,\alpha}$. (P_s) ist eine stetige Faltungshalbgruppe, die **stabile Faltungshalbgruppe** (vgl. Bemerkung 4.3.16 a)).

c) **Einpunktmaße**: Die einfachste stetige Faltungshalbgruppe ist die Klasse der Einpunktmaße, $P_s := \varepsilon_{\{sa\}}$, mit $a \in \mathbb{R}^1$ und $s > 0$.

d) **Poisson-Verteilung**: Sei $P_s = \mathcal{P}(s\lambda)$ die Poisson-Verteilung mit Parameter $s\lambda, \lambda > 0$. Die Klasse (P_s) ist eine stetige Faltungshalbgruppe, die **Poisson-Faltungshalbgruppe** (vgl. Beispiel 4.2.11 a)).

e) Die **Compound-Poisson-Verteilung** $P = \mathcal{P}_{\lambda,Q}$ hat die Darstellung

$$P = \sum_{n=0}^{\infty} \frac{\lambda^n}{n!} e^{-\lambda} Q^{(n)}, \text{ mit } Q \in M^1(\mathbb{R}^1, \mathcal{B}^1) \text{ und } Q^{(n)} = Q * \cdots * Q.$$

P ist verteilt wie eine zufallsabhängige Summe $\sum_{i=1}^N Z_i$, wobei die Summanden Z_i nach Q-verteilt sind und die Anzahl der Summanden N Poisson-verteilt ist mit Parameter λ. Die Zufallsvariablen $\{N, Z_i, i \geq 1\}$ sind stochastisch unabhängig.
Die charakteristische Funktion der Compound-Poisson-Verteilung ist

$$\varphi_P(t) = e^{\lambda(\varphi_Q(t) - 1)}.$$

Definiert man $P_s := \mathcal{P}_{\lambda s, Q}$ als Compound-Poisson-Verteilung mit Parametern $\lambda s, Q$, dann ist (P_s) eine Faltungshalbgruppe, die **Compound-Poisson-Faltungshalbgruppe** (vgl. Beispiel 4.2.11 a)). $\diamond$

Es gibt einen Zusammenhang zwischen Faltungshalbgruppen und einer wichtigen Klasse stochastischer Prozesse.

Definition 4.4.9 (Lévy-Prozesse) *Sei $(X_t)_{t \geq 0}$ eine Familie von reellwertigen Zufallsvariablen mit $t \geq 0$, dann heißt $X = (X_t)_{t \geq 0}$ stochastischer Prozess auf $[0, \infty)$.*

a) *X auf $[0, \infty)$ hat **unabhängige Zuwächse** $\Leftrightarrow$ für jede endliche Menge von geordneten Zeitpunkten $t_0 < t_1 < \cdots < t_n$ sind die Zuwächse $X_{t_1} - X_{t_0}, \ldots, X_{t_n} - X_{t_{n-1}}$ stochastisch unabhängig.*

b) *X hat **stationäre Zuwächse** $\Leftrightarrow$ für jede endliche Menge von Zeitpunkten $t_0 < t_1 < \cdots < t_n$ und $s > 0$ gilt:*

$$P^{(X_{t_{i+1}} - X_{t_i})_{1 \leq i \leq n}} = P^{(X_{t_{i+1}+s} - X_{t_i+s})_{1 \leq i \leq n}}.$$

c) *X heißt **Lévy-Prozess** genau dann, wenn X stationäre und unabhängige Zuwächse hat.*

Bemerkung 4.4.10
a) *Die Prozesse mit unabhängigen Zuwächsen lassen sich ebenso auf $(0,\infty)$, also für $t > 0$, definieren.*
b) *Lévy-Prozesse sind eine grundlegende Klasse von stochastischen Prozessen in der Finanzmathematik und in vielen anderen Bereichen. Beispiele sind der Wiener-Prozess und der Poisson-Prozess. In der Definition des Lévy-Prozesses kann man die zweite Eigenschaft vereinfachen:*

X ist ein Lévy-Prozess

$\Leftrightarrow$ 1) *X hat unabhängige Zuwächse und*

2) *die Verteilung $P_t := P^{X_{t+s}-X_s}$ hängt nicht vom Zeitpunkt s ab.*

Satz 4.4.11 (Lévy-Prozesse und Faltungshalbgruppen)
a) *Ist $X = (X_t)_{t>0}$ ein Lévy-Prozess und $P_t := P^{X_{t+s}-X_s}$ die Verteilung der Zuwächse der Länge t, dann folgt: $(P_t)_{t>0}$ ist eine Faltungshalbgruppe (nicht notwendig stetig).*
b) *Zu jeder Faltungshalbgruppe $(P_s)_{s>0}$ existiert ein Lévy-Prozess $X = (X_t)_{t>0}$, dessen Zuwächse durch die Faltungshalbgruppe beschrieben werden, d. h., es gilt für alle $t > 0$:*
$$P_t = P^{X_{t+s}-X_s}, \quad \forall t > 0.$$

Beweis
a) P_s ist ein ∞-teilbares Maß, denn
$$X_{t+s} - X_t = \left(X_{t+s} - X_{t+\frac{n-1}{n}s}\right) + \cdots + \left(X_{t+\frac{s}{n}} - X_t\right).$$
Daraus folgt: $\quad P_s = P^{X_{t+s}-X_t} = P_{s/n} * \cdots * P_{s/n};$

also ist $P_s \in M_\infty^1$. Die Faltungshalbgruppeneigenschaft folgt aus
$$P_{s+t} = P^{X_{s+t+u}-X_u} = P^{(X_{s+t+u}-X_{t+u})+(X_{t+u}-X_u)} = P_s * P_t.$$

b) Sei (P_s) eine Faltungshalbgruppe auf $T = (0,\infty)$, dann kann man einen zugehörigen Lévy-Prozess mit dem Satz von Kolmogorov konstruieren. Dafür muss man die endlich-dimensionalen Randverteilungen definieren. Für alle natürlichen Zahlen k definieren wir eine lineare Abbildung
$$\tau_k(x_0,\ldots,x_k) := \left(x_0, x_0 + x_1, \ldots, \sum_{i=0}^k x_i\right).$$

Für jede endliche Indexmenge $E = \{t_0,\ldots,t_k\}$ mit $t_0 < t_1 < \cdots < t_k$ definiert man
$$P_E := \left(P_{t_0} \otimes P_{t_1-t_0} \otimes \cdots \otimes P_{t_k-t_{k-1}}\right)^{\tau_k}.$$

4.4 Allgemeines Grenzwertproblem, ∞-teilbare Maße und Lévy-Prozesse

$(P_E)_{E \in \mathcal{P}_0(0,\infty)}$ ist ein konsistentes System von Maßen. Nach dem Satz von Kolmogorov folgt die Existenz eines eindeutig bestimmten Wahrscheinlichkeitsmaßes $P \in M^1(\mathbb{R}^T, \mathcal{B}^T)$ mit

$$P_E = P^{\pi_E}, \quad \forall E \in \mathcal{P}_0(T).$$

Wie bei der Standardkonstruktion verwenden wir die Abbildung

$$X_t : \mathbb{R}^T \longrightarrow \mathbb{R}, \quad \omega \longmapsto \omega_t, \quad \text{die Projektion auf die Komponente } t.$$

Dann ist $X = (X_t)_{t>0}$ ein stochastischer Prozess mit der Eigenschaft

$$P^{(X_t, X_{t+s})} = P^{(\pi_t, \pi_{t+s})} = P^{\pi_{\{t,t+s\}}} = P_{\{t,t+s\}} = (P_t \otimes P_s)^{\tau_1}.$$

Mit $\alpha(u, v) := v - u$ gilt

$$P^{X_{t+s} - X_t} = P^{\alpha_1(X_t, X_{t+s})} = ((P_t \otimes P_s)^{\tau_1})^{\alpha_1} = (P_t \otimes P_s)^{\alpha_1 \circ \tau_1} = P_s,$$

denn $\alpha_1 \circ \tau_1(x, y) = \alpha_1(x, x + y) = y$.

Nach Bemerkung 4.4.10 ist noch zu zeigen, dass die Zuwächse unabhängig sind. Für jede endliche Indexmenge $t_0 < t_1 < \cdots < t_k$ gilt mit $\alpha_k(x_0, x_1, \ldots, x_k) := (x_0, x_1 - x_0, \ldots, x_k - x_{k-1})$, $\alpha_k \circ \tau_k = \mathrm{id}_{\mathbb{R}^{k+1}}$ und daher

$$P^{X_{t_0}, X_{t_1} - X_{t_0}, \ldots, X_{t_k} - X_{t_{k-1}}} = \left(P^{(X_{t_0}, X_{t_1}, \ldots, X_{t_k})}\right)^{\alpha_k}$$
$$= (P_{t_0} \otimes \cdots \otimes P_{t_k - t_{k-1}})^{\alpha_k \circ \tau_k} = P_{t_0} \otimes \cdots \otimes P_{t_k - t_{k-1}}$$
$$= P^{X_{t_0}} \otimes \cdots \otimes P^{X_{t_k} - X_{t_{k-1}}},$$

d. h., der Prozess X hat stationäre und unabhängige Zuwächse. □

Wir veranschaulichen dieses Resultat nun an den oben genannten Beispielen von Faltungshalbgruppen.

Beispiel 4.4.12

a) **Wiener-Prozess.** Für die normale Faltungshalbgruppe $P_t = N(0, \sigma^2 t)$ heißt der zugehörige Lévy-Prozess $X = (X_t)_{t \geq 0}$ **Wiener-Prozess**. Es gilt

$$P^{X_{s+t} - X_s} = N(0, \sigma^2 t),$$

d. h., die Zuwächse $X_t - X_s$ sind normalverteilt mit Varianz $\sigma^2(t - s)$.

b) **Poisson-Prozess.** Der zu der Poisson'schen Faltungshalbgruppe $P_t = \mathcal{P}(\alpha t)$ mit $t \geq 0$, $\alpha > 0$ zugehörige Lévy-Prozess $N = (N_t)_{t\geq 0}$ heißt **Poisson-Prozess**. Der Poisson-Prozess ist ein Zählprozess und zählt die Ereignisse, die innerhalb eines Zeitintervalls auftreten. Die Verteilung der Anzahl der Ereignisse zwischen zwei Zeitpunkten s und t ist $P^{N_t - N_s} = \mathcal{P}(\alpha(t-s))$, $N_0 = \varepsilon_{\{0\}}$. Insbesondere ist

$$N_t \sim \mathcal{P}(\alpha t) \quad \text{und} \quad E N_t = \alpha t.$$

Die mittlere Anzahl der Ereignisse bis zur Zeit t ist αt.

Eine anschauliche Konstruktion des Poisson-Prozesses benötigt nicht den Kolmogorov'schen Konsistenzsatz und zeigt direkt die Eigenschaften als Zählprozess. Sie beruht darauf, dass die Wartezeiten zwischen zwei Ereignissen eines Poisson-Prozesses unabhängig exponentialverteilt sind (vgl. Beispiel 3.4.5).

Für eine i. i. d. Folge von exponentialverteilten Zufallsvariablen (X_i), $X_i \sim \mathcal{E}(\alpha)$ d. h.

$$P(X_i \leq x) = 1 - e^{-\alpha x}, \quad x > 0,$$

sei $S_n = \sum_{i=1}^n X_i$. Dann ist

$$N_t := \max\{n : S_n \leq t\},$$

d. h. die Anzahl der bis zur Zeit t realisierten Ereignisse (Sprünge), ein Poisson-Prozess zum Parameter α. (N_t) hat zu den Sprungzeiten S_n jeweils Sprünge der Höhe 1.

c) **Gamma-Prozess** Sei $P_t = \Gamma_t$ die **Gammaverteilung** mit Parameter t. Die zugehörige Dichte ist $f_t(x) = \frac{x^{t-1} e^{-x}}{\Gamma(t)}$ mit Normierungsintegral gegeben durch die Gammafunktion $\Gamma(t) = \int_0^\infty u^{t-1} e^{-u} du$ und zugehöriger charakteristischer Funktion $\varphi_t(x) = (1-ix)^{-t}$.

Für $t = 1$ ist $\Gamma_1 = \mathcal{E}(1)$ die Exponentialverteilung.

(P_t) ist eine Faltungshalbgruppe. Der zugehörige Lévy-Prozess heißt **Gamma-Prozess**. Bei Finanzdaten kommen in kleinen Zeitintervallen viele unregelmäßige Sprünge vor. Der Gamma-Prozess ist ein unstetiger Prozess. In jedem Zeitintervall gibt es unendlich viele, typischerweise kleine Sprünge. Die Sprunghöhe ist stetig verteilt.

d) **Stabiler Prozess** Sei $(P_s) = (P_{s,\alpha})$ die stabile Faltungshalbgruppe mit Index α. Die zugehörige charakteristische Funktion ist

$$\varphi_s(x) = e^{-s|x|^\alpha}.$$

Dazu gehört als Lévy-Prozess ein **stabiler Prozess** (X_s) mit $X_s \sim s^{1/\alpha} X_1$. Für $\alpha = 1$ kommt die Faltungshalbgruppe von der Cauchy-Verteilung, und man erhält $P_t = \mathcal{C}(t)$, die Cauchy-Verteilung zum Parameter t. (X_t) ist der zugehörige **Cauchy-Prozess**. ◇

4.4.3 Charakterisierung ∞-teilbarer Maße und allgemeiner zentraler Grenzwertsatz

Unser nächstes Ziel ist die Charakterisierung der unendlich teilbaren Maße. Dazu benötigen wir Eigenschaften der Polardarstellung komplexer Funktionen.

Proposition 4.4.13
a) $P \in M_\infty^1 \Rightarrow \varphi_P(t) \neq 0 \quad \forall t \in \mathbb{R}^1$.
b) *Sei $h : \mathbb{R} \longrightarrow \mathbb{R}$ eine stetige Funktion mit $h(0) = 1$ und $h(t) \neq 0 \quad \forall t \in \mathbb{R}^1$, dann existiert genau eine stetige Abbildung $\Psi : \mathbb{R} \longrightarrow \mathbb{R}$ mit $\Psi(0) = 0$, so dass*

$$h = |h|\, e^{i\Psi},$$

*d. h., es gibt eine eindeutige, stetige **Argumentfunktion** Ψ.*
c) *Sei $0 \in I \subset \mathbb{R}$, I ein kompaktes Intervall und $\Psi_n : I \longrightarrow \mathbb{R}^1$ mit $\Psi_n(0) = 0$ für alle $n \in \mathbb{N}$.*

Aus $e^{i\Psi_n} \longrightarrow 1$ gleichmäßig auf I folgt, dass $\Psi_n \longrightarrow 0$ gleichmäßig auf I.

Beweis
a) Sei $P \in M_\infty^1$ und sei φ_n die n-te Wurzel der charakteristischen Funktion φ_P, d. h. $\varphi_P = (\varphi_n)^n$, dann gilt $\sqrt[n]{|\varphi_P|} = |\varphi_n|$.
Wegen $|\varphi_n| \leq 1$ folgt hieraus

$$\lim_{n \to \infty} |\varphi_n(t)| = \begin{cases} 1, & \text{falls } |\varphi_P(t)| \neq 0 \text{ und} \\ 0, & \text{falls } |\varphi_P(t)| = 0. \end{cases}$$

Da $\varphi_P(0) = 1$, existiert eine Umgebung $U(0)$, so dass $\varphi_P(t) \neq 0$ für alle $t \in U(0)$. Also gilt:

$$\varphi(t) := \lim_{n \to \infty} |\varphi_n(t)| = 1, \quad \forall t \in U(0).$$

φ ist offensichtlich stetig in 0. Da φ nur die Werte null und eins annimmt, folgt

$$\varphi(t) = \lim |\varphi_n(t)|^2, \quad \forall t \in U(0).$$

$|\varphi_n(t)|^2$ ist eine charakteristische Funktion, denn

$$|\varphi_n(t)|^2 = \varphi_{P_n * (P_n)^S}(t) = \varphi_n(t) \cdot \overline{\varphi_n(t)},$$

wobei $(P_n)^S$ das Bildmaß von P_n unter der Spiegelungsabbildung bezeichnet. Nach dem Satz von Lévy-Cramer folgt: φ ist eine charakteristische Funktion und es folgt: $\exists c \in \mathbb{R}^1 : \varphi = \varphi_{\varepsilon_{\{c\}}}$. Also gilt: $\varphi \equiv 1 = \varphi_{\varepsilon_{\{0\}}}$, und es ist $\varphi_P(t) \neq 0$ für alle t.

b) **Eindeutigkeit:** Angenommen, es gibt zwei verschiedene stetige Argumentfunktionen ψ_1 und ψ_2, ψ_i stetig, $\psi_i(0) = 0$ und $e^{i\psi_1} = e^{i\psi_2}$.

$$\text{Dann ist} \quad \psi_1(t) = \psi_2(t) + 2\pi k(t), \quad k(t) \in \mathbb{Z}.$$

Da ψ_1 und ψ_2 stetig sind, ist $k(t) \in \mathbb{Z}$ stetig und $k(0) = 0$. Also ist $k \equiv 0$.
Existenz: Die Existenz einer stetigen Argumentfunktion erhält man aus der Windungszahl der erzeugten Kurve um null. Diese zählt auf stetige Weise, wie oft die Null umkreist wird. Für Details vgl. z. B. Bauer (2002).

c) Hierzu verweisen wir auf den Abschnitt über charakteristische Funktionen in Bauer (2002). □

Bemerkung 4.4.14 (Logarithmus und Exponentialfunktion)

a) Die stetige Version der Argumentfunktion kann man verwenden, um den Logarithmus (oder Potenzen) auf eindeutige Weise als stetige Funktionen im Komplexen zu erklären. Wählt man für eine reelle Funktion $h \neq 0$ die Darstellung $h = |h| e^{i\psi}$, mit stetiger Argumentfunktion ψ, dann kann man die stetige Version des Logarithmus definieren als

$$\log h(t) := \log |h(t)| + i \psi(t).$$

b) Analog kann man für $\alpha > 0$ durch

$$h^\alpha(t) := |h(t)|^\alpha e^{i\alpha\psi(t)}$$

eine stetige Version der Potenzfunktion definieren.

c) Der Hauptzweig der Argumentfunktion ist definiert durch

$$z = |z| e^{i \arg z}, \quad z \neq 0, \quad \arg z \in (-\pi, \pi].$$

Bei Überschreiten der negativen Halbachse wird $\arg(z)$ unstetig.

d) **Logarithmus und Exponentialfunktion:** Den Logarithmus kann man als Umkehrfunktion der Exponentialfunktion einführen. Die Exponentialfunktion ist periodisch mit Periode $2\pi i$

$$\exp(z + 2\pi i) = \exp(z).$$

Die Gleichung $e^z = w$ hat die Lösungsmenge $\{z_0 + 2k\pi i\}$. Dabei ist z_0 die eindeutige Lösung im Streifen $A = \{x + ui;\ x \in \mathbb{R}, u \in (-\pi, \pi]\}$.
Der Hauptzweig des Logarithmus ist die Lösung im Streifen A. Er ist daher nicht stetig auf der negativen Achse. Es ist $\ln z = \ln |z| + i \arg z$, mit dem Hauptzweig $\arg z \in (-\pi, \pi]$ der Argumentfunktion. Den Hauptzweig des Logarithmus kann man für $z \in B_1(0)$ auch über die Reihenentwicklung

$$\ln(1+z) = \sum_{n=1}^{\infty} \frac{(-1)^{n-1}}{n} z^n = z - \frac{z^2}{2} + \frac{z^3}{3} - \frac{z^4}{4} + \frac{z^5}{5} \mp \ldots \quad \text{einführen.}$$

4.4 Allgemeines Grenzwertproblem, ∞-teilbare Maße und Lévy-Prozesse

Ebenso lässt sich der Hauptzweig der Potenzfunktion einführen. Es gilt nicht

$$\ln z^\alpha = \alpha \ln z, \quad \text{wohl aber} \quad \exp(\alpha \ln z) = z^\alpha.$$

Korollar 4.4.15 *Sei $P \in M_\infty^1$, $P = \underset{i=1}{\overset{n}{*}} P_n$ und $\varphi_P = |\varphi_P| e^{i\psi}$, wobei ψ die stetige Argumentenfunktion bezeichnet, dann gilt:*

a) *Die n-te Wurzel $P_n \in M^1(\mathbb{R}^1, \mathcal{B}^1)$ ist eindeutig bestimmt und es gilt:*

$$\varphi_{P_n} = \sqrt[n]{|\varphi_P|} \cdot e^{i\frac{\psi}{n}}$$

ist die stetige n-te Wurzel von φ_P.

b) *Es gilt*

$$P_n \xrightarrow{\mathcal{D}} \varepsilon_{\{0\}}.$$

c) *Die n-ten Wurzeln sind unendlich teilbar, $P_n \in M_\infty^1$.*

Beweis

a) Nach Proposition 4.4.13 gilt: $\varphi(t) = \varphi_P(t) \neq 0$, $\forall t$, und es existiert genau eine stetige Argumentfunktion $\psi_n : \mathbb{R}^1 \longrightarrow \mathbb{R}^1$ mit

$$\psi_n(0) = 0 \quad \text{und} \quad \varphi_n = |\varphi_n| e^{i\psi_n}.$$

Analog existiert für P genau eine stetige Argumentfunktion ψ mit

$$\psi(0) = 0 \quad \text{und} \quad \varphi = |\varphi| e^{i\psi}.$$

Daraus folgt: $\quad |\varphi| e^{i\psi} = \varphi = \varphi_n^n = |\varphi_n|^n e^{in\psi_n}.$

Also gilt: $|\varphi_n| = \sqrt[n]{|\varphi|}$,
und nach Proposition 4.4.13 b) folgt: $\psi_n = \frac{\psi}{n}$, da wegen der Eindeutigkeit der Argumentfunktion gilt: $n \cdot \psi_n = \psi$.

b) Nach Teil a) gilt: $\varphi_n(t) \longrightarrow 1$ für alle t. Nach dem Stetigkeitssatz von Lévy-Cramér folgt: $P_n \xrightarrow{\mathcal{D}} \varepsilon_{\{0\}}$.

c) folgt aus a). □

Bemerkung 4.4.16

a) Aus Proposition 4.4.13 folgt, dass die Gleichverteilung auf $(-1, 1)$ kein unendlich teilbares Maß ist, d.h. $P = \mathcal{U}(-1, 1) \notin M_\infty^1$, denn die zugehörige charakteristische Funktion $\varphi_P(t) = \frac{\sin t}{t}$ hat Nullstellen.

b) Andererseits gibt es Beispiele von Maßen, die keine Nullstellen haben und trotzdem nicht unendlich teilbar sind. Die charakteristische Funktion des Dreipunktmaßes

$$P = \frac{1}{6}\varepsilon_{\{1\}} + \frac{1}{6}\varepsilon_{\{-1\}} + \frac{2}{3}\varepsilon_{\{0\}}$$

ist $\varphi(t) = \frac{2+\cos t}{3} \neq 0 \ \forall t$ und hat keine Nullstellen. Das Maß P ist aber nicht unendlich teilbar, $P \notin M_\infty^1$, denn es gilt allgemeiner:
Hat P einen beschränkten Träger $S(P) \subset \mathbb{R}^1$, und ist $P \neq \varepsilon_{\{a\}}, a \in \mathbb{R}^1$, dann folgt $P \notin M_\infty^1$.

Beweis Sei $X \stackrel{d}{=} S_n = \sum_{k=1}^n X_{n,k}, \ \forall n \in \mathbb{N}$ mit einer i.i.d. Folge $(X_{n,k})_k$.
Aus der Annahme folgt:

$$\exists M \in \mathbb{R}^1: \ P(|S_n| < M) = 1, \ \forall n$$

$\Rightarrow \quad |X_{n,k}| < \frac{M}{n}$ f.s., und daher folgt

$$\text{Var}(X_{n,k}) < \left(\frac{M}{n}\right)^2.$$

Also gilt: $\text{Var}(X) = \text{Var}(S_n) < \frac{M^2}{n}, \ \forall n$. Daher ist $\text{Var}(X) = 0$. □

Lemma 4.4.17 (Euler-Formel für die komplexe Exponentialfunktion) *Analog zur Definition für reelle Zahlen kann man die Exponentialfunktion im komplexen Fall mit Hilfe der Euler-Formel definieren. Für komplexe Zahlen (c_n) und c mit $c_n \longrightarrow c$ gilt*

$$\lim_{n\to\infty} \left(1 + \frac{c_n}{n}\right)^n = e^c.$$

Die Umkehrung gilt für den Fall, dass c reell ist.

Beweis Wir betrachten den Hauptzweig des Logarithmus für $n \geq n_0$. Mit der Reihenentwicklung für den Hauptzweig des Logarithmus folgt

$$n\log\left(1 + \frac{c_n}{n}\right) = n \cdot \left[\frac{c_n}{n} - \frac{1}{2}\left(\frac{c_n}{n}\right)^2 + \frac{1}{3}\left(\frac{c_n}{n}\right)^3 - \cdots\right]$$

$$= n \cdot \frac{c_n}{n}\left[1 - \frac{1}{2}\frac{c_n}{n} + \frac{1}{3}\left(\frac{c_n}{n}\right)^2 - \cdots\right] =: n \cdot \frac{c_n}{n}(1 - A_n)$$

mit $A_n := \frac{1}{2}\frac{c_n}{n} - \frac{1}{3}\left(\frac{c_n}{n}\right)^2 + \cdots$

$$\text{Da} \quad |A_n| \leq \frac{1}{2} \cdot \frac{|c_n|}{n} \cdot \frac{1}{1 - \frac{|c_n|}{n}} \longrightarrow 0,$$

4.4 Allgemeines Grenzwertproblem, ∞-teilbare Maße und Lévy-Prozesse

folgt
$$\left(1+\frac{c_n}{n}\right)^n = \exp\left(n \cdot \log\left(1+\frac{c_n}{n}\right)\right) \longrightarrow e^c.$$
Für die Umkehrung verweisen wir auf Bauer (2002). □

Das Ziel dieses Abschnittes ist es, die charakteristischen Funktionen von ∞-teilbaren Maßen zu beschreiben. Dafür ist die folgende Überlegung wesentlich: Sei $\psi = \varphi_Q$ die zu Q gehörige charakteristische Funktion, dann ist
$$\varphi = e^{\lambda(\psi-1)}$$
die charakteristische Funktion von $\mathcal{P}_{\lambda,Q} \in M_\infty^1$, der Compound-Poisson-Verteilung mit den Parametern λ und Q (vgl. Beispiel 4.4.8 c)).

Diese Verteilung ist ein Beispiel für ein ∞-teilbares Maß. Wir zeigen im Folgenden, dass die Menge der Compound-Poisson-Verteilungen dicht in der Menge der ∞-teilbaren Maße liegt. Das heißt, man kann jedes ∞-teilbare Maß durch eine Folge von Compound-Poisson-Verteilungen approximieren. Mit Hilfe dieser Eigenschaft kann man die ∞-teilbaren Maße charakterisieren.

Satz 4.4.18 (Approximation durch die Compound-Poisson-Verteilung)
a) *Sei (φ_n) eine Folge von charakteristischen Funktionen, dann gilt:*
   $\varphi(t) := \lim_{n\to\infty} (\varphi_n(t))^n$ existiert und ist stetig genau dann, wenn
   $\psi(t) := \lim_{n\to\infty} n \cdot (\varphi_n(t) - 1)$ existiert und stetig ist.
   Es gilt dann: $\varphi(t) = \exp(\psi(t))$ für $t \in \mathbb{R}^1$.
b) $P \in M_\infty^1 \Leftrightarrow \exists (P_n)$ *Compound-Poisson-Verteilungen:* $P_n \xrightarrow{\mathcal{D}} P$.

Beweis
a) „$\Leftarrow$" Angenommen, der Limes $\psi(t) := \lim_{n\to\infty} \psi_n(t) = \lim_{n\to\infty} n(\varphi_n(t) - 1)$ existiert und ist stetig.
Dann folgt mit der Cauchy-Formel für die Folge der charakteristischen Funktionen $\varphi_n(t) = 1 + \frac{\psi_n(t)}{n}$:
$$\left(\varphi_n(t)\right)^n \longrightarrow \exp(\psi(t)) = \varphi(t) \quad \text{existiert und ist stetig.}$$

„$\Rightarrow$" Existiert der Limes $\varphi(t) = \lim_{n\to\infty}(\varphi_n(t))^n$ und ist φ stetig, dann folgt nach Proposition 4.4.13 a): $\varphi(t) \neq 0, \forall t$ und φ ist eine charakteristische Funktion.
Die Konvergenz von charakteristischen Funktionen auf kompakten Intervallen ist gleichmäßig wegen der gleichmäßigen Stetigkeit der charakteristischen Funktionen (vgl. Bauer (2002, S. 202)).
Die Folge $(\varphi_n(t))^n$ konvergiert also gleichmäßig gegen $\varphi(t)$ für $|t| \leq t_1$. Damit folgt für genügend große n, dass die charakteristischen Funktionen φ_n auch keine Nullstellen haben, $\varphi_n(t) \neq 0, \forall |t| \leq t_1$.

Nach Proposition 4.4.13 folgt, dass stetige Argumentfunktionen ψ_n und ψ_0 existieren mit $\psi_n(0) = \psi_0(0) = 0$, so dass

$$\varphi_n(t) = |\varphi_n(t)|e^{i\psi_n(t)}, \quad \text{und} \quad \varphi(t) = |\varphi(t)|e^{i\psi_0(t)}.$$

Die Folge $|\varphi_n(t)|^n$ konvergiert gleichmäßig auf $|t| \leq t_1$,

$$|\varphi_n(t)|^n \longrightarrow |\varphi(t)|,$$

und es folgt $\exp(i(n\psi_n(t) - \psi_0(t))) \longrightarrow 1$, gleichmäßig auf $|t| \leq t_1$.
Nach Proposition 4.4.13 c) folgt, dass auch die Argumentfunktionen auf $|t| \leq t_1$ gleichmäßig konvergieren:

$$n \cdot \psi_n(t) - \psi_0(t) \longrightarrow 0. \tag{4.7}$$

Mit der Euler-Formel in Lemma 4.4.17 ergibt sich für die stetige Version des Logarithmus

$$\bigl(\log \varphi_n(t)\bigr)^n = n \cdot \bigl(\log |\varphi_n(t)| + i\psi_n(t)\bigr) \longrightarrow \log|\varphi(t)| + i\psi_0(t) = \log \varphi(t).$$

Daraus folgt, dass $\varphi_n(t) \longrightarrow 1$ gleichmäßig auf $|t| \leq t_1$,
denn $|\varphi_n(t)| \longrightarrow 1$ gleichmäßig und nach (4.7) folgt: $\psi_n(t) \longrightarrow 0$ gleichmäßig für $|t| \leq t_1$. Wegen

$$\bigl(\log \varphi_n(t)\bigr)^n \longrightarrow \log \varphi(t)$$

folgt nun wie im Beweis der Euler-Formel mit der Reihenentwicklung für den Logarithmus gleichmäßig für $|t| \leq t_1$

$$n \cdot \log \varphi_n(t) = n \cdot \log\bigl(1 - (1 - \varphi_n(t))\bigr)$$
$$= -n \cdot \bigl(1 - \varphi_n(t)\bigr)\bigl(1 + o(1)\bigr).$$

Die Reihenentwicklung kann hier angewendet werden, da die stetige Version der Logarithmusfunktion in einer Umgebung um eins mit dem Hauptzweig des Logarithmus übereinstimmt (Argument bei der Euler-Formel). Mit der Euler-Formel für die Exponentialfunktion folgt nun

$$n \cdot \bigl(\varphi_n(t) - 1\bigr) \longrightarrow \log \varphi(t) =: \psi(t).$$

b) „$\Rightarrow$": Zu $P \in M_\infty^1$ existiert für alle $n \in \mathbb{N}$ ein Maß P_n, welches die n-te Wurzel von P ist. Mit $\varphi_n := \varphi_{P_n}$ ist $(\varphi_n)^n = \varphi := \varphi_P$. Daraus folgt:

$$\lim_{n\to\infty} (\varphi_n)^n = \varphi.$$

4.4 Allgemeines Grenzwertproblem, ∞-teilbare Maße und Lévy-Prozesse

Nach Teil a) gilt dann auch
$$n(\varphi_n(t) - 1) \longrightarrow \psi(t).$$

Damit folgt
$$\exp(n(\varphi_n(t) - 1) \longrightarrow \exp(\psi(t)) = \varphi(t).$$

$\exp(n(\varphi_n(t)-1))$ ist die charakteristische Funktion der Compound-Poisson-Verteilung $\mathcal{P}_{n,P_n}$. Die Behauptung folgt nach dem Stetigkeitssatz von Lévy-Cramér.

„⇐" Compound-Poisson-Verteilungen P_n sind ∞-teilbar, d. h. $P_n \in M_\infty^1$. Da die Klasse der ∞-teilbaren Maße abgeschlossen ist gegenüber der Verteilungskonvergenz $\xrightarrow{\mathcal{D}}$ folgt, dass der Limes P ein ∞-teilbares Maß ist, d. h. $P \in M_\infty^1$. □

Jedes ∞-teilbare Maß ist Limes einer Folge von Compound-Poisson-Verteilungen. An einem Beispiel werden wir nun sehen, wie diese Approximation aussieht.

Beispiel 4.4.19 (Normalverteilung) *Die charakteristische Funktion einer Compound-Poisson-Verteilung $\mathcal{P}_{\lambda,Q}$ ist*
$$\exp(\lambda(\varphi(t) - 1),$$
wobei $\varphi := \varphi_Q$ die charakteristische Funktion von Q sei. Wir wählen als Maß Q die Zweipunktverteilung $Q_a = \frac{1}{2}(\varepsilon_a + \varepsilon_{-a})$.

Diese Verteilung ist wie die Standard-Normalverteilung symmetrisch um null. Die zugehörige charakteristische Funktion ist
$$\varphi(t) = \frac{1}{2}(e^{iat} + e^{-iat}) = \cos(at).$$

Wählt man $\lambda := \frac{1}{a^2}$, dann ist die charakteristische Funktion der Compound-Poisson-Verteilung
$$\exp\Big(\frac{1}{a^2}(\varphi(t) - 1)\Big) = \exp\Big(-\frac{1 - \cos(at)}{a^2}\Big) \xrightarrow{a \to 0} \exp\Big(-\frac{t^2}{2}\Big) = \varphi_{N(0,1)}(t),$$

d. h., für $a \longrightarrow 0$, z. B. für $a = \frac{1}{n}$, erhält man im Limes die charakteristische Funktion der Standard-Normalverteilung. Für $a_n \longrightarrow 0$ gilt also:
$$\mathcal{P}_{\frac{1}{a_n^2}, Q_{a_n}} \xrightarrow{\mathcal{D}} N(0, 1). \qquad \diamond$$

Bemerkung 4.4.20 (Asymptotische Vernachlässigbarkeit (UAN[1]))
Ein unabhängiges Dreiecksschema $(X_{n,k})$ heißt **gleichmäßig asymptotisch vernachlässigbar (UAN)**, wenn
$$\lim_n \max_{k \leq n} P(|X_{n,k}| > \varepsilon) = 0.$$

Die Limiten von Summenfolgen von UAN-Zufallsvariablen sind ∞-teilbar.

---
[1] UAN = uniformly asymptotically negligible

Proposition 4.4.21 *Ist* $(X_{n,k})$ *UAN und gilt* $S_n = \sum_{k=1}^{n} X_{n,k} \xrightarrow{\mathcal{D}} S$, *dann folgt:* $Q^S \in M_\infty^1$.

Beweis Sei $\varphi_{n,k} = \varphi_{X_{n,k}}$ und $\varphi = \varphi_S$, dann gilt

$$\varphi(t) = \lim_n \prod_k \varphi_{n,k}(t),$$

φ ist stetig in 0, und für alle L gilt:

$$\overline{\lim}_n \sup_{|t|\leq L} \sup_k |\varphi_{n,k}(t) - 1| = 0. \tag{4.8}$$

Denn aus $P(|X_{n,k}| > \varepsilon) < \delta$ folgt für $|t| \leq \frac{1}{\varepsilon}$

$$|\varphi_{n,k}(t) - 1| \leq 2\varepsilon + \delta;$$

also gilt (4.8). Wie im Beweis zu Satz 4.4.18 folgt hieraus durch Anwendung des Logarithmus

$$\sum_k (\varphi_{n,k}(t) - 1) \longrightarrow \psi(t).$$

ψ ist stetig und es gilt $\varphi = e^\psi$ ist die charakteristische Funktion eines unendlich teilbaren Maßes, d. h. $Q^S \in M_\infty^1$. □

Wir definieren nun

$$\widetilde{AG} := \{P \in M^1(\mathbb{R}^1, \mathcal{B}^1);\ \exists (X_{n,k})\ \text{UAN},\ S_n \xrightarrow{\mathcal{D}} S,\ Q^S = P\}$$

die Klasse der Grenzverteilungen zu Summen von unabhängigen UAN-Schemata.

Es gilt nach Proposition 4.4.21

$$M_\infty^1 = AG \subset \widetilde{AG} \subset M_\infty^1,$$

also gilt die Gleichheit. ⌟

Wir erhalten nun den folgenden grundlegenden Charakterisierungssatz für ∞-teilbare Maße.

4.4 Allgemeines Grenzwertproblem, ∞-teilbare Maße und Lévy-Prozesse

Satz 4.4.22 (Charakterisierung von ∞-teilbaren Maßen)
Sei $P \in M^1(\mathbb{R}^1, \mathcal{B}^1)$, dann sind äquivalent:

a) $P \in M^1_\infty$.
b) $P \in AG = \widetilde{AG}$.
c) Es existiert eine stetige Faltungshalbgruppe $(P_t)_{t \geq 0}$ mit $P_1 = P$.
d) Es gibt eine Folge von Compound-Poisson-Verteilungen (P_n) mit $P_n \xrightarrow{\mathcal{D}} P$.
e) **Lévy-Khinchin-Formel:** Es existieren $\beta \in \mathbb{R}, \sigma^2 \geq 0$ und ein Maß $\lambda \in M(\mathbb{R}^1, \mathcal{B}^1)$ mit $\lambda(\{0\}) = 0$ und $\int \frac{x^2}{1+x^2} \lambda(dx) < \infty$, so dass

$$\varphi_P(t) = \exp(\Psi(t)) \text{ mit } \Psi(t) := it\beta - \frac{t^2\sigma^2}{2} + \int \left(e^{itx} - 1 - \frac{itx}{1+x^2}\right) \lambda(dx).$$

λ heißt **Lévy-Khinchin-Maß**.
∞-teilbare Maße sind eindeutig durch das **Lévy-Khinchin-Tripel** $(\beta, \sigma^2, \lambda)$ festgelegt.

Bemerkung 4.4.23 Sei $\widetilde{\lambda} := \frac{x^2}{1+x^2} \lambda$, dann ist $\widetilde{\lambda} \in M_e$ ein endliches Maß und die Lévy-Khinchin-Darstellung hat die äquivalente Form

$$\psi(t) = it\beta - \frac{t^2\sigma^2}{2} + \int \left(e^{itx} - 1 - \frac{itx}{1+x^2}\right) \frac{1+x^2}{x^2} d\widetilde{\lambda}$$

mit einem endlichen Maß $\widetilde{\lambda} \in M_e$. ⌐

Beweis
a) ⇔ b) ⇔ d) wurde bereits in Satz 4.4.18 bewiesen.
a) ⇒ c) Jedes ∞-teilbare Maß lässt sich folgendermaßen einbetten: Sei $P \in M^1_\infty$ mit zugehöriger charakteristischer Funktion $\varphi := \varphi_P$, mit n-ter Wurzel P_n, d. h. $P = *_{i=1}^n P_n$, und zugehöriger charakteristischer Funktion $\varphi_n := \varphi_{P_n}$.
Nach Satz 4.4.18 folgt: $n(\varphi_n(s) - 1) \longrightarrow \Psi(s)$, Ψ stetig und $\varphi(s) = e^{\Psi(s)}$.
Damit folgt, dass

$$\exp(tn(\varphi_n(s) - 1)) \longrightarrow e^{t\Psi_s} = \varphi(s)^t, \quad \forall t > 0.$$

Der Limes $\varphi(s)^t$ ist stetig in null. $\exp(tn(\varphi_n(s) - 1))$ ist die charakteristische Funktion von $\mathcal{P}_{tn, P_n}$, einer Compound-Poisson-Verteilung mit den Parametern tn und P_n. Nach dem Stetigkeitssatz von Lévy-Cramér folgt daher, dass $\varphi(s)^t$ die charakteristische Funktion eines ∞-teilbaren Maßes $P_t \in M^1_\infty$ ist.
Wegen $\varphi^{t_1+t_2} = \varphi^{t_1} \varphi^{t_2}$ folgt, dass das zu $\varphi^{t_1+t_2}$ gehörige Maß das Faltungsprodukt von P_{t_1} und P_{t_2} ist, $P_{t_1+t_2} = P_{t_1} * P_{t_2}$.
Damit ist $(P_t)_{t>0}$ eine Faltungshalbgruppe.
Wegen $\varphi(s) \neq 0$ folgt für $t \longrightarrow 0$: $(\varphi(s))^t \longrightarrow 1$.

Also gilt für $t \longrightarrow 0$, $P_t \xrightarrow{\mathcal{D}} \varepsilon_{\{0\}}$, d. h., (P_t) ist eine stetige Faltungshalbgruppe.
Damit ist die Existenz einer Faltungshalbgruppe gezeigt, die an der Stelle $t = 1$ die charakteristische Funktion $\varphi = \varphi_P$ hat, d. h., das Maß P ist eingebettet in eine Faltungshalbgruppe.
Die Eindeutigkeit folgt wie bei dem Beweis zu Korollar 4.4.15 (Eindeutigkeit der n-ten Wurzel).

d) $\Rightarrow$ e) Für Compound-Poisson-Verteilungen hat die charakteristische Funktion eine Lévy-Khinchin-Darstellung. Es ist zu zeigen, dass diese Form beim Grenzübergang erhalten bleibt. Das Argument dazu ist technisch aufwendig (vgl. Feller (1968); Galambos (1978); Loève (1977, 1978). Im folgenden Satz 4.4.27 geben wir einen Beweis für den Fall von endlichen zweiten Momenten.

e) $\Rightarrow$ a) Für Maße, deren charakteristische Funktionen die Lévy-Khinchin-Darstellung besitzen, kann man die n-te Wurzel P_n bilden, indem man als Lévy-Khinchin-Tripel $(\beta_n, \sigma_n^2, \lambda_n) = \left(\frac{\beta}{n}, \frac{\sigma^2}{n}, \frac{1}{n}\lambda\right)$ wählt. Zu zeigen ist, dass $\varphi_n = \varphi_{\beta_n, \sigma_n^2, \lambda_n}$ charakteristische Funktionen sind. Dafür reicht es aus zu zeigen, dass man die zugehörigen Maße durch Compound-Poisson-Verteilungen approximieren kann. Für den Fall, dass die zweiten Momente existieren, geben wir den Beweis in Satz 4.4.27 an. □

Bemerkung 4.4.24 (Bemerkungen zur Lévy-Khinchin-Formel)
a) Ist das Lévy-Maß $\lambda = 0$, dann erhält man als zugehöriges ∞-teilbares Maß P eine Normalverteilung $N(\beta, \sigma^2)$.
b) Sind die zweiten Momente eines ∞-teilbaren Maßes P endlich, d. h. $\int x^2 \, dP(x) < \infty$, dann gilt die äquivalente **Kolmogorov-Darstellung**

$$\varphi_P(t) = \exp\left(it\beta + \int h_t(x) \, d\mu(x)\right),$$

mit $h_t(x) := (e^{itx} - 1 - itx)\frac{1}{x^2}$ und einem endlichen Maß $\mu \in M_e(\mathbb{R}^1, \mathcal{B}^1)$.
μ heißt **kanonisches Maß**. Zur Konstruktion von μ vgl. c).
Für $\beta = 0$ bezeichne $P_\mu \in M_\infty^1$ das ∞-teilbare Maß mit kanonischem Maß μ. Es gilt

$$h_t(x) \xrightarrow[x \to 0]{} -\frac{t^2}{2} \text{ und } |h_t(x)| \leq \frac{t^2}{2}.$$

Daher kann man h_t stetig in 0 fortsetzen durch $h_t(0) := -\frac{t^2}{2}$. Der Gauß'sche Anteil des Maßes entspricht daher $\mu(0)$.
Insbesondere erhält man für $\mu = \sigma^2 \varepsilon_{\{0\}}$, $P_\mu = N(0, \sigma^2)$.

c) **Lévy-Khinchin- und Kolmogorov-Darstellung.** Wir zeigen nun, dass die Lévy-Khinchin- und die Kolmogorov-Darstellung im Fall endlicher Varianz äquivalent sind. Wir betrachten zunächst die charakteristische Funktion φ von $P = Q^X$ in der Lévy-Khinchin-Form $\varphi(t) = \exp(\Psi(t))$ mit

$$\Psi(t) = it\beta - \frac{t^2\sigma^2}{2} + \int \left(e^{itx} - 1 - \frac{itx}{1+x^2}\right)\frac{1+x^2}{x^2}\lambda(dx).$$

4.4 Allgemeines Grenzwertproblem, ∞-teilbare Maße und Lévy-Prozesse

Dabei ist $\lambda \in M_e(\mathbb{R}^1, \mathcal{B}^1)$ ein endliches Maß mit $\lambda(\{0\}) = 0$. Nach Voraussetzung ist das zweite Moment endlich, $EX^2 < \infty$. Damit existieren die ersten beiden Ableitungen von φ, und nach Satz 4.2.14 über Momente gilt:

$$EX^r = \frac{\varphi^{(r)}(0)}{i^r}, \quad r = 1, 2.$$

Wir berechnen Erwartungswert und Varianz:

$$\varphi'(t) = \exp(\Psi(t))\left(i\beta - t\sigma^2 + \int \left(e^{itx}ix - \frac{ix}{1+x^2}\right)\frac{1+x^2}{x^2} \cdot \lambda(dx)\right)$$

$$\varphi''(t) = \exp(\Psi(t))\left(i\beta - t\sigma^2 + \int \left(e^{itx}ix - \frac{ix}{1+x^2}\right)\frac{1+x^2}{x^2} \cdot \lambda(dx)\right)^2$$

$$+ \exp(\Psi(t)) \cdot \left(-\sigma^2 - \int e^{itx}(1+x^2) \cdot \lambda(dt)\right).$$

Daraus folgt

$$EX = \frac{\varphi'(0)}{i} = \beta + \int \left(x - \frac{x}{1+x^2}\right)\frac{1+x^2}{x^2}\lambda(dx) < \infty.$$

$$\text{und} \quad EX^2 = -\varphi''(0) = -\left(\frac{\varphi'(0)}{i}\right)^2 + \sigma^2 + \int (1+x^2)\lambda(dx).$$

Also gilt $\text{Var}(X) = \sigma^2 + \int (1+x^2)\lambda(dx)$.
Wir definieren das Maß $\widetilde{\mu}(dx) := (1+x^2)\lambda(dx)$. Dann ist

$$\Psi(t) = i\beta t - \frac{\sigma^2 t^2}{2} + \int \left(e^{itx} - 1 - \frac{itx}{1+x^2}\right)\frac{1}{x^2}\widetilde{\mu}(dx)$$

$$= i\beta t - \frac{\sigma^2 t^2}{2} + \int (e^{itx} - 1 - itx)\frac{1}{x^2}\widetilde{\mu}(dx) + \int \left(\frac{it}{x} - \frac{it}{x(1+x^2)}\right)\widetilde{\mu}(dx)$$

$$= it\gamma - \frac{\sigma^2 t^2}{2} + \int (e^{itx} - 1 - itx)\frac{1}{x^2}\widetilde{\mu}(dx)$$

mit dem neuen Driftterm $\gamma := \beta + \int \left(x - \frac{x}{1+x^2}\right)\frac{1+x^2}{x^2}\lambda(dx) = EX$.
Sei

$$\nu(B) = \begin{cases} \lambda(B), & 0 \notin B, \\ \lambda(B) + \sigma^2, & 0 \in B, \end{cases} \quad B \in \mathcal{B},$$

und sei $\mu(dx) = (1+x^2)\nu(dx)$. Wegen $\mu(\{0\}) = \int \mathbb{1}_{\{x=0\}}(1+x^2)\nu(dx) = \nu(\{0\}) = \sigma^2$ folgt $\Psi(t) = it\gamma + \int_{\mathbb{R}}(e^{itx} - 1 - itx)\frac{1}{x^2}\mu(dx)$. Nach der Regel von l'Hospital gilt:

$$\lim_{x \to 0}(e^{itx} - 1 - itx) \cdot \frac{1}{x^2} = -\frac{t^2}{2}.$$

Wir berechnen Erwartungswert und Varianz in der Kolmogorov-Darstellung:

$$\varphi'(t) = \exp(\Psi(t))\left(i\gamma + \int \left(e^{itx} - 1 - itx\right)\frac{1}{x^2}\mu(dx)\right)$$

$$\varphi''(t) = \exp(\Psi(t))\left(i\gamma + \int \left(e^{itx} - 1 - itx\right)\frac{1}{x^2}\mu(dx)\right)^2$$

$$+ \exp(\Psi(t))\left(-\int e^{itx}\mu(dx)\right).$$

Dann folgt

$$\varphi'(0) = i\gamma \text{ also } EX = \gamma.$$

Für $\gamma = 0$ folgt $EP_\mu = 0$. Wegen $\varphi''(0) = (\varphi'(0))^2 - \mu(\mathbb{R})$ folgt dann

$$EX^2 = -\varphi''(0) = \gamma^2 + \mu(\mathbb{R}) \text{ und damit } \text{Var}(X) = \mu(\mathbb{R}).$$

Zur Untersuchung der Verteilungskonvergenz gegen ein unendlich teilbares Maß beschränken wir uns auf den Fall mit endlicher Varianz und verwenden dazu die Kolmogorov-Darstellung. Hierzu benötigen wir den Konvergenzbegriff der **vagen Konvergenz** von Maßen.

Definition 4.4.25 (Vage Konvergenz) *Eine Folge von endlichen Maßen $(\mu_n) \subset M_e(\mathbb{R}^1, \mathcal{B}^1)$ konvergiert vage gegen ein Maß $\mu \in M_e(\mathbb{R}^1, \mathcal{B}^1)$, Schreibweise $\mu_n \xrightarrow[v]{} \mu$, genau dann, wenn*

$$\int f \, d\mu_n \longrightarrow \int f \, d\mu, \quad \forall f \in C_k(\mathbb{R}^1),$$

$C_k(\mathbb{R}^1)$ *die Menge der stetigen Funktionen mit kompaktem Träger.*

Lemma 4.4.26 (Vage Konvergenz)
a) $\mu_n \xrightarrow[v]{} \mu \Leftrightarrow \mu_n((a,b]) \longrightarrow \mu((a,b])$ *für alle* $a < b$ *mit* $\mu(\{a\}) = \mu(\{b\}) = 0$.
b) $\mu_n \xrightarrow{\mathcal{D}} \mu \Leftrightarrow \mu_n \xrightarrow[v]{} \mu$ *und* $\|\mu_n\| = \mu_n(\mathbb{R}^1) \longrightarrow \|\mu\| = \mu(\mathbb{R}^1)$
$\Leftrightarrow \mu_n \xrightarrow[v]{} \mu$ *und* (μ_n) *ist straff.*
c) $\mu_n \xrightarrow[v]{} \mu$ *und* $\sup_n \|\mu_n\| < \infty \Rightarrow \int f \, d\mu_n \longrightarrow \int f \, d\mu \quad \forall f \in C_0(\mathbb{R}^1).$

Diese Äquivalenzen sind einfach zu verifizieren. Der folgende Satz beschreibt charakteristische Funktionen in der Kolmogorov-Darstellung. Der Beweis ermöglicht auch eine Interpretation des kanonischen Maßes μ.

4.4 Allgemeines Grenzwertproblem, ∞-teilbare Maße und Lévy-Prozesse

Satz 4.4.27 (Kanonische Maße) *Sei $\mu \in M_e(\mathbb{R}^1, \mathcal{B})$ ein endliches Maß und sei $\varphi_\mu(t) := \exp(\int h_t(x) d\mu(x))$. Dann ist φ_μ die charakteristische Funktion eines ∞-teilbaren Maßes $P_\mu \in M_\infty^1$ und es gilt:*

$$m_1 = E(P_\mu) = 0, \quad m_2 = \sigma^2(P_\mu) = \mu(\mathbb{R}^1).$$

*μ heißt **kanonisches Maß** von P_μ.*

Beweis Für den Beweis betrachten wir zunächst den Fall diskreter Maße μ.

a) Falls $\mu = \sigma^2 \varepsilon_{\{0\}}$, also $\sigma^2 = \mu(\mathbb{R}^1)$, dann folgt

$$\varphi_\mu(t) = e^{-\frac{\sigma^2 t^2}{2}} \sim N(0, \sigma^2), \quad \text{also die Behauptung.}$$

b) Sei $\mu = x^2 \lambda \, \varepsilon_{\{x\}}$ mit $x \neq 0$, dann folgt

$$\varphi_\mu(t) = \exp(\lambda(e^{itx} - 1 - itx)).$$

Ist $Z_\lambda \sim \mathcal{P}(\lambda)$ eine Poisson-verteilte Zufallsvariable, dann folgt $x \cdot (Z_\lambda - \lambda)$ ist ∞-teilbar und hat die charakteristische Funktion

$$E e^{itx(Z_\lambda - \lambda)} = \exp(\lambda[e^{itx} - 1 - itx]) = \varphi_\mu(t).$$

Für die Varianz gilt

$$\mu(\mathbb{R}^1) = x^2 \lambda = \mathrm{Var}(x(Z_\lambda - \lambda)), \quad \text{also die Behauptung.}$$

c) Sei nun $\mu = \sum_{i=1}^{k} \mu_i$ eine Summe von endlichen Maßen $\mu_i \in M_e(\mathbb{R}^1, \mathcal{B}^1)$, seien $P_{\mu_i} \in M_\infty^1$ die zugehörigen ∞-teilbaren Maße mit $\mathrm{Var}(P_{\mu_i}) = \|\mu_i\|$, dann gilt:

$$\varphi_\mu(t) = \prod_{j=1}^{k} \varphi_{\mu_j}(t)$$

und damit $P_\mu = \underset{j=1}{\overset{k}{*}} P_{\mu_j} \in M_\infty^1$. Es gilt

$$\mathrm{Var}(P_\mu) = \sum_{j=1}^{k} \mathrm{Var}(P_{\mu_j}) = \mu(\mathbb{R}), \quad \text{also die Behauptung.}$$

d) Sei nun $\mu \in M_e(\mathbb{R}^1, \mathcal{B}^1)$ ein beliebiges, endliches Maß. Wir approximieren μ durch eine Folge von diskreten Maßen μ_k wie in b) und c). Dafür definieren wir

$$\mu_k := \sum_{j=-2^{2k}}^{2^{2k}} \mu\left(\left(\frac{j}{2^k}, \frac{j+1}{2^k}\right]\right) \cdot \varepsilon_{\{\frac{j}{2^k}\}}.$$

Nach Definition des Riemann-Integrals folgt:

$$\mu_k \xrightarrow{\mathcal{D}} \mu, \quad \text{also gilt auch vage Konvergenz.}$$

Außerdem gilt $\sup_k \mu_k(\mathbb{R}^1) = \mu(\mathbb{R}^1) < \infty$.
Nach Lemma 4.4.26 c) folgt, dass auch die Integrale der Klasse $f \in C_0(\mathbb{R}^1)$, d. h. der stetigen Funktionen, die im ∞ verschwinden, konvergieren. Es folgt

$$\varphi_{\mu_k}(t) = \int h_t(x) d\mu_k(x) \longrightarrow \int h_t d\mu = \varphi_\mu(t).$$

Nach a), b) und c) gilt: $P_{\mu_k} \in M_\infty^1$.
Die Folge φ_{μ_k} konvergiert gegen φ_μ. Nach dem Stetigkeitssatz von Lévy-Cramér folgt, dass φ_μ eine charakteristische Funktion ist, also existiert $P_\mu \in M^1(\mathbb{R}^1, \mathcal{B}^1)$ mit charakteristischer Funktion φ_μ.
Da die Klasse der ∞-teilbaren Maße abgeschlossen ist, ist das zugehörige Maß P_μ ∞-teilbar, d. h. $P_\mu \in M_\infty^1$. Es gilt:

$$\varphi_\mu(t) = \exp\left(\int h_t(x) d\mu(x)\right), \quad h_t(0) = -\frac{t^2}{2}, \quad |h_t(x)| \leq \frac{t^2}{2}.$$

Noch zu zeigen ist: $E(P_\mu) = 0$ und $\text{Var}(P_\mu) = \mu(\mathbb{R}^1)$.
Es ist $\frac{\partial}{\partial t} h_t(x) = \frac{i}{x}(e^{itx} - 1) \in C_0$.
Die Erwartungswerte der zu μ_k gehörigen Maße sind null, d. h. $0 = \varphi'_{\mu_k}(0)$, $\forall k$. Nach dem Satz über majorisierte Konvergenz folgt

$$0 = \varphi'_{\mu_k}(0) \longrightarrow \varphi'_\mu(0), \text{ also } E(P_\mu) = \varphi'_\mu(0) = 0.$$

Weiter ist

$$\frac{\partial^2}{\partial t^2} h_t(x) = -e^{itx} \in C_b.$$

Nach dem Satz über die majorisierte Konvergenz folgt daher

$$\text{Var}(P_{\mu_k}) = \mu_k(\mathbb{R}^1) = -\varphi''_{\mu_k}(0) \longrightarrow -\varphi''_\mu(0) = \text{Var}(P_\mu) = \mu(\mathbb{R}^1). \qquad \square$$

Die Maße P_μ mit $\mu \in M_e(\mathbb{R}^1, \mathcal{B}^1)$ sind also ∞-teilbar und es gilt $\text{Var}(P_\mu) = \mu(\mathbb{R}^1) = \|\mu\|$. Der folgende allgemeine zentrale Grenzwertsatz von Gnedenko-Kolmogorov gibt Bedingungen an, die die Konvergenz einer unabhängigen Summenfolge gegen P_μ implizieren.

Wir betrachten **unabhängige Dreiecksschemata** $(X_{n,k})_{1 \leq k \leq r_n}$ auf einem Wahrscheinlichkeitsraum $(\Omega, \mathcal{A}, Q)$. Die $X_{n,k}$ sind unabhängig, aber nicht notwendig identisch verteilt. Wir betrachten zuerst zwei Spezialfälle.

4.4 Allgemeines Grenzwertproblem, ∞-teilbare Maße und Lévy-Prozesse

Proposition 4.4.28 (Poisson'scher Grenzwertsatz) *Sei $X_{n,m} \sim \mathcal{B}(1, p_{n,m})$ ein unabhängiges Dreiecksschema binomialverteilter Zufallsvariablen mit Erfolgswahrscheinlichkeit $p_{n,m}$. Falls*

1) $\sum p_{n,m} \longrightarrow \lambda \in (0, \infty)$ *und* 2) $\max_m p_{n,m} \longrightarrow 0$,

dann folgt:
$$S_n := \sum_{m=1}^{n} X_{n,m} \xrightarrow{\mathcal{D}} \mathcal{P}(\lambda).$$

Beweis Mit den charakteristischen Funktionen
$$\varphi_{n,m}(t) = E e^{it X_{n,m}} = (1 - p_{n,m}) \cdot 1 + p_{n,m} \cdot e^{it}$$
gilt: $\varphi_{S_n}(t) = \prod_{m \leq n} \left(1 + p_{n,m}(e^{it} - 1)\right) \longrightarrow \exp \lambda (e^{it} - 1).$

Denn ähnlich wie im Beweis zum Satz von Lindeberg gilt:

$$\left| \exp\left(\sum_{m \leq n} p_{n,m} \cdot (e^{it} - 1)\right) - \prod_{m \leq n}\left(1 + p_{n,m}(e^{it} - 1)\right) \right|$$
$$\leq \sum_{m \leq n} \left| \exp\left(p_{n,m}(e^{it} - 1)\right) - \left(1 + p_{n,m}(e^{it} - 1)\right) \right|$$
$$\leq 2 \cdot \sum_{m \leq n} p_{n,m}^2 |e^{it} - 1|^2, \quad \text{da } |e^a - (a+1)| \leq |a|^2 \text{ falls } |a| < 1$$
$$\leq 8 \cdot \left(\sum_{m \leq n} p_{n,m}\right) \cdot \max_{m \leq n} p_{n,m} \longrightarrow 0. \qquad \square$$

Proposition 4.4.28 gibt einen Beweis des Poisson'schen Grenzwertsatzes in einer etwas allgemeineren Form mit Hilfe von charakteristischen Funktionen. Der Beweis kann für das folgende allgemeinere Dreiecksschema ähnlich geführt werden.

Korollar 4.4.29 *Sei $(X_{n,m})$ ein unabhängiges Dreiecksschema mit Werten in $\mathbb{N}$. Mit $P(X_{n,m} = 1) = p_{n,m}$ und $P(X_{n,m} \geq 2) =: \varepsilon_{n,m}$ gelten:*
$\sum_{m \leq n} p_{n,m} \longrightarrow \lambda \in (0, \infty)$, $\max_{m \leq n} p_{n,m} \longrightarrow 0$ *und* $\sum_{m \leq n} \varepsilon_{n,m} \xrightarrow[n \to \infty]{} 0$.
Dann folgt
$$S_n \xrightarrow{\mathcal{D}} \mathcal{P}(\lambda).$$

Beweis Der Beweis zu Korollar 4.4.29 kann auf Proposition 4.4.28 zurückgeführt werden. Dafür definieren wir gestutzte Zufallsvariablen

$$X'_{n,m} := \begin{cases} 1, & \text{falls } X_{n,m} = 1, \\ 0, & \text{sonst,} \end{cases} \quad \text{und } S'_n := \sum_{m \leq n} X'_{n,m}.$$

Dann folgt nach Proposition 4.4.28: $S'_n \xrightarrow{\mathcal{D}} \mathcal{P}(\lambda)$.
  Weiter ist $P(S_n \neq S'_n) \leq \sum_m P(X_{n,m} \geq 2) = \sum_m \varepsilon_{n,m} \longrightarrow 0$;
also ist $S_n = S'_n + Z_n$ mit $Z_n := S_n - S'_n \xrightarrow{P} 0$.
  Nach dem Lemma von Slutsky folgt: $S_n \xrightarrow{\mathcal{D}} \mathcal{P}(\lambda)$. $\square$

Sei nun $(X_{n,k})_{1 \leq k \leq r_n}$ ein **Dreiecksschema** unabhängiger Zufallsvariablen auf $(\Omega, \mathcal{A}, Q)$ mit

$$EX_{n,k} = 0, \quad \sigma_{n,k}^2 = EX_{n,k}^2 \quad \text{und} \quad s_n^2 = \sum_{k=1}^{r_n} \sigma_{n,k}^2 = \text{Var}(S_n), \quad S_n = \sum_{k=1}^{r_n} X_{n,k}.$$

Wir postulieren die folgenden zwei Bedingungen:

A1) $\sup_n s_n^2 < \infty$, **Normierungsbedingung**,
A2) $\lim_n \max_{k \leq r_n} \sigma_{n,k}^2 = 0$, **Feller-Bedingung**.

Aus der ersten Bedingung ergibt sich, dass die Folge der Varianzen von S_n beschränkt ist. Die Feller-Bedingung impliziert insbesondere die UAN-Bedingung, d. h. die gleichmäßige asymptotische Vernachlässigbarkeit der einzelnen Summanden.

Der folgende allgemeine zentrale Grenzwertsatz stammt von Kolmogorov im hier behandelten Fall endlicher Varianzen und wurde von Gnedenko auf den allgemeinen Fall übertragen. Der erste Schritt ist die Charakterisierung ∞-teilbarer Maße mit endlicher Varianz.

Satz 4.4.30 (Charakterisierung ∞-teilbarer Maße mit endlicher Varianz)
a) *Sei $(X_{n,k})$ ein Dreiecksschema, das die Bedingungen A1), A2) erfüllt und sei $P \in M^1(\mathbb{R}^1, \mathcal{B}^1)$ so, dass $Q^{S_n} \xrightarrow{\mathcal{D}} P$.
   Dann gibt es ein endliches Maß $\mu \in M_e(\mathbb{R}^1, \mathcal{B}^1)$, so dass $P = P_\mu$ ist.*
b) $\{P \in M_\infty^1; \ E(P) = 0, \text{Var}(P) < \infty\} = \{P_\mu; \ \mu \in M_e(\mathbb{R}^1, \mathcal{B}^1)\}$.

Beweis Der Beweis besteht in einer Verallgemeinerung des Arguments aus dem Satz von Lindeberg. Sei

$$\varphi_{n,k} := \varphi_{X_{n,k}} \quad \text{und} \quad \varphi_{S_n}(t) \longrightarrow \varphi_P(t),$$

dann ist zu zeigen, dass der Limes P von einem kanonischen Maß μ stammt, d. h. $P = P_\mu$.

4.4 Allgemeines Grenzwertproblem, ∞-teilbare Maße und Lévy-Prozesse

a1) Wie im vorherigen Beweis zum Poisson'schen Grenzwertsatz approximieren wir die charakteristische Funktion der Summe durch eine Exponentialsumme, d. h., wir zeigen, dass für alle t gilt

$$\delta_n(t) := \prod_{k=1}^{r_n} \varphi_{n,k}(t) - \exp\Big(\sum_{k=1}^{r_n} (\varphi_{n,k}(t) - 1)\Big) \longrightarrow 0.$$

Wir verwenden die Abschätzung

$$|e^{z-1}| = e^{\operatorname{Re}(z)-1} \leq 1 \quad \text{für } |z| \leq 1$$

für $z_k := \varphi_{n,k}(t)$ und $z'_k := \exp(\varphi_{n,k}(t) - 1)$. Diese liefert

$$|\delta_n(t)| = \Big|\prod z_k - \prod z'_k\Big| \leq \sum_{k=1}^{r_n} \big|\varphi_{n,k}(t) - \exp(\varphi_{n,k}(t) - 1)\big|.$$

Sei $\vartheta_{n,k} := \varphi_{n,k}(t) - 1$, dann ist

$$|\vartheta_{n,k}| = \big|E(e^{itX_{n,k}} - 1)\big| \leq \Big|E\Big(\frac{(X_{n,k})^2}{2}\Big)\Big| = \frac{1}{2}\sigma_{n,k}^2.$$

Aus den Annahmen A1) und A2) folgt, dass

$$|\max \vartheta_{n,k}| \leq \sigma_{n,k}^2 \longrightarrow 0 \quad \text{und} \quad \sum_k |\vartheta_{n,k}| = O(1) \quad \text{für } n \longrightarrow \infty.$$

Daraus folgt, dass für $n \geq n_0$

$$|\delta_n(t)| \leq \sum_{k=1}^{r_n} |1 + \vartheta_{n,k} - \exp(\vartheta_{n,k})|$$

$$\leq \sum_{k=1}^{r_n} |\vartheta_{n,k}|^2 \leq \max_k |\vartheta_{n,k}| \cdot \sum_{k=1}^{r_n} |\vartheta_{n,k}| = o(1).$$

a2) Sei $P_{n,k} := Q^{X_{n,k}}$, die Verteilung von $X_{n,k}$, dann ist

$$\sum_{k=1}^{r_n} (\varphi_{n,k}(t) - 1) = \sum_{k=1}^{r_n} \int (e^{itx} - 1) \, dP_{n,k}(x)$$

$$= \sum_{k=1}^{r_n} \int (e^{itx} - 1 - itx) \, dP_{n,k}(x), \text{ da } EX_{n,k} = 0.$$

Wir definieren nun das kanonische Maß

$$\mu_n(A) := \sum_{k=1}^{r_n} \int_A y^2 \, dP_{n,k}(y).$$

Dieses Maß heißt **Varianzmaß**, denn es misst die Varianz in der Menge A. μ_n ist das Maß mit Dichte y^2 bzgl. $\sum_{k=1}^{r_n} P_{n,k}$. Damit folgt, dass das so definierte Maß ein endliches Maß ist, d. h. $\mu_n \in M_e(\mathbb{R}^1, \mathcal{B}^1)$, und es ist $\mu_n(\mathbb{R}^1) = s_n^2$, also $\sup_n \mu_n(\mathbb{R}^1) < \infty$.

$$\text{Sei } \varphi_n(t) := \exp\left(\int \left(e^{itx} - 1 - itx\right) \cdot \frac{1}{x^2} d\mu_n(x)\right) = \varphi_{\mu_n}(t)$$
$$= \exp\left(\int h_t(x) \, d\mu_n(x)\right).$$

Nach a1) folgt

$$\prod_k \varphi_{n,k}(t) - \varphi_n(t) \longrightarrow 0, \quad n \to \infty.$$

Die Folge der kanonischen Maße μ_n ist beschränkt. Wir können daher den Satz von Helly auf die Maße μ_n anwenden durch Übergang zu den normierten Maßen $\left(\frac{\mu_n}{\|\mu_n\|}\right)$. Es existiert daher eine Teilfolge $(m) \subset \mathbb{N}$ und ein endliches Maß $\mu \in M_e(\mathbb{R}^1, \mathcal{B}^1)$, so dass: $\mu_m \xrightarrow[v]{} \mu$ und $\|\mu_m\| \longrightarrow \|\mu\|$.
Die Konvergenz der kanonischen Maße impliziert nach Lemma 4.4.26 c), dass die zugehörigen charakteristischen Funktionen konvergieren, da $h_t \in C_0$. Also folgt:

$$\varphi_P(t) = \varphi_\mu(t).$$

Nach Satz 4.4.27 ist daher $P = P_\mu$.

b) „$\supset$" folgt nach Satz 4.4.27.
„$\subset$" Sei $P \in M_\infty^1$ mit $E(P) = 0$ und $\text{Var}(P) < \infty$, dann ist zu zeigen, dass ein Dreiecksschema $(X_{n,k})$ mit A_1, A_2 existiert, so dass $Q^{S_n} \xrightarrow{D} P$.
Dann folgt die Aussage aus $a)$, d. h., dann existiert ein endliches Maß $\mu \in M_e(\mathbb{R}^1)$ mit $P = P_\mu$, und nach Satz 4.4.27 folgt, dass $\text{Var}(P) = \text{Var}(P_\mu) = \mu(\mathbb{R}^1)$ und $E(P) = 0$.
Zu $P \in M_\infty^1$ existiert für jedes n die n-te Wurzel P_n, d. h. $P = *_{i=1}^n P_n$.
Behauptung: Diese n-ten Wurzeln haben eine endliche Varianz und es gilt $\text{Var}(P_n) = \frac{1}{n}\text{Var}(P)$. Das sieht man durch folgende Überlegung:
Seien X, Y unabhängige Zufallsvariablen mit $E(X+Y)^2 < \infty$. Wegen $|Y| \leq |x| + |x+Y|$ folgt aus der Annahme $E|Y| = \infty$, dass $E|x+Y| = \infty$ für alle x. Nach dem Satz von Fubini folgt dann

$$E|X+Y| = \int E|x+Y| \, dP^X(x) = \infty.$$

4.4 Allgemeines Grenzwertproblem, ∞-teilbare Maße und Lévy-Prozesse

Das ist ein Widerspruch. Also folgt $E|X| < \infty$ und $E|Y| < \infty$. Wegen der Unabhängigkeit von X und Y folgt dann, dass $E|X \cdot Y| < \infty$. Wegen

$$X^2 + Y^2 \leq (X+Y)^2 + 2|XY|$$

folgt weiter, dass $EX^2 < \infty$ und $EY^2 < \infty$.

Daher gilt $\text{Var}(P_n) < \infty$. Also ist jedes $P \in M^1_\infty$ Limes der Partialsummenfolge eines Dreiecksschemas $(X_{n,k})$ mit $r_n = n$, das die Bedingungen $A1)$ und $A2$ erfüllt. □

Als Folgerung des obigen Beweises erhalten wir nun die Charakterisierung der Anziehungsbereiche eines ∞-teilbaren Maßes P_μ. Dieser allgemeine zentrale Grenzwertsatz verallgemeinert insbesondere den Satz von Lindeberg im Normalverteilungsfall.

Satz 4.4.31 (Allgemeiner Zentraler Grenzwertsatz von Gnedenko-Kolmogorov) *Sei $(X_{n,k})$ ein unabhängiges Dreiecksschema, mit den Voraussetzungen A1) und A2), und sei $\mu \in M_e(\mathbb{R}^1, \mathcal{B}^1)$, dann gilt:*

$$Q^{S_n} \xrightarrow{\mathcal{D}} P_\mu \Leftrightarrow \mu_n \xrightarrow[v]{} \mu$$

$$\text{mit den \textbf{Varianzmaßen}} \quad \mu_n(A) := \sum_{k=1}^{r_n} \int_A y^2 \, dP_{n,k}(y).$$

Beweis Aus Annahme A1) folgt: $\sup_n \mu_n(\mathbb{R}^1) < \infty$.

„⇐" Der Beweis dieser Richtung wurde schon im Beweis zu Satz 4.4.30 gezeigt. Die charakteristische Funktion von S_n ist ein Produkt $\prod_k \varphi_{n,k}$. Man kann diese Funktion durch eine exponentielle Summe approximieren,

$$\prod_{k=1}^{r_n} \varphi_{n,k} \sim \exp\left(\sum_k (\varphi_{n,k} - 1)\right) \sim \varphi_{\mu_n}$$

mit dem Varianzmaß μ_n. Nach Voraussetzung gilt

$$\varphi_{\mu_n}(t) = \int h_t(x) \, d\mu_n(x) \longrightarrow \int h_t(x) \, d\mu(x) = \varphi_\mu(t),$$

da $h_t \in C_0$. Wegen der Konvergenz der charakteristischen Funktionen folgt

$$Q^{S_n} \xrightarrow{\mathcal{D}} P_\mu \in M^1_\infty.$$

Aus der vagen Konvergenz der Varianzmaße folgt also die Verteilungskonvergenz der Summenfolge.

"⇒" Die Normen der Folge (μ_n) sind beschränkt $\sup \mu_n(\mathbb{R}^1) = \sup s_n^2 < \infty$.
Nach dem Satz von Helly hat die Folge (μ_n) mindestens einen Häufungspunkt bzgl. der vagen Konvergenz in M_e. Zu zeigen ist, dass der Häufungspunkt eindeutig ist. Sei ν ein Häufungspunkt der Folge (μ_n). Dann existiert eine konvergente Teilfolge (μ_m), so dass $\mu_m \xrightarrow[v]{} \nu$.
Wir betrachten die Folge $\varphi_{S_m}(t)$. Diese kann man approximieren durch φ_{μ_m}. Es gilt also

$$\varphi_{S_m}(t) \sim \varphi_{\mu_m}(t) \longrightarrow \varphi_\mu(t).$$

Andererseits gilt $\varphi_{\mu_m}(t) \longrightarrow \varphi_\nu(t)$ und daher folgt $\varphi_\mu(t) = \varphi_\nu(t)$).
Noch zu zeigen ist, dass $\mu = \nu$.
Wegen $\varphi_\mu(t) = \varphi_\nu(t)$, $\forall t$ sind auch die Ableitungen gleich.
Da die Endlichkeit der zweiten Momente vorausgesetzt wurde, existieren die Ableitungen und man kann diese mit der Integration vertauschen. Daraus folgt

$$\varphi'_\mu(t) = i \int (e^{itx} - 1)x^{-1} \, d\mu(x) = \varphi'_\nu(t).$$

Daher gilt: $\quad \int (e^{itx} - 1)x^{-1} \, d\mu(x) = \int (e^{itx} - 1)x^{-1} d\nu(x).$

Mit der zweiten Ableitung folgt hieraus für alle t

$$\int e^{itx} \, d\mu(x) = \int e^{itx} \, d\nu(x).$$

Insbesondere für $t = 0$ folgt, dass $\mu(\mathbb{R}) = \nu(\mathbb{R})$. Hieraus ergibt sich nach dem Eindeutigkeitssatz $\mu = \nu$. Das heißt, das kanonische Maß ist eindeutig bestimmt. □

Durch Spezialisierung lässt sich aus Satz 4.4.31 eine Fülle von zentralen Grenzwertsätzen erhalten. Wir geben in der folgenden Bemerkung die beiden klassischen Fälle der **Normalverteilung** und der **Poisson-Verteilung** an.

Bemerkung 4.4.32
a) **Normalverteilung:** Wann ist der Limes des Dreiecksschemas $(X_{n,k})$ eine Normalverteilung? Sei $s_n^2 \longrightarrow 1$, dann gilt nach Satz 4.4.31

$$S_n \xrightarrow{\mathcal{D}} N(0,1) \Leftrightarrow \mu_n \xrightarrow[v]{} \varepsilon_{\{0\}}.$$

Wegen $s_n^2 = \|\mu_n\| \longrightarrow 1$ ist diese Bedingung äquivalent zur Lindeberg-Bedingung

$$\sum_{k=1}^{r_n} \int_{\{|x| \geq \varepsilon\}} x^2 \, dP_{n,k}(x) \longrightarrow 0, \quad P_{n,k} = Q^{X_{n,k}}.$$

4.4 Allgemeines Grenzwertproblem, ∞-teilbare Maße und Lévy-Prozesse

b) **Poisson-Verteilung:** Sei $Z_\lambda \sim \mathcal{P}(\lambda)$ und es gelte
A1) $s_n^2 \longrightarrow \lambda$ und A2) $\max_n \sigma_{nk}^2 \longrightarrow 0$.
Dann gilt:

$$S_n \xrightarrow{\mathcal{D}} Z_\lambda - \lambda \Leftrightarrow \mu_n \xrightarrow{v} \lambda \cdot \varepsilon_{\{1\}}$$

$$\Leftrightarrow \begin{cases} b1) & \mu_n([1-\varepsilon, 1+\varepsilon]) \longrightarrow \lambda, \quad \forall \varepsilon > 0 \\ b2) & \sum_k \int_{\{|X_{n,k}-1| \geq \varepsilon\}} X_{n,k}^2 \, dQ \longrightarrow 0. \end{cases} \quad (4.9)$$

Die standardisierte Summe konvergiert gegen die zentrierte Poisson-Verteilung genau dann, wenn die Folge der Varianzmaße gegen das kanonische Maß der Poisson-Verteilung konvergiert, d. h. gegen das Einpunktmaß im Punkt 1 mit Gewicht λ.

c) Allgemeiner gelten ohne die Annahme endlicher zweiter Momente die folgenden Kriterien. $a_{n,k}(\tau), \sigma_{n,k}^2(\tau)$ bezeichnen die Momente der in τ gestutzten Variablen.

Proposition 4.4.33 *Sei $(X_{n,k})$ ein unabhängiges Dreiecksschema, so dass $S_n \xrightarrow{\mathcal{D}} X$, dann gilt:*

c1) *X ist normalverteilt und es gilt UAN $\Leftrightarrow \max_k X_{n,k} \xrightarrow{P} 0$.*

c2) *$X \sim \varepsilon_{\{0\}}$ und es gilt UAN $\Leftrightarrow \sum_k \int_{\{|x| \geq \varepsilon\}} dP_{n,k} \longrightarrow 0$ und*

$$\exists \tau : \sum_k \sigma_{n,k}^2(\tau) \longrightarrow 0, \quad \sum_k a_{n,k}(\tau) \longrightarrow 0.$$

c3) *Ist $(X_{n,k})$ UAN und $\lambda > 0$, dann gilt:*

$X \sim \mathcal{P}(\lambda)$, *$X$ ist Poisson-verteilt mit Parameter λ*

$\Leftrightarrow \forall \varepsilon \in (0, 1), \exists \tau$, *so dass*

$$\sum_k \int_{\substack{|x| \geq \varepsilon, \\ |x-1| \geq \varepsilon}} dP_{n,k} \longrightarrow 0, \quad \sum_k \int_{|x-1| < \varepsilon} dP_{n,k} \longrightarrow \lambda,$$

$$\sum_k \sigma_{n,k}^2(\tau) \longrightarrow 0, \quad \sum_k a_{n,k}(\tau) \longrightarrow 0.$$

$\Leftrightarrow \min_k X_{n,k} \xrightarrow{\mathcal{D}} 0$ *und* $\max_k X_{n,k} \xrightarrow{\mathcal{D}} Y$ *mit* $Y \sim \mathcal{B}(1, e^{-\lambda})$.

Zum Beweis vgl. Loève (1977, 1978).

Bedingte Erwartungswerte und Martingale   5

Bedingte Wahrscheinlichkeiten und Verteilungen ermöglichen die Konstruktion von stochastischen Modellen für abhängige zufällige Ereignisse. In Kap. 3 werden als Beispielklassen Markovketten und stationäre Prozesse behandelt. In diesem Kapitel steht nach einer systematische Einführung des Begriffes der bedingten Verteilung und der bedingten Erwartungswerte die Klasse der Martingale im Zentrum. Neben der inhaltlichen Motivation durch faire Spielverläufe sind Martingale auch ein grundlegendes Mittel zum Nachweis von Tail-Schranken, von starken Gesetzen großer Zahlen und von zentralen Grenzwertsätzen für abhängige Folgen. Auch die Behandlung von Problemen des optimalen Stoppens basiert weitgehend auf Martingalen.

5.1 Bedingte Erwartungswerte und Verteilungen

Der Begriff des bedingten Erwartungswertes lässt sich aus dem Problem der **Prognose** herleiten und motivieren. Seien X und Y Zufallsvariablen auf einem Wahrscheinlichkeitsraum $(\Omega, \mathcal{A}, P)$ mit einer gemeinsamen Verteilung $P^{(X,Y)}$. Wir können Y beobachten und wollen X aus der Kenntnis von Y vorhersagen. Das Problem wird mathematisch wie folgt formuliert: Unter allen Funktionen $g = g(Y)$ suchen wir diejenige Funktion g^*, so dass $g^*(Y)$ die Variable X am besten approximiert. Diese Approximation bezeichnen wir mit

$$\widehat{X} := E(X \mid Y) := g^*(Y).$$

Für den Fall, dass X und Y unabhängig sind, liefert Y keine Informationen über X. Dann ist der Erwartungswert $\widehat{X} = EX$ die beste Approximation von X unter Kenntnis von Y.

Als **Vorhersagekriterium** wählen wir den L^2-Abstand, d.h., gesucht ist g^* mit $g^*(Y) \in L^2(P)$, so dass

$$E(X - g^*(Y))^2 = \inf_{g, g(Y) \in L^2(P)} E(X - g(Y))^2.$$

© Springer-Verlag Berlin Heidelberg 2016
L. Rüschendorf, *Wahrscheinlichkeitstheorie*, Springer-Lehrbuch Masterclass,
DOI 10.1007/978-3-662-48937-6_5

Die Information, die Y über X liefert, wird beschrieben durch die σ-Algebra $\mathcal{B} = \sigma(Y)$. Für alle $B \in \mathcal{B}$ kennen wir durch Beobachtung von Y den Wert der Indikatorfunktion 1_B, d.h., wir wissen, ob $\omega \in B$ oder $\omega \in B^c$ ist. Allgemein sei $\mathcal{B} \subset \mathcal{A}$ eine Unter-σ-Algebra von $\mathcal{A}$, $\mathcal{B}$ beschreibt die Information über das Experiment, d.h., $\forall\, B \in \mathcal{B}$ ist 1_B bekannt. Das Vorhersageproblem besteht darin, aufgrund der Information $\mathcal{B}$ die Zufallsvariable X möglichst gut vorherzusagen.

Die Beschränkung auf σ-Algebren als Informationssysteme ist keine wirkliche Einschränkung. Denn ist $\mathcal{E} \subset \mathcal{A}$ ein allgemeines Informationssystem, dann gilt o. E.:
$A \in \mathcal{E} \Rightarrow A^c \in \mathcal{E}$ und $(A_n) \subset \mathcal{E} \Rightarrow 1_{\bigcup_n A_n} = \sup_n 1_{A_n}$; also ist o. E. $\mathcal{E}$ eine σ-Algebra.

Das Vorhersageproblem reduziert sich nun darauf, eine beste Approximation von X auf den Teilraum $S = L^2(\Omega, \mathcal{B}, P)$ zu bestimmen. Hat Y Werte in einem Borel-Raum und ist $\mathcal{B} = \sigma(Y)$, dann ist nach dem Faktorisierungssatz jedes $Z \in L^2(\Omega, \mathcal{B}, P)$ darstellbar in der Form $Z = g(Y)$.

Es gilt nun im Hilbertraum $L^2(\Omega, \mathcal{A}, P)$ der folgende Satz über beste Approximationen.

Satz 5.1.1 (Beste Approximation in $\mathcal{L}^2(\mathcal{B})$) *Sei $X \in \mathcal{L}^2(\Omega, \mathcal{A}, P)$ und sei $\mathcal{B} \subset \mathcal{A}$ eine Unter-σ-Algebra von $\mathcal{A}$. Dann existiert genau eine beste Approximation $\widehat{X} = \pi_S(X)$ von X in $S := \mathcal{L}^2(\Omega, \mathcal{B}, P)$.*
$\widehat{X}$ ist die eindeutige Lösung der Projektionsgleichungen

$$\langle \widehat{X}, Y \rangle = \langle X, Y \rangle \quad \text{für alle } Y \in \mathcal{L}^2(\mathcal{B}).$$

Beweis S ist ein abgeschlossener linearer Teilraum von $L^2(\Omega, \mathcal{A}, P)$. Damit folgt die Aussage aus dem Projektionssatz in Abschn. 1.5. □

$\widehat{X}$ ist also die beste Vorhersage von X bei einem gegebenen Informationssystem $\mathcal{B}$. Diese Konstruktion lässt sich auf $X \in \mathcal{L}^1(P)$ über die Projektionsgleichungen ausdehnen. Wir unterscheiden im Folgenden zwischen integrierbaren $X \in \mathcal{L}^1(P)$ und den Äquivalenzklassen $X \in L^1(P)$ nur, wenn es nötig ist.

Definition 5.1.2 (Bedingter Erwartungswert) *Sei $(\Omega, \mathcal{A}, P)$ ein Wahrscheinlichkeitsraum und $\mathcal{B} \subset \mathcal{A}$ eine Unter-σ-Algebra.*

a) *Sei $X \in \overline{\mathcal{L}}_+(\Omega, \mathcal{A})$ eine nichtnegative, numerische, messbare Funktion.*
   *$Y \in \overline{\mathcal{L}}_+(\mathcal{B})$ heißt **bedingter Erwartungswert** von X unter $\mathcal{B}$ genau dann, wenn Y Lösung der **Radon-Nikodým-Gleichung***

$$\int_B Y\, dP = \int_B X\, dP, \quad \forall\, B \in \mathcal{B} \tag{5.1}$$

ist. Schreibweise: $Y =: E(X \mid \mathcal{B})$. Falls $\mathcal{B} = \sigma(Z)$, dann schreibt man auch $Y =: E(X \mid Z)$.

5.1 Bedingte Erwartungswerte und Verteilungen

b) *Ist $X \in \overline{\mathcal{L}}(\mathcal{B})$ und $\min(E(X_+ \mid \mathcal{B}), E(X_- \mid \mathcal{B})) < \infty$, dann heißt*

$$E(X \mid \mathcal{B}) := E(X_+ \mid \mathcal{B}) - E(X_- \mid \mathcal{B})$$

bedingter Erwartungswert von X unter $\mathcal{B}$.

Bemerkung 5.1.3
a) *Der bedingte Erwartungswert $E(X \mid \mathcal{B})$ ist nur P-f. s. eindeutig definiert, denn das definierende Gleichungssystem hat nur eine P-f. s. eindeutige Lösung (vgl. Satz 5.1.4). $E(X \mid \mathcal{B})$ ist eine Äquivalenzklasse von P-fast sicher gleichen Versionen des bedingten Erwartungswertes. Wir verwenden aber die Schreibweise $E(X \mid \mathcal{B})$ im Folgenden auch als Festlegung für eine Version des bedingten Erwartungswertes.*
b) *Für $Y \in \overline{\mathcal{L}}_+(\mathcal{B})$ oder $XY \in \mathcal{L}^1(P)$ folgt nach dem Aufbau des Integrals aus der Radon-Nikodým-Gleichung*

$$\int YX \, dP = \int Y E(X \mid \mathcal{B}) \, dP. \tag{5.2}$$

Insbesondere für $X \in \mathcal{L}^2(\mathcal{A}, P)$ und $Y \in \mathcal{L}^2(\mathcal{B}, P)$ ist das die Projektionsgleichung aus Satz 5.1.1. Es gilt also $\widehat{X} = E(X \mid \mathcal{B})$; der bedingte Erwartungswert ist identisch mit der besten Approximation in $\mathcal{L}^2(\mathcal{B}, P)$.   ⌋

Der folgende Satz liefert eine allgemeine Existenzaussage für bedingte Erwartungswerte.

Satz 5.1.4 (Existenz und Eindeutigkeit des bedingten Erwartungswertes) *Sei $X \in \overline{\mathcal{L}}(\mathcal{A})$ eine numerische, $\mathcal{A}$-messbare Zufallsvariable, sei $\mathcal{B} \subset \mathcal{A}$ eine Unter-σ-Algebra von $\mathcal{A}$ und sei $X \geq 0$ oder $X \in \mathcal{L}^1(P)$. Dann gilt:*

a) *Es existiert eine Lösung der Radon-Nikodým-Gleichung (5.1), d. h., der bedingte Erwartungswert $E(X \mid \mathcal{B})$ existiert.*
b) *$E(X \mid \mathcal{B})$ ist P-f. s. eindeutig bestimmt.*

Beweis
a) **Existenz:** Für den Fall, dass X nichtnegativ ist, definieren wir zwei Maße $\mu := P|_\mathcal{B}$ und $\nu := XP|_\mathcal{B}$, d. h.

$$\nu(B) = \int_B X \, dP \quad \forall B \in \mathcal{B}.$$

Wegen der Endlichkeit von P ist die Einschränkung von P auf die Unter-σ-Algebra $\mathcal{B}$ σ-endlich. Nach Definition ist ν absolut stetig bzgl. μ auf $\mathcal{B}$. Dann folgt nach dem

Satz von Radon-Nikodým (vgl. Satz 1.5.15) die Existenz einer nichtnegativen, numerischen, messbaren Funktion $Y \in \overline{\mathcal{L}}_+(\mathcal{B})$, so dass

$$\nu(B) = \int_B Y \, d\mu, \quad \forall \, B \in \mathcal{B},$$

Schreibweise $\nu = Y\mu$, also $Y = \frac{d\nu}{d\mu}$. Wegen

$$\nu(B) = \int_B X \, dP = \int_B Y \, d\mu, \quad \forall \, B \in \mathcal{B}$$

ist Y eine Version der bedingten Erwartung von X unter $\mathcal{B}$.

b) Für $X \in \mathcal{L}^1(P)$ sei $Y_1 := E(X_+ \mid \mathcal{B})$ und $Y_2 := E(X_- \mid \mathcal{B})$. Dann ist

$$\int_\Omega Y_1 \, dP = \int_\Omega X_+ \, dP < \infty$$

und es folgt $Y_1 < \infty \, [P]$. Ebenso gilt $Y_2 < \infty \, [P]$.
Daher ist $Y := Y_1 - Y_2 = E(X \mid \mathcal{B})$ wohldefiniert und nach Konstruktion gilt: $Y = E(X \mid \mathcal{B})$.

Eindeutigkeit: Sei Z ein bedingter Erwartungswert von X unter $\mathcal{B}$, dann ist Z $\mathcal{B}$-messbar und es gilt:

$$\int_B Z \, dP = \int_B X \, dP = \int_B Y \, dP, \quad \forall \, B \in \mathcal{B}.$$

Wegen der Eindeutigkeit des Integrals folgt $Z = Y \, [P]$. □

Beispiel 5.1.5
a) *Sei $\mathcal{B} = \{\emptyset, \Omega\}$, d.h., es liegt keine Information über das Experiment vor. Dann gilt: $E(X \mid \mathcal{B}) = EX$, denn*
 i) *$EX \in \mathcal{L}(\mathcal{B})$, d.h., EX ist messbar bzgl. $\mathcal{B}$, und*
 ii) *$\int_B (EX) \, dP = \int_B X \, dP, \, \forall \, B \in \mathcal{B}$, d.h., es gilt die Radon-Nikodým-Gleichung.*
b) *Sei $\Omega = \sum_{i \in I} B_i$ für paarweise disjunkte Mengen $B_i \in \mathcal{A}$ und für eine abzählbare Indexmenge I. Sei weiter*

$$\mathcal{B} := \sigma(B_i, \, i \in I) = \{\bigcup_{j \in J} B_j, \, J \subset I\}$$

die von dem Mengensystem $(B_i)_{i \in I}$ erzeugte σ-Algebra.

5.1 Bedingte Erwartungswerte und Verteilungen

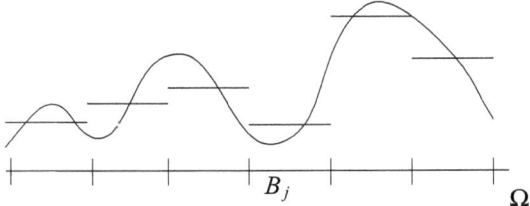

Abb. 5.1 Glättungseigenschaft des bedingten Erwartungswertes

Behauptung: *Dann gilt für den bedingten Erwartungswert von X unter $\mathcal{B}$*

$$E(X \mid \mathcal{B}) = \sum_{i \in I} \left(\frac{1}{P(B_i)} \int_{B_i} X\, dP \right) \cdot \mathbb{1}_{B_i}.$$

Für den Fall, dass $P(B_i) = 0$, definieren wir dabei $\frac{0}{0} := 0$.

$$\text{Mit} \quad P_{B_i}(A) := \frac{P(A \cap B_i)}{P(B_i)} = P(A \mid B_i) = E_{B_i} \mathbb{1}_A,$$

der elementaren bedingten Wahrscheinlichkeit, ist

$$E_{B_i} X = \int_\Omega X\, dP_{B_i} = \frac{1}{P(B_i)} \int_{B_i} X\, dP \quad \text{und es gilt:}$$

$$E(X \mid \mathcal{B}) = \sum_{i \in I} E_{B_i}(X) \cdot \mathbb{1}_{B_i} =: Y,$$

denn
a) *Y ist $\mathcal{B}$-messbar, d. h. $Y \in \mathcal{L}(\mathcal{B})$,*
b) *für alle $i \in I$ ist*

$$\int_{B_i} Y\, dP = \int_{B_i} E_{B_i}(X)\, dP = E_{B_i}(X) \cdot P(B_i) = \int_{B_i} X\, dP.$$

Also gilt die Radon-Nikodým-Gleichung für alle $B \in \mathcal{B}$.

Der Übergang von der σ-Algebra $\mathcal{A}$ zu einer Unter-σ-Algebra $\mathcal{B}$ ist eine Vergröberung des Informationssystems. Man kann $E(X \mid \mathcal{B})$ als Mittelung über die Mengen B_j bzw. als Glättung der Zufallsvariablen X auffassen (vgl. Abb. 5.1). ◇

Proposition 5.1.6 (Eigenschaften des bedingten Erwartungswertes) *Seien $X, Y \in \overline{\mathcal{L}}_+ \cup \mathcal{L}^1(P)$ nichtnegative, numerische oder integrierbare Zufallsvariablen und seien $\mathcal{C}$ und $\mathcal{B}$ Unter-σ-Algebren von $\mathcal{A}$. Dann gilt:*

a) $EE(X \mid \mathcal{B}) = EX$.
b) **Glättungsregel:** *Sei $\mathcal{C} \subset \mathcal{B} \subset \mathcal{A}$, dann ist*

$$E(X \mid \mathcal{C}) = E\big(E(X \mid \mathcal{B}) \mid \mathcal{C}\big) \, [P].$$

c) $E(X \mid \mathcal{B}) = X \, [P]$ *für $\mathcal{B}$-messbare Zufallsvariablen $X \in \overline{\mathcal{L}}(\mathcal{B})$.*
d) $E(\alpha X + \beta Y \mid \mathcal{B}) = \alpha E(X \mid \mathcal{B}) + \beta E(Y \mid \mathcal{B}) \, [P]$, **(Linearität)**.
e) $X \leq Y \, [P] \;\Rightarrow\; E(X \mid \mathcal{B}) \leq E(Y \mid \mathcal{B}) \, [P]$, **(Monotonie)**.
f) $X = Y \, [P] \;\Rightarrow\; E(X \mid \mathcal{B}) = E(Y \mid \mathcal{B}) \, [P]$.
g) **Monotone Konvergenz:** *Sei (X_n) eine isotone Folge mit $X_n \geq 0$, dann ist*

$$E\big(\lim_{n \to \infty} X_n \mid \mathcal{B}\big) = \lim_{n \to \infty} E(X_n \mid \mathcal{B}) \, [P].$$

h) **Majorisierte Konvergenz:** *Sei (X_n) eine Folge mit $|X_n| \leq Y \, [P]$, $Y \in \mathcal{L}^1(P)$ integrierbar, für alle n, und sei $X_n \longrightarrow X \, [P]$, dann gilt:*

$$\lim_{n \to \infty} E(X_n \mid \mathcal{B}) = E(X \mid \mathcal{B}) \, [P].$$

Beweis
a) folgt aus b) mit $\mathcal{C} = \{\emptyset, \Omega\}$.
b) Es ist zu zeigen:

$$\int_C E(X \mid \mathcal{C}) \, dP = \int_C E\big(E(X \mid \mathcal{B}) \mid \mathcal{C}\big) \, dP, \quad \forall \, C \in \mathcal{C}.$$

Für $C \in \mathcal{C} \subset \mathcal{B}$ ist nach der Radon-Nikodým-Gleichung

$$\int_C X \, dP = \int_C E(X \mid \mathcal{B}) \, dP = \int_C E\big(E(X \mid \mathcal{B}) \mid \mathcal{C}\big) \, dP,$$

und damit folgt die Behauptung.
c)–f) folgt nach Definition.
g) Wegen der Monotonie der bedingten Erwartung ist $E(X_n \mid \mathcal{B})$ eine isotone Folge. Es gilt daher mit $X = \lim X_n$ nach dem Satz über monotone Konvergenz

$$\int_B E(X_n \mid \mathcal{B}) \, dP = \int_B X \, dP = \lim_n \int_B X_n \, dP$$

$$= \lim_n \int_B E(X_n \mid \mathcal{B}) \, dP = \int_B \lim_n E(X_n \mid \mathcal{B}) \, dP.$$

Hieraus folgt: $E(X \mid \mathcal{B}) = \lim_n E(X_n \mid \mathcal{B}) \, [P]$. □

5.1 Bedingte Erwartungswerte und Verteilungen

Proposition 5.1.7 *Sei $X \in \overline{\mathcal{L}}, \mathcal{B} \subset \mathcal{A}$ eine Unter-σ-Algebra von $\mathcal{A}$ und sei $Y \in \overline{\mathcal{L}}(\mathcal{B})$.*

a) *Für $X, Y \in \mathcal{L}$ bzw. für den Fall, dass $X, XY \in \mathcal{L}^1(P)$, folgt:*
$$E(XY \mid \mathcal{B}) = YE(X \mid \mathcal{B}) \, [P].$$

b) *Seien X, Y stochastisch unabhängig und sei $X \in \overline{\mathcal{L}_+} \cup \mathcal{L}^1(P)$, dann folgt*
$$E(X \mid Y) = EX \, [P].$$

Beweis

a) Es ist zu zeigen, dass die rechte Seite eine Version des bedingten Erwartungswertes von XY unter $\mathcal{B}$ ist. Mit $Z := Y \cdot \mathbb{1}_B, B \in \mathcal{B}$ gilt:
$$\int_B E(XY \mid \mathcal{B}) \, dP = \int_B XY \, dP = \int XZ \, dP$$
$$= \int E(X \mid \mathcal{B}) Z \, dP = \int_B YE(X \mid \mathcal{B}) \, dP, \quad \forall \, B \in \mathcal{B},$$

also folgt $E(XY \mid \mathcal{B}) = YE(X \mid \mathcal{B}) \, [P]$.

b) Sei $B \in \mathcal{B} = \sigma(Y)$ eine Menge aus der von Y erzeugten σ-Algebra, d.h. $B = Y^{-1}(C)$, dann folgt mit dem Multiplikationssatz
$$\int_B E(X \mid \mathcal{B}) \, dP = \int X \cdot \mathbb{1}_B \, dP$$
$$= \int X \, dP \int \mathbb{1}_B \, dP$$
$$= \int_B (EX) \, dP, \quad \forall \, B \in \mathcal{B},$$

und es folgt $EX = E(X \mid Y) \, [P]$. $\square$

Bemerkung 5.1.8 *Sind die Zufallsvariablen X, Y unabhängig, liefert Y keine Information über X. Die Kenntnis von Y ermöglicht keine Verbesserung der Vorhersage von X gegenüber dem Erwartungswert.* ⌐

Bemerkung 5.1.9 (Erwartungswerte und Projektionen)

a) **Bedingte Erwartungswerte als stetige Fortsetzung der Projektionen auf $\mathcal{L}^2$.** $\mathcal{L}^2(\mathcal{A}, P) \subset \mathcal{L}^1(\mathcal{A}, P)$ ist eine dichte Teilmenge in der L^1-Norm, und für $\mathcal{B} \subset \mathcal{A}$ ist der bedingte Erwartungswertoperator, definiert als
$$T: \mathcal{L}^2(\mathcal{A}, P) \longrightarrow \mathcal{L}^2(\mathcal{A}, P)$$
$$X \longmapsto \widehat{X} = E(X \mid \mathcal{B}) =: E^{\mathcal{B}} X,$$

die beste Approximation in $\mathcal{L}^2(\mathcal{B}, P)$. Dann folgt für $X \in \mathcal{L}^2(\mathcal{A}, P)$

$$\|TX\|_1 = \int |E(X \mid \mathcal{B})| \, dP$$
$$\leq \int E(|X| \mid \mathcal{B}) \, dP = \int |X| \, dP = \|X\|_1,$$

T ist also eine lineare Abbildung und L^1-Kontraktion. $\mathcal{L}^1(\mathcal{A}, P)$ ist vollständig, und $\mathcal{L}^2(\mathcal{A}, P) \subset \mathcal{L}^1(\mathcal{A}, P)$ ist dicht. Daher folgt:
∃! Fortsetzung $\overline{T} : \mathcal{L}^1(\mathcal{A}, P) \longmapsto \mathcal{L}^1(\mathcal{A}, P)$ von T als stetige lineare Abbildung und es gilt:
1) $\operatorname{Im} \overline{T} = \mathcal{L}^1(\mathcal{B}, P)$, da $\operatorname{Im} T = \mathcal{L}^2(\mathcal{B}, P) \subset \mathcal{L}^1(\mathcal{B}, P)$ dicht.
2) $\overline{T}X = E(X \mid \mathcal{B})[P]$, da $\overline{T}$ stetig.
b) **Bedingte Jensen-Ungleichung:** Sei $g : \mathbb{R}^1 \longrightarrow \mathbb{R}^1$ eine konvexe Funktion und seien $X, g(X) \in \mathcal{L}^1(P)$ integrierbar. Sei $\mathcal{B} \subset \mathcal{A}$ eine Unter-σ-Algebra von $\mathcal{A}$. Dann gilt

$$E\bigl(g(X) \mid \mathcal{B}\bigr) \geq g\bigl(E(X \mid \mathcal{B})\bigr) [P].$$

Da für den bedingten Erwartungswert dieselben Rechenregeln gelten wie für den gewöhnlichen Erwartungswert, ist der Beweis analog.
c) **Bedingte Erwartungswerte als Orthogonalprojektion auf $\mathcal{L}^2$:** Sei $\mathcal{B} \subset \mathcal{A}$, dann ist

$$E^{\mathcal{B}} : \mathcal{L}^1(\Omega, \mathcal{A}, P) \longrightarrow \mathcal{L}^1(\Omega, \mathcal{A}, P)$$

eine positive und damit stetig lineare **Projektion**, d. h., es gilt $\pi^2 = \pi$. Das Bild der Projektion ist $\operatorname{Im} E^{\mathcal{B}} = \mathcal{L}^1(\Omega, \mathcal{B}, P)$ und $\operatorname{Kern} E^{\mathcal{B}} = \{X \in \mathcal{L}^1 : E(X \mid \mathcal{B}) = 0 \, [P]\}$.
Die Einschränkung $E^{\mathcal{B}} : \mathcal{L}^2(\Omega, \mathcal{A}, P) \longrightarrow \mathcal{L}^2(\Omega, \mathcal{A}, P)$ auf $\mathcal{L}^2(\Omega, \mathcal{A}, P)$ ist eine **Orthogonalprojektion**, d. h., das Bild steht senkrecht auf dem Kern,

$$\operatorname{Im} E^{\mathcal{B}} \perp \operatorname{Kern} E^{\mathcal{B}},$$

denn $X \in \operatorname{Im} E^{\mathcal{B}}$, $Y \in \operatorname{Kern} E^{\mathcal{B}}$, dann folgt nach Radon-Nikodým:

$$\langle X, Y \rangle = \int XY \, dP = \int X E(Y \mid \mathcal{B}) \, dP = 0.$$

$\mathcal{L}^1$ ist ein Beispiel für einen Banachverband. Ein allgemeines Resultat aus der Funktionalanalysis besagt, dass in einem Banachverband alle positiven, linearen Abbildungen stetig sind (d. h. Positivität erzwingt im Banachverband die Stetigkeit).
Es gibt auch nichtlineare Projektionen. Jedoch sind Projektionen auf lineare Teilräume linear.

d) **Zwei Charakterisierungen von bedingten Erwartungswerten:**
   1) **$\mathcal{L}^2$-Räume:** Sei $\pi : \mathcal{L}^2 \longmapsto \mathcal{L}^2$ eine lineare Orthogonalprojektion, $\pi(1) = 1$. Dann gilt:
   $$\exists \mathcal{B} \subset \mathcal{A} \quad \text{so dass} \quad \pi = E^\mathcal{B} \Leftrightarrow \pi \geq 0.$$

   Das heißt auf $\mathcal{L}^2$ sind genau die positiven normierten Orthogonalprojektionen bedingte Erwartungswerte.

   2) **$\mathcal{L}^p$-Räume:** Sei $\pi : \mathcal{L}^p \longmapsto \mathcal{L}^p$, $1 \leq p < \infty$, $p \neq 2$, linear und eine Projektion. Nach der bedingten Jensen-Ungleichung sind bedingte Erwartungswerte Kontraktionen in $\mathcal{L}^p$. Es gilt:
   $$\exists \mathcal{B} \subset \mathcal{A} : \pi = E^\mathcal{B} \Leftrightarrow \|\pi f\|_p \leq \|f\|_p,$$

   d. h., π ist genau dann ein bedingter Erwartungswert, wenn π eine Kontraktion in der p-Norm ist. Für $p = 2$ ist diese Aussage falsch (vgl. Neveu (1975)).

Für die von Y erzeugte σ-Algebra $\mathcal{B} = \sigma(Y)$ wurde die Schreibweise $E(X \mid Y) = E(X \mid \sigma(Y)) = E(X \mid \mathcal{B})$ eingeführt. Gerechtfertigt wird sie durch das folgende Lemma.

Lemma 5.1.10 (Faktorisierungslemma) *Seien $(\Omega, \mathcal{A})$ und $(\Omega', \mathcal{A}')$ Messräume und seien $Z : \Omega \longmapsto \overline{\mathbb{R}}$ und $Y : \Omega \longmapsto \Omega'$ messbare Abbildungen auf $(\Omega, \mathcal{A})$. Dann gilt: $Z \in \overline{\mathcal{L}}(\sigma(Y))$ genau dann, wenn $\exists \, g : (\Omega', \mathcal{A}') \longmapsto (\overline{\mathbb{R}}, \overline{\mathcal{B}})$, so dass: $Z = g \circ Y$. Man nennt die Abbildung g auch **Faktorisierung** von Z nach Y.*

Beweis
„$\Leftarrow$" ist offensichtlich.
„$\Rightarrow$" Beweis mit algebraischer Induktion:
   1) Wir zeigen die Aussage zunächst für positive Elementarfunktionen: Sei
   $$Z = \sum_{i=1}^n \alpha_i \mathbb{1}_{A_i} \in \mathcal{E}_+\big(\sigma(Y)\big),$$

   d. h. $\alpha_i \geq 0$ und $A_i \in \sigma(Y)$ für $i \in \{1, \ldots, n\}$. Dann existieren $B_i \in \mathcal{A}'$, so dass für $i \in \{1, \ldots, n\}$ gilt $A_i = Y^{-1}(B_i)$. Sei
   $$g := \sum_{i=1}^n \alpha_i \mathbb{1}_{B_i},$$

   dann folgt mit $\mathbb{1}_{B_i} \circ Y = \mathbb{1}_{A_i}$, dass $g \circ Y = Z$.

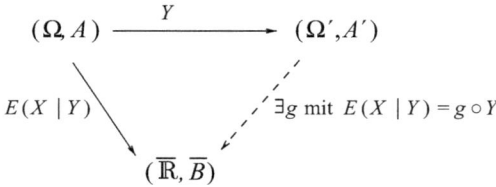

Abb. 5.2 Faktorisierung der bedingten Erwartung

2) Sei $Z \in \overline{\mathcal{Z}}_+(\sigma(Y))$ eine nichtnegative, $\sigma(Y)$-messbare, numerischer Funktion, dann existiert eine isotone Folge von Elementarfunktionen $(Z_n) \subset \mathcal{E}_+(\sigma(Y))$ mit $Z_n \uparrow Z$.
Nach 1) folgt: $\exists\, g_n \in \mathcal{E}_+(\mathcal{A}')$, so dass: $Z_n = g_n \circ Y$. Mit

$$g := \sup g_n \in \overline{\mathcal{L}}_+(\mathcal{A}')$$

erhalten wir eine Faktorisierung von Z von der Form $Z = g \circ Y$.

3) Sei Z eine $\sigma(Y)$-messbare, numerische Funktion, dann existiert eine Darstellung als Differenz zweier nichtnegativer, $\sigma(Y)$-messbarer numerischer Funktionen

$$Z = Z_+ - Z_-.$$

Mit 2) folgt dann, dass für Z_+ und Z_- Faktorisierungen

$$Z_+ = g_1 \circ Y, \quad Z_- = g_2 \circ Y$$

durch nichtnegative, $\mathcal{A}'$-messbare, numerische Funktionen $g_i \in \overline{\mathcal{L}}_+(\mathcal{A}')$ existieren. Positiv- und Negativteil der Funktion können nicht gleichzeitig unendlich groß sein, d. h., auf dem Bildraum $Y(\Omega)$ gilt

$$\{g_1 = \infty\} \cap \{g_2 = \infty\} \cap Y(\Omega) = \emptyset.$$

Der Schnitt $S := \{g_1 = \infty\} \cap \{g_2 = \infty\}$ ist $S\mathcal{A}'$-messbar, und mit

$$g := g_1 1_{S^c} - g_2 1_{S^c}$$

folgt $Z = g \circ Y$. □

Die messbaren Funktionen bzgl. einer σ-Algebra sind also die Zufallsvariablen, die sich auf messbare Weise als Funktion von Y schreiben lassen.

Folgerung 5.1.11 *Ist $\mathcal{B}$ eine σ-Algebra, die von einer Zufallsvariablen Y erzeugt wird, d. h. $\mathcal{B} = \sigma(Y)$, dann definieren wir $E(X \mid Y) := E(X \mid \mathcal{B})$.*

5.1 Bedingte Erwartungswerte und Verteilungen

Nach dem Faktorisierungslemma folgt, dass eine $\mathcal{A}'$-messbare Faktorisierung g existiert, d. h., es existiert eine Funktion $g \in \mathcal{L}(\Omega', \mathcal{A}')$ (vgl. Abb. 5.2) mit

$$E(X \mid Y) = g \circ Y.$$

Damit gilt für $X \in \mathcal{L}^2$ und $\mathcal{B} = \sigma(Y)$

$$\inf\{\|X - g(Y)\|_2;\ g(Y) \in \mathcal{L}^2\} = \inf\{\|X - Z\|_2;\ Z \in S := \mathcal{L}^2(\mathcal{B})\}.$$

Also ist $\widehat{X} = E(X \mid Y)$ die beste Approximation durch eine Funktion $g(Y) \in \mathcal{L}^2$.

Die Funktion g ist indirekt erklärt durch die Radon-Nikodým-Gleichung. Man kann sie aber auch durch eine verwandte Gleichung direkt charakterisieren.

Proposition 5.1.12 (Faktorisierte bedingte Erwartung) *Sei $g \in \overline{\mathcal{L}}(\mathcal{A}')$ eine Faktorisierung des bedingten Erwartungswertes $E(X \mid Y) = g \circ Y$, dann löst g das Gleichungssystem*

$$\int_{A'} g\,dP^Y = \int_{Y^{-1}(A')} X\,dP \quad \forall\, A' \in \mathcal{A}'. \tag{5.3}$$

Durch das Gleichungssystem in (5.3) ist g P^Y-fast sicher eindeutig bestimmt.

$$g(y) := E(X \mid Y = y) \tag{5.4}$$

*heißt **(faktorisierte) bedingte Erwartung** von X unter $Y = y$.*

Beweis

a) Sei $A' \in \mathcal{A}'$, dann ist nach der Transformationsformel und nach der Radon-Nikodým-Gleichung

$$\int_{A'} g\,dP^Y = \int_{Y^{-1}(A')} (g \circ Y)\,dP$$

$$= \int_{Y^{-1}(A')} E(X \mid Y)\,dP = \int_{Y^{-1}(A')} X\,dP.$$

b) Sei h eine weitere Lösung obiger Gleichung, dann gilt

$$\int_{A'} h\,dP^Y = \int_{A'} g\,dP^Y, \quad \forall\, A' \in \mathcal{A}'.$$

Daraus folgt: $h = g\,[P^Y]$.
Also folgt für $g(y) = E(X \mid Y = y)$, dass $g \circ Y = E(X \mid Y)$. □

Ein Spezialfall des bedingten Erwartungswertes sind die bedingten Wahrscheinlichkeiten.

Definition 5.1.13 (Bedingte Wahrscheinlichkeiten) *Für eine Unter-σ-Algebra $\mathcal{B} \subset \mathcal{A}$ und eine messbare Menge $A \in \mathcal{A}$ heißt $P(A \mid \mathcal{B}) := E(\mathbb{1}_A \mid \mathcal{B})$ **bedingte Wahrscheinlichkeit** von A unter $\mathcal{B}$. Ist $\mathcal{B} = \sigma(Y)$, dann verwendet man die Schreibweise $P(A \mid Y) := P(A \mid \mathcal{B})$, und $P(A \mid Y = y) := E(\mathbb{1}_A \mid Y = y)$ heißt **faktorisierte Version** der bedingten Wahrscheinlichkeit.*

Bemerkung 5.1.14

a) $P(A \mid Y = y)$ *ist eindeutig bestimmt durch*

$$\int_B P(A \mid Y = y) \, dP^Y(y) = P(A \cap Y^{-1}(B)), \quad B \in \mathcal{A}'.$$

b) *Die bedingte Wahrscheinlichkeit $P(A \mid \mathcal{B})$ ist P-fast sicher eindeutig festgelegt durch die Radon-Nikodým-Gleichung*

$$P(A \cap B) = \int_B P(A \mid \mathcal{B}) \, dP, \quad \forall B \in \mathcal{B}.$$

$P(\cdot \mid \mathcal{B})$ ist i. A. kein Wahrscheinlichkeitsmaß. Es können zu viele Ausnahme-Nullmengen auftreten.

Beispiel 5.1.15

a) Sei $(B_i)_{i \in I}$ eine messbare Zerlegung von Ω mit einer abzählbaren Indexmenge I. Sei weiter $\mathcal{B} := \sigma(B_i, i \in I)$ die von der Zerlegung erzeugte σ-Algebra, dann ist

$$P(A \mid \mathcal{B}) = \sum_{i \in I} P_{B_i}(A) \cdot \mathbb{1}_{B_i},$$

wobei

$$P_{B_i}(A) = P(A \mid B_i) = \frac{P(A \cap B_i)}{P(B_i)}$$

die elementare bedingte Wahrscheinlichkeit bezeichnet. Für alle $\omega \in \Omega$ ist dann $P(\cdot \mid \mathcal{B})$ ein Wahrscheinlichkeitsmaß auf $\mathcal{A}$.

b) **Verteilungen mit Dichte bzgl. des Produktmaßes:** Wir betrachten Zufallsvariablen X und Y auf einem Raum $(\Omega, \mathcal{A})$,

$$X : (\Omega, \mathcal{A}) \longmapsto (\mathcal{X}_1, \mathcal{B}_1), \quad Y : (\Omega, \mathcal{A}) \longmapsto (\mathcal{X}_2, \mathcal{B}_2)$$

und weiter σ-endliche Maße $\mu \in M_\sigma(\mathcal{X}_1, \mathcal{B}_1)$ und $\nu \in M_\sigma(\mathcal{X}_2, \mathcal{B}_2)$. Von besonderer Bedeutung ist der Fall, dass die gemeinsame Verteilung der Zufallsvariablen X, Y durch eine Dichte bzgl. des Produktmaßes gegeben ist, d. h.

$$P^{(X,Y)} = f \mu \otimes \nu,$$

5.1 Bedingte Erwartungswerte und Verteilungen

wobei $f := f_{(X,Y)}$ die zu der gemeinsamen Verteilung $P^{(X,Y)}$ zugehörige Dichte sei. In diesem Fall kann man die bedingte Wahrscheinlichkeit in expliziter Form bestimmen. Die Randdichten erhält man durch Integration:

$$g(x) := \int f(x, y)\, dv(y), \quad h(y) := \int f(x, y)\, d\mu(x).$$

Dann folgt nach dem Satz von Fubini, dass die Verteilungen von X und Y durch die Randdichten gegeben sind, d. h. $P^X = g\mu$ und $P^Y = hv$, denn es gilt:

$$P(X \in A) = P(X \in A, Y \in \mathcal{X}_2)$$
$$= \int_A \left(\int_{\mathcal{X}_2} f(x, y)\, dv(y) \right) d\mu(x) = \int_A g\, d\mu.$$

Die bedingte Dichte von X unter Y kann man nun sehr einfach erhalten:

$$f(x \mid y) = f_{X,Y}(x \mid y) = \begin{cases} \frac{f(x,y)}{h(y)}, & h(y) > 0, \\ g(x), & h(y) = 0. \end{cases}$$

Behauptung: Die faktorisierte bedingte Wahrscheinlichkeit ist ein Wahrscheinlichkeitsmaß in A, d. h.,

$$P(X \in A \mid Y = y) = \int_A f(x \mid y)\, d\mu(x) =: P_y(A)$$

ist ein Wahrscheinlichkeitsmaß auf dem Raum $(\mathcal{X}_1, \mathcal{B}_1)$. $P_y := P(X \in \cdot \mid Y = y)$ heißt **bedingte Verteilung** von X unter $Y = y$.

Dazu ist zu zeigen, dass für alle $B \in \mathcal{B}_2$ die Radon-Nikodým-Gleichung für die faktorisierte Version der bedingten Wahrscheinlichkeit gilt, d. h., es ist zu zeigen, dass

$$\int_B P_y(A)\, dP^Y(y) = \int_{Y^{-1}(B)} \mathbb{1}_A(X)\, dP, \quad \forall\, B \in \mathcal{B}_2.$$

Beweis Für alle $B \in \mathcal{B}_2$ gilt:

$$\int_B P_y(A)\, dP^Y(y) = \int_B \left(\int_A f_{X|Y}(x \mid y)\, d\mu(x) \right) h(y)\, dv(y)$$
$$= \int_{B \cap \{h>0\}} \left(\int_A \frac{f(x,y)}{h(y)}\, d\mu(x) \right) h(y)\, dv(y) = \int_{B \cap \{h>0\}} \int_A f(x,y)\, d\mu(x)\, dv(y)$$
$$= \int_B \int_A f\, d\mu \otimes v = P^{X,Y}(A \times B) = P(\{X \in A\} \cap \{Y \in B\})$$
$$= \int \mathbb{1}_A(x) \cdot \mathbb{1}_B(y)\, dP = \int_{Y^{-1}(B)} \mathbb{1}_A(X)\, dP.$$

Damit folgt die Behauptung.

Ebenso erhalten wir für Funktionen $h(X)$ den bedingten Erwartungswert als Erwartungswert bzgl. der bedingten Verteilung:

$$E(h(X) \mid Y = y) = \int h(x) f(x \mid y) \, d\mu(x).$$ □

Spezialfall: **Bedingte Multinomialverteilung.**
Bei n unabhängigen Experimenten $X_1, \ldots, X_n$ gebe es 6 mögliche Ergebnisse $A_1, \ldots, A_6$ mit $P(X_i \in A_j) = \frac{1}{6}, \, \forall i, j$. Bezeichne bei diesem Multinomialexperiment X die Häufigkeit des Eintretens von A_1 und Y die Häufigkeit des Eintretens von A_2. Dann ist $X \sim \mathcal{B}(n, \frac{1}{6})$ binomialverteilt mit Parametern n und $\frac{1}{6}$, d.h.

$$P^X(\{x\}) = g(x) = \binom{n}{x} \left(\tfrac{1}{6}\right)^x \left(\tfrac{5}{6}\right)^{n-x} \sim \mathcal{B}\left(n, \tfrac{1}{6}\right), \quad 0 \le x \le n.$$

Die gemeinsame Verteilung von X und Y ist eine Multinomialverteilung mit der Zähldichte

$$f(x, y) = P(X = x, Y = y) = \binom{n}{x, y} \left(\tfrac{1}{6}\right)^x \left(\tfrac{1}{6}\right)^y \left(\tfrac{4}{6}\right)^{n-(x+y)}$$

für $x, y \in \mathbb{N}_0$ und $x + y \le n$, $\binom{n}{x,y} := \binom{n}{x,y,n-(x+y)} = \frac{n!}{x! y! (n-(x+y))!}$. f ist die Dichte von $P^{(X,Y)}$, der gemeinsamen Verteilung von X, Y bzgl. des abzählenden Maßes $\mu \otimes \nu$ auf $\mathbb{N}_0 \times \mathbb{N}_0$. Die Verteilung von X, die Randdichte der Multinomialverteilung, ist die Binomialverteilung. Wir erhalten also die bedingte Dichte

$$f(y \mid x) = \begin{cases} \binom{n-x}{y} \left(\tfrac{1}{5}\right)^y \left(\tfrac{4}{5}\right)^{n-x-y}, & 0 \le y \le n - x, \\ h(y), & \text{sonst.} \end{cases}$$

Das heißt, die bedingte Verteilung $P(Y \in B \mid X = x) = \mathcal{B}(n - x, \frac{1}{5})(B)$ ist wieder eine Binomialverteilung, $P^{Y \mid X = x} = \mathcal{B}(n - x, \frac{1}{5})$. ◇

Proposition 5.1.16 (Einsetzungsregel) *Seien* $X : (\Omega, \mathcal{A}) \longmapsto (\mathcal{X}_1, \mathcal{A}_1)$ *und* $Y : (\Omega, \mathcal{A}) \longmapsto (\mathcal{X}_2, \mathcal{A}_2)$ *stochastisch unabhängige Zufallsvariablen auf einem Wahrscheinlichkeitsraum* $(\Omega, \mathcal{A}, P)$. *Sei weiter* $h(X, Y)$ *eine quasi integrierbare Funktion* $h : (\mathcal{X}_1 \times \mathcal{X}_2, \mathcal{A}_1 \otimes \mathcal{A}_2) \longmapsto (\mathbb{R}^1, \mathcal{B}^1)$, *dann gilt:*

$$E(h(X, Y) \mid X = x) = E h(x, Y).$$

5.1 Bedingte Erwartungswerte und Verteilungen

Beweis Es ist zu zeigen, dass die rechte Seite eine Lösung der Radon-Nikodým-Gleichung für den faktorisierten bedingten Erwartungswert ist. Für alle $\mathcal{A}_1$-messbaren Mengen $A \in \mathcal{A}_1$ erhält man mit Hilfe des Satzes von Fubini

$$\int_A E(h(X,Y) \mid X = x) \, dP^X(x) = \int_{\{X \in A\}} h(X,Y) \, dP$$
$$= \int_{A \times \mathcal{X}_2} h(x,y) \, dP^{(X,Y)}(x,y) = \int_A \left(\int_{\mathcal{X}_2} h(x,y) \, dP^Y(y) \right) dP^X(x)$$
$$= \int_A \left(\int h(x,Y) \, dP \right) dP^X(x) = \int_A Eh(x,Y) \, dP^X(x),$$

d. h., $Eh(x,Y)$ ist eine Version der faktorisierten bedingten Erwartung. □

Bemerkung 5.1.17 (Einsetzungsregel bei Dichten) *Hat die Verteilung von (X,Y) eine Dichte f bzgl. eines Produktmaßes, d. h. $P^{(X,Y)} = f \, \mu \otimes \nu$, X, Y nicht notwendigerweise unabhängig, dann gilt $f(x,y) = f(y \mid x) g(x)$ mit der bedingten Dichte $f(\cdot \mid x)$ und der Randdichte g. Wir erhalten eine Einsetzungsregel der Form*

$$E(h(X,Y) \mid X = x) = E(h(x,Y) \mid X = x)$$
$$= \int h(x,y) f(y \mid x) \, d\nu(y). \quad \lrcorner$$

Bedingte Wahrscheinlichkeiten erfüllen bis auf Nullmengen die Axiome von Wahrscheinlichkeitsmaßen.

Proposition 5.1.18 *Sei $\mathcal{B}$ eine Unter-σ-Algebra von $\mathcal{A}$ und sei $A \in \mathcal{A}$, dann gilt:*

a) $0 \leq P(A \mid \mathcal{B}) \leq 1 \, [P]$.
b) $P(\Omega \mid \mathcal{B}) = 1 \, [P], \quad P(\emptyset \mid \mathcal{B}) = 0 \, [P]$.
c) *Für jede paarweise disjunkte Folge $(A_i) \subset \mathcal{A}$ gilt*

$$P\left(\sum_{i=1}^\infty A_i \mid \mathcal{B} \right) = \sum_{i=1}^\infty P(A_i \mid \mathcal{B}) \, [P].$$

d) *Für $A_1, A_2 \in \mathcal{A}$ mit $A_1 \subset A_2$ gilt:*

$$P(A_1 \mid \mathcal{B}) \leq P(A_2 \mid \mathcal{B}) \, [P].$$

e) *Für eine absteigende Folge $\mathcal{A}$-messbarer Mengen $(A_n) \downarrow$ gilt:*

$$P\left(\lim_{n\to\infty} A_n \mid \mathcal{B}\right) = \lim_{n\to\infty} P(A_n \mid \mathcal{B})\,[P].$$

Bemerkung 5.1.19 *Im Allgemeinen ist die bedingte Wahrscheinlichkeit $P(A \mid \mathcal{B})(\omega)$ kein Wahrscheinlichkeitsmaß. Für eine vorgegebene Folge $(A_n) \subset \mathcal{A}$ gilt die σ-Additivität der bedingten Wahrscheinlichkeit nur P-fast sicher. Die Ausnahmemenge hängt von der Wahl der Folge (A_n) ab. Es stellt sich die Frage, wann eine Version der bedingten Wahrscheinlichkeit existiert, so dass $P(A \mid \mathcal{B})(\omega)$ für alle $\omega \in \Omega$ ein Wahrscheinlichkeitsmaß in A ist.*

Ebenso stellt sich die Frage nach einer regulären Version der faktorisierten Version der bedingten Wahrscheinlichkeit $P(A \mid Y = y)$. Existieren solche reguläre Versionen wie z. B. im Fall von gemeinsamen Dichten in Beispiel 5.1.15, dann lassen sich bedingte Erwartungswerte als gewöhnliche Erwartungswerte bzgl. der bedingten Verteilung bestimmen. ⌐

Der Begriff der bedingten Verteilung ist gekoppelt an den Begriff des Markovkerns. Markovkerne wurden schon in Kap. 2 zur Konstruktion von mehrstufigen Experimenten eingeführt. Wir benötigen Markovkerne in mehreren Versionen.

Definition 5.1.20 (Markovkern) *Seien $(\Omega, \mathcal{A})$ und $(\Omega', \mathcal{A}')$ Maßräume und sei $K : \Omega \times \mathcal{A}' \longrightarrow \overline{\mathbb{R}}$.*

a) *K heißt* **Kern** *von $(\Omega, \mathcal{A})$ nach $(\Omega', \mathcal{A}')$ genau dann, wenn*
   1) *$\forall\, A' \in \mathcal{A}' \quad K(\cdot, A') : \Omega \longmapsto \overline{\mathbb{R}}, \quad \omega \longmapsto K(\omega, A')$, $\mathcal{A}$-messbar ist, und*
   2) *$K(x, \cdot)$ ein Maß auf $(\Omega', \mathcal{A}')$ für alle $x \in \Omega$ ist.*
   Schreibweise: $(\Omega, \mathcal{A}) \stackrel{K}{\longmapsto} (\Omega', \mathcal{A}')$.
b) *Ein Kern K heißt* **Markovkern** *(bzw. Sub-Markovkern), falls*

$$K(x, \Omega') = 1 \quad bzw. \quad K(x, \Omega') \le 1 \quad \textit{für alle } x \in \Omega.$$

c) *Ist $(\Omega, \mathcal{A}) = (\Omega', \mathcal{A}')$, dann heißt K Kern (bzw. Markovkern) auf $(\Omega, \mathcal{A})$.*

Die folgende Definition der bedingten Verteilung berücksichtigt eine Reihe von möglichen Situationen, in denen dieser Begriff benötigt wird (vgl. Abb. 5.3).

Definition 5.1.21 (Bedingte Verteilung)
a) *Sei $\mathcal{B} \subset \mathcal{A}$ und es existiere ein Markovkern K von $(\Omega, \mathcal{B})$ nach $(\Omega, \mathcal{A})$ mit*

$$K(\cdot, A) = P(A \mid \mathcal{B})\,[P], \quad \forall\, A \in \mathcal{A}.$$

*Dann heißt $K(\cdot, A) = P^{\mathcal{B}}(A)$, $A \in \mathcal{A}$ **(reguläre) bedingte Verteilung von P unter $\mathcal{B}$**.*

5.1 Bedingte Erwartungswerte und Verteilungen

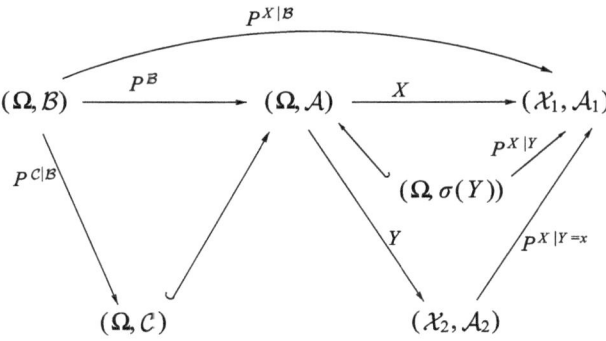

Abb. 5.3 Varianten der bedingten Verteilung

b) Seien $\mathcal{B}, \mathcal{C} \subset \mathcal{A}$ und sei K ein Markovkern von $(\Omega, \mathcal{B})$ nach $(\Omega, \mathcal{C})$ mit

$$K(\cdot, A) = P(A \mid \mathcal{B})[P], \quad \forall A \in \mathcal{C}.$$

Dann heißt $K =: P^{\mathcal{C}|\mathcal{B}}$ **bedingte Verteilung von** $\mathcal{C}$ **unter** $\mathcal{B}$; insbesondere ist $P^{\mathcal{A}|\mathcal{B}} = P^{\mathcal{B}}$ die bedingte Verteilung von P unter $\mathcal{B}$.

c) Seien $X : (\Omega, \mathcal{A}) \longrightarrow (\mathcal{X}_1, \mathcal{A}_1)$, und $Y : (\Omega, \mathcal{A}) \longrightarrow (\mathcal{X}_2, \mathcal{A}_2)$ Zufallsvariablen, und sei $\mathcal{B} \subset \mathcal{A}$. Ein Markovkern $(\Omega, \mathcal{B}) \stackrel{K}{\longmapsto} (\mathcal{X}_1, \mathcal{A}_1)$ heißt **bedingte Verteilung von** X **unter** $\mathcal{B}$, $K =: P^{X|\mathcal{B}}$

$$:\Leftrightarrow K(\cdot, A) = P(X \in A \mid \mathcal{B}), \quad \forall A \in \mathcal{A}_1.$$

Ist $\mathcal{B} = \sigma(Y)$, dann heißt $K =: P^{X|Y}$ **bedingte Verteilung von** X **unter** Y.

d) Ist K ein Markovkern von $(\mathcal{X}_2, \mathcal{A}_2)$ nach $(\mathcal{X}_1, \mathcal{A}_1)$ mit

$$K(y, A) = P(X \in A \mid Y = y)[P^Y], \quad A \in \mathcal{A}_1,$$

dann heißt $K = P^{X|Y=y}$ **faktorisierte bedingte Verteilung von** X **unter** $Y = y$,

$$K(y, \cdot) = P^{X|Y=y} = P_{X|Y=y}.$$

Beispiel 5.1.22 Sei $P = f\mu \otimes \nu$ Wahrscheinlichkeitsmaß auf $(\mathcal{X}_1 \times \mathcal{X}_2, \mathcal{A}_1 \otimes \mathcal{A}_2)$ mit einer Dichte bzgl. des Produktmaßes, $\mu \otimes \nu$. Definiere einen Kern
$K : \mathcal{X}_2 \times \mathcal{A}_1 \longmapsto \overline{\mathbb{R}}$ durch

$$K(y, A_1) = \begin{cases} \int_{A_1} f(x \mid y) \, d\mu(x), & \text{für } h(y) > 0, \\ P_0(A_1), & \text{sonst,} \end{cases} \quad P_0 \in M^1(\mathcal{X}_1, \mathcal{A}_1)$$

(vgl. Beispiel 5.1.15). Dann ist K ein Markovkern von $(\mathcal{X}_2, \mathcal{A}_2)$ nach $(\mathcal{X}_1, \mathcal{A}_1)$ und

$$K = P^{\pi_1 | \pi_2 = y} = P_y,$$

wobei π_i die Projektionen von $\mathcal{X}_1 \times \mathcal{X}_2$ auf die Komponenten $\mathcal{X}_i$ sind. ◇

Der folgende Satz liefert eine allgemeine Existenzaussage für reguläre bedingte Verteilungen.

Satz 5.1.23 (Existenz (regulärer) bedingter Verteilungen)
Sei $X : (\Omega, \mathcal{A}) \longrightarrow (\mathbb{R}^1, \mathcal{B}^1)$ und $\mathcal{B} \subset \mathcal{A}$, dann gilt:

a) *Es existiert eine bedingte Verteilung $P^{X|\mathcal{B}}$ von X unter $\mathcal{B}$.*
b) *Sind K_1 und K_2 bedingte Verteilungen von X unter $\mathcal{B}$, dann gilt:*

$$\exists N \in \mathcal{B} \text{ mit } P(N) = 0, \text{ so dass: } K_1(\omega, \cdot) = K_2(\omega, \cdot), \quad \forall \omega \in N^c.$$

Beweis
a) **Existenz**
  a1) Zu $r \in \mathbb{Q}$ und $\omega \in \Omega$ definiere die bedingte Wahrscheinlichkeit
  $F_r(\omega) := P(\{X \leq r\} \mid \mathcal{B})(\omega)$. Sei $\mathbb{Q} = \{r_i; i \in \mathbb{N}\}$ eine Abzählung der rationalen Zahlen.
  Für $r_i < r_j$ sei $A_{ij} := \{\omega; F_{r_j}(\omega) < F_{r_i}(\omega)\}$ und $A := \bigcup_{r_i < r_j} A_{ij}$. Dann folgt nach Proposition 5.1.18 $P(A) = 0$.
  Das heißt, für alle $\omega \in A^c$ ist $(F_r(\omega))_r \uparrow$ eine isotone Folge in der Menge der rationalen Zahlen $r \in \mathbb{Q}$.
  a2) Sei

  $$B_i := \left\{ \omega : F_{r_i + \frac{1}{n}}(\omega) \not\to F_{r_i}(\omega) \right\}$$

  und sei $B := \bigcup_i B_i$, dann folgt mit Proposition 5.1.18, dass $P(B) = 0$, d. h., F_r ist rechtsseitig stetig auf B^c bzgl. $\mathbb{Q}$.
  a3) Sei

  $$C := \left\{ \omega : \lim_{r \to \infty} F_r(\omega) \neq 1 \right\} \cup \left\{ \omega : \lim_{r \to -\infty} F_r(\omega) \neq 0 \right\},$$

  dann folgt nach Proposition 5.1.18, dass $P(C) = 0$. Auf C^c ist (F_r) normiert.
  a4) Wir definieren für $x \in \mathbb{R}^1$

  $$F_x(\omega) := \begin{cases} \lim_{r \downarrow x, r \in \mathbb{Q}} F_r(\omega), & \omega \notin A \cup B \cup C, \\ G(x), & \text{sonst, mit } G \in \mathcal{F} \text{ beliebig.} \end{cases}$$

  Dann ist die Abbildung $x \longmapsto F_x(\omega)$ eine Verteilungsfunktion für alle ω und

  $$F_x(\omega) = P(\{X \leq X\} \mid \mathcal{B})(\omega) \, [P],$$

5.1 Bedingte Erwartungswerte und Verteilungen

denn für alle Mengen $B \in \mathcal{B}$ gilt nach dem Satz über monotone Konvergenz

$$P(\{X \leq x\} \cap B) = \lim_{r \downarrow x, r \in \mathbb{Q}} P(\{X \leq r\} \cap B)$$

$$= \lim_{r \downarrow x} \int_B F_r(\omega) \, dP$$

$$= \int_B F_x(\omega) \, dP.$$

Sei $K(\omega, \cdot)$ das zu der Verteilungsfunktion $F.(\omega)$ gehörige Wahrscheinlichkeitsmaß. Dann ist für alle $A \in \mathcal{B}^1$

$$K(\omega, A) = P(\{X \in A\} \mid \mathcal{B})(\omega) = P^{X \mid \mathcal{B}}(\omega, A) \, [P].$$

Denn sei

$$\mathcal{C} := \{A \in \mathcal{B}^1 : K(\cdot, A) = P(\{X \in A\} \mid \mathcal{B}) \, [P]\},$$

dann ist $\mathcal{C}$ ein Dynkin-System, $\mathcal{C}$ enthält die Intervalle $(-\infty, x]$, und die Behauptung folgt mit Proposition 5.1.18.

b) **Eindeutigkeit:** Seien K_1 und K_2 bedingte Verteilungen, dann existieren für alle rationalen Zahlen $r_j \in \mathbb{Q}$ Nullmengen $N_j \in \mathcal{B} : P(N_j) = 0$, und ohne Einschränkung können wir $N_j \supset A \cup B \cup C$ annehmen, so dass für alle $\omega \in N_j^c$ gilt:

$$K_1(\omega, (-\infty, r_j]) = K_2(\omega(-\infty, r_j]).$$

Sei $N := \bigcup_{r_j \in \mathbb{Q}} N_j$, dann ist auch N eine Nullmenge, d. h., $P(N) = 0$ und für alle $\omega \in N^c$ folgt nach der Stetigkeit der Maße K_1 und K_2, dass

$$K_1(\omega, (-\infty, x]) = K_2(\omega, (-\infty, x]) \quad \text{für } x \in \mathbb{R}^1.$$

Nach dem Eindeutigkeitssatz folgt dann $K_1(\omega, \cdot) = K_2(\omega, \cdot), \quad \forall \omega \notin N$. □

Als Korollar ergibt sich insbesondere für den Fall der Identität $X = \text{id}_{\mathbb{R}^1}$ auf $(\mathbb{R}^1, \mathcal{B}^1)$ und $P^{\mathcal{B}} = P^{X \mid \mathcal{B}}$.

Korollar 5.1.24 *Sei $P \in \mathcal{M}^1(\mathbb{R}^1, \mathcal{B}^1)$ und sei $\mathcal{B} \subset \mathcal{B}^1$ eine Unter-σ-Algebra, dann existiert eine bedingte Verteilung $P^{\mathcal{B}}$.*

Definition 5.1.25 (Borel-Raum) *Ein Messraum $(E, \mathcal{E})$ heißt **Borel-Raum**, wenn eine Borel-Menge $U \in \mathcal{B}^1$ und ein Maßisomorphismus φ von E nach U,*

$$\varphi : (E, \mathcal{E}) \longrightarrow (U, U \cap \mathcal{B}^1),$$

existieren.

Bemerkung 5.1.26 *Ein **Maßisomorphismus** (genauer: ein Isomorphismus von Messräumen) ist eine bijektive Abbildung φ, so dass φ und φ^{-1} messbar sind.*

*Beispiele für Borel-Räume sind der $(\mathbb{R}^n, \mathcal{B}^n)$ sowie polnische Räume E, versehen mit der Borel'schen σ-Algebra $\mathcal{B}$ (**Satz von Kuratowski**).* ⌟

Korollar 5.1.27 (Reguläre bedingte Verteilungen für Borel-Räume)
Sei $X : (\Omega, \mathcal{A}) \longrightarrow (E, \mathcal{E})$ eine messbare Abbildung in einen Borel-Raum $(E, \mathcal{E})$ und sei $\mathcal{B}$ eine Unter-σ-Algebra von $\mathcal{A}$. Dann existiert eine bedingte Verteilung $P^{X|\mathcal{B}}$.

Beweis Sei $\varphi : (E, \mathcal{E}) \longrightarrow (U, \mathcal{U})$ ein Maßisomorphismus mit $\mathcal{U} := U \cap \mathcal{B}^1$ und $U \in \mathcal{B}^1$. $Y := \varphi \circ X$ ist eine reelle Zufallsvariable, also existiert nach Satz 5.1.23 eine bedingte Verteilung

$$\widetilde{K}(\cdot, A) = P^{Y|\mathcal{B}}(\cdot, A), \quad \text{für } A \in \mathcal{A}, \omega \in \Omega.$$

Wir definieren für $B \in \mathcal{E}$:

$$K(\omega, B) := \widetilde{K}(\omega, \varphi(B)), \quad \varphi(B) \in \mathcal{U} \subset \mathcal{B}^1.$$

Dann ist K ein Markovkern, und die Behauptung folgt wegen

$$K(\omega, B) = \widetilde{K}(\omega, \varphi(B)) = P(\{\varphi \circ X \in \varphi(B)\} \mid \mathcal{B})$$
$$= P(\{X \in B\} \mid \mathcal{B}) \, [P]. \qquad \square$$

Im Allgemeinen existiert keine bedingte Verteilung. Bedingte Verteilungen vereinfachen die Bestimmung bedingter Erwartungswerte als gewöhnliche Erwartungswerte.

Proposition 5.1.28 (Bedingte Erwartungswerte als Integrale) *Sei $\mathcal{B} \subset \mathcal{A}$ und sei $f \in \overline{\mathcal{L}_+} \cup \mathcal{L}^1(P)$. Existiert eine bedingte Verteilung $P^\mathcal{B}$, dann ist*

$$E(f \mid \mathcal{B}) = \int f \, dP^\mathcal{B} \, [P].$$

Beweis Für den Fall, dass $f = \mathbb{1}_A$ eine Indikatorfunktion ist, gilt

$$E(f \mid \mathcal{B}) = P(A \mid \mathcal{B}) = P^\mathcal{B}(A) = \int \mathbb{1}_A \, dP^\mathcal{B} \, [P].$$

Der allgemeine Fall folgt mit algebraischer Induktion über den Aufbau des Integrals und mit den Eigenschaften der bedingten Erwartungswerte. $\square$

Bemerkung 5.1.29 *Als Konsequenz von Proposition 5.1.28 gelten alle Integral(un)gleichungen auch für bedingte Erwartungswerte.* ⌟

5.1 Bedingte Erwartungswerte und Verteilungen

Als weitere Anwendung bedingter Verteilungen erhalten wir eine allgemeine Einsetzungsregel.

Satz 5.1.30 (Einsetzungsregel) *Sei $(\Omega, \mathcal{A}, P)$ ein Wahrscheinlichkeitsraum, seien $X : (\Omega, \mathcal{A}) \longrightarrow (\mathcal{X}_1, \mathcal{B}_1)$, $Y : (\Omega, \mathcal{A}) \longrightarrow (\mathcal{X}_2, \mathcal{B}_2)$ und $h \in \mathcal{L}(\mathcal{X}_1 \otimes \mathcal{X}_2, \mathcal{A}_1 \otimes \mathcal{A}_2)$ so dass $h \circ (X, Y)$ quasi integrierbar ist.*
Sei $K : (\mathcal{X}_2, \mathcal{B}_2) \longrightarrow (\mathcal{X}_1, \mathcal{B}_1)$, $K(y, \cdot) = P^{X|Y=y}$ eine bedingte Verteilung von X unter $Y = y$, dann gilt

$$E(h(X,Y) \mid Y = y) = E(h(X, y) \mid Y = y) \, [P].$$

Beweis Wir zeigen zunächst, dass

$$P^{(X,Y)|Y=y} = P^{X|Y=y} \otimes \varepsilon_{\{y\}} = K(y, \cdot) \otimes \varepsilon_{\{y\}} \tag{5.5}$$

eine bedingte Verteilung von (X, Y) unter $Y = y$ ist. Es genügt, die Aussage für Produktmengen $A_1 \times A_2$, $A_1 \in \mathcal{A}_1$, $A_2 \in \mathcal{A}_2$ zu verifizieren, da diese Mengen ein $\cap$-stabiler Erzeuger der Produkt-σ-Algebra sind. Nach der Radon-Nikodým-Gleichung gilt für $B \in \mathcal{B}_2$

$$\int_B P(\{X \in A_1, Y \in A_2\} \mid Y = y) \, dP^Y(y) = \int \mathbb{1}_{A_1 \times A_2}(X, Y) \mathbb{1}_B(Y) \, dP$$

$$= \int \mathbb{1}_{A_1}(X) \mathbb{1}_{A_2 \cap B}(Y) \, dP$$

$$= \int_B P(\{X \in A_1\} \mid Y = y) \mathbb{1}_{A_2}(y) \, dP^Y(y)$$

und es folgt

$$P(\{X \in A_1, Y \in A_2\} \mid Y = y) = P^{(X,Y)|Y=y}(A_1 \times A_2)$$
$$= P^{X|Y=y}(A_1) \otimes \varepsilon_{\{y\}}(A_2)$$
$$= K(y, A_1) \otimes \varepsilon_{\{y\}}(A_1 \times A_2).$$

Mit (5.5) folgt nun nach Proposition 5.1.18

$$E(h(X,Y) \mid Y = y_0) = \int h(x, y) \, dP^{(X,Y)|Y=y_0}(x, y)$$
$$= \int h(x, y) K(y_0, dx) \otimes \varepsilon_{\{y_0\}}(dy) = \int h(x, y_0) K(y_0, dx)$$
$$= E(h(X, y_0) \mid Y = y_0). \qquad \square$$

5.2 Martingale in diskreter Zeit

Martingale sind ein wichtiges Mittel zur Analyse von zeitlichen Entwicklungen zufallsabhängiger Prozesse. Sie lassen sich motivieren als Modelle für faire Spiele, aber auch als Modelle für die Entwicklung einer Prognose einer zufälligen Größe unter dem Einfluss von Information (z. B. Aktienkursgewinn, Länge des kürzesten Weges in einem zufälligen Graphen u. a.).

Wir betrachten zufällige Folgen (X_n) in einem Wahrscheinlichkeitsraum $(\Omega, \mathcal{A}, P)$. Informationen über eine Entwicklung werden durch wachsende Folgen $(\mathcal{A}_n) \subset \mathcal{A}$ beschrieben. Im Folgenden verwenden wir je nach Situation Prozesse mit dem Zeitbereich $\mathbb{N}$ oder $\mathbb{N}_0 = \mathbb{N} \cup \{0\}$.

Definition 5.2.1 *Sei* $(X_n) \subset \mathcal{L}(\Omega, \mathcal{A})$.

a) **Filtration.** *Eine aufsteigende Folge* $(\mathcal{A}_n) \subset \mathcal{A}$, *d. h.* $\mathcal{A}_n \subset \mathcal{A}_{n+1}$, $\forall n$, *von Unter-σ-Algebren heißt* **Filtration** *in* $(\Omega, \mathcal{A})$.
b) **Stochastische Folge.** $X = (X_n, \mathcal{A}_n)$ *heißt* **stochastische Folge**, *wenn* $X_n \in \mathcal{L}(\mathcal{A}_n)$, $\forall n$, *d. h.* (X_n) *ist* **adaptiert** *an* $(\mathcal{A}_n)$.
   Die Filtration $\mathcal{A}_n = \sigma(X_1, \ldots, X_n) = \mathcal{A}_n^X$ *heißt* **natürliche Filtration**.
c) (X_n) *heißt* **vorhersehbar** (*oder* **vorhersagbar**) *wenn* $X_n \in \mathcal{L}(\mathcal{A}_{n-1})$, $n \in \mathbb{N}$; *dabei sei* $\mathcal{A}_0 \subset \mathcal{A}_1$. (X_n) *heißt* **wachsende Folge**, *wenn* $X_n \leq X_{n+1}$, $\forall n$.

Vorhersehbare Folgen erlauben es, einen Schritt in die Zukunft zu sehen.

Definition 5.2.2 (Martingal) *Sei* $X = (X_n, \mathcal{A}_n)$ *eine stochastische Folge mit* $E|X_n| < \infty$ *für alle* $n \in \mathbb{N}$. *Dann heißt* X

a) **Martingal**, *wenn* $E(X_{n+1} \mid \mathcal{A}_n) = X_n$ $[P]$,
b) **Submartingal**, *wenn* $E(X_{n+1} \mid \mathcal{A}_n) \geq X_n$ $[P]$,
c) **Supermartingal**, *wenn* $E(X_{n+1} \mid \mathcal{A}_n) \leq X_n$ $[P]$.

Ist $\mathcal{A}_n = \mathcal{A}_n^X$ die natürliche Filtration, dann verwenden wir die Sprechweise (X_n) ist ein Martingal (MG), Sub-MG bzw. Super-MG.

Bemerkung 5.2.3
a) **Prognose.** Ist X ein Martingal und $m < n$, dann gilt

$$E(X_n \mid \mathcal{A}_m) = X_m,$$

denn

$$E(X_n \mid \mathcal{A}_m) = E(E(X_n \mid \mathcal{A}_{n-1}) \mid \mathcal{A}_m)$$
$$= E(X_{n-1} \mid \mathcal{A}_n) = \cdots = E(X_{m+1} \mid \mathcal{A}_m) = X_m.$$

Die beste Vorhersage des Martingals für einen zukünftigen Zeitpunkt n zur Zeit m ist X_m, der Zustand zur Zeit m.

b) **Faires Spiel.** Ein Martingal $X = (X_n)$ mit $EX_1 = 0$ beschreibt ein faires Spiel ohne systematischen Drift, ein Super-MG ein ungünstiges Spiel und ein Sub-MG ein günstiges Spiel. Submartingale haben einen Trend nach oben, Supermartingale nach unten.

Für ein Martingal gilt:

$$\int_A X_{n+1}\,dP = \int_A X_n\,dP, \quad A \in \mathcal{A}_n.$$

Auch durch Auswahl einer geeigneten Strategiemenge A lässt sich kein Vorteil zur Zeit $n+1$ erzielen.

c) Die Definition von MG, Sub- und Super-MG lässt sich allgemeiner auch für eine **quasi integrierbare Folge** $(X_n, \mathcal{A}_n)$ vornehmen, d. h., X_n^+ oder X_n^- ist integrierbar. Für ergänzende Literatur zu diskreten Martingalen verweisen wir auf Neveu (1975); Williams (1991) und Luschgy (2013).

Beispiel 5.2.4

a) **Partialsummen.** Sei (ξ_n) eine Folge von unabhängigen, reellwertigen, integrierbaren Zufallsvariablen mit $E\xi_n = 0$ und seien $X_n := \sum_{i=0}^n \xi_i$ die Partialsummen. Dann ist die Folge $(X_n, \mathcal{A}_n)$ mit $\mathcal{A}_n = \mathcal{A}_n^X = \mathcal{A}_n^\xi$, ein Martingal.
Denn wegen der Unabhängigkeit von ξ_{n+1} und $\mathcal{A}_n$ gilt

$$E(X_{n+1} \mid \mathcal{A}_n) = E(X_n + \xi_{n+1} \mid \mathcal{A}_n) = E(X_n \mid \mathcal{A}_n) + E(\xi_{n+1} \mid \mathcal{A}_n)$$
$$= E(X_n \mid \mathcal{A}_n) + E\xi_{n+1} = X_n.$$

b) **Produkte.** Sei $\xi = (\xi_n)_{n\in\mathbb{N}}$ eine Folge von unabhängigen Zufallsvariablen mit $E\xi_n = 1$ und sei $\mathcal{A}_n = \mathcal{A}_n^\xi$ die von ξ erzeugte natürliche Filtration, dann ist die stochastische Folge $(X_n, \mathcal{A}_n)$ mit $X_n := \prod_{k=0}^n \xi_k$ ein Martingal, denn

$$E(X_{n+1} \mid \mathcal{A}_n) = E(X_n \xi_{n+1} \mid \mathcal{A}_n) = X_n E(\xi_{n+1} \mid \mathcal{A}_n)$$
$$= X_n E\xi_{n+1} = X_n\ [P].$$

c) **Lévy-Martingal.** Sei $Y \in \mathcal{L}^1(P)$ und $(\mathcal{A}_n) \subset \mathcal{A}$ eine Filtration. Definiere $X_n := E(Y \mid \mathcal{A}_n)$ die beste Vorhersage von Y bei Information gegeben durch $\mathcal{A}_n$, dann ist $(X_n, \mathcal{A}_n)$ ein Martingal, das Lévy-Martingal.

Beweis Nach der Glättungsregel gilt

$$E(X_{n+1} \mid \mathcal{A}_n) = E\big(E(Y \mid \mathcal{A}_{n+1}) \mid \mathcal{A}_n\big)$$
$$= E(Y \mid \mathcal{A}_n) = X_n.$$

d) **Wachsende Folgen.** Sei $(\xi_n)_{n\geq 0}$ eine Folge von nichtnegativen Zufallsvariablen $\xi_n \geq 0$, dann ist die Partialsummenfolge $X_n := \sum_{k=0}^{n} \xi_k$ wachsend. Die Folge (X_n) ist ein Submartingal. Jede wachsende Folge $X_n \geq 0$ ist also ein Submartingal.

e) **Konvexe Funktionen von Martingalen.** Sei $X = (X_n, \mathcal{A}_n)$ ein Martingal und sei $g : \mathbb{R}^1 \longrightarrow \mathbb{R}^1$ eine konvexe Funktion, so dass $g(X_n) \in \mathcal{L}^1(P)$ für alle $n \in \mathbb{N}$. Dann ist $(g(X_n), \mathcal{A}_n)$ ein Submartingal.

Beweis Die Behauptung folgt aus der bedingten Jensen-Ungleichung, denn

$$E\big(g(X_{n+1}) \mid \mathcal{A}_n\big) \geq g\big(E(X_{n+1} \mid \mathcal{A}_n)\big) = g(X_n)\,[P]. \qquad \square$$

Speziell sind $(X_n^2, \mathcal{A}_n)$, $(|X_n|, \mathcal{A})$ Submartingale.

f) **Martingaltransformation.** Seien $Y = (Y_n, \mathcal{A}_n)$ und $V = (V_n, \mathcal{A}_n)$ stochastische Folgen. V sei vorhersehbar, d. h. $V_n \in \mathcal{L}(\mathcal{A}_{n-1})$, $\forall\, n \in \mathbb{N}$.
Beschreibt z. B. Y_n den Wert einer Aktie und V_n den Einsatz eines Aktienhändlers zur Zeit n, dann ist

$$X_n = Y_0 + \sum_{k=1}^{n} V_k \Delta Y_k, \quad \Delta Y_k = Y_k - Y_{k-1} =: \eta_k$$

der Wert des Gewinnprozesses bei Verwendung der „Einsatzstrategie" (V_n). Der Prozess $X_n = Y_0 + (V \circ Y)_n$ heißt **Transformation** von Y durch V.

Proposition 5.2.5 (Martingaltransformation) *Sei* $Y = (Y_n, \mathcal{A}_n)$ *ein Martingal und* $V = (V_n, \mathcal{A}_n)$ *eine vorhersehbare integrierbare Folge, d. h.* $V_n \in L^1(P)$ *für alle* $n \in \mathbb{N}$. *Dann ist die Martingaltransformation* $(X_n, \mathcal{A}_n)$, $X_n := Y_0 + \sum_{i=1}^{n} V_i \Delta Y_i$, *von* Y *durch* V *wieder ein Martingal.*

Beweis Es gilt mit $\eta_n = Y_n - Y_{n-1}$

$$\begin{aligned} E(X_{n+1} \mid \mathcal{A}_n) &= E(X_n + V_{n+1}\eta_{n+1} \mid \mathcal{A}_n) \\ &= X_n + E(V_{n+1}\eta_{n+1} \mid \mathcal{A}_n) \\ &= X_n + V_{n+1} E\eta_{n+1} = X_n. \end{aligned} \qquad \square$$

Ein Martingal geht also durch von Transformation mit einem vorhersehbaren Prozess wieder in ein Martingal über. Ebenso gilt

$$Y = (Y_n, \mathcal{A}_n) \text{ ist ein Sub-MG} \Rightarrow X \text{ ist ein Sub-MG},$$
$$Y \text{ ist ein Super-MG} \Rightarrow X \text{ ist ein Super-MG}.$$

5.2 Martingale in diskreter Zeit

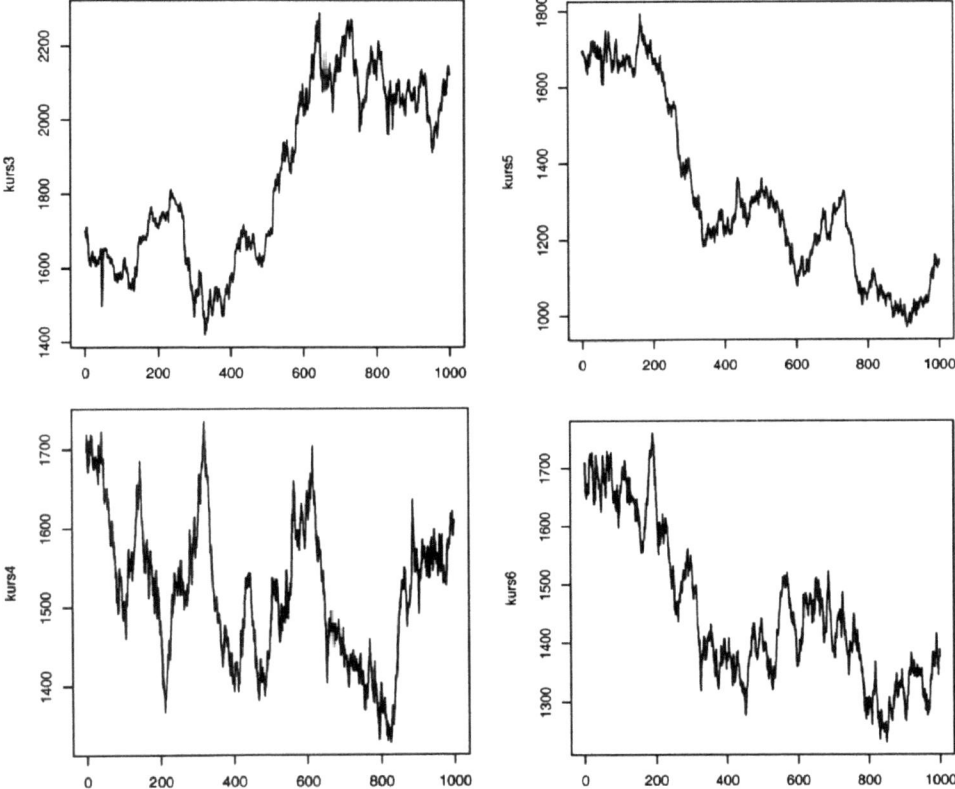

Abb. 5.4 Aktienkurs und Modell – welches ist das Modell?

Ein faires Spiel kann also durch eine geeignete Einsatzstrategie nicht in ein günstiges Spiel umgewandelt werden.

Wird z. B. ein Aktienkurs (Wechselkurs) in einem Marktmodell durch ein Martingal korrekt beschrieben, dann kann ein Börsenhändler durch keine geschickte Kauf-/Verkaufsstrategie einen systematischen Gewinn erzielen. ◇

Eine zweite Möglichkeit, Einfluss auf einen Prozess zu nehmen, führt zur Frage, ob man einen Prozess in einem günstigen Zeitpunkt stoppen kann, also z. B. ob ein Börsenhändler zu einem günstigen Zeitpunkt seine Aktien verkaufen kann, um damit einen Gewinn zu erzielen (vgl. Abb. 5.4).

Eine Entscheidung darüber, ob man zum Zeitpunkt n stoppt, darf nur von der Information bis zur Zeit n abhängen. Dies führt zum Begriff der **Stoppzeit**.

Definition 5.2.6 (Markovzeit, Stoppzeit)
a) *Sei $(\mathcal{A}_n)$ eine Filtration auf einem Messraum $(\Omega, \mathcal{A})$, dann heißt $\tau : (\Omega, \mathcal{A}) \longrightarrow (\mathbb{N}_0 \cup \{\infty\}, \mathcal{P}(\mathbb{N}_0 \cup \{\infty\}))$ **Markovzeit** bzgl. $(\mathcal{A}_n)$, wenn $\{\tau = n\} \in \mathcal{A}_n$.*
b) *Eine Markovzeit τ heißt **Stoppzeit**, wenn $P(\tau < \infty) = 1$.*
c) *Das Mengensystem $\mathcal{A}_\tau := \{A \in \mathcal{A}; A \cap \{\tau = n\} \in \mathcal{A}_n, \ \forall n \geq 0\}$ heißt **σ-Algebra der τ-Vergangenheit**.*
d) *Sei $X = (X_n, \mathcal{A}_n)_{n \geq 0}$ eine stochastische Folge, und sei τ eine Markovzeit. Dann definiert $X_\tau := \sum_{n=0}^\infty X_n \cdot \mathbb{1}_{\{\tau = n\}}$ den Wert der gestoppten Folge.*

Bemerkung 5.2.7
1) *Ist τ eine Stoppzeit, dann sind die Mengen $\{\tau \leq n\}, \{\tau > n\} \in \mathcal{A}_n$, denn*

$$\{\tau \leq n\} = \bigcup_{k=0}^n \{\tau = k\} \in \mathcal{A}_n.$$

*Damit erhält man eine **äquivalente Definition** der Stoppzeit (Markovzeit): $\tau : (\Omega, \mathcal{A}) \longrightarrow (\mathbb{N}_0 \cup \{\infty\}, \mathcal{P}(\mathbb{N}_0 \cup \{\infty\}))$ ist eine **Markovzeit** bzgl. $(\mathcal{A}_n)$ genau dann, wenn $\{\tau \leq n\} \in \mathcal{A}_n, \ \forall n \geq 0$.*
2) *Sind τ_1, τ_2 Stoppzeiten mit $\tau_1 \leq \tau_2$, dann gilt $\mathcal{A}_{\tau_1} \subset \mathcal{A}_{\tau_2}$, denn aus $A \in \mathcal{A}_{\tau_1}$ folgt für alle $n \in \mathbb{N}_0$*

$$A \cap \{\tau_2 = n\} = \bigcup_{k=1}^n A \cap \{\tau_1 = k\} \cap \{\tau_2 = n\} \in \mathcal{A}_n.$$

3) *Nach Definition ist $X_\tau = 0$, wenn $\tau = \infty$, d. h. wenn der Prozess nicht gestoppt wird.*
⌟

Es stellt sich die Frage, ob man ein Martingal $X = (X_n, \mathcal{A}_n)$ so stoppen kann, dass bei dem gestoppten Prozess im Mittel ein Gewinn (bzw. ein Verlust) zu erwarten ist, d. h., existiert eine Stoppzeit τ, so dass

$$EX_\tau > EX_1 (= EX_0).$$

Zur Beantwortung dieser Frage sind die folgenden Eigenschaften nützlich.

Proposition 5.2.8 *Sei $X = (X_n, \mathcal{A}_n)$ eine stochastische Folge und sei τ eine Markovzeit bzgl. $\mathcal{A}_n$, dann gilt:*

a) *τ und X_τ sind $\mathcal{A}_\tau$-messbar.*
b) *Für den gestoppten Prozess $X^\tau := (X_{n \wedge \tau}, \mathcal{A}_n)$ gilt:*
   b1) *Ist X ein Martingal, so ist auch X^τ ein Martingal.*
   b2) *Ist X ein Submartingal, so ist auch X^τ ein Submartingal.*

5.2 Martingale in diskreter Zeit

Abb. 5.5 Ersteintrittszeit in eine Stoppmenge B

Beweis
a) $\{\tau = m\} \in \mathcal{A}_\tau$, denn für alle $n \geq 0$ gilt:

$$\{\tau = m\} \cap \{\tau = n\} = \begin{cases} \{\tau = m\}, & \text{falls } m = n, \\ \emptyset, & m \neq n, \end{cases}$$

d. h., in beiden Fällen ist der Schnitt $\mathcal{A}_n$-messbar.

b1) Für alle $n \in \mathbb{N}_0$ und $B \in \mathcal{B}$ gilt:

$$\{X_\tau \in B\} \cap \{\tau = n\} = \{X_n \in B\} \cap \{\tau = n\} \in \mathcal{A}_n.$$

b2) Es ist $X_{n \wedge \tau} = \sum_{m=0}^{n-1} X_m \cdot \mathbb{1}_{\{\tau = m\}} + X_n \cdot \mathbb{1}_{\{\tau \geq n\}} \in \mathcal{L}(\mathcal{A}_n)$.

Für die Zuwächse gilt:

$$X_{(n+1) \wedge \tau} - X_{n \wedge \tau} = \mathbb{1}_{\{\tau > n\}}(X_{n+1} - X_n).$$

Damit folgt

$$E(X_{(n+1) \wedge \tau} - X_{n \wedge \tau} \mid \mathcal{A}_n) = \mathbb{1}_{\{\tau > n\}} \cdot E(X_{n+1} - X_n \mid \mathcal{A}_n) \begin{cases} = 0, & \text{falls } X \text{ MG}, \\ \geq 0, & \text{falls } X \text{ Sub-MG}. \end{cases}$$
(5.6)

Wichtige Beispiele von Markovzeiten (Stoppzeiten) sind Ersteintrittszeiten. Diese sind in vielen Fällen unbeschränkt oder nehmen sogar den Wert ∞ an.

Beispiel 5.2.9
a) **Ersteintrittszeiten.**
   Sei $X = (X_n, \mathcal{A}_n)$ eine stochastische Folge und sei $B \in \mathcal{B}^1$ eine Borel-Menge. Dann heißt
   $$\tau_B := \inf\{n \geq 0 : X_n \in B\}, \quad (\inf \emptyset := \infty)$$
   Ersteintrittszeit in B (vgl. Abb. 5.5).

τ_B ist eine Markovzeit, denn $\{\tau_B = 0\} = \{X_0 \in B\} \in \mathcal{A}$ und für alle $n \in \mathbb{N}$ gilt:

$$\{\tau_B = n\} = \{X_0 \notin B, X_1 \notin B, \ldots, X_{n-1} \notin B, X_n \in B\}$$

$$= \bigcap_{k=0}^{n-1} \{X_k \notin B\} \cap \{X_n \in B\} \in \mathcal{A}_n.$$

b) **Verdoppelungsstrategie.** Sei $\eta_i = \Delta Y_i = Y_i - Y_{i-1}$ der Zuwachs eines Aktienkurses zur Zeit i, V_i die Einsatzstrategie eines Aktienhändlers und $X_n = \sum_{i=1}^n V_i \eta_i$ der Gewinn bis zur Zeit n bei Verwenden der Strategie $V = (V_i)$ (vgl. Beispiel 5.2.4 f)). Sei z. B. $P(\eta_i = \pm 1) = \frac{1}{2}$, dann ist (Y_i) ein Random Walk mit Erwartungswert 0 und damit ein Martingal.

Die **Verdoppelungsstrategie** (V_n) ist definiert durch

$$V_1 = 1, \quad V_n := \begin{cases} 2^{n-1}, & \text{wenn } \eta_1 = -1, \ldots, \eta_{n-1} = -1, \\ 0, & \text{sonst.} \end{cases}$$

Der Einsatz wird so lange verdoppelt, bis zum ersten Mal ein Gewinn eintritt. Nach Beispiel 5.2.4 f) ist dann $(X_n, \mathcal{A}_n)$, $\mathcal{A}_n = \mathcal{A}_n^Y = \mathcal{A}_n^\eta$ ein Martingal. Tritt erstmalig ein Gewinn zur Zeit n ein, d.h., ist $\eta_1 = -1, \eta_2 = -1, \ldots, \eta_{n-1} = -1, \eta_n = 1$, dann folgt

$$X_{n-1} = -\sum_{i=1}^{n-1} 2^{i-1} = -(2^{n-1} - 1) \quad \text{und}$$

$$X_n = X_{n-1} + V_n = -(2^{n-1} - 1) + 2^{n-1} = 1.$$

Betrachte nun die Ersteintrittszeit

$$\tau := \inf\{n \geq 1;\ X_n = 1\}.$$

Nach Beispiel 5.2.9 a) ist τ eine Markovzeit und es gilt

$$P(\tau = n) = P(\eta_1 = -1, \ldots, \eta_{n-1} = -1, \eta_n = 1) = \left(\frac{1}{2}\right)^n.$$

Damit ist $P(\tau < \infty) = 1$, also ist τ eine Stoppzeit, aber es gilt: $X_\tau = 1\ [P]$. Für die Verdoppelungsstrategie τ gilt also

$$EX_\tau = 1 > EX_n = 0, \quad \forall n \in \mathbb{N}.$$

Durch Stoppen mit τ wird aus dem fairen Spiel (Martingal) (Y_n) also ein günstiges Spiel.

5.2 Martingale in diskreter Zeit

Beachte jedoch, dass nach Proposition 5.2.8 gilt:

$$EX_{\tau \wedge n} = 0, \quad \forall n \in \mathbb{N}.$$

τ hat die folgenden Eigenschaften:
1) Die mittlere Wartezeit auf den Gewinn 1 ist gleich 2:

$$E\tau = \sum_{n=1}^{\infty} n \cdot P(\tau = n) = \sum_{n=1}^{\infty} n \left(\frac{1}{2}\right)^n = 2.$$

2) Der **erwartete Kapitaleinsatz** für diese Strategie bis zur Zeit $\tau - 1$ ist jedoch unendlich. Es gilt: Ist $\tau = n$, dann ist $X_{n-1} = 2^{n-1} - 1$ und daher

$$E|X_{\tau-1}| = \sum_{n=1}^{\infty} E|X_{n-1}| \cdot \mathbb{1}_{\{\tau=n\}}$$

$$= \sum_{n=1}^{\infty} (2^{n-1} - 1) \cdot P(\tau = n) = \sum_{n=1}^{\infty} (2^{n-1} - 1) \cdot \frac{1}{2^n} = \infty. \quad \diamond$$

Für unbeschränkte Stoppzeiten kann also die Martingaleigenschaft verloren gehen. Für beschränkte Stoppzeiten bleibt sie jedoch erhalten.

Satz 5.2.10 (Stoppzeit-Charakterisierung von Martingalen) *Sei $X = (X_n, \mathcal{A}_n)$ eine stochastische Folge mit $E|X_n| < \infty, \forall n \in \mathbb{N}$. Dann gilt:*

a) *Ist X ein Martingal und τ eine beschränkte Stoppzeit, dann gilt:*

$$EX_\tau = EX_1.$$

b) *Ist $EX_\tau = EX_1$ für alle beschränkten Stoppzeiten τ, dann ist X ein Martingal.*

Beweis
a) Nach Proposition 5.2.8 ist der gestoppte Prozess $X^\tau := (X_{n\wedge\tau}, \mathcal{A}_n)$ ein Martingal. Da τ nach Voraussetzung eine beschränkte Stoppzeit ist, folgt für $\tau \leq K$, dass

$$EX_\tau = EX_{K\wedge\tau} = EX_1.$$

b) Es ist zu zeigen, dass für $1 \leq m < n < \infty$ gilt

$$E(X_n \mid \mathcal{A}_m) = X_m \ [P].$$

Für $A \in \mathcal{A}_m$ definieren wir die Stoppzeit

$$\tau := m \cdot \mathbb{1}_{A^c} + n \cdot \mathbb{1}_A.$$

τ ist eine Stoppzeit, denn

$$\{\tau \leq k\} = \begin{cases} \emptyset, & \text{falls } k < m, \\ A^c \in \mathcal{A}_m \subset \mathcal{A}_k, & \text{falls } m \leq k < n, \\ \Omega, & \text{falls } k \geq n. \end{cases}$$

Es folgt
$$EX_1 = EX_\tau = E(X_m \cdot \mathbb{1}_{A^c} + X_n \cdot \mathbb{1}_A).$$

Andererseits gilt aber
$$EX_1 = EX_m = E(X_m \cdot \mathbb{1}_{A^c} + X_m \cdot \mathbb{1}_A).$$

Also gilt $EX_n \mathbb{1}_A = EX_m \mathbb{1}_A$. Das ist die Radon-Nikodým-Gleichung für den bedingten Erwartungswert. Damit folgt die Behauptung. □

Eine analoge Charakterisierung gilt auch für Sub- und Supermartingale. Das folgende „Optional Sampling Theorem" verallgemeinert diese Aussage auf eine größere Klasse von Stoppzeiten.

Satz 5.2.11 (Optional Sampling Theorem von Doob) *Sei* $X = (X_n, \mathcal{A}_n)$ *ein Martingal (Sub-MG) und seien* τ_1 *und* τ_2 *Stoppzeiten mit*

1) $E|X_{\tau_i}| < \infty$, *für* $i = 1, 2$, *und*
2) $\liminf_{n \to \infty} \int_{\{\tau_i \geq n\}} |X_n| \, dP = 0$, *für* $i = 1, 2$.

Dann folgt:

a) *Auf der Menge* $\{\tau_2 \geq \tau_1\}$ *gilt:*

$$E(X_{\tau_2}|X_{\tau_1}) = X_{\tau_1} \ [P], \quad (\text{„}\geq\text{" für Sub-MG}).$$

b) *Ist* $\tau_1 \leq \tau_2 \ [P]$, *dann gilt:*

$$EX_{\tau_1} = EX_{\tau_2} \quad (\text{„}\leq\text{" für Sub-MG}).$$

Bemerkung 5.2.12 *Falls* $\tau_1 \leq \tau_2 \ [P]$, *dann ist* $(X_{\tau_i}, \mathcal{A}_{\tau_i})_{i=1,2}$ *ein Martingal (bzw. Sub-MG).*

Allgemeiner gilt: Sei (τ_i) *eine Folge von Stoppzeiten mit* $\tau_i \leq \tau_{i+1}$, $i \in \mathbb{N}$. *Erfüllt diese Folge für alle* $i \in \mathbb{N}$ *die Voraussetzungen aus Satz 5.2.11, dann ist die Folge der gestoppten Prozesse* $(X_{\tau_i}, \mathcal{A}_{\tau_i})_{i \in \mathbb{N}}$ *ein Martingal (bzw. Sub-MG).* ⌐

5.2 Martingale in diskreter Zeit

Beweis

a) Sei X ein Martingal. Zu zeigen ist die Radon-Nikodým-Gleichung, d. h.

$$\int_{A \cap \{\tau_1 \leq \tau_2\}} X_{\tau_2} \, dP = \int_{A \cap \{\tau_1 \leq \tau_2\}} X_{\tau_1} \, dP, \quad \forall A \in \mathcal{A}_{\tau_1}.$$

$\{\tau_1 \leq \tau_2\} \in \mathcal{A}_{\tau_1}$, denn

$$\{\tau_1 \leq \tau_2\} \cap \{\tau_1 = n\} = \{n \leq \tau_2\} \cap \{\tau_1 = n\} \in \mathcal{A}_n, \quad \forall n \in \mathbb{N}.$$

Daher genügt es zu zeigen, dass für alle Zeiten $n \in \mathbb{N}$ und für alle $A \in \mathcal{A}_{\tau_1}$ gilt:

$$\int_{A \cap \{\tau_1 \leq \tau_2\} \cap \{\tau_1 = n\}} X_{\tau_2} \, dP = \int_{A \cap \{\tau_1 \leq \tau_2\} \cap \{\tau_1 = n\}} X_{\tau_1} \, dP.$$

$$\Leftrightarrow \int_{B \cap \{\tau_2 \geq n\}} X_{\tau_2} \, dP = \int_{B \cap \{\tau_2 \geq n\}} X_{\tau_1} \, dP, \quad \text{mit } B := A \cap \{\tau_1 = n\} \in \mathcal{A}_n.$$

Durch Aufspalten des Integrals erhalten wir für $m > n$

$$
\begin{aligned}
\int_{B \cap \{\tau_2 \geq n\}} X_n \, dP &= \int_{B \cap \{\tau_2 = n\}} X_n \, dP &&+ \int_{B \cap \{\tau_2 > n\}} X_n \, dP \\
&= \int_{B \cap \{\tau_2 = n\}} X_n \, dP &&+ \int_{B \cap \{\tau_2 > n\}} E(X_{n+1} \mid \mathcal{A}_n) \, dP \\
&= \int_{B \cap \{\tau_2 = n\}} X_{\tau_2} \, dP &&+ \int_{B \cap \{\tau_2 \geq n+1\}} X_{n+1} \, dP \\
&= \int_{B \cap \{n \leq \tau_2 \leq n+1\}} X_{\tau_2} \, dP &&+ \int_{B \cap \{\tau_2 \geq n+2\}} X_{n+1} \, dP \\
&\;\;\vdots && \qquad\qquad\qquad\text{induktiv} \\
&= \int_{B \cap \{n \leq \tau_2 \leq m\}} X_{\tau_2} \, dP &&+ \int_{B \cap \{\tau_2 > m\}} X_m \, dP \\
&= \int_{B \cap \{n \leq \tau_2 \leq m\}} X_{\tau_2} \, dP &&+ \int_{B \cap \{\tau_2 \geq m+1\}} X_{m+1} \, dP.
\end{aligned}
$$

Damit folgt für alle $m > n$

$$\int_{B \cap \{n \leq \tau_2 \leq m\}} X_{\tau_2} \, dP = \int_{B \cap \{n \leq \tau_2\}} X_n \, dP - \int_{B \cap \{m+1 \leq \tau_2\}} X_{m+1} \, dP.$$

Nach Voraussetzung 2) folgt die Existenz einer Teilfolge $(m_k) \subset \mathbb{N}$ mit $m_k \longrightarrow \infty$ und

$$\lim_{k \to \infty} \int_{\{\tau_i \geq m_k\}} |X_{m_k}| \, dP = 0.$$

Da die obige Gleichung für alle $m > n$ gilt, gilt sie auch entlang dieser Teilfolge, insbesondere auch für den Limes der Teilfolge. Also ist

$$\int_{B\cap\{\tau_2 \geq n\}} X_{\tau_2}\,dP = \lim_{k\to\infty}\left(\int_{B\cap\{n\leq\tau_2\}} X_n\,dP - \int_{B\cap\{m_k\leq\tau_2\}} X_{m_k}\,dP\right)$$

$$= \int_{B\cap\{n\leq\tau_2\}} X_n\,dP - \underbrace{\lim_{k\to\infty}\int_{B\cap\{m_k\leq\tau_2\}} X_{m_k}\,dP}_{=0}$$

$$= \int_{B\cap\{n\leq\tau_2\}} X_n\,dP.$$

Der Beweis im Fall von Sub-MG ist analog.

b) folgt aus a), denn es gilt

$$E(E(X_{\tau_2} \mid \mathcal{A}_{\tau_1})) = EX_{\tau_1}. \qquad \square$$

Bemerkung 5.2.13 *Das Optional Sampling Theorem gilt für **beschränkte Stoppzeiten**. Ist $\tau_i \leq N\,[P]$ für alle $i \in \mathbb{N}$, dann sind die Voraussetzungen 1) und 2) des Optional Sampling Theorems erfüllt, denn:*

a) $|X_{\tau_i}| \leq \sum_{k=1}^{N} |X_k|$; also gilt 1),
b) $\{\tau_i > N\} = \emptyset$; damit gilt 2).

Mit Hilfe der gleichgradigen Integrierbarkeit erhalten wir eine vereinfachte Bedingung für die Gültigkeit des Optional Sampling Theorems.

Proposition 5.2.14 (Gleichgradig integrierbare Submartingale) *Sei (X_n) ein gleichgradig integrierbares Submartingal, dann sind die Voraussetzungen 1) und 2) aus Satz 5.2.11 für alle Stoppzeiten erfüllt.*

Beweis Wegen $P(\tau_i \geq n) \longrightarrow 0$ mit $n \longrightarrow \infty$ folgt Voraussetzung 2) aus der gleichgradigen Integrierbarkeit.

Zu Voraussetzung 1): Behauptung: $E|X_\tau| < \infty$ für alle Stoppzeiten τ.

Aus der Bemerkung 5.2.13 gilt das Optional Sampling Theorem für alle beschränkten Stoppzeiten, insbesondere für $\tau_N := \tau \wedge N$, also

$$EX_0 \leq EX_{\tau_N}.$$

Daher folgt:

$$E|X_{\tau_N}| = 2EX_{\tau_N}^+ - EX_{\tau_N} \leq 2EX_{\tau_N}^+ - EX_0.$$

Da die Abbildung $x \mapsto x^+$ konvex ist, ist $X^+ = (X_n^+, \mathcal{A}_n)$ ein Submartingal. Es folgt

$$EX_{\tau_N}^+ = \sum_{j=0}^{N} \int_{\{\tau_N = j\}} X_j^+ \, dP + \int_{\{\tau > N\}} X_N^+ \, dP$$

$$\leq \sum_{j=0}^{N} \int_{\{\tau = j\}} X_N^+ \, dP + \int_{\{\tau > N\}} X_N^+ \, dP$$

$$= EX_N^+ \leq E|X_N| \leq \sup_{n \to \infty} E|X_n| < \infty.$$

Damit folgt dann:
$$E|X_{\tau_N}| \leq 3 \sup_{n \to \infty} E|X_n| < \infty,$$

und nach dem Lemma von Fatou erhalten wir:

$$E|X_\tau| \leq \liminf_{N \to \infty} E|X_{\tau_N}| \leq 3 \sup_{n \to \infty} E|X_n| < \infty, \text{ also Voraussetzung 1).} \qquad \Box$$

Bemerkung 5.2.15 In Beispiel 5.2.9 b) ist die Voraussetzung 2) des Optional Sampling Theorems für die Verdoppelungsstrategie τ nicht erfüllt. Die Folge X_n wächst zu schnell auf den Mengen, auf denen die Stoppzeit große Werte annimmt:

$$\int_{\{\tau \geq n\}} |X_n| \, dP = (2^n - 1) \cdot P(\tau \geq n)$$

$$= \frac{2^n - 1}{2^n} \longrightarrow 1 \neq 0.$$

Dabei ist $|X_n| = (2^n - 1)$ der Einsatz bis zur Zeit n. Voraussetzung 2) des Optional Sampling Theorems ist also nicht erfüllt. ⌟

Proposition 5.2.16 (Beschränkte bedingte Zuwächse) Sei $X = (X_n)$ ein Martingal (Submartingal) und sei τ eine endliche Stoppzeit bzgl. $(\mathcal{A}_n) = (\mathcal{A}_n^X)$ mit $E\tau < \infty$. Existiert eine reelle Zahl C mit

$$E\big(|X_{n+1} - X_n| \,\big|\, \mathcal{A}_n\big) \leq C \, [P] \text{ auf } \{\tau \geq n\},$$

dann sind die Voraussetzungen 1) und 2) des Optional Sampling Theorems mit $\tau_1 = 1$ und $\tau_2 = \tau$ erfüllt. Es gilt daher $EX_\tau = EX_1$ (bzw. „$\geq$").

Beweis C ist eine obere Schranke für den bedingten erwarteten Zuwachs. Um die Zuwächse abzuschätzen, definieren wir

$$Y_1 := |X_1| \quad \text{und} \quad Y_j := |X_j - X_{j-1}| \quad \text{für} \quad j \geq 1.$$

Mit $X_\tau = \sum_{j=1}^{\tau}(X_j - X_{j-1})$, $X_0 := 0$, gilt $|X_\tau| \leq \sum_{j=1}^{\tau} Y_j$. Damit folgt nach Radon-Nikodým

$$E|X_\tau| \leq E\sum_{j=1}^{\tau} Y_j = \sum_{n=1}^{\infty} \int_{\{\tau=n\}} \left(\sum_{j=1}^{n} Y_j\right) dP$$

$$= \sum_{n=1}^{\infty} \sum_{j=1}^{n} \int_{\{\tau=n\}} Y_j \, dP = \sum_{j=1}^{\infty} \sum_{n=j}^{\infty} \int_{\{\tau=n\}} Y_j \, dP$$

$$= \sum_{j=1}^{\infty} \int_{\{\tau \geq j\}} Y_j \, dP = \sum_{j=1}^{\infty} \int_{\{\tau \geq j\}} E(Y_j \mid \mathcal{A}_{j-1}) \, dP$$

$$\leq C \cdot \sum_{j=1}^{\infty} P(\tau \geq j) = C \cdot E\tau < \infty, \quad \text{da } \{\tau \geq j\} = \{\tau \leq j-1\}^c \in \mathcal{A}_{j-1}.$$

Also ist die Voraussetzung 1) des Optional Sampling Theorems erfüllt. Auf $\{\tau > n\}$ gilt:

$$|X_n| \leq \sum_{j=1}^{n} Y_j \leq \sum_{j=1}^{\tau} Y_j$$

und es folgt

$$\int_{\{\tau \geq n\}} |X_n| \, dP \leq \int_{\{\tau \geq n\}} \left(\sum_{j=1}^{\tau} Y_j\right) dP \longrightarrow 0,$$

da nach Teil 1) des Beweises $E\left(\sum_{j=1}^{\tau} Y_j\right) < \infty$. Damit ist

$$\lim_{n \to \infty} \int_{\{\tau \geq n\}} |X_n| \, dP = 0,$$

d. h., die Voraussetzung 2) des Optional Sampling Theorems ist erfüllt. □

Wir betrachten nun den Fall von Partialsummen unabhängiger, identisch verteilter Zufallsvariablen und erhalten als wichtige Konsequenz des Optional Sampling Theorems die Wald'sche Gleichung und das Theorem von Blackwell und Girshik.

5.2 Martingale in diskreter Zeit

Korollar 5.2.17 (Wald'sche Gleichung) *Sei (ξ_n) eine Folge von unabhängigen, identisch verteilten Zufallsvariablen mit $E|\xi_1| < \infty$. Sei τ eine Stoppzeit mit $E\tau < \infty$ bzgl. der natürlichen Filtration $\mathcal{A}_n = \mathcal{A}_n^\xi = \sigma(\xi_1, \ldots, \xi_n)$. Dann gilt für die gestoppte Folge $S_\tau := \sum_{j=1}^\tau \xi_j$:*

a) *Wald'sche Gleichung:*
$$ES_\tau = E\xi_1 \cdot E\tau.$$

b) *Blackwell-Girshik-Theorem: Ist $E\xi_1^2 < \infty$, dann folgt:*
$$E(S_\tau - \tau E\xi_1)^2 = E\tau \cdot \operatorname{Var} \xi_1.$$

Beweis

a) $X_n := S_n - nE\xi_1$ ist ein zentriertes Martingal bzgl. der natürlichen Filtration $(\mathcal{A}_n^\xi)$. Es gilt:

$$\begin{aligned} E(|X_{n+1} - X_n| \mid \mathcal{A}_n) &= E(|\xi_{n+1} - E\xi_1| \mid \sigma(\xi_1, \ldots, \xi_n)) \\ &= E(|\xi_{n+1} - E\xi_1|) \\ &\leq 2 \cdot E|\xi_1| < \infty. \end{aligned}$$

Also folgt nach dem Optional Sampling Theorem (Proposition 5.2.16), dass

$$EX_\tau = EX_0 = 0;$$

also gilt

$$0 = EX_\tau = E[S_\tau - \tau E\xi_1] = ES_\tau - E\tau \cdot E\xi_1.$$

b) Die Folge $Y_n := X_n^2 - n \cdot \operatorname{Var} \xi_1$ ist ein Martingal bzgl. der Filtration $(\mathcal{A}_n^\xi)$. Damit folgt die Aussage wie in a). □

Bemerkung 5.2.18

a) *Die Vorgehensweise im Beweis zu Korollar 5.2.17 zeigt ein allgemeines Muster, mit dem man Eigenschaften von gestoppten Prozessen zeigen kann. Das wesentliche Hilfsmittel ist das Optional Sampling Theorem. Häufig ist es notwendig, auf geschickte Weise ein geeignetes Martingal zu konstruieren.*

b) *Der Beweis der Wald'schen Gleichung gilt auch für nicht identisch verteilte Summanden ξ_i, wenn $E|\xi_n| \leq K, \forall n$. Dann folgt*

$$ES_\tau = E \sum_{i=1}^\tau E\xi_i.$$
⌐

In den folgenden Beispielen behandeln wir Anwendungen des Optional Sampling Theorems auf eine Reihe von Stoppproblemen.

Beispiel 5.2.19 (Random Walk, einseitige Stoppzeiten) Sei (ξ_n) eine Folge von unabhängigen, identisch verteilten Zufallsvariablen mit $P(\xi_i = \pm 1) = \frac{1}{2}$. Dann ist die Partialsummenfolge $S_n := S_0 + \sum_{i=1}^{n} \xi_i$ ein symmetrischer Random Walk. Wir interessieren uns für den ersten Zeitpunkt, an dem die Grenze 1 erreicht wird (einseitige Grenze),

$$\tau := \inf\{n \geq 0 : S_n = 1\} = \tau_1.$$

Sei $P_a = P(\cdot \mid S_0 = a)$, $E_a = E(\cdot \mid S_0 = a)$.
  Behauptung: $P_a(\tau < \infty) = 1$, aber $E_a \tau = \infty$, $\forall a \in \mathbb{Z}, a \neq 1$.

Beweis Sei
$$f(a) := P(\tau < \infty \mid S_0 = a) = P_a(\{\tau < \infty\}).$$

Wegen der Symmetrie des Problems sei o. E. $a < 1$, $a \in \mathbb{Z}$. Mit Hilfe bedingter Wahrscheinlichkeiten gilt die Differenzengleichung

$$f(a) = \frac{1}{2} \cdot f(a-1) + \frac{1}{2} \cdot f(a+1) \quad \text{mit der Randbedingung } f(1) = 1.$$

Denn bedingt unter $S_0 = a$ gelangt der Random Walk im ersten Schritt mit Wahrscheinlichkeit $\frac{1}{2}$ jeweils nach $a - 1$ oder $a + 1$ und muss aus diesen Startpositionen nun 1 erreichen (Markoveigenschaft). Aus dieser Differenzengleichung folgt:

$$f(a+1) - f(a) = f(a) - f(a-1) =: \Delta,$$

d. h., die Differenzen sind konstant für alle $a \leq 0$. Daraus folgt, dass $\Delta = 0$, denn sonst wäre die Folge der Wahrscheinlichkeiten $f(a)$ nicht beschränkt. Für $a = 0$ ist

$$f(1) - f(0) = 0 = f(0) - f(-1),$$

und mit der Randbedingung $f(1) = 1$ erhält man $f(0) = 1$. Durch Induktion folgt dann $f(a) = 1$ für alle $a \in \mathbb{Z}$, d. h. $P(\tau < \infty \mid S_0 = a) = 1, \forall a \in \mathbb{Z}$.
  Zur Behauptung: $E_a \tau = \infty, \forall a \neq 1$.
  Angenommen, $E_a \tau < \infty$. Wegen $S_\tau = 1$ folgt dann nach der Wald'schen Gleichung

$$1 = E_a S_\tau = a + E\tau \cdot E\xi_1 = a,$$

ein Widerspruch. Also ist $E_a \tau = \infty$. □
◇

Beispiel 5.2.20 (Ruinproblem, zweiseitige Stoppzeiten) Sei (ξ_n) eine i. i. d. Folge mit $P(\xi_n = 1) = P$, $P(\xi_n = -1) = 1 - p := q$ und $S_n = \sum_{i=1}^{n} \xi_i$, $S_0 := 0$.
  Zu $A < 0 < B$ sei $\tau = \tau_{A,B} := \inf\{n; S_n \in \{A, B\}\}$ der erste Zeitpunkt, zu dem der Random Walk eine der Schranken A, B erreicht. Ist $|A|$ das Kapital eines Spielers und B

5.2 Martingale in diskreter Zeit

Tab. 5.1 Ruinwahrscheinlichkeit α und Spieldauer $E\tau$

B	1	10	100
α	$\frac{1}{11}$	$\frac{1}{2}$	$\frac{10}{11}$
$E\tau$	10	100	1000

der angestrebte Gewinnbetrag, dann bedeutet das Erreichen von A den Ruin des Spielers.

τ ist eine Stoppzeit, $P(\tau < \infty) = 1$, und es ist $E\tau < \infty$. Sei $\alpha := P(S_\tau = A)$ die Ruinwahrscheinlichkeit und $\beta := 1 - \alpha = P(S_\tau = B)$ die Gewinnwahrscheinlichkeit. Unser Ziel ist es, α und β zu bestimmen.

1) **Symmetrischer Random Walk:** Es sei $p = q = \frac{1}{2}$; dann ist (S_n) ein Martingal. Die Wald'sche Gleichung liefert in diesem Fall

$$0 = ES_1 = ES_\tau = \alpha A + \beta B = \alpha(A - B) + B$$

und es folgt

$$\alpha = \frac{B}{B - A}, \quad \beta = \frac{-A}{B - A}.$$

Wenn man also viel gewinnen will, dann wird auch die Ruinwahrscheinlichkeit groß. Mit dem Satz von Blackwell-Girshik folgt mit $E\xi_1 = 0$ und $\text{Var}\,\xi_1 = 1$:

$$E\tau = E\tau \cdot \text{Var}\,\xi_1 = ES_\tau^2$$
$$= A^2\alpha + B^2(1 - \alpha) = -AB.$$

Für einige Gewinnziele und den Kapitalbetrag $|A| = 10$ gibt Tab. 5.1 die Ruinwahrscheinlichkeit und die erwartete Spieldauer.

2) **Unsymmetrischer Random Walk:** Für $p \neq q$ ist $Y_n := \left(\frac{q}{p}\right)^{S_n}$, $n \leq \mathbb{N}$, ein Martingal bzgl. $(\mathcal{A}_n) = (\mathcal{A}_n^\xi)$, denn

$$E(Y_{n+1} \mid \mathcal{A}_n) = \left(\frac{q}{p}\right)^{S_n} E\left(\frac{q}{p}\right)^{X_{n+1}} = Y_n.$$

Die Voraussetzungen des Optional Sampling Theorems 5.2.11 sind erfüllt für $(Y_n, \mathcal{A}_n)$ und $\tau_1 = 1$, $\tau_2 = \tau_{A,B}$, denn $Y_\tau \in \{A, B\}$, also gilt 1).

$$\int_{\{\tau_2 > n\}} |Y_{\tau_i}| \, dP \leq \max\{|A|, B\} P(\tau_i > n) \longrightarrow 0;$$

also gilt auch 2). Nach dem Optional Sampling Theorem folgt:

$$EY_\tau = E\left(\frac{q}{p}\right)^{S_\tau} = E\left(\frac{q}{p}\right)^{S_1}$$
$$= p\frac{p}{q} + q\frac{p}{q} = 1.$$

Also gilt: $\alpha\left(\frac{q}{p}\right)^A + \beta\left(\frac{q}{p}\right)^B = 1, \alpha + \beta = 1.$
Es folgt:
$$\alpha = \frac{\left(\frac{q}{p}\right)^B - 1}{\left(\frac{q}{p}\right)^B - \left(\frac{q}{p}\right)^A}; \qquad \beta = \frac{1 - \left(\frac{q}{p}\right)^A}{\left(\frac{q}{p}\right)^B - \left(\frac{q}{p}\right)^A}. \qquad \diamond$$

Beispiel 5.2.21 (Wiederholtes Ziehen aus einer Urne) In einer Urne befinden sich N Kugeln (Karten), davon r rote und $b = N - r$ schwarze. Die Kugeln (Karten) werden gemischt und sukzessive gezogen. Ziel ist es, einen Zeitpunkt zu bestimmen, bei dem mit möglichst hoher Wahrscheinlichkeit eine rote Kugel (Karte) gezogen wird.

Sei R_n die Anzahl von roten Kugeln (Karten), die vor dem n-ten Zug in der Urne verbleiben, und sei
$$M_n := \frac{R_n}{N - n + 1} \qquad \text{die zugehörige relative Anzahl.}$$
Weiter sei (ab jetzt in der Version für Kugeln)
$$Y_n := \begin{cases} 1, & \text{falls im } n\text{-ten Zug eine rote Kugel gezogen wird, und} \\ 0, & \text{sonst.} \end{cases}$$
Vor dem ersten Zug gibt es in der Urne $R_1 = r$ rote Kugeln, und die relative Anzahl roter Kugeln ist $M_1 = \frac{r}{N}$.

Gesucht ist eine Stoppzeit τ mit $1 \leq \tau \leq N$, so dass
$$EY_\tau = P(Y_\tau = 1) = \max_\tau! \qquad \text{(optimale Stoppzeit)}.$$
Wegen $Y_n = R_n - R_{n+1}$ gilt
$$P(Y_n = 1 \mid R_1, \ldots, R_n) = P(Y_n = 1 \mid R_n) = \frac{R_n}{N - n + 1} = M_n,$$
denn
$$P(Y_n = 1 \mid R_n = r') = \frac{r'}{N - n + 1}.$$
Sei $\mathcal{A}_n := \sigma(R_1, \ldots, R_n)$, also gilt: $M_n = P(Y_n = 1 \mid \mathcal{A}_n)$.

Behauptung: $(M_n, \mathcal{A}_n)$ ist ein Martingal.

Beweis Zu zeigen ist $E(M_{n+1} \mid \mathcal{A}_n) = M_n, n \in \mathbb{N}$. Die Folge (R_n) ist eine Markovkette, $E(R_{n+1} \mid R_1, \ldots, R_n) = E(R_{n+1} \mid R_n)$, und es gilt:
$$E(R_{n+1} \mid, R_n = r') = (r' - 1) \cdot \frac{r'}{N - n + 1} + r' \cdot \frac{N - n - r' + 1}{N - n + 1}$$
$$= \frac{r'(N - n)}{N - n + 1}.$$

5.2 Martingale in diskreter Zeit

Es wird entweder eine rote oder eine schwarze Kugel gezogen: Wird im n-ten Zug eine rote Kugel gezogen, dann bleiben $r' - 1$ rote Kugeln übrig. Dieses Ereignis tritt ein mit Wahrscheinlichkeit $\frac{r'}{N-n+1}$. Wird im n-ten Zug eine schwarze Kugel gezogen, dann verbleiben in der Urne r' rote Kugeln. Die Wahrscheinlichkeit dafür ist $\frac{N-n-r'+1}{N-n+1}$. Es folgt

$$E(M_{n+1} \mid R_n) = E\left(\frac{R_{n+1}}{N-n} \bigg| R_n\right)$$
$$= \frac{R_n \cdot (N-n)}{(N-n)(N-n+1)} = \frac{R_n}{N-n+1} = M_n. \qquad \Box$$

Die relativen Häufigkeiten der verbleibenden roten Kugeln bilden also ein Martingal. Daher gilt:

$$EM_n = EM_1 = \frac{r}{N}, \quad n \in \mathbb{N}.$$

Für jede Stoppzeit $\tau \leq N$ erhalten wir nach der Glättungsregel mit Hilfe des Optional Sampling Theorems

$$P(Y_\tau = 1) = EP(Y_\tau = 1 \mid \mathcal{A}_\tau) = EM_\tau = EM_1 = \frac{r}{N},$$

d. h., es ist unerheblich, wann der Spieler auf die rote Kugel (Karte) setzt. Es gibt keine günstige Situation, um einen roten Zug vorherzusagen.

Die Wahrscheinlichkeit für eine richtige Prognose zu jedem beliebig gewählten Zeitpunkt ist $\frac{1}{2}$, wenn $r = b = N/2$. ◇

Bemerkung 5.2.22 (Varianten des Kartenproblems) Bei einer geraden Anzahl $n \in 2\mathbb{N}$ von Karten, davon $n/2$ rote und $n/2$ schwarze, sei es die Aufgabe, bei sukzessivem Aufdecken eine Kartenfarbe vorherzusagen und eine optimale Strategie für den erwarteten Gewinn zu bestimmen. Von Interesse sind z. B. die folgenden Varianten von Beispiel 5.2.21.

1) **Iterierter Einsatz eines festen Betrages.** Bei jedem Zug darf ein Euro eingesetzt werden. Der Spieler darf beliebig oft setzen und soll die Farbe vorhersagen, die beim nächsten Zug erscheint. Die optimale Strategie besteht darin, jeweils auf die Farbe zu setzen, von der die Mehrheit der Karten vorhanden sind. Für den Erwartungswert der Anzahl der korrekten Vorhersagen H bei dieser Strategie ergibt sich (mit etwas Rechnung):

$$EH = \frac{n}{2} + \frac{1}{2}\sqrt{\pi n/2} - \frac{1}{2} + O\left(\frac{1}{n}\right).$$

Für $n = 52$ ist $EH \sim 26 + \frac{1}{2}\sqrt{82} - \frac{1}{2} \sim 30$; für $n = 32$ ist $EH \sim 20$.

2) **Iterierter Einsatz beliebiger Teilbeträge.** Der Spieler hat einen Euro als Einsatzkapital. Dieser kann in Teilbeträgen ebenso wie zusätzliche mögliche Gewinnerträge auf verschiedene Runden verteilt werden. Wenn der Spieler eine richtige Prognose getroffen hat, bekommt er den doppelten Einsatz ausgezahlt. Wie hoch ist der Gewinn eines Spielers bei geeigneter Auswahl einer Strategie?

In diesem Fall beträgt der Gesamtgewinn bei Verwendung einer optimalen Strategie für $n = 32$ etwa sieben Euro; ein erstaunlich hoher Betrag. Diesen Gewinnbetrag erhält man, indem man den Euro gleichmäßig auf alle $\binom{32}{16}$ möglichen Reihenfolgen verteilt. Bei jeder Reihenfolge wird der erzielte Gewinn bis zur Stufe j komplett auf das nächste Element der Reihenfolge eingesetzt. Eine dieser Reihenfolgen erbringt dann als Resultat den Betrag $\frac{2^{32}}{\binom{32}{16}} \approx 7{,}14$. Alle anderen Einsätze gehen verloren. ⌐

Beispiel 5.2.23 (Musterhäufigkeiten) Gegeben sei eine Folge von unabhängigen, identisch verteilten Buchstaben (X_i) mit Werten in einem Alphabet $\mathcal{A} = \{a_1, \ldots, a_m\}$. $a = (a_{i_1}, \ldots, a_{i_k}) \in \mathcal{A}_k$ bezeichnet ein Muster (bzw. ein Wort) der Länge k mit Buchstaben aus dem Alphabet $\mathcal{A}$. Das Auftreten des Musters a an der Stelle n in der Folge (X_i) kann man beschreiben durch

$$Y_n := \begin{cases} 1, & (X_{n-k+1}, \ldots, X_n) = a, \\ 0, & \text{sonst}, \end{cases} \quad n \geq k.$$

Von Interesse ist, wann bestimmte Muster zum ersten Mal erscheinen und wie viele Muster innerhalb einer Folge auftreten.

Sei $\tau_a := \inf\{n : Y_n = 1\}$ der Zeitpunkt, zu dem das Muster a zum ersten Mal auftritt.
Sei $p_i := P(X_1 = a_i)$, $1 \leq i \leq k$, dann gilt:

$$p := P\big((X_1, \ldots, X_k) = a\big) = \prod_{j=1}^{k} P(X_i = a_{i_j}) = \prod_{j=1}^{k} p_{i_j}.$$

Für den Spezialfall eines Alphabets mit zwei Buchstaben, d. h. $m = 2$ und $\mathcal{A} = \{H, T\}$, können wir das Problem mit einem Münzwurfexperiment beschreiben. Wir betrachten dann Buchstabenfolgen mit $X_i \in \{H, T\}$ und nehmen an, dass eine faire Münze geworfen wird, d. h. $p_1 = p_2 = \frac{1}{2}$. Sei

$$\tau_{HH} = \inf\{n : X_{n-1} = X_n = H\} \quad \text{und}$$
$$\tau_{HT} = \inf\{n : X_{n-1} = H, X_n = T\}$$

der Zeitpunkt, zu dem zum ersten Mal das Muster (H, H) bzw. (H, T) erscheint. Nicht alle Muster treten gleich schnell auf. Es gilt:

a) $P(\tau_{HH} < \tau_{HT}) = \frac{1}{2}$.
b) $P(\tau_{TH} < \tau_{HH}) = \frac{3}{4}$.
c) Zu jedem Muster der Länge drei, $x \in \mathcal{A}^3$, gibt es ein anderes Muster $y \in \mathcal{A}^3$, so dass

$$P(\tau_y < \tau_x) > \frac{1}{2}.$$

d) $E\tau_{HH} = 6$, $E\tau_{HHT} = 8$, $E\tau_{HTH} = 10$.

5.2 Martingale in diskreter Zeit

Beweis

a) Nachdem zum ersten Mal ein H in der Zeichenkette erschienen ist, treten die Symbole H, T jeweils mit Wahrscheinlichkeit $\frac{1}{2}$ auf.

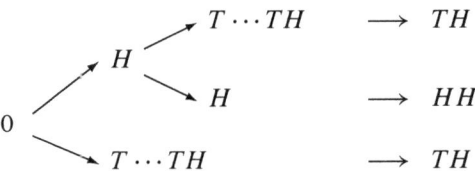

Daraus folgt die Behauptung.

b) Wir differenzieren nach dem Startsymbol mit der Formel für die totale Wahrscheinlichkeit:

$$
0 \diagup\diagdown \begin{array}{l} H \diagup\diagdown \begin{array}{ll} T\cdots TH & \longrightarrow TH \\ H & \longrightarrow HH \end{array} \\ T\cdots TH \qquad\qquad \longrightarrow TH \end{array}
$$

Es ist nach a)

$$P(\tau_{TH} < \tau_{HH} \mid X_1 = H) = \frac{1}{2} \quad \text{und} \quad P(\tau_{TH} < \tau_{HH} \mid X_1 = T) = 1.$$

Es folgt also

$$\begin{aligned}\alpha &= P(\tau_{TH} < \tau_{HH}) \\ &= \frac{1}{2}\cdot P(\tau_{TH} < \tau_{HH} \mid X_1 = H) + \frac{1}{2}\cdot P(\tau_{TH} < \tau_{HH} \mid X_1 = T) = \frac{3}{4}.\end{aligned}$$

c) folgt nach demselben Schema wie b).

d) Zur Bestimmung von $E\tau_c$ betrachten wir folgendes Spiel (hier $a = (HH)$, $\mathcal{A} = \{H, T\}$). Angenommen, man beobachtet eine zufällige Folge. In jeder Runde kommt ein neuer Spieler dazu, der versucht, das Muster $a = HH$ zu tippen. Jeder Spieler besitzt ein Kapital von einem Euro und setzt sein gesamtes Kapital auf H. Wenn er beim ersten Einsatz gewinnt, wird ihm der doppelte Einsatz ausgezahlt, und er setzt diesen auf H. Verliert er, so scheidet er aus dem Spiel aus. Es wird so lange gespielt, bis zum ersten Mal das Muster (HH) auftritt. Wir nehmen z. B. an, dass die Folge $(HTTHTTTHH)$ erscheint. Dann kommt es zu den Auszahlungen in Tab. 5.2.

Die Auszahlung des Spiels beträgt unabhängig von der Musterreihenfolge gleich 6 Euro.

Dieses Spiel ist fair, d. h., der erwartete Einsatz ist gleich dem zu erwartenden Gewinn. Deshalb ist nach dem Optional Sampling Theorem die erwartete Anzahl der Spieler

Tab. 5.2 Auszahlungen bei einem Stoppspiel

Spieler	H	T	T	H	T	T	T	H	H	Gewinn
1	1	2	0							0
2		1	0							0
3			1	0						0
4				1	2	0				0
5					1	0				0
6						1	0			0
7							1	0		0
8								1	2	4
9									1	2
										6

(d. h. der erwartete Einsatz) gleich dem erwarteten Gesamtgewinn. τ_{HH} ist aber gleich der Anzahl der Spieler. Es gilt also:

$$E\tau_{HH} = 6.$$

Für andere, komplexere Muster erhält man analog eine Formel für $E\tau_a$. Insbesondere ergibt sich z. B.

$$E\tau_{HHT} = 8, \quad E\tau_{HTH} = 10. \qquad \square$$
$$\diamond$$

Bemerkung 5.2.24
1) **Gensequenzierung.** Verwandte Probleme spielen eine wichtige Rolle in der Gensequenzierung. Die Aufgabe besteht darin, Gensequenzen zu identifizieren. Bestimmte, zu häufig auftretende Muster sind ein Indikator für das Vorliegen von bestimmten Krankheiten. Herpesviren werden beispielsweise durch einen Satz von acht Palindromen charakterisiert. Es stellt sich dann u. a. die Frage, ob in einer vorliegenden Gensequenz diese acht Muster im Vergleich mit einer zufälligen Verteilung zu häufig auftreten.
2) **ABRACADABRA.** Aus dem Alphabet mit 26 Buchstaben wird zufällig eine Zeichenkette ausgewählt. In dieser Zeichenkette soll das Wort **ABRACADABRA** gefunden werden. Jeder Spieler hat ein Startkapital von einem Euro. Die Spieler beginnen nacheinander und setzen im ersten Schritt jeweils ihr gesamtes Kapital auf den Buchstaben A. Bei einem Treffer wird dem Spieler der 26-fachen Einsatz ausgezahlt, und er setzt diese Summe sofort auf den zweiten Buchstaben B. Das Spiel ist zu Ende, wenn zum ersten Mal die ganze Sequenz auftritt. Wie lang ist die mittlere Wartezeit, bis der Zauberspruch zum ersten Mal erscheint? Die Lösung ist nach obiger Vorgehensweise

$$E\tau = 26^{11} + 26^4 + 26.$$

Hier kommen neben den 26^{11} noch zwei Gewinnterme 26^4 und 26 wegen der Buchstabenwiederholungen hinzu. ⌐

5.2 Martingale in diskreter Zeit

Die folgende Doob-Zerlegung zerlegt eine stochastische Folge $(X_n, \mathcal{A}_n)$ in einen Trendanteil (systematischen Anteil) und einen Fehleranteil.

Satz 5.2.25 (Doob-Zerlegung) *Sei $X = (X_n, \mathcal{A}_n)_{n \geq 0}$ eine stochastische Folge. Dann gilt:*

a) *Es existieren ein Martingal $Y = (Y_n, \mathcal{A}_n)$ und eine vorhersehbare Folge $A = (A_n, \mathcal{A}_n)$, $A_0 = 0$, so dass $X_n = Y_n + A_n$, $n \geq 0$.*
b) *Y und A in a) sind P-f.s. eindeutig bestimmt.*
c) *Ist X ein Sub-MG, dann ist (A_n) wachsend. Ist X ein Super-MG, dann ist (A_n) fallend.*

Beweis

a), c) **Existenz:** Wir setzen $Y_0 := X_0$, $A_0 := 0$ und $X_{-1} := 0$ und schreiben X_n als Summe der sukzessiven Differenzen:

$$X_n = \sum_{j=0}^{n}(X_j - X_{j-1})$$

$$= \sum_{j=0}^{n}\left(X_j - E(X_j \mid \mathcal{A}_{j-1})\right) + \sum_{j=0}^{n}\left(E(X_j \mid \mathcal{A}_{j-1}) - X_{j-1}\right) =: Y_n + A_n.$$

Für den ersten Summanden erhält man

$$Y_n := \sum_{j=0}^{n}\left(X_j - E(X_j \mid \mathcal{A}_{j-1})\right)$$

$$= Y_{n-1} + \left(X_n - E(X_n \mid \mathcal{A}_{n-1})\right).$$

Daraus folgt $E(Y_n \mid \mathcal{A}_{n-1}) = Y_{n-1}$, d. h., die Folge $Y = (Y_n, \mathcal{A}_{n-1})$ ist ein Martingal. $A = (A_n, \mathcal{A}_n)$ ist nach Definition ein vorhersehbarer Prozess,

$$A_n := \sum_{j=0}^{n}\left(E(X_j \mid \mathcal{A}_{j-1}) - X_{j-1}\right) \in \mathcal{L}(\mathcal{A}_{n-1}).$$

Ist X ein Sub-MG, dann ist (A_n) wachsend; ist X ein Super-MG, dann ist (A_n) fallend.

b) **Eindeutigkeit:** Angenommen, es existiert eine weitere Zerlegung

$$X_n = Y'_n + A'_n$$

von X in ein Martingal $(Y'_n, \mathcal{A}_n)$ und in einen vorhersehbaren Prozess $(A'_n, \mathcal{A}_n)$ mit $A_0 = 0$. Dann gilt

$$A'_{n+1} - A'_n = (A_{n+1} - A_n) + (Y_{n+1} - Y_n) - (Y'_{n+1} - Y'_n).$$

Bildet man den bedingten Erwartungswert $E(A'_{n+1} - A'_n \mid \mathcal{A}_n)$, dann erhält man

$$A'_{n+1} - A'_n = A_{n+1} - A_n \; [P].$$

Mit der Bedingung $A_0 = A'_0 = 0$ folgt, dass $A_n = A'_n$, $\forall n \geq 0$. Damit sind aber auch die Martingale identisch, d. h., es gilt für alle $n \geq 0$, dass $Y_n = Y'_n$. □

Die folgende Anwendung der Doob-Zerlegung ist von Bedeutung für allgemeine Gesetze großer Zahlen.

Definition 5.2.26 (L^2-Martingal) *Ein Martingal mit endlichen zweiten Momenten, d. h. ein Martingal mit $EX_n^2 < \infty$ für alle Zeiten $n \geq 0$, heißt L^2-Martingal.*

Proposition 5.2.27 (Quadratische Variation) *Sei $X = (X_n, \mathcal{A}_n)$ ein L^2-Martingal. Dann ist die stochastische Folge $X^2 = (X_n^2, \mathcal{A}_n)$ ein Submartingal mit Doob-Zerlegung $X_n^2 = M_n + \langle X \rangle_n$ in ein Martingal $M := (M_n, \mathcal{A}_n)$ und in einen vorhersehbaren, wachsenden Prozess $\langle X \rangle := (\langle X \rangle_n)$ mit $\langle X \rangle_0 = 0$. Es gilt*

a) $E\langle X \rangle_n = EX_n^2$ und b) $\langle X \rangle_n - \langle X \rangle_{n-1} = E\big((X_n - X_{n-1})^2 \mid \mathcal{A}_{n-1}\big)$.

Beweis Nach der Jensen'schen Ungleichung folgt, dass (X_n^2) ein Submartingal ist. In dem Beweis des Satzes über die Doob-Zerlegung wurde die Zerlegung von X_n^2 konstruktiv angegeben. Es gilt $\langle X \rangle_0 = 0$ und mit $\Delta X_j := X_j - X_{j-1}$

$$\langle X \rangle_n = \sum_{j=1}^n \big(E(X_j^2 \mid \mathcal{A}_{j-1}) - X_{j-1}^2\big) = \sum_{j=1}^n E\big((\Delta X_j)^2 \mid \mathcal{A}_{j-1}\big), \tag{5.7}$$

denn

$$E(X_j X_{j-1} \mid \mathcal{A}_{j-1}) = X_{j-1} \cdot E(X_j \mid \mathcal{A}_{j-1}) = X_{j-1}^2.$$

Daraus folgt:

$$\langle X \rangle_n - \langle X \rangle_{n-1} = E\big((\Delta X_n)^2 \mid \mathcal{A}_{n-1}\big) \geq 0.$$

Es ist:

$$X_n^2 = M_n + \langle X \rangle_n, n \geq 0, \quad \langle X \rangle_0 = EX_0^2.$$

Daher gilt:

$$M_0 = X_0^2 - EX_0^2 \quad \text{also } EM_n = 0.$$

Hieraus folgt: $EX_n^2 = E\langle X \rangle_n$. □

5.2 Martingale in diskreter Zeit

Bemerkung 5.2.28 $\langle X \rangle = (\langle X \rangle_n)$ heißt **Spitzklammerprozess** bzw. **vorhersehbare quadratische Variation** des Martingals X. Der Spitzklammerprozess beschreibt das Wachstum der bedingten quadratischen Zuwächse.

Wählt man für (X_n) eine Darstellung als Summe $X_n = \sum_{k=1}^{n} \xi_k$ mit einer adaptierten Folge (ξ_k), dann folgt nach (5.7), dass

$$\langle X \rangle_n = \sum_{j=1}^{n} E(\xi_j^2 \mid \mathcal{A}_{j-1}).$$

Für den Fall, dass die (ξ_k) unabhängig sind mit $E\xi_k = 0$ und $E\xi_k^2 < \infty$, folgt:

$$\langle X \rangle_n = \sum_{j=1}^{n} E\xi_k^2 = \mathrm{Var}(X_n),$$

d. h., die vorhersehbare quadratische Variation einer Summe unabhängiger Zufallsvariablen ist die Varianz der Summe. ⌐

Für den Beweis des starken Gesetzes großer Zahlen für unabhängige Summen war die Kolmogorv'sche Maximalungleichung das zentrale Hilfsmittel. Die folgende Maximalungleichung gibt eine Erweiterung auf Martingale und nichtnegative Submartingale.

Für eine stochastische Folge $X = (X_n, \mathcal{A}_n)$ bezeichne $X_n^* := \max_{0 \leq j \leq n} |X_j|$ das Maximum der Beträge und $\|X_n\|_p := (E|X_n|^p)^{1/p}$ die p-Norm mit $p \geq 1$.

Satz 5.2.29 (Maximalungleichung) *Sei $X = (X_n, \mathcal{A}_n)$ ein Martingal oder ein nichtnegatives Submartingal.*

a) *Für alle $\varepsilon > 0$ und $n \geq n_0$, gilt*

$$P(X_n^* \geq \varepsilon) \leq \frac{1}{\varepsilon} \cdot \int_{\{X_n^* \geq \varepsilon\}} |X_n| \, dP \leq \frac{E|X_n|}{\varepsilon}.$$

b) *Für $p > 1$ gilt*

$$\|X_n^*\|_p \leq \frac{p}{p-1} \cdot \|X_n\|_p.$$

c) *Für $p = 2$ folgt insbesondere*

$$\|X_n^*\|_2 \leq 2 \cdot \|X_n\|_2.$$

Beweis Für den Fall, dass X ein Martingal ist, folgt mit der Jensen'schen Ungleichung, dass die Folge $|X_n|$ ein nichtnegatives Submartingal ist, daher kann man den Martingalfall auf den Fall eines nichtnegativen Submartingals zurückführen.

a) Wir betrachten den ersten Zeitpunkt τ_n, zu dem die Folge X_j die Schranke ε überschreitet,

$$\tau_n := \begin{cases} \min\{j \leq n : X_j \geq \varepsilon\}, & \text{falls} \neq \emptyset \\ n, & \text{sonst.} \end{cases}$$

Dann ist τ_n eine Stoppzeit und es gilt $\tau_n \leq n$. Nach dem Optional Sampling Theorem folgt also

$$EX_n \geq EX_{\tau_n} = \int_{\{X_n^* \geq \varepsilon\}} X_{\tau_n} dP + \int_{\{X_n^* < \varepsilon\}} X_n dP$$

$$\geq \varepsilon \cdot P(\{X_n^* \geq \varepsilon\}) + \int_{\{X_n^* < \varepsilon\}} X_n dP.$$

Daraus folgt:

$$\varepsilon \cdot P(\{X_n^* \geq \varepsilon\}) \leq EX_n - \int_{\{X_n^* < \varepsilon\}} X_n dP$$

$$= \int_{\{X_n^* \geq \varepsilon\}} X_n dP \leq EX_n.$$

b) Die Abschätzung für die p-Norm des Maximums kann man mit folgender Integrationsformel auf den ersten Teil des Satzes zurückführen. Sei Y eine nichtnegative, reelle Zufallsvariable, $Y \geq 0$. Dann gilt für alle $r > 0$:

$$EY^r = r \int_0^\infty t^{r-1} P(\{Y \geq t\}) dt.$$

Damit ist nach Teil a) nach Fubini und mit Hilfe der Hölder-Ungleichung

$$E(X_n^*)^p = p \int_0^\infty t^{p-1} P(X_n^* \geq t) dt \leq p \int_0^\infty t^{p-2} \left(\int_{\{X_n^* \geq t\}} |X_n| dP \right) dt$$

$$= p \int_0^\infty t^{p-2} \left(\int |X_n| \mathbb{1}_{\{X_n^* \geq t\}} dP \right) dt = p \int_0^\infty |X_n| \left(\int_0^{X_n^*} t^{p-2} dt \right) dP$$

$$= \frac{p}{p-1} E(|X_n|(X_n^*)^{p-1}) \leq \frac{p}{p-1} \| X_n \|_p \| (X_n^*)^{p-1} \|_q, \quad q = \frac{p}{p-1}$$

$$= \frac{p}{p-1} \| X_n \|_p (E(X_n^*)^p)^{1-\frac{1}{p}}.$$

Damit ergibt sich $\|X_n^*\|_p \leq q\|X_n\|_p$. Beachte, dass $\|X_n^*\|_p \leq \sum_{i=1}^n \|X_i\|_p \leq n\|X_n\|_p < \infty$, o. E., und damit ist obige Division erlaubt. □

Bemerkung 5.2.30

a) *Für den Fall $p = 1$ ist folgende modifizierte Ungleichung*

$$EX_n^* \leq \frac{1}{1 - 1/e}\left(1 + EX_n^+ \cdot \log^+\left(X_n^+\right)\right)$$

eine scharfe obere Schranke für die 1-Norm.

b) *Ist $(X_n, \mathcal{A}_n)$ ein Submartingal, dann ist $(X_n^+, \mathcal{A}_n)$ ein nichtnegatives Submartingal. Nach Satz 5.2.29 folgt daher*

1) $P\left(\max_{k \leq n} X_k^+ \geq \varepsilon\right) = P(\max_{k \leq n} X_k \geq \varepsilon)$

$$\leq \frac{1}{\varepsilon} \int_{\{\max_{k \leq n} X_k \geq a\}} X_n^+ \, dP \leq \frac{EX_n^+}{\varepsilon},$$

2) $\|(\max_{k \leq n} X_k)^+\|_p \leq \frac{p}{p-1}\|X_n\|_p$ *für $p > 1$.*

c) *Mit obiger Maximalungleichung lässt sich für Martingale ein Beweis des starken Gesetzes analog zum Fall unabhängiger Summen geben. Wir zeigen im folgenden Abschnitt einen alternativen Zugang zu diesem Thema.* ⌐

5.3 Martingalkonvergenzsätze

Martingale sind ein fundamentales Hilfsmittel für Grenzwertsätze von stochastischen Folgen mit Bedeutung für die Untersuchung des asymptotischen Verhaltens von Algorithmen, zufälligen Funktionalen und Statistiken. Eine weitere Anwendung sind die Konzentrationsungleichungen, mit denen sich die Schwankung von zufälligen Funktionalen um den Erwartungswert abschätzen lässt (vgl. Abschn. 5.5).

Ein Weg zu Grenzwertsätzen ist der über Maximalungleichungen. Der klassische Weg hierzu von Doob basiert auf der Upcrossing-Ungleichung.

Definition 5.3.1 (Upcrossing) *Sei $X = (X_n, \mathcal{A}_n)_{n \in \mathbb{N}}$ eine stochastische Folge und seien a, b zwei reelle Zahlen mit $a < b$. Wir definieren induktiv eine Folge von Stoppzeiten. Sei $S_0 := T_0 := 0$,*

$$S_{j+1} := \begin{cases} \min\{k : T_j \leq k \leq n, X_k \leq a\}, & \text{falls } \neq \emptyset, \\ n, & \text{sonst,} \end{cases}$$

$$T_{j+1} := \begin{cases} \min\{k : S_{j+1} \leq k \leq n, X_k \geq b\}, & \text{falls } \neq \emptyset, \\ n, & \text{sonst.} \end{cases}$$

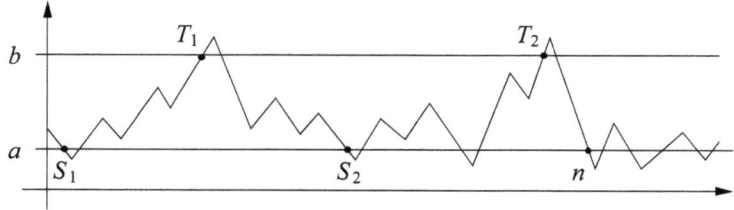

Abb. 5.6 Upcrossings von (a, b) einer stochastischen Folge $(X_n, \mathcal{A}_n)$

S_j und T_j sind die Zeitpunkte des j-ten Upcrossing des Intervalls (a, b), falls diese existieren. Sei

$$U_n := \max\{j : X_{S_j} \leq a, X_{T_j} \geq b\} =: U_n(a, b)$$

die Anzahl der **Upcrossings** des Intervalls (a, b) bis zur Zeit n (vgl. Abb. 5.6).

Bemerkung 5.3.2 (Aktienhändlerungleichung) *Der Prozess (X_n) beschreibe die Preisentwicklung einer Aktie. Eine Standardstrategie des Aktienhändlers ist die **Buy-low–sell-high**-Strategie: Falls der Preis der Aktie kleiner ist als a, dann wird die Aktie gekauft. Ist der Preis größer oder gleich b, wird die Aktie verkauft. Den Gewinn G_n des Händlers, der diese Strategie verfolgt, beschreibt die **Aktienhändlerungleichung**:*

$$G_n \geq U_n(a, b)(b - a).$$

⌋

Der folgende Satz gibt eine obere Schranke für $EU_n(a, b)$, die erwartete Anzahl der Upcrossings bis zum Zeitpunkt n.

Satz 5.3.3 (Upcrossing-Ungleichung von Doob) *Sei $X = (X_n, \mathcal{A}_n)$ ein Submartingal, dann gilt für alle Zeiten $n \geq 1$:*

$$EU_n(a, b) \leq \frac{E(X_n - a)^+}{b - a}.$$

Beweis Wir beginnen mit einer Normierung: Die Anzahl der Upcrossings des Intervalls $[a, b]$ durch die Folge $(X_k)_{1 \leq k \leq n}$ ist identisch mit der Anzahl der Upcrossings des Intervalls $[0, b - a]$ durch das Submartingal $(X_k - a)^+$, $1 \leq k \leq n$.

Mit dieser Normierung kann man sich auf den Fall einschränken, dass $a = 0$ und dass der Gewinnprozess positiv ist, d. h. $X_n \geq 0$. Dann ist die Behauptung äquivalent zu

$$EU_n(0, b) \leq \frac{EX_n}{b}.$$

5.3 Martingalkonvergenzsätze

Wir schreiben X_n in der Form

$$X_n = X_{S_1} + (X_{T_1} - X_{S_1}) + (X_{S_2} - X_{T_1}) + (X_{T_2} - X_{S_2}) + \ldots$$
$$= X_{S_1} + \sum_{i \geq 1}(X_{T_i} - X_{S_i}) + \sum_{i \geq 2}(X_{S_i} - X_{T_{i-1}}).$$

Nach Voraussetzung ist $X_{S_1} \geq 0$. Nach der Aktienhändlerungleichung gilt

$$\sum_{i \geq 1}(X_{T_i} - X_{S_i}) \geq b \cdot U_n(0, b).$$

Für die Stoppzeiten T_{i-1} und S_i gilt $T_{i-1} \leq S_i \leq n$ und T_{i-1}, S_i sind beschränkt. Nach dem Optional Sampling Theorem, Satz 5.2.11, ist daher $X_{T_{i-1}}, X_{S_i}$ ein Submartingal. Es gilt also:

$$E(X_{S_i} - X_{T_{i-1}}) \geq 0.$$

Es gibt einen Zeitpunkt, ab dem die untere Grenze nicht mehr unterschritten bzw. die obere Grenze nicht mehr überschritten wird.

Dann gilt für alle folgenden Stoppzeiten $T_j = S_j = n$, d. h., alle folgenden Summanden $(X_{T_j} - X_{S_j})$ sind null. Daraus folgt die Behauptung. □

Die Anzahl der Upcrossings kann man also kontrollieren, wenn die Erwartungswerte vom Positivteil des Submartingals beschränkt sind. Damit erhalten wir den Konvergenzsatz von Doob für Submartingale.

Satz 5.3.4 (Martingalkonvergenzsatz von Doob) *Sei $X = (X_n, \mathcal{A}_n)$ ein Submartingal mit $\sup_{n \to \infty} EX_n^+ < \infty$, dann existiert der Limes $\lim_{n \to \infty} X_n =: X_\infty$ P-fast sicher und $X_\infty \in \mathcal{L}^1(P)$.*

Beweis Angenommen, die Folge (X_n) konvergiert nicht P-fast sicher, dann gilt für

$$M := \left\{ \omega \in \Omega : \limsup_{n \to \infty} X_n > \liminf_{n \to \infty} X_n \right\}, \quad P(M) > 0.$$

Da

$$M = \bigcup_{a,b \in \mathbb{Q}, a < b} \left\{ \limsup_{n \to \infty} X_n > b > a > \liminf_{n \to \infty} X_n \right\},$$

existieren rationale Zahlen a und b mit $a < b$, so dass

$$P\left(\limsup_{n \to \infty} X_n > b > a > \liminf_{n \to \infty} X_n \right) > 0.$$

Das bedeutet aber, dass die Folge $(X_n)_{n \in \mathbb{N}}$ das Intervall $[a, b]$ mit positiver Wahrscheinlichkeit unendlich oft überquert.

Die Anzahl der Upcrossings $U_n(a,b)$ vom Intervall $[a,b]$ durch die Folge $X_1, \ldots, X_n$ ist eine in n monoton wachsende Folge, $U_n(a,b) \uparrow U_\infty(a,b)$. Nach dem Satz über monotone Konvergenz folgt also

$$EU_\infty(a,b) = \lim_{n \to \infty} EU_n(a,b).$$

Nach der Upcrossing-Ungleichung in Satz 5.3.3 folgt die Abschätzung

$$EU_n(a,b) \leq \frac{E(X_n - a)^+}{b-a} \leq \frac{EX_n^+ + |a|}{b-a}$$
$$\leq \frac{\sup_{n \to \infty} EX_n^+ + |a|}{b-a} < \infty.$$

Daher ist
$$EU_\infty(a,b) \leq \frac{\sup_{n \to \infty} EX_n^+ + |a|}{b-a} < \infty.$$

Das ist ein Widerspruch zu der Annahme, dass $P(U_\infty(a,b) = \infty) > 0$. Die Folge (X_n) konvergiert also P-fast sicher.

Wie in Bemerkung 5.3.5 b) gezeigt wird, gilt

$$\sup_{n \in \mathbb{N}} EX_n^+ < \infty \quad \Rightarrow \quad \sup_{n \in \mathbb{N}} E|X_n| < \infty.$$

Nach dem Lemma von Fatou folgt daher

$$E|X_\infty| = E \varliminf |X_n| \leq \varliminf E|X_n| < \infty,$$

also $X_\infty \in \mathcal{L}^1(P)$. $\square$

Bemerkung 5.3.5

a) *Im Allgemeinen gilt in Satz 5.3.4 a) nur die P-fast sichere Konvergenz, aber nicht die L^1-Konvergenz.*
b) *Für **Submartingale** $(X_n)_{n \in \mathbb{N}}$ gilt*

$$\sup_{n \to \infty} E|X_n| < \infty \quad \Leftrightarrow \quad \sup_{n \to \infty} EX_n^+ < \infty,$$

denn
$$E|X_n| = EX_n^+ - EX_n \leq 2EX_n^+ - EX_1.$$

Im Folgenden geht es um die Frage, wann man ein Submartingal $(X_n)_{n \in \mathbb{N}}$ zu einem Submartingal $(X_n)_{n \in \mathbb{N} \cup \{\infty\}}$ abschließen kann. Dazu verwenden wir die σ-Algebra

$$\mathcal{A}_\infty := \sigma\Big(\bigcup_{n \in \mathbb{N}} \mathcal{A}_n\Big).$$

5.3 Martingalkonvergenzsätze

Bemerkung 5.3.6

a) *Für **negative Submartingale**, d. h. für Submartingale $X = (X_n)$ mit $X_n \leq 0$, existiert $\lim_{n\to\infty} X_n := X_\infty$ P-fast sicher.*
Ohne Einschränkung kann man annehmen, dass X_∞ messbar ist bzgl. $\mathcal{A}_\infty := \sigma\left(\bigcup_{n=1}^\infty \mathcal{A}_n\right)$, da $\limsup_{n\to\infty} X_n \in \mathcal{L}(\mathcal{A}_\infty)$.
Die abgeschlossene Folge $\overline{X} = (X_n, \mathcal{A}_n)_{n \in \mathbb{N} \cup \infty}$ ist wieder ein Submartingal, d. h., es gilt für alle $m \in \mathbb{N} \cup \{\infty\}$

$$E(X_\infty \mid \mathcal{A}_m) \geq X_m \ [P].$$

b) *Für **nichtnegative Martingale**, d. h. für Martingale $X = (X_n)$ mit $X_n \geq 0$, existiert $\lim_{n\to\infty} X_n$ P-fast sicher.*

Beweis

a) Nach Voraussetzung ist $\sup_{n\to\infty} EX_n^+ = 0 < \infty$, und nach dem Lemma von Fatou folgt

$$EX_\infty = E \lim_{n\to\infty} X_n \geq \limsup_{n\to\infty} EX_n \geq EX_1 > -\infty.$$

Damit ist

$$E|X_\infty| = -EX_\infty < \infty,$$

und wieder nach dem Lemma von Fatou folgt

$$E(X_\infty \mid \mathcal{A}_m) = E(\lim_{n\to\infty} X_n \mid \mathcal{A}_m) \geq \limsup_{n\to\infty} E(X_n \mid \mathcal{A}_m) \geq X_m.$$

b) Diesen Teil kann man zurückführen auf a), denn $-X_n \leq 0$ ist ein negatives Submartingal. □

Die folgende Bemerkung fasst einige Eigenschaften gleichgradig integrierbarer Folgen zusammen.

Bemerkung 5.3.7 (Gleichgradig integrierbare Folgen) *Sei $X = (X_n)$ eine gleichgradig integrierbare Folge, dann gilt*

a) $E \liminf_{n\to\infty} X_n \leq \liminf_{n\to\infty} EX_n \leq \limsup_{n\to\infty} EX_n \leq E \limsup_{n\to\infty} X_n$.

b) $X_n \xrightarrow{P} X \Rightarrow X \in \mathcal{L}^1(P)$ und $X_n \xrightarrow{L^1} X$

d. h. $E|X_n - X| \longrightarrow 0$.

c) **Kriterium von Scheffé.** Sei (X_n) eine nichtnegative Folge von Zufallsvariablen mit $EX_n < \infty, \forall n$, und $0 \leq X_n \longrightarrow X \ [P]$.
Dann gilt:

$$EX_n \longrightarrow EX < \infty \Leftrightarrow (X_n) \text{ ist gleichgradig integrierbar.}$$

Für gleichgradig integrierbare Submartingale gilt der Abschlusssatz.

Satz 5.3.8 (Abschlusssatz) *Sei $X = (X_n, \mathcal{A}_n)$ ein gleichgradig integrierbares Submartingal, dann gilt:*

a) *$\exists X_\infty \in \mathcal{L}^1(\mathcal{A}_\infty, P)$, so dass $X_n \longrightarrow X_\infty$ P-fast sicher und in $L^1(P)$.*
b) *Für alle $n \in \mathbb{N}$ gilt*
$$E(X_\infty \mid \mathcal{A}_n) \geq X_n,$$
d. h., die abgeschlossene Folge $\overline{X} = (X_n, \mathcal{A}_n)_{n \in \mathbb{N} \cup \{\infty\}}$ ist ein Submartingal.

Beweis
a) Für gleichgradig integrierbare Folgen (X_n) gilt $\sup_{n \in \mathbb{N}} E|X_n| < \infty$. Die P-fast sichere Konvergenz folgt nach Satz 5.3.4. Die Konvergenz in $\mathcal{L}^1$ folgt daher nach Bemerkung 5.3.7 b).
b) Für $m \geq n$ und $A \in \mathcal{A}_n$ gilt wegen der L^1-Konvergenz
$$E \mathbb{1}_A |X_m - X_\infty| \longrightarrow 0, \quad \text{für } m \to \infty;$$
also gilt
$$\lim_{m \to \infty} \int_A X_m \, dP = \int_A X_\infty \, dP.$$

Da X ein Submartingal ist, folgt für alle $A \in \mathcal{A}_n$ mit der Radon-Nikodým-Gleichung
$$\int_A X_m \, dP \leq \int_A E(X_{m+1} \mid \mathcal{A}_m) \, dP = \int_A X_{m+1} \, dP,$$

d. h., die Folge $\left(\int_A X_m \, dP \right)$ ist isoton in m, $m \geq n$.
Nach dem Satz über monotone Konvergenz folgt also
$$\int_A X_n \, dP \leq \lim_{m \to \infty} \int_A X_m \, dP = \int_A X_\infty \, dP, \quad \forall A \in \mathcal{A}_n.$$

Also ist
$$E(X_\infty \mid \mathcal{A}_n) \geq X_n \, [P], \quad \forall n \in \mathbb{N}. \qquad \square$$

Bemerkung 5.3.9
a) *Sei (X_n) ein gleichgradig integrierbares Martingal, dann folgt mit dem Abschlusssatz 5.3.8, dass*
$$X_n = E(X_\infty \mid \mathcal{A}_n) \quad \text{und} \quad X_\infty \in \mathcal{L}^1(P).$$
b) *Für Martingale, die beschränkt sind bzgl. der L^p-Norm, erhält man analog die L^p-Konvergenz von (X_n).* ⌟

Für Lévy-Martingale ergibt sich folgende wichtige Konsequenz.

5.3 Martingalkonvergenzsätze

Satz 5.3.10 (Martingalkonvergenzsatz von Lévy) *Sei $\xi \in \mathcal{L}^1(P)$ und $(\mathcal{A}_n)$ eine Filtration, dann ist das Lévy-Martingal (X_n), $X_n := E(\xi \mid \mathcal{A}_n)$, ein gleichgradig integrierbares Martingal und*
$$X_n \longrightarrow E(\xi \mid \mathcal{A}_\infty) \ P\text{-fast sicher und in } L^1(P).$$

Beweis Für $a, b > 0$ folgt mit der Markov-Ungleichung

$$\int_{\{|X_n| \geq a\}} |X_n| \, dP$$
$$\leq \int_{\{|X_n| \geq a\}} E(|\xi| \mid \mathcal{A}_n) \, dP = \int_{\{|X_n| \geq a\}} |\xi| \, dP$$
$$= \int_{\{|X_n| \geq a, |\xi| < b\}} |\xi| \, dP + \int_{\{|X_n| \geq a, |\xi| \geq b\}} |\xi| \, dP \leq b \cdot P(|X_n| \geq a) + \int_{\{|\xi| > b\}} |\xi| \, dP$$
$$\leq \frac{b}{a} \cdot E|X_n| + \int_{\{|\xi| > b\}} |\xi| \, dP \leq \frac{b}{a} \cdot E|\xi| + \int_{\{|\xi| > b\}} |\xi| \, dP.$$

Hieraus folgt
$$\lim_{a \to \infty} \sup_{n \in \mathbb{N}} \int_{\{|X_n| \geq a\}} |X_n| \, dP = 0.$$

Also ist (X_n) ein gleichgradig integrierbares Martingal.

Wegen $E|X_n| \leq E|\xi|$ sind die Voraussetzungen des Satzes von Doob, Satz 5.3.4, erfüllt, und es folgt nach dem Abschlusssatz:
$$X_n \longrightarrow X_n \ P\text{-f.\,s. und in } L^1(P).$$

Behauptung: $X_\infty = E(\xi \mid \mathcal{A}_\infty)$.

Nach dem Abschlusssatz 5.3.8 ist $X_n = E(X_\infty \mid \mathcal{A}_n)$ für $n \in (\mathbb{N})$, d. h., für alle $n \in \overline{\mathbb{N}}$ gilt
$$\int_A X_\infty \, dP = \int_A X_n \, dP = \int_A \xi \, dP, \quad \forall A \in \mathcal{A}_n. \tag{5.8}$$

X_∞ und ξ sind integrierbar und $\bigcup_{n=1}^\infty \mathcal{A}_n$ ist ein $\cap$-stabiler Erzeuger der σ-Algebra $\mathcal{A}_\infty$. Also gilt (5.8) für alle $A \in \mathcal{A}_\infty$. Daraus folgt die Behauptung:
$$E(\xi \mid \mathcal{A}_\infty) = X_\infty \ [P]. \qquad \square$$

Aus dem Abschlusssatz und dem Konvergenzsatz von Lévy erhalten wir folgenden Charakterisierungssatz für gleichgradig integrierbare Martingale.

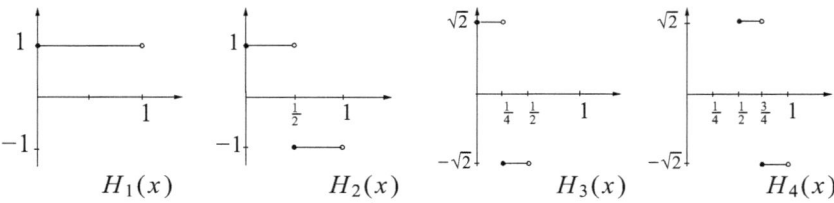

Abb. 5.7 Haar'sche Funktionen auf dem Intervall $[0, 1)$

Korollar 5.3.11 (Charakterisierung gleichgradig integrierbarer Martingale) *Eine stochastische Folge $X = (X_n, \mathcal{A}_n)$ ist genau dann ein gleichgradig integrierbares Martingal, wenn eine integrierbare Zufallsvariable $\xi \in \mathcal{L}^1(P)$ existiert, so dass*

$$X_n = E(\xi \mid \mathcal{A}_n), \quad \textit{für alle } n \in \mathbb{N},$$

d. h. wenn (X_n) ein Lévy-Martingal ist.

Die Martingalkonvergenzsätze besitzen eine Vielfalt von wichtigen Anwendungen. Wir behandeln einige dieser Anwendungen im folgenden Teil dieses Kapitels. Die erste Anwendung betrifft die **Konvergenz von Orthogonalreihen**. Wir behandeln das Beispiel der Haar'schen Reihe.

Beispiel 5.3.12 (Haar'sche Reihe) Die Haar'schen Funktionen (H_n) werden auf $(\Omega, \mathcal{A}, P) = ([0, 1), [0, 1)\mathcal{B}^1, \lambda^1_{[0,1)})$ induktiv definiert durch (vgl. Abb. 5.7)

$$H_1 :\equiv 1, \quad H_2(x) := 1_{[0,\frac{1}{2})}(x) - 1_{[\frac{1}{2},1)}(x)$$

$$H_{2^m+1}(x) := \begin{cases} 2^{m/2}, & \text{für } 0 \leq x < 2^{-(m+1)}, \\ -2^{m/2}, & \text{für } 2^{-(m+1)} \leq x < 2^{-m}, \quad m \in \mathbb{N}, \\ 0, & \text{sonst,} \end{cases}$$

$$H_{2^m+j}(x) := H_{2^m+1}\left(x - \frac{j-1}{2^m}\right) \quad \text{für } \frac{j-1}{2^m} \leq x < \frac{j}{2^m}, \quad j = 1, \ldots, 2^m.$$

Dann gilt: $(H_n)_{n \geq 1}$ ist ein vollständiges Orthonormalsystem in $L^2(P)$.

Die Orthonormalität von (H_n), d. h.

$$\int H_n H_m \, dP = \delta_{n,m} = \begin{cases} 1, & n = m, \\ 0, & n \neq m, \end{cases}$$

5.3 Martingalkonvergenzsätze

folgt direkt nach Definition. Mit $\mathcal{A}_n := \sigma(H_1, \ldots, H_n)$ gilt

$$\mathcal{A}_\infty = \sigma\Big(\bigcup_{n=1}^{\infty} \mathcal{A}_n\Big) = [0,1)\mathcal{B}^1,$$

denn die dyadischen Intervalle erzeugen die Borel'sche σ-Algebra.

Für $f \in \mathcal{L}^1(P)$ heißt

$$S_{n,f} := \sum_{k=1}^{n} \langle f, H_k \rangle H_k, \quad \langle f, H_k \rangle = \int_{[0,1)} f(x) H_k(x) \, d\lambda_1(x), \quad n \in \mathbb{N},$$

Haar'sche Reihe von f. Es gilt:

1) $\int_A H_m \, d\lambda^1 = 0$ für alle $A \in \mathcal{A}_n$ und $m > n$.
2) Für $f \in \mathcal{L}^1\left(\lambda^1_{[0,1)}\right)$ ist

$$E(f \mid \mathcal{A}_n) = S_{n,f}.$$

1) folgt nach Definition von (H_n). Mit 1) folgt 2) einfach durch Induktion.
Damit erhalten wir nun folgende Proposition.

Proposition 5.3.13 (Konvergenz der Haar'schen Reihe)
Für $f \in \mathcal{L}^1([0,1], \lambda^1)$ konvergiert die Haar'sche Reihe

$$S_{n,f} = \sum_{k=0}^{n} \langle f, H_k \rangle H_k$$

P-fast sicher und in L^1 gegen f.

Beweis Nach 2) gilt $S_{n,f} = E(f \mid \mathcal{A}_n)$. Nach dem Martingalkonvergenzsatz von Lévy folgt:

$$S_{n,f} \longrightarrow E(f \mid \mathcal{A}_\infty) \quad P\text{-f.s. und in } L^1.$$

Wegen $\mathcal{A}_\infty = [0,1)\mathcal{B}^1$ ist $E(f \mid A_\infty) = f$ und es folgt die Behauptung. □

◇

Bemerkung 5.3.14
a) *Für $f \in \mathcal{L}^2$ ist $(S_{n,f})$ L^2-beschränkt und es gilt auch L^2-Konvergenz. Die L^2-Konvergenz für Orthogonalreihen vollständiger abzählbarer Orthogonalsysteme ist ein einfaches und allgemeines Resultat der Funktionalanalysis. Diese ist eine Folgerung der Parseval-Ungleichung.*

b) *Für allgemeine Orthogonalsysteme (φ_n) und $\mathcal{A}_n = \sigma(\varphi_1, \ldots, \varphi_n)$ gilt i. A. nicht $E(f \mid \mathcal{A}_n) = \sum_{k=1}^{n} \langle f, \varphi_k \rangle \varphi_k$. Daher ist die Martingalmethode i. A. nicht zum Nachweis der f. s.-Konvergenz anwendbar. Für Fourier-Reihen ist der Nachweis der L^1- bzw. L^2-Konvergenz einfach, aber der Nachweis der f. s.-Konvergenz gelang erst Carleson (1966).*

Generell gilt nach dem Lévy-Konvergenzsatz f. s.- und L^1-Konvergenz der besten nichtlinearen Approximation $E(f \mid \mathcal{A}_n)$. ⌐

Als nächste Anwendung beschreiben wir die Konvergenz von Reihen unabhängiger Zufallsvariablen.

Korollar 5.3.15 (Fast sichere Konvergenz von Reihen) *Sei (Y_n) eine Folge von unabhängigen Zufallsvariablen, mit $EY_n = 0$ und $EY_n^2 < \infty$ für alle $n \in \mathbb{N}$.*

Gilt $\sum_{n=1}^{\infty} EY_n^2 < \infty$, dann konvergiert $\sum_{j=1}^{\infty} Y_j$ P-fast sicher und ist P-fast sicher endlich. (5.9)

Beweis Die Summenfolge $S_n := \sum_{i=1}^{n} Y_i$ ist ein Martingal bzgl. der natürlichen Filtration $\mathcal{A}_n := \sigma(Y_1, \ldots, Y_n)$. Mit der Abschätzung

$$\sup_{n \to \infty} ES_n^+ \leq \sup_{n \to \infty} (ES_n^2 + 1) < \infty$$

folgt die Behauptung aus dem Satz von Doob, Satz 5.3.4. □

Die Voraussetzung in (5.9) ist äquivalent zur L^2-Konvergenz von S_n. Für Reihen unabhängiger Zufallsvariablen folgt aus der L^2-Konvergenz die fast sichere Konvergenz. Die obige Aussage über die Konvergenz von Reihen kann man wesentlich verschärfen.

Satz 5.3.16 (Äquivalenz von Konvergenzbegriffen für Reihenkonvergenz) *Sei $S_n := \sum_{k=1}^{n} Y_k$ eine Summe von unabhängigen, reellen Zufallsvariablen, dann gilt:*

$$\exists \text{ Zufallsvariable } S : S_n \xrightarrow{\mathcal{D}} S,$$
$$\iff \exists \text{ Zufallsvariable } S : S_n \longrightarrow S \, [P],$$

d. h., Verteilungskonvergenz und f. s.-Konvergenz sind äquivalent für Reihen unabhängiger Zufallsvariablen.

5.3 Martingalkonvergenzsätze

Beweis Es ist nur die Richtung $\Rightarrow$ zu zeigen. Nach Voraussetzung gilt:

$$\lim_{n\to\infty} E e^{itS_n} = E e^{itS} \quad \text{für alle } t \in \mathbb{R}^1,$$

und die Konvergenz ist gleichmäßig auf Kompakta. Daher existiert ein n_0 so dass $\forall\, n \geq n_0$ und $\forall\, |t_0| < \delta$ gilt:

$$|E e^{it_0 S_n}| \geq c > 0.$$

Wir definieren für $n \geq n_0$

$$X_n := \frac{e^{it_0 S_n}}{E e^{it_0 S_n}}.$$

Die Folge $(X_n)_{n \geq n_0}$ ist ein komplexwertiges Martingal und es gilt:

$$\sup_{n \geq n_0} E|X_n| \leq \frac{1}{c} < \infty.$$

Nach dem Satz von Doob, Satz 5.3.4, folgt die P-fast sichere Konvergenz von (X_n).

Daher gilt: $\lim_{n\to\infty} e^{it_0 S_n}$ existiert P-fast sicher für $|t_0| < \delta$.

Die Ausnahmenullmenge hängt von t_0 ab. Wir konstruieren nun eine universelle Nullmenge mit Hilfe von

$$C := \left\{ (t, \omega) \in T \times \Omega;\ \lim_{n\to\infty} e^{itS_n(\omega)} \text{existiert} \right\} \text{ mit } T := (-\delta, \delta).$$

Nach dem Satz von Fubini folgt:

$$\int_{T\times\Omega} \mathbb{1}_C \, d\lambda^1 \otimes P = \int_T \left(\int_\Omega \mathbb{1}_C(t, \omega) \, dP(\omega) \right) d\lambda^1(t)$$

$$= \int_T P(C_t) \, d\lambda^1(t)$$

$$= \lambda^1(T) = 2\delta \quad \text{da } P(C_t) = 1, \quad C_t \text{ der } t\text{-Schnitt der Menge } C$$

$$= \int_\Omega \lambda^1(C_\omega) \, dP(\omega).$$

Wegen $\lambda^1(C_\omega) \leq 2\delta$, $\forall\, \omega \in \Omega$ folgt daher $\lambda^1(C_\omega) = 2\delta$, d. h., es existiert eine Menge $\widetilde{\Omega} \subset \Omega$ mit $P(\widetilde{\Omega}) = 1$, so dass für alle $\omega \in \widetilde{\Omega}$ $(e^{itS_n(\omega)})$ für λ^1-fast alle $t \in (-\delta, \delta)$ konvergiert.

Die Behauptung folgt nun aus folgendem Lemma über komplexe Zahlenfolgen.

Lemma 5.3.17 (Konvergenz von Zahlenfolgen) *Sei (a_n) eine Folge in $\mathbb{R}$. Konvergiert die Folge $(e^{ita_n})_n$ auf einer Menge $t \in A$ mit positivem Lebesgue-Maß, dann konvergiert auch die Zahlenfolge (a_n).* □

Die folgende Anwendung des Konvergenzsatzes von Lévy gibt einen einfachen Beweis des Kolmogorov'schen 0-1-Gesetzes.

Korollar 5.3.18 (0-1-Gesetz von Kolmogorov) *Sei $(\mathcal{B}_n)$ eine Folge von unabhängigen σ-Algebren, $\mathcal{B}_n \subset \mathcal{A}$ und sei τ_∞ die σ-Algebra der terminalen Ereignisse zu $\mathcal{B}_n$. Dann gilt:*
$$P(A) \in \{0, 1\} \quad \text{für alle } A \in \tau_\infty.$$

Beweis Sei $A \in \tau_\infty$ und sei $\mathcal{A}_n := \sigma\left(\bigcup_{k=1}^{n} \mathcal{B}_k\right)$. Dann folgt einerseits nach dem Martingalkonvergenzsatz von Lévy, Satz 5.3.10, dass
$$P(A \mid \mathcal{A}_n) = E(\mathbb{1}_A \mid \mathcal{A}_n) \longrightarrow E(\mathbb{1}_A \mid \mathcal{A}_\infty) = \mathbb{1}_A \, [P],$$
denn wegen $\tau_\infty \subset \mathcal{A}_\infty$ ist $A \in \mathcal{A}_\infty$. Andererseits ist A unabhängig von $\mathcal{A}_n$, $\forall n$. Daher gilt:
$$P(A \mid \mathcal{A}_\infty) = P(A).$$
Es folgt $P(A) = \mathbb{1}_A \, [P]$ und damit die Behauptung. □

Eine Reihe von Anwendungen von Martingalkonvergenzsätzen basiert auf dem Begriff des inversen Martingals.

Definition 5.3.19 (Inverses Martingal) *Sei $(\mathcal{A}_n) \subset \mathcal{A}$ eine antitone Folge von σ-Algebra, d. h. für alle $n \in \mathbb{N}$ ist $\mathcal{A}_n \supset \mathcal{A}_{n+1}$. Sei $X_n \in \mathcal{L}^1(P), n \in \mathbb{N}$.*

1) $X = (X_n, \mathcal{A}_n)$ heißt **inverses Martingal**, wenn
$$E(X_m \mid \mathcal{A}_n) = X_n, \quad \forall m, n \in \mathbb{N} \quad \text{mit } m < n.$$

2) $X = (X_n)$ heißt **inverses Submartingal**, wenn
$$E(X_m \mid \mathcal{A}_n) \leq X_n, \quad \forall m \in \mathbb{N} \quad \text{mit } m < n.$$

3) $X = (X_n)$ heißt **inverses Supermartingal**, wenn
$$E(X_m \mid \mathcal{A}_n) \geq X_n, \quad \forall m \in \mathbb{N} \quad \text{mit } m < n.$$

Bemerkung 5.3.20 (Zeitumkehr)
a) Sei $(\mathcal{A}_n)$ eine absteigende Folge von σ-Algebren, sei $X = (X_n, \mathcal{A}_n)$ eine stochastische Folge und sei $\widetilde{\mathcal{A}}_n := \mathcal{A}_{-n}, n \leq 0$.
Für alle $n < m \leq 0$ (also $0 < -m < -n$) gilt dann
$$\widetilde{\mathcal{A}}_m = \mathcal{A}_{-m} \supset \mathcal{A}_{-n} = \widetilde{\mathcal{A}}_n.$$

5.3 Martingalkonvergenzsätze

Wir definieren die **zeitumgekehrte Folge**

$$\widetilde{X}_n := -X_{-n}, \quad \widetilde{X}_n \in \mathcal{L}(\widetilde{\mathcal{A}}_n), \quad \text{für } n \leq 0.$$

Dann gilt:

$$X = (X_n, \mathcal{A}_n) \text{ ist ein inverses Martingal (Sub-MG)},$$
$$\Leftrightarrow (\widetilde{X}_n, \widetilde{\mathcal{A}}_n)_{n \leq 0} \text{ ist ein Martingal (Sub-MG) mit Index } -\mathbb{N}_0,$$

denn für $m, n \in \mathbb{N}_0$ mit $m < n \leq 0$ gilt

$$E(\widetilde{X}_n \mid \widetilde{\mathcal{A}}_m) = -E(X_{-n} \mid \mathcal{A}_{-m}) = -X_{-m} = \widetilde{X}_m, \text{ da } 0 \leq -n \leq -m.$$

Die Aussage für Sub- und Supermartingale folgt analog.
b) Für inverse Martingale gilt

$$E(X_1 \mid \mathcal{A}_n) = X_n, \quad n \in \mathbb{N}.$$

Inverse Martingale haben also generell eine Struktur wie Lévy-Martingale. ⌟

Für inverse Sub- und Supermartingale gelten Konvergenzsätze ohne weitere Voraussetzungen.

Satz 5.3.21 (Konvergenz von inversen Submartingalen) *Sei $(X_n, \mathcal{A}_n)_{n \geq 0}$ ein inverses Submartingal. Dann gilt:*

a) $\lim_n X_n = X_\infty$ *existiert P-fast sicher und $X_\infty \in \mathcal{L}^1(P)$.*
b) *Inverse Martingale $(X_n, \mathcal{A}_n)$ konvergieren P-fast sicher und in $\mathcal{L}^1(P)$, d. h.*

$$X_n \longrightarrow E(X_0 \mid \mathcal{A}_\infty) \text{ P-f. s. und in } L^1.$$

Beweis
a) Wir kehren die Zeit um und gehen von $(X_n, \mathcal{A}_n)_{n \geq 0}$ über zu $(\widetilde{X}_n, \widetilde{\mathcal{A}}_n)_{n \leq 0}$. Für dieses Submartingal mit negativem Parameterbereich gilt die Upcrossing-Ungleichung, d. h., für die erwartete Anzahl der Upcrossings $\widetilde{U}_n([a,b])$ des Intervalls $[a,b]$ durch die Folge $\widetilde{X}_{-n}, \ldots, \widetilde{X}_0$ gilt

$$E\widetilde{U}_n([a,b]) \leq \frac{E(-X_0 - a)_+}{b - a} < \infty;$$

daher werden keine weiteren Integrierbarkeitsbedingungen benötigt. Der Beweis von a) ist hiermit analog zum Beweis des Satzes von Doob und es gilt $X_\infty \in \mathcal{L}^1(P)$.

b) Wegen $E(X_0|\mathcal{A}_n) = X_n$ ist die Folge (X_n) gleichgradig integrierbar. Wie bei dem Beweis zum Satz von Lévy, Satz 5.3.10, folgt L^1-Konvergenz und es gilt: $X_\infty = E(X_0 \mid \mathcal{A}_\infty)$. □

Über inverse Martingale erhält man einen einfachen Beweis des starken Gesetzes großer Zahlen von Kolmogorov.

Korollar 5.3.22 (Starkes Gesetz großer Zahlen von Kolmogoorov) *Sei (X_n) eine Folge von unabhängigen, identisch verteilten Zufallsvariablen mit $E|X_1| < \infty$. Dann gilt P-f. s. und in $L^1(P)$:*

$$\lim_{n \to \infty} \frac{1}{n} \sum_{i=1}^{n} X_i = EX_1.$$

Beweis Sei $S_n = \sum_{i=1}^{n} X_i$ und $\mathcal{A}_n := \sigma(S_n, S_{n+1}, \ldots)$. $(\mathcal{A}_n)$ ist eine antitone Folge von σ-Algebren. Die Folge der bedingten Erwartungswerte $M_n := E(X_1 \mid \mathcal{A}_n)$ ist ein inverses Martingal und es gilt

$$EM_n = EX_1.$$

Wir erhalten für $j \leq n$: $E(X_1 \mid \mathcal{A}_n) = E(X_j \mid \mathcal{A}_n)$.

Daraus folgt:

$$M_n = E(X_1 \mid \mathcal{A}_n) = E(X_j \mid \mathcal{A}_n)$$
$$= \frac{1}{n} \sum_{j=1}^{n} E(X_j \mid \mathcal{A}_n) = E\left(\frac{1}{n} S_n \mid \mathcal{A}_n\right) = \frac{S_n}{n};$$

also ist $\left(\frac{S_n}{n}\right)$ ein inverses Martingal.

Nach dem Konvergenzsatz für inverse Martingale, Satz 5.3.21, folgt

$$\lim_{n \to \infty} \frac{1}{n} S_n = X_\infty = E(X_1 \mid \mathcal{A}_\infty) \; P\text{-fast sicher und in } L^1.$$

Es ist $\mathcal{A}_\infty = \bigcap_n \mathcal{A}_n \subset \tau_\infty^X$, der terminalen σ-Algebra der Folge (X_n). Da $X_\infty \in \mathcal{A}_\infty$, folgt nach dem 0-1-Gesetz von Kolmogorov, dass X_∞ P-fast sicher konstant ist, d. h.

$$X_\infty = EX_\infty = EX_1 \; [P].$$
□

Martingale sind auch von Bedeutung für einige zentrale Aussagen über Markovketten und die zugehörigen harmonischen Funktionen.

5.3 Martingalkonvergenzsätze

Definition 5.3.23 *Sei $X = (X_n, \mathcal{A}_n)$ eine Markovkette mit Werten in $(E, \mathcal{B})$, mit stationärer Übergangsfunktion K, d. h., für $x \in E$, $A \in \mathcal{B}$ und $n \in \mathbb{N}$ ist*

$$K(x, A) = P(X_{n+1} \in A \mid X_n = x) \text{ und mit Anfangsverteilung } P_X^{X_0} = \varepsilon_{\{x\}}.$$

$f : E \longrightarrow \overline{\mathbb{R}}$ *heißt* **harmonisch (superharmonisch) bzgl. des Markovkerns K**, *wenn*

1) *für alle $x \in E$ gilt: $f \in \mathcal{L}^1(K(x, \cdot))$ und*
2) *für alle $x \in E$ gilt:*

$$f(x) = \int K(x, dy) f(y), \quad \left(f(x) \geq \int K(x, dy) f(y) \right).$$

Schreibweise: $\int K(x, dy) f(y) = \int f(y) K(x, dy) =: Kf(x).$

Bemerkung 5.3.24 Harmonische Funktionen sind in der Analysis im Zusammenhang mit dem **Dirichlet-Problem** von Bedeutung. Die definierende Eigenschaft dieser (klassischen) harmonischen Funktionen ist die Mittelwerteigenschaft. Für eine offene Teilmenge $U \subset \mathbb{R}^d$ heißt $f : U \to \mathbb{R}$ harmonisch, wenn

$$f(x) = \int_{B_\delta(x)} f(y) \, d\mu_{\delta, x}(y), \quad \text{für } \delta > 0, \text{ so dass } B_\delta(x) \subset U; \tag{5.10}$$

dabei ist $\mu_{\delta, x}$ das normierte Oberflächenmaß auf $B_\delta(x)$. Dieses betrifft also den Spezialfall $K(x, \cdot) = \mu_{\delta, x}$. In der Analysis wird gezeigt, dass die Mittelwerteigenschaft in (5.10) äquivalent zur Laplace-Gleichung ist, d. h.

$$\Delta f = 0.$$

Das klassische Dirichlet-Problem besteht darin, zu einem gegebenen stetigen Potential h auf dem Rand von U, $h \in C_b(\partial U)$ eine stetige Lösung der **Laplace-Gleichung** auf U zu finden, so dass

$$f/\partial U = h.$$

In Abschn. 6.3 behandeln wir eine probabilistische Lösung des Dirichlet-Problems. ⌐

Beispiel 5.3.25 (Beispiele harmonischer Funktionen) Sei $(X_n, \mathcal{A}_n, P_x)$ eine Markovkette mit Werten in $(E, \mathcal{B})$ und sei $B \in \mathcal{B}$. Wir bezeichnen mit $P_x = P(\cdot \mid X_0 = x)$ die bedingte Verteilung unter der Annahme, dass die Markovkette im Zustand x startet. Sei

$$\tau_B := \inf\{n \in \mathbb{N}_0 : X_n \in B\}, \quad \inf \emptyset := \infty$$

die **Ersteintrittszeit der Markovkette** in die Menge B (vgl. Beispiel 5.2.9 a) und Beispiel 5.2.23).

Weiter seien

$$f_0(x) = f_0(x, B) := P_x(\{\tau_B = 0\}) = \mathbb{1}_B(x),$$
$$f_n(x) = P_x(\{\tau_B = n\}) = P_x(\{X_1 \notin B, \ldots, X_{n-1} \notin B, X_n \in B\})$$

die Wahrscheinlichkeit dafür, dass die Menge B zum Zeitpunkt n erstmalig erreicht wird und

$$f(x) := P_x(\{\tau_B < \infty\}) = \sum_{n=0}^{\infty} f_n(x) =: f(x, B)$$

die Eintrittswahrscheinlichkeit in B (in endlicher Zeit) ist. Da $f(x)$ eine bedingte Wahrscheinlichkeit ist, gilt $0 \leq f(x) \leq 1$.

Behauptung: f ist superharmonisch bzgl. K. Dazu zerlegen wir

$$\int K(x, dy) f(y) = \int_B K(x, dy) f(y) + \int_{B^c} K(x, dy) f(y)$$

$$= K(x, B) + \int_{B^c} \sum_{n=1}^{\infty} K(x, dy) f_n(y)$$

$$= K(x, B) + \sum_{n=1}^{\infty} \int_{B^c} K(x, dy) f_n(y);$$

da für $y \in B$ gilt: $f(y) = 1$.

Für $x \notin B$ gilt $K(x, B) = f_1(x)$ und es folgt

$$\int K(x, dy) f(y) = \sum_{n=1}^{\infty} f_n(x) = \sum_{n=0}^{\infty} f_n(x) = f(x).$$

Für $x \in B$ gilt

$$\int K(x, dy) f(y) \leq 1 = \mathbb{1}_B(x) = f(x),$$

also ist f superharmonisch.

Sei $N_B = \sum_{n=1}^{\infty} \mathbb{1}_B(X_n)$ die Anzahl der Besuche der Markovkette in B. Die Funktion $\pi(x) := \sum_{n=0}^{\infty} K^{(n)}(x, B)$ heißt **Potential** von B. Es gilt

$$\pi(x) := \sum_{n=0}^{\infty} P(X_n \in B \mid X_0 = x)$$

$$= \sum_{n=1}^{\infty} P(X_n \in B \mid X_0 = x) + \mathbb{1}_B(x) = E_x N_B.$$

Das Potential ist also die erwartete Anzahl von Besuchen der Menge B. Falls π endlich ist, d. h. die Markovkette ist transient, gilt: π ist superharmonisch. ◇

5.3 Martingalkonvergenzsätze

(Super-)harmonische Funktionen sind eng verknüpft mit der (Super-)Martingaleigenschaft.

Lemma 5.3.26 *Sei $(X_n, \mathcal{A}_n, P_x)$ eine Markovkette mit Übergangskern K und Anfangsverteilung $P_x^{X_0} := \varepsilon_{\{x\}}$. Dann gilt:*
Ist f (super-)harmonisch bzgl. K, dann ist $(f(X_n), \mathcal{A}_n)$ ein (Super-)Martingal bzgl. P_x, $x \in E$.

Beweis

f ist harmonisch bzgl. $K \Leftrightarrow \forall x : f(x) = Kf(x) = \int K(x, dy) f(y)$

$$= E(f(X_{n+1}) \mid X_n = x), \quad \forall x \in E.$$

Daraus folgt: $f(X_n) = E(f(X_{n+1}) \mid X_n) [P]$, d.h., $(f(X_n), \mathcal{A}_n)$ ist ein Martingal. □

Bemerkung 5.3.27 *Die Umkehrung gilt, wenn die Definition der harmonischen Funktionen nur bis auf Ausnahmenullmengen von P^{X_n} für ein $n \in \mathbb{N}$ verlangt wird, d.h. wenn $Kf(X_n) = (\geq) f(X_n) [P]$ für ein $n \in \mathbb{N}$.* ⌐

Die Sätze von Hunt und Choquet-Deny sind wichtige Resultate zu harmonischen Funktionen. Für den Beweis benötigen wir das 0-1-Gesetz von Hewitt-Savage. Sei für einen Messraum $(E, \mathcal{B})$

$$\mathcal{S}_\infty := \{ B \in \mathcal{B}^\infty : \pi B = B \quad \text{für alle endlichen Permutationen } \pi \}$$

die σ-Algebra der **permutationsinvarianten Mengen**. $\mathcal{S}_\infty$ ist das System der Mengen, die invariant sind bzgl. der Permutation endlich vieler Komponenten.

Satz 5.3.28 (0-1-Gesetz von Hewitt-Savage) *Sei*

$$P = \mu^X = \bigotimes_{n=1}^\infty Q \in M^1(E^\infty, \mathcal{B}^\infty),$$

das abzählbare Produktmaß einer Folge $X = (X_n)$ von unabhängigen, identisch verteilten Zufallsvariablen. Dann ist

$$P(B) \in \{0, 1\} \quad \text{für alle } B \in \mathcal{S}_\infty.$$

Beweis Sei $X = (X_i)$ eine i.i.d. Folge mit Werten in $(E, \mathcal{A})$. Zu zeigen ist, dass $X^{-1}(\mathcal{S}_\infty)$ P-trivial ist. Mit $\mu := P^X = \bigotimes_{i=1}^\infty Q$, $\mathcal{B}_n := \mathcal{B}^n \times E^\infty$ gilt $\mathcal{S}_\infty \subset \mathcal{B}_\infty = \bigvee_n \mathcal{B}_n$. Nach dem Martingalkonvergenzsatz gilt: $\forall I \in \mathcal{S}_\infty$ existiert $B_n \in \mathcal{B}^n$, so dass

$$\mu(I \Delta I_n) \longrightarrow 0 \text{ mit } I_n := B_n \times E^\infty \in \mathcal{B}_n.$$

Mit $\widetilde{I}_n := E^n \times B_n \times E^\infty$ und der Symmetrie von μ gilt:

$$\mu\left(\widetilde{I}_n\right) = \mu(I_n) \longrightarrow \mu(I) \quad \text{und} \quad \mu\left(I \Delta \widetilde{I}_n\right) = \mu(I \Delta I_n) \longrightarrow 0.$$
Daher folgt: $\quad \mu\left(I \Delta \left(I_n \cap \widetilde{I}_n\right)\right) \leq \mu(I \Delta I_n) + \mu(I \Delta \widetilde{I}_n) \longrightarrow 0.$

Aber nach Definition sind I_n und $\widetilde{I}_n$ stochastisch unabhängig und es folgt:

$$\mu\left(I_n \cap \widetilde{I}_n\right) \longrightarrow \mu(I)$$
$$\|$$
$$\mu(I_n)\mu\left(\widetilde{I}_n\right) \longrightarrow \mu(I)^2.$$

Aus $\mu(I) = \mu(I)^2$ folgt die Behauptung. $\qquad\square$

Bemerkung 5.3.29 *Das 0-1-Gesetz von Hewitt-Savage impliziert das 0-1-Gesetz von Kolmogorov im unabhängig identisch verteilten Fall. Die Elemente der terminalen σ-Algebra sind nach Definition Mengen, die nicht von endlich vielen Ereignissen abhängen. Insbesondere sind die terminalen Ereignisse permutationsinvariant, d. h., es gilt $\mathcal{T}_\infty^Y \subset \mathcal{S}_\infty$. Also ist nach dem 0-1-Gesetz von Hewitt-Savage die terminale σ-Algebra trivial.* $\lrcorner$

Der folgende Satz von Hunt besagt, dass für Markovketten mit trivialer Tail-σ-Algebra nur triviale beschränkte harmonische Funktionen existieren.

Satz 5.3.30 (Satz von Hunt für harmonische Funktionen) *Sei $(X_n, \mathcal{A}_n)$ eine Markovkette mit Werten in $(E, \mathcal{A})$ und Übergangskern K. Sei die terminale σ-Algebra $\mathcal{T}_\infty^X$ trivial bzgl. P_x, $\forall x \in E$. Dann ist jede beschränkte, harmonische Funktion bzgl. K $P_x^{X_n}$-fast sicher konstant für alle $x, n \in \mathbb{N}$.*

Beweis Sei f eine beschränkte, harmonische Funktion. Dann ist $\left(f(X_n), \mathcal{A}_n\right)$ ein beschränktes Martingal bzgl. P_x für alle x. Nach dem Abschlusssatz 5.3.8 gilt: $f(X_n) \longrightarrow Z_\infty$ P_x-fast sicher und in L^1. Ohne Einschränkung kann man annehmen, dass $Z_\infty \in \mathcal{T}_\infty^X$. Andernfalls kann man die Messbarkeit durch eine Änderung auf einer Nullmenge erreichen, z. B. durch $Z_\infty := \limsup_{n\to\infty} f(X_n) \in \mathcal{L}\left(\mathcal{T}_\infty^X\right)$.

Nach Voraussetzung ist die terminale σ-Algebra trivial bzgl. P_x. Es existiert daher ein $c \in \mathbb{R}^1$ mit $Z_\infty = c\,[P_x]$ und es folgt

$$f(X_n) = E(Z_\infty \mid \mathcal{A}_n) = c\,[P_x], \quad \forall n,$$

d. h. $f = c\,\left[P_x^{X_n}\right]$ für alle n und für alle x. $\qquad\square$

Eine wichtige Folgerung des Satzes von Hunt ist das folgende Korollar, das für eine Reihe von Eindeutigkeitsaussagen nützlich ist.

5.3 Martingalkonvergenzsätze

Korollar 5.3.31 (Satz von Choquet-Deny) *Sei $\mu \in M^1(\mathbb{R}^k, \mathcal{B}^k)$ und sei f eine beschränkte, messbare Lösung der Integralgleichung*

$$f(x) = \int f(x+y) \, d\mu(y), \quad x \in \mathbb{R}^k.$$

Dann gilt

$$f(x) = f(x+y) \, [\mu], \quad \forall \, x \in \mathbb{R}^k.$$

Beweis Sei bzgl. P_x, $Y = (Y_i)_{i \geq 1}$ eine i. i. d. -Folge von Zufallsvariablen mit Verteilung $P_x^{Y_i} = \mu$ für $i \geq 1$ und $(E, \mathcal{B}) = (\mathbb{R}^k, \mathcal{B}^k)$. Dann ist $X_n := \sum_{i=0}^{n} Y_i$ eine Markovkette mit Start in x, natürlicher Filtration $\mathcal{A}_n = \mathcal{A}_n^X = \mathcal{A}_n^Y$ und Übergangsfunktion

$$K(y, B) = P(X_{n+1} \in B \mid X_n = y) = P(X_n + Y_{n+1} \in B \mid X_n = y)$$
$$= P(Y_{n+1} \in B - y) = \mu(B - y)$$

und $P_X^{X_0} = \varepsilon_{\{x\}}$. f ist harmonisch bzgl. des Übergangskerns K, denn

$$f(x) = \int f(x+y) \, d\mu(y)$$
$$= \int K(x, dy) f(y).$$

Wir zeigen, dass die terminale σ-Algebra trivial ist: Da Y als Folge unabhängiger, identisch verteilter Zufallsvariablen gewählt wurde, ist die Verteilung gegeben durch das Produktmaß

$$P_x^Y = \bigotimes_{i \geq 1} \mu \in M^1(E^\infty, \mathcal{B}^\infty).$$

Nach Satz 5.3.28 von Hewitt-Savage folgt, dass die permutationsinvarianten Mengen das Maß null oder eins haben. Wegen $\mathcal{T}_\infty^X \subset \mathcal{S}_\infty^Y$, $\mathcal{S}_\infty^Y$ die permutations-symmetrischen Mengen in $Y = (Y_i)$, ist also $\mathcal{T}_\infty^X$ P_x-trivial.

Nach dem Satz 5.3.30 von Hunt folgt, dass f $[P_x^{X_n}]$-fast sicher konstant ist, d. h. es ist $f = c \, [P_x^{X_n}]$ für alle n, und wir erhalten

$$f(x + Y_1) = f(X_1) = f(X_0) = f(x) \, [P_x],$$

d. h.

$$f(x + y) = f(x) \, [\mu]. \qquad \square$$

Insbesondere impliziert der Satz von Choquet-Deny, dass beschränkte Lösungen von nicht-homogenen Funktionalgleichungen der Form

$$f(x) = h(x) + \int f(x+y) \, d\mu(y)$$

eindeutig bestimmt sind.

Zum Abschluss dieses Kapitels beweisen wir einen zentralen Grenzwertsatz für Martingale.

Definition 5.3.32 (Martingaldifferenzenfolge) *Eine stochastische Folge* $(X_n, \mathcal{A}_n)$ *mit*

$$E(X_n \mid \mathcal{A}_{n-1}) = 0$$

heißt **Martingaldifferenzenfolge**.

Zu einer Martingaldifferenzenfolge $(X_n, \mathcal{A}_n)$ gehört das Martingal (S_n) mit $S_n = \sum_{i=1}^{n} X_i$.

Satz 5.3.33 (Zentraler Grenzwertsatz für Martingale) *Für eine Martingaldifferenzenfolge* $(X_n, \mathcal{A}_n)$ *sei*

1) $E(X_n^2 \mid \mathcal{A}_{n-1}) = 1$ *und* 2) $E(|X_n|^3 \mid \mathcal{A}_{n-1}) \leq K < \infty$.

Dann gilt der zentrale Grenzwertsatz, d. h., für das Martingal $S_n := \sum_{i=1}^{n} X_i$ *folgt*

$$\frac{S_n}{\sqrt{n}} \xrightarrow{\mathcal{D}} \mathcal{N}(0, 1).$$

Beweis Zum Beweis verwenden wir bedingte charakteristische Funktionen $\varphi_{n,j}(u) := E\left(e^{iu \frac{X_j}{\sqrt{n}}} \mid \mathcal{A}_{j-1}\right)$. Mit der Reihenentwicklung der Exponentialfunktion erhält man

$$e^{iu \frac{1}{\sqrt{n}} X_j} = 1 + iu \frac{1}{\sqrt{n}} X_j - \frac{u^2}{2n} X_j^2 - \frac{iu^3}{6n^{3/2}} \overline{X}_j^3, \quad |\overline{X}_j| \in [0, |X_j|].$$

Wir bilden auf beiden Seiten die bedingten Erwartungswerte und erhalten unter Beachtung von $E(X_j \mid \mathcal{A}_{j-1}) = 0$ und $E(X_j^2 \mid \mathcal{A}_{j-1}) = 1$

$$\varphi_{n,j}(u) = 1 + iu \frac{1}{\sqrt{n}} E(X_j \mid \mathcal{A}_{j-1}) - \frac{u^2}{2n} E(X_j^2 \mid \mathcal{A}_{j-1}) - \frac{iu^3}{6n^{3/2}} E(\overline{X}_j^3 \mid \mathcal{A}_{j-1})$$

$$= 1 - \frac{u^2}{2n} + \frac{iu^3}{6n^{3/2}} E(\overline{X}_j^3 \mid \mathcal{A}_{j-1}).$$

Daraus folgt:

$$\left|\varphi_{n,j}(u) - 1 + \frac{u^2}{2n}\right| \leq \frac{u^3}{6n^{3/2}} E(|X_j|^3 \mid \mathcal{A}_{j-1}) \leq \frac{K \cdot u^3}{6n^{3/2}}.$$

5.3 Martingalkonvergenzsätze

Durch Anwendung der Glättungsregel, Einsetzen der bedingten charakteristischen Funktion und Taylor-Reihenentwicklung erhalten wir

$$Ee^{iu\frac{1}{\sqrt{n}}S_k} = E\left(e^{iu\frac{1}{\sqrt{n}}S_{k-1}} \cdot e^{iu\frac{1}{\sqrt{n}}X_k}\right) = E\left(e^{iu\frac{1}{\sqrt{n}}S_{k-1}} E\left(e^{iu\frac{1}{\sqrt{n}}X_k} \mid \mathcal{A}_{k-1}\right)\right)$$
$$= E\left(e^{iu\frac{1}{\sqrt{n}}S_{k-1}} \cdot \varphi_{n,k}(u)\right) = E\left(e^{iu\frac{1}{\sqrt{n}}S_{k-1}} \left(1 - \frac{u^2}{2n} - \frac{iu^3}{6n^{3/2}} E(\overline{X}_j^3 \mid \mathcal{A}_{j-1})\right)\right).$$

Daraus folgt die Abschätzung

$$\left| E\left(e^{iu\frac{S_k}{\sqrt{n}}} - \left(1 - \frac{u^2}{2n}\right) e^{iu\frac{S_{k-1}}{\sqrt{n}}}\right) \right| \leq E\left|e^{iu\frac{S_{k-1}}{\sqrt{n}}}\right| \frac{|u|^3}{6n^{3/2}} \cdot E(|\overline{X}_j|^3 \mid \mathcal{A}_{j-1})$$
$$\leq K \frac{|u|^3}{6n^{3/2}}.$$

Der nächste Schritt ist der Schlüssel für den Beweis. Für

$$n \geq \frac{u^2}{2} \quad \text{gilt} \quad 0 \leq 1 - \frac{u^2}{2n} \leq 1.$$

Wir multiplizieren nun obige Gleichung mit $\left(1 - \frac{u^2}{2n}\right)^{n-k}$ und erhalten

$$\left| \left(1 - \frac{u^2}{2n}\right)^{n-k} \cdot Ee^{i\frac{u}{\sqrt{n}}S_k} - \left(1 - \frac{u^2}{2n}\right)^{n-k+1} \cdot Ee^{iu\frac{1}{\sqrt{n}}S_{k-1}} \right| \leq K \frac{|u|^3}{6n^{3/2}}. \quad (5.11)$$

Mit Hilfe einer Teleskopsumme gilt

$$Ee^{iu\frac{1}{\sqrt{n}}S_n} - \left(1 - \frac{u^2}{2n}\right)^n = \sum_{k=1}^{n}\left(\left(1 - \frac{u^2}{2n}\right)^{n-k} Ee^{iu\frac{1}{\sqrt{n}}S_k} - \left(1 - \frac{u^2}{2n}\right)^{n-k+1} Ee^{iu\frac{1}{\sqrt{n}}S_{k-1}}\right).$$

Die Summanden der Teleskopsumme kann man durch (5.11) abschätzen. Daraus folgt

$$\left| Ee^{iu\frac{1}{\sqrt{n}}S_n} - \left(1 - \frac{u^2}{2n}\right)^n \right| \leq n \frac{|u|^3}{6n^{3/2}} = K \frac{|u|^3}{6\sqrt{n}} \longrightarrow 0.$$

Da $\left(1 - \frac{u^2}{2n}\right)^n \longrightarrow e^{-\frac{u^2}{2}}$, folgt die Behauptung. □

Mit einem verfeinerten Argument erhält man auf ähnliche Weise den folgenden allgemeinen Konvergenzsatz von McLeish.

Satz 5.3.34 (Zentraler Grenzwertsatz von McLeish) *Sei $(X_{n,k}, \mathcal{A}_{n,k})_{1\le k\le n}$ eine Martingaldifferenzenfolge, $n \in \mathbb{N}$, $S_{n,k} := \sum_{i=1}^{k} X_{n,i}$. Gilt*

1) $E \max_{j \le m_n} |X_{n,j}| \longrightarrow 0$ und 2) $\sum_{j=1}^{m_n} X_{n,j}^2 \xrightarrow[P]{} \sigma^2$,

dann gilt: $S_{n,m_n} \xrightarrow{\mathcal{D}} N(0, \sigma^2)$.

Analog lassen sich mit der Methode der bedingten charakteristischen Funktionen auch allgemeinere Grenzwertsätze für Martingale (S_{n,m_n}) mit Konvergenz gegen unendlich teilbare Verteilungen beweisen. Eine detaillierte und weiterführende Darstellung hierzu findet sich in Jacod und Shiryaev (1987).

5.4 Optimales Stoppen

Probleme des optimalen Stoppens treten in vielfältiger Weise und in vielen Zusammenhängen auf. Sie sind gut motivierte, eigenständige Optimierungsprobleme, dienen zur Herleitung von Ungleichungen (z. B. Maximalungleichungen, Momentenabschätzungen, etc.) und sind Teilprobleme bei Entscheidungsproblemen. In Problemen der Finanzmathematik treten sie z. B. bei der Bewertung von amerikanischen Optionen auf.

Sei $(X_n, \mathcal{A}_n)_{1 \le n \le T}$ eine stochastische Folge in einem Wahrscheinlichkeitsraum $(\Omega, \mathcal{A}, P)$. $T \le \infty$ ist der endliche oder unendliche Horizont der Folge. Wir treffen die Annahme, dass $X^* := \sup_n X_n \in \mathcal{L}^1(P)$ ist. Sei

$$\mathcal{E} := \{\tau;\ \tau \text{ ist Stoppzeit bzgl. } (\mathcal{A}_n)\} = \mathcal{E}^T$$

die Menge der **Stoppzeiten** bzgl. der Filtration $(\mathcal{A}_n)$, d. h., $\forall n \le T$ gilt: $\{\tau \le n\} \in \mathcal{A}_n$.

Definition 5.4.1 (Stoppproblem, optimale Stoppzeit)
a) *Das Tupel $((X_n, \mathcal{A}_n), \mathcal{E}^T)$ heißt **Stoppproblem**, $v := \sup_{\tau \in \mathcal{E}^T} EX_\tau = v_T$ heißt **Wert des Stoppproblems**.*
b) *$\tau^* \in \mathcal{E}^T$ heißt **optimale Stoppzeit**, wenn $EX_{\tau^*} = v$.*

Für den endlichen Horizont $T < \infty$ lässt sich die Struktur von Lösungen des Stoppproblems und in manchen Fällen auch die explizite Form aus dem Prinzip der Rückwärtsinduktion gewinnen.

5.4 Optimales Stoppen

Definition 5.4.2 (Prinzip der Rückwärtsinduktion, Bellmann-Prinzip)
Sei $((X_n, \mathcal{A}_n)_{0 \leq n \leq T}, \mathcal{E}^T)$ ein Stoppproblem mit endlichem Horizont $T < \infty$ und mit dem Stoppwert $v_T = \sup_{\tau \in \mathcal{E}^T} EX_\tau$. Definiere rekursiv die Folge $Z = (Z_k)_{0 \leq k \leq T}$:

$$Z_T := X_T, \quad Z_{T-1} = \max\{X_{T-1}, E(X_T \mid \mathcal{A}_{T-1})\},$$
$$Z_{T-n} := \max\{X_{T-n}, E(Z_{T-n+1} \mid \mathcal{A}_{T-n})\}, \quad 1 \leq n \leq T.$$

*$Z = (Z_k)$ heißt **Rückwärtsinduktion** zu $(X_n, \mathcal{A}_n)$.*

Die folgende Aussage über die Konstruktion einer optimalen Stoppzeit und Eigenschaften der Rückwärtsinduktion sind intuitiv und naheliegend. Da wir im Anschluss eine allgemeinere Lösung des Stoppproblems behandeln, geben wir keinen Beweis dieser Aussage. Für eine detaillierte Darstellung der Stopptheorie und seiner Varianten verweisen wir auf das klassische Werk von Chow, Robbins und Siegmund (1971) sowie auf die Darstellung in Neveu (1975).

Satz 5.4.3 (Optimale Stoppzeit und majorisierendes Supermartingal)
Sei $((X_n, \mathcal{A}_n), \mathcal{E}^T)$ ein Stoppproblem mit endlichem Horizont $T < \infty$. Dann gilt:

a) *Die Rückwärtsinduktion $(Z_k, \mathcal{A}_k)_{0 \leq k \leq T}$ ist ein Supermartingal so dass $X_k \leq Z_k$, $0 \leq k \leq T$.*
b) *(Z_k) ist ein **minimales majorisierendes Supermartingal**, d. h., ist $(Z'_k, \mathcal{A}_k)$ ein Supermartingal mit $Z'_k \geq X_k, \forall k$, dann gilt: $Z'_k \geq Z_k, \forall k$.*
c) *$\tau^* := \min\{0 \leq n \leq T; X_n = Z_n\}$ ist eine optimale Stoppzeit in $\mathcal{E}^T$ und es gilt: $v = EZ_0$.*

Bemerkung 5.4.4 (Optimales Stoppen unabhängiger Folgen) *Ist $(X_k)_{1 \leq k \leq T}$ eine stochastisch unabhängige Folge und ist $\mathcal{A}_k = \sigma(X_1, \ldots, X_k)$, dann gilt für die Rückwärtsinduktion (Z_k):*

$$Z_T = X_T,$$
$$Z_{T-1} = \max\{X_{T-1}, EX_T\},$$
$$Z_{T-2} = \max\{X_{T-2}, EZ_{T-1}\},$$
$$\vdots$$
$$Z_k = \max\{X_k, EZ_{k+1}\}, \quad 1 \leq k \leq T-1.$$

Es existiert also eine Folge $c_k \downarrow$, so dass $Z_k = \max(X_k, c_k)$. Daher ist eine optimale Stoppzeit von der Form

$$\tau^* = \inf\{n; \ X_n \geq c_n\}. \tag{5.12}$$

(5.12) bestimmt die Struktur optimaler Stoppzeiten.

Beispiel 5.4.5
a) **Glücksrad.** Ein Glücksrad trage die Zahlen $1, \ldots, 10$. Was ist die optimale Stoppzeit bei drei unabhängigen Drehungen X_1, X_2, X_3 des Glücksrades? Die Rückwärtsinduktion (Z_k) ist:

$$Z_3 = X_3, \quad Z_2 = \max(X_2, EX_3) = \max(X_2, 5.5),$$
$$Z_1 = \max(X_1, EZ_2) = \max(X_1, 6.75).$$

Also ist

$$\tau^*(X_1, X_2, X_3) = \begin{cases} 1, & X_1 \geq 7, \\ 2, & X_1 < 7, X_2 \geq 6, \\ 3, & \text{sonst} \end{cases}$$

eine optimale Stoppzeit.

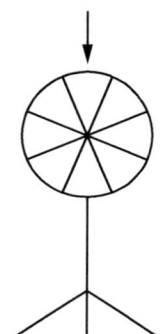

b) **Parkplatzproblem.**

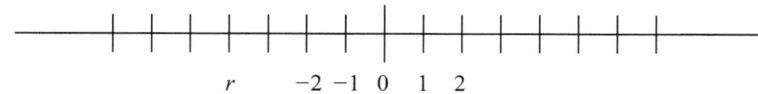

In einer Reihe von Parkplätzen sei es das Ziel eines von links nach rechts fahrenden Fahrers möglichst nahe am Parkplatz 0 zu parken. Jeder Parkplatz ist unabhängig voneinander mit Wahrscheinlichkeit p frei. Sei (Y_n) eine i.i.d. Folge mit $P(Y_n = 1) = p = 1 - P(Y_n = 0) = W(\text{Parkplatz } n \text{ ist frei})$.
Wir betrachten das optimale Stoppproblem für die Folge

$$X_n = \begin{cases} -\infty, & Y_n = 0, \\ -|n|, & Y_n = 1. \end{cases}$$

Hierzu beschränken wir uns o. E. auf Stoppzeiten $\tau \leq \tau_1 := \inf\{n \geq 1; Y_n = 1\}$. Mit dem Prinzip der Rückwärtsinduktion erweitert auf Stoppzeiten in $\mathcal{E}^{\tau_1}$ ist es möglich,

5.4 Optimales Stoppen

sich auf Stoppzeiten der Form

$$\tau_r := \inf\{r \leq k \leq \tau_1; \; Y_k = 1\}$$

einzuschränken. Für diesen Typ von Stoppzeiten lässt sich mit etwas Rechnung ein optimaler Zeitpunkt r^* ermitteln.

c) **Problem der besten Wahl** (Sekretärinnenproblem).
Eine Folge von Angeboten $Y_1, \ldots, Y_n$ steht sequentiell zur Auswahl. Es wird angenommen, dass die Ränge $r(Y_i)$ der Y_i eine zufällige Permutation bilden. Ziel ist es, mit möglichst hoher Wahrscheinlichkeit das beste Angebot auszuwählen, d. h. das Angebot Y_i mit $W_i := r(Y_i) = 1$.
Seien $s(Y_i) = \sum_{j=1}^{i} \mathbb{1}_{\{Y_j \leq Y_i\}}$ die relativen Ränge der Y_i, $\mathcal{A}_i = \sigma(Z_1, \ldots, Z_i)$ und $X_i := P(W_i = 1 \mid \mathcal{A}_i)$. Dann ist für eine Stoppzeit τ

$$EX_\tau = \sum_{k=1}^{n} \int_{\{\tau=k\}} P(r(Y_k) = 1 \mid \mathcal{A}_k)$$

$$= \sum_{k=1}^{n} \int_{\{\tau=k\}} \mathbb{1}_{\{r(Y_k)=1\}} dP = P(W_\tau = 1).$$

Also wird das Problem der besten Wahl beschrieben durch das optimale Stoppproblem für die Folge (X_i).
Die Folge $W_i = r(Y_i)$ der Ränge ist unabhängig mit $P(W_i = k) = \frac{1}{n}$, $1 \leq k \leq n$ und es ist

$$X_i = P(W_i = 1 \mid \mathcal{A}_i) = \begin{cases} \frac{i}{n} & \text{wenn } Z_i = 1, \\ 0 & \text{wenn } Z_i > 1. \end{cases}$$

Aus der Rückwärtsinduktion ergibt sich:
$Z_n = X_n$, $Z_k = \max(X_k, EZ_{k+1}) = \max(X_k, v_{k+1})$ mit $v_k := EZ_k$.
Daher ist $\tau^* = \inf\{k \geq 1 : X_k \geq v_{k+1}\}$, $v_{n+1} := 0$ eine optimale Stoppzeit.
Da $v_1 \geq v_2 \geq \ldots \geq v_n = EX_n = \frac{1}{n} > 0$, ist τ^* von der Form

$$\tau_r = \inf\{k \geq r : s(Y_k) = 1\}.$$

Es gilt $EX_{\tau_r} = \frac{r-1}{n} \sum_{k=r}^{n} \frac{1}{k-1} =: \varphi(r)$.
Wegen $\varphi(r) - \varphi(r+1) = \frac{1}{n}\left(1 - \sum_{k=r}^{n-1} \frac{1}{k}\right)$ gilt für das optimale r^*:

$$r^* = \inf\{r : \varphi(r) - \varphi(r+1) \geq 0\}$$

$$= \inf\left\{r : \frac{1}{r} + \frac{1}{r+1} + \ldots + \frac{1}{n-1} \leq 1\right\} = r^*(n).$$

Aus der Form von $r^*(n)$ folgt

$$\frac{r^*(n)}{n} \longrightarrow \frac{1}{e}.$$

Es ist also die optimale Strategie, etwa $r = \frac{n}{e} \approx 0{,}368\,n$ Angebote abzuwarten und dann das nächste Angebot auszuwählen, das besser als alle bisherigen Angebote ist. Die Erfolgswahrscheinlichkeit dieser Strategie ist $p^* \approx \frac{1}{e} \approx 0{,}368$. $\diamond$

Bei unendlichem Horizont gilt unter Zusatzannahmen, dass $v_T \underset{T \to \infty}{\longrightarrow} v$. Damit lässt sich dann auch das Prinzip der Konstruktion optimaler Stoppzeiten in Proposition 5.4.3 ausdehnen. Der folgende direkte Weg basiert auf der Snell'schen Hülle. Dazu benötigen wir den Begriff des wesentlichen Supremums.

Proposition 5.4.6 (Wesentliches Supremum)
Sei $H \subset \overline{\mathcal{Z}} = \{f : (\Omega, \mathcal{A}) \longrightarrow (\overline{\mathbb{R}}, \overline{\mathcal{B}})\}$, dann gilt:

a) *$\exists g \in \overline{\mathcal{Z}}$ mit $g \geq f\,[P], \forall\,f \in H$, und so, dass für $h \in \overline{\mathcal{Z}}$ mit $h \geq f\,[P], \forall\,f \in H$, gilt: $h \geq g\,[P]$.*
b) *Das Element g mit den Eigenschaften a) ist P f. s. eindeutig bestimmt, $g =: \text{ess sup } H$ heißt* **wesentliches Supremum** *von H.*
c) *$\exists\,(f_n) \subset H$ so dass mit $g_n := f_1 \vee \ldots \vee f_n$ gilt: $g_n \uparrow g\,[P]$.*

Zum Beweis vgl. z. B. Neveu (1975).

Definition 5.4.7 (Snell'sche Hülle) *Sei $\mathcal{E}_n := \{\tau \in \mathcal{E};\ n \leq \tau < \infty\,[P]\}$ und*

$$Z_n := \underset{\tau \in \mathcal{E}_n}{\text{ess sup}}\,E(X_\tau \mid \mathcal{A}_n).$$

$Z = (Z_n)$ *heißt* **Snell'sche Hülle** *von $(X_n, \mathcal{A}_n)$.*

Es gilt nun die folgende Verallgemeinerung der Eigenschaften aus Satz 5.4.3 auf den Fall mit unendlichem Horizont.

Satz 5.4.8 (Eigenschaften der Snell'schen Hülle) *Sei $(X_n, \mathcal{A}_n)$ eine stochastische Folge mit $X^* = \sup X_n \in \mathcal{L}^1(P)$ und sei (Z_n) die Snell'sche Hülle von (X_n). Dann gilt:*

a) *(Z_n) ist ein majorisierendes Supermartingal von X_n und es gilt:*

$$Z_n = \max\{X_n;\ E(Z_{n+1} \mid \mathcal{A}_n)\}\,[P].$$

b) *$EZ_n = \sup_{\tau \in \mathcal{E}_n} EX_\tau, \forall\,n \geq 0$; insbesondere: $v = \sup_{\tau \in \mathcal{E}} EX_\tau = EZ_0$.*
c) *Ist $X_n \geq 0, \forall\,n \in \mathbb{N}$, dann gilt:*
 (Z_n) ist das kleinste majorisierende Supermartingal von (X_n).

Beweis
a) Nach Proposition 5.4.6 c) mit $H := \{E(X_\tau \mid \mathcal{A}_n);\ \tau \in \mathcal{E}_n\}$ ist $(Z_n, \mathcal{A}_n)$ eine stochastische Folge. Weiter ist $X_n \leq Z_n \leq X^*\,[P]$, also $Z_n \in \mathcal{L}^1(P)$.

Seien $\tau_1, \tau_2 \in \mathcal{E}_n$, $A := \{E(X_{\tau_1} \mid \mathcal{A}_n) > E(X_{\tau_2} \mid \mathcal{A}_n)\}$, dann gilt:
$\tau := \tau_1 \mathbb{1}_A + \tau_2 \mathbb{1}_{A^c} \in \mathcal{E}_n$ und $E(X_\tau \mid \mathcal{A}_n) = \max\{E(X_{\tau_1} \mid \mathcal{A}_n), E(X_{\tau_2} \mid \mathcal{A}_n)\}$ d. h., H ist filtrierend nach oben.

Nach Proposition 5.4.6 c) existiert eine Folge $(\tau_m) \subset \mathcal{E}_n$ mit

$$E(X_{\tau_m} \mid \mathcal{A}_n) \uparrow m \quad \text{und} \quad Z_n = \lim_{m \to \infty} E(X_{\tau_m} \mid \mathcal{A}_n).$$

Nach dem Satz über monotone Konvergenz folgt:

$$E(Z_n \mid \mathcal{A}_{n-1}) = \lim_m E(X_{\tau_m} \mid \mathcal{A}_{n-1}) \leq Z_{n-1}, \text{ da } \tau_m \in \mathcal{E}_n \subset \mathcal{E}_{n-1}, \forall m.$$

Also ist $(Z_n, \mathcal{A}_n)$ ein majorisierendes Supermartingal, denn mit $\tau \equiv n$ ist $Z_n \geq X_n [P]$. Es folgt: $Z_n \geq \max\{X_n, E(Z_{n+1} \mid \mathcal{A}_n)\}$.

Umgekehrt: Für $\tau \in \mathcal{E}_n$ gilt
$X_\tau = X_n \mathbb{1}_{\{\tau=n\}} + X_{\tau \vee (n+1)} \mathbb{1}_{\{\tau>n\}}$.
$\tau \vee (n+1) \in \mathcal{E}_{n+1} \subset \mathcal{E}_n$, also folgt $Z_{n+1} \geq E(X_{\tau \vee (n+1)} \mid \mathcal{A}_{n+1})$.
Daraus erhalten wir

$$E(X_\tau \mid \mathcal{A}_n) = X_n \mathbb{1}_{\{\tau=n\}} + \mathbb{1}_{\{\tau>n\}} E(X_{\tau \vee (n+1)} \mid \mathcal{A}_n)$$
$$\leq X_n \mathbb{1}_{\{\tau=n\}} + \mathbb{1}_{\{\tau>n\}} E(Z_{n+1} \mid \mathcal{A}_n)$$
$$\leq \max\{X_n, E(Z_{n+1} \mid \mathcal{A}_n)\} [P].$$

Es gilt also: $Z_n \leq \max\{X_n, E(X_{n+1} \mid \mathcal{A}_n)\} [P]$; also gilt Gleichheit.

b) Da $Z_n \geq E(X_\tau \mid \mathcal{A}_n) [P], \forall \tau \in \mathcal{E}_n$, gilt $EZ_n \geq \sup_{\tau \in \mathcal{E}_n} EX_\tau$.
Andererseits ist $Z_n = \sup_m E(X_{\tau_m} \mid \mathcal{A}_n) \uparrow m$ für eine Folge $(\tau_m) \subset \mathcal{E}_n$.
Daraus folgt:

$$EZ_n = \lim_m EX_{\tau_m} \leq \sup_{\tau \in \mathcal{E}_n} EX_\tau.$$

Also gilt: $EZ_n = \sup_{\tau \in \mathcal{E}_n} EX_\tau, \forall n \geq 0$.

c) Ist $X_n \geq 0, \forall n$, dann ist $Z_n \geq 0$ ein nichtnegatives Supermartingal.
Ist $Y = (Y_n)$ ein Supermartingal, $Y_n \geq X_n [P]$, dann gilt nach dem Optional Sampling Theorem für nichtnegative Supermartingale:

$$Y_n \geq E(Y_\tau \mid \mathcal{A}_n) \geq E(X_\tau \mid \mathcal{A}_n), \forall \tau \in \mathcal{E}_n, \text{ also } Y_n \geq Z_n [P]. \qquad \square$$

Nach diesen Vorbereitungen erhalten wir nun die Konstruktion einer optimalen Stoppzeit.

Satz 5.4.9 (Satz von Snell) *Sei $X^* \in L^1(P)$ und definiere $\tau^* := \inf\{n \in \mathbb{N}_0; X_n = Z_n\}$, dann gilt:*

a) *Für eine Markovzeit $\tau \leq \tau^*$ ist $(Z_{\tau \wedge n}, \mathcal{A}_n)$ ein Martingal und es gilt*

$$EZ_\tau \geq EZ_0 = v.$$

b) *Ist $\tau^* \in \mathcal{E}$, dann ist τ^* eine optimale Stoppzeit.*

Beweis

a) Ist $\tau > n$ also auch $\tau^* > n$, dann folgt $Z_n > X_n \;[P]$. Nach Satz 5.4.8 folgt:
$Z_n = E(Z_{n+1} \mid \mathcal{A}_n)$ auf $A = \{\tau > n\} \in \mathcal{A}_n$. Daraus folgt:

$$E(Z_{\tau \wedge (n+1)} \mid \mathcal{A}_n) = Z_\tau 1_{A^c} + E(Z_{n+1} \mid \mathcal{A}_n) 1_A = Z_\tau 1_{A^c} + Z_n 1_A = Z_{\tau \wedge n}.$$

Also ist $(Z_{\tau \wedge n}, \mathcal{A}_n)$ ein Martingal und daher $EZ_{\tau \wedge n} = EZ_0, \forall n \in \mathbb{N}_0$.
Da $Z_n \leq Y_n := E(\sup_k X_k \mid \mathcal{A}_n)$ und $(Y_n, \mathcal{A}_n)$ ein gleichgradig integrierbares Martingal ist, folgt nach dem Lemma von Fatou $\forall \tau \in \mathcal{E}$:

$$\varliminf E(\underbrace{Y_{\tau \wedge n} - Z_{\tau \wedge n}}_{\geq 0}) \geq E(Y_\tau - Z_\tau).$$

Andererseits ist $EY_{\tau \wedge n} = EY_\tau$, da $(Y_n, \mathcal{A}_n)$ ein gleichgradig integrierbares Martingal ist. Es folgt daher:

$$EZ_\tau \geq \varlimsup EZ_{\tau \wedge n} = EZ_0 = v.$$

b) Ist $\tau^* \in \mathcal{E}$, dann folgt nach a)

$$EX_{\tau^*} = EZ_{\tau^*} \geq EZ_0$$
$$= \sup_{\tau \in \mathcal{E}} EX_\tau = v.$$

Also gilt die Gleichheit. □

Als Nächstes wollen wir zeigen, dass τ^* eine kleinste optimale Stoppzeit ist, wenn eine optimale Stoppzeit existiert, also wenn $\tau^* \in \mathcal{E}$. Dazu benötigen wir das folgende Lemma.

Lemma 5.4.10 *Für $\tau_1 \in \mathcal{E}$ sei $\mathcal{E}_{\tau_1} := \{\tau \in \mathcal{E}; \; \tau \geq \tau_1\}$. Dann gilt:*

$$Z_{\tau_1} = \operatorname*{ess\,sup}_{\tau \in \mathcal{E}_{\tau_1}} E(X_\tau \mid \mathcal{A}_{\tau_1})$$

und

$$EZ_{\tau_1} = \sup_{\tau \in \mathcal{E}_{\tau_1}} EX_\tau.$$

Beweis Sei $W_{\tau_1} := \operatorname{ess\,sup}_{\tau \in \mathcal{E}_{\tau_1}} E(X_\tau \mid \mathcal{A}_{\tau_1})$; für $\tau \in \mathcal{E}_{\tau_1}$ gilt: $\tau \vee n \in \mathcal{E}_n$ und $\tau = \tau \vee n$ auf $\{\tau_1 = n\}$ und daher $\sum 1_{\{\tau_1 = n\}} E(X_\tau \mid \mathcal{A}_n) = \sum 1_{\{\tau_1 = n\}} E(X_{\tau \vee n} \mid \mathcal{A}_n)$. Daraus folgt: Auf $\{\tau_1 = n\}$ gilt: $E(X_\tau \mid \mathcal{A}_{\tau_1}) = E(X_{\tau \vee n} \mid \mathcal{A}_n) \leq Z_n = Z_{\tau_1}$.
Hieraus ergibt sich:

$$W_{\tau_1} \leq Z_{\tau_1} \;[P].$$

Umgekehrt ist für $\tau \in \mathcal{E}_n$, $\tau \vee \tau_1 \in \mathcal{E}_{\tau_1}$ und $\tau = \tau \vee \tau_1$ auf $\{\tau_1 = n\}$.

5.4 Optimales Stoppen

Daraus folgt:

$$E(X_\tau \mid \mathcal{A}_n) = E(\underbrace{X_{\tau \vee \tau_1}}_{\in \mathcal{E}_{\tau_1}} \mid \mathcal{A}_{\tau_1}) \leq W_{\tau_1} \text{ auf } \{\tau_1 = n\}.$$

Es folgt also $Z_{\tau_1} \leq W_{\tau_1}$, und daher gilt Gleichheit.

Als Konsequenz ergibt sich: $EZ_{\tau_1} \geq EX_\tau, \forall \tau \in \mathcal{E}_{\tau_1}$.

Andererseits ist $\{E(X_\tau \mid \mathcal{A}_{\tau_1}); \tau \in \mathcal{E}_{\tau_1}\}$ nach oben filtrierend (vgl. den Beweis zu Satz 5.4.8). Nach Proposition 5.4.6 existiert daher eine Folge $(\tau_m) \subset \mathcal{E}_{\tau_1}$, so dass

$$Z_{\tau_1} = \lim_m \underbrace{E(X_{\tau_m} \mid \mathcal{A}_{\tau_1})}_{\uparrow m}.$$

Daraus folgt:

$$EZ_{\tau_1} = \lim_m EX_{\tau_m} \leq \sup_{\tau \in \mathcal{E}_{\tau_1}} EX_\tau$$

und damit die behauptete Gleichheit. □

Satz 5.4.11 (τ^* als kleinste optimale Stoppzeit) *Sei $(X_n, \mathcal{A}_n)$ eine stochastische Folge mit $X^* \in \mathcal{L}^1(P)$, dann gilt:*

a) *Es existiert eine optimale Stoppzeit $\Leftrightarrow \tau^* \in \mathcal{E}$.*
b) *Ist τ_0 eine optimale Stoppzeit, dann gilt: $\tau_0 \geq \tau^*$.*

Beweis Für a) wird gezeigt:
„$\Leftarrow$" gilt nach Satz 5.4.9.
„$\Rightarrow$" Sei $\tau_0 \in \mathcal{E}$ eine optimale Stoppzeit, dann folgt nach Lemma 5.4.10

$$EZ_{\tau_0} = \sup_{\tau \in \mathcal{E}_{\tau_0}} EX_\tau \leq \sup_{\tau \in \mathcal{E}} EX_\tau$$
$$= EX_{\tau_0}.$$

Da $X_{\tau_0} \leq Z_{\tau_0} [P]$, folgt: $X_{\tau_0} = Z_{\tau_0} [P]$.

Daraus folgt: $\tau^* \leq \tau_0$, also ist $\tau^* \in \mathcal{E}$ und es gilt auch b). □

Bemerkung 5.4.12

a) **Größte optimale Stoppzeit**

Sei $Z_n = M_n - A_n$ die Doob-Zerlegung von (Z_n) in ein Martingal (M_n) und einen vorhersehbaren wachsenden Prozess (A_n) (d. h. $A_n \in \mathcal{L}(\mathcal{A}_{n-1})$), $A_0 = 0$.
Sei $\tau_0 := \sup\{n \geq 0; A_n = 0\}$; dann gilt:

$$\{\tau_0 = k\} = \bigcap_{m \leq k} \{A_m = 0\} \cap \{A_{k+1} > 0\} \in \mathcal{A}_k.$$

Also ist τ_0 eine Markovzeit. Es gilt die folgende Proposition:

Proposition 5.4.13 (Größte optimale Stoppzeit)
1) *Eine Stoppzeit $\tau \in \mathcal{E}$ ist optimal $\Leftrightarrow X_\tau = Z_\tau [P]$ und $\tau \leq \tau_0$.*
2) *Ist $\tau_0 \in \mathcal{E}$, dann ist τ_0 eine größte optimale Stoppzeit.*

Zum Beweis verweisen wir auf Chow, Robbins und Siegmund (1971).

b) **ε-optimale Stoppzeiten**

Im Allgemeinen existieren keine optimalen Stoppzeiten. Es gibt aber zu $\varepsilon > 0$ **ε-optimale Stoppzeiten**, d. h. $\tau_\varepsilon \in \mathcal{E}$ mit $EX_{\tau_\varepsilon} \geq v - \varepsilon$.
So ist z. B. $\tau_\varepsilon := \inf\{n \geq 0 : X_n \geq Z_n - \varepsilon\}$ eine ε-optimale Stoppzeit.

c) **Funktionen von Markovketten**

Sei (X_n) eine Markovkette mit stationären Übergangswahrscheinlichkeiten. Für das Stoppproblem
$$\sup_{\tau \in \mathcal{E}} Eg(X_\tau)$$
für eine integrierbare Funktion g vereinfacht sich das Problem der Bestimmung der Snell'schen Hülle. Es gilt:
Sei h **kleinste superharmonische (exzessive) Majorante** von f, dann folgt:
$(Z_n) = (h(X_n))$ ist minimales majorisierendes Supermartingal von $(g(X_n))$. ⌋

Das folgende Beispiel ist ein Stoppproblem monotoner Art, bei dem eine kurzfristige optimale Strategie sich langfristig als schlecht erweist.

Beispiel 5.4.14 (Doppelt oder nichts, Probleme monotoner Art) Sei (Y_i) eine i. i. d. Folge mit $P(Y_i = 1) = P(Y_i = -1) = \frac{1}{2}$. Wir betrachten das optimale Stoppen der Folge

$$X_n := \frac{2n}{n+1} \prod_{i=1}^n (Y_i + 1) = \begin{cases} 0, & \exists i \leq n : Y_i = -1, \\ 2^{n+1} \frac{n}{n+1}, & \text{sonst.} \end{cases}$$

Der Gewinn ist 0, sobald zum ersten Mal der Wert -1 in der Folge der (Y_i) auftritt. Der Faktor $\frac{2n}{n+1}$ ist eine Sonderprämie für das Weiterspielen. Das Stoppproblem für (X_n) ist von **monotoner Art**, d. h., für $A_n := \{E(X_{n+1} \mid \mathcal{A}_n) \leq X_n\}$ gilt

$$A_1 \subset A_2 \subset \ldots \text{ und } \bigcup_{i=1}^\infty A_i = \Omega.$$

Es ist für Probleme monotoner Art naheliegend, die kurzfristig optimale Strategie zu verwenden:
$$\tau_0 := \inf\{n \geq 1; \ X_n \geq E(X_{n+1} \mid \mathcal{A}_n)\}.$$

In obigem Beispiel führt diese Strategie aber nicht zum Ziel, denn es gilt für alle $n \in \mathbb{N}$:

$$E\left(X_{n+1} \mid X_n = 2^{n+1} \frac{n}{n+1}\right) = \frac{1}{2} \frac{(n+1)2^{n+2}}{n+2}$$
$$= 2^{n+1} \frac{n+1}{n+2} > X_n;$$

5.4 Optimales Stoppen

es ist zu jedem Zeitpunkt n kurzfristig besser, nicht zu stoppen. Langfristig führt diese Strategie jedoch dazu, nie zu stoppen und als Gewinn den Wert null zu erhalten.

Durch ein Reduktionsargument lässt sich zeigen, dass man sich für dieses Stoppproblem auf Stoppzeiten der Form $\tau_k \equiv k$ beschränken kann. Es gilt:

$$EX_{\tau_k} = EX_k = \frac{1}{2^k}\frac{k 2^{k+1}}{k+1} + \left(1 - \frac{1}{2^k}\right) \cdot 0 = \frac{2k}{k+1}.$$

Daraus folgt: $v = \sup_k EX_k = 2$. Es existiert daher keine optimale Stoppzeit.

Das kleinste majorisierende Supermartingal ist:

$$Z_n = \operatorname{ess\,sup}_{\tau \in \mathcal{E}_n} E(X_\tau \mid \mathcal{A}_n) = \sup_{k \geq n} E(X_k \mid \mathcal{A}_n)$$

$$= \begin{cases} 2, & X_n > 0, \\ 0, & X_n = 0, \end{cases} \qquad Z_0 = 2. \qquad \diamond$$

Beispiel 5.4.15 (Stoppen von Maximumfolgen mit Beobachtungskosten)
Sei (X_i) eine i.i.d. Folge, $EX_1 < \infty$, $X_i \geq 0$ und sei $Y_n := \max\{X_1, \cdots, X_n\} - an$, $a > 0$, die Maximumfolge mit Beobachtungskosten an.

Gesucht ist eine Lösung für das Stoppproblem: $\sup_{\tau \in \mathcal{E}} EY_\tau$.

1. Schritt Betrachte Stoppzeiten der Form: $\tau_\alpha := \inf\{n \geq 1;\ X_n \geq \alpha\}$, $\alpha > 0$.

Mit $p := P(X_1 \geq \alpha) > 0$ ist $\tau_\alpha \sim \mathcal{G}(p)$ geometrisch verteilt mit $E\tau_\alpha = \frac{1}{p}$; insbesondere ist $\tau_\alpha \in \mathcal{E}$. Es gilt:

$$EX_{\tau_\alpha} = \sum_{k=1}^\infty EX_k \mathbb{1}_{\{\tau_\alpha = k\}} = \sum_{k=1}^\infty EX_k \mathbb{1}_{\{\tau_\alpha \geq k\}} \mathbb{1}_{\{X_k \geq \alpha\}}$$

$$= \sum_{k=1}^\infty P(\tau_\alpha \geq k) EX_1 \mathbb{1}_{\{X_1 \geq \alpha\}} \quad \text{da } \{\tau_\alpha \geq k\} = \{\tau_\alpha < k\}^c \in \mathcal{A}_{k-1}$$

$$= \sum_{k=1}^\infty P(\tau_\alpha \geq k)[\underbrace{E(X_1 - \alpha)_+}_{=:a_\alpha} + \alpha p]$$

$$= (a_\alpha + \alpha p) E\tau_\alpha = \frac{a_\alpha}{p} + \alpha.$$

Mit $x^- := x_-$ ist $EY_{\tau_\alpha}^- = E(X_{\tau_\alpha} - a\tau_\alpha)_- \leq \underbrace{EX_{\tau_\alpha}^-}_{=0} + \alpha E\tau_\alpha < \infty$. Daraus folgt: EY_{τ_α}

existiert und $EY_{\tau_\alpha} = EX_{\tau_\alpha} - aE\tau_\alpha = \frac{a_\alpha - a}{p} + \alpha$.

2. Reduktionsargument
Sei $\tau \in \mathcal{E}$ mit EY_τ endlich (also $E\tau < \infty$) und wähle β so, dass

$$E(X_i - \beta)_+ = a. \tag{5.13}$$

β ist eindeutig; denn die Funktion $g(c) := E(X_i - c)_+$ ist $\downarrow$, stetig und $g(c) \downarrow 0$ für $c \to \infty$, $g(c) \to \infty$ für $c \to -\infty$. g ist streng monoton in c, wenn $g(c) > 0$. Für $\alpha > \beta$ gilt: $Y_n \leq \alpha + \sum_{i=1}^{n}[(X_i - \alpha)_+ - a]$ und $E[(X_1 - \alpha)_+ - a] < 0$. Daraus folgt nach der Wald'schen Gleichung

$$EY_\tau \leq \alpha + E \sum_{i=1}^{\tau}[(X_i - \alpha)_+ - a] < \alpha, \ \forall \alpha > \beta.$$

Daraus folgt: $EY_\tau \leq \beta$. Für $\alpha = \beta$ ist $a_\alpha = a$ also $EY_{\tau_\alpha} = \beta$.

Daraus folgt: τ_β mit β Lösung von (5.13) ist eine optimale Stoppzeit für das Stoppen der Maximumfolge (Y_n) mit Beobachtungskosten. Es gilt:

$$v = EY_{\tau_\beta} = \beta.$$

$\diamond$

5.5 Subadditivität und Konzentrationsungleichungen

Die Subadditivität von Folgen und Zufallsvariablen ist eine Eigenschaft, die es erlaubt, eine Reihe kombinatorischer Optimierungsprobleme zu behandeln und deren Lösungen zu untersuchen. Beispiele dieser Art finden sich bei geometrischen Optimierungsproblemen für Punkte im euklidischen Raum wie z. B. dem Traveling Salesman Problem, dem Minimum Spanning Tree oder dem Matching mit minimaler Länge. Aber auch nichtgeometrische Probleme wie das Problem der längsten gemeinsamen Teilfolge oder der längsten wachsenden Teilfolge gehören zu diesem Themenkreis.

Martingale bilden ein Mittel zur Untersuchung solcher Funktionale durch die Möglichkeit, ein Funktional in ein Martingal einzubetten. Eine auf Azuma und Hoeffding zurückgehende Ungleichung ermöglicht es, für eine Reihe dieser stochastischen Größen zu zeigen, dass sie sich stark an ihren Erwartungswerten konzentriere, so dass als Folge die Asymptotik bestimmt werden kann. Ausführliche Untersuchungen und Anwendungen der Subadditivität finden sich insbesondere in Steele (1997), in Yukich (1998) und in Penrose und Yukich (2001).

5.5.1 Subadditive Folgen und Konzentrationsungleichungen

Definition 5.5.1 (Subadditive reelle Folgen) *Eine reelle Folge* $(a_n)_{n \in \mathbb{N}} \subset \mathbb{R}^1$ *heißt* **subadditiv***, wenn*

$$a_{m+n} \leq a_m + a_n, \quad \forall m, n \in \mathbb{N}.$$

(a_n) *heißt* **superadditiv***, wenn* $a_{m+n} \geq a_m + a_n$, $\forall m, n \in \mathbb{N}$.

5.5 Subadditivität und Konzentrationsungleichungen

Bemerkung 5.5.2 (Partitionierungsalgorithmen) *Subadditive Folgen treten bei vielen kombinatorischen Optimierungsproblemen im Zusammenhang mit Partitionierungsalgorithmen auf. Sei etwa X_n der (stochastische) Aufwand, um ein Problem der Größe n zu lösen, dann gilt im einfachsten Fall*

$$X_{m+n} \leq X_m + X_n$$

nach Zerlegung des Problems der Länge $m + n$ in zwei Teilprobleme der Längen m, n, d. h., (X_n) ist subadditiv. Sei $a_n := EX_n$, dann folgt (a_n) ist subadditiv.

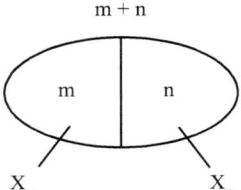

Für subadditive reelle Folgen gilt das folgende klassische Resultat von Fekete (1923).

Proposition 5.5.3 (Fekete-Lemma) *Sei $(a_n) \subset \mathbb{R}$ eine subadditive Folge, dann gilt:*

$$\gamma := \lim_n \frac{a_n}{n} \ \text{existiert und} \ \gamma = \inf_n \frac{a_n}{n}, \quad \gamma \in [-\infty, \infty).$$

Beweis
1. **Fall** $\gamma := \inf_n \frac{a_n}{n} > -\infty$. Sei $a_0 := 0$; zu $\varepsilon > 0$ existiert k, so dass: $a_k \leq (\gamma + \varepsilon)k$.
   Für $m \in \mathbb{N}$ sei $m = nk + j$, $0 \leq j < k$, dann gilt:

   $$a_m = a_{nk+j} \leq na_k + a_j$$
   $$\leq (\gamma + \varepsilon)nk + \max_{0 \leq l < k} a_l.$$

   Daraus folgt:

   $$\overline{\lim}_m \frac{a_m}{m} \leq \gamma + \varepsilon \leq \underline{\lim}_m \frac{a_m}{m} + \varepsilon, \tag{5.14}$$

   denn wegen $a_{nk} \leq na_k$ gilt $\frac{a_{nk}}{nk} \leq \frac{a_k}{k}$ und daher: $\gamma = \underline{\lim} \frac{a_n}{n}$.
   Aus (5.14) folgt daher: $\lim_m \frac{a_m}{m} = \gamma$.

2. **Fall** $\gamma = -\infty$. Sei $\gamma_r := \max\{r, \gamma\}$; dann folgt $\gamma_r \downarrow -\infty$. Also existiert zu $\varepsilon > 0$ ein $k \in \mathbb{N}$ mit $a_k \leq (\gamma_r + \varepsilon)k$.
   Wieder aus (5.14) folgt hieraus die Behauptung. □

Beispiel 5.5.4 (Längste gemeinsame Teilfolge) Sei $A = \{a_1, \ldots, a_m\}$ eine endliche Menge. Ein n-Tupel $u = (u_1, \ldots, u_n) \in A^n$ heißt **String** der Länge n. Für Strings u, v der Länge n bezeichne

$$L_n := L_n(u, v) := \max\{k \leq n;\ \exists i_1 < \ldots < i_k,\ \exists j_1 < \ldots < j_k :$$
$$u_{i_l} = v_{j_l},\ l = 1, \ldots, k\}$$

die Länge der **längsten gemeinsamen Teilfolge** von u, v. L_n ist ein Maß für die Ähnlichkeit von u, v.

In der **DNA-Sequenzanalyse** sei A die Menge der DNA-Basen, $A = \{$Adenin, Cytosin, Thymin, Guanin$\}$. Zwei DNA-Strings mit gemeinsamer evolutionärer Geschichte haben lange gemeinsame Teilfolgen. Der Verwandtschaftsgrad von zwei Organismen lässt sich durch das Auffinden des nächsten gemeinsamen Vorfahren bestimmen.

Als Referenzgröße für einen Vergleich betrachten wir zwei unabhängige identisch verteilte Folgen $X = (X_1, \ldots, X_n)$ und $Y = (Y_1, \ldots, Y_n)$ in A mit $p_i := P(X_1 = a_i)$, $q_i := P(Y_1 = a_i)$, $1 \leq i \leq n$. Sei $L_n = L_n(X, Y) = L_n(Z_1, \ldots, Z_n)$, $Z_i = (X_i, Y_i)$. Dann gilt:

$$L_{n+m}(Z_1, \ldots, Z_{m+n}) \geq L_m(Z_1, \ldots, Z_m) + L_n(Z_{m+1}, \ldots, Z_{m+n}).$$

Die Folge $a_n := -EL_n(Z_1, \ldots, Z_n)$ ist daher subadditiv. Nach Proposition 5.5.3 folgt:

$$\lim_n \frac{1}{n} EL_n = \gamma_{LCS} = \sup_n \frac{1}{n} EL_n \in [0, 1], \quad \gamma = \gamma((p_i), (q_i)).$$

Ist $|A| = 2$, $p_1 = p_2 = q_1 = q_2 = \frac{1}{2}$, d.h. X und Y sind zwei Münzwurffolgen.

$$\begin{array}{ccccccccc}
H & & H & & T & & H & & H & & T & & H & & H & & T \\
 & \searrow & & \searrow & & \searrow & & \searrow & & | & & \searrow & & | \\
T & & H & & H & & T & & H & & T & & T & & H & & T
\end{array}$$

Dann besteht für die Konstante $c_2 = \gamma_{LCS}$ die Vermutung: $c_2 = \frac{2}{1+\sqrt{2}} \sim 0{,}828427$.
Bekannt ist: $0{,}7615 \leq c_2 \leq 0{,}837$. ◇

Beispiel 5.5.5 (Euklidisches Traveling Salesman Problem (TSP)) Sei $(Y_i)_i$ eine i.i.d. Folge gleichverteilter Zufallsvariablen auf $[0, 1]^2$. Sei

$$D_n := \min_{\sigma \in \gamma_n} \sum_{i=1}^n \|Y_{\sigma(i)} - Y_{\sigma(i+1)}\|,$$

mit $\sigma(n+1) = \sigma(1)$, $\|\ \|$ die euklidische Norm. D_n ist die minimale Tourlänge einer Rundtour durch $Y_1, \ldots, Y_n$ für das TSP. Im Unterschied zu dem Fall subadditiver Folgen ist die Ordnung von ED_n nicht linear, sondern von der Ordnung $\sqrt{n}$.

5.5 Subadditivität und Konzentrationsungleichungen

Proposition 5.5.6 *Für das TSP gilt:*

a) $ED_n \leq 2\sqrt{n}$, b) $ED_n \geq \frac{1}{2}\sqrt{n}$ und c) $\frac{ED_n}{\sqrt{n}} \longrightarrow \beta_{TSP}$.

Beweis

a) Sei $m := \max\{k \geq 1;\ k^2 < n\} = \lfloor\sqrt{n}\rfloor$ und betrachte eine Zerlegung von $[0,1]^2$ in $m \times m$ Teilquadrate I der Seitenlänge $\frac{1}{m}$.

Für $x, y \in I$ ist $\|x - y\| \leq \frac{\sqrt{2}}{m} \leq \frac{2}{\sqrt{n}}$.

Da $m^2 < n$, existieren $j \neq k$ und es existiert ein Teilquadrat I mit $Y_j, Y_k \in I$. Sei T eine minimale Tour durch $(Y_i)_{i \neq k}$. Für den Index i, so dass $Y_i \longrightarrow Y_j$ in T, ersetze die Verbindung $Y_i \longrightarrow Y_j$ durch $Y_i \longrightarrow Y_k \longrightarrow Y_j$. Dann folgt:

$$\|Y_i - Y_k\| + \|Y_k - Y_j\| \leq \|Y_i - Y_j\| + 2\|Y_k - Y_j\| \leq \|Y_i - Y_j\| + \frac{4}{\sqrt{n}}.$$

Daher folgt: $D_n \leq D_{n-1} + \frac{4}{\sqrt{n}}$ und mit $M_n := \sup_\omega D_n(\omega) : M_n \leq M_{n-1} + \frac{4}{\sqrt{n}}$. Hieraus ergibt sich durch Iteration:

$$M_n \leq \sum_{i=1}^{n} \frac{4}{\sqrt{i}} \leq 4 \int_0^n \frac{1}{\sqrt{x}} dx = 2\sqrt{n} \quad \text{und} \quad ED_n \leq M_n \leq 2\sqrt{n}.$$

b) Für die untere Schranke gilt:

$$ED_n \geq \sum_{i=1}^{n} E \min_{j \neq i} \|Y_j - Y_i\|$$

$$= nE \min_{j \neq n} \|Y_j - Y_n\| = nE_y E\left(\min_{j \neq n} \|Y_j - y\| \,\Big|\, Y_n = y\right)$$

$$= nE_y E \min_{j \neq n} \|Y_j - y\|.$$

Wegen

$$P\left(\min_{j \neq n} \|Y_j - y\| \geq r\right) \geq P\left(\min_{j \neq n} \|Y_j\| \geq r\right) = (1 - \pi r^2)^{n-1}$$

folgt

$$E \min_{j \neq n} \|Y_j - y\| \geq \int_0^{\frac{1}{\sqrt{\pi}}} (1 - \pi r^2)^{n-1} dr. \tag{5.15}$$

Hieraus ergibt sich qualitativ die untere Schranke mit der Approximation $(1-x)^n \sim e^{-nx}$; also ist (5.15) $\approx \int_0^{\frac{1}{\sqrt{\pi}}} e^{-\pi(n-1)r^2} dr \approx \frac{1}{2} \int_{-\infty}^{\infty} e^{-\pi n r^2} dr = \frac{1}{2\sqrt{n}}$. Mit etwas Aufwand lässt sich diese Approximation rechtfertigen.

c) Diese Eigenschaft ergibt sich daraus, dass sich die Länge D_n der Traveling Salesman Tour hinreichend gut approximieren lässt durch die Summe der TSP-Touren in einer Zerlegung von $[0, 1]^2$ in m^2 Teilquadrate Q_i der Seitenlängen $\frac{1}{m}$ (wie oben). Für Details zu diesem Argument vgl. Steele (1997, Chapter 2, Lemma 2.4.1). □

◇

Die nun folgende Azuma-Hoeffding-Ungleichung ermöglicht es, die Analyse des Verhaltens von Erwartungswerten von Funktionalen auf das asymptotische Verhalten der Funktionale zu übertragen. Viele Funktionale sind stark an ihren Erwartungswerten konzentriert. Man nennt Ungleichungen über die Abweichungen vom Mittelwert auch **Konzentrationsungleichungen**.

Satz 5.5.7 (Azuma-Hoeffding-Ungleichung) *Sei $X = (X_n, \mathcal{A}_n)_{n \geq 0}$ ein Martingal mit $X_0 = 0$ und es existieren $(c_n) \subset \mathbb{R}_+$ mit $|X_n - X_{n-1}| \leq c_n \, [P]$, $n \in \mathbb{N}$. Dann gilt:*

a) $Ee^{\beta X_n} \leq e^{\frac{\beta^2}{2} \sum_{k=1}^n c_k^2}$, $\forall \beta > 0$,

b) *Für die* $P(X_n \geq \lambda) \leq e^{-\frac{\lambda^2}{2\sum_{k=1}^n c_k^2}}$, $\forall \lambda > 0$,

c) $P(|X_n| \geq \lambda) \leq 2e^{-\frac{\lambda^2}{2\sum_{k=1}^n c_k^2}}$, $\forall \lambda > 0$.

Beweis
a) Die Exponentialfunktion $x \longrightarrow e^x$ ist konvex.
Für alle $\alpha \in (0, 1)$, $u, v \in \mathbb{R}^1$ gilt also:
$$e^{\alpha u + (1-\alpha)v} \leq \alpha e^u + (1-\alpha)e^v.$$

Mit $u := -\beta c$, $v := \beta c$, $\alpha := \frac{c-x}{2c}$, $x \in [-c, c]$ folgt:
$$e^{\beta x} \leq \frac{c-x}{2c} e^{-\beta c} + \frac{c+x}{2c} e^{\beta c}.$$

Mit $x \longrightarrow X_n - X_{n-1}$, $c \longrightarrow c_n$ und $E(X_n - X_{n-1} \mid \mathcal{A}_{n-1}) = 0$ folgt:
$$\begin{aligned} Ee^{\beta X_n} &= EE\left(e^{\beta X_n} \mid \mathcal{A}_{n-1}\right) \\ &= Ee^{\beta X_{n-1}} E\left(e^{\beta(X_n - X_{n-1})} \mid \mathcal{A}_{n-1}\right) \\ &\leq Ee^{\beta X_{n-1}} \left(\frac{c_n - \gamma}{2c_n} e^{-\beta c_n} + \frac{c_n + 0}{2c_n} e^{\beta c_n}\right) \\ &\leq Ee^{\beta X_{n-1}} \frac{e^{-\beta c_n} + e^{\beta c_n}}{2} \leq Ee^{\beta X_{n-1}} e^{\frac{\beta^2}{2} c_n}, \end{aligned}$$

da $\cosh x \leq e^{\frac{x^2}{2}}$; diese Ungleichung folgt aus dem Vergleich der Taylor-Reihen. Behauptung a) folgt nun durch Induktion.

b) Nach der Markov-Ungleichung gilt:
$$P(X_n \geq \lambda) \leq E e^{\beta X_n} e^{-\beta \lambda}$$
$$\underset{a)}{\leq} e^{\frac{\beta^2}{2} \sum_{k=1}^n c_k^2 - \beta \lambda}.$$

Die rechte Seite wird minimal für $\beta = \frac{\lambda}{\sum_{k=1}^n c_k^2}$. Es folgt die Behauptung.

c) folgt analog zu b) angewendet auf $-X_n$. □

Eine analoge Ungleichung gilt auch für Martingale (X_n) mit $EX_n = \mu$. Dann gilt die Abschätzung für die Wahrscheinlichkeiten der Form $P(X_n - \mu \geq \lambda) \leq \ldots$ Als Folgerung ergibt sich insbesondere im Binomialfall die Bernstein-Ungleichung.

Korollar 5.5.8 (Bernstein-Ungleichung) *Sei* (Y_i) *eine i.i.d. Bernoulli-Folge,* $Y_i \sim \mathcal{B}(1, \vartheta)$ *und* $S_n = \sum_{i=1}^n Y_i$, *dann gilt:*

$$P(|S_n - n\vartheta| \geq \lambda) \leq 2 e^{-\frac{\lambda^2}{2n}}.$$

Beweis Mit $c_n = 1$ gilt $|Y_n - \vartheta| \leq c_n$.
$(S_n - n\vartheta)$ ist ein Martingal. Also gilt nach Satz 5.5.7

$$P(|S_n - n\vartheta| \geq \lambda) \leq 2 e^{-\frac{\lambda^2}{2n}}. \qquad \square$$

Für $\vartheta = \frac{1}{2}$ ergibt sich die bessere Schranke $2 e^{-\frac{2\lambda^2}{n}}$ mit $c_n = \frac{1}{2}$.

5.5.2 Einbettung eines Funktionals in ein Martingal

Seien $Y_1, \ldots, Y_n$ unabhängige Zufallsvariablen und $Z = f(Y_1, \ldots, Y_n)$ ein interessierendes Funktional. Dann lässt sich Z auf folgende Weise in ein Martingal einbetten.

Sei $\mathcal{A}_i := \sigma(Y_1, \ldots, Y_i)$ und $X_i := E(Z \mid \mathcal{A}_i)$. Dann ist $(X_i, \mathcal{A}_i)_{1 \leq i \leq n}$ ein Martingal mit $X_n = Z$. Das Martingal $(X_i, \mathcal{A}_i)$ beschreibt sukzessive den Einfluss der Zufallsvariablen $(Y_1, \ldots, Y_i)$ auf Z.

Als Korollar der Azuma-Hoeffding-Ungleichung erhalten wir eine exponentielle Tail-Schranke für Z unter einer Beschränktheitsannahme von f in den Komponenten.

Korollar 5.5.9 (Exponentielle Tail-Schranke für Funktionen) *Seien* (Y_i) *unabhängig,* $Z = f(Y_1, \ldots, Y_n)$ *und es gelte* $\forall y_j, v_i,$ *und* $1 \leq i \leq n$

$$|f(y_1, \ldots, y_{i-1}, y_i, y_{i+1}, \ldots, y_n) - f(y_1, \ldots, y_{i-1}, v_i, y_{i+1}, \ldots, y_n)| \leq c_i. \quad (5.16)$$

Dann gilt:
$$P(|Z| \geq \lambda) \leq 2 e^{-\frac{\lambda^2}{2 \sum_{k=1}^n c_k^2}}.$$

Beweis Wir betrachten das eingebettete Martingal $(X_i, \mathcal{A}_i)$. Sei

$$\begin{aligned}
f_i(y_1,\ldots,y_i) &:= E(Z | Y_1 = y_1, \ldots, Y_i = y_i) \\
&= E(E(Z|Y_1,\ldots,Y_n) | Y_1 = y_1, \ldots, Y_i = y_i) \\
&= \int E(Z | Y_1 = y_1, \ldots, Y_i = y_i, Y_{i+1} = v_{i+1}, \ldots, Y_n = v_n) \\
&\quad dP^{(Y_{i+1},\ldots,Y_n)|Y_1=y_1,\ldots,Y_i=y_i}(v_{i+1},\ldots,v_n) \\
&= \int f(y_1,\ldots,y_i, v_{i+1},\ldots,v_n)\, dP^{(Y_{i+1},\ldots,Y_n)}(v_{i+1},\ldots,v_n)
\end{aligned}$$

wegen der Unabhängigkeit der (Y_i). Ebenso gilt:

$$\begin{aligned}
E(Z|Y_1 &= y_1, \ldots, Y_{i-1} = y_{i-1}) = f_{i-1}(y_1,\ldots,y_{i-1}) \\
&= \int f(y_1,\ldots y_{i-1}, v_i, v_{i+1}, \ldots, v_n)\, dP^{(Y_i,\ldots,Y_n)}(v_i,\ldots,v_n).
\end{aligned}$$

Daraus folgt nach Annahme (5.16):

$$\begin{aligned}
|X_i - X_{i-1}| &= |f_i(Y_1,\ldots,Y_i) - f_{i-1}(Y_1,\ldots,Y_{i-1})| \\
&\leq \int |f(Y_1,\ldots,Y_{i-1}, Y_i, v_{i+1}, \ldots v_n) \\
&\quad - f(Y_1,\ldots,Y_{i-1}, v_i, \ldots, v_n)|\, dP^{(Y_1,\ldots,Y_n)}(v_i,\ldots,v_n) \\
&\leq c_i, \quad 1 \leq i \leq n.
\end{aligned}$$

Die exponentielle Tail-Schranke folgt nun nach der Azuma-Hoeffding-Ungleichung in Satz 5.5.7. □

Beispiel 5.5.10 (Längste gemeinsame Teilfolge)
Seien $X = (X_1,\ldots,X_n)$, $Y = (Y_1,\ldots,Y_n)$ unabhängige Folgen von Zufallsvariablen mit Werten in einem endlichen Alphabet $A = \{a_1,\ldots,a_m\}$ (vgl. Beispiel 5.5.4), und sei $L_n = L_n(X,Y) = L_n(Z_1,\ldots,Z_n)$, $Z_i = (X_i, Y_i)$ die Länge der längsten gemeinsamen Teilfolge. Definiere $\mathcal{A}_i := \sigma(Z_1,\ldots,Z_i)$ und $W_i := E(L_n \mid \mathcal{A}_i)$. Dann ist $(W_i, \mathcal{A}_i)$ das von L_n erzeugte Martingal mit $W_n = L_n$.

Gesucht ist eine Schranke für (5.16) in Korollar 5.5.9. Betrachten wir eine Änderung an der i-ten Stelle $z_i = (x_i, y_i) \longrightarrow z_i^* = (x_i^*, y_i^*)$ der zugehörigen Vektoren $z \longrightarrow z^*$. Die Änderung von $x_i \longrightarrow x_i^*$ erzeugt oder zerstört in der längsten gemeinsamen Teilfolge von z höchstens einen Match; ebenso die Änderung von $y_i \longrightarrow y_i^*$.

$$\begin{array}{ccccccc}
x_1 & x_2 & \cdots & \cdots & x_i & \cdots\cdots & x_n \\
& \searrow & \searrow & & \searrow & & \searrow \\
y_1 & y_2 & y_3 & \cdots\cdots & y_i & \cdots\cdots & y_n
\end{array}$$

5.5 Subadditivität und Konzentrationsungleichungen

Daraus folgt:
$$|L_n(z) - L_n(z^*)| \leq 2.$$
Also ist Bedingung (5.16) aus Korollar 5.5.9 erfüllt mit $c_i = 2$, $\forall i$ und es folgt die exponentielle Tail-Schranke.
$$P(|L_n - EL_n| \geq \lambda\sqrt{n}) \leq 2e^{-\frac{\lambda^2}{8}}. \tag{5.17}$$

Als Folgerung aus (5.17) und Proposition 5.5.3 ergibt sich nun ein starkes Gesetz großer Zahlen für L_n.

Satz 5.5.11 (Starkes Gesetz großer Zahlen für die längste gemeinsame Teilfolge) Seien X, Y unabhängige, identisch verteilte Zeichenketten in A. Dann gilt für die Länge L_n der längsten gemeinsamen Teilfolge:
$$\frac{L_n}{n} \longrightarrow \gamma_{LCS} \; [P] \text{ mit } \gamma_{LCS} = \lim_n \frac{EL_n}{n}.$$

Beweis Nach Beispiel 5.5.4 ist EL_n subadditiv. Nach Proposition 5.5.3 folgt also die Existenz des Limes $\gamma_{LCS} = \lim_n \frac{EL_n}{n}$.
Nach Korollar 5.5.9 folgt für alle $t > 0$:
$$\sum_n P\left(\left|\frac{L_n - EL_n}{n}\right| \geq t\right) \leq 2\sum_n e^{-\frac{t^2 n}{8}} < \infty,$$
also vollständige Konvergenz von $\left(\frac{L_n - EL_n}{n}\right)$.

Es folgt:
$$\frac{L_n - EL_n}{n} \longrightarrow 0 \; [P] \quad \text{und daher} \quad \frac{L_n}{n} \longrightarrow \gamma_{LCS} \; [P]. \qquad \square$$

$\diamond$

Beispiel 5.5.12 (Traveling Salesman Problem (TSP)) Seien $Y_1, \ldots, Y_n$ i.i.d. gleichverteilt in $[0,1]^2$ und $D_n := \min_{\sigma \in \gamma_n} \sum_{i=1}^n \|Y_{\sigma(i)} - Y_{\sigma(i+1)}\|$ das **Traveling-Salesman-Funktional**. Hierfür gilt kein direktes Subadditivitätsargument, denn nach Proposition 5.5.6 gilt
$$\frac{ED_n}{\sqrt{n}} \longrightarrow \beta_{TSP} \quad \text{und} \quad 0 < \beta_{TSP} < 1. \tag{5.18}$$
Es gilt nun das folgende zentrale Beardwood-Halton-Hammersley-Konvergenztheorem.

Satz 5.5.13 (Beardwood-Halton-Hammersley-Theorem) Für das normierte Traveling Salesman Funktional gilt P-f. s. Konvergenz, d. h.
$$\frac{D_n}{\sqrt{n}} \longrightarrow \beta_{TSP} \; [P].$$

Beweis Für $D_n = f_n(Y_1, \ldots, Y_n)$, weisen wir die komponentenweise Beschränktheitsbedingung (5.16) aus Korollar 5.5.9 nach.

Sei zu gegebenen $i \leq n$, $S = \{y_1, \ldots, y_{i-1}, y_{i+1}, \ldots, y_n\}$; wie im Beweis zu Proposition 5.5.6 erhalten wir nach dem Schubfachprinzip die folgende Ungleichung für einen geeignet gewählten Index $i \leq n$.

1. Fall: $i < n$:

$$f_{n-1}(S) \leq f_n(S \cup \{y_i\}) \leq f_{n-1}(S) + 2\min_{j>i}\|y_j - y_i\|$$

und $f_{n-1}(S) \leq f_n(S \cup \{v_i\}) \leq f_{n-1}(S) + 2\min_{j>i}\|y_j - v_i\|$.
Daraus folgt:

$$|f_n(S \cup \{y_i\}) - f_n(S \cup \{v_i\})|$$
$$\leq 2\min_{j>i}\|y_j - y_i\| + 2\min_{j>i}\|y_j - v_i\|.$$

Es gilt also für das erzeugte Martingal (X_j):

$$|X_i - X_{i-1}| \leq 2E\min_{j>i}\|Y_j - y_i\| + 2E_i\min_{j>i}\|Y_j - Y_i\|;$$

E_i bedeutet dabei das Integral über die i-te Komponente. Wegen

$$P\left(\min_{j>i}\|Y_j - y\| \geq r\right) \leq \left(1 - \frac{\pi r^2}{4}\right)^{n-i} \leq e^{-\frac{(n-i)\pi r^2}{4}},$$

da $(1-x)^n \leq e^{-nx}$, $0 \leq x \leq 1$, folgt:

$$E\min_{j>i}\|Y_j - y\| \leq \int_0^\infty e^{-\frac{(n-i)\pi r^2}{4}}dr$$
$$= \frac{1}{2}\int_{-\infty}^\infty e^{-\frac{(n-i)\pi r^2}{4}}dr = \frac{1}{\sqrt{n-i}}.$$

Daher ergibt sich: $|X_i - X_{i-1}| \leq \dfrac{4}{\sqrt{n-i}}$.

Im Fall $i = n$ gilt die triviale Schranke: $|X_n - X_{n-1}| = |D_n - X_{n-1}| \leq 2\sqrt{2}$.

Daraus folgt: $\sum_{i=1}^n c_i^2 \leq (2\sqrt{2})^2 + 4^2\sum_{i=1}^{n-1}\frac{1}{n-i} \leq 8 + 16(\ln n + 1)$

und damit nach Korollar 5.5.9 $P(|D_n - ED_n| \geq \lambda) \leq 2e^{-\frac{\lambda^2}{64+32\ln n}}$.

Mit der Asymptotik von ED_n in (5.18) folgt hieraus wie beim LCS-Problem die Aussage des BHH-Theorems: $\frac{D_n}{\sqrt{n}} \longrightarrow \beta_{TSP}\ [P]$. □

◇

Bemerkung 5.5.14

a) **Verallgemeinertes Beardwood-Halton-Hammersley-Theorem**
   Allgemeiner gilt für i. i. d. Folgen (Y_i) mit einer Verteilung μ in $\mathbb{R}^d$ mit kompaktem Träger:
   $$\frac{D_n}{n^{\frac{(d-1)}{d}}} \longrightarrow \beta_{TSP}(d) \int_{\mathbb{R}^d} f(x)^{\frac{(d-1)}{d}} \, dx \, [P],$$
   wobei f die Dichte des absolut stetigen Teils der Verteilung μ ist (vgl. Steele (1997, Theorem 2.4.2)). Analoga gelten auch im Fall nichtkompakter Träger.
   Ähnliche Grenzwertsätze gelten auch für allgemeinere Klassen **euklidischer Funktionale** wie z. B. für das minimal matching, minimal spanning tree u. a. unter geeigneten Glattheitsbedingungen, vgl. Steele (1997) und Penrose und Yukich (2001).

b) **Polynomielle Approximationsalgorithmen**
   Basierend auf dem klassischen BHH-Theorem von 1959 konstruierte Karp (1977) einfache polynomielle **Partitionsalgorithmen** für das TSP (**divide and conquer Algorithmen**), die approximativ optimal sind. Partitionsalgorithmen zerlegen das Optimierungsproblem in hinreichend kleine Teilprobleme, lösen diese und setzen dann die Teillösungen zu einer Gesamtlösung zusammen. Nach Papadimitriou und Steiglitz (1998) gehört das TSP zu der Klasse der (schwierigen) NP-vollständigen Probleme. Sei $\widehat{D}_n$ die Länge der Tour des Karp'schen Partitionsalgorithmus, dann gilt
   $$\widehat{D}_n \leq D_n + R_n \text{ mit } R_n = o_P\left(\frac{1}{\sqrt{n}}\right)$$
   und es gilt für alle $\varepsilon > 0$:
   $$\sum_n P(\widehat{D}_n > D_n(1+\varepsilon)) < \infty,$$
   insbesondere gilt
   $$\frac{\widehat{D}_n}{D_n} \longrightarrow 1 \, [P].$$
   Ähnliche einfache polynomielle Partitionsalgorithmen, die die typischerweise schwierigen kombinatorischen Optimierungsprobleme approximativ lösen, wurden basierend auf den entsprechenden Grenzwertsätzen für eine Fülle weiterer euklidischer und nicht-euklidischer Funktionale gefunden.

Einführung in stochastische Prozesse 6

Stochastische Prozesse $X = (X_t)_{t \in I}$ beschreiben die zeitliche oder räumliche Entwicklung eines zufälligen Geschehens. Als Zeitbereich I werden häufig $I = [0, \infty) \sim$ stetige Zeit oder $I = \mathbb{N}_0$ oder $\mathbb{Z} \sim$ diskrete Zeit verwendet. In manchen Anwendungen sind auch räumliche Entwicklungen von Interesse, $I = [a, b]^d$ oder $\mathbb{N}^d$ o. Ä. Die Werte der Zufallsvariablen X_t liegen in $(E, \mathcal{B})$, einem vollständigen, separablen metrischen, äquivalent in einem polnischen Raum; typischerweise sind dies $E = \mathbb{R}^1$ oder $\mathbb{R}^k$.

In Kap. 3 wurde gezeigt, dass mit Hilfe des Kolmogorov'schen Konsistenzsatzes zu einer vorgegebenen konsistenten Familie $(P_J)_{J \in \mathcal{P}_0(I)}$ von endlich-dimensionalen Verteilungen ein **projektiver Limes** P_I auf dem Produktraum $(E^I, \mathcal{B}^I)$ existiert mit $P_I^{\pi_J} = P_J$, $J \in \mathcal{P}_0(I)$. Äquivalent dazu ist die Existenz eines Prozesses $X = (X_t)_{t \in I}$ mit $X_J \sim P_J$, $J \in \mathcal{P}_0(I)$ über die Standardkonstruktion. Als eine wesentliche Beispielklasse wird in Abschn. 6.3 die Klasse der Lévy-Prozesse eingeführt. In diesem Abschnitt wird behandelt, wie sich Prozesse mit besonderen Pfadeigenschaften, wie z. B. Stetigkeit, konstruieren lassen. Als zentrales Beispiel behandeln wir die Brown'sche Bewegung und beschreiben an diesem Beispiel, wie allgemeine Eigenschaften wie die (starke) Markoveigenschaft oder die Martingaleigenschaft genutzt werden können, um interessantes Pfadverhalten und wichtige Verteilungseigenschaften daraus herzuleiten. Wir beschreiben auch einen grundlegenden Zusammenhang mit der Analysis und geben eine Anwendung auf das Dirichlet-Problem. Im abschließenden Abschnitt behandeln wir das Donsker'sche Invarianzprinzip, das die besondere Bedeutung der Brown'schen Bewegung verdeutlicht.

6.1 Prozesse mit vorgegebener Pfadmenge und Karhunen-Loève-Entwicklung

Zu einem stochastischen Prozess $X = (X_t)_{t \in I}$ auf einen geeigneten Wahrscheinlichkeitsraum $(\Omega, \mathcal{A}, P)$ mit Werten in $(E, \mathcal{B})$ bezeichne $\{t \longrightarrow X_t(\omega); \omega \in \Omega\} \subset E^I$ die Menge der **Pfade** von X. Die grundlegende Fragestellung dieses Abschnitts ist,

Bedingungen dafür anzugeben, dass sich ein Prozess mit vorgegebenen endlich-dimensionalen Verteilungen konstruieren lässt mit Pfaden in einer vorgegebenen Pfadmenge $\widetilde{\Omega} \subset E^I$.

Definition 6.1.1 (Wesentliche Mengen) *Sei $(P_J)_{J \in \mathcal{P}_0(I)}$ eine konsistente Familie von Wahrscheinlichkeitsmaßen auf $(E^J, \mathcal{B}^J)$, $J \in \mathcal{P}_0(I)$.*

$\widetilde{\Omega} \subset E^I$ *heißt* **wesentlich**
$\Leftrightarrow$ $\exists$ *stochastischer Prozess $X = (X_t)_{t \in I}$ auf einem geeigneten Wahrscheinlichkeitsraum $(\Omega, \mathcal{A}, P)$ mit $P^{X_J} = P_J$, $\forall J \in \mathcal{P}_0(I)$ und $\{Pfade\ von\ X\} \subset \widetilde{\Omega}$.*

Definition 6.1.2 (Äquivalente Prozesse, projektiver Limes)
a) *Zwei stochastische Prozesse X und $\widetilde{X}$ heißen* **äquivalent**, *wenn sie dieselben endlichdimensionalen Randverteilungen haben, d. h. wenn für alle $J \in \mathcal{P}_0(I)$ gilt*

$$X_J \stackrel{d}{=} \widetilde{X}_J.$$

b) *Sei $(P_J)_{J \in \mathcal{P}_0(I)}$ eine konsistente Familie von Wahrscheinlichkeitsmaßen auf einem polnischen Raum. Das Maß $P = P_I \in M^1(E^I, \mathcal{B}^I)$ mit $P^{\pi_J} = P_J$, $\forall J \in \mathcal{P}_0(I)$ heißt* **projektiver Limes** *von $(P_J)_{J \in \mathcal{P}_0(I)}$.*

Zur Charakterisierung wesentlicher Mengen benötigen wir den Begriff des äußeren Maßes.

Definition 6.1.3 (Äußeres und inneres Maß) *Sei $P \in M^1(\Omega, \mathcal{A})$, dann heißt*

$$P^*(B) := \inf\{P(A); A \in \mathcal{A}, A \supset B\}, \quad B \subset \Omega, \quad \textbf{äußeres Maß von } P,$$
$$P_*(B) := \sup\{P(A); A \in \mathcal{A}, A \subset B\}, \quad B \subset \Omega, \quad \textbf{inneres Maß von } P.$$

Satz 6.1.4 (Charakterisierung wesentlicher Mengen von Doob) *Sei E ein polnischer Raum und sei $(P_J)_{J \in \mathcal{P}_0(I)}$ eine konsistente Familie von Wahrscheinlichkeitsmaßen. Dann gilt:*

$$\widetilde{\Omega} \subset E^I \text{ ist wesentlich } \Leftrightarrow P_I^*(\widetilde{\Omega}) = 1.$$

Beweis
„$\Rightarrow$" Sei $\widetilde{\Omega}$ wesentlich, d. h., es existiert ein Prozess $X = (X_t)_{t \in I}$ mit $P_J = P^{X_J}$, $J \in \mathcal{P}_0(I)$ und mit Pfaden in $\widetilde{\Omega}$.
Dann ist $X : (\Omega, \mathcal{A}) \longrightarrow (E^I, \mathcal{B}^I)$ mit $P_I = P^X$. Nach Definition ist

$$P_I^*(\widetilde{\Omega}) = \inf\{P_I(B) : B \in \mathcal{B}^I, B \supset \widetilde{\Omega}\}.$$

6.1 Prozesse mit vorgegebener Pfadmenge und Karhunen-Loève-Entwicklung

Nach Voraussetzung hat X Pfade in $\widetilde{\Omega}$, d. h., für alle $\omega \in \Omega$ gilt $(t \longmapsto X_t(\omega)) \in \widetilde{\Omega}$. Damit folgt für jede messbare Menge $B \supset \widetilde{\Omega}$, dass

$$P_I(B) = P(X \in B) = P(\Omega) = 1,$$

d. h., es gilt $P_I^*(\widetilde{\Omega}) = 1$.

„⇐" Sei $P_I^*(\widetilde{\Omega}) = 1$. Wir definieren nun: $(\widetilde{\Omega}, \widetilde{\Omega} \cap \mathcal{B}^I, \widetilde{P}, \widetilde{X} = (\widetilde{X}_t)_{t \in I})$, mit dem Prozess

$$\widetilde{X}_t := \pi_t \big|_{\widetilde{\Omega}}, \quad \text{d. h. } \widetilde{X}_t(\omega) = \pi_t(w) = \omega(t), \quad \omega \in \widetilde{\Omega}$$

und

$$\widetilde{P}(\widetilde{\Omega} \cap B) := P_I(B), \quad B \in \mathcal{B}^I.$$

Für die Pfade des so konstruierten Prozesses gilt dann

$$\{\text{Pfade von } \widetilde{X}\} = \{t \longmapsto \widetilde{X}_t(\omega), \omega \in \widetilde{\Omega}\} = \{\omega : \omega \in \widetilde{\Omega}\} = \widetilde{\Omega}.$$

Es ist noch zu zeigen, dass der so konstruierte Prozess $\widetilde{\Omega}$ wohldefiniert ist und die endlich-dimensionalen Randverteilungen die vorgegebenen Maße P_J sind.

1) Für die **Wohldefiniertheit** von $\widetilde{P}$ ist zu zeigen:

$$\widetilde{\Omega} \cap B_1 = \widetilde{\Omega} \cap B_2 \Rightarrow P_I(B_1) = P_I(B_2).$$

Ohne Einschränkung kann man annehmen, dass $B_1 \subset B_2$; sonst betrachte man $B_2' = B_1 \cup B_2$.
Damit ist $\widetilde{\Omega} \cap (B_2 \setminus B_1) = \emptyset$ und es folgt $\widetilde{\Omega} \subset (B_2 \setminus B_1)^c$.
Nach Voraussetzung ist dann

$$1 = P_I\big((B_2 \setminus B_1)^c\big) = 1 - \big(P_I(B_2) - P_I(B_1)\big)$$

und es folgt $P_I(B_2) = P_I(B_1)$.

2) Es ist zu zeigen, dass für alle endlichen Indexmengen $J \in \mathcal{P}_0(I)$ gilt:

$$\widetilde{P}^{\widetilde{X}_J} = P_J.$$

Die Eigenschaft folgt aus der Definition von $\widetilde{P}$, denn für alle $B \in \mathcal{B}^J$ und für alle $J \in \mathcal{P}_0(I)$ gilt

$$\widetilde{P}\big(\widetilde{X}_J^{-1}(B)\big) = \widetilde{P}\big(\widetilde{\Omega} \cap \pi_J^{-1}(B)\big) \qquad (6.1)$$
$$= P_I\big(\pi_J^{-1}(B)\big) = P_J(B), \quad \text{da } \pi_J^{-1}(B) \in \mathcal{B}^I. \qquad \square$$

Bemerkung 6.1.5 Sei $(P_J)_{J \in \mathcal{P}_0(I)}$ konsistent und $\widetilde{\Omega} \subset E^I$ wesentlich.

Die Kolmogorov-Konstruktion verwendet den **kanonischen Prozess** $X_t = \pi_t$ auf $(E^I, \mathcal{B}^I, X = (X_t)_{t \in I}, P_I)$.

Die Doob'sche Konstruktion verwendet den **$\widetilde{\Omega}$-kanonischen Prozess** $\widetilde{X}_t := \pi_t/_{\widetilde{\Omega}}$ auf $(\widetilde{\Omega}, \widetilde{\Omega} \cap \mathcal{B}^I, \widetilde{X} = (\widetilde{X}_t)_{t \in I}, \widetilde{P}$, und es ist $\widetilde{P} := P_I^*/_{\widetilde{\Omega} \cap \mathcal{B}^I}$.

$X, \widetilde{X}$ sind äquivalente Prozesse. ⌟

Das Maß $\widetilde{P}$ lässt sich folgendermaßen charakterisieren.

Proposition 6.1.6 $\widetilde{P}$ *ist das eindeutig bestimmte Maß P_0 auf $\widetilde{\Omega} \cap \mathcal{B}^I$, so dass $\widetilde{X}$ auf $(\widetilde{\Omega}, \widetilde{\Omega} \cap \mathcal{B}^I, P_0)$ äquivalent ist zu dem kanonischen Prozess X, d.h. $P_0^{\widetilde{X}_J} = P_J, \forall J \in \mathcal{P}_0(I)$.*

Beweis Nach dem Satz von Doob, Satz 6.1.4, hat $\widetilde{P}$ diese Eigenschaft. Es ist zu zeigen, dass $P_0 = \widetilde{P}$ das einzige Wahrscheinlichkeitsmaß auf $\widetilde{\Omega} \cap \mathcal{B}^I$ ist, welches äquivalent zu dem kanonischen Prozess ist.

Die σ-Algebra $\mathcal{A} := \widetilde{\Omega} \cap \mathcal{B}^I$ wird erzeugt durch das Mengensystem

$$\mathcal{E} := \{\widetilde{B}_J;\ J \in \mathcal{P}_0(I)\}$$

mit

$$\widetilde{B}_J := \left\{\widetilde{X}_J \in \prod_{j \in J} B_j\right\} = \widetilde{\Omega} \cap \bigcap_{j \in J}(B_j \times E^{I \setminus j}).$$

$\mathcal{E}$ ist $\cap$-stabil und

$$P_0(\widetilde{B}_J) = P_0^{\widetilde{X}_J}\left(\prod_{j \in J} B_j\right) = P_J\left(\prod_{j \in J} B_j\right) = \widetilde{P}(\widetilde{B}_J), \quad \forall \widetilde{B}_J \in \mathcal{E}.$$

Nach dem Eindeutigkeitssatz folgt $P_0 = \widetilde{P}$. □

Die Struktur von überabzählbaren Produkt-σ-Algebren beschreibt das folgende Lemma (vgl. Abschn. 3.1, Satz 3.1.8).

Lemma 6.1.7 *Sei $(E, \mathcal{B})$ ein Messraum und sei $I \neq \emptyset$. Dann ist*

$$\mathcal{B}^I = \bigcup_{\substack{J \subset I, \\ J \text{ abzählbar}}} \mathcal{B}^J \times E^{I \setminus J}.$$

Elemente der Produkt-σ-Algebra beschreiben also nur solche Ereignisse, die durch abzählbar viele Koordinaten charakterisiert sind. Insbesondere existiert für alle $A \in \mathcal{B}^I$ eine abzählbare Indexmenge $J \subset I$, so dass für alle $x \in E^I$ und $y \in A$ mit

$$x(t) = y(t)\ \forall t \in J\ \text{folgt}\ x \in A.$$

6.1 Prozesse mit vorgegebener Pfadmenge und Karhunen-Loève-Entwicklung   371

Korollar 6.1.8 *Sei E ein polnischer Raum mit mindestens zwei Elementen, d. h. $|E| \geq 2$. Sei C die Menge der stetigen Funktionen von $\mathbb{R}_+$ nach E, dann folgt*

$$C \notin \mathcal{B}^{\mathbb{R}_+}, \quad C \text{ ist nicht messbar bzgl. der Produkt-}\sigma\text{-Algebra.}$$

Beweis Angenommen, die Menge der stetigen Funktionen C wäre messbar bzgl. der Produkt-σ-Algebra $\mathcal{B}^{\mathbb{R}_+}$, dann gäbe es eine abzählbare Indexmenge $J \subset \mathcal{P}(I)$ und eine Borel-Menge $B \subset \mathcal{B}^J$ mit $C = B \times E^{I \setminus J}$, so dass Folgendes gilt: Für eine stetige Funktion $x \in C$ und für $y \in E^{\mathbb{R}_+}$ mit $x|_J = y|_J$ folgt $y \in C$.

Für diese Folgerung kann man aber leicht Gegenbeispiele konstruieren. Wir betrachten zwei verschiedene Elemente $\{x_0, x_1\} \subset E$ und definieren eine Funktion $x(t) := x_0$ für $t \in I$, also $x \in C$. Sei $t_0 \in I \setminus J$ und sei

$$y(t) = \begin{cases} x_1 & \text{für } t = t_0, \\ x_0 & \text{für } t \neq t_0. \end{cases}$$

Dann gilt $y/_J = x/_J$, aber y ist nicht stetig. □

Die Stetigkeit ist also keine Eigenschaft, die durch eine abzählbare Indexmenge charakterisiert ist. Wir werden im Folgenden verschiedene σ-Algebren auf $\widetilde{\Omega}$ betrachten.

Bemerkung 6.1.9
a) Sei $P \in M^1(\mathbb{R}^{\mathbb{R}_+}, \mathcal{B}^{\mathbb{R}_+})$. Nach dem Satz von Doob, Satz 6.1.4, ist die Menge der stetigen Funktionen C genau dann wesentlich für P, wenn $P^*(C) = 1$. Es gilt in umgekehrter Richtung:

$$P_*(C) = 0 \quad \text{für alle } P \in M^1(\mathbb{R}^{\mathbb{R}_+}, \mathcal{B}^{\mathbb{R}_+}),$$

d. h., man kann die Menge der stetigen Funktionen nicht von innen approximieren.
b) Die Menge der stetigen Funktionen ist nicht messbar bzgl. der Produkt-σ-Algebra $\mathcal{B}^{\mathbb{R}_+}$. Deshalb verwenden wir die **kanonische σ-Algebra** auf C,

$$\widetilde{\mathcal{B}} := C \cap \mathcal{B}^{\mathbb{R}_+}.$$

Man kann auf der Menge der stetigen Funktionen auch andere σ-Algebren betrachten. Zwei Standardtopologien auf der Menge der stetigen Funktionen sind die **Topologie der punktweisen Konvergenz** τ_p und die **Topologie der gleichmäßigen Konvergenz auf Kompakta** τ_g. Diese Topologien erzeugen die Borel'schen σ-Algebren

$$\mathcal{B}_F := \sigma(\tau_p) \quad \text{und} \quad \mathcal{B}_g := \sigma(\tau_g). \qquad \lrcorner$$

Satz 6.1.10 *Für polnische Räume E gilt*
$$\widetilde{\mathcal{B}} = \mathcal{B}_p = \mathcal{B}_g.$$

Beweis

1. Es gilt
$$\widetilde{\mathcal{B}} = \mathcal{B}^{\mathbb{R}_+} \cap C = \sigma(\widetilde{\pi}_t, t \in \mathbb{R}_+),$$
wobei $\widetilde{\pi}_t : C \longrightarrow E, f \longmapsto f(t)$ die Projektionsabbildung von C nach E bezeichnet. Die σ-Algebra $\mathcal{B}$ wird von dem System der offenen Kugeln bzgl. einer erzeugenden Metrik ϱ in E erzeugt. Wir bezeichnen das Kugelsystem mit $\mathcal{U}$. Ein weiteres Erzeugendensystem von $\widetilde{\mathcal{B}}$ ist dann
$$V_{t,U} = \{\omega \in C : \omega(t) \in U\}, \quad U \in \mathcal{U}.$$
$\{V_{t,U}\}$ ist eine Subbasis der Topologie τ_p, d. h., endliche Durchschnitte der Mengen $V_{t,U}$ sind eine Basis von τ_p. Damit folgt die Inklusion
$$\widetilde{\mathcal{B}} \subset \mathcal{B}_p.$$
Die offenen Mengen in τ_p sind abzählbare Vereinigungen von Basiselementen. Es folgt also
$$\mathcal{B}_p \subset \widetilde{\mathcal{B}} \text{ und damit } \widetilde{\mathcal{B}} = \mathcal{B}_p.$$

2. Ein weiterer Erzeuger von $\widetilde{\mathcal{B}}$ ist das Mengensystem
$$F(\omega_0, t, \varepsilon) := \{\omega \in C : \varrho(\omega(t), \omega_0(t)) \leq \varepsilon\}, \quad \omega_0 \in C, t \geq 0, \varepsilon > 0,$$
wobei ϱ eine definierende Metrik bezeichnet.
F ist abgeschlossen in τ_g, also gilt $F \in \mathcal{B}_g$ und es folgt $\widetilde{\mathcal{B}} \subset \mathcal{B}_g$.
Die Mengen
$$\mathcal{U}(\omega_0, n, \varepsilon) := \{\omega \in C : \varrho(\omega(t), \omega_0(t)) < \varepsilon, \forall t \in [0, n]\}$$
$$= \bigcup_{k > \frac{1}{\varepsilon}} \bigcap_{t \in \mathbb{Q} \cap [0,n]} F\left(\omega_0, t, \varepsilon - \frac{1}{k}\right) \in \widetilde{\mathcal{B}}, \quad \omega_0 \in C, n \in \mathbb{N}$$
bilden eine Subbasis von τ_g. Mit der Separabilität folgt dann
$$\mathcal{B}_g = \mathcal{B}_g(C) \subset \widetilde{\mathcal{B}}. \qquad \square$$

Für Maße auf dem polnischen Raum C der stetigen Funktionen ist demnach die natürliche σ-Algebra die kanonische σ-Algebra.

Das Doob-Kriterium ist oft nicht einfach nachzuweisen. In den Anwendungen verwendet man deshalb häufig andere Methoden. Ein einfaches Kriterium liefert der folgende Satz von Kolmogorov-Chentsov, Satz 6.1.15.

6.1 Prozesse mit vorgegebener Pfadmenge und Karhunen-Loève-Entwicklung

Für Prozesse mit stetigen Pfaden oder auch mit stärkeren Pfadeigenschaften gibt es eine einfache Möglichkeit für die Konstruktion von Prozessen mit gewünschten Pfadeigenschaften: Man kann einen Prozess mit den vorgegebenen Randverteilungen zu jedem Zeitpunkt auf einer Nullmenge verändern, so dass die Pfade die gewünschten Eigenschaften haben. Bezüglich der Stetigkeit, Hölder-Stetigkeit und Differenzierbarkeit führt diese Vorgehensweise zu einfachen und allgemeinen Kriterien.

Definition 6.1.11 (Modifikation) *Seien $X = (X_t)_{t \in I}$ und $\widetilde{X} = (\widetilde{X}_t)_{t \in I}$ stochastische Prozesse auf einem Grundraum $(\Omega, \mathcal{A}, P)$ mit dem Zustandsraum $(E, \mathcal{B})$. Gilt*

$$X_t = \widetilde{X}_t \, [P] \quad \forall \, t \in I,$$

*dann heißt $\widetilde{X}$ **Modifikation** von X.*

Bemerkung 6.1.12
a) *Ist der Prozess $\widetilde{X}$ eine Modifikation von X, dann sind $\widetilde{X}$ und X **äquivalent**, d. h., die endlich-dimensionalen Randverteilungen sind gleich.*
b) *Im Satz von Doob wurde unter der Annahme der Doob-Bedingung ein kanonischer Prozess $\widetilde{X}$ auf $(\widetilde{\Omega}, \widetilde{\mathcal{B}}, \widetilde{P})$ konstruiert mit Pfaden in $\widetilde{\Omega}$. Ein alternativer Weg ist es, zu einem Prozess X mit den gegebenen Randverteilungen eine Modifikation $\widetilde{X}$ mit Pfaden in $\widetilde{\Omega}$ zu konstruieren. Es folgt dann mit $P = P^X = P_I$, dem projektiven Limes und $\widetilde{P} := P^{\widetilde{X}}$, dass*

$$P_I^*(\widetilde{\Omega}) = \widetilde{P}^*(\widetilde{\Omega}) = \inf\{\widetilde{P}(B); B \in \mathcal{B}^I, B \supset \widetilde{\Omega}\}$$
$$= \inf\{P(\widetilde{X} \in B; B \in \mathcal{B}^I, B \supset \widetilde{\Omega}\} = 1,$$

also ist $\widetilde{\Omega}$ nach dem Satz von Doob wesentlich. ⌐

Wir betrachten im Folgenden die Hölder-Stetigkeit von Prozessen.

Definition 6.1.13 (Hölder-Stetigkeit von der Ordnung γ) *Ein stochastischer Prozess hat (lokal) Hölder-stetige Pfade von der Ordnung $\gamma \geq 0$, wenn es eine positive Zahl $\delta > 0$ gibt, so dass für alle $\omega \in \Omega$ ein $h(\omega) > 0$ existiert mit*

$$\sup_{0 < t-s \leq h(\omega)} \frac{\|X_t(\omega) - X_s(\omega)\|}{|t-s|^\gamma} \leq \delta.$$

Bemerkung 6.1.14
a) *Aus der lokalen Hölder-Stetigkeit einer Funktion f folgt die Stetigkeit. Die Umkehrung gilt i. A. nicht. Für $\gamma = 0$ ist Hölder-Stetigkeit äquivalent zu gleichmäßig stetigen Pfaden.*

b) *Sei f eine Hölder-stetige Funktion von der Ordnung $\gamma > 1$. Dann folgt aus der Definition des Differentialquotienten, dass f differenzierbar ist und es gilt*

$$\frac{d}{dt} f(t) = 0,$$

d. h., die Funktion ist konstant. Interessante Hölder-stetige Funktionen gibt es also nur für den Fall $0 \leq \gamma \leq 1$.

c) *Für $\gamma = 1$ ist Hölder-Stetigkeit identisch mit Lipschitz-Stetigkeit. Nach einem **Satz von Rademacher** sind Lipschitz-stetige Funktionen fast überall differenzierbar.* ⌐

Der folgende Satz von Kolmogorov-Chentsov liefert ein hinreichendes Kriterium für die Existenz einer Modifikation von einem Prozess mit Hölder-stetigen Pfaden.

Satz 6.1.15 (Kolmogorov-Chentsov, 1956) *Sei $X = (X_t)_{0 \leq t \leq T}$ ein stochastischer Prozess mit $T < \infty$ und Zustandsraum $E = \mathbb{R}^d$. Es gebe positive Konstanten α, β und $C > 0$, so dass*

$$E \|X_t - X_s\|^\alpha \leq C |t - s|^{1+\beta},$$

für $0 \leq s, t \leq T$. Dann existiert eine Modifikation $\widetilde{X} = (\widetilde{X}_t)_{0 \leq t \leq T}$ von X mit lokal Hölder-stetigen Pfaden von der Ordnung γ, für alle $\gamma < \frac{\beta}{\alpha}$.

Beweis Wir geben den Beweis des Satzes für die Dimension $d = 1$. Ohne Einschränkung kann man $T = 1$ wählen.

1) **Prozess mit Hölder-stetigen Pfaden auf den dyadischen, rationalen Zahlen**

Mit der Markov'schen Ungleichung erhalten wir für die Zuwächse von X die Abschätzung

$$P(|X_t - X_s| \geq \varepsilon) \leq \frac{E|X_t - X_s|^\alpha}{\varepsilon^\alpha} \leq C \cdot \frac{|t-s|^{1+\beta}}{\varepsilon^\alpha}. \tag{6.2}$$

Hieraus folgt die Stetigkeit der Pfade bzgl. der stochastischen Konvergenz, d. h., für $s \longrightarrow t$ folgt $X_s \xrightarrow{P} X_t$.

Wir konstruieren zunächst eine Version von X mit Hölder-stetigen Pfaden auf der Menge der dyadisch-rationalen Zahlen $t_k := \left(\frac{k}{2^n}\right), 1 \leq k \leq 2^n$. Mit $t = \frac{k}{2^n}, s = \frac{k-1}{2^n}$, $\varepsilon = 2^{-\gamma n}$ und $\gamma < \frac{\beta}{\alpha}$ folgt nach (6.2)

$$P\left(\left|X_{\frac{k}{2^n}} - X_{\frac{k-1}{2^n}}\right| \geq 2^{-\gamma n}\right) \leq C \cdot 2^{-n(1+\beta-\alpha\gamma)}.$$

Wir definieren

$$A_n := \max_{1 \leq k \leq 2^n} \left\{\left|X_{\frac{k}{2^n}} - X_{\frac{k-1}{2^n}}\right| \geq 2^{-\gamma n}\right\}$$

und erhalten die Abschätzung

$$P(A_n) \leq \sum_{k=1}^{2^n} P\left(\left|X_{\frac{k}{2^n}} - X_{\frac{k-1}{2^n}}\right| \geq 2^{-\gamma n}\right) \leq C \cdot 2^{-n(\beta-\alpha\gamma)},$$

also gilt:
$$\sum_{m=1}^{\infty} P(A_m) < \infty.$$
Nach dem Lemma von Borel-Cantelli folgt
$$P(\limsup A_m) = P(A_m \text{ für unendlich viele } m) = 0.$$
Das heißt, es existiert eine Teilmenge $\Omega^* \in \mathcal{A}$ mit $P(\Omega^*) = 1$, so dass für $\omega \in \Omega^*$ und für hinreichend große $n \geq n^*(\omega)$ gilt:
$$\max_{1 \leq k \leq 2^n} \left| X_{\frac{k}{2^n}} - X_{\frac{k-1}{2^n}} \right| < 2^{-\gamma n}. \tag{6.3}$$

Sei $D_n := \{\frac{k}{2^n}, k = 0, \ldots, 2^n\}$ und $D := \bigcup_{k=1}^{\infty} D_n$ die Menge der dyadisch-rationalen Zahlen in $[0, 1]$. Sei nun $\omega \in \Omega^*$, $n \geq n^*(\omega)$ und $m > n$. Dann folgt:
$$|X_t(\omega) - X_s(\omega)| \leq 2 \cdot \sum_{j=n+1}^{m} 2^{-\gamma j} \quad \forall t, s \in D_m \text{ mit } 0 \leq t - s \leq 2^{-n}. \tag{6.4}$$

Diese Aussage zeigen wir mit einem Induktionsargument. Für $m = n + 1$ ist $t = \frac{k}{2^m}$, $s = \frac{k-1}{2^m}$ und (6.4) folgt aus (6.3).
Angenommen, (6.4) gelte für $m = n + 1, \ldots, M - 1$. Seien $s, t \in D_m$ mit $s < t$, dann folgt mit
$$t^1 := \max\{n \in D_{M-1}, n \leq t\}, \quad s^1 := \min\{n \in D_{M-1}, n \leq s\},$$
dass $s \leq s^1 \leq t^1 \leq t$, $s^1 - s \leq 2^{-M}$ und $t - t^1 \leq 2^{-M}$. Nach (6.3) erhalten wir die Abschätzungen
$$|X_{s^1}(\omega) - X_s(\omega)| \leq 2^{-\gamma M} \quad \text{und} \quad |X_t(\omega) - X_{t^1}(\omega)| \leq 2^{-\gamma M}.$$
Angenommen, die Induktionsvoraussetzung (6.4) gilt für $m = M - 1$, d. h.
$$|X_{t^1}(\omega) - X_{s^1}(\omega)| \leq 2 \cdot \sum_{j=n+1}^{M-1} 2^{-\gamma j}.$$
Dann folgt die Behauptung in (6.4) für $m = M$ mit der Dreiecksungleichung.
Wir zeigen nun die Hölder-Stetigkeit auf D: Für $s, t \in D$ sei $0 < t - s < h(\omega) := 2^{-n^*(\omega)}$. Sei $n \geq n^*(\omega) > 0$ so gewählt, dass $2^{-(n+1)} \leq t - s < 2^{-n}$.
Dann existiert ein $m > n$ mit $s, t \in D_m$, und nach (6.4) folgt
$$|X_t(\omega) - X_s(\omega)| \leq 2 \sum_{j=n-1}^{\infty} 2^{-\gamma j} \leq \delta (t-s)^{\gamma}, \text{ für } 0 < t-s < h(\omega) \text{ mit } \delta := \frac{2}{1 - 2^{-\gamma}}.$$

Also ist $(X_t(\omega))_{t \in D}$ gleichmäßig stetig auf D, $\forall \omega \in \Omega^*$ und (lokal) Hölder-stetig von der Ordnung γ.

2) **Fortsetzung auf [0, 1]**
   Für $\omega \notin \Omega^*$ definieren wir $\widetilde{X}_t(\omega) := 0$ auf $0 \le t \le 1$.
   Für $\omega \in \Omega^*$ und $t \in [0, 1] \cap D$ definieren wir

   $$\widetilde{X}_t(\omega) := X_t(\omega).$$

   Für $t \in [0, 1] \cap D^c$ sei $(s_n) \subset D$ in D mit $s_n \longrightarrow t$.
   Wegen der gleichmäßigen Stetigkeit folgt mit dem Cauchy-Kriterium die punktweise Konvergenz der Folge $(X_{s_n}(\omega))$, und der Limes ist unabhängig von der Folge (s_n). Definiert man

   $$\widetilde{X}_t(\omega) := \lim_{s_n \to t, s_n \in D} X_{s_n}(\omega),$$

   dann folgt mit der gleichmäßigen Stetigkeit von X_t auf den dyadisch-rationalen Zahlen: $(\widetilde{X}_t)$ ist stetig und $\widetilde{X}$ ist lokal Hölder-stetig.

3) **$\widetilde{X}$ ist eine Modifikation von X**
   Für alle dyadisch-rationalen Zahlen $t \in D$ gilt nach Definition $\widetilde{X}_t = X_t$.
   Für $t \in [0, 1] \cap D^c$ sei $(s_n) \subset D$, $s_n \longrightarrow t$. Dann folgt

   $$X_{s_n} \xrightarrow{P} X_t \text{ und } X_{s_n} = \widetilde{X}_{s_n} \longrightarrow \widetilde{X}_t \; [P]$$

   nach Konstruktion von $\widetilde{X}$, d. h., es gilt $X_t = \widetilde{X}_t$ P-fast sicher. Also ist $\widetilde{X}$ eine Modifikation von X.

4) Der Beweis des Satzes für den Fall $d \ge 1$ ist ähnlich. □

Pfadeigenschaften von Prozessen kann man auch aus direkten Konstruktionen der Prozesse ablesen, wie z. B. bei der Poisson-Prozessen. Wir verwenden im Folgenden **Orthogonalreihenentwicklungen** zur Konstruktion stochastischer Prozesse mit bestimmten Pfadeigenschaften. Das zentrale Resultat dieses Ansatzes ist die **Karhunen-Loève-Entwicklung**.

Sei $X = (X_t)_{0 \le t \le 1}$ ein reeller zentrierter L^2-Prozess mit $EX_t = 0$ und **Kovarianzfunktion**

$$K(s, t) = \text{Cov}(X_s, X_t) = EX_s X_t.$$

Definition 6.1.16 (Orthogonalreihenentwicklung für stochastische Prozesse) *Eine Orthogonalreihenentwicklung des Prozesses X ist eine Darstellung der Form*

$$X_t = \sum_{k=1}^{\infty} a_k Z_k e_k(t)$$

für $0 \le t \le 1$, wobei

1) *$(Z_k) \subset \mathcal{L}^2(P)$ ein Orthonormalsystem von quadratintegrierbaren Zufallsvariablen mit $EZ_k = 0$ und $EZ_k Z_l = \delta_{k,l}$ ist,*

6.1 Prozesse mit vorgegebener Pfadmenge und Karhunen-Loève-Entwicklung

2) $(e_k) \subset \mathcal{L}^2([0,1], \lambda^1_{[0,1]})$ *ein Orthonormalsystem in* $([0,1], \lambda^1_{[0,1]})$ *ist, d. h., für alle* $k, l \in \mathbb{N}$ *gilt*

$$\langle e_k, e_l \rangle = \int_0^1 e_k(t) e_l(t) \, d\lambda^1(t) = \delta_{k,l},$$

3) $(a_k) \subset l^2$ *eine quadratsummierbare Folge von Koeffizienten ist.*

Die Folge $a_k Z_k$ kann man auffassen als zufällige Koeffizienten der deterministischen Folge $e_k(t)$. Sie beschreibt eine zufällige Entwicklung und bildet den stochastischen Anteil der Reihendarstellung. Die Folge $e_k(t)$ beschreibt die zeitliche Entwicklung des Kovarianzkerns. Wenn man eine Darstellung als Orthogonalreihe gefunden hat, kann man gewisse Pfadeigenschaften, wie die Stetigkeit aus der Konstruktion, ablesen.

Es stellt sich die Frage, wie man zu der Orthogonalreihendarstellung in Definition 6.1.16 kommt. Dafür benötigen wir zwei Sätze aus der Funktionalanalysis, den Spektralsatz und den Satz von Mercer, sowie eine Verallgemeinerung des Satzes über die Hauptachsentransformation aus der linearen Algebra (vgl. Werner (2011)).

I. Wie erhält man die zeitliche Entwicklung $(e_k(t))$?

Angenommen, wir haben eine Darstellung des Prozesses als Orthogonalreihe gefunden, d. h., es gilt

$$X_t^{(n)} := \sum_{k=1}^n a_k Z_k e_k(t) \xrightarrow{\mathcal{L}^2} X_t, \quad \text{d. h.} \quad X_t = \sum_{k=1}^\infty a_k Z_k e_k(t).$$

Dann folgt:

$$EX_s^{(n)} X_t^{(n)} = \sum_{k,l=1}^n a_k a_l \cdot E Z_k Z_l \cdot e_k(s) e_l(s)$$

$$= \sum_{k=1}^n a_k^2 e_k(s) e_k(t) \longrightarrow K(s,t) = \text{Cov}(X_s, X_t) = \sum_{k=1}^\infty a_k^2 \cdot e_k(s) e_k(t),$$

und wir erhalten eine Reihendarstellung (Spektralentwicklung) für den Kovarianzkern K

$$K(s,t) = \sum_{k=1}^\infty \lambda_k e_k(s) e_k(t), \quad \lambda_k := a_k^2.$$

Wenn der Satz von Fubini anwendbar ist, dann erhält man aus der Spektralentwicklung des Kovarianzkerns die **Fredholm'sche Integralgleichung**

(F) $\quad \int K(s,t) e_k(t) \, dt = \lambda_k e_k(s), \quad 0 \leq s \leq 1.$

Die Vertauschbarkeit von Summe und Integral gilt insbesondere, wenn der Kovarianzkern K stetig und damit auf jedem kompakten Intervall $[0, T]$ beschränkt ist. Die Integralgleichung (F) ist gerade die **Eigenwertgleichung** des Kernoperators T_K auf $\mathcal{L}^2([0, 1], \lambda^1)$

(E) $\quad T_K x = \lambda x,$

d. h., $\lambda_k := a_k^2$ sind die Eigenwerte des Kovarianzkerns K und (e_k) die zugehörigen Eigenfunktionen. Angenommen, s und t durchlaufen endliche Mengen, dann kann man den Kovarianzkern durch eine positiv definite, symmetrische Matrix beschreiben und das mathematische Problem in (F) ist genau die Hauptachsentransformation.

II. Spektralsatz und Satz von Mercer

Die Reihendarstellung von Kovarianzkernen ist ein wichtiges Thema der Funktionalanalysis. Sei $K \in \mathcal{L}^2([0, 1]^2, \lambda^2)$ ein symmetrischer, positiv semidefiniter Kovarianzkern (d. h. linear und selbstadjungiert), dann induziert K einen linearen Operator

$$T_K : \mathcal{L}^2([0, 1], \lambda^1) \longrightarrow \mathcal{L}^2([0, 1], \lambda^1),$$

$$f \longmapsto T_K f(s) := \int K(s, t) f(t) \, dt.$$

Lineare Operatoren, die eine Darstellung der obigen Form über einen quadratintegrierbaren Kovarianzkern K haben, heißen **Fredholm-Operatoren**. Die Operatornorm wird in der üblichen Weise definiert durch

$$\|T_K\| := \sup_{\|f\| \leq 1} \|T_K f\|_{L^2}.$$

Der Operator T_K, der die Kovarianz beschreibt, ist linear und beschränkt durch die $\mathcal{L}^2$-Norm von K, denn es gilt

$$\|T_K\| \leq \|K\|_{L^2} = \left(\int \int K^2(s, t) \, ds \, dt \right)^{1/2} < \infty.$$

Quadratintegrierbare Kerne kann man in L^2 durch diskrete Kerne approximieren. Es existiert also eine Folge von endlich-dimensionalen Kovarianzkernen, so dass für die zugehörigen Integraloperatoren gilt

$$\|T_{K_n} - T_K\| \longrightarrow 0$$

für $(n \to \infty)$. Die zu den diskreten Kernen zugehörigen Operatoren sind endlich-dimensional. Endlich-dimensionale Operatoren sind Standardbeispiele für kompakte Operatoren. Damit ist auch der Limes T_K ein kompakter Operator von $L^2 \longrightarrow L^2$, d. h., das Bild der kompakten Einheitskugel $T_K(B_1(0))$ ist relativ kompakt in L^2.

Für den Fall, dass der Kovarianzkern K stetig ist, kann man T_K auffassen als Operator auf der Menge der stetigen Funktionen, $T_K : C \longrightarrow C$, und erhält die Kompaktheit mit dem Satz von Arzela-Ascoli.

Satz 6.1.17 (Spektralsatz) *Sei T ein kompakter, selbstadjungierter Operator auf einem Hilbertraum H. Dann existiert ein abzählbares (evtl. endliches) Orthonormalsystem $(e_n)_{n \in \mathbb{N}}$ von H mit*

$$H = \mathrm{Kern}(T) \oplus \overline{\mathrm{lin}}\{e_1, e_2, \ldots\},$$

und es gilt:

$$T(x) = \sum_k \lambda_k \langle x, e_k \rangle e_k, \quad \forall\, x \in H$$

mit Eigenwerten $\lambda_k \neq 0$ und den zugehörigen Eigenfunktionen e_k.

Das System $\{\lambda_k\}$ ist abzählbar, und der einzig mögliche Häufungspunkt ist null. Die Eigenräume zu den Eigenwerten $\lambda_k \neq 0$ sind endlich-dimensional.

Mit dem Spektralsatz erhalten wir für Kovarianzkerne eine Reihenentwicklung der Form

$$K(s,t) = \sum_k \lambda_k e_k(s) e_k(t), \quad \text{Konvergenz in } L^2.$$

Dies folgt aus der **Parseval-Gleichung**:

$$\int \int (K(s,t))^2 \, ds \, dt = \sum_k \lambda_k^2.$$

Für stetige Kovarianzkerne gibt es eine Verschärfung des Spektralsatzes (vgl. Werner (2011, S. 227)):

Satz 6.1.18 (Satz von Mercer) *Sei K ein stetiger Kovarianzkern, dann existiert eine Orthonormalbasis (e_n) von $L^2([0,1], \lambda^1)$ aus Eigenfunktionen von K, d. h. Lösungen von (F). Der Kovarianzkern $K(s,t)$ hat die punktweise Darstellung*

$$K(s,t) = \sum_{n=1}^{\infty} \lambda_k e_k(s) e_k(t), \quad \text{für } s, t \in [0,1]$$

mit Eigenwerten $\lambda_k \geq 0$ und zugehörigen Eigenfunktionen $e_k \in C([0,1])$. Die Konvergenz ist absolut und gleichmäßig.

III. Orthogonalsystem (Z_k) und L^2-Integrale

Die Folge (Z_k) erhält man über ein L^2-Integral. Dieses Integral ist eine L^2-Variante des Riemann-Integrals.

Definition 6.1.19 (L^2-Integral) *Sei $X = (X_t)_{t \in I}$ ein L^2-Prozess mit Kovarianzkern K und Erwartungswertfunktion $m(t) := EX_t$ für $t \in [0,1]$ und sei $g(t)$ eine deterministische Funktion. $\Delta_n = (t_0, \ldots, t_n)$ bezeichne eine disjunkte Zerlegung des Intervalls $[0,1]$.*

Für jede Partition Δ_n definiere die Riemann'sche Summe

$$I^{(n)} = I(\Delta_n) := \sum_{k=1}^{n} g(t_k) X_{t_k} (t_k - t_{k-1}).$$

Falls die Riemann'schen Summen unabhängig von der Folge von Partitionen (Δ_n) in L^2 konvergieren, d. h. falls

$$I^{(n)} = \sum_k g(t_k) X_{t_k} (t_k - t_{k-1}) \xrightarrow{L^2} I, \quad \textit{für } |\Delta_n| \longrightarrow 0,$$

*dann heißt gX **L^2-integrierbar**. Der Limes $I =: \int_0^1 g(t) X_t \, dt$ heißt L^2-Integral von gX.*

Es gelten folgende Rechenregeln.

Proposition 6.1.20 *Sind m, g, h und K stetig, dann ist gX L^2-integrierbar und es gilt*

a)
$$E\left(\int g(s) X_s \, ds \int h(t) X_t \, dt\right) = \int \int g(s) K(s,t) h(t) \, ds \, dt,$$

falls X ein zentrierter Prozess ist, d. h. falls $EX_s = 0$.

b)
$$E \int g(s) X_s \, ds = \int g(s) E X_s \, ds.$$

Beweis Die Aussage folgt direkt aus der Definition des $\mathcal{L}^2$-Integrals unter Anwendung des Satzes von Fubini. □

Nach diesen funktionalanalytischen Vorbereitungen erhalten wir nun das folgende Darstellungsresultat.

Satz 6.1.21 (Karhunen-Loève-Darstellung) *Sei $X = (X_t)_{t \in [0,1]}$ ein zentrierter L^2-Prozess mit stetigem Kovarianzkern K.*

a) *Dann hat X eine Orthogonalreihendarstellung der Form*

$$X_t = \sum_{k=1}^{\infty} Z_k e_k(t) \ [P], \quad \textit{für alle } t \in [0,1]$$

mit den L^2-Integralen

$$Z_k := \int X_t e_k(t) \, dt.$$

6.1 Prozesse mit vorgegebener Pfadmenge und Karhunen-Loève-Entwicklung

Die Folge (e_k) besteht aus den Eigenfunktionen des Kovarianzkerns K aus dem Satz von Mercer.

$$\widetilde{X}_t := \sum_{k=1}^{\infty} Z_k e_k(t) \text{ für } t \in [0,1] \text{ ist eine Modifikation von } X.$$

b) *Die $(Z_k) \subset L^2(P)$ bilden ein Orthogonalsystem. Die Z_k sind zentrierte Zufallsvariablen $EZ_k = 0$, und $EZ_k^2 = \lambda_k$ sind die Eigenwerte des Kovarianzkerns K.*
c) *In $[0,1]$ gilt gleichmäßige L^2-Konvergenz, d. h., es gilt*

$$\sup_{t \in [0,1]} E\left|X_t - \sum_{k=1}^{n} Z_k e_k(t)\right|^2 \longrightarrow 0$$

für $n \to \infty$.

Beweis
a) Nach dem Satz von Mercer hat der Kovarianzkern K eine Darstellung der Form

$$K(s,t) = \sum_{k=1}^{\infty} \lambda_k e_k(s) e_k(t).$$

Die Zufallsvariablen $Z_k := \int_0^1 X_s e_k(s)\,ds$ sind wohldefiniert als L^2-Integrale.
b) Mit den Rechenregeln aus Proposition 6.1.20 folgt: $EZ_k = \int_0^1 EX_s e_k(s)\,ds = 0$ und

$$EZ_j Z_k = \int e_j(s) \left(\int K(s,t) e_k(t)\,dt \right) ds,$$

$$= \lambda_k \int e_j(s) e_k(s)\,ds = \lambda_k \delta_{jk}; \quad \text{also gilt b)}.$$

c) Mit $S_n(t) := \sum_{k=1}^{n} Z_k e_k(t)$ folgt nach Proposition 6.1.20

$$E|S_n(t) - X_t|^2 = E(S_n(t))^2 - 2EX_t S_n(t) + EX_t^2$$

$$= \sum_{k=1}^{n} \lambda_k (e_k(t))^2 - 2\sum_{k=1}^{n} E(X_t Z_k) e_k(t) + K(t,t)$$

$$= K(t,t) - \sum_{k=1}^{n} \lambda_k (e_k(t))^2 \longrightarrow 0,$$

denn es gilt: $E(X_t Z_k) = \int K(t,s) e_k(s)\,ds = \lambda_k e_k(t)$ nach der Eigenwertgleichung. Nach dem Satz von Mercer ist diese Konvergenz gleichmäßig in t, d. h., die Reihendarstellung

$$X_t = \sum_{k=1}^{\infty} Z_k e_k(t)$$

konvergiert auf $[0,1]$ gleichmäßig in L^2. □

Bemerkung 6.1.22
a) Gilt $K(t,t) - \sum_{k=1}^{n} \lambda_k (e_k(t))^2 \longrightarrow 0$, *dann gilt die Reihendarstellung in Satz* 6.1.21 *auch für nicht notwendig stetige Kovarianzkerne* K.
b) *(**Fast sichere Konvergenz von Orthogonalreihen**) Beim Spektralsatz konvergiert die Reihenentwicklung des Kovarianzkerns im quadratischen Mittel gegen die Kovarianzfunktion. Wir können deshalb mit der Karhunen-Loève-Entwicklung nur Eigenschaften ableiten, die sich durch $\mathcal{L}^2$-Konvergenz bzw. durch gleichmäßige $\mathcal{L}^2$-Konvergenz auf den Limes übertragen. Wir untersuchen im Folgenden, in welchen Fällen auch punktweise bzw. punktweise gleichmäßige Konvergenz gilt.*
  b1) *Ist (Z_k) eine Folge von unabhängigen Zufallsvariablen, dann folgt für die Partialsummenfolge*
$$S_n(t) = \sum_{k=1}^{n} Z_k e_k(t)$$
  P-fast sichere Konvergenz, denn für unabhängige Reihen sind Verteilungskonvergenz und fast sichere Konvergenz äquivalent (vgl. Abschn. 2.6).
  b2) *Damit der Limes einer Folge von stetigen Funktionen stetig ist, benötigt man die gleichmäßige Konvergenz.*

Der folgende Satz von Kolmogorov-Weierstraß gibt hinreichende Bedingungen für die fast sicher gleichmäßige Konvergenz einer Folge von parametrisierten Zufallsvariablen.

Satz 6.1.23 (Kolmogorov-Weierstraß) *Sei (Z_k) eine Folge von unabhängigen Zufallsvariablen und sei $U_n(t) := \sum_{k=2^n+1}^{2^{n+1}} Z_k e_k(t)$ und $T_n := \sup\{|U_n(t)|;\ \text{für } t \in [0,1]\}$. Gilt $\sum_{n=1}^{\infty} ET_n < \infty$, dann folgt:*
$\sum_{n=1}^{\infty} T_n < \infty$ *und* $\sum_{n=1}^{\infty} U_n(t)$ *konvergiert f. s. gleichmäßig in t.*

Beweis Diese Aussage lässt sich auf das Lemma von Borel-Cantelli zurückführen. □

Wir bestimmen nun die Karhunen-Loève-Entwicklung für einige Klassen von Gauß'schen Prozessen.

Definition 6.1.24 (Gauß'scher Prozess) *Ein stochastischer Prozess X heißt **Gauß'scher Prozess**, wenn die endlich-dimensionalen Randverteilungen durch Normalverteilungen $N(a_J, \Sigma_J)$ gegeben sind, d. h. wenn für alle Indexmengen $J \in \mathcal{P}_0(I)$ gilt*
$$X_J \sim N(a_J, \Sigma_J).$$

Für einen zentrierten Gauß'schen Prozess X sind die endlich-dimensionalen Randverteilungen gegeben durch die Randdichten
$$f_{0,\Sigma_J}(x) = \frac{1}{\sqrt{(2\pi)^{|J|} \det \Sigma_J}} \cdot e^{-\frac{1}{2} x^T \Sigma_J x}.$$

Lemma 6.1.25 *Sei* $X = (X_t)_{0 \le t \le 1}$ *ein Gauß'scher Prozess mit stetigem Kovarianzkern* K, *dann ist die Orthogonalfolge* (Z_k) *aus der Karhunen-Loève-Entwicklung stochastisch unabhängig und normalverteilt,*

$$Z_k \sim N(0, \lambda_k),$$

mit Varianz $\lambda_k \ge 0$.

Beweis Nach der Definition des L^2-Integrals und Proposition 6.1.20 konvergiert die Riemann'sche Summe

$$I_j^{(r)} = \sum_{m=1}^{r} X_{t_m} e_j(t_m)(t_m - t_{m-1}) \xrightarrow{L^2} I_j = \int_0^1 X_t e_j(t)\, dt.$$

$I^{(r)} = \left(I_1^{(r)}, \ldots, I_n^{(r)}\right)$ entsteht durch die Anwendung einer linearen Funktion auf den normalverteilten Zufallsvektor $I^{(r)} = A_r X^{(r)}$ und ist daher normalverteilt. $I^{(r)}$ konvergiert in Verteilung gegen den Zufallsvektor $(I_1, \ldots, I_n)$, d.h.

$$I^{(r)} \xrightarrow{\mathcal{D}} (I_1, \ldots, I_n).$$

Also ist auch der Limes $(I_1, \ldots, I_n)$ multivariat normalverteilt. Diese Aussage kann man mit Hilfe von charakteristischen Funktionen beweisen. Nach Satz 6.1.21 gilt

$$\operatorname{Cov}(I_i, I_j) = \begin{pmatrix} \lambda_1 & & 0 \\ & \ddots & \\ 0 & & \lambda_n \end{pmatrix}, \quad \text{mit } E I_i^2 = \lambda_i \ge 0.$$

Damit sind die Zufallsvariablen I_i stochastisch unabhängig und normalverteilt, d.h. $I_i \sim N(0, \lambda_i)$. □

Beispiel 6.1.26 (Karhunen-Loève-Darstellung der Brown'schen Bewegung) Sei $X = (X_s)_{0 \le s \le 1}$ ein Gauß'scher Prozess mit $EX_t = 0$ und Kovarianzfunktion

$$K(s, t) = \min(s, t) \quad 0 \le s, t \le 1,$$

dann ist X ist ein Wiener-Prozess. Die Bestimmung der Karhunen-Loève-Darstellung erfolgt in mehreren Schritten.

1) Lösen der Eigenwertgleichung:

$$\int_0^1 \min(s,t) e(t)\, dt = \lambda e(s), \quad 0 \le s \le 1$$

$$\Leftrightarrow \int_0^s t e(t)\, dt + s \int_s^1 e(t)\, dt = \lambda e(s), \quad 0 \le s \le 1. \tag{6.5}$$

Nach dem Satz von Mercer ist für $\lambda \neq 0$ eine Lösung e stetig und damit nach (6.5) differenzierbar und es gilt (Differentiation nach s)

$$\int_s^1 e(t)\, dt = \lambda e'(s). \tag{6.6}$$

Damit folgt $e'(1) = 0$. Nochmalige Differentiation nach s liefert

$$-e(s) = \lambda e''(s). \tag{6.7}$$

Für $\lambda = 0$ ergibt sich $e \equiv 0$. Für $\lambda \neq 0$ hat (6.7) eine allgemeine Lösung der Form

$$e(s) = A \cdot \sin\left(\frac{s}{\sqrt{\lambda}}\right) + B \cdot \cos\left(\frac{s}{\sqrt{\lambda}}\right).$$

Setzen wir $s = 0$, dann erhalten wir mit der Randbedingung $e(0) = 0$, dass $B = 0$. Mit der Randbedingung $e'(1) = 0$ erhalten wir außerdem für $s = 1$

$$\cos \frac{1}{\sqrt{\lambda}} = 0, \text{ also } \frac{1}{\sqrt{\lambda}} = (2n-1)\frac{\pi}{2}, \quad n = 1, 2, \ldots$$

Wir erhalten die Eigenwerte: $\lambda_n = \frac{4}{(2n-1)^2 \pi^2}$
und für die Eigenfunktionen: $e_n(t) = \sqrt{2} \sin(2n-1)\frac{1}{2}\pi t$.
Es ist leicht nachzurechnen, dass diese Kandidaten Lösungen der obigen Differentialgleichung sind.

2) Wir normieren die Zufallsvariablen Z_n aus der Karhunen-Loève-Entwicklung durch

$$Z_n^* := \frac{Z_n}{\sqrt{\lambda_n}}$$

und erhalten außerhalb einer Nullmenge die Darstellung

$$X_t = B_t := \sqrt{2} \cdot \sum_{n=1}^{\infty} Z_n^* \cdot \frac{\sin\left((n - \frac{1}{2})\pi t\right)}{(n - \frac{1}{2})\pi}. \tag{6.8}$$

Der Wiener-Prozess (X_t) stimmt fast sicher überein mit dem Prozess B_t aus der Karhunen-Loève-Darstellung. Die Folge (Z_n^*) ist nach Lemma 6.1.25 ein Orthonormalsystem von unabhängigen, normalverteilten Zufallsvariablen, d. h., es gilt $Z_n^* \sim N(0,1)$.

3) Wegen der Unabhängigkeit der Zufallsvariablen Z_n^* konvergiert die Reihe fast sicher. Unter Anwendung des Satzes von Kolmogorov-Weierstraß folgt, dass die Konvergenz gleichmäßig ist in t. Damit ist auch der Limes stetig, d. h., der neue Prozess $B = (B_t)$ ist eine Modifikation des Wiener-Prozesses mit stetigen Pfaden. Wir nennen diesen Prozess **Brown'sche Bewegung**. ◇

Bemerkung 6.1.27 *Die obige Darstellung geht auf Paley und Wiener zurück (1934). Die Darstellung für die Pfade ist ähnlich zu einer berühmten Funktion aus der Analysis, nämlich*

$$f(t) = \sum_{n=1}^{\infty} \frac{\sin(\pi n^2 t)}{n^2}.$$

Diese Funktion wurde von Riemann eingeführt. Sie oszilliert noch stärker als die Pfade der Brown'schen Bewegung. Riemann hat bewiesen, dass diese Funktion stetig ist, und er vermutete, dass sie nirgends differenzierbar ist. Hardy gelang es später, diese Vermutung zu beweisen.

Wie wir später sehen werden, sind auch die Pfade der Brown'schen Bewegung fast sicher stetig und nirgends differenzierbar. Die Untersuchung von Gauß'schen Prozessen durch Reihenentwicklungen war in den 1930er-Jahren ein beliebtes Forschungsthema und ein Hauptzweig der harmonischen Analysis. Eine umfangreiche Arbeit über die Eigenschaften solcher Reihen wurde von Paley, Wiener und Zygmund (1933) verfasst. ⌐

Wir schließen diesen Abschnitt über Reihenentwicklungen mit einer alternativen Reihendarstellung der Brown'schen Bewegung durch die Haar'schen Funktionen ab.

Beispiel 6.1.28 (Lévy-Konstruktion der Brown'schen Bewegung mit Haar'schen Funktionen) In Beispiel 5.3.12 haben wir die Haar'schen Funktionen eingeführt. Sie durchlaufen die dyadischen Intervalle auf immer feiner werdenden Teilstücken der Länge $2^{-(n+1)}$. Wir schreiben die Haar'schen Funktionen mit einem Doppelindex $H_k^{(n)}(s)$, indem wir die Indexmengen

$$I(n) = \{k; \ 2^n \leq k \leq 2^{n+1}\}$$

für $k \in I(n)$ zusammenfassen. Integriert man die Haar'schen Funktionen über die Intervalle $[0, t]$, erhält man mit der Festlegung

$$S_1^0(t) := t$$

die **Schauder-Funktionen**

$$S_k^{(n)}(t) := \int_0^t H_k^{(n)}(s)\, ds.$$

Die Schauder-Funktionen bilden eine Schauder-Basis von $L^2([0,1], \lambda^1)$, d. h., jedes Element aus L^2 hat eine eindeutige, unendliche Reihendarstellung mit Konvergenz in L^2. Zu einer i. i. d. Folge von standard-normalverteilten Zufallsvariablen $\left(\xi_k^{(n)}\right)$ definieren wir die Reihe

$$B_t^{(n)} := \sum_{m=0}^{n} \sum_{k \in I(m)} \xi_k^{(m)} S_k^{(m)}(t), \quad \text{für } 0 \leq t \leq 1 \text{ und } n \geq 0.$$

Das sind Reihen von unabhängigen Zufallsvariablen und es gilt fast sichere gleichmäßige Konvergenz.

1) $$B_t^{(n)} \longrightarrow B_t := \sum_{m=0}^{\infty} \sum_{k \in I(m)} \xi_k^{(m)} S_k^{(m)}(t) \qquad (6.9)$$

f. s. gleichmäßig auf dem Intervall $[0, 1]$.

Aus der Stetigkeit der Pfade von $B_t^{(n)}$ folgt, dass auch der Limes (B_t) stetige Pfade hat.

2) $(B_{t_1}, \ldots, B_{t_n})$ sind normalverteilte Zufallsvektoren.

Man verwendet hier dieselbe Argumentation wie bei der Karhunen-Loève-Entwicklung: Die Zufallsvariablen $B_t^{(n)}$ entstehen durch die Anwendung einer linearen Abbildung auf normalverteilte Zufallsvariablen.

3) $EB_s = 0$ für alle $s \geq 0$ und $EB_s B_t = s \wedge t$.

Beweis Für $s, t \geq 0$ definieren wir die Indikatorfunktionen

$$f := \mathbb{1}_{[0,s]} \quad \text{und} \quad g := \mathbb{1}_{[0,t]}.$$

Sei U eine gleichverteilte Zufallsvariable auf $[0, 1]$, dann definieren wir eine Folge von quadratintegrierbaren, orthogonalen Zufallsvariablen (Y_k) durch

$$Y_k := H_k(U), \quad \text{mit} \quad \mathcal{A}_n := \sigma(H_0, \ldots, H_n).$$

Die Orthogonalität der Folge (Y_k) folgt aus der Orthogonalität der Haar'schen Funktionen. Wie bei dem Beweis zu Proposition 5.3.13 folgt mit dem Martingalkonvergenzsatz von Lévy, Satz 5.3.10, die Konvergenz für

$$E\big(f(U) \mid \mathcal{A}_n\big) = \sum_{k=0}^{n} a_k Y_k \longrightarrow f(U)$$

sowie

$$E\big(g(U) \mid \mathcal{A}_n\big) = \sum_{k=0}^{n} b_k Y_k \longrightarrow g(U) \quad \text{fast sicher und in } L^1, L^2, \ldots, L^p.$$

6.1 Prozesse mit vorgegebener Pfadmenge und Karhunen-Loève-Entwicklung

Die Haar'schen Funktionen (Y_k) sind ein Orthonormalsystem. Dann sind

$$a_k := Ef(U)H_k(U) = \int_0^1 \mathbb{1}_{[0,s]}(u)H_k(u)\,du = \int_0^s H_k(u)\,du = S_k(s),$$

$$b_k := Eg(U)H_k(U) = \int_0^1 \mathbb{1}_{[0,t]}(u)H_k(u)\,du = \int_0^t H_k(u)\,du = S_k(t)$$

die Schauder-Funktionen $S_k(s)$ und $S_k(t)$. Es gilt nun einerseits

$$Ef(U)g(U) = E\mathbb{1}_{[0,s\wedge t]}(U) = s \wedge t,$$

und andererseits ist wegen der Orthonormalität der $\xi_k^{(n)}$

$$Ef(U)g(U) = \sum_{k=0}^{\infty} a_k b_k = \sum_{k=0}^{\infty} S_k(s)S_k(t) = EB_s B_t.$$

Also ist der Kovarianzkern von (B_t) gegeben durch $K(s,t) = s \wedge t$, d.h., (B_t) ist eine Brown'sche Bewegung.
Alternativ erhält man auch aus der Parseval-Gleichung:

$$\langle f, g \rangle = \sum_{n=0}^{\infty} \sum_{k \in I(n)} \langle f, H_k^{(n)} \rangle \langle g, H_k^{(n)} \rangle$$

$$= s \wedge t \quad \text{für } f, g \text{ wie oben.} \qquad \square$$

Wir geben einen direkten Beweis der gleichmäßigen f. s. Konvergenz in (6.9) ohne Verwendung des Kolmogorov-Weierstraß-Kriteriums.

Beweis zu (6.9) Sei $R_n := \max_{k \in I(n)} \left|\xi_k^{(n)}\right|$ und sei $x > 0$. Dann folgt:

$$P\left(\left|\xi_k^{(n)}\right| > x\right) \le \sqrt{\frac{2}{\pi}} \frac{e^{-x^2/2}}{x}.$$

Daraus folgt:

$$P(R_n > n) = P\left(\bigcup_{k \in I(n)} \left\{\left|\xi_k^{(n)}\right| > n\right\}\right)$$

$$\le 2^n P\left(\left|\xi_1^{(n)}\right| > n\right) \le 2^n \sqrt{\frac{2}{\pi}} \frac{e^{-n^2/2}}{n}.$$

Wegen $\sum_n 2^n e^{-n^2/2} < \infty$ folgt nach Borel-Cantelli $R_n \leq n$, $\forall n \geq n(\omega)$, $\forall \omega \in \widetilde{\Omega}$ mit $P(\widetilde{\Omega}) = 1$. Daraus folgt:

$$\sum_{n=n(\omega)}^{\infty} \sum_{k \in I(n)} \left|\xi_k^{(n)} S_k^{(n)}(t)\right| \leq \sum_{n=n(\omega)}^{\infty} n 2^{-(n+1)/2} < \infty \quad \forall \omega \in \widetilde{\Omega}.$$

Also konvergiert $B_t^{(n)}(\omega)$, $\forall \omega \in \widetilde{\Omega}$, absolut und gleichmäßig in t gegen den Limes $B_t(\omega)$, die Brown'sche Bewegung. □

◇

6.2 Die Brown'sche Bewegung

Der Botaniker Robert Brown untersuchte 1827 die Bewegungen von Pollenstaub im Wasser. Das unregelmäßige Zittern wurde später von Einstein mit der Molekülstruktur der Partikel erklärt. Damit war die Brown'sche Molekularbewegung ein Ausgangspunkt für die Entdeckung der Molekülstruktur.

Als mathematisches Modell formulierte erstmals Louis Bachelier um 1900 die Brown'sche Bewegung in seiner bei Henri Poincaré geschriebenen Dissertation. Bachelier war der erste Mathematiker, der versucht hat, die Preisentwicklung eines Wertpapiers mit einem wahrscheinlichkeitstheoretischen Ansatz zu beschreiben. Die Bedeutung seiner Arbeit wurde jedoch von Poincaréunterschätzt.

1905/06 wurde die Entwicklung der Dichte der Brown'schen Bewegung und die damit zusammenhängende Differentialgleichung von Albert Einstein und Marian Smoluchowski eingeführt. Die beiden Wissenschaftler beschrieben die Diffusion von Wärme und die Ausbreitung von Flüssigkeiten. Das erste stochastische Modell für die Brown'sche Bewegung mittels Orthogonalreihenentwicklung geht auf Norbert Wiener 1920 zurück.

Die Brown'sche Bewegung ist ein wichtiges Modell in der statistischen Mechanik. Der Zusammenhang zwischen der **Diffusionsgleichung**

$$\frac{df}{dt} = D \frac{\partial^2 f}{\partial^2 x}, \qquad D = \frac{\sigma^2}{2} \tag{6.10}$$

und der Brown'schen Molekularbewegung wurde von Albert Einstein erklärt. Den Parameter σ^2 kann man als mittlere quadratische Verschiebung eines Teilchens pro Zeiteinheit interpretieren. Die Verschiebung der Partikel pro Zeiteinheit ist normalverteilt, d. h., für die Zuwächse gilt $B_{t+s} - B_s \sim N(0, \sigma^2 t)$. Die Diffusionsgleichung (6.10) beschreibt die Entwicklung der Dichte $f_t = f_t(x)$ der Brown'schen Bewegung B_t.

Die Einstein-Stokes-Relation beschreibt den Zusammenhang zwischen der Varianz und einigen fundamentalen Größen wie Anzahl der Moleküle, Radius der Partikel und Reibungszahl. Sie ist gegeben durch die Formel:

$$\sigma^2 = \frac{RT}{3L\pi r \eta} \sim \text{mittlere quadratische Verschiebung.}$$

6.2 Die Brown'sche Bewegung

Dabei sind:

$R \approx 8{,}314472\, JK^{-1}\, mol^{-1}$ universelle Gaskonstante; T absolute Temperatur;
$L \approx 6{,}022 \cdot 10^{23}\, mol^{-1}$ die Loschmidt'sche Zahl = Anzahl der Moleküle pro mol;
r Radius der Teilchen (Wassermoleküle); η charakteristische Reibungszahl der Flüssigkeit.

Mit dieser grundlegenden Gleichung gelang es, die Boltzmann-Konstante $k_B = \frac{R}{L}$ experimentell zu bestimmen. Der Physiker Jean-Baptiste Perrin erhielt dafür 1926 den Nobelpreis.

Definition 6.2.1 (Standard-Brown'sche Bewegung) *Ein reellwertiger stochastischer Prozess $B = (B_t)_{t \geq 0}$ heißt* **Standard-Brown'sche Bewegung** *genau dann, wenn gilt:*

1) *B hat stochastisch unabhängige, stationäre Zuwächse, $B_0 = 0$.*
2) *Die Zuwächse sind normalverteilt, d. h.*

$$B_{s+t} - B_s \sim N(0, t), \quad s, t \geq 0.$$

3) *Die Pfade sind P-fast sicher stetig.*

Bemerkung 6.2.2
a) Eine Standard-Brown'sche Bewegung ist ein Wiener-Prozess mit stetigen Pfaden und $B_0 = 0$.
 Gelegentlich werden auch andere Startverteilungen betrachtet, z. B. $X_0 = x$ oder $X_0 \stackrel{d}{=} \mu$.
b) B heißt **d-dimensionale Brown'sche Bewegung**, wenn gilt:
 1) B hat stationäre und unabhängige Zuwächse.
 2) Die Zuwächse sind d-dimensional normalverteilt,
$$B(t+s) - B(s) \sim N(0, t I_d).$$
 3) B hat stetige Pfade.
 Eine d-dimensionale Brown'sche Bewegung besteht aus d unabhängigen Komponenten, die jeweils eindimensionale Brown'sche Bewegungen sind.
c) **Äquivalente Definition ($d = 1$)** Ein stochastischer Prozess $B = (B_t)_{t \geq 0}$ ist eine Brown'sche Bewegung genau dann, wenn B ein zentrierter Gauß-Prozess ist, B stetige Pfade hat und $\mathrm{Cov}(B_s, B_t) = \min(s, t)$ ist.
d) **Skalierungseigenschaft und Zeitumkehr**
 d1) Es gilt die **Skalierungseigenschaft**
$$(B_{st})_{s \geq 0} \stackrel{d}{=} (t^{1/2} B_s)_{s \geq 0}, \quad \forall\, t > 0,$$
 d. h., die zeitliche Skalierung mit einem Faktor t ist in Verteilung dasselbe wie eine räumliche Skalierung mit einem Faktor $\sqrt{t}$.

d2) Mit der Eigenschaft der **Zeitumkehr**,

$$(B_s)_{s>0} \stackrel{d}{=} (sB_{\frac{1}{s}})_{s>0},$$

kann man das Verhalten der Brown'schen Bewegung für $t = \infty$ zurückführen auf das Verhalten des Prozesses zur Zeit $t = 0$.

Beweis $(sB_{\frac{1}{s}})_{s>0}$ ist ein Gauß'scher Prozess, und für alle Zeitpunkte s, t mit $0 < s < t$ gilt

$$E(sB_{\frac{1}{s}})(tB_{\frac{1}{t}}) = stE(B_{\frac{1}{s}}B_{\frac{1}{t}}) = st\min\left(\frac{1}{s}, \frac{1}{t}\right) = \min(s, t).$$

Das heißt, der skalierte Prozess hat dieselbe Kovarianz wie eine Brown'sche Bewegung und ist wegen des Erhaltes der Stetigkeit eine Brown'sche Bewegung. □

⌟

Konstruktion der Brown'schen Bewegung
Wir haben die Brown'sche Bewegung bereits auf verschiedene Weise konstruiert, in den Beispielen 6.1.26 und 6.1.28 beispielsweise mit Hilfe von Orthogonalreihen. Außerdem haben wir das Wiener-Maß auf dem unendlichen Produktraum mit dem Existenzsatz von Kolmogorov definiert. Die endlich-dimensionalen Randverteilungen sind für $J = \{t_1, \ldots, t_n\}$ gegeben durch

$$P_J = \left(N(0, t_1) \otimes N(0, t_2 - t_1) \otimes \cdots \otimes N(0, t_n - t_{n-1})\right)^{\tau_n} = N(0, \Sigma_J)$$

mit $\tau_n x = \left(x_1, x_1 + x_2, \ldots, \sum_{i=1}^n x_i\right)$ und mit der Kovarianzmatrix $\Sigma_J := \sigma^2(\min(t_i, t_j)) = (\sigma_{i,j})$.

Nach dem Konsistenzsatz von Kolmogorov folgt, dass genau ein Maß auf dem Produktraum $(\mathbb{R}^{[0,\infty)}, \mathcal{B}^{[0,\infty)})$ mit den vorgegebenen endlich-dimensionalen Randverteilungen existiert. Der zugehörige Prozess heißt **Wiener-Prozess**. Es gilt

$$P^{W_t|W_s=x} = P^{W_s+(W_t-W_s)|W_s=x}$$
$$= P^{x+(W_t-W_s)} = N(x, t-s) =: K_{t-s}(x, \cdot),$$

$K_{t-s}(x, \cdot)$ ist ein Markovkern, und wir erhalten

$$P_{t_1 \ldots t_n} = N(0, t_1) \times K_{t_2-t_1} \times \cdots \times K_{t_n-t_{n-1}}$$
$$= N(0, t_1) \times N(0, t_2 - t_1) \times \cdots \times N(0, t_n - t_{n-1}).$$

Lemma 6.2.3 (Momente der Brown'schen Bewegung) *Sei (W_t) ein Wiener-Prozess, dann gilt:*

$$E|W_t - W_s|^{2m} = c_m|t-s|^m$$

mit

$$c_m := E|W_1|^{2m}, \quad W_1 \sim N(0, 1).$$

6.2 Die Brown'sche Bewegung

Beweis Die Aussage folgt aus der Skalierungseigenschaft

$$W_t - W_s \stackrel{d}{=} W_{t-s} \stackrel{d}{=} (t-s)^{\frac{1}{2}} \mathcal{N}(0,1).$$

Also gilt $E|W_t - W_s|^{2m} = c_m |t-s|^m$. $\square$

Satz 6.2.4 (Existenz der Brown'schen Bewegung, Hölder-Stetigkeit)
Es existiert eine Modifikation B des Wiener-Prozesses W, die lokal Hölder-stetig ist von der Ordnung γ für alle $\gamma < \frac{1}{2}$.

Beweis Mit $\alpha = 2m$ und $\beta = m - 1$ folgt für alle

$$\gamma = \frac{\beta}{\alpha} = \frac{m-1}{2m} \longrightarrow \frac{1}{2} \quad \text{für} \quad (m \to \infty),$$

die Hölder-Stetigkeit von der Ordnung γ mit dem Satz von Kolmogorov-Chentsov, Satz 6.1.15. $\square$

In den folgenden Sätzen 6.2.5 und 6.2.6 wird gezeigt, dass B nicht Lipschitz-stetig und darüber hinaus auch nicht Hölder-stetig von der Ordnung $\gamma = \frac{1}{2}$ ist.

Standardkonstruktion Die Brown'sche Bewegung B induziert das Wiener-Maß P_0 auf der Menge der stetigen Funktionen $(C, \mathcal{E})$. Wir erhalten daher folgende **Standardkonstruktion der Brown'schen Bewegung**:

Seien $(C, \mathcal{E}, P_x, (B_t) = (\pi_t))$ mit (π_t) die Projektionen auf C, P_x das Wiener-Maß auf C mit Startverteilung $\varepsilon_{\{x\}}$, $P_x^{B_0} = \varepsilon_{\{x\}}$ und $\mathcal{E}$ die kanonische σ-Algebra auf C.

Mit dem Satz von Kolmogorov-Chentsov erhält man eine Version des Wiener-Prozesses mit Hölder-stetigen Pfaden der Ordnung γ für alle $\gamma < \frac{1}{2}$. Es stellt sich die Frage, ob es eine Modifikation mit Lipschitz-stetigen Pfaden gibt.

Aus der Lipschitz-Stetigkeit würde nach dem Satz von Rademacher die Lebesguefast sichere Differenzierbarkeit folgen. Diese Eigenschaft wäre wünschenswert, um den Brown'schen Partikeln eine Geschwindigkeit zuschreiben zu können. Wie im Folgenden gezeigt wird, ist es aber nicht möglich, eine Version des Wiener-Prozesses mit differenzierbaren Pfaden zu konstruieren. Der **Ornstein-Uhlenbeck-Prozess** ist ein in dieser Beziehung adäquateres Modell. Der Ornstein-Uhlenbeck-Prozess ist ein Gauß'scher Prozess und hat eine Darstellung

$$X_t = e^{at} X_0 + \sigma \int_0^t e^{a(t-s)} \, dB_s$$

als ein **stochastisches Integral** über die Brown'sche Bewegung (vgl. z. B. Kallenberg (2002)).

Satz 6.2.5 (Nirgends differenzierbare Pfade) *Sei $B = (B_t)_{t \geq 0}$ eine Brown'sche Bewegung. Dann sind die Pfade $t \longmapsto B_t(\omega)$ an keiner Stelle t Lipschitz-stetig. Insbesondere sind sie nirgends differenzierbar.*

Beweis Es genügt, die Aussage für $0 \leq t \leq 1$ zu zeigen. Für $C > 0$ definieren wir

$$A_n := A_n^C := \left\{\omega : \exists s \in [0,1] : |B_t(\omega) - B_s(\omega)| \leq C|t-s|, \ \forall t \ \text{mit} \ |t-s| \leq \frac{3}{n}\right\}$$

sowie $Y_{k,n} := \max\left\{\left|B_{\frac{k}{n}} - B_{\frac{k-1}{n}}\right|, \left|B_{\frac{k+1}{n}} - B_{\frac{k}{n}}\right|, \left|B_{\frac{k+2}{n}} - B_{\frac{k+1}{n}}\right|\right\}, 1 \leq k \leq n-2$.

Mit der Dreiecksungleichung folgt nun mit einfacher Fallunterscheidung

$$A_n \subset B_n := \bigcup_{k=1}^{n-2}\left\{Y_{k,n} \leq \frac{5C}{n}\right\}.$$

Wegen der Stationarität und der Unabhängigkeit der Zuwächse ergibt sich daraus mit Hilfe der Skalierungseigenschaft der Brown'schen Bewegung

$$P(A_n) \leq P(B_n) \leq n \cdot \left(P\left\{\left|B_{\frac{1}{n}}\right| \leq \frac{5C}{n}\right\}\right)^3$$
$$= n \cdot \left(P\left(|B_1| \leq \frac{5C}{\sqrt{n}}\right)\right)^3 \leq n \cdot \left(\frac{10C}{\sqrt{n}} \cdot \frac{1}{\sqrt{2\pi}}\right)^3$$
$$= \frac{1}{\sqrt{n}} \cdot \left(\frac{10C}{\sqrt{2\pi}}\right)^3 \longrightarrow 0 \quad \text{für } n \to \infty.$$

$A_n = A_n^C \uparrow$ ist isoton in n; also ist $P(A_n) = 0$ für alle n und für alle C. Definiert man

$$K_n := \bigcup_{N=1}^{\infty} A_n^N,$$

dann folgt $P(K_n) = 0$ für alle n. Also folgt

$$P(\{\omega; \exists C = C(\omega) : \exists s \in [0,1], s = s(\omega) : |B_t(\omega) - B_s(\omega)| \leq C|t-s|, \ \forall t \in \mathcal{U}_{\frac{3}{n}}(s)\})$$
$$\leq P(K_n) = 0, \quad \forall n.$$

d. h., es gilt

$$P\big(\{\omega; \exists C = C(\omega) : \exists s \in [0,1], s = s(\omega) : \exists h = h(\omega) > 0 :$$
$$|B_t(\omega) - B_s(\omega)| \leq C|t-s|, \ \forall t \in \mathcal{U}_{h(\omega)}(s)\}\big)$$
$$\leq P\left(\bigcup_{n=1}^{\infty} K_n\right) = 0.$$

Also ist P f. s. jeder Pfad an keiner Stelle Lipschitz-stetig. $\square$

6.2 Die Brown'sche Bewegung

Der folgende Satz impliziert, dass die Pfade der Brown'schen Bewegung nicht Hölderstetig von der Ordnung $\gamma > \frac{1}{2}$ sind.

Satz 6.2.6 (Quadratische Variation der Pfade) *Sei* $\Delta_n = \{t_0^{(n)}, \ldots, t_{m_n}^{(n)}\}$ *eine Folge von Partitionen des Intervalls* $[t, t+h]$ *mit* $|\Delta_n| := \max_k \left| t_{k+1}^{(n)} - t_k^{(n)} \right| \longrightarrow 0$. *Dann gilt:*

a) $$S_n := \sum_{k=1}^{m_n} \left| B_{t_k^{(n)}} - B_{t_{k-1}^{(n)}} \right|^2 \xrightarrow{L^2} h,$$

d. h., die quadratische Variation der Brown'schen Bewegung auf dem Intervall $[t, t+h]$ *ist h.*

b) *Gilt* $\sum_{n=1}^{\infty} |\Delta_n| < \infty$, *dann folgt:* $S_n \longrightarrow h \, [P]$.

Beweis
a) Sei o. E. $t_0^{(n)} = t$, $t_m^{(n)} = t+h$, $m = m_n$, dann ist

$$S_n - h = \sum_{k=1}^{m} \left[\left(B_{t_k} - B_{t_{k-1}} \right)^2 - (t_k - t_{k-1}) \right]$$

$$= \sum_{k=1}^{m} \left[\left(B_{t_k} - B_{t_{k-1}} \right)^2 - E \left(B_{t_k} - B_{t_{k-1}} \right)^2 \right]$$

eine zentrierte unabhängige Summe. Daraus folgt

$$E(S_n - h)^2 = \sum_{k=1}^{m} E \left[\left(B_{t_k} - B_{t_{k-1}} \right)^2 - (t_k - t_{k-1}) \right]^2$$

$$= \sum_{k=1}^{m} E \left[\left(\frac{B_{t_k} - B_{t_{k-1}}}{\sqrt{t_k - t_{k-1}}} \right)^2 - 1 \right]^2 (t_k - t_{k-1})^2$$

$$= E \left(\chi_1^2 - 1 \right)^2 \cdot \sum_{k=1}^{m} (t_k - t_{k-1})^2$$

$$\leq E \left(\chi_1^2 - 1 \right)^2 \|\Delta_n\| h \longrightarrow 0 \text{ für } n \to \infty.$$

Dabei wurde verwendet, dass für alle $k \in \mathbb{N}$

$$\left(\frac{B_{t_k} - B_{t_{k-1}}}{\sqrt{t_k - t_{k-1}}} \right)^2 \stackrel{d}{=} \mathcal{N}(0,1)^2 \stackrel{d}{=}: \chi_1^2$$

verteilt ist wie das Quadrat einer standard-normalverteilten Zufallsvariablen. χ_1^2 heißt χ^2-**Verteilung** (Chi-Quadrat-Verteilung).

b) Mit der Tschebyscheff'schen Ungleichung folgt

$$\sum_{n=1}^{\infty} P(|S_n - h| \geq \varepsilon) \leq \frac{E\left(\chi_1^2 - 1\right)^2 h \cdot \sum_{n=1}^{\infty} |\Delta_n|}{\varepsilon^2} < \infty.$$

Aus der vollständigen Konvergenz von S_n folgt fast sichere Konvergenz. □

Bemerkung 6.2.7 *Ist f Hölder-stetig von der Ordnung γ, dann hat f eine endliche Variation der Ordnung $r = \frac{1}{\gamma}$ auf $[t, t + h]$, denn*

$$\sum |f(t_i) - f(t_{i-1})|^r = \sum \left|\frac{f(t_i) - f(t_{i-1})}{|t_i - t_{i-1}|^\gamma}\right|^r |t_i - t_{i-1}|$$

$$\leq C^r \sum |t_i - t_{i-1}| = C^r h.$$

Also folgt aus Satz 6.2.6, dass die Pfade der Brown'schen Bewegung nicht Hölder-stetig von der Ordnung $\gamma > \frac{1}{2}$ sind. In Korollar 6.2.23 wird gezeigt, dass sie auch nicht Hölder-stetig von der Ordnung $\gamma = \frac{1}{2}$ sind. ⌐

Lemma 6.2.8 (Unabhängige Zuwächse der Brown'schen Bewegung) *Sei B eine Brown'sche Bewegung und sei $\mathcal{A}_s := \sigma(B_u, u \leq s) = \mathcal{A}_s^B$ die dazugehörige natürliche Filtration. Dann sind die Zuwächse $B_{t+s} - B_s$ stochastisch unabhängig von $\mathcal{A}_s$ bzgl. P_x.*

Beweis Sei $0 < t_1 < \cdots < t_n < s < t + s$ eine geordnete Indexmenge und sei $B_0 := x$. Nach Definition sind die Zuwächse der Brown'schen Bewegung

$$B_{s+t} - B_s, B_s - B_{t_n}, \ldots, B_{t_1} - B_0$$

stochastisch unabhängig bzgl. P_x und es gilt $\sigma(B_s - B_{t_n}, \ldots, B_{t_1} - B_0) = \sigma(B_s, B_{t_n}, \ldots, B_{t_1})$. Die Behauptung gilt also für einen ∩-stabilen Erzeuger von $\mathcal{A}_s$ und damit nach dem Eindeutigkeitssatz auch für $\mathcal{A}_s$. □

Bemerkung 6.2.9 (Motivation der Markoveigenschaft) Im Folgenden zeigen wir, dass die Brown'sche Bewegung die Markoveigenschaft hat, d. h.

$$P^{B_t|\mathcal{A}_s} = P^{B_t|B_s} \quad \text{für } s < t.$$

Vor der Präzisierung dieser Eigenschaft zeigen wir an einigen Beispielen zur Berechnung der Wahrscheinlichkeit von Nullstellen deren Bedeutung für die Berechnung konkreter Wahrscheinlichkeiten.

6.2 Die Brown'sche Bewegung

a) Mit der Stationarität der Zuwächse und der Markoveigenschaft erhält man unter Anwendung der Glättungsregel:

$$P_x(\exists t \in [a,b]; B_t = 0) = \int P_x(\exists t \in [a,b], B_t = 0 \mid \mathcal{A}_a) \, dP_x$$

$$= \int P_x(\exists t \in [a,b], B_t = 0 \mid B_a = y) \, P_x^{B_a}(dy)$$

$$= \int p_a(x,y) P_y(\exists t \in [0, b-a], B_t = 0) \, dy.$$

Dabei bezeichnet $p_a(x,y) = \frac{1}{\sqrt{2\pi t}} \exp\left(-\frac{\|x-y\|^2}{2a}\right)$ die Dichte von $P_x^{B_a} = P^{B_a \mid B_0 = x}$. Hier verwenden wir, dass bzgl. der bedingten Verteilung unter $B_a = y$, $(B)_{t \geq a}$ wieder eine Brown'sche Bewegung mit Start in y ist.

b) $P_x(\exists s \in [0,a], \ B_s = 0 \text{ und } \exists t \in [a,b], \ B_t = 0)$

$$= \int P_x(\exists s \in [0,a], \ B_s = 0 \mid B_a = y) P_x(\exists s \in [a,b], \ B_s = 0 \mid B_a = y) P_x^{B_a}(dy)$$

$$= \int P_x(\exists s \in [0,a], \ B_s = 0 \mid B_a = y) P_y(\exists s \in [0, b-a], B_s = 0) P_x^{B_a}(dy).$$

Hier verwenden wir, dass die Zukunft von B, bedingt unter der Gegenwart, unabhängig von der Vergangenheit ist.

Mit der Markoveigenschaft kann man wie im obigen Beispiel viele Fragestellungen auf einfachere Probleme reduzieren.

c) **Starke Markoveigenschaft:** Es gibt eine wichtige Verschärfung der Markoveigenschaft. Sie gilt auch, wenn man unter Stoppzeiten bedingt. Diese Eigenschaft weisen wir in Abschn. 6.3 für die Brown'sche Bewegung nach. ⌟

Ein Beispiel für die Anwendung der starken Markoveigenschaft ist das André'sche Spiegelungsprinzip. Als Stoppzeit wählt man den zufälligen Zeitpunkt, zu dem ein Wert b erreicht wird, d. h.

$$\tau_b(\omega) := \inf\{t \geq 0; B_t(\omega) = b\}.$$

Spiegelt man die Pfade der Brown'schen Bewegung an der Geraden $y = b$, dann erhält man wieder eine Brown'sche Bewegung:

Proposition 6.2.10 (Spiegelungsprinzip) *Sei* $B = (B_t)$ *Brown'sche Bewegung. Sei* b *eine reelle Zahl und sei*

$$B_t^* := \begin{cases} B_t, & \text{für } t \leq \tau_b \quad \text{und} \\ 2b - B_t, & \text{für } t > \tau_b, \end{cases}$$

dann ist auch $B^* = (B_t^*)$ *eine Brown'sche Bewegung.*

Diese Aussage wird in Abschn. 6.3 bewiesen. Der folgende Satz unterstreicht die Bedeutung des Spiegelungsprinzips.

Satz 6.2.11 (First passage time) *Für die Stoppzeit $\tau_b = \inf\{t \geq 0;\ B_t = b\}$ gilt:*

a)
$$P_0(\tau_b < t) = 2P_0(B_t > b) = \sqrt{\frac{2}{\pi t}} \int_b^\infty e^{-\frac{x^2}{2t}}\, dx,$$

b) $P_0^{\tau_b}$ *hat die Dichte* $f_b(y) = \dfrac{|b|}{\sqrt{2\pi y^3}} e^{-\frac{b^2}{2y}}$ *und es gilt*

$$E\tau_b = \infty.$$

Beweis
a) Als direkte Folgerung aus dem Spiegelungsprinzip erhalten wir

$$\begin{aligned}
P_0(\tau_b < t) &= P_0(\tau_b < t, B_t > b) + P_0(\tau_b < t, B_t < b) \\
&= P_0(B_t > b) + P_0(\tau_b < t, B_t < b) \\
&= P_0(B_t > b) + P_0\left(\tau_b < t, B_t^* > b\right) \\
&= P_0(B_t > b) + P_0\left(B_t^* > b\right).
\end{aligned}$$

Da $\tau_b = \tau_b^B = \tau_b^{B^*}$, gilt nach dem Spiegelungsprinzip

$$\begin{aligned}
P_0(\tau_b < t, B_t < b) &= P_0\left(\tau_b < t, B_t^* > b\right) \\
&= P_0\left(B_t^* > b\right) = P_0(B_t > b).
\end{aligned}$$

b) Mit der Substitution $y := \frac{x}{\sqrt{t}}$ folgt hieraus

$$\begin{aligned}
P_0(\tau_b < t) &= 2P_0(B_t > b) \\
&= \sqrt{\frac{2}{\pi t}} \int_b^\infty \exp\left(-\frac{x^2}{2t}\right) dx = \sqrt{\frac{2}{\pi}} \int_{\frac{b}{\sqrt{t}}}^\infty \exp\left(-\frac{y^2}{2}\right) dy.
\end{aligned}$$

Die zugehörige Dichte erhält man durch Differentiation. Es folgt:

$$\begin{aligned}
f_b(y) &= \frac{d}{dt}\left(\sqrt{\frac{2}{\pi}} \cdot \int_{\frac{b}{\sqrt{t}}}^\infty \exp\left(-\frac{y^2}{2}\right) dy\right) = \frac{d}{dt}\sqrt{\frac{2}{\pi}}\left(I(\infty) - I\left(\frac{b}{\sqrt{t}}\right)\right) \\
&= -\sqrt{\frac{2}{\pi}} \cdot \left(-\frac{1}{2}\right) \frac{b}{\sqrt{t^3}} \cdot \left(-\frac{b^2}{2t}\right) = \frac{|b|}{\sqrt{2\pi y^3}} \cdot \exp\left(-\frac{b^2}{2y}\right). \qquad \square
\end{aligned}$$

Mit dem Spiegelungsprinzip erhalten wir also die Verteilung der Erstüberschreitungszeit τ_b für die einseitige Grenze b. Eine Folgerung daraus ist das folgende Korollar über die Verteilung des Supremums der Brown'schen Bewegung.

6.2 Die Brown'sche Bewegung

Korollar 6.2.12 (Verteilung des Supremums der Brown'schen Bewegung)
a) Es gilt:
$$P_0\left(\sup_{0\leq s\leq t} B_s \geq b\right) = 2P_0(B_t \geq b).$$

b) Sei $\lambda > 0$, dann gilt für die Überschreitungswahrscheinlichkeit der Geraden $y = s\lambda$, $s \geq \frac{1}{t}$:
$$P_0\left(B_s \leq s\lambda, \ \forall s \geq \frac{1}{t}\right) = 1 - \sqrt{\frac{2}{\pi t}} \cdot \int_\lambda^\infty \exp\left(-\frac{x^2}{2t}\right) dx.$$

Beweis
a) Aussage a) folgt aus Satz 6.2.11, da
$$\left\{\sup_{0\leq s\leq t} B_s \geq b\right\} = \{\tau_b \leq t\}.$$

b) Nach Proposition 6.2.10 b) gilt, dass der Prozess
$$X_t := \begin{cases} t \cdot B_{\frac{1}{t}}, & \text{für } t > 0, \\ 0, & \text{für } t = 0, \end{cases}$$

wieder eine Brown'sche Bewegung, mit Start in null, ist (Zeitumkehr). Daher gilt:
$$P_0\left(X_s \leq s\lambda, \ \forall s \geq \frac{1}{t}\right) = P_0\left(sB_{\frac{1}{s}} \leq s\lambda, \ \forall s \geq \frac{1}{t}\right)$$
$$= P_0(B_u \leq \lambda, \ \forall u \in [0,t]) \quad \text{mit } u := \frac{1}{t}$$
$$= P_0\left(\max_{u\in[0,t]} B_u \leq \lambda\right) = P_0(\tau_\lambda > t) = 1 - P_0(\tau_\lambda \leq t) = 1 - 2P_0(B_t \geq \lambda)$$
$$= 1 - \sqrt{\frac{2}{\pi t}} \int_\lambda^\infty \exp\left(-\frac{x^2}{2t}\right) dx.$$

Durch die Zeitumkehr wird die obige Fragestellung auf die Verteilung des Maximums zurückgeführt. □

Die folgende Proposition weist die Markoveigenschaft aus Lemma 6.2.8 nach und liefert die Grundlage für eine verallgemeinerte Markoveigenschaft.

Proposition 6.2.13 (Markoveigenschaft) Sei f eine beschränkte und messbare Funktion und seien s und t positive, reelle Zahlen, dann gilt:

a) $$E_x(f(B_{s+t} - B_s) \mid \mathcal{A}_s) = E_x f(B_{s+t} - B_s),$$

b) $$E_x(f(B_{s+t}) \mid \mathcal{A}_s) = E_x(f(B_{s+t}) \mid B_s) = E_{B_s} f(B_t).$$

Dabei sei mit $\varphi(y) := E_y f(B_t)$, $E_{B_s} f(t) := \varphi(B_s)$.

Beweis

a) Nach Lemma 6.2.8 sind die Zuwächse $B_{s+t} - B_s$ der Brown'schen Bewegung unabhängig von $\mathcal{A}_s$, der Information über die Vergangenheit bis zur Zeit s.

b) Allgemeiner als in Proposition 6.2.13 b) formuliert gilt

$$E_x\big(g(B_s, B_{t+s} - B_s) \mid \mathcal{A}_s\big) = \varphi_g(B_s) \tag{6.11}$$

mit

$$\varphi_g(x) := \int g(x, y)(2\pi t)^{-\frac{d}{2}} e^{-\frac{\|y\|^2}{2t}} \, dy = E(g(x, B_{s+t} - B_s) \mid B_s = x).$$

Zum Beweis betrachten wir zunächst den Fall, dass $g(x, y) = g_1(x) \cdot g_2(y)$. Dann ist

$$\varphi_g(x) = g_1(x) \int g_2(y)(2\pi t)^{-\frac{d}{2}} e^{-\frac{\|y\|^2}{2t}} \, dy$$

und nach a) gilt:

$$\begin{aligned} E_x\big(g(B_s, B_{t+s} - B_s) \mid \mathcal{A}_s\big) &= g_1(B_s) E_x g_2(B_{t+s} - B_s) \mid \mathcal{A}_s) \\ &= g_1(B_s) E_x g_2(B_{t+s} - B_s) = \varphi_g(B_s). \end{aligned}$$

Also gilt diese Aussage für Funktionen g der Form $g = g_1 \cdot g_2$. Da beide Seiten linear in g sind, gilt dies auch für alle Linearkombinationen.

Die allgemeine Aussage erhält man über den Aufbau messbarer Funktionen mit dem Monotone-Klasse-Theorem aus der Maßtheorie.

Satz 6.2.14 (Monotone-Klasse-Theorem) *Sei $\mathcal{R} \subset \mathcal{A}$ eine $\cap$-stabile Klasse von Teilmengen von $\mathcal{A}$ mit $\Omega \in \mathcal{R}$. Sei weiter $\mathcal{H} \subset \mathbb{R}^\Omega$ ein Vektorraum von Funktionen $f : \Omega \longrightarrow \mathbb{R}$, mit*

1) $A \in \mathcal{R} \implies \mathbb{1}_A \in \mathcal{H}$,
2) $\mathcal{H}$ *ist eine* **monotone Klasse**, *d. h., für $(f_n) \subset \mathcal{H}$, $f_n \geq 0$ und $f_n \uparrow f$, f beschränkt, gilt: $f \in \mathcal{H}$.*

Dann folgt:

$$\mathcal{H} \supset \mathcal{L}_b(\sigma(\mathcal{R})).$$

Wir wenden das Monotone-Klasse-Theorem auf die $\cap$-stabile Klasse der Produktmengen $\mathcal{R} := \{A \times B; \ A, B \in \mathcal{B}^d\}$ und die Menge $\mathcal{H}$ der messbaren Funktionen $g : \mathbb{R}^d \times \mathbb{R}^d \to \mathbb{R}$, für die die obige Aussage (6.11) gilt, an. $\mathcal{H}$ ist eine monotone Klasse und es gilt 1) nach dem erstem Teil des Beweises.

Nach dem Monotone-Klasse-Theorem folgt dann $\mathcal{H} \supset \mathcal{L}_b(\mathcal{B}^d \otimes \mathcal{B}^d)$, woraus die Behauptung folgt. □

6.2 Die Brown'sche Bewegung

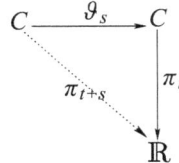

Abb. 6.1 Messbarkeit des Shifts ϑ_s auf dem Raum C

Wir verallgemeinern im Folgenden die Markoveigenschaft auf Funktionen der ganzen Pfade in der Zukunft. Dazu verwenden wir die **Standardkonstruktion der Brown'schen Bewegung**: $(\Omega, \mathcal{A}, P) = (C, \mathcal{E}, P_x)$, P_x das Wiener-Maß auf C, $\mathcal{E} = \sigma(\pi_s, s \geq 0)$ die von den Projektionen π_s erzeugte σ-Algebra und $B_s = \pi_s$, $s \geq 0$, die Standardkonstruktion der Brown'schen Bewegung.

Sei für $s \geq 0$, $\vartheta_s : C \longrightarrow C$ der **Shift** auf C definiert durch

$$\vartheta_s \omega(t) := \omega(t + s).$$

ϑ_s ist messbar bzgl. $\mathcal{E}$, denn $\pi_t \circ \vartheta_s = \pi_{t+s}$, $\forall\, t \geq 0$ (vgl. Abb. 6.1).

Sei nun $Y : (C, \mathcal{E}) \longrightarrow (\mathbb{R}^1, \mathcal{B}^1)$ eine messbare Funktion auf C, dann ist $Y \circ \vartheta_s$ eine Funktion der Zukunft, d. h. von $(B_{s+t})_{t \geq 0} = (\omega_{t+s})_{t \geq 0}$. Im d-dimensionalen Fall sei

$$C = C_d = C([0, \infty), \mathbb{R}^d)$$

die Menge der d-dimensionalen stetigen Funktionen, und wir betrachten die d-dimensionale Brown'sche Bewegung $(B_t)_{t \geq 0}$ mit Pfaden in C.

Satz 6.2.15 (Allgemeine Markoveigenschaft) *Sei $Y \in \mathcal{L}_b(\mathcal{E})$ eine beschränkte, messbare Funktion auf dem Raum der stetigen Funktionen, sei $s \geq 0$ und $x \in \mathbb{R}^d$. Dann gilt:*

$$E_x(Y \circ \vartheta_s \mid \mathcal{A}_s) = E_x(Y \circ \vartheta_s \mid B_s) = E_{B_s} Y$$

mit $E_{B_s} Y = \varphi(B_s)$, $\varphi(y) := E_y Y$.

Beweis Zunächst wird die Markoveigenschaft ausgedehnt auf Funktionen, die von endlich vielen Zeitpunkten in der Zukunft abhängen. Sei $s = t_0 < t_1 < \cdots < t_n$ eine geordnete, endliche Indexmenge, sei $f_i \in \mathcal{L}_b(\mathcal{B}^d)$ und sei $\Delta_i = B_{t_i} - B_{t_{i-1}}$, $A \in \mathcal{A}_s$, dann folgt mit der Eigenschaft der unabhängigen Zuwächse wie in Lemma 6.2.8 und Proposition 6.2.13

$$E_x \prod_{i=1}^{n} f_i(\Delta_i) f_0(B_s) \mathbb{1}_A = E_x \prod_{i=1}^{n} f_i(\Delta_i) E_x(f_0(B_s) \mathbb{1}_A).$$

Ist $g \in \mathcal{L}_b((\mathbb{R}^d)^{n+1})$, dann folgt nach dem Monotone-Klasse-Theorem:

$$E_x(g(B_s, \Delta_1, \ldots, \Delta_n) \mid \mathcal{A}_s) = \Psi(B_s)$$

mit $\Psi(y) := \int g(y, z_1, \ldots, z_n) \prod_{i=1}^n p_{t_i - t_{i-1}}(z_i) \, dz_1 \ldots dz_n$.

Nach dem Monotone-Klasse-Theorem folgt dann die Behauptung für $Y \in \mathcal{L}_b(\mathcal{E})$. □

Bemerkung 6.2.16 Als Anwendung geben wir nun eine exakte Begründung der in Bemerkung 6.2.9 gegebenen motivierenden Beispiele.

1) **Nullstelle von B in $[a, b]$.** Wir untersuchen zunächst die Frage, mit welcher Wahrscheinlichkeit die Brown'sche Bewegung in einem Intervall $[a, b]$ eine Nullstelle hat. Mit der Markoveigenschaft aus Satz 6.2.15 erhalten wir unter Anwendung der Glättungsregel und der Stationarität der Zuwächse

$$P_x(\exists t \in [a, b]; B_t = 0) = \int P_x(\exists t \in [a, b]; B_t = 0 \mid B_a = y) P_x^{B_a}(dy)$$

$$= \int P_x(\exists t \in [0, b - a]; B_t \circ \vartheta_a = 0 \mid B_a = y) P_x^{B_a}(dy)$$

$$= \int p_a(x, y) P_y(\exists t \in [0, b - a]; B_t = 0) \, dy,$$

denn es gilt mit $Y = \mathbb{1}_A$, $A := \{w; \exists t \in [0, b - a] \text{ mit } w(t) = 0\}$

$$E_x(Y \circ \vartheta_a \mid B_a = y) = P_y(\exists t \in [0, b - a], B_t = 0).$$

2) **Erste Nullstelle von B nach dem Zeitpunkt $t = 1$.** $d = 1$. Sei $\tau_0 := \inf\{t > 0; B_t = 0\}$ und $\widetilde{\tau}_1 := \inf\{t > 1; B_t = 0\}$. Dann kann man $\widetilde{\tau}_1$ als geshiftete Abbildung auffassen, $\widetilde{\tau}_1 = \tau_0 \circ \vartheta_1$.
Mit $A_t := \{w; \forall \, 0 < s \leq t \text{ ist } w(s) \neq 0\}$ gilt dann nach Bemerkung 6.2.7

$$P_x(\widetilde{\tau}_1 > 1 + t) = E_x \mathbb{1}_{A_t} \circ \vartheta_1 = E_x E_x(\mathbb{1}_{A_t} \circ \vartheta_1 \mid \mathcal{A}_1)$$

$$= E_x E_{B_1} \mathbb{1}_{A_t} = \int p_1(x, y) P_y(\tau_0 > t) \, dy.$$

Beachte, dass der Integrand nach Satz 6.2.11 bekannt ist.

3) **Additive Funktionale**

3a) Für eine messbare Funktion $f \in \mathcal{L}_b$ sei $u(t, x) := E_x f(B_t)$, $0 < s < t$.

Dann gilt: $\quad E_x(f(B_t) \mid \mathcal{A}_s) = u(t - s, B_t).$

3b) Für $g \in \mathcal{L}_b$ sei $u(t, x) := E_x \int_0^t g(B_r) \, dr$.

Dann gilt: $\quad E_x \left(\int_0^t g(B_r) \, dr \mid \mathcal{A}_s \right) = \int_0^s g(B_r) \, dr + u(t - s, B_s).$

4) **Letzte Nullstelle von B vor dem Zeitpunkt $t = 1$.** Sei $R := \sup\{0 \leq t < 1; B_t = 0\}$ die letzte Nullstelle von B vor dem Zeitpunkt $t = 1$. R ist eine zufällige Zeit, aber keine Stoppzeit. Wenn die Brown'sche Bewegung nämlich zu einer Zeit $s \in (0, t)$ eine Nullstelle hat, dann wissen wir noch nicht, ob das die letzte Nullstelle vor t ist (dazu wäre ein Blick in die Zukunft nötig). Dann gilt:

$$P_x(R \leq t) = 1 - P_x(R > t) = 1 - E_x P_x(R > t \mid B_t)$$
$$= 1 - \int p_t(x, y) P_y(\tau_0 \leq 1 - t) \, dy = \int p_t(x, y) P_y(\tau_0 > 1 - t) \, dt.$$

⌐

Das lokale Verhalten der Brown'schen Bewegung wird im Folgenden genauer beschrieben.

Definition 6.2.17 (Rechtsseitig stetige Filtration) *Zu einer Filtration $(\mathcal{A}_s)$ definieren wir die zugehörige rechtsseitig stetige Filtration durch*

$$\mathcal{A}_t^+ := \bigcap_{u > t} \mathcal{A}_u.$$

Die Filtration $(\mathcal{A}_t^+)$ ist rechtsseitig stetig, denn es gilt

$$\bigcap_{t > s} \mathcal{A}_t^+ = \bigcap_{t > s} \bigcap_{u > t} \mathcal{A}_u = \bigcap_{u > s} \mathcal{A}_u = \mathcal{A}_s^+.$$

Bemerkung 6.2.18 *Eine rechtsseitig stetige Filtration erlaubt einen infinitesimalen Blick in die Zukunft. Wir wollen das lokale Verhalten der Brown'sche Bewegung beschreiben und interessieren uns dafür, wie schnell die Brown'sche Bewegung in einer Umgebung von t anwachsen kann. Um dies zu beschreiben, benötigen wir $\mathcal{A}_t^+$. Beispielsweise ist die Wachstumsfunktion*

$$\limsup_{u \downarrow t} \frac{B_u - B_t}{f(u - t)}$$

messbar bzgl. $\mathcal{A}_t^+$, aber sie ist nicht messbar bzgl. $\mathcal{A}_t$.

⌐

Für die Brown'sche Bewegung gibt es folgende intuitive Formel für den bedingten Erwartungswert unter $\mathcal{A}_s^+$.

Proposition 6.2.19 *Sei $f \in \mathcal{L}_b(\mathbb{R}^d), s, t \geq 0, x \in \mathbb{R}^d$, dann folgt*

$$E_x\big(f(B_{t+s}) \mid \mathcal{A}_s^+\big) = E_x\big(f(B_{t+s}) \mid \mathcal{A}_s\big) = E_{B_s} f(B_t) \quad \text{f.s.}$$

Beweis Ohne Einschränkung sei $t > 0$. Für $s < r < t + s$ folgt mit der Markoveigenschaft

$$E_x\bigl(f(B_{t+s}) \mid \mathcal{A}_r\bigr) = E_x(f(B_{t+s-r} \circ \vartheta_r) \mid \mathcal{A}_r) = E_{B_r} f(B_{t+s-r}).$$

Mit $\varphi(x, u) := E_x f(B_u) = \int (2\pi u)^{-d/2} e^{-\frac{\|y-x\|^2}{2u}} f(y)\, dy$ und für $A \in \mathcal{A}_r$ folgt dann

$$\begin{aligned}
E_x f(B_{t+s}) \mathbb{1}_A &= E_x E_x(f(B_{t+s}) \mid \mathcal{A}_r) \mathbb{1}_A \\
&= E_x(E_{B_r} f(B_{t+s-r})) \mathbb{1}_A = E_x \varphi(B_r, t+s-r) \mathbb{1}_A.
\end{aligned}$$

Nach dem Satz von der majorisierten Konvergenz ist $\varphi(x, y)$ stetig in (x, u) (Glättung von f mit der Dichte der Normalverteilung).

Sei $A \in \mathcal{A}_s^+$, dann folgt $A \in \mathcal{A}_r$ für alle $r > s$, also ist für $r \downarrow s$

$$E_x f(B_{t+s}) \mathbb{1}_A = E_x \varphi(B_r, t+s-r) = E_x \varphi(B_t, t) \mathbb{1}_A,$$

woraus die Behauptung folgt. □

Die Aussage von Proposition 6.2.19 lässt sich auf Funktionen ausdehnen, die von der ganzen Zukunft (bzw. vom ganzen Pfad) abhängen. Daraus ergibt sich die grundlegende f.s. Gleichheit von $\mathcal{A}_s^+$ und $\mathcal{A}_s$.

Proposition 6.2.20 (f. s. Gleichheit von $\mathcal{A}_s^+$ und $\mathcal{A}_s$) *Seien $Y, Z \in \mathcal{L}_b(\mathcal{E})$, $s \geq 0$, $x \in \mathbb{R}^d$, dann gilt:*

a) $E_x\bigl(Y \circ \vartheta_s \mid \mathcal{A}_s^+\bigr) = E_x(Y \circ \vartheta_s \mid \mathcal{A}_s) = E_{B_s} Y \; [P_x]$,
b) $E_x\bigl(Z \mid \mathcal{A}_s^+\bigr) = E_x(Z \mid \mathcal{A}_s) \; [P_x]$,
c) $\mathcal{A}_s^+ = \mathcal{A}_s \; [P_x]$.

Beweis
a) wird bewiesen wie die allgemeine Markoveigenschaft in Satz 6.2.15 mit Hilfe von Proposition 6.2.19.
b) Es genügt die Aussage zu zeigen für Z von der Form

$$Z = \prod_{i=1}^{n} f_i(B_{t_i}), \quad f_i \in \mathcal{L}_b, 0 \leq t_1 < t_2 < \cdots < t_n.$$

Das Produkt kann man aufspalten in der Form $Z = X \cdot Y \circ \vartheta_s$ mit $X \in \mathcal{L}(\mathcal{A}_s)$, $Y \in \mathcal{L}(\mathcal{E})$. $Y \circ \vartheta_s$ beschreibt das Produkt der Terme mit Zeitindizes nach dem Zeitpunkt s. Es gilt nach a)

$$E_x\bigl(Z \mid \mathcal{A}_s^+\bigr) = X E_x\bigl(Y \circ \vartheta_s \mid \mathcal{A}_s^+\bigr) = X E_{B_s} Y \in \mathcal{L}(\mathcal{A}_s),$$

woraus die Behauptung folgt.

c) Für messbare Funktionen $Z \in \mathcal{L}_b(\mathcal{A}_s^+)$ folgt mit b), dass

$$Z = E_x(Z \mid \mathcal{A}_s^+) = E_x(Z \mid \mathcal{A}_s) = \widetilde{Z}[P_x], \quad \widetilde{Z} \in \mathcal{L}_b(\mathcal{A}_s).$$

Für $A \in \mathcal{A}_s^+$ und mit $Z = \mathbb{1}_A$ folgt also die Existenz einer Menge $B \in \mathcal{A}_s$, so dass $A = B[P_x]$. □

Als Konsequenz der f. s. Gleichheit von $\mathcal{A}_s^+$ und $\mathcal{A}_s$ ergibt sich das 0-1-Gesetz von Blumenthal.

Satz 6.2.21 (0-1-Gesetz von Blumenthal) *Sei A ein Element aus der σ-Algebra $\mathcal{A}_0^+$ und sei $x \in \mathbb{R}^d$, dann folgt:*

$$P_x(A) \in \{0, 1\}.$$

Beweis Nach Proposition 6.2.20 ist $A \in \mathcal{A}_0^+ = \mathcal{A}_0[P_x]$. $\mathcal{A}_0 = \sigma(B_0)$ ist P_x-trivial, da $B_0 = x[P_0]$. Es folgt also:

$$\mathbb{1}_A = E_x(\mathbb{1}_A \mid \mathcal{A}_0^+) = E_x(\mathbb{1}_A \mid \mathcal{A}_0) = E_x \mathbb{1}_A[P_x].$$

Damit ist
$$P_x(A) = \mathbb{1}_A(x) \in \{0, 1\}.$$ □

Die σ-Algebra $\mathcal{A}_0^+$ ist P_x-trivial. Diese Eigenschaft ist ein Schlüssel für das lokale Verhalten der Brown'schen Bewegung.

Proposition 6.2.22 *Sei $d = 1$ und B eine Brown'sche Bewegung.*

a) *Für die Stoppzeiten $\tau_+ := \inf\{t \geq 0 : B_t > 0\}$ und $\tau_- := \inf\{t \geq 0 : B_t < 0\}$ gilt:*

$$P_0(\tau_+ = 0) = P_0(\tau_- = 0) = 1.$$

b) *Für jede Nullfolge $t_n \downarrow 0$ gilt:*

$$P_0\bigl(\limsup\{B_{t_n} > 0\}\bigr) = 1 \quad \text{und} \quad P_0\bigl(\limsup\{B_{t_n} < 0\}\bigr) = 1.$$

c) *Sei $\tau_0 := \inf\{t > 0 : B_t = 0\}$, dann gilt:*

$$P_0(\tau_0 = 0) = 1.$$

Beweis
a) Es gilt $P_0(\tau_+ \leq t) \geq P_0(B_t > 0) = \frac{1}{2}$.

Es folgt: $\qquad P_0(\tau_+ = 0) = \lim_{t \downarrow 0} P_0(\tau_+ \leq t) \geq \frac{1}{2} > 0.$

Da $\{\tau = 0\} \in \mathcal{A}_0^+$, folgt nach dem 0-1-Gesetz von Blumenthal, Satz 6.2.21, dass $P_0(\tau_+ = 0) = 1$. Der Beweis für τ_- ist analog.

b) Sei $A_n := \{B_{t_n} > 0\} \in \mathcal{A}_{t_n}$, dann ist

$$P_0(\limsup_N A_n) = \lim_N P_0 \left(\bigcup_{n=N}^{\infty} A_n \right)$$

$$\geq \limsup P_0(A_N) = \frac{1}{2} > 0.$$

Wegen $\limsup_{n \in \mathbb{N}} A_n \in \mathcal{A}_0^+$ folgt nach Blumenthals 0-1-Gesetz

$$P_0 \left(\limsup_{n \in \mathbb{N}} A_n \right) = 1.$$

c) folgt aus a), b), denn

$$\tau_0 = \inf\{t > 0;\ B_t = 0\} \leq \max\{\tau_+, \tau_-\} = 0\,[P].$$

□

Als Folgerung erhalten wir folgende untere Schranke für das lokale Wachstum von (B_t) in $t = 0$, das insbesondere impliziert, dass die Pfade der Brown'schen Bewegung nicht Hölder-stetig von der Ordnung $\frac{1}{2}$ sind.

Korollar 6.2.23 (Hölder-Stetigkeit) *Sei $t_n \downarrow 0$, dann gilt*

a) $$\limsup \frac{B_{t_n}}{\sqrt{t_n}} = \infty\,[P_0].$$

b) *Die Brown'sche Bewegung (B_s) ist f. s. nicht Hölder-stetig in t von der Ordnung $\frac{1}{2}, \forall t \geq 0$.*

Beweis
a) Sei $A_n := \left\{ \frac{B_{t_n}}{\sqrt{t_n}} \geq K \right\}$. Da $\frac{B_{t_n}}{\sqrt{t_n}} \stackrel{d}{=} B_1$ folgt

$$P_0 \left(\overline{\lim} A_n \right) \geq \overline{\lim} P_0(A_n) = P_0(B_1 \geq K) > 0.$$

Also folgt nach Blumenthal: $P_0 \left(\overline{\lim} A_n \right) = 1$,
d. h. $\overline{\lim} \frac{B_{t_n}}{\sqrt{t_n}} \geq K$ f. s., also $\overline{\lim} \frac{B_{t_n}}{\sqrt{t_n}} = \infty$.

b) Wegen der Markoveigenschaft ist der Prozess $(B_{s+t} - B_t)_{s \geq 0}$ wieder eine Brown'sche Bewegung und es folgt

$$\limsup \frac{B_{t_n+t} - B_t}{\sqrt{t_n}} = \infty\,[P_0].$$

Also ist (B_s) nicht Hölder-stetig in t von der Ordnung $\frac{1}{2}$.

□

Als weitere Anwendung zeigen wir eine Aussage über die Menge der Pfade von $B = (B_s)$.

6.2 Die Brown'sche Bewegung

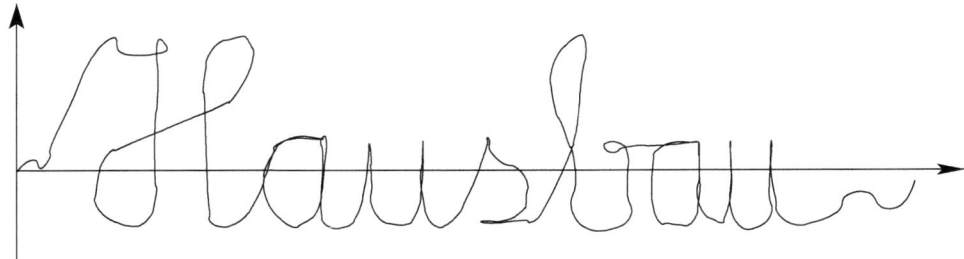

Abb. 6.2 Durchgehend geschriebenes Wort

Proposition 6.2.24 (Dichtheit der Pfade) *Sei $g : [0, 1] \longrightarrow \mathbb{R}^1$ eine stetige Funktion mit $g(0) = 0$ und sei $B = (B_t)$ eine Brown'sche Bewegung, $t_n \downarrow 0$ und definiere für $\varepsilon > 0$:*

$$A_n := \left\{ \sup_{0 \leq \vartheta \leq 1} \left| \frac{B_{\vartheta \cdot t_n}}{\sqrt{t_n}} - g(\vartheta) \right| \leq \varepsilon \right\},$$

dann folgt:
$$P_0(\limsup A_n) = 1.$$

Bemerkung 6.2.25 *Insbesondere sind die Pfade der Brown'schen Bewegung dicht in der Menge $\{g \in C[0, 1]; \, g(0) = 0\}$.*

Diese Aussage gilt auch für den zweidimensionalen Fall. So kann man beispielsweise jedes durchgehend geschriebene Wort in der Ebene (unendlich oft) auf jedem Anfangsstück der zweidimensionalen Brown'schen Bewegung approximativ wiederfinden (vgl. Abb. 6.2).

⌐

Beweis Es ist $\overline{\lim} A_n \in \mathcal{A}_0^+$. Wir zeigen

$$P_0(\limsup A_n) \geq \limsup P_0(A_n) \overset{!}{>} 0,$$

dann folgt die Behauptung nach dem 0-1-Gesetz von Blumenthal, Satz 6.2.21.

Wegen der Skalierungseigenschaft der Brown'schen Bewegung, Bemerkung 6.2.2 d), gilt

$$\left(\frac{B_{\vartheta \cdot t_n}}{\sqrt{t_n}} \right)_{0 \leq \vartheta \leq 1} \overset{d}{=} (B_t)_{0 \leq t \leq 1}.$$

Es genügt also zu zeigen, dass

$$P_0(A_n) = P_0 \left(\sup_{0 \leq t \leq 1} |B_t - g(t)| \leq \varepsilon \right) \overset{!}{>} 0. \tag{6.12}$$

1) Sei zunächst $t > 0$ und sei $a < 0 < b$, dann gilt

$$P_0(a < B_s < b, \ 0 \leq s \leq t) > 0.$$

Dies folgt wie bei der Bestimmung für die einseitigen Schranken

$$P_0(\tau_b > t) = 1 - 2\underbrace{P_0(B_t > b)}_{\leq 1/2} > 0$$

auch für die zweiseitigen Schranken mit einem Spiegelungsargument,

$$P_0(\tau_{a,b} > t) > 0.$$

Darüber hinaus kann man auch vorschreiben, dass B_t in einem Intervall J liegt. Sei $a < 0 < b$, sei $t > 0$ und sei $J \subset [a, b]$ ein Intervall mit $\overset{\circ}{J} \neq \emptyset$, dann folgt

$$P_0(D_J) := P_0\left(\underbrace{a < \inf_{s \leq t} B_s}_{\tau_a > t} \leq \underbrace{\sup_{s \leq t} B_s < b}_{\tau_b > t}, \ B_t \in J\right) > 0,$$

denn sei μ der Mittelpunkt von $J = (\mu - A, \mu + A)$ und $0 < \mu - A < \mu + A < b$, dann gilt

$$P_0(D_J) = P_0(\tau_\mu \leq t, \tau_\mu < \min(\tau_a, \tau_b), |B_s - \underbrace{B_{\tau_\mu}}_{=\mu}| \leq A \text{ für } \tau_\mu \leq s \leq t).$$

Mit der starken Markoveigenschaft ist, bedingt unter $\tau_\mu = s$, $(B_u)_{\tau_\mu \leq u}$ eine Brown'sche Bewegung mit Start in μ. Daher folgt nach 1), dass $P_0(D_J) > 0$.

2) Die Aussage aus 2) gilt auch bei zufälligem Startpunkt Y in (a, b).

Wegen der gleichmäßigen Stetigkeit der Funktion g auf einem kompakten Intervall $[0, t]$ existiert eine natürliche Zahl n, so dass für

$$|x - y| < \frac{1}{n} \quad \text{gilt:} \quad |g(x) - g(y)| \leq \frac{\varepsilon}{4}.$$

Wir wählen nun positive reelle Zahlen $\varepsilon_1, \ldots, \varepsilon_n$, mit $\varepsilon_1 < \cdots < \varepsilon_n$ und $\varepsilon_1 + \cdots + \varepsilon_n < \frac{\varepsilon}{4}$ und definieren

$$A_i := \left\{ \left|\left(B_{\frac{i}{n}} - B_{\frac{i-1}{n}}\right) - \left(g\left(\frac{i}{n}\right) - g\left(\frac{i-1}{n}\right)\right)\right| \leq \varepsilon_i, \right.$$
$$\left. \sup\left\{\left|B_t - B_{\frac{i-1}{n}}\right|, \ \frac{i-1}{n} \leq t \leq \frac{i}{n}\right\} \leq \frac{\varepsilon}{2}\right\}$$

6.2 Die Brown'sche Bewegung

als die Menge der ω, für die sich die Brown'sche Bewegung auf $[\frac{i-1}{n}, \frac{i}{n}]$ in einer ε_i-Umgebung von g aufhält und zum Zeitpunkt $\frac{i}{n}$ in einem Intervall J wie oben landet. Für $t \geq \frac{i-1}{n}$ ist $\left(B_t - B_{\frac{i-1}{n}}\right)_t$ eine Brown'sche Bewegung. Also folgt mit 2) und 3), dass $P_0(A_i) > 0$.

Die Ereignisse $\{A_i\}$ sind stochastisch unabhängig. Damit folgt

$$P_0\left(\bigcap_{i=1}^n A_i\right) = \prod_{i=1}^n P(A_i) > 0.$$

Sei nun $\omega \in \bigcap_i A_i$ und $t \in [0, 1]$, dann folgt für $t \in [\frac{i-1}{n}, \frac{i}{n}]$, dass

$$\left|B_t(\omega) - B_{\frac{i-1}{n}}(\omega)\right| \leq \frac{\varepsilon}{2}, \quad \left|B_{\frac{i-1}{n}} - g\left(\frac{i-1}{n}\right)\right| \leq \sum_{j=1}^{i-1} \varepsilon_j \leq \frac{\varepsilon}{4}$$

und

$$\left|g(t) - g\left(\frac{i-1}{n}\right)\right| \leq \frac{\varepsilon}{4}.$$

Es folgt, dass

$$\left|B_t(\omega) - g\left(\frac{i-1}{n}\right)\right| \leq \varepsilon.$$

Die Brown'sche Bewegung bleibt also in einem Schlauch der Weite $2\varepsilon_i$ auf $[\frac{i-1}{n}, \frac{i}{n}]$ um g auf dem Intervall $[0, t]$. □

Bemerkung 6.2.26 (Selbstähnlichkeit) *Der Beweis von Proposition 6.2.24 wird auf Eigenschaften der „First passage time" zurückgeführt und verwendet ein Approximationsargument. Wesentlich ist die Tatsache, dass sich die zeitskalierte Brown'sche Bewegung auf einem reskalierten Intervall ähnlich verhält wie die ursprüngliche, aber räumlich skalierte Brown'sche Bewegung. Diese Eigenschaft nennt man* **Selbstähnlichkeit**. *Die Brown'sche Bewegung ist ein Standardbeispiel für einen selbstähnlichen Prozess. Auf einem kleinen Intervall sieht die Brown'sche Bewegung bis auf einen räumlichen Skalenfaktor wie auf einem großen Intervall aus.* ⌐

Der folgende Satz beschreibt das exakte lokale Wachstumsverhalten der Brown'schen Bewegung in einer Umgebung von null.

Satz 6.2.27 (Khinchin's Gesetz vom iterierten Logarithmus) *Sei*

$$\varphi(t) := \sqrt{2t \log \log \frac{1}{t}}$$

für $0 < t < 1$, dann gilt

$$\limsup_{t \downarrow 0} \frac{B_t}{\varphi(t)} = 1 \, [P].$$

Aus Symmetriegründen gilt die analoge Aussage auch für den limes inferior, d. h. $\liminf_{t \downarrow P} \frac{B_t}{\varphi(t)} = -1 \, [P]$. Wir erhalten in einer Umgebung von null eine präzise obere- und untere einhüllende Funktion für die Brown'sche Bewegung in einer Umgebung von null. Würde man die Graphen von vielen verschiedenen Realisierungen der Brown'schen Bewegung übereinander zeichnen, dann füllten sie das von den Einhüllenden umrandete Gebiet aus. Später werden wir sehen, dass man das Verhalten von Summenfolgen auf das der Brown'schen Bewegung zurückführen kann. Damit erhält man als Konsequenz auch das Gesetz vom iterierten Logarithmus für Folgen von Partialsummen unabhängiger Zufallsvariablen.

Beweis

1) Wir zeigen zunächst, dass die Normierung durch φ die richtige Größenordnung hat.

Wegen der Skalierungseigenschaft ist $\dfrac{B_t}{\sqrt{t}}$ standard-normalverteilt und es folgt

$$P\left(B_t > \sqrt{ct \log\log \frac{1}{t}}\right) = P\left(\frac{1}{\sqrt{t}} B_t > \sqrt{c \log\log \frac{1}{t}}\right)$$

$$= 1 - \Phi\left(\sqrt{c \log\log \frac{1}{t}}\right).$$

Die Konstante c soll nun geeignet gewählt werden. Mit der Abschätzung

$$1 - \phi(x) \leq \frac{1}{\sqrt{2\pi}} \frac{1}{x} e^{-\frac{x^2}{2}} \quad \text{für} \quad x > 0$$

und

$$1 - \phi(x) \sim \frac{1}{\sqrt{2\pi}} \frac{1}{x} e^{-\frac{x^2}{2}} \quad \text{für} \quad x \longrightarrow \infty$$

folgt, dass asymptotisch

$$P\left(\frac{B_t}{\sqrt{t}} > \sqrt{c \cdot \log\log \frac{1}{t}}\right) \sim \frac{1}{\sqrt{2\pi}} \frac{1}{\sqrt{c \cdot \log\log \frac{1}{t}}} \exp\left(-\frac{c}{2} \cdot \log\log \frac{1}{t}\right).$$

Dieser Term geht gegen null, aber derart langsam, dass man vollständige Konvergenz i. A. nicht erhalten wird. Wir wählen deshalb geeignete Teilfolgen, die schnell gegen null gehen. Für $t_n = \alpha^n$ und $\alpha < 1$ gilt, dass

$$P\left(B_{t_n} > \sqrt{c \cdot t_n \log\log \frac{1}{t_n}}\right) \sim \frac{1}{\sqrt{2\pi}} \frac{1}{\sqrt{c \cdot \log(-n \log \alpha)}} \cdot \frac{1}{(-n \cdot \log \alpha)^{c/2}}.$$

Für die zugehörige Partialsummenfolge gilt

$$\sum_{n=1}^{\infty} P\left(B_{t_n} > \sqrt{c \cdot t_n \log\log \frac{1}{t_n}}\right) \begin{cases} < \infty, & \text{für } c > 2 \text{ und} \\ = \infty, & \text{für } c < 2. \end{cases}$$

6.2 Die Brown'sche Bewegung

Für $c = 2$ trennt sich das Verhalten der normierten Brown'schen Bewegung auf den Teilfolgen.

2) **φ ist eine obere Schranke.** Sei $t_n := \alpha^n$ für $0 < \alpha < 1$, dann folgt mit der Monotonie von φ nach Satz 6.2.11

$$P_0\left(\max_{t_{n+1} \leq s \leq t_n} \frac{B_s}{\varphi(s)} > 1 + \varepsilon\right) \leq P_0\left(\max_{t_{n+1} < s \leq t_n} \frac{B_s}{\varphi(t_{n+1})} > (1+\varepsilon)\right)$$

$$\leq P_0\left(\max_{0 < s \leq t_n} B_s > (1+\varepsilon)\varphi(t_{n+1})\right) = 2P_0\left(B_{t_n} > (1+\varepsilon)\varphi(t_{n+1})\right)$$

$$= 2P_0\left(B_{t_{n+1}} > \sqrt{\alpha}(1+\varepsilon)\varphi(t_{n+1})\right),$$

denn mit der Skalierungseigenschaft aus Bemerkung 6.2.2 d) folgt $B_{t_{n+1}} \stackrel{d}{=} \sqrt{\alpha} B_{t_n}$.
Wir wählen nun $\alpha \approx 1$ groß genug, so dass $2 > \sqrt{\alpha}(1+\varepsilon) > 1$.
Dann gilt für $A_n := \{\max_{t_{n+1} \leq s \leq t_n} \frac{B_s}{\varphi(s)} > 1 + \varepsilon\}$ wegen 1), dass $\sum P_0(A_n) < \infty$.
Nach dem Lemma von Borel-Cantelli folgt

$$P_0(\limsup A_n) = 0.$$

Wegen

$$\left\{\limsup_{t \downarrow 0} \frac{B_t}{\varphi(t)} > 1 + \varepsilon\right\} \subset \limsup A_n$$

folgt dann, dass

$$\limsup_{t \downarrow 0} \frac{B_t}{\varphi(t)} \leq 1 \; [P_0].$$

3) **φ ist auch eine untere Schranke**, d. h., zu zeigen ist

$$\limsup_{t \downarrow 0} \frac{B_t}{\varphi(t)} \geq 1 \; [P_0].$$

Sei wieder $t_n = \alpha^n$. Dann sind die Differenzen $Z_n := B_{t_n} - B_{t_{n-1}} \sim N(0, t_n - t_{n-1})$, normalverteilt mit Varianz $(t_n - t_{n-1})$ und es folgt mit einem Argument wie in 1), dass

$$P(Z_n > (1-\varepsilon)\varphi(t_n) \text{ unendlich oft}) = 1.$$

Also gilt $[P_0]$-fast sicher, dass unendlich oft

$$\frac{B_{t_n}}{\varphi(t_n)} = \frac{Z_n + B_{t_{n+1}}}{\varphi(t_n)} > (1-\varepsilon) + \frac{B_{t_{n+1}}}{\varphi(t_n)}.$$

Ändert man Vorzeichen und wendet Teil 2) auf $(-B_t)$ an, dann erhält man eine obere Schranke für $-B_t$ durch

$$P\left(\limsup_{t \downarrow 0} \frac{-B_t}{\varphi(t)} < 1 + \varepsilon\right) = 1.$$

Damit kann man den zusätzlichen Term kontrollieren. Es folgt

$$P\left(-B_{t_n} < (1+\varepsilon)\varphi(t_n) \quad \text{für } n \geq n_0(\omega)\right) = 1.$$

Daraus folgt

$$\frac{B_{t_n}}{\varphi(t_n)} > 1 - \varepsilon - (1+\varepsilon)\frac{\varphi(t_{n+1})}{\varphi(t_n)} \quad \text{für } n \geq n_0(w) \; P_0 \text{ f. s.}$$

Dies folgt aus der Darstellung

$$\frac{B_{t_{n+1}}}{\varphi(t_n)} = \frac{B_{t_{n+1}}}{\varphi(t_{n+1})} \cdot \frac{\varphi(t_{n+1})}{\varphi(t_n)}, \quad \text{da } \frac{\varphi(t_{n+1})}{\varphi(t_n)} \longrightarrow \sqrt{\alpha}$$

und da für $n \geq n_0(\omega)$, $\frac{B_{t_{n+1}}}{\varphi(t_{n+1})} > -(1+\varepsilon)$.
Es folgt, dass für $n \geq n_1(w)$

$$\frac{B_{t_n}}{\varphi(t_n)} > (1-\varepsilon) - (1+\varepsilon)\frac{\varphi(t_{n+1})}{\varphi(t_n)}$$
$$> 1 - \varepsilon - (1+\varepsilon)(1+\varepsilon)\sqrt{\alpha} \, [P_0], \quad \forall \alpha \in (0,1).$$

Bildet man den Limes $\alpha \longrightarrow 0$, dann folgt

$$\frac{B_{t_n}}{\varphi(t_n)} > 1 - \varepsilon \quad \text{unendlich oft } [P_0]. \qquad \square$$

Bemerkung 6.2.28 *In Korollar 6.2.23 haben wir gesehen, dass der Normierungsfaktor $\frac{1}{\sqrt{t}}$ zu schwach ist, um die Brown'sche Bewegung lokal einzufangen. Der normierte Prozess $\frac{1}{\sqrt{t}}B_t$ überschreitet in jeder Umgebung von null unendlich oft jede feste Schranke. Beim Gesetz vom iterierten Logarithmus wird ein Normierungsfaktor gewählt, der nur geringfügig kleiner ist als $\frac{1}{\sqrt{t}}$.* ⌐

Mit der Methode der Zeitumkehr können wir nun auch für große Zeiten (d. h. für $t \to \infty$) das Verhalten der Brown'schen Bewegung bestimmen.

Korollar 6.2.29 (Zeitumkehr) *Es gilt*

$$\limsup_{t \to \infty} \frac{B_t}{\sqrt{2t \log \log t}} = 1 \, [P_0], \quad \liminf_{t \to \infty} \frac{B_t}{\sqrt{2t \log \log t}} = -1 \, [P_0].$$

Die Brown'sche Bewegung schwankt zwischen diesen Grenzen hin und her und die Schranken sind scharf.

6.2 Die Brown'sche Bewegung

Beweis Mit der Eigenschaft der Zeitumkehr aus Bemerkung 6.2.2 d) folgt, dass $X_t := tB_{1/t}$ für $t \geq 0$ wieder eine Brown'sche Bewegung ist $(X_t) \stackrel{d}{=} (B_t)$ bzgl. P_0. Nach dem Gesetz vom iterierten Logarithmus, Satz 6.2.27, folgt nun, dass P_0 f. s.

$$1 = \limsup_{t \downarrow 0} \frac{X_t}{\sqrt{2t \log \log \frac{1}{t}}} = \lim_{t \downarrow 0} \frac{t \cdot B_{1/t}}{\sqrt{2t \log \log \frac{1}{t}}}$$
$$= \lim_{s \uparrow \infty} \frac{B_s}{\sqrt{2s \log \log s}}, \quad s = \frac{1}{t}. \qquad \square$$

Definition 6.2.30 (Terminale σ-Algebra) *Zu der natürlichen Filtration der Brown'schen Bewegung definiert man die* **terminale σ-Algebra**

$$\mathcal{T}_\infty := \bigcap_{s \geq 0} \mathcal{T}_s = \mathcal{T}_\infty^B, \text{ mit } \mathcal{T}_s := \sigma(B_t, s \leq t).$$

Satz 6.2.31 (0-1-Gesetz für die Brown'sche Bewegung) *Sei B eine Brownsche Bewegung, dann gilt für $A \in \mathcal{T}_\infty$:*

$$P_x(A) \in \{0, 1\}, \quad \forall x,$$

d. h., die terminalen Ereignisse treten fast sicher oder fast sicher nicht ein.

Beweis
1) $x = 0$: Wir definieren den Prozess X durch Zeitumkehr. Sei $X_t := t \cdot B_{1/t}$, dann ist bzgl. P_0 X eine Brown'sche Bewegung mit Start in 0. Es gilt

$$\lim_{t \to 0} X_t = \lim_{t \to 0} t \cdot B_{1/t} = \lim_{s \to \infty} \frac{1}{s} \cdot B_s = 0 \, [P_0].$$

Denn mit $B_s = \sum_{i=1}^{[s]} (B_i - B_{i-1}) + (B_s - B_{[s]})$ folgt nach dem starken Gesetz großer Zahlen: $\lim_{s \to \infty} \frac{1}{s} \sum_{i=1}^{[s]} (B_i - B_{i-1}) = 0$ und es gilt $\lim_{s \to \infty} \frac{1}{s} (B_s - B_{[s]}) = 0$.
Daraus folgt:
$$P_0^B = P_0^X.$$
Für terminale Ereignisse $A \in \mathcal{T}_\infty^B = \mathcal{A}_0^+(X)$ folgt dann mit dem 0-1-Gesetz von Blumenthal für die Brown'sche Bewegung X in Satz 6.2.21, dass $P_0(A) \in \{0, 1\}$. Das heißt, für den Fall $x = 0$ gilt das terminale 0-1-Gesetz.
2) Sei nun $x \in \mathbb{R}^1$ ein beliebiger Startpunkt der Brown'schen Bewegung.
Für $A \in \mathcal{T}_1 = \sigma(B_s, s \geq 1)$ existiert eine Menge $D \in \sigma(B_s, s \geq 0)$, so dass $1_A = 1_D \circ \vartheta_1$, ϑ_1 der Shift um 1.

Daraus folgt nach Proposition 6.2.13 mit der Markoveigenschaft

$$P_x(A) = E_x(\mathbb{1}_D \circ \vartheta_1) = E_x E_x(\mathbb{1}_D \circ \vartheta_1 \mid \mathcal{A}_1) \qquad (6.13)$$

$$= E_x E_{B_1} \mathbb{1}_D = \int \frac{1}{\sqrt{2\pi}} \cdot \exp\left(-\frac{(y-x)^2}{2}\right) P_y(D) \, dy.$$

Für terminale Ereignisse $A \in \mathcal{T}_\infty \subset \mathcal{T}_1$ gilt nun nach (6.13) für $x = 0$

$$P_0(A) = 0 \;\Rightarrow\; P_y(D) = 0 \, [\lambda^1] \;\Rightarrow\; P_x(A) = 0 \text{ für alle } x \qquad (6.14)$$

oder

$$P_0(A) = 1 \;\Rightarrow\; A^c \in \mathcal{T}_\infty \text{ und } P_0(A^c) = 0.$$

Daraus folgt nach (6.14): $P_x(A^c) = 0$ für alle x, also $P_x(A) = 1$ für alle x.
Das heißt, mit obiger Integralformel (6.14) für $P_x(A)$ kann man den allgemeinen Fall auf den speziellen Fall einer Brown'schen Bewegung mit Start in null zurückführen.
Man kann die Aussage verschärfen: Für ein terminales Ereignis $A \in \mathcal{T}_\infty$ gilt entweder für alle Startpunkte x, dass $P_x(A) = 0$ oder für alle x ist $P_x(A) = 1$. □

6.3 Stoppzeiten und starke Markoveigenschaft

Die starke Markoveigenschaft eines Prozesses $X = (X_t, \mathcal{A}_t)_{t \geq 0}$ besagt, dass die Markoveigenschaft auch für Stoppzeiten gilt. Diese Eigenschaft gilt insbesondere für die Brown'sche Bewegung und ermöglicht eine Fülle interessanter Anwendungen. Wir beschränken uns im Folgenden auf den Fall der Brown'schen Bewegung, obwohl viele der Eigenschaften von Stoppzeiten auch für allgemeinere Prozesse gelten.

6.3.1 Markovzeiten, Stoppzeiten und starke Markoveigenschaft

Definition 6.3.1 (Stoppzeiten) *Eine Abbildung $\tau : \Omega \longrightarrow [0, \infty]$ heißt **Markovzeit**, wenn für alle $t > 0 : \{\tau < t\} \in \mathcal{A}_t$.*

*τ heißt **strenge Markovzeit** genau dann, wenn für alle $t \geq 0 : \{\tau \leq t\} \in \mathcal{A}_t$.*
*τ heißt **(strenge) Stoppzeit**, wenn τ eine (strenge) Markovzeit ist und $\tau < \infty$.*

Bemerkung 6.3.2
a) **Markovzeit und strenge Markovzeit**
   Ist τ eine strenge Markovzeit, dann ist τ eine Markovzeit, denn

$$\{\tau < t\} = \bigcup_{n \geq 1} \left\{\tau \leq t - \frac{1}{n}\right\} \in \mathcal{A}_t.$$

Ist τ eine Markovzeit, dann ist τ eine strenge Markovzeit bzgl. $\mathcal{A}_t^+$, denn

$$\{\tau \leq t\} = \bigcap_{n \geq 1} \left\{\tau < t + \frac{1}{n}\right\} \in \mathcal{A}_t^+.$$

Es gilt also:
Ist τ eine Markovzeit bzgl. $(\mathcal{A}_t)$, dann gilt:
τ ist eine strenge Markovzeit bzgl. $(\mathcal{A}_t^+)$.
Für rechtsseitig stetige Filtrationen sind also beide Begriffe identisch.

b) **Vervollständigung**
Die natürliche Filtration der Brown'schen Bewegung $\mathcal{A}_t = \sigma(B_s, s \leq t)$ ist nicht rechtsseitig stetig. Zum Beispiel gilt für die Menge der Pfade

$$A := \{\omega : \omega \text{ hat ein lokales Maximum in } t\},$$

dass $A \notin \mathcal{A}_t$, aber $A \in \mathcal{A}_t^+$. Um zu erkennen, ob ein lokales Maximum vorliegt, muss man den Pfad infinitesimal über die Zeit t hinaus beobachten. Für die Brown'sche Bewegung haben wir bereits gesehen, dass $\mathcal{A}_t^+$ in der **Vervollständigung** von $\mathcal{A}_t$ liegt, d. h., es gilt

$$\mathcal{A}_t \subset \mathcal{A}_t^+ \subset \mathcal{A}_t^P.$$

Das ist eine Folgerung aus Satz 6.2.21. Die σ-Algebren $\mathcal{A}_t$ und $\mathcal{A}_t^P$ unterscheiden sich nur um Nullmengen. Im allgemeinen Fall geht man deshalb zu einer vollständigen σ-Algebra über. Die vervollständigte σ-Algebra

$$\mathcal{A}_t^P = \sigma(\mathcal{A}_t \cup \mathcal{N}_P)$$

ist rechtsseitig stetig. Bei diesem Übergang bleibt die Markoveigenschaft erhalten. ⏌

Wichtige Beispiele von Markovzeiten sind Ersteintrittszeiten.

Proposition 6.3.3 (Ersteintrittszeiten für offene Mengen) *Sei τ die Ersteintrittszeit in eine offene Menge G, d. h. $\tau = \inf\{t \geq 0 : B_t \in G\} = \tau_G$, $\inf \emptyset := \infty$. Dann ist τ eine Markovzeit.*

Beweis Für $t > 0$ gilt: $\{\tau < t\} = \bigcup_{q \in \mathbb{Q}, q < t} \{B_q \in G\} \in \mathcal{A}_t$. □

Bemerkung 6.3.4 *Die Menge*

$$\{\tau = t\} = \{B_s \notin G, \ \forall s < t \text{ und } \exists t_n \downarrow t, \ B_{t_n} \in G\}$$

ist messbar bzgl. $\mathcal{A}_t^+$, aber i. A. nicht messbar bzgl. $\mathcal{A}_t$, d. h., τ_G ist keine strenge Markovzeit bzgl. $(\mathcal{A}_t)$, aber τ_G ist eine strenge Markovzeit bzgl. $(\mathcal{A}_t^+) \subset (\mathcal{A}_t^P)$. ⏌

Proposition 6.3.5

a) *Sei (τ_n) eine antitone Folge von Markovzeiten, $\tau_n \downarrow \tau$. Dann ist auch der Limes τ eine Markovzeit.*

b) *Sei (τ_n) eine isotone Folge von strengen Markovzeiten, $\tau_n \uparrow \tau$. Dann ist auch der Limes τ eine strenge Markovzeit.*

Beweis

a) Für $\tau > 0$ gilt:
$$\{\tau < t\} = \bigcup_{n \in \mathbb{N}} \{\tau_n < t\} \in \mathcal{A}_t.$$

b) Ebenso gilt: $\{\tau \leq t\} = \bigcap_{n \in \mathbb{N}} \{\tau_n \leq t\} \in \mathcal{A}_t.$ □

Ersteintrittszeiten in abgeschlossenen Mengen sind starke Markovzeiten.

Proposition 6.3.6 *Für eine abgeschlossene Menge K ist die Ersteintrittszeit τ_K eine strenge Markovzeit.*

Beweis
$$\{\tau_K < t\} = \bigcup_{q \in \mathbb{Q}, q < t} \{B_q \in K\} \in \mathcal{A}_t,$$

also ist τ_K eine Markovzeit. Im Unterschied zu den Ersteintrittszeiten in offene Mengen gilt:
$$\{\tau_K = t\} = \{B_t \in K\} \cap \{\tau_K < t\}^c \in \mathcal{A}_t.$$

Also ist $\{\tau_K \leq t\} \in \mathcal{A}_t$. □

Bemerkung 6.3.7 *Für Borel-Mengen $A \in \mathcal{B}^1$ ist die Ersteintrittszeit τ_A i. A. keine Markovzeit bzgl. $(\mathcal{A}_t)$. Die Ersteintrittszeit τ_A, $A \in \mathcal{B}^1$ ist eine Markovzeit bzgl. der Filtration der vervollständigten σ-Algebren $\mathcal{A}_t^P$.*

Diese maßtheoretische Aussage ist jedoch nicht einfach zu beweisen. ⌐

Zur Definition der starken Markoveigenschaft verwenden wir im Folgenden als Grundraum die Menge der stetigen Funktionen $\Omega := C = C([0, \infty), \mathbb{R})$. In Analogie zum Begriff der σ-Algebra der τ-Vergangenheit für zeitdiskrete Prozesse (vgl. Definition 5.2.6) wird in diesem Abschnitt dieser Begriff für zeitstetige Prozesse eingeführt.

Definition 6.3.8 (σ-Algebra der τ-Vergangenheit)

a) *Für Markovzeiten τ definieren wir die **zufällige Shift-Abbildung** ϑ_τ durch*
$$\vartheta_\tau \omega(t) := \begin{cases} \omega(\tau(\omega) + t), & \text{für } \tau(\omega) < \infty \quad \text{und} \\ \Delta, & \text{für } \tau(\omega) = \infty. \end{cases}$$

Ist $\tau(\omega) = \infty$, dann definieren wir $\omega(\infty)$ als einen separaten Punkt Δ.

b) *Für eine **Markovzeit** τ heißt*

$$\mathcal{A}_\tau := \{A \in \mathcal{F}; \ A \cap \{\tau \leq t\} \in \mathcal{A}_t, \ \forall t \geq 0\}$$

*die σ-**Algebra der τ-Vergangenheit***.

c) *Ist τ eine Markovzeit, dann definieren wir*

$$\begin{aligned}\mathcal{A}_\tau^+ &:= \{A \in \mathcal{F}; \ A \cap \{\tau < t\} \in \mathcal{A}_t, \ \forall t\} \\ &= \{A \in \mathcal{F}; \ A \cap \{\tau \leq t\} \in \mathcal{A}_t^+, \ \forall t\}.\end{aligned}$$

Proposition 6.3.9
a) *Ist τ eine Markovzeit, dann ist τ messbar bzgl. $\mathcal{A}_\tau^+$ und es gilt $\mathcal{A}_\tau \subset \mathcal{A}_\tau^+$.*
b) *Ist τ eine strenge Markovzeit, dann ist τ messbar bzgl. $\mathcal{A}_\tau$.*
c) *Ist τ eine Stoppzeit, dann ist B_τ messbar bzgl. der σ-Algebra $\mathcal{A}_\tau^+$.*
d) *Ist τ eine Markovzeit und ist $(\mathcal{A}_t)$ rechtsseitig stetig, dann gilt $\mathcal{A}_\tau^+ = \mathcal{A}_\tau$.*

Beweis
a)–c) folgt direkt aus der Definition.
d) Sei $A \in \mathcal{A}_\tau^+$, dann gilt für alle $s \in \mathbb{R}_+$, dass $A \cap \{\tau < s\} \in \mathcal{A}_s$. Wegen der rechtsseitigen Stetigkeit von $(\mathcal{A}_t)$ gilt dann:

$$A \cap \{\tau \leq t\} \in \mathcal{A}_t^+ = \mathcal{A}_t$$

und es folgt $A \in \mathcal{A}_\tau$. □

Proposition 6.3.10
a) *Sei τ_i eine strenge Markovzeit für $i = 1, 2$, dann gilt*

$$\tau_1 \leq \tau_2 \ \Rightarrow \ \mathcal{A}_{\tau_1} \subset \mathcal{A}_{\tau_2}.$$

b) *Sei $(\mathcal{A}_t)$ eine rechtsseitig stetige Filtration und sei $\tau_n \downarrow \tau$ eine antitone Folge von Markovzeiten, dann gilt:*

$$\mathcal{A}_\tau = \bigcap_{n \in \mathbb{N}} \mathcal{A}_{\tau_n}.$$

Beweis
a) Sei $A \in \mathcal{A}_{\tau_1}$ dann folgt nach Annahme $\tau_1 \leq \tau_2$ und daher

$$A \cap \{\tau_2 \leq t\} = \left(A \cap \{\tau_1 \leq t\}\right) \cap \{\tau_2 \leq t\} \in \mathcal{A}_t.$$

Also gilt: $A \in \mathcal{A}_{\tau_2}$.

b) „⊂" Da $(\mathcal{A}_t)$ nach Voraussetzung rechtsseitig stetig ist, sind τ_n und τ strenge Markovzeiten bzgl. $(\mathcal{A}_t)$.
Da die Folge von Stoppzeiten τ_n antiton ist, folgt nach a), dass $\mathcal{A}_\tau \subset \mathcal{A}_{\tau_n}$ für alle $n \in \mathbb{N}$;
also gilt $\mathcal{A}_\tau \subset \bigcap_{n \in \mathbb{N}} \mathcal{A}_{\tau_n}$.

„⊃" Für $A \in \bigcap_{n \in \mathbb{N}} \mathcal{A}_{\tau_n}$ gilt nach Definition

$$A \cap \{\tau_n \leq t\} \in \mathcal{A}_t, \quad \forall n \in \mathbb{N}.$$

Die Folge von Stoppzeiten (τ_n) konvergiert antiton gegen τ. Daher folgt:

$$A \cap \{\tau \leq t\} \in \mathcal{A}_t, \quad \text{d. h. } A \in \mathcal{A}_\tau. \qquad \square$$

Der folgende Satz von Hunt besagt, dass die Brown'sche Bewegung die starke Markoveigenschaft besitzt.

Satz 6.3.11 (Starke Markoveigenschaft, Hunt 1956) *Sei $Y \in \mathcal{L}_b(\overline{\mathbb{R}_+} \times C)$ eine beschränkte, messbare Funktion auf dem Produktraum $\overline{\mathbb{R}_+} \times C$, wobei $C = C[0, \infty)$ den Raum der stetigen Funktionen auf den positiven, reellen Zahlen bezeichnet. Sei τ eine strenge Markovzeit und $x \in \mathbb{R}$, dann gilt mit $Y_s := Y(s, \cdot)$*

$$E_x(Y_\tau \circ \vartheta_\tau \mid \mathcal{A}_\tau) = E_{B_\tau} Y_\tau [P_x] \text{ auf } \{\tau < \infty\}.$$

Beweis
1) **Diskrete Stoppzeiten:** Wir zeigen zunächst, dass man die Aussage im diskreten Fall auf die übliche Markoveigenschaft zurückführen kann. Sei τ eine diskrete Stoppzeit, so dass eine abzählbare Folge von Zeitpunkten $t_n \uparrow \infty$ existiert mit

$$P_x(\tau < \infty) = \sum_{n \in \mathbb{N}} P_x(\tau = t_n). \tag{6.15}$$

Sei $Z_n := Y_{t_n}$, $A \in \mathcal{A}_\tau$, dann gilt:

$$E_x Y_\tau \circ \vartheta_\tau \cdot \mathbb{1}_{A \cap \{\tau < \infty\}} = \sum_{n=1}^{\infty} E_x Z_n \circ \vartheta_{t_n} \mathbb{1}_{A \cap \{\tau = t_n\}}.$$

Wegen $A \cap \{\tau = t_n\} = \bigl(A \cap \{\tau \leq t_n\}\bigr) \setminus \bigl(A \cap \{\tau \leq t_{n-1}\}\bigr) \in \mathcal{A}_{t_n}$ kann man den Erwartungswert in der obigen Gleichung bestimmen, indem man unter $\mathcal{A}_{t_n}$ bedingt und anschließend die Markoveigenschaft ausnutzt. Es folgt

$$E_x Y_\tau \circ \vartheta_\tau \cdot \mathbb{1}_{A \cap \{\tau < \infty\}} = \sum_{n=1}^{\infty} E_x E_{B_{t_n}} Z_n \cdot \mathbb{1}_{A \cap \{\tau = t_n\}}$$

$$= E_x E_{B_\tau} Y_\tau \cdot \mathbb{1}_{A \cap \{\tau < \infty\}}.$$

6.3 Stoppzeiten und starke Markoveigenschaft

Damit erhält man die Radon-Nikodým-Gleichung für den bedingten Erwartungswert unter $\mathcal{A}_\tau$ und es folgt

$$E_x(Y_\tau \circ \vartheta_\tau \mid \mathcal{A}_\tau) = E_{B_\tau} Y_\tau [P_x] \text{ auf } \{\tau < \infty\}.$$

Der Erwartungswert für die zufällig geshiftete Abbildung Y_τ bedingt unter der τ-Vergangenheit ist gleich dem Erwartungswert von Y_τ bei Start des Prozesses in B_τ.

2) **Allgemeine Stoppzeiten:** Im zweiten Schritt approximieren wir allgemeine Stoppzeiten τ durch diskrete Stoppzeiten τ_n. Sei

$$\tau_n := \begin{cases} \frac{[2^n \tau]+1}{2^n}, & \tau < \infty, \\ \infty, & \tau = \infty, \end{cases}$$

d. h., aus

$$\frac{m}{2^n} \leq \tau < \frac{m+1}{2^n} \text{ folgt: } \tau_n = \frac{m+1}{2^n}.$$

Für $\tau \in \left[\frac{m}{2^n}, \frac{m+1}{2^n}\right)$ ist τ_n der rechte Rand des Intervalls. Das ist wichtig für die strenge Markoveigenschaft. τ_n ist eine Markovzeit, denn für $t \in \left[\frac{m}{2^n}, \frac{m+1}{2^n}\right)$ gilt:

$$\{\tau_n < t\} = \left\{\tau < \frac{m}{2^n}\right\} \in \mathcal{A}_{\frac{m}{2^n}} \subset \mathcal{A}_t.$$

Wir betrachten nun spezielle Funktionen Y. Sei Y_s eine Abbildung, die nur von endlich vielen Koordinaten abhängt, gegeben durch

$$Y_s(\omega) = f_0(s) \prod_{m=1}^{n} f_m(\omega(t_m)), \quad 0 < t_1 < \cdots < t_n, \text{ mit } f_i \in C_b, \qquad (6.16)$$

dann gilt:

$$\varphi(x,s) := E_x Y_s \in C_b(\mathbb{R} \times \mathbb{R}_+).$$

Wegen $\tau \leq \tau_n$ und $\tau_n \downarrow \tau$ folgt für $A \in \mathcal{A}_\tau$, dass $A \in \mathcal{A}_{\tau_n}$ und $\{\tau_n < \infty\} = \{\tau < \infty\}$. Dann folgt mit 1), der starken Markoveigenschaft für diskrete Stoppzeiten, dass

$$E_x Y_{\tau_n} \circ \vartheta_{\tau_n} \cdot \mathbb{1}_{A \cap \{\tau < \infty\}} = E_x \varphi(B_{\tau_n}, \tau_n) \cdot \mathbb{1}_{A \cap \{\tau < \infty\}}.$$

Wegen $(\tau_n) \downarrow \tau$ folgt $B_{\tau_n} \longrightarrow B_\tau$ und $\varphi(B_{\tau_n}, \tau_n) \longrightarrow \varphi(B_\tau, \tau)$ und außerdem $Y_{\tau_n} \circ \vartheta_{\tau_n} \longrightarrow Y_\tau \circ \vartheta_\tau$.

Nach dem Satz über majorisierte Konvergenz folgt daher:

$$E_x Y_\tau \circ \vartheta_\tau \cdot \mathbb{1}_{A \cap \{\tau < \infty\}} = E_x \varphi(B_\tau, \tau) \cdot \mathbb{1}_{A \cap \{\tau < \infty\}}.$$

Damit gilt die obige Behauptung für Funktionen Y der Form (6.16), die nur von endlich vielen Koordinaten abhängen.
Nach dem Monotone-Klasse-Theorem (Satz 6.2.14) folgt die Behauptung für die Klasse der beschränkten, messbaren, stetigen Funktionen $f(s, x_1, \ldots, x_n)$ und $Y(s, \omega) = f(s, \omega(t_1), \ldots, \omega(t_n))$.
Wendet man das Monotone-Klasse-Theorem (Satz 6.2.14) ein zweites Mal an, erhält man die Aussage für die Klasse aller beschränkten messbaren Funktionen auf C. □

Bemerkung 6.3.12 *Speziell für eine Funktion $Y(\omega) = Y(s, \omega)$, die nicht von der Zeit s abhängt, vereinfacht sich die Aussage. Es gilt*

$$E_x(Y \circ \vartheta_\tau \mid \mathcal{A}_\tau) = E_{B_\tau} Y \; [P_0] \text{ auf } \{\tau < \infty\}.$$

Speziell für $\tau = \tau_a = \inf\{t : B_t = a\}$ und $Y(\omega) = f(\omega(t))$ folgt $\tau_a < \infty \; [P]$ und

$$E_x\big(f(B_{\tau_a+t}) \mid \mathcal{A}_{\tau_a}\big) = E_a f(B_t) \; [P_x],$$

denn $B_{\tau_a} = a$. ⌐

6.3.2 Anwendungen der starken Markoveigenschaft

Satz 6.3.11 über die starke Markoveigenschaft besitzt eine Reihe von interessanten Anwendungen. Eine Konsequenz der starken Markovzeit ist, dass eine Brown'sche Bewegung nach einer gestoppten zufälligen Zeit τ wieder eine Brown'sche Bewegung ist.

Korollar 6.3.13 (Zufällig zeitverschobene Brown'sche Bewegung) *Für eine Stoppzeit τ sei $B_t^{(\tau)} := B_{t+\tau} - B_\tau$, $t \geq 0$. Dann ist $\big(B_t^{(\tau)}\big)$ wieder eine Brown'sche Bewegung und $\sigma\big(B_t^{(\tau)}\big)$ ist unabhängig von $\mathcal{A}_\tau$ bzgl. P_x.*

Beweis Sei $Y(t, \omega) = f\big((\omega_s - \omega_0)_{s \geq 0}\big) = Y(\omega)$ unabhängig von dem Zeitpunkt t und $f \in \mathcal{L}_b(\mathcal{E})$, dann gilt mit $Y = f((B_s - B_0))$

$$f((B_{t+\tau} - B_\tau)) = Y \circ \vartheta_\tau f((B_s - B_0)) = Y,$$

und nach der starken Markoveigenschaft (Satz von Hunt, Satz 6.3.11) folgt:

$$A := E_x\big(f((B_{t+\tau} - B_\tau)_{t \geq 0}) \mid \mathcal{A}_\tau\big) = E_{B_\tau} f((B_s - B_0)_{s \geq 0})$$
$$= E_0 f((B_s - B_0)_{s \geq 0}),$$

denn

$$E_x f((B_s - B_0)) = E_0 f((B_s - B_0)), \quad \forall \, x.$$

6.3 Stoppzeiten und starke Markoveigenschaft

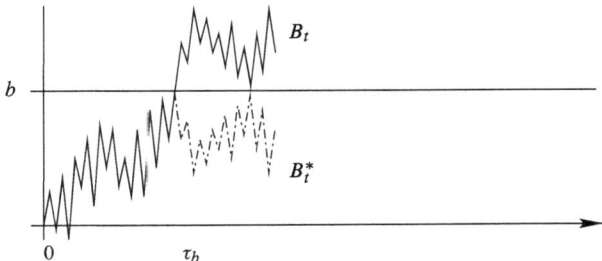

Abb. 6.3 Spiegelung der Brown'schen Bewegung B am Level b

Damit ist die rechte Seite eine Konstante und insbesondere unabhängig von $\mathcal{A}_\tau$. Daher gilt:
$$A = E_x f((B_{t+\tau} - B_\tau)_{t \geq 0}) = E_x f((B_s - B_0)_{s \geq 0})$$
und es folgt
$$B_t^{(\tau)} = (B_{t+\tau} - B_\tau)_{t \geq 0} \stackrel{d}{=} (B_s - B_0)_{s \geq 0}$$
bzgl. P_x. Der Prozess $B^{(\tau)}$ ist also wieder eine Brown'sche Bewegung und unabhängig von der τ-Vergangenheit. □

Mit Korollar 6.3.13 erhalten wir nun einen Beweis für das André'sche Spiegelungsprinzip in Proposition 6.2.10. Dieses haben wir bereits in Satz 6.2.11 verwendet, um die Verteilung der First passage time zu bestimmen.

Korollar 6.3.14 (André'sches Spiegelungsprinzip) *Sei B eine Brown'sche Bewegung und sei $b \in \mathbb{R}$, dann ist der gespiegelte Prozess*
$$B_t^* := \begin{cases} B_t, & \text{für } t < \tau_b, \\ 2b - B_t, & \text{für } t \geq \tau_b \end{cases}$$
(vgl. Abb. 6.3) wieder eine Brown'sche Bewegung und es gilt
$$(B_t^*) \stackrel{d}{=} (B_t).$$

Beweis Wie im Beweis zu Korollar 6.3.13 sind $\mathcal{A}_t = \mathcal{A}_t^B = \mathcal{A}_t^{B^*}$, $\tau_b^B = \tau_b^{B^*}$. Mit $Y = f((2b - B_t)_{t \geq 0})$ gilt
$$\begin{aligned} E_0(Y \circ \vartheta_{\tau_b} \mid \mathcal{A}_{\tau_b}) &= E_0(f((2b - B_t)_{t \geq \tau_b} \mid \mathcal{A}_{\tau_b})) \\ &= E_0\left((B_t^*)_{t \geq \tau_b} \mid \mathcal{A}_{\tau_b}\right) = E_{B_{\tau_b}} f((2b - B_t)_{t \geq 0}) \\ &= E_b f((2b - B_t)_{t \geq 0}) = E_b f((B_t)_{t \geq 0}) \quad \text{Symmetrie von } B \\ &= E_b f\left((B_t)_{t \geq \tau_b} \mid \mathcal{A}_{\tau_b}\right). \end{aligned}$$

Daraus ergibt sich durch Bedingen unter $\mathcal{A}_{\tau_b}$ analog

$$E_0 f\left((B_t^*)_{t \geq \tau_b}\right) g\left((B_t^*)_{t < \tau_b}\right) = E_0 f\left((B_t)_{t \geq \tau_b}\right) g\left((B_t)_{t < \tau_b}\right), \quad f, g \in C_b(\mathcal{E}).$$

Hieraus folgt mit dem Monotone-Klasse-Theorem die Behauptung

$$(B_t^*) \stackrel{d}{=} (B_t). \qquad \square$$

Die starke Markoveigenschaft zusammen mit dem Spiegelungsprinzip und den weiteren Transformationseigenschaften ermöglicht es, für die Brown'sche Bewegung viele Wahrscheinlichkeiten explizit zu bestimmen. Eine Anwendung auf das Supremum der Brown'schen Bewegung liefert der folgende Satz von Lévy.

Satz 6.3.15 (Lévy-Darstellungstheorem) *Sei $M_t := \sup_{s \leq t} B_s$ und $a \geq b$, dann gilt:*

a) *Für die gemeinsame Verteilung des Maximums der Brown'schen Bewegung bis zur Zeit t und der Brown'schen Bewegung zum Zeitpunkt t gilt*

$$P_0(M_t \geq a, B_t < b) = P_0(B_t > 2a - b).$$

b) *Es gilt die **Formel von Lévy**:*

$$(M_s - B_s)_{s \geq 0} \stackrel{d}{=} (|B_s|_{s \geq 0}).$$

Beweis
a) Wir verwenden, dass $\tau_a = s$ impliziert, $B_s = a$.

$$P_0(M_t \geq a, B_t < b) = P_0(\tau_a \leq t, B_t < b) = \int_0^t P_0(B_t < b \mid \tau_a = s) P^{\tau_a}(ds)$$

$$= \int_0^t P_0(B_t - B_s < b - a \mid \tau_a = s) P^{\tau_a}(ds)$$

$$= \int_0^t P_0(B_s - B_t < b - a \mid \tau_a = s) P^{\tau_a}(ds), \quad \text{Symmetrie}$$

$$= \int_0^t P_0(B_t > 2a - b \mid \tau_a = s) P^{\tau_a}(ds) = P_0(B_t > 2a - b, \tau_a \leq t)$$

$$= P_0(B_t > 2a - b, M_t \geq a), \quad \text{da } 2a - b \geq a$$

$$= P_0(B_t > 2a - b).$$

b) Nach a) gilt: $P_0(M_t \geq a, B_t < b) = P_0(B_t > 2a - b)$. Daraus ergibt sich die gemeinsame Dichte

$$f_{M_t, B_t}(a, b) = -\frac{\partial^2}{\partial a \, \partial b} P_0(M_t \geq a, B_t < b) = \left(\frac{2}{\pi t^3}\right)^{1/3} (2a - b) e^{-(2a-b)^2/2t}.$$

(6.17)

6.3 Stoppzeiten und starke Markoveigenschaft

Nach der Faltungsformel folgt daraus

$$f_{M_t-B_t}(x) = \int f_{M_t,B_t}(a, a-x)\, da$$

$$= \int_0^\infty \left(\frac{2}{\pi t^3}\right)^{1/2} (a+x) e^{-(a+x)^2/2t}\, da$$

$$= \left(\frac{2}{\pi t}\right)^{1/2} e^{-x^2/2t} = f_{|B_t|}(x).$$

Mit Hilfe der starken Markoveigenschaft folgt ebenso die Gleichheit der endlich-dimensionalen Verteilungen und daher die Behauptung. □

Wann ereignet sich der letzte Nulldurchgang der Brown'schen Bewegung vor dem Zeitpunkt eins? Diese Frage beantwortet das Arcus-Sinus-Gesetz.

Satz 6.3.16 (Arcus-Sinus-Gesetz) *Sei* $L := \sup\{t \leq 1 : B_t = 0\}$ *und* $R := \inf\{t \geq 1 : B_t = 0\}$. *Dann gilt:*

a)
$$P_0(L \leq s) = \frac{2}{\pi} \cdot \arcsin(\sqrt{s}).$$

b) P_0^R *hat die Dichte:*
$$f_R(1+t) = \frac{1}{\pi\sqrt{t(1+t)}}, \quad t \geq 0.$$

Beweis

a) Zur Berechnung der Wahrscheinlichkeit $P_0(L \leq s)$ kommen wir noch einmal auf das motivierende Beispiel 6.2.9 a) zurück. Man bedingt unter der Eigenschaft zum Zeitpunkt s, im Zustand x zu sein. Die Wahrscheinlichkeit dafür, dass sich kein weiterer Nulldurchgang vor dem Zeitpunkt 1 ereignet, ist gleich der Wahrscheinlichkeit dafür, dass im folgenden Zeitintervall der Länge $1-s$ keine Nullstelle auftritt. Es folgt also mit der Markoveigenschaft:

$$P_0(L \leq s) = \int p_s(0,x) P_x(\tau_0 > 1-s)\, dx, \quad \text{Bemerkung 6.2.9 a)}$$

$$= \int p_s(0,x) P_0(\tau_{-x} > 1-s)\, dx$$

$$= 2\int_0^\infty \frac{1}{\sqrt{2\pi s}} \cdot \exp\left(\frac{-x^2}{2s}\right) \left(\int_{1-s}^\infty \frac{1}{\sqrt{2\pi r^3}} \cdot x \cdot \exp\left(\frac{-x^2}{2r}\right) dr \right) dx$$

nach Satz 6.2.11

$$= \frac{1}{\pi} \int_{1-s}^\infty \frac{1}{\sqrt{s r^3}} \left(\int_0^\infty x \cdot \exp\left(\frac{-x^2(r+s)}{2rs}\right) dx \right) dr$$

$$= \frac{1}{\pi} \int_{1-s}^{\infty} \frac{1}{\sqrt{sr^3}} \frac{rs}{r+s} dr = \frac{1}{\pi} \int_{1-s}^{\infty} \sqrt{\frac{(r+s)^2}{rs}} \cdot \frac{s}{(r+s)^2} dr$$

$$= \frac{1}{\pi} \int_{0}^{s} \frac{1}{\sqrt{t(1-t)}} dt = \frac{2}{\pi} \arcsin(\sqrt{s}), \quad t = \frac{s}{r+s}, \quad dt = -\frac{s}{(r+s)^2} dr.$$

Das Ergebnis ist die Arcus-Sinus-Verteilung.

b) Der Beweis zu b) ist analog. Mit der Markoveigenschaft erhält man

$$P_0(R > 1 + t) = \int p_1(0, y) P_y(\tau_0 > t) \, dy.$$

Diese Darstellung lässt sich wie in a) auswerten. □

Der Vorläufer dieses Satzes ist das klassische Arcus-Sinus-Gesetz für Random Walks:

Bemerkung 6.3.17 (Klassisches Arcus-Sinus-Gesetz, Ballot-Theorem) Sei (S_n) ein symmetrischer Random Walk, $S_{n+1} - S_n \in \{-1, 1\}$. Der symmetrische Random Walk beschreibt die Entwicklung der Anzahl der Stimmen bei der Wahl zwischen zwei Kandidaten, die jeweils mit Wahrscheinlichkeit $\frac{1}{2}$ gewählt werden. Die Stimmen werden am Wahlabend ausgezählt. Einer der Kandidaten gewinnt. Wann gab es beim Auszählen der Stimmen zum letzten Mal einen Gleichstand? Angenommen, es wurden insgesamt $2n$ Stimmen abgegeben.

Sei

$$L_{2n} := \sup\{m \leq 2n : S_m = 0\}$$

der Zeitpunkt, zu dem zum letzten Mal ein Gleichstand bei den Stimmzahlen auftrat. Die Wahrscheinlichkeit, dass der relative normierte letzte Zeitpunkt eines Gleichstands in einem Intervall $[a, b] \subset [0, 1]$ auftritt, ist dann approximativ gegeben durch die Arcus-Sinus-Verteilung, d. h.

$$\lim_{n \to \infty} P\left(a \leq \frac{L_{2n}}{2n} \leq b\right) = \frac{1}{\pi} \int_a^b \frac{1}{\sqrt{x(1-x)}} dx$$

$$= \frac{2}{\pi} \int_{\sqrt{a}}^{\sqrt{b}} \frac{1}{\sqrt{1-y^2}} dy, \quad y = \sqrt{x}, \quad dy = \frac{1}{2} x^{-\frac{1}{2}} dx,$$

$$= \frac{2}{\pi} \left(\arcsin \sqrt{b} - \arcsin \sqrt{a}\right).$$

Das ist ein überraschendes Resultat. An der Form der Arcus-Sinus-Verteilung, Abb. 6.4, kann man sehen, dass sich der letzte Nulldurchgang typischerweise kurz nach dem Start bzw. kurz vor dem Zeitpunkt eins ereignet. Es ist dagegen sehr unwahrscheinlich, dass

6.3 Stoppzeiten und starke Markoveigenschaft 423

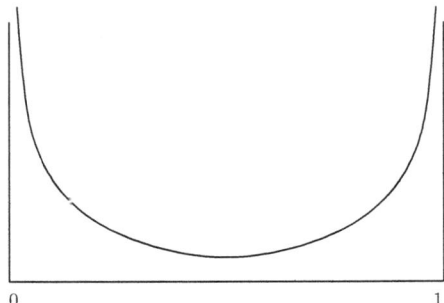

Abb. 6.4 Arcus-Sinus-Verteilung

sich der letzte Nulldurchgang in der Mitte des Intervalls [0, 1] ereignet. Dieses Ergebnis ist intuitiv nicht klar.

Das approximative Ergebnis für den letzten Nulldurchgang beim symmetrischen Random Walk kann man auf die Verteilung der letzten Nullstelle der Brown'schen Bewegung zurückführen. Den Grund dafür liefert der Skorohod'sche Einbettungssatz: Man kann Funktionale des Random Walks in Verteilung durch entsprechende Funktionale der Brown'schen Bewegung approximieren (vgl. Satz 6.5.10). Für die Brown'sche Bewegung kann man das Problem, wie oben gezeigt, einfach lösen. Im diskreten Fall führt die Bestimmung jedoch auf ein etwas komplizierteres kombinatorisches Problem. ⌐

Wir wenden uns nun einem Zusammenhang mit der Analysis zu. Ein grundlegendes Problem über partielle Differentialgleichungen aus der Analysis ist das Dirichlet-Problem. Sei $G \subset \mathbb{R}^d$ ein beschränktes, offenes Gebiet in $\mathbb{R}^d$.

Definition 6.3.18 (Harmonische Funktionen) *Eine Funktion* $h : G \longrightarrow \mathbb{R}$ *heißt* **harmonisch** *in G genau dann, wenn für alle $x \in G$ und für alle $\delta > 0$ mit $U_\delta(x) \subset G$ gilt*

$$h(x) = \int_{\partial U_\delta(x)} h(y) \, d\sigma_\delta(y).$$

σ_δ *bezeichnet das normierte Oberflächenmaß auf dem Rand von $U_\delta(x)$.*

Das Dirichlet-Problem ist ein fundamentales Problem der Potentialtheorie. Auf dem Rand der Kugel sei gegeben (eine Ladungsverteilung) $f \in \mathcal{L}_b(\partial G)$. Die Wirkung des Potentials im Innern von G wird dann beschrieben durch die harmonische Funktion h in G mit Randwert f.

Harmonische Funktionen lassen sich auch über die Laplace-Gleichung beschreiben. Real- und Imaginärteil holomorpher Funktionen sind harmonisch. Die folgende Proposition beschreibt einige Eigenschaften harmonischer Funktionen (vgl. Bass (1995) für eine detaillierte Darstellung).

Proposition 6.3.19 (Satz von Gauß-Koebe über harmonische Funktionen)

a) *Sei h eine harmonische Funktion in G, dann ist $h \in C^\infty$, und h ist Lösung der **Laplace-Gleichung***

$$\Delta h = 0 \text{ in } G.$$

b) *Sei $h \in C^2$ eine zweimal stetig differenzierbare Funktion mit $\Delta h = 0$ in G, dann ist h harmonisch.*

c) **Maximumprinzip.** *Für harmonische Funktionen h gilt*

$$\sup_{\overline{G}} h = \sup_{\partial G} h.$$

Harmonische Funktionen nehmen das Maximum auf dem Rand an.

Dirichlet-Problem Sei $f : \partial G \longrightarrow \mathbb{R}$ stetig. Gesucht wird eine Funktion $h : \overline{G} \longrightarrow \mathbb{R}$ auf dem Abschluss des Gebietes G, die

a) harmonisch ist in G,
b) auf dem Rand mit f übereinstimmt, d. h. $h = f$ auf ∂G, und
c) stetig ist in $\overline{G}$.

Die obige Fragestellung ist auch sinnvoll, wenn man die Stetigkeit des Potentials nicht voraussetzt und beispielsweise Punktladungen (Punktmassen) vorgibt. Es besteht nun der folgende Zusammenhang zur Brown'schen Bewegung:

Sei $f \in \mathcal{L}_b(\partial G)$ eine beschränkte, messbare Funktion auf dem Rand von G und sei B eine d-dimensionale Brown'sche Bewegung. Sei weiter

$$\tau := \inf\{t \geq 0 : B_t \in \partial G\} = \tau_{\partial G}$$

der erste Zeitpunkt, zu dem der Rand ∂G erreicht wird, und

$$u(x) := u_f(x) := E_x f(B_\tau). \tag{6.18}$$

Dann gilt der folgende Satz:

Satz 6.3.20 (Brown'sche Bewegung und Randwertproblem)
u ist harmonisch in G und es gilt:
$$u|_{\partial G} = f.$$

Beweis

a) Sei $x \in G$ und sei $U_\delta(x) \subset G$, dann ist mit der Stoppzeit

$$S := \inf\{t \geq 0 : B_t \in \partial U_\delta(x)\} = \tau_{\partial U_\delta(x)},$$

6.3 Stoppzeiten und starke Markoveigenschaft

$B_\tau = B_\tau \circ \tau_S$; denn jeder Pfad von x nach ∂G passiert erst $\partial U_\delta(x)$. Also folgt nach dem Satz von Hunt

$$u(x) = E_x f(B_\tau \circ \vartheta_S) = E_x E_x \big(f(B_\tau \circ \vartheta_S) \mid \mathcal{A}_S \big)$$
$$= E_x E_{B_S} f(B_\tau) = E_x u(B_S) = \int_{\partial B_\delta(x)} u(z) d\sigma_\delta(z),$$

denn B_S ist orthogonal invariant; d. h., für orthogonale Abbildungen $A \in O(d)$ gilt

$$P^{B_S} = P^{AB_S}.$$

σ_δ ist das eindeutig bestimmte normierte, orthogonal invariante Maß auf $\partial U_\delta(x)$. Also ist u harmonisch in G.

b) Für $x \in \partial G$ ist $\tau = 0$ und es folgt $u(x) = f(x)$. □

Die in (6.18) definierte Funktion u_f ist nach Satz 6.3.20 harmonisch (also auch stetig) in G und $u_f \mid \partial G = f$. Ist $f \in C(\partial G)$, dann ist i. A. u_f aber nicht stetig in $\overline{G}$. Für die Stetigkeit ist es nötig, eine Regularitätsbedingung an G zu stellen.

Definition 6.3.21 (Regularität)
a) $y \in G$ heißt **regulär** für eine Teilmenge $A \subset G^c$, wenn $P_y(\tau_A = 0) = 1$, wobei $\tau_A = \inf\{t > 0; B_t \in A\}$.
b) $y \in \partial G$ heißt **regulär**, wenn y regulär für $A = (\overline{G})^c$ ist.
c) G heißt regulär $\Leftrightarrow$ y ist regulär für $A := (\overline{G})^c$, $\forall y \in \partial G$.

Bemerkung 6.3.22 (Regularität)
a) Sei $A = (\overline{G})^c$ das Komplement von $\overline{G}$ und sei $y \in \partial G$, dann gilt nach dem 0-1-Gesetz von Blumenthal

$$P_y(\tau_A = 0) \in \{0, 1\},$$

d. h. die Brown'sche Bewegung tritt entweder mit Wahrscheinlichkeit 1 sofort aus der Menge $\overline{G}$ aus oder sie bleibt mit Wahrscheinlichkeit 1 in der Menge $\overline{G}$. Reguläre Punkte auf dem Rand sind genau diejenigen Stellen, an denen die Brown'sche Bewegung sofort aus der Menge $\overline{G}$ austritt. Hat das Gebiet Einkerbungen wie in Abb. 6.5 b), dann ist für $d \geq 3$ der Randpunkt y_2 nicht-regulär (vgl. Bemerkung 6.3.25 c)).
b) Ist $\tau := \tau_{\partial G}$ und $\overline{\tau} := \tau_{(\overline{G})^c}$, dann ist $\tau \leq \overline{\tau}$.
Ist $y \in \partial G$ regulär bzgl. P_x, $x \in \overline{G}$ und $B_\tau = y$, dann ist $\overline{\tau} = \tau$ und $B_{\overline{\tau}} = y$.
c) Die probabilistische Definition der Regularität ist intuitiv und gut verstehbar. Für die kompliziertere analytische Definition vgl. Bass (1995). ⌐

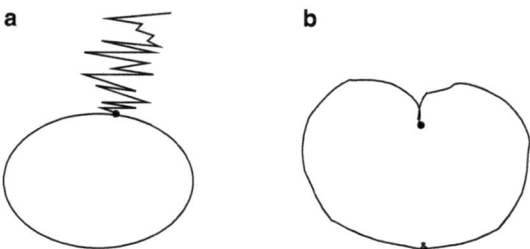

Abb. 6.5 Regulärer und nicht-regulärer Randpunkt

Die Regularität von $y \in \partial G$ hat folgende Stetigkeitseigenschaften zur Konsequenz.

Proposition 6.3.23 *Für $\bar{\tau} = \tau_{(\overline{G})^c}$ gilt:*

a) $x \longrightarrow P_x(\bar{\tau} \leq t)$ *ist halbstetig nach unten (hnu).*
b) *Ist $y \in \partial G$ regulär und $(x_n) \subset G$, $x_n \longrightarrow y$, dann gilt $\forall\, t > 0$:*
$P_{x_n}(\bar{\tau} \leq t) \longrightarrow 1$, *also auch* $P_{x_n}(\tau \leq t) \longrightarrow 1$.

Beweis
a) Sei $0 < s < t$, $\varphi_s(y) := P_y(\bar{\tau} < t - s)$, dann gilt nach der Markoveigenschaft von B

$$w_s(x) := P_x(\exists\, u \in [s,t] : B_u \in (\overline{G})^c)$$
$$= E_x P_{B_s}(\bar{\tau} \leq t - s) = E_x \varphi_s(B_s).$$

Da $p_s(x, y)$ stetig und beschränkt ist, ist w_s stetig und $w_s(x) \uparrow P_x(\bar{\tau} \leq t)$ für $s \downarrow 0$. Daher ist $x \longrightarrow P_x(\bar{\tau} \leq t)$ als Supremum stetiger Funktionen halbstetig nach unten.
b) Nach a) ist für $\varepsilon > 0$ $A = \{x \in \mathbb{R}^d : P_x(\bar{\tau} \leq t) > 1 - \varepsilon\}$ offen. Für $y \in \partial G$ regulär ist $P_y(\bar{\tau} \leq t) = 1$, also $y \in A$. Da $x_n \longrightarrow y$, folgt, dass $x_n \in A$ für $n \geq n_0$. Also gilt $P_{x_n}(\bar{\tau} \leq t) > 1 - \varepsilon$ und es folgt die Behauptung. □

Wir erhalten nun als Konsequenz die Stetigkeit von $u = u_f$ aus (6.18) in regulären Randpunkten.

Proposition 6.3.24 *Sei $f \in C(\partial G)$, sei $y \in \partial G$ regulär und sei $(x_n) \subset G$ eine Folge in G, die gegen den Randpunkt y konvergiert, d. h. $x_n \longrightarrow y$ für $n \longrightarrow \infty$; dann folgt*

$$u_f(x_n) = E_{x_n} f\left(B_{\tau_{(\overline{G})^c}}\right) \longrightarrow f(y).$$

Beweis Sei $\delta > 0$, dann gilt:

$$P_{x_n}(B_{\bar{\tau}} \in U_\delta(y)) \longrightarrow 1. \tag{6.19}$$

Zum Beweis von (6.19) sei zu $\varepsilon > 0$, $t > 0$ so klein, dass

$$P_0\left(\sup_{s \leq t} |B_s| \geq \frac{\delta}{2}\right) < \varepsilon.$$

Für $n \geq n_0$ hinreichend groß gilt $|x_n - y| < \frac{\delta}{2}$. Nach Proposition 6.3.23 folgt

$$P_{x_n}(\overline{\tau} \leq t) \geq 1 - \varepsilon, \quad \text{also auch } P_{x_n}(\tau \leq t) \geq 1 - \varepsilon.$$

Daher folgt

$$P_{x_n}\left(B_{\overline{\tau}} \in U_\delta(y)\right) \geq P_{x_n}\left(\overline{\tau} \leq t, \sup_{s \leq t} |B_s - x_n| \leq \frac{\delta}{2}\right)$$

$$\geq P_{x_n}(\overline{\tau} \leq t) - P_0\left(\sup_{s \leq t} |B_s| > \frac{\delta}{2}\right)$$

$$\geq 1 - \varepsilon - \varepsilon = 1 - 2\varepsilon;$$

also gilt (6.19).

Sei $\delta > 0$ so klein, dass für alle $z \in \partial G$ mit $|z - y| < \delta$ gilt: $|f(z) - f(y)| < \varepsilon$. Dann folgt

$$|E_{x_n} f(B_{\overline{\tau}}) - f(y)|$$
$$\leq \left|E_{x_n}\left[f(B_{\overline{\tau}}) - f(y)\right] \cdot \mathbb{1}_{U_\delta(y)}(B_{\overline{\tau}})\right| + \left|E_{x_n}\left[f(B_{\overline{\tau}}) - f(y)\right] \cdot \mathbb{1}_{U_\delta^c(y)}(B_{\overline{\tau}})\right|.$$

Der erste Summand ist klein, denn in einer δ-Kugel um y gilt $|f(B_{\overline{\tau}}) - f(y)| < \varepsilon$. Der zweite Summand ist auch klein, denn im Komplement der δ-Kugel gilt die Abschätzung

$$|f(B_{\overline{\tau}}) - f(y)| < 2\|f\|_\infty \text{ und für } n \to \infty \text{ gilt } P_{x_n}\left(B_{\overline{\tau}} \in (U_\delta(y))^c\right) \longrightarrow 0.$$

Da für reguläre Randpunkte y und $B_\tau = y$ gilt $B_{\overline{\tau}} = y$ und $\tau = \overline{\tau}$, folgt die Behauptung. □

Bemerkung 6.3.25

a) *Es gilt auch die Umkehrung von Proposition 6.3.24:*

$$y \in \partial G \text{ ist regulär}$$
$$\Leftrightarrow \forall f \in C_b(\partial G) \text{ gilt: } u(x) = E_x f(B_\tau) \xrightarrow[x \in G]{x \to y} f(y).$$

b) **Kegel-Bedingung von Poincaré.** *Existiert ein Kegel V mit der Spitze in $y \in \partial G$, so dass*

$$V \cap U_\delta(y) \subset G^c,$$

dann ist y regulär.

c) *Für $d = 2$ gibt es eine stärkere hinreichende Bedingung. Existiert ein Segment (d. h. Geradenstück) L mit Spitze in y, so dass $L \subset G^c$, dann ist y regulär. Allgemeiner gilt in $d = 2$: Ist G einfach zusammenhängend, dann ist G regulär.* ⌐

Satz 6.3.26 (Probabilistische Lösung des Dirichlet-Problems) *Sei G ein beschränktes, reguläres Gebiet und sei $f \in C(\partial G)$ eine stetige Funktion auf dem Rand von G, dann existiert genau eine harmonische Funktion h auf G mit $h \in C(\overline{G})$ und $h = f$ auf ∂G. Die eindeutig bestimmte Lösung des Dirichlet-Problems ist gegeben durch*

$$h(x) = E_x f(B_\tau), \quad \tau := \tau_{\partial G}.$$

Beweis
a) **Existenz:** Definiert man $h(x) := E_x f(B_\tau)$, dann folgt nach Satz 6.3.20, dass h harmonisch auf G ist. Da G als regulär vorausgesetzt wird, folgt nach Proposition 6.3.24, dass h auf $\overline{G}$ stetig ist, und auf dem Rand von G stimmt h mit f überein.
b) **Eindeutigkeit:** Seien u_1 und u_2 harmonische Funktionen, die stetig auf dem Abschluss von G sind und die auf dem Rand von G mit f übereinstimmen. Dann gilt, dass

$$u_1 - u_2 = 0 \quad \text{auf} \quad \partial G.$$

Die Differenz $u_1 - u_2$ ist ebenfalls eine in G harmonische Funktion. Nach dem Maximumprinzip nimmt die Funktion $u_1 - u_2$ das Maximum und Minimum auf dem Rand von G an. Dann ist aber einerseits $u_1 \leq u_2$ und andererseits $u_2 \leq u_1$ auf G und es folgt $u_1 = u_2$ auf $\overline{G}$. □

Bemerkung 6.3.27 (Eindeutigkeit für das Dirichlet-Problem)
a) Die Eindeutigkeit kann man auch ohne das Maximumprinzip mit stochastischen Methoden beweisen. Wenn man eine harmonische Funktion h auf die Brown'sche Bewegung anwendet, erhält man ein Martingal. Diese Aussage folgt aus der Itô-Formel der stochastischen Analysis. $h(B_t)$ hat also keinen Drift. Mit dem Optional Sampling Theorem folgt dann, dass für $x \in G$ gilt:

$$E_x h(B_\tau) = E_x f(B_\tau) = u_f(x)$$
$$= E_x h(B_0) = h(x).$$

Es folgt also $h(x) = u_f(x)$.
Dieser Beweis gilt auch für Randfunktionen f, die nicht notwendig stetig sind.
b) Für einige Gebiete lässt sich die Lösung $u = u_f$ des Dirichlet-Problems explizit bestimmen. Mit $\mu_x := P_x^{B_\tau}$, dem **harmonischen Maß** auf ∂G, ist

$$u(x) = \int f(y) \mu_x(dy).$$

Sei $d \geq 3$ und $G = U_r(0) \subset \mathbb{R}^d$, $\tau = \tau_{\partial G}$, dann ist $\mu_x = p_r(x, \cdot)\sigma_r$, σ_r das normierte Oberflächenmaß auf $U_r(0)$ und

$$p_r(x, y) := r^{d-2} \frac{r^2 - \|x\|^2}{\|y - x\|^d}, \quad x \in G, y \in \partial G$$

der Potentialkern zu G, d.h. die Kraft in x, die durch eine Punktmasse in y bewirkt wird.

c) Ist G ein nicht-beschränktes, reguläres Gebiet, dann ist für $f \in C_b(\partial G)$

$$u(x) := E_x f(B_\tau) \mathbb{1}_{\{\tau < \infty\}}, \quad \tau = \tau_{\partial G}$$

eine Lösung des Dirichlet-Problems und es gilt:
1) Ist $\tau < \infty$ f. s., dann ist u eine eindeutige, beschränkte Lösung des Dirichlet-Problems.
2) Ist $d \geq 3$ und $f \in C_0(\partial G)$, dann ist u eine eindeutige Lösung. ⌐

6.4 Martingaleigenschaft der Brown'schen Bewegung

Die Martingaleigenschaft der Brown'schen Bewegung ermöglicht die Anwendung des Optional Sampling Theorems in stetiger Zeit. Dieses wichtige Hilfsmittel ist der Schlüssel für die Beschreibung des Zusammenhangs der Brown'schen Bewegung mit verschiedenen Themen aus der Analysis, insbesondere mit der Wärmeleitungsgleichung.

Definition 6.4.1 (Martingale in stetiger Zeit)
*Ein stochastischer Prozess $X = (X_t, \mathcal{A}_t)_{t \geq 0}$ in $\mathcal{L}^1(P)$ heißt **Martingal** genau dann, wenn für alle $s \leq t$ gilt*

$$E(X_t \mid \mathcal{A}_s) = X_s.$$

Im Folgenden setzen wir voraus, dass die Filtration $(\mathcal{A}_t)$ rechtsseitig stetig ist. Der folgende Satz gibt eine Fassung des Optional Sampling Theorems für Martingale in stetiger Zeit.

Satz 6.4.2 (Optional Sampling Theorem) *Sei $X = (X_t, \mathcal{A}_t)$ ein Martingal mit rechtsseitig stetigen Pfaden, sei $(\mathcal{A}_t)$ rechtsseitig stetig.*

Ist a) *τ eine beschränkte Stoppzeit*
oder b) *$E\tau < \infty$ und $E(|X_{t+\delta} - X_t|) \mathbb{1}_{\{\tau \geq t\}} \leq C \, [P], \forall \, 0 < \delta \leq \varepsilon,$ für ein $\varepsilon > 0$,*

dann folgt

$$E X_\tau = E X_0.$$

Beweis Sei zunächst $\tau \leq n$ eine beschränkte Stoppzeit. Definieren wir eine Folge von diskreten Stoppzeiten $\tau_m := \frac{[2^m \tau]+1}{2^m}$ sowie $Y_k^m := X_{\frac{k}{2^m}}$ und $\mathcal{A}_k^m := \mathcal{A}_{\frac{k}{2^m}}$. Dann ist $(Y_k^m, \mathcal{A}_k^m)_k$ ein Martingal in diskreter Zeit und $S_m := 2^m \tau_m$ ist eine beschränkte Stoppzeit für $(Y_k^m, \mathcal{A}_k^m)$ mit Werten in $\{0, 1, \ldots, 2^m n\}$. Nach dem Optional Sampling Theorem für diskrete Martingale folgt

$$X_{\tau_m} = E(X_n \mid \mathcal{A}_{\tau_m});$$

insbesondere ist (X_{τ_m}) gleichgradig integrierbar.

Die Folge (τ_m) konvergiert antiton gegen τ. Wegen der rechtsseitigen Stetigkeit von X folgt $X_{\tau_m} = E(X_n \mid \mathcal{A}_{\tau_m}) \longrightarrow X_\tau$. Nach Proposition 6.3.5 gilt, dass $\mathcal{A}_{\tau_m} \downarrow \mathcal{A}_\tau$. Daher folgt nach dem Martingalkonvergenzsatz 5.3.10 von Lévy:
$X_\tau = E(X_n \mid \mathcal{A}_\tau)$ fast sicher. Also ist

$$EX_\tau = EX_n = EX_0.$$

Der Beweis unter Annahme b) ist nun ähnlich zu dem Beweis von Proposition 5.2.16. □

Proposition 6.4.3 (Martingaleigenschaft der Brown'schen Bewegung)
Die Brown'sche Bewegung $B = (B_t)$ ist ein Martingal bzgl. der kanonischen Filtration $(\mathcal{A}_t^B)$ und auch bzgl. der Vervollständigung $(\mathcal{A}_t^P)$.

Beweis Schreibt man die Brown'sche Bewegung zum Zeitpunkt t in der Form $B_t = B_{t-s} \circ \vartheta_s$, dann folgt aus der Markoveigenschaft

$$E_x(B_t \mid \mathcal{A}_s) = E_x(B_{t-s} \circ \vartheta_s \mid \mathcal{A}_s) = E_{B_s} B_{t-s} = B_s,$$

denn es gilt $E_y B_u = y$ für alle u, y, wobei $u \geq 0$. □

Mit der Martingaleigenschaft der Brown'schen Bewegung kann man die Verteilung von First passage times explizit bestimmen und ihre weiteren Eigenschaften zeigen (vgl. Abb. 6.6). Ein Beipiel dafür liefert das folgende Korollar:

Korollar 6.4.4 (Vergleich von First passage times) *Sei $a < x < b$ und die Brown'sche Bewegung starte in x. Dann ist die Wahrscheinlichkeit dafür, dass die Grenze a früher erreicht wird als die Grenze b, gegeben durch*

$$P_x(\tau_a < \tau_b) = \frac{b-x}{b-a}.$$

Beweis Wie in der entsprechenden Aussage für Random Walks in Beispiel 5.2.20 sei $\tau = \min(\tau_a, \tau_b) =: \tau_{a,b}$ und seien $\alpha := P_x(\tau = \tau_a) = P_x(\tau_a < \tau_b)$ und $\beta := P_x(\tau = \tau_b)$. Dann gilt:

$$\alpha + \beta = 1 \quad \text{und} \quad E\tau < \infty,$$

denn die Brown'sche Bewegung überschreitet P-fast sicher jede Schranke. Nach dem Optional Sampling Theorem 6.4.2 folgt dann

$$x = E_x B_0 = E_x B_\tau = \alpha \cdot a + \beta \cdot b,$$

also ist

$$\alpha = \frac{b-x}{b-a} \quad \text{und} \quad \beta = \frac{x-a}{b-a}.$$

□

6.4 Martingaleigenschaft der Brown'schen Bewegung

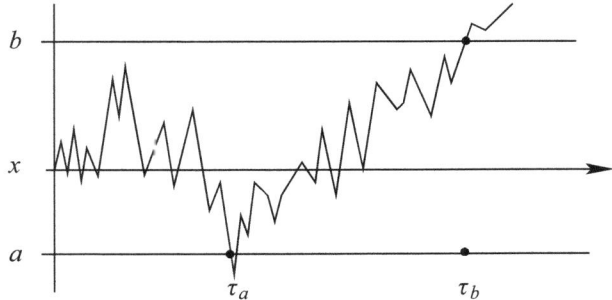

Abb. 6.6 First passage time für die Grenzen a und b

Eine Reihe von probabilistischen Problemen lässt sich durch die Konstruktion eines geeigneten Martingals als Funktional der Brown'schen Bewegung lösen. Ein Beispiel ist die Bestimmung von $E\tau_{a,b}$ in folgender Proposition.

Proposition 6.4.5 (Erstaustrittszeit aus $[a,b]$)

a) $(B_t^2 - t)_{t \geq 0}$ ist ein Martingal.
b) Für $a < 0 < b$ gilt $E_0 \tau_{a,b} = -ab$.

Beweis
a) Sei $0 \leq s < t$; da $B_t - B_s$ unabhängig von $\mathcal{A}_s$ ist und $B_t - B_s \sim N(0, t-s)$, folgt

$$E_0\left(B_t^2 \mid \mathcal{A}_s\right) = E_0\left(B_s^2 + 2B_s(B_t - B_s) + (B_t - B_s)^2 \mid \mathcal{A}_s\right)$$
$$= B_s^2 + 2B_s E_x(B_t - B_s \mid \mathcal{A}_s) + E_0\left((B_t - B_s)^2 \mid \mathcal{A}_s\right)$$
$$= B_s^2 + 0 + t - s.$$

Also ist $\left(B_t^2 - t\right)_{t \geq 0}$ ein Martingal.

b) Wir wenden das Optional Sampling Theorem auf das Martingal aus a) an. Demnach ist auch der gestoppte Prozess $B_{t \wedge \tau}^2 - t \wedge \tau$, $\tau = \tau_{a,b}$ ein Martingal und es folgt

$$E_0 B_{\tau \wedge t}^2 = E_0(t \wedge \tau) \uparrow E_0 \tau \quad \text{für } t \longrightarrow \infty.$$

Andererseits gilt für $t \longrightarrow \infty$:

$$E_0 B_{\tau \wedge t}^2 \longrightarrow E_0 B_\tau^2 = a^2 \frac{b}{b-a} + b^2 \frac{-a}{b-a}$$
$$= ab \frac{a-b}{b-a} = -ab. \qquad \square$$

In der folgenden Proposition werden einige Martingale konstruiert, die für verschiedene Anwendungen von Interesse sind.

Proposition 6.4.6

a) **Exponentielles Martingal.** Für alle $\vartheta \in \mathbb{R}$ ist $\mathcal{E}(B) = \left(\exp\left(\vartheta B_t - \frac{\vartheta^2 t}{2} \right) \right)_{t \geq 0}$ ein Martingal. $\mathcal{E}(B)$ heißt **exponentielles Martingal** zu B.

b) Sei $\tau = \tau_{-a,a}$, dann sind τ und B_τ stochastisch unabhängig, und die **Laplace-Transformierte von τ** ist gegeben durch

$$E_0 e^{-\lambda \tau} = \frac{1}{\cosh\left(a\sqrt{2\lambda} \right)}, \quad \text{für } \lambda > 0.$$

c) **Stoppzeiten für das Überschreiten einer Geraden.** Sei $\tau := \inf\{t : B_t = a + bt\}$, $a > 0$ und $b \geq 0$. Dann ist die Laplace-Transformierte von τ gegeben durch

$$E_0 e^{-\lambda \tau} = \exp\left(-a \left(b + \sqrt{b^2 + 2\lambda} \right) \right), \quad \text{für } \lambda > 0,$$

und es ist $P_0(\tau < \infty) = \exp(-2ab) < 1$.

d) $B_t^3 - 3tB_t$ und $B_t^4 - 6tB_t^2 + 3t^2$ sind Martingale. Allgemein gilt: Sei h_k das **hermitesche Polynom** der Ordnung k, dann ist $h_k(B_t)$ ein Martingal.

e) Es gilt $E_0 \tau_{-a,a}^2 = 5 \cdot \frac{a^4}{3}$.

Beweis

a) Unter Verwendung der Laplace-Transformation für die Normalverteilung folgt

$$\begin{aligned} E_x \left(e^{\vartheta B_t} \mid \mathcal{A}_s \right) &= e^{\vartheta B_s} E_x \left(e^{\vartheta (B_t - B_s)} \mid \mathcal{A}_s \right) \\ &= e^{\vartheta B_s} E_x \left(e^{\vartheta (B_t - B_s)} \right) \\ &= \exp(\vartheta B_s) \cdot \exp\left(\vartheta^2 \frac{t-s}{2} \right), \quad \text{da } B_t - B_s \sim N(0, t-s). \end{aligned}$$

Also ist $\mathcal{E}(B)_t$ ein Martingal.

b) Die Stoppzeit $\tau \wedge t$ ist beschränkt, also folgt nach a) und nach dem Optional Sampling Theorem, dass

$$1 = E_0 \exp\left(\vartheta B_{\tau \wedge t} - \frac{\vartheta^2 (\tau \wedge t)}{2} \right).$$

Für $t \to \infty$ folgt dann mit dem Satz von der majorisierten Konvergenz

$$1 = E_0 \exp\left(\vartheta B_\tau - \frac{\vartheta^2 \tau}{2} \right).$$

Wegen Symmetrie von B gilt: $P_0(B_\tau = a) = P_0(B_\tau = -a) = \frac{1}{2}$ sowie

$$P_0(\tau \leq t, B_\tau = a) = P_0(\tau \leq t, B_\tau = -a) = \frac{1}{2} P_0(\tau \leq t).$$

6.4 Martingaleigenschaft der Brown'schen Bewegung

Tab. 6.1 Hermite'sche Polynome, angewendet auf die Brown'sche Bewegung

k	$\frac{\partial^k}{\partial \vartheta^k} f_t(\vartheta, x)$	$h_k(B_t)$
1	$(x - \vartheta t) f(\vartheta)$	B_t
2	$((x - \vartheta t)^2 - t) f(\vartheta)$	$B_t^2 - t$
3	$((x - \vartheta t)^3 - 3t(x - \vartheta t)) f(\vartheta)$	$B_t^3 - 3t B_t$
4	$((x - \vartheta t)^4 - 6t(x - \vartheta t)^2 + 3t^2) f(\vartheta)$	$B_t^4 - 6t B_t^2 + 3t^2$

Es folgt $P_0(\tau \leq t \mid B_\tau = a) = P_0(\tau \leq t)$. Also sind τ und B_τ stochastisch unabhängig. Daraus folgt

$$1 = E_0 \exp\left(\vartheta B_\tau - \frac{\vartheta^2 \tau}{2}\right) = \frac{1}{2}(e^{\vartheta y} + e^{-\vartheta a}) E_0 \exp\left(-\vartheta^2 \frac{\tau}{2}\right)$$
$$= \cosh(\vartheta a) E_0 \exp\left(-\vartheta^2 \frac{\tau}{2}\right).$$

Die Behauptung folgt dann mit $\vartheta = \sqrt{2\lambda}$.

c) Für den Beweis verwenden wir das exponentielle Martingal aus Teil a). Setzt man $\vartheta := b + \sqrt{b^2 + 2\lambda}$, dann folgt wie in b), dass

$$E_0 \exp(-\lambda \tau) = \exp\left(-a\left(b + \sqrt{b^2 + 2\lambda}\right)\right) = \exp(-a\vartheta).$$

Für $b = 0$ erhalten wir die Formel für die Laplace-Transformierte von τ_a. Für $b > 0$ und $\vartheta = 2b$, also $\lambda = 0$, folgt

$$P_0(\tau < \infty) = E_0 \exp(-\lambda \tau) \mid_{\lambda = 0} = \exp(-2ab).$$

Es ist also $P_0(\tau = \infty) > 0$, d.h., die Wahrscheinlichkeit dafür, dass eine Gerade mit positiver Steigung nie erreicht wird, ist echt größer als null. Damit ist τ keine Stoppzeit.

d) Nach Teil a) ist $\exp\left(\vartheta B_t - \frac{\vartheta^2 t}{2}\right)$ ein Martingal. Es gilt also für $s < t$ und $A \in \mathcal{A}_s$ die Radon-Nikodým-Gleichung

$$E_0 \exp\left(\vartheta B_t - \frac{\vartheta^2 t}{2}\right) \cdot \mathbb{1}_A = E_0 \exp\left(\vartheta B_s - \frac{\vartheta^2 s}{2}\right) \cdot \mathbb{1}_A. \quad (6.20)$$

Sei

$$f(\vartheta) := \exp\left(\vartheta x - \frac{\vartheta^2 t}{2}\right) = f_t(\vartheta, x),$$

dann ist $h_k(x) := \frac{\partial^k}{\partial \vartheta^k} f(\vartheta, x)\Big|_{\vartheta = 0}$, das **hermitesche Polynom der Ordnung k**. Die ersten vier hermiteschen Polynome sind in Tab. 6.1 aufgeführt.

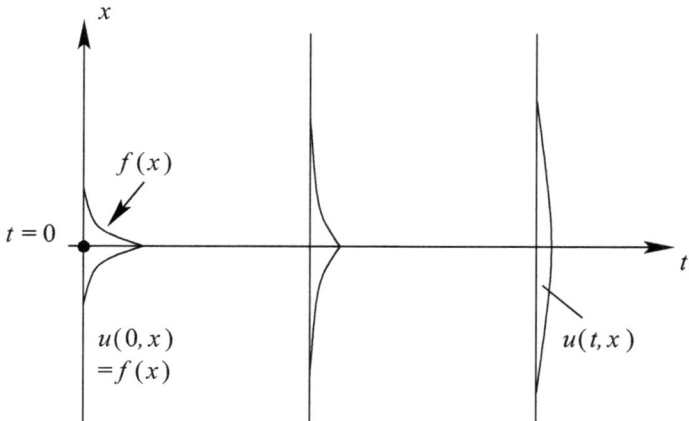

Abb. 6.7 Wärmeleitungsgleichung, Entwicklung der Temperaturverteilung

Man bildet nun in (6.20) auf beiden Seiten die Ableitungen $\frac{\partial^k}{\partial \vartheta^k}\big|_{\vartheta=0}$ und vertauscht Differentiation und Integration. Dann folgt

$$E_0 h_k(B_t) 1_A = E_0 h_k(B_s) 1_A, \quad \forall A \in \mathcal{A}_s.$$

Daher ist $(h_k(B_t))$ ein Martingal, $\forall k \in \mathbb{N}$.

e) Nach d) ist $B_t^4 - 6t B_t^2 + 3t^2$ ein Martingal. Nach dem Optional Sampling Theorem 5.2.11, gilt dann für die Erstaustrittszeit $\tau = \tau_{-a,a}$

$$E_0 \left[B_{\tau \wedge t}^4 - 6(\tau \wedge t) B_{\tau \wedge t}^2 \right] = -3 E_0 (\tau \wedge t)^2.$$

Nach Proposition 6.4.5 folgt daher, dass $E_0 \tau = a^2 < \infty$. Damit folgt für $t \longrightarrow \infty$ mit Hilfe von majorisierter und monotoner Konvergenz

$$a^4 - 6a^2 E_0 \tau = -3 E_0 \tau^2; \text{ also gilt } E_0 \tau^2 = 5/3\, a^4. \qquad \square$$

Bemerkung 6.4.7 *Über die Radon-Nikodým-Gleichung in (6.20) sind die hermiteschen Polynome eng verknüpft mit der Brown'schen Bewegung. Hermitesche Polynome bilden ein vollständiges Orthogonalsystem bzgl. der Gewichtsfunktion der Normalverteilung, d. h., es gilt*

$$\int h_n h_k e^{-ax^2}\, dx = c_n \delta_{n,k}, \quad c_n = 2^n n!\, \sqrt{\pi}.$$

Alle L^2-Funktionale $h = h((B_t)_{0 \leq t})$ der Brown'schen Bewegung kann man in eine Orthogonalreihe nach dieser Basis entwickeln. ⌐

Die Brown'sche Bewegung hat einen engen Zusammenhang mit der **Wärmeleitungsgleichung** (vgl. Abb. 6.7). Diese ist beschrieben durch das **Cauchy-Randwertproblem**:

6.4 Martingaleigenschaft der Brown'schen Bewegung

Gesucht ist $u = u(t, x) \in C^{1,2}$, so dass

$$\begin{cases} \frac{\partial}{\partial t} u = \frac{1}{2} \Delta u, \\ u(0, x) = f(x), \end{cases} \tag{6.21}$$

$\Delta = \sum_{i=1}^{d} \frac{\partial^2}{\partial x_i^2}$ der **Laplace-Operator**.

Satz 6.4.8 (Wärmeleitungsgleichung) *Sei B eine d-dimensionale Brown'sche Bewegung und für $f \in C_b$ sei $u(t, x) := E_x f(B_t)$. Dann gilt: u ist die eindeutige, beschränkte Lösung der Wärmeleitungsgleichung (6.21).*

Beweis
a) Für die Übergangsdichte

$$p_t(x, y) = (2\pi t)^{-d/2} \exp\left(-\frac{\|y - x\|^2}{2t}\right)$$

der Brown'schen Bewegung gilt:

$$\frac{\partial}{\partial t} p_t(x, y) = \frac{1}{2} \Delta p_t(x, y).$$

Damit erhält man für $u(t, x) = P_t f(x) = \int p_t(x, y) f(y) \, dy$ nach Vertauschen von Integration und Differentiation

$$\frac{\partial}{\partial t} u(x, t) = \int \frac{\partial}{\partial t} p_t(x, y) f(y) \, dy = \frac{1}{2} \int \Delta p_t(x, y) f(y) \, dy = \frac{1}{2} \Delta u(x, t).$$

Wegen $u(0, x) = E_x[f(B_0)] = f(x)$ ist die Anfangsbedingung (6.21) ebenfalls erfüllt. Also ist u eine Lösung von (6.21).

b) **Eindeutigkeit.** Wir geben einen Beweis im Fall $d = 1$. Sei $u \in C^{1,2}$ eine beschränkte Lösung von (6.21) und sei $v_\lambda(x) := \int_0^\infty u(t, x) e^{-\lambda t} \, dt$ die Laplace-Transformierte von u. Dann gilt

$$\lambda v_\lambda(x) - \frac{1}{2} \Delta v_\lambda(x) = \lambda v_\lambda(x) - \int_0^\infty \frac{1}{2} \Delta u(t, x) e^{-\lambda t} \, dt$$

$$= \lambda v_\lambda(x) - \int_0^\infty \frac{\partial}{\partial t} u(t, x) e^{-\lambda t} \, dt.$$

Mit partieller Integration folgt nach (6.21)

$$\left(\lambda \,\mathrm{id} - \frac{1}{2} \Delta\right) v_\lambda(x) = \lambda v_\lambda(x) - u(t, x) e^{-\lambda t} \Big|_0^\infty + \int_0^\infty u(t, x) \frac{\partial}{\partial t} e^{-\lambda t} \, dt$$

$$= f(x).$$

Dies hat als eindeutige Lösung $v_\lambda = U_\lambda f$, U_λ die Resolvente zu $\frac{1}{2}\Delta$ (vgl. Werner (2011)). Wegen der Eindeutigkeit der Laplace-Transformierten ist u eindeutig bestimmt. Für ergänzende Literatur zum Themenkreis Brown'sche Bewegung, Martingale und partielle Differentialgleichungen verweisen wir auf Bass (1995); Durrett (2010), Revuz und Yor (2005), Schilling und Partzsch (2012 und Williams (1991). □

6.5 Skorohod'scher Einbettungssatz und Donsker-Theorem

Zu einer i. i. d. Folge (X_i) reeller Zufallsvariablen mit $EX_i = 0$, $\text{Var}(X_i) = 1$ betrachte den (gewichteten) **Partialsummenprozess**

$$\left(\frac{S_k}{\sqrt{n}}\right)_{1 \leq k \leq n} \text{ mit } S_k := \sum_{i=1}^{k} X_i.$$

Definieren wir nun den linear interpolierten Partialsummenprozess $\left(S_t^{(n)}\right)_{0 \leq t \leq 1}$ durch $S_{k/n}^{(n)} = \frac{S_k}{\sqrt{n}}$, $1 \leq k \leq n$, $S_0^{(n)} = 0$ und durch lineare Interpolation in $\left[\frac{k}{n}, \frac{k+1}{n}\right]$, dann hat $S_t^{(n)}$ stetige Pfade (vgl. Abb. 6.8). Das grundlegende Resultat dieses Abschnitts besagt:

$$S^{(n)} \xrightarrow{\mathcal{D}} B,$$

der Partialsummenprozess $S^{(n)}$ konvergiert in Verteilung in $(C[0, 1], \mathcal{E})$ gegen eine Brown'sche Bewegung. Den Begriff der Verteilungskonvergenz in $C[0, 1]$ führen wir in diesem Abschnitt ein. Dieser Satz impliziert, dass wir durch einen Partialsummenprozess wie in Abb. 6.8 eine Brown'sche Bewegung simulieren können und umgekehrt, dass wir durch die Berechnung von Verteilungen von Funktionalen der Brown'schen

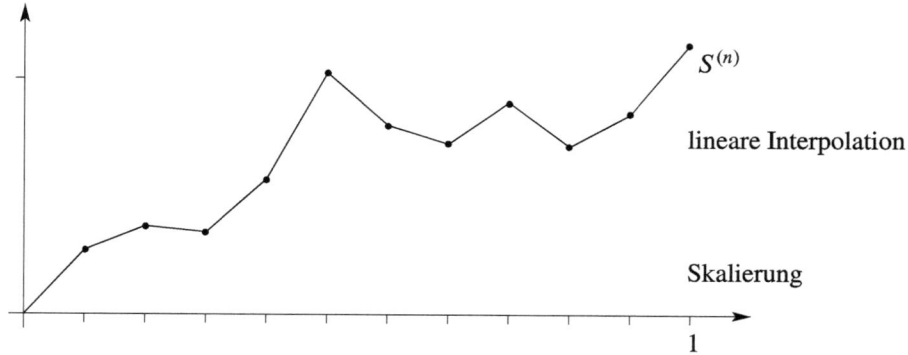

Abb. 6.8 Linear interpolierter Partialsummenprozess $S^{(n)}$

6.5 Skorohod'scher Einbettungssatz und Donsker-Theorem

Bewegung approximativ die Verteilungen von Funktionalen von $S^{(n)}$ erhalten. Dieser Zusammenhang ist fundamental für viele Grenzwertsätze in der Wahrscheinlichkeitstheorie und Statistik.

Stetige Prozesse induzieren Maße auf dem Raum der stetigen Funktionen. Man kann eine allgemeine Theorie der Verteilungskonvergenz für Funktionenräume entwickeln. Es gibt jedoch auch einen anderen Weg, um solche Approximationssätze einfach zu erhalten. Dieser basiert auf der Skorohod-Darstellung (bzw. Skorohod-Einbettung).

Satz 6.5.1 (Skorohod-Darstellung) *Sei X eine reelle Zufallsvariable mit $EX = 0$ und $EX^2 < \infty$ und sei $B = (B_t)$ eine Brown'sche Bewegung mit Start in null, bzgl. $P = P_0$. Dann existiert eine Stoppzeit τ, so dass*

$$B_\tau \stackrel{d}{=} X \quad und \quad E\tau = EX^2. \tag{6.22}$$

Beweis Wir geben einen Beweis, der eine **erweiterte Stoppzeit** τ mit der Eigenschaft (6.22) konstruiert.

1) **Erster Fall: Zweipunktmaße:** Sei $a < 0 < b$, $\mu_{a,b}$ das Zweipunktmaß in a, b mit

$$\mu_{a,b}(\{a\}) := \frac{b}{b-a} \quad und \quad \mu_{a,b}(\{b\}) := \frac{-a}{b-a} \quad und \quad \mu_{0,0}(\{0\}) := 1.$$

Wir nehmen im ersten Fall an, dass die Verteilung von X das obige Zweipunktmaß ist: $Q := P^X = \mu_{a,b}$. Dann folgt:

$$EX = 0 \quad und \quad EX^2 = a^2 \frac{b}{b-a} - b^2 \frac{a}{b-a} = -ab.$$

Mit $\tau := \inf\{t \geq 0 : B_t \notin (a, b)\} = \tau_{a,b}$ folgt dann nach der Wald'schen Gleichung:

$$B_\tau \stackrel{d}{=} X, E\tau = -ab = EB_\tau^2 = EX^2,$$

d. h. wir erhalten für den ersten Fall eine Lösung durch eine geeignete zweiseitige Stoppzeit.

2) **Allgemeiner Fall:**
Sei $Q = P^X \in M^1(\mathbb{R}^1, \mathcal{B}^1)$ mit $EX = 0 = \int_{-\infty}^{\infty} x\, dQ(x)$. Wir führen diesen Fall wie folgt auf den ersten Fall zurück. Sei

$$c := \int_{-\infty}^{0} (-u)\, dQ(u) = \int_{0}^{\infty} v\, dQ(v).$$

Q lässt sich dann als Mischung von Zweipunktmaßen $\mu_{a,b}$ darstellen. Zum Beweis sei $\varphi \in \mathcal{L}_b$ eine beschränkte, messbare Funktion mit $\varphi(0) = 0$. Dann gilt:

$$c\int \varphi\, dQ = \int_0^\infty \varphi(v)\, dQ(v) \int_{-\infty}^0 (-u)\, dQ(u) + \int_{-\infty}^0 \varphi(u)\, dQ(u) \int_0^\infty v\, dQ(v)$$

$$= \int_0^\infty dQ(v) \int_{-\infty}^0 dQ(u)\bigl(v\varphi(u) - u\varphi(v)\bigr).$$

Damit folgt die Mischungsdarstellung von Q

$$E\varphi(X) = \int \varphi\, dQ \qquad (6.23)$$

$$= \frac{1}{c}\int_0^\infty dQ(v) \int_{-\infty}^0 dQ(u)(v-u)\underbrace{\left(\frac{v}{v-u}\varphi(u) + \frac{-u}{v-u}\varphi(v)\right)}_{=\int \varphi\, d\mu_{u,v}}$$

als Mischung der Zweipunktmaße $\mu_{u,v}$: $\mu_{u,v}(\{u\}) := \frac{v}{v-u}$ und $\mu_{u,v}(\{v\}) := \frac{-u}{v-u}$.
Sei ν das Maß auf $\mathbb{R}_+ \times \mathbb{R}_-$ definiert durch

$$\nu(\{0,0\}) := Q(\{0\}) \text{ und für } A \text{ mit } (0,0) \notin A,$$

sei $\nu(A) := \frac{1}{c}\int\int_A (v-u)\, dQ(u)\, dQ(v)$.
Dann ist nach (6.23) (wähle $\varphi \equiv 1$): $1 = \int 1\, dQ = \nu(\mathbb{R}_+ \times \mathbb{R}_-)$; also ist ν ein Wahrscheinlichkeitsmaß.
Formel (6.23) kann man auch wie folgt lesen: Seien (U, V) zwei Zufallsvariablen auf einem geeigneten Wahrscheinlichkeitsraum $(\Omega, \mathcal{A}, P)$ unabhängig von der Brown'schen Bewegung $B = (B_t)$ so, dass $P^{(U,V)} = \nu$. Wegen (6.23) gilt dann (mit $\varphi = (\varphi - \varphi(0)) + \varphi(0)$)

$$\int \varphi\, dQ = E\int \varphi(x)\, d\mu_{U,V}(x), \quad \varphi \in \mathcal{L}_b. \qquad (6.24)$$

Jede Verteilung mit Erwartungswert null kann man also darstellen als Mischung von Zweipunktmaßen $\mu_{a,b}$.
$\tau_{U,V}$ ist i. A. keine Stoppzeit bzgl. der von der Brown'schen Bewegung erzeugten σ-Algebra $\mathcal{A}^B$. Es ist aber eine Stoppzeit bzgl. der vergrößerten σ-Algebra $\mathcal{A}_t := \sigma(B_s, s \leq t, U, V)$. Man nennt deshalb $\tau_{U,V}$ **erweiterte Stoppzeit**. Mit $\tau_{U,V}$ erhält man die Behauptung. Es gilt:

$$B_{\tau_{u,v}} \stackrel{d}{=} \mu_{u,v}. \qquad (6.25)$$

6.5 Skorohod'scher Einbettungssatz und Donsker-Theorem

Aufgrund der Unabhängigkeit von (U, V) von der Brown'schen Bewegung B folgt wegen (6.25):
$$B_{\tau_{U,V}} \stackrel{d}{=} \mu_{U,V} \stackrel{d}{=} X.$$

Wegen $P^X = Q$ folgt: Die Brown'sche Bewegung, gestoppt mit $\tau_{U,V}$, liefert die Verteilung Q. Weiter folgt nach dem ersten Beweisschritt
$$E\tau_{U,V} = EE(\tau_{U,V} \mid U = u, V = v) = EE\tau_{u,v} = EEB^2_{\tau_{u,v}} = EX^2. \qquad \square$$

Bemerkung 6.5.2 Die Konstruktion einer (nicht erweiterten) Stoppzeit geht auf Azéma und Yor (1979) zurück.

Die Idee der Konstruktion von Azéma und Yor ist die folgende. Sei $X \sim F$ und
$$\Psi(x) := E(X \mid X > x) = \left(\int_x^\infty t \, dF(t) \right) (1 - F(x))^{-1}.$$

Ist F stetig, streng isoton, dann ist Ψ stetig, streng isoton, $\lim_{x \to -\infty} \Psi(x) = 0$, und die Inverse $\varphi = \Psi^{-1}$ ist streng isoton.

Sei $T := \inf\{t : \Psi(B_t) < M_t\}$, $M_t := \sup_{s \leq t} B_s$. Dann ist $\Psi(B_T) = M_T$, also $B_T = \varphi(M_T)$ auf $\{T < \infty\}$. Um die Verteilung von B_T zu berechnen, reicht es, die Verteilung von M_T zu bestimmen. Es ist
$$T = \inf\{t : M_t - B_t > M_t - \varphi(M_t)\}.$$

Nach einem Resultat von Lévy ist $(M_t, M_t - B_t) \stackrel{d}{=} (\ell_t, |B|_t)$, (ℓ_t) der Lokalzeitenprozess der Brown'schen Bewegung. Hieraus ergibt sich $M_T \stackrel{d}{=} \ell(T') := \ell_{T'}$ mit $T' := \inf\{t : |B_t| > \ell_t - \varphi(\ell_t)\}$. Mit Exkursionstheorie lässt sich die Verteilung von $\ell(T')$ bestimmen, und es ergibt sich
$$P(B_T > x) = P(M_T > \Psi(x)) = P(\ell(T') > \Psi(x))$$
$$= 1 - F(x); \quad \text{also } B_T \sim F.$$

Ein detaillierter Beweis ist in Rogers und Williams (2000, S. 426–430) zu finden. ⌐

Verteilungen auf $\mathbb{R}^1$ kann man also reproduzieren, indem man die Brown'sche Bewegung zu geeigneten Zeitpunkten stoppt. Dieses Verfahren kann man auch für ganze Folgen von Zufallsvariablen durchführen.

Satz 6.5.3 (Skorohod'scher Einbettungssatz) *Sei (X_i) eine i. i. d. Folge mit $P^{X_i} = \mu$, $EX_i = 0$, und $EX_i^2 < \infty$. Dann existiert eine i. i. d. Folge von Stoppzeiten $(\tau_n)_{n \geq 0}$ mit $E\tau_n = EX_1^2$, $n \in \mathbb{N}$, so dass die Partialsummenfolge (T_n) mit $T_0 := 0$ und $T_n := \sum_{i=1}^n \tau_i$ eine aufsteigende Folge von Stoppzeiten bzgl. der Brown'schen Bewegung ist mit*

1) $P^{B_{T_n}-B_{T_{n-1}}} = \mu, \quad \forall n,$
2) $(B_{T_n} - B_{T_{n-1}}) \stackrel{d}{=} (X_n),$
3) $(S_n) \stackrel{d}{=} (B_{T_n}),$ d. h. die Folge (S_n) ist in (B_t) „eingebettet".

Beweis Nach dem Skorohod'schen Darstellungssatz existiert ein τ_1 mit

$$B_{\tau_1} \stackrel{d}{=} X_1 \quad \text{und} \quad E\tau_1 = EX_1^2.$$

$(B_{t+\tau_1} - B_{\tau_1})_{t \geq 0}$ ist nach der starken Markoveigenschaft wieder eine Brown'sche Bewegung. Es existiert also eine Stoppzeit τ_2 mit

$$B_{\tau_2+\tau_1} - B_{\tau_1} \stackrel{d}{=} X_2 \quad \text{und} \quad E\tau_2 = EX_2^2.$$

Wegen der Unabhängigkeit der Zuwächse der Brown'schen Bewegung ist τ_2 unabhängig von $\mathcal{A}_{\tau_1}$ und τ_2 ist unabhängig von τ_1. Induktiv erhalten wir eine Folge von Stoppzeiten T_n,

$$T_n = T_{n-1} + \tau_n, \quad \text{mit } B_{T_n} - B_{T_{n-1}} \stackrel{d}{=} X_n \quad \text{und} \quad E\tau_n = EX_n^2,$$

so dass τ_n unabhängig von $(\tau_i)_{i \leq n-1}$ ist und weiter die Zuwächse $B_{T_i} - B_{T_{i-1}}$ unabhängig von $\mathcal{A}_{T_{i-1}}$ sind.

Damit folgt $(B_{T_n} - B_{T_{n-1}}) \stackrel{d}{=} (X_n)$ und insbesondere gilt:

$$(S_n) \stackrel{d}{=} (B_{T_n}) \quad \text{und} \quad ET_n = \sum_{k=1}^{n} EX_k^2. \qquad \square$$

Bemerkung 6.5.4 *Die Einbettung gilt auch für nicht-identisch verteilte Summenfolgen:*

$$(S_n) = \left(\sum_{i=1}^{n} X_i\right) \stackrel{d}{=} (B_{T_n}) \quad \text{mit} \quad ET_n = \sum_{k=1}^{n} EX_k^2. \qquad \lrcorner$$

Eine direkte Folgerung aus dem Skorohod'schen Einbettungssatz ist der zentrale Grenzwertsatz:

Satz 6.5.5 (Zentraler Grenzwertsatz) *Sei (X_i) eine i. i. d. Folge mit $EX_1 = 0, EX_1^2 = 1$, dann gilt:*

$$\frac{S_n}{\sqrt{n}} \xrightarrow{\mathcal{D}} N(0,1).$$

6.5 Skorohod'scher Einbettungssatz und Donsker-Theorem

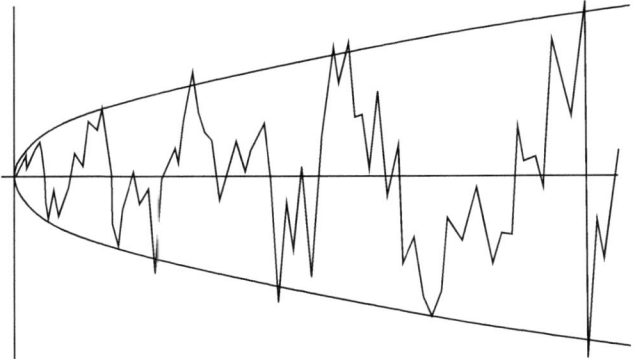

Abb. 6.9 Hartmann-Wintner-Gesetz vom iterierten Logarithmus

Beweis Nach Satz 6.5.3 ist $S_n \stackrel{d}{=} B_{T_n}$ mit Stoppzeiten $T_n = \sum_{i=1}^{n} \tau_i$ definiert über eine i. i. d. Folge (τ_i) mit $E\tau_1 = EX_1^2 = 1 < \infty$. Mit der Standard-Skalierungseigenschaft der Brown'schen Bewegung folgt

$$\frac{S_n}{\sqrt{n}} \stackrel{d}{=} \frac{B_{T_n}}{\sqrt{n}} \stackrel{d}{=} B_{\frac{T_n}{n}}.$$

Nach dem starken Gesetz großer Zahlen folgt: $\frac{T_n}{n} \longrightarrow 1\ [P]$. Da die Brown'sche Bewegung stetige Pfade hat, folgt

$$B_{\frac{T_n}{n}} \longrightarrow B_1 \stackrel{d}{=} N(0, 1). \qquad \square$$

Im folgenden Satz wird gezeigt, dass mit Hilfe des Skorohod'schen Einbettungssatzes das (relativ einfach zu beweisende) Gesetz vom iterierten Logarithmus für die Brown'sche Bewegung sich auf den Beweis des entsprechenden Satzes von Hartmann-Wintner für partielle Summenfolgen übertragen lässt (vgl. Abb. 6.9).

Satz 6.5.6 (Hartmann-Wintner-Gesetz vom iterierten Logarithmus) *Sei (X_i) eine i. i. d. Folge von Zufallsvariablen mit $EX_i = 0$ und $\text{Var}\, X_i = 1$, dann folgt*

$$\limsup_{n} \frac{S_n}{\sqrt{2n \log \log n}} = 1\ [P].$$

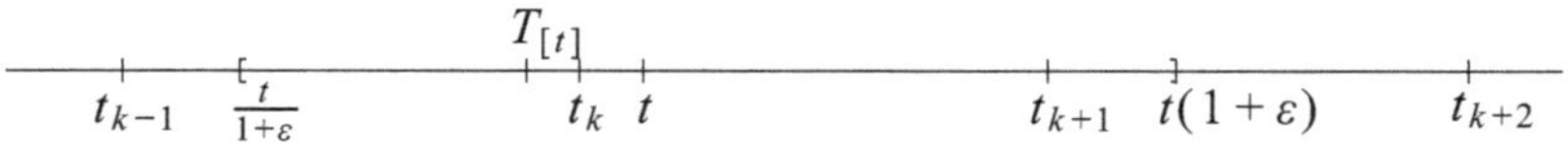

```
  ├────────┼──[────┼──────────────┼─┼──────────────┼────┼──────────┤
 t_{k-1}   t/(1+ε)              t_k t           t_{k+1} t(1+ε)    t_{k+2}
                      T_{[t]}
```

Abb. 6.10 Beweis des Hartmann-Wintner-Gesetzes

Beweis Nach Satz 6.5.3 gilt $(S_n) \stackrel{d}{=} (\widetilde{S}_n)$ mit

$$\widetilde{S}_n := B_{T_n} = \sum_{\nu=1}^{n}(B_{T_\nu} - B_{T_{\nu-1}}), \quad B_{T_0} := 0.$$

Nach dem Gesetz vom iterierten Logarithmus für die Brown'sche Bewegung gilt

$$\limsup_{t \to \infty} \frac{B_t}{\sqrt{2t \log \log t}} = 1 \; [P].$$

Behauptung:

$$\lim_{t \to \infty} \frac{B_t - \widetilde{S}_{[t]}}{\sqrt{2t \log \log t}} = 0 \; [P].$$

Hieraus folgt dann der Hartmann-Wintner-Satz.

Zum Beweis verwenden wir das starke Gesetz großer Zahlen: $\frac{T_n}{n} \longrightarrow 1 \; [P]$. Damit gilt für $\varepsilon > 0$ und $t \geq t_0(\omega)$:

$$T_{[t]} \in \left[\frac{t}{1+\varepsilon}, t(1+\varepsilon)\right].$$

Sei $M_t := \sup\{|B_s - B_t|, \frac{t}{1+\varepsilon} \leq s \leq t(1+\varepsilon)\}$ und betrachte die Teilfolge (vgl. Abb. 6.10) $t_k := (1+\varepsilon)^k \uparrow \infty$. Für $t \in [t_k, t_{k+1}]$ gilt:

$$M_t \leq \sup\{|B_s - B_t|; t_{k-1} \leq s \leq t_{k+2}\}$$
$$\leq 2\sup\{|B_s - B_{t_{k-1}}|; t_{k-1} \leq s \leq t_{k+2}\}.$$

Wegen $t_{k+2} - t_{k-1} = \vartheta t_{k-1}$, $\vartheta = (1+\varepsilon)^3 - 1$, gilt nach der Skalierungseigenschaft der Brown'schen Bewegung

$$P\left(\max_{t_{k-1}\leq s \leq t_{k+2}} |B_s - B_{t_{k-1}}| > (3\vartheta\, t_{k-1} \log \log t_{k-1})^{1/2}\right) =: P(A_k)$$
$$= P\left(\max_{0\leq r \leq 1} |B_r| > (3 \log \log t_{k-1})^{1/2}\right)$$
$$\leq 2\kappa\,(3\log \log t_{k-1})^{-1/2} \exp\left(-3\log\log \frac{t_{k-1}}{2}\right), \text{ mit einer Konstanten } \kappa.$$

Daraus folgt: $\sum_k P(A_k) < \infty$. Das Borel-Cantelli-Lemma impliziert daher

$$\varlimsup_{t \to \infty} \frac{\widetilde{S}_{[t]} - B_t}{\sqrt{t \log \log t}} \leq (3\vartheta)^{1/2}.$$

Mit $\vartheta \to 0$ folgt die Behauptung. □

6.5 Skorohod'scher Einbettungssatz und Donsker-Theorem

Als Anwendung des Skorohod'schen Einbettungssatzes soll nun das Donsker'sche Invarianzgesetz bewiesen werden. Dieses besagt, dass ein stetiges Funktional des Partialsummenprozesses $S^{(n)}$ in Verteilung gegen das Funktional der Brown'schen Bewegung konvergiert:

$$\text{Funktional von } (S^{(n)}) \xrightarrow{\mathcal{D}} \text{Funktional von } (B_t).$$

Dazu versehen wir den Raum der stetigen Funktionen auf $[0, 1]$, $C = C[0, 1]$ mit der Supremumsmetrik. Dadurch erhalten wir einen vollständigen, separablen, metrischen Raum. Wir versehen diesen Raum mit der σ-Algebra $\mathcal{E}$, die von den Projektionen erzeugt wird. Es gilt:

$$\mathcal{E} = \mathfrak{B}_g(C) = \mathfrak{B}_p(C) =: \mathfrak{B}(C).$$

Definition 6.5.7 (Konvergenz in Verteilung) *Seien $\mu_n, \mu \in M^1(C, \mathcal{B}(C))$, $n \in \mathbb{N}$. μ_n konvergiert in Verteilung gegen μ,*

$$\mu_n \xrightarrow{\mathcal{D}} \mu, \quad \textbf{\textit{Konvergenz in Verteilung}}$$

$\Leftrightarrow$ *wenn für alle reellen, stetigen, beschränkten Funktionen $\varphi : C \longrightarrow \mathbb{R}$ gilt:*

$$\int \varphi \, d\mu_n \longrightarrow \int \varphi \, d\mu. \tag{6.26}$$

Bemerkung 6.5.8

a) *Entsprechend definiert man die Konvergenz in Verteilung für stochastische Prozesse $(X^{(n)}, X)$ mit stetigen Pfaden:*

$$X^{(n)} = \left(X_t^{(n)}\right)_{0 \leq t \leq 1} \xrightarrow{D} X,$$

wenn die zugehörigen Verteilungen konvergieren, d. h.

$$E\psi(X^{(n)}) \longrightarrow E\psi(X), \quad \forall \, \psi : C \longrightarrow \mathbb{R} \text{ stetig, beschränkt.}$$

b) *Auch für Maße in allgemeinen metrischen Räumen (E, d) führt man Verteilungskonvergenz durch die Konvergenz der Integrale in (6.26) für alle stetigen beschränkten Funktionen φ auf E ein.* ⌐

Wie im Fall der Verteilungskonvergenz in $\mathbb{R}^k$ gilt ein Stetigkeitssatz.

Satz 6.5.9 (Stetigkeitssatz)

a) *Gilt $X^{(n)} \xrightarrow{\mathcal{D}} X$ und ist $\Psi : C \longrightarrow \mathbb{R}$ P^X-fast sicher stetig, dann folgt*

$$\Psi(X^{(n)}) \xrightarrow{\mathcal{D}} \Psi(X).$$

b) *Es gilt: $\mu_n \xrightarrow{\mathcal{D}} \mu \Leftrightarrow \int \varphi \, d\mu_n \longrightarrow \int \varphi \, d\mu$,*
$\forall \varphi : C \longrightarrow \mathbb{R}$ *gleichmäßig stetig, beschränkt.*

Sei nun (X_i) eine i. i. d. Folge mit $EX_i = 0$ und $EX_i^2 = 1$. Wir führen eine geeignete Skalierung des Partialsummenprozesses in zwei Schritten ein.

a) **Lineare Interpolation:** Sei

$$\widetilde{S}^{(n)}(u) := \begin{cases} \frac{S_n}{\sqrt{n}}, & u \geq n \\ \frac{1}{\sqrt{n}}(S_k + (u-k)(S_{k+1} - S_k)), & u \in [k, k+1), 0 \leq k \leq n-1 \end{cases}$$

d. h., $\widetilde{S}^{(n)}$ ist der normierte Partialsummenprozess, definiert auf $[0, n]$ durch lineare Interpolation.

b) **Zeitliche Skalierung:** Der Partialsummenprozess $S^{(n)} = (S_t^{(n)})_{0 \leq t \leq 1}$ ergibt sich aus $\widetilde{S}^{(n)}$:

$$S_t^{(n)} = \widetilde{S}^{(n)}(nt), \quad 0 \leq t \leq 1.$$

Der so definierte Prozess ist identisch mit dem zu Beginn dieses Abschnitts eingeführten Partialsummenprozess $S^{(n)}$. Eine wichtige Folgerung aus dem Skorohod'schen Einbettungssatz ist das Donsker'sche Invarianzprinzip.

Satz 6.5.10 (Donsker'sches Invarianzprinzip) *Sei (X_i) eine i. i. d. Folge mit $EX_i = 0$ und $EX_i^2 = 1$, dann konvergiert der Partialsummenprozess $S^{(n)}$ gegen die Brown'sche Bewegung in $C[0, 1]$,*

$$S^{(n)} \xrightarrow{\mathcal{D}} B.$$

Beweis $\left(S_t^{(n)}\right)$, der skalierte und interpolierte Partialsummenprozess, kodiert die Folge $\left(\frac{S_m}{\sqrt{n}}\right)_{m \leq n}$. Es gilt nach dem Skorohod'schen Einbettungssatz, Satz 6.5.3:

$$\left(\frac{S_m}{\sqrt{n}}\right) \stackrel{d}{=} \left(\frac{B_{T_m}}{\sqrt{n}}\right) \stackrel{d}{=} \left(B_{\frac{T_m}{n}}\right).$$

Nach dem starken Gesetz großer Zahlen gilt:

$$\frac{T_{[ns]}}{n} \longrightarrow s \text{ f. s.}$$

6.5 Skorohod'scher Einbettungssatz und Donsker-Theorem

Daraus folgt punktweise Konvergenz von $\frac{S_{[ns]}}{\sqrt{n}}$ in Verteilung

$$\frac{S_{[ns]}}{\sqrt{n}} \stackrel{d}{=} B_{\frac{T_{[ns]}}{n}} \longrightarrow B_s \text{ f.s.,} \quad 0 \leq s \leq 1.$$

Es gilt sogar gleichmäßige stochastische Konvergenz von $B_{\frac{T_{[ns]}}{n}}$.

Zu zeigen ist, dass für $\varphi : C[0,1] \longrightarrow \mathbb{R}$ gleichmäßig stetig, beschränkt gilt:

$$E\varphi(S^{(n)}) \longrightarrow E\varphi(B).$$

Wegen $\|S_t^{(n)} - \frac{S_{[nt]}}{\sqrt{n}}\|_\infty \xrightarrow[P]{} 0$ und $\left(\frac{S_{[nt]}}{\sqrt{n}}\right) \stackrel{d}{=} \left(\frac{B_{T_{[nt]}}}{\sqrt{n}}\right) \stackrel{d}{=} \left(B_{\frac{T_{[nt]}}{n}}\right)$ reicht es, mit $B_t^{(n)} := B_{\frac{T_{[nt]}}{n}}$ zu zeigen:

$$E\varphi(B^{(n)}) \longrightarrow E\varphi(B).$$

Es gilt aber mit $\Delta_n := \|B^{(n)} - B\|$ wegen der gleichmäßigen Stetigkeit von φ:

$$\left|E\left(\varphi(B^{(n)}) - \varphi(B)\right)\right| \leq E(\varphi(B^{(n)}) - \varphi(B))\mathbb{1}_{\{\Delta_n > \delta\}} + \left|E(\varphi(B^{(n)}) - \varphi(B))\mathbb{1}_{\{\Delta_n \leq \delta\}}\right|$$
$$\leq 2 \sup |\varphi| \, P(\Delta_n > \delta) + \varepsilon \quad \text{für } \delta \leq \delta_0. \tag{6.27}$$

Nach dem folgenden Lemma 6.5.11 konvergiert der erste Term gegen 0; also gilt

$$B^{(n)} \xrightarrow{\mathcal{D}} B. \qquad \square$$

Zum Nachweis von (6.27) im Beweis zu Satz 6.5.10 verwenden wir das folgende Lemma.

Lemma 6.5.11 *Sei* (T_m^n) *eine Folge von Stoppzeiten,* $(T_m^n)_m \uparrow$, *so dass* $\frac{T_{[nt]}^n}{n} \xrightarrow[P]{} t$, $t \in [0,1]$. *Sei* $\widetilde{B}_t^{(n)} := B_{T_{[nt]}^n}^n$, *dann gilt*

$$\|\widetilde{B}^{(n)} - B\|_\infty \xrightarrow[P]{} 0, \quad \text{wobei } \| \, \|_\infty \text{ die Supremumnorm auf } C[0,1] \text{ ist.}$$

Beweis Wegen der Monotonie von $(T_m^n)_m$ folgt wie beim Beweis des Glivenko-Cantelli-Theorems

$$P\left(\sup_{0 \leq s \leq 1} \left|\frac{T_{[ns]}^n}{n} - s\right| \geq 2\delta\right) \leq \varepsilon \text{ für } n \geq N_{\delta,\varepsilon}.$$

Mit der Maximalungleichung für die Brown'sche Bewegung folgt hieraus wie im Beweis zu Satz 6.5.6 die Behauptung, da $\widetilde{B}_t^{(n)} = B_{T_{[nt]}^n} \approx B_t$ für ω nicht in obiger Ausnahmemenge und $n \geq N_{\delta,\varepsilon}$ ist. $\qquad \square$

Anwendungen des Donsker'schen Invarianzprinzips
Im Folgenden geben wir einige der zahlreichen Anwendungen des Donsker'schen Invarianzprinzips.

a) **Zentraler Grenzwertsatz**
Die Abbildung $\Psi : C \longrightarrow \mathbb{R}^1, \Psi(\omega) = \omega(1)$ ist stetig auf $C = C[0, 1]$. Damit folgt aus dem Donsker'schen Invarianzprinzip nach dem Stetigkeitssatz 6.5.9

$$\Psi(S^{(n)}) = \frac{S_n}{\sqrt{n}} \xrightarrow{\mathcal{D}} \Psi(B) = B_1 \stackrel{d}{=} N(0, 1).$$

Das ist gerade der zentrale Grenzwertsatz.

b) **Maxima von Random Walks**
$\Psi(\omega) := \sup\{\omega(t), 0 \le t \le 1\}$ ist eine stetige Funktion auf C. Es folgt also

$$\Psi(S^{(n)}) = \max_{0 \le m \le n} \frac{S_m}{\sqrt{n}} \xrightarrow{\mathcal{D}} M_1 = \sup_{0 \le t \le 1} B_t.$$

Das Maximum des Partialsummenprozesses findet man wegen der linearen Interpolation gerade an den diskreten Sprungstellen von $S^{(n)}$. Nach dem André'schen Spiegelungsprinzip gilt

$$P_0(M_1 \ge a) = P_0(\tau_a \le 1) = 2\, P_0(B_1 \ge a) = P_0(|B_1| \ge a).$$

Also gilt $M_1 \stackrel{d}{=} |B_1|$. M_1 ist verteilt wie der Betrag einer standard-normalverteilten Zufallsvariable.

c) **Range von Random Walks**
Sei (S_n) ein symmetrischer Random Walk und sei R_n = Range von S_n, d.h. die Anzahl der Punkte, die bis zur Zeit n von S_n besucht werden. Dann ist

$$R_n = 1 + \max_{m \le n} S_m - \min_{m \le n} S_m \quad \text{und es gilt}$$

$$\frac{R_n}{\sqrt{n}} = \frac{1}{\sqrt{n}} + \Psi(S^{(n)}) \tag{6.28}$$

mit $\Psi(x) = \sup_{t \in [0,1]} x(t) - \inf_{t \in [0,1]} x(t)$, $x \in C[0, 1]$. Also ist $\frac{R_n}{\sqrt{n}}$ ein stetiges Funktional des Partialsummenprozesses und es folgt:

$$\frac{R_n}{\sqrt{n}} \xrightarrow{\mathcal{D}} \Psi(B) = \sup_{0 \le t \le 1} B_t - \inf_{0 \le t \le 1} B_t.$$

d) **Arcus-Sinus-Gesetz**
Sei $\Psi(\omega) := \sup\{t \le 1; \omega(t) = 0\}$
der letzte Zeitpunkt t vor der eins, an dem $\omega(t) = 0$ ist. Dieses Funktional ist nicht stetig, denn für die Funktion ω_ε wie in Abb. 6.11 definiert, gilt: $\Psi(\omega_\varepsilon) = 0, \forall \varepsilon > 0$. Es gilt $\|\omega_\varepsilon - \omega_0\|_\infty \longrightarrow 0$ für $\varepsilon \longrightarrow 0$, aber $\Psi(\omega_0) = \frac{2}{3}$.

6.5 Skorohod'scher Einbettungssatz und Donsker-Theorem

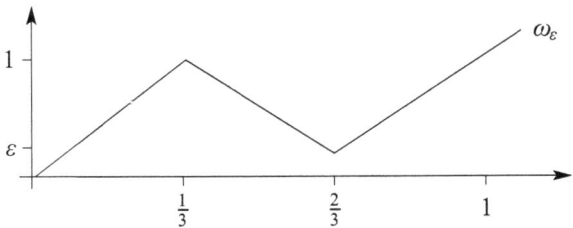

Abb. 6.11 Unstetigkeitsstelle von Ψ

Aber Ψ ist stetig für $\omega \in C$ mit $\Psi(\omega) < 1$, wenn ω in jeder Umgebung $U_\delta(\Psi(\omega_0))$ positive und negative Werte für alle $\delta > 0$ hat. Die Menge dieser ω hat das Maß 1 bzgl. der Verteilung P_0 der Brown'schen Bewegung. Also ist $\Psi\, P_0$ fast sicher stetig. Sei

$$\bar{L}_n := \sup\{m \leq n; \; S_{m-1} S_m \leq 0\}$$

der Index des letzten Vorzeichenwechsels vor n des Random Walks (S_n). Analog sei

$$L := \sup\{0 \leq t \leq 1; \; B_t = 0\}$$

der Zeitpunkt der letzten Nullstelle der Brown'schen Bewegung vor $t = 1$. Die Verteilung von L ist die Arcus-Sinus-Verteilung, vgl. Satz 6.3.16. Wir erhalten nun als Korollar

Korollar 6.5.12 (Arcus-Sinus-Gesetz) *Für den Random Walk (S_n) konvergiert der normierte Zeitpunkt $\frac{\bar{L}_n}{n}$ des letzten Vorzeichenwechsels vor n gegen die Arcus-Sinus-Verteilung*

$$\frac{\bar{L}_n}{n} \xrightarrow{\mathcal{D}} L.$$

e) **Positivitätsbereich**
Sei $\Psi(\omega) := \lambda^1(\{t \in [0,1]; \; \omega(t) > 0\})$ das Maß der Positivitätsmenge von ω. Ψ ist nicht stetig auf $C[0,1]$, aber Ψ ist stetig in ω, wenn

$$\lambda^1(\{t \in [0,1]; \; \omega(t) = 0\}) = 0.$$

Die Menge dieser Ausnahmepunkte hat das Maß 0 bzgl. P_0, der Verteilung der Brown'schen Bewegung, denn nach Fubini ist

$$E_0 \lambda^1(\{t \in [0,1]; \; B_t = 0\}) = \int_0^1 P_0(B_t = 0) \, d\lambda^1(t) = 0.$$

Also ist $\Psi\, P_0$ f. s. stetig und es folgt aus dem Satz von Donsker

Korollar 6.5.13 (Konvergenz des Maßes der Positivitätsbereiche)

$$\frac{|\{m \leq n;\ S_m > 0\}|}{n} \xrightarrow{\mathcal{D}} \lambda^1(\{t \in [0, 1];\ B_t > 0\}).$$

Bemerkung 6.5.14 *Für die Nullstellenmenge $\mathcal{Z}(\omega) := \{t \in [0, 1]; B_t = 0\}$ der Brown'schen Bewegung lässt sich ein präziseres Resultat zeigen. Sei h_α das **Hausdorff-Maß** zum Index α, dann gilt:*

$$h_\alpha(\mathcal{Z}(\omega)) = \infty\,[P_0] \iff \alpha < \frac{1}{2}.$$

*Die **Hausdorff-Dimension** der Nullstellenmenge der Brown'schen Bewegung ist also $\frac{1}{2}$.* ⌡

f) **Integralfunktional**
Von Erdős-Kac wurde 1940 für $k = 2$ folgendes Integralfunktional Ψ des Random Walks untersucht:

$$\Psi(\omega) := \int_{[0,1]} \omega(t)^k\,d\lambda^1(t), \quad k \in \mathbb{N}.$$

Ψ ist stetig auf $C[0, 1]$. Daher folgt aus dem Satz von Donsker

$$\Psi(\widetilde{S}^{(n)}) = n^{-1-\frac{k}{2}} \sum_{m=1}^{n} S_m^k \xrightarrow{\mathcal{D}} \int_0^1 B_t^k\,dt. \tag{6.29}$$

Es ist bemerkenswert, dass die obige Approximation in (6.29) nur die Annahme $EX_i^2 = 1\ EX_i = 0$ benötigt, nicht aber die Annahme $E|X_i|^k < \infty$.
Im Fall $k = 1$ ergibt sich aus (6.29)

$$n^{-\frac{3}{2}} \sum_{m=1}^{n} (n + 1 - m) X_m \xrightarrow{\mathcal{D}} \int_0^1 B_t\,dt \stackrel{d}{=} N(0, 1).$$

Für $\Psi(\omega) = \int_{[0,1]} |\omega(t)|\,d\lambda^1(t)$ bzw. $\int_{[0,1]} \omega^+(t)\,d\lambda^1(t)$ ergibt sich, dass die absolute Fläche bzw. positive Fläche mit der x-Achse gegen die entsprechenden Flächen $\int_0^1 |B_t|\,dt$ bzw. $\int_0^1 B_t^+\,dt$ der Brown'schen Bewegung konvergiert. □

Symbole und Abkürzungen

$\stackrel{d}{=}$	Gleichheit in Verteilung
$\xrightarrow[n\to\infty]{\mathcal{D}}$	Verteilungskonvergenz
$\bigotimes_{i\in I}(\Omega_i, \mathcal{A}_i, P_i)$	Produktraum
$\mathbb{1}_A$	Indikatorfunktion der Menge A
$2^\Omega = \mathcal{P}(\Omega)$	Potenzmenge
$\alpha(\mathcal{E})$	erzeugte Algebra
A^c	Komplement
$A \cap B$	Schnittmenge
$A \cup B$	Vereinigungsmenge
$A \subset B$	A ist Teilmenge von B
$A \setminus B$	Differenzmenge
$A \triangle B$	symmetrische Differenz zweier Mengen
$A \times B$	kartesisches Produkt von A und B
$\mathcal{A}$	σ-Algebra
$\mathcal{A}\vert_B$	Spur-σ-Algebra auf B
$\mathcal{A} \otimes \mathcal{B}$	Produkt der σ-Algebren von $\mathcal{A}$ und $\mathcal{B}$
$\mathcal{B}(E)$	Borel'sche σ-Algebra von E
$C(E), C_b(E), C_k(E)$	Raum der stetigen (beschränkten) Funktionen bzw. mit kompaktem Träger
C_F	Stetigkeitsstellen einer Funktion F
$\mathbb{C}$	Menge der komplexen Zahlen
$\mathrm{Cov}(X,Y)$	Kovarianz der Zufallsvariable X und Y
δ_x	Dirac-Verteilung
$\frac{d\mu}{d\nu}$	Radon-Nikodým-Ableitung
$\mathcal{D}(\mathcal{E})$	erzeugtes Dynkin-System

EX	Erwartungswert von X
$E[X \mid Y], E(X \mid \mathcal{B}) = E^{\mathcal{B}}(X)$	bedingter Erwartungswert
$f : \Omega \longrightarrow \overline{\mathbb{R}}$	numerische Funktion
$f : (\Omega, \mathcal{A}) \longrightarrow (\Omega', \mathcal{A}')$	$\mathcal{A} - \mathcal{A}'$-messbare Funktion
$f : (\Omega, \mathcal{A}) \longrightarrow (\mathbb{R}, \mathcal{B})$	$\mathcal{A}$-messbare Funktion
$f : (\Omega, \mathcal{A}) \longrightarrow (\overline{\mathbb{R}}, \overline{\mathcal{B}})$	numerische, $\mathcal{A}$-messbare Funktion
$f(t) \sim g(t), t \longrightarrow a$	$:\Leftrightarrow \lim_{t \to a} f(t)/g(t) = 1$
f. s.	fast sicher
$\mathcal{F} = \mathcal{F}^1$	Klasse der Verteilungsfunktionen auf $\mathbb{R}^1$
hnu	halbstetig nach unten
H_k	Haar'sche Funktion
h_k	hermitesches Polynom
i. i. d.	independent and identically distributed, unabhängig und identisch verteilt
Im(z)	Imaginärteil von $z \in \mathbb{C}$
$\lambda = \lambdabar, \lambda^n = \lambdabar^n$	Lebesgue-Maß, n-dimensionales
$L^p, \mathcal{L}^p, \mathcal{L}^p(\mu)$	Lebesgue'sche Räume p-fach integrierbarer Funktionen
$\mathcal{L}^1$	Raum der integrierbaren Funktionen
$\mathcal{L}^2$	Raum der quadratisch integrierbaren Funktionen
$\mathcal{L}(\mathcal{A})$	$\mathcal{A}$-messbare Funktionen
$\overline{\mathcal{L}}(\mathcal{A})$	numerische, $\mathcal{A}$-messbare Funktionen
$\overline{\mathcal{L}}_+(\mathcal{A})$	positive, numerische, $\mathcal{A}$-messbare Funktionen
$\mathcal{M}^1 = M^1(\mathbb{R}^1, \mathcal{B}^1)$	Wahrscheinlichkeitsmaße auf $(\mathbb{R}^1, \mathcal{B}^1)$
$\mathcal{M}^1_\infty = M^1(\mathbb{R}^1, \mathcal{B}^1)$	∞-teilbare Wahrscheinlichkeitsmaße auf $(\mathbb{R}^1, \mathcal{B}^1)$
$\mathcal{M}(E), \mathcal{M}_f(E)$	Menge der Wahrscheinlichkeits- bzw. endlichen Maße auf E
$\mu \otimes \nu$	Produkt der Maße μ und ν
$\mu * \nu$	Faltung der Maße μ und ν
μ^T	Bildmaß von μ unter T
$\mu^{\otimes n}$	n-faches Produktmaß
μ^{*n}	n-fache Faltungspotenz
$\mu \ll \nu$	μ ist absolut stetig bzgl. ν
$\mu \perp \nu$	μ ist singulär bzgl. ν
$\mu \approx \nu$	μ und ν sind äquivalent
$\mathcal{M}$	$:= \{F : \mathbb{R}^1 \longrightarrow [0, 1], F \uparrow, \text{rechtsseitig stetig}\}$ die Klasse der monoton wachsenden, rechtsseitig stetigen Funktionen auf $\mathbb{R}$ mit Werten in $[0, 1]$

Symbole und Abkürzungen

$\mathbb{N}, \mathbb{N}_0$	$\mathbb{N} = \{1, 2, 3, \ldots\}, \mathbb{N}_0 = \mathbb{N} \cup \{0\}$
$N(\mu, \sigma^2)$	Normalverteilung
$\mathcal{N}(\mu, \sigma^2)$	normalverteilte Zufallsvariable
Ω	Raum der Elementarereignisse
$P[A \mid B]$	bedingte Wahrscheinlichkeiten
P^X	Verteilung der Zufallsvariablen X
$\mathcal{P}(\lambda)$	Poisson-Verteilung mit Parameter $\lambda \geq 0$
φ_X	charakteristische Funktion der Zufallsvariablen X
$\mathbb{Q}$	Menge der rationalen Zahlen
$\mathbb{R}$	Menge der reellen Zahlen
$\overline{\mathbb{R}} = \mathbb{R} \cup \{-\infty\} \cup \{+\infty\}$	Abschluss von $\mathbb{R}$
$\mathcal{R}(\mathcal{E})$	erzeugter Ring
$\mathrm{Re}(z)$	Realteil von $z \in \mathbb{C}$
$\sigma(\mathcal{E})$	von $\mathcal{E}$ erzeugte σ-Algebra
$\mathrm{supp}(f) = \mathrm{Tr}(f)$	Träger einer Funktion f
$\mathcal{T}_\infty$	terminale σ-Algebra
$U(a, b)$	Gleichverteilung auf (a, b)
$\mathcal{U}(A), \mathcal{U}_A$	Gleichverteilung auf A
$\mathcal{U}_\delta(x)$	δ-Kugel um x
$x \vee y, x \wedge y, x^+, x^-$	Maximum, Minimum, Positivteil, Negativteil reeller Zahlen
$\lfloor x \rfloor, \lceil x \rceil$	Abgerundetes und Aufgerundetes von x
X^τ	in τ gestoppter Prozess
$X \sim \mu$	die Zufallsvariable X hat Verteilung μ
$X_n \longrightarrow X \; [P]$	X_n konvergiert P-fast sicher gegen X
$X_n \xrightarrow{P} X$	X_n konvergiert stochastisch gegen X
$X_n \xrightarrow{\mathcal{D}} X$	X_n konvergiert in Verteilung gegen X
$\overline{z}$	komplex konjugierte Zahl zu $z \in \mathbb{C}$
$\mathbb{Z}$	Menge der ganzen Zahlen
$\mathcal{Z} := \{f : (\Omega, \mathcal{A}) \longrightarrow (\mathbb{R}^1, \mathcal{B}^\cdot)\}$	messbare, reelle Funktionen
$\overline{\mathcal{Z}} := \{f : (\Omega, \mathcal{A}) \longrightarrow (\overline{\mathbb{R}}^1, \overline{\mathcal{B}}^\cdot)\}$	messbare, numerische Funktionen
$\mathcal{Z}_+ := \{f \in \mathcal{Z}; \; f \geq 0\}$	nichtnegative messbare reelle Funktionen

Literatur

J. Azéma and M. Yor. *Le problème de Skorokhod: complements à l'expose precedent.* volume 721, pages 625–633 of *Séminaire de Probabilités XIII, Univ. Strasbourg 1977/78, Lecture Notes Math.* Springer, 1979.

R. F. Bass. *Probabilistic Techniques in Analysis.* Probability and Its Application. New York, NY: Springer, 1995.

H. Bauer. *Wahrscheinlichkeitstheorie.* Berlin: De Gruyter, 2002.

P. Billingsley. *Ergodic Theory and Information.* Wiley Series in Probability and Mathematical Statistics. New York–London–Sydney: John Wiley and Sons, Inc., 1965.

G. D. Birkhoff. Proof of the ergodic theorem. *Proc. Natl. Acad. Sci. USA*, 17:656–660, 1931.

L. Carleson. On convergence and growth of partial sums of Fourier series. *Acta Math.*, 116:135–157, 1966.

Y. S. Chow, H. Robbins, and D. Siegmund. *Great Expectations: The Theory of Optimal Stopping.* Houghton Mifflin Boston, 1971.

R. Durrett. *Probability. Theory and Examples.* Cambridge: Cambridge University Press, 4th edition, 2010.

J. Elstrodt. *Maß- und Integrationstheorie.* Berlin: Springer, 7th revised and updated edition, 2011.

P. Erdős and M. Kac. The Gaussian law of errors in the theory of additive number-theoretic functions. *Am. J. Math.*, 62:738–742, 1940.

M. Fekete. Über die Verteilung der Wurzeln bei gewissen algebraischen Gleichungen mit ganzzahligen Koeffizienten. *Mathematische Zeitschrift*, 17(1):228–249, 1923.

W. Feller. *An Introduction to Probability Theory and Its Applications. I.* New York–London–Sydney: John Wiley and Sons, Inc., 1968.

W. Feller. *An Introduction to Probability Theory and Its Applications. II.* New York–London–Sydney: John Wiley and Sons, Inc., 2nd edition, 1971.

J. Galambos. *The Asymptotic Theory of Extreme Order Statistics.* Wiley Series in Probability and Mathematical Statistics. New York etc.: John Wiley and Sons, Inc., 1978.

P. Gänssler und W. Stute. *Wahrscheinlichkeitstheorie.* Hochschultext XII. Berlin–Heidelberg–New York: Springer, 1977.

H.-O. Georgii. *Stochastik. Einführung in die Wahrscheinlichkeitstheorie und Statistik.* Berlin: De Gruyter, 5th, revised and expanded edition, 2015.

C. Hesse. *Angewandte Wahrscheinlichkeitstheorie. Eine fundierte Einführung mit über 500 realitätsnahen Beispielen und Aufgaben.* Wiesbaden: Vieweg, 2003.

J. Jacod and A. N. Shiryaev. *Limit Theorems for Stochastic Processes*, volume 288 of *Grundlehren der Mathematischen Wissenschaften*. Berlin etc.: Springer, 1987.

O. Kallenberg. *Foundations of Modern Probability.* New York, NY: Springer, 2nd edition, 2002.

R. M. Karp. The probabilistic analysis of partitioning algorithms for the traveling salesman problem in the plane. *Mathematics of Operations Research*, 2:209–224, 1977.

A. Klenke. *Probability Theory. A Comprehensive Course*. London: Springer, 2nd extended edition, 2014.

D. E. Knuth. Mathematical analysis of algorithms. In *Inform. Processing*, volume 71, pages 19–27. North-Holland, Amsterdam, Proc. IFIP Congr. 1971, Ljubljana, Yugoslavia, 1972.

U. Krengel. *Einführung in die Wahrscheinlichkeitstheorie und Statistik*. Braunschweig: Vieweg, 6. verb. Aufl., 2002.

M. Loève. *Probability Theory. I*, volume 45 of *Graduate Texts in Mathematics*. New York–Heidelberg–Berlin: Springer, 4th edition, 1977.

M. Loève. *Probability Theory. II*, volume 46 of *Graduate Texts in Mathematics*. New York–Heidelberg–Berlin: Springer, 4th edition, 1978.

H. Luschgy. *Martingale in diskreter Zeit. Theorie und Anwendungen*. Berlin: Springer Spektrum, 2013.

H. M. Mahmoud. *Evolution of Random Search Trees*. New York: John Wiley and Sons, Inc., 1992.

J. v. Neumann. Proof of the quasi-ergodic hypothesis. *Proc. Natl. Acad. Sci. USA*, 18:70–82, 1932.

J. Neveu. *Discrete-parameter Martingales*, volume 10. Elsevier, 1975.

J. C. Oxtoby. *Measure and Category. A Survey of the Analogies Between Topological and Measure Spaces*. Number 2 in Graduate Texts in Mathematics. New York–Heidelberg–Berlin: Springer, 2nd edition, 1980.

R. E. A. C. Paley and N. Wiener. *Fourier Transforms in the Complex Domain*. volume XIX of *Am. Math. Soc. Colloq. Publ.* New York: Am. Math. Soc., 1934.

R. E. A. C. Paley, N. Wiener, and A. Zygmund. Notes on random functions. *Mathematische Zeitschrift*, 37:647–668, 1933.

C. H. Papadimitriou and K. Steiglitz. *Combinatorial Optimization: Algorithms and Complexity*. Corr. repr. of the 1982 original. Mineola, NY: Dover Publications, Inc., 1998.

M. D. Penrose and J. E. Yukich. Central limit theorems for some graphs in computational geometry. *Annals of Applied Probability*, pages 1005–1041, 2001.

J.-P. Pier. *Amenable Locally Compact Groups*. Pure and Applied Mathematics. New York etc.: John Wiley and Sons, Inc., 1984.

D. Revuz and M. Yor. *Continuous Martingales and Brownian Motion*. 3rd edition, corrected printing. Berlin: Springer, 2005.

L. C. G. Rogers and D. Williams. *Diffusions, Markov Processes, and Martingales. Vol. 2: Itô Calculus*. Cambridge: Cambridge University Press, 2nd edition, 2000.

R. L. Schilling and L. Partzsch. *Brownian Motion. An Introduction to Stochastic Processes. With a Chapter on Simulation by Björn Böttcher*. Berlin: De Gruyter, 2012.

N. Schmitz. *Vorlesungen über Wahrscheinlichkeitstheorie*. Teubner, 1996.

C. E. Shannon. A mathematical theory of communication. *Bell Syst. Tech. J.*, 27(3): 379–423 und (4): 623–656, 1948.

E. Sparre Andersen and B. Jessen. On the introduction of measures in infinite product sets. *Danske Vid. Selsk., Mat.-Fys. Medd.* 25, No. 4, 1948.

J. M. Steele. *Probability Theory and Combinatorial Optimization*, volume 69. Siam, 1997.

S. Wagon. *The Banach-Tarski Paradox*, volume 24 of *Encyclopedia of Mathematics and Its Applications, XVI*. Cambridge etc.: Cambridge University Press, 1985.

J. Wengenroth. *Wahrscheinlichkeitstheorie*. Berlin: De Gruyter, 2008.

D. Werner. *Funktionalanalysis*. Berlin: Springer, 7th corrected edition, 2011.

D. Williams. *Probability with Martingales*. Cambridge etc.: Cambridge University Press, 1991.

J. E. Yukich. *Probability Theory of Classical Euclidean Optimization Problems*. Berlin: Springer, 1998.

Sachverzeichnis

∩-stabil, 8
∞-teilbar
    Maß, 249
    Wahrscheinlichkeitsmaß, 249
0-1-Gesetz, 72
    Blumenthal, 403
    Brown'sche Bewegung, 411
    Hewitt-Savage, 76, 341
    Kolmogorov, 336
    Orey, 137

A

Abbildung
    lineare, 202
    messbare, 24
    Shift-, 158
Abgeschlossenheit, 252
abhängiges Modell
    Existenzproblem, 115
    Konstruktion, 115
Ableitung, Radon-Nikodým, 45
Abschlusssatz, 330
Absorptions
    -verteilung, 126–129
    -wahrscheinlichkeit, 127, 128
abzählbares Produktmaß, 110
adaptiert, 300
additiv
    endlich, 3
    Funktional, 400
AEP, 93
Aktienhändlerungleichung, 326
Algebra, 7
Algorithmus
    divide and conquer, 365
    Partitions-, 365
    Quicksort-, 63
    Random Quicksort-, 63
allgemein
    Grenzverteilung, 250
    Grenzwertproblem, 249
    Produktmaß, Existenz, 112
André'sches Spiegelungsprinzip, 419
Anzahl
    Besuche, erwartete, 144
    Rekorde, 248
aperiodisch, 141
Approximation
    Algorithmen, polynomielle, 365
    beste, 40
    Compound-Poisson-Verteilung, 261
    von innen, 21
    Wartezeit, 185
approximierbar, kompakt, 14
äquivalent
    Definition, 304
    Prozess, 368
Äquivalenz
    f. s., 99
    Reihenkonvergenz, 334
Arcus-Sinus
    -Gesetz, 421, 446, 447
        klassisches, 422
    -Verteilung, 422, 447
Argumentfunktion, 257
asymptotisch
    Dichte, 164
    Gleichverteilungsgesetz, 93
    vernachlässigbar, 245, 263
Aufbau messbare, numerische Funktion, 28
Ausfüllen der Lücken, 96
äußeres Maß, 17

und σ-Additivität, 17
Aussterbewahrscheinlichkeit, 130
Auswahlaxiom, 3
Automaten, stochastische, 125
Azuma-Hoeffding-Ungleichung, 360

B
b-normale Zahl, 104
balance equation, 131
Ballot-Theorem, 422
Banach-Kuratowski-Satz, 21
Banach-Tarski-Paradoxon, 4
Beardwood-Halton-Hammersley
    Satz von, 363
    Theorem, 365
bedingt
    Erwartung (faktorisiert), 289
    Erwartungswert, 163, 279, 280
        Eigenschaften, 285
        Eindeutigkeit, 282
        Existenz, 281
        Integral, 298
        Orthogonalprojektion, 286
    Multinomialverteilung, 292
    Verteilung, 291, 294, 295
        Borel-Raum, 298
        faktorisierte, 295
    Wahrscheinlichkeit, 290
        elementar, 53
    Zuwachs, beschränkter, 311
Bellmann-Prinzip, 347
Beobachtungskosten, 355
Bernoulli
    -Folge(n), 108, 110
    -Maß, 110
    schwaches Gesetz, 81
    Verteilung, 52
Bernstein
    -Polynom, 88
        Konvergenz, 88
    -Ungleichung, 361
beschränkt
    Stoppzeit, 310
    Zuwachs, bedingt, 311
Besetzungsproblem, 185
beste Approximation, 40
Besuchszeiten, 144
bewegungsinvariant, 4
Bézier-Kurven, 89

Bildkatastrophe, 25
Bildmaß, 26
    von μ unter X, 26
Binomialverteilung, 52, 204
Blackwell-Girshik-Theorem, 313
Blumenthal, 0-1-Gesetz, 403
Bochner, Satz von, 232
Borel
    -Cantelli, Lemma, 75, 382
    -Raum, 297
        bedingte Verteilung, 298
    Satz von, 104
    σ-Algebra, 6
Brown'sche Bewegung, 385, 388, 389
    0-1-Gesetz, 411
    d-dimensionale, 389
    Existenz, 391
    Konstruktion, 385, 390
    Lévy-Konstruktion, 385
    Martingaleigenschaft, 429, 430
    Momente, 390
    Randwertproblem, 424
    Selbstähnlichkeit, 407
    Skalierungseigenschaft, 389
    Standardkonstruktion, 399
    Supremum, 397
    unabhängiger Zuwachs, 394
    Zeitumkehr, 389
    zufällig zeitverschoben, 418
Buy-low–sell-high-Strategie, 326

C
Carathéodory, Maßerweiterungssatz, 19
Carleman-Bedingung, 216, 217
Cauchy
    Integralsatz, 206
    Kriterium, stochastisches, 65
    Prozess, 256
    -Randwertproblem, 434
    -Schwarz-Ungleichung, 33, 215
    Verteilung, 208, 210
Cavalieri-Prinzip, 38
Césaro, Lemma von, 87
Chapman-Kolmogorov-Gleichung, 121
Charakterisierung
    Martingale, 332
    Produktmaß, 37
    unendlich teilbare Maße, 265
    wesentliche Menge, 368

Sachverzeichnis

charakteristische Funktion, 195–197, 257
    Eigenschaften, 201, 210, 222
    Umkehrformel, 218
Chebychev, *siehe* Tschebyscheff
χ^2-Verteilung, 393
Choquet-Deny, Satz von, 343
Chung-Fuchs-Kriterium, 146
Compound-Poisson
    Faltungshalbgruppe, 253
    Verteilung, 205, 253, 261
        Approximation, 261
Convergence of Types Theorem, 190
Coupling-Methode, 152
Cramér-Wold
    Charakterisierungssatz, 199
    Konvergenzsatz, 228

D
Darstellungssatz, 28
    Riesz'scher, 42
Darstellungstheorem, Lévy-, 420
Datenkompression, 91
Diagonalfolgenargument, 191
Dichte
    asymptotische, 164
    Einsetzungsregel, 293
Dichtheit
    Pfad, 405
    Satz, 165
Differentiation, 45
    Satz von Lebesgue, 45, 52
Differenzenfolge, Martingal-, 344
Diffusionsgleichung, 388
Dirac-Maß, 10
Dirichlet
    -Integral, 219
    -Problem, 339, 424, 428
        Eindeutigkeit, 428
diskret
    Maß, 10, 52
    Verteilung, 204
divide and conquer Algorithmus, 365
DNA-Sequenzanalyse, 358
Donsker
    Invarianzgesetz, 443
    Invarianzprinzip, 444
        Anwendung, 446
    Theorem, 436
Doob
    Satz von, 368
    Upcrossing-Ungleichung, 326
    Zerlegung, 321, 322
Doppelbesetzung, Zeitpunkt erste, 186
doppelt oder nichts, 354
Dreiecks
    -funktion, 235
    -schema, 270, 272
Dreireihensatz, 100
Dynkin-System, 8
    erzeugtes, 8
    von $\mathcal{E}$ erzeugtes, 8

E
ε-optimale Stoppzeiten, 354
Egorov, Satz von, 166
Ehrenfest
    (Urnen)Modell, 79, 126, 131, 135, 140
Eigenschaft bedingter Erwartungswert, 284
Eigenwertgleichung, 378
Einbettung, 361
    Satz von Schoenberg, 234
    Satz von Skorohod, 439
Eindeutigkeit, 135
    Dirichlet-Problem, 428
    Maßfortsetzung, 22
    Satz, 21
einelementige Menge, 193
Einpunktmaß, 10, 253
Einsetzungsmethode, 105
Einsetzungsregel, 292, 299
    Dichte, 293
Eintrittszeit, 126
Elementarfunktion, 28
empirisch
    Maß, 62, 83
    Verteilungsfunktion, 183
endlich
    additiv, 3
    Menge, 193
Endlichkeit des ersten Moments, 82
Entropie, 92
Entwicklung
    Karhunen-Loève, 367
equation, balance, 131
Erdős-Kac, Satz von, 246
Ereignis
    symmetrisches, 76
    terminales, 72

Erfolgsserie, Länge, 78
Ergodensatz, 152, 153, 158, 163
    L^1, 166
    stationäre Prozesse, 168
ergodisch, 159, 169
Ergodizität, 159, 169
Erneuerung, 153
    Argument, 148
    Folge, 150
    Funktion, 154
    Gleichung, 150, 155, 156
    Prozess, 153
    Satz, 153
        elementarer, 151, 156
    Theorem, 157
    Zeitpunkt, 139
Erstaustrittszeit, 431
Ersteintrittszeit, 305, 413
    Markovkette, 339
erster Moment, Endlichkeit, 82
erwartete Anzahl, 144
erwarteter Range, 171
Erwartung, bedingte, 289
erwartungstreu, 105
Erwartungswert, 48
    bedingter, 163, 279, 280
        Eigenschaft, 284
        Integral, 298
    stetige Fortsetzung der Projektionen, 285
erweiterte Stoppzeit, 437, 438
erzeugt
    Algebra (von $\mathcal{E}$), 7
    Ring (von $\mathcal{E}$), 7
    σ-Algebra, 5, 25
Euklid
    Funktional, 365
    Traveling Salesman Problem, 358
Euler-Formel
    komplexe Exponentialfunktion, 260
Existenz
    bedingte Verteilung, 296
    Brown'sche Bewegung, 391
    nicht-messbarer Mengen, 2, 3
    -problem (un)abhängiges Modell, 111, 115
    Produktmaß (allgemein), 111, 112
Experiment, zweistufiges, 119
Exponentialfunktion, 258
    Euler-Formel, komplexe, 260
Exponentialverteilung, 52, 206

exponentiell
    Martingal, 432
    Tail-Schranke für Funktionen, 361
Extremwertverteilungen, 188
exzessive Majorante, 354

F

faires Spiel, 301
faktorisiert
    bedingte Erwartung, 289
    bedingte Verteilung, 295
    Version, 290
Faktorisierung, 287
    Lemma, 287
    Verteilung, 229
Faltung, 58, 60
    mit Dichten, 59
    stabile Verteilung, 238
    von Maßen, 57
    von Normalverteilungen, 60
Faltungsalgebra, 58
Faltungshalbgruppe, 252, 254
    (schwach) stetige, 252
    Compound-Poisson-, 253
    normale, 252
    Poisson-, 253
    stabile, 253
Faltungsprodukt, 202
fast sicher
    Konsistenz, 105
    konvergente Version, 179
    Konvergenz, 65
Fatou, Lemma von, 30
Fehler, mittlerer quadratischer, 105
Fekete, Lemma von, 357
Feller
    -Bedingung, 88, 245, 272
    Satz von, 87
Filtration, 300
    natürliche, 300
    rechtsseitig, 401
First passage time, 396
    Vergleich, 430
Fläche, Maß und, 38
Folge
    gleichgradig integrierbar, 329
    i. i. d., 158
    Kompaktheit, relative, 193
    stochastisch äquivalente, 85

Sachverzeichnis

stochastische, 300
verteilungskonvergent, 193
wachsende, 300, 302
zeitumgekehrt, 337
Formel
    Hadamard, 75
    Lévy, 420
    Lévy-Khinchin-, 265
Fourier-Transformierte, 197
Fréchet
    -Shohat, Satz von, 217
    -Verteilung, 189, 190
Fredholm
    Integralgleichung, 377
    -Operator, 378
Fubini, Satz von, 36
Fundamentaltheorem, 184
Funktion
    charakteristische, 195–197
    harmonische, 339, 423, 424
        Beispiel, 339
    Markovketten, 354
    superharmonische, 339
Funktional, 361
    additives, 400
    Euklid, 365

G

Galton-Watson-Prozess, 125
Gamma
    -Prozess, 256
    -verteilung, 256
Gauß-Koebe, Satz von, 424
Gauß'scher Prozess, 382
Geburtstagsproblem, 186
gemeinsame Verteilung, 57
Gensequenz, 320
geometrische Verteilung, 52, 54, 185
Geschwindigkeitsverteilung, Maxwell, 187
Gesellschaft, Vier-σ, 175
Gesetz
    großer Zahlen, 47, 79, 95
    Hartmann-Wintner, 441
    Orey, 137
Gitterverteilung, 223
Glättungsregel, 284, 301
gleichgradig integrierbar, 70
    Folge, 329
    Submartingal, 310

gleichgradige Integrierbarkeit, 310, 330, 332
gleichmäßige Konvergenz
    Topologie, 371
Gleichverteilung, 52, 206
    Gesetz, asymptotisches, 93
    Satz von Weyl, 165
Glivenko-Cantelli, Satz von, 183, 184
Gnedenko, Satz von, 190
Gnedenko-Kolmogorov
    Zentraler Grenzwertsatz, 275
good sets, 9, 22, 24, 36
Grenzverteilung, allgemeine, 250
Grenzwertproblem, allgemeines, 249
Grenzwertsatz
    Markovketten, 130, 133
    Poisson, 271
    stabiler, 239
    zentraler, 175, 224, 240, 440, 446
größte optimale Stoppzeit, 353
Grundlagen der Maß- und Integrationstheorie, 1
Gumbel-Verteilung, 189, 190

H

Haar'sche Reihe, 332, 333
    Konvergenz, 333
Hadamard'sche Formel, 75
Halbgruppe, 252
Hamburger Momentenproblem, 216
Hardy-Wright, Satz von, 246
harmonisch, 130
    Funktion, 339, 341, 342, 423, 424
        Beispiel, 339
    Maß, 428
Hartmann-Wintner-Gesetz, 441, 442
Häufigkeit von Mustern, 76
Häufungspunkt, 192
Hausdorff
    Dimension, 448
    Maß, 448
Helly, Satz von, 226
Helly-Bray, Satz von, 191
Herglotz, Satz von, 234
hermitesch, 211
hermitesches Polynom, 432, 433
Hewitt-Savage
    0-1-Gesetz, 76
    Satz von, 341
Hilbert space, reproducing kernel, 234
Hilbertraum, 40

hnu, 426
hohe Momente, 95
Hölder'sche Ungleichung, 33
Hölder-Stetigkeit, 373, 391, 404
homogen, 122
Hülle, Snell'sche, 350
Hunt, Satz von, 342, 416

I
induzierte σ-Algebra, 6
Informationsgehalt der Quelle, 91
Inhalt, 3, 10
    Lebesgue'scher, 11
Inhaltsproblem, 1, 4
Innenkugel, hohe Dimension, 84
Integral
    bedingter Erwartungswert, 298
    -funktional, 448
    -gleichung, Fredholm, 377
    komplexwertige Funktion, 196
    -satz von Cauchy, 206
    stochastisches, 391
Integrations
    -formel, 324
    -regeln, 29
    -theorie, 29
        Grundlagen, 1
integrierbar, 29
    gleichgradig, 70
Integrierbarkeit
    gleichgradige, 310, 330
Interpolation, linear, 444
invariant, 168
Invarianzgesetz, Donsker'sches, 443
Invarianzprinzip, Donsker'sches, 444
invers
    Martingal, 336
    Submartingal, 336
        Konvergenz, 337
    Supermartingal, 336
Inverse, verallgemeinerte, 109
Ionescu-Tulcea, Satz von, 120
irreduzibel, 142
Irrfahrt, 145
    symmetrisch, 149
Isometrie, 3, 222
iterierter Logarithmus, 441

J
Jacobi-Matrix, 35

Jensen-Ungleichung, 324
    bedingte, 286
Jordan-Hahn-Zerlegung, 58

K
k-dimensionale Figuren, Ring, 7
Kac, Rekurrenzsatz von, 173
Kac, Satz von (Rückkehr-), 138
kanonisch
    Maß, 266, 269, 273
    Prozess, 370
Kapitaleinsatz, erwarteter, 307
Karhunen-Loève
    -Darstellung, 380
    -Entwicklung, 367, 376
Kartenhausprozess, 139
Kern, 294
Kettenregel, 45
Khinchin
    Gesetz iterierter Logarithmus, 407
    Satz von, 82
Klasse
    monotone, 398
    -Theorem, Monotone-, 398
    von i, 141
Klassifikation
    Markovkette, 142
Klassifikation, Markovketten, 140
Kodierung, 91
kollektives Modell, 205
Kolmogorov
    0-1-Gesetz von, 336
    -Bedingung, 101
    -Darstellung, 266
    Konsistenzsatz, 115
    Maximal-Ungleichung, 97
    SLLN, i. i. d. Fall, 102
    starkes Gesetz großer Zahlen, 338
Kolmogorov-Weierstraß, Satz von, 382
kommunizierende Zustände, 141
kompakt, 14
    approximierbar, 14
    Mengensystem, 14
    relativ, 193
Kompakta
    Topologie, 371
Kompaktheit, 193
Komplement, orthogonales, 40
komplexe Exponentialfunktion

Sachverzeichnis

Euler-Formel, 260
komplexwertige Funktion, 196
kongruent, Kongruenz, 4
konsistent, 115
Konsistenz
   f. s., 105
   -satz, Kolmogorov, 115
   Schätzverfahren, 105
Konstruktion
   abhängige Modelle, 115
   Brown'sche Bewegung, 385
   stochastische Modelle, 107
konstruktives Verfahren, 108
Kontraktionseigenschaft, 133
konvergent, 13
Konvergenz, 192
   Bernstein-Polynom, 88
   empirischer Maße, 83
   fast sichere, 65
   -geschwindigkeit, 81
   gleichmäßige Topologie, 371
   Haar'sche Reihe, 333
   inverses Submartingal, 337
   Lemma, 243
   μ-stochastisch, 33
   Mengen, 12
   monotone, 284
   Orthogonalreihe, 332, 382
   P-stochastisch, 65
   Positivitätsbereiche, 448
   punktweise Topologie, 371
   -radius, 75
   -rate, 135
   Reihe, 98, 334
      Äquivalenz, 334
   stochastische, 179
   Übergangswahrscheinlichkeit. 151
   vage, 268
   Verteilung, 225, 226, 443
   vollständige, 67
   Zahlenfolge, 335
konvexe Funktion von Martingalen, 302
Konzentrationsungleichung, 360
Korovkin-Hülle, -Theorie, 89
Korrelationskoeffizient, 48
Korrespondenzsatz, 50
Kovarianz, 48
   -funktion, 376
Kriterium von Scheffé, 329

Kronecker-Lemma, 100
Kuratowski, Satz von, 2, 298
Kurven, Bézier-, 89
Ky-Fan-Metrik, 72

L
L^2-Integral, L^2-integrierbar, 379, 380
L^2-Isometrie, 222
L^2-Martingal, 322
$\mathcal{L}^2$-/$\mathcal{L}^p$-Raum, 32, 287
L^r-Konvergenz, 65
längste gemeinsame Teilfolge, 358, 363
Lagerhaltungsmodell, 125
Laplace
   -Gleichung, 339, 424
   -Operator, 435
   -Transformierte, 432
   -Verteilung, 10
Laurent-Reihe, 209
Lebesgue
   Differentiationssatz, 45, 52
   Inhalt, 11
   -Integral, 32
      Transformationsformel, 35
   -messbar, 17
   Prämaß (auf $\mathcal{F}^k$), 16
   Satz von, 32
   Zerlegungssatz, 44
Lebesgue-Borel'sches Maß, 22
Lemma
   Borel-Cantelli, 75, 382
   Césaro, 87
   Faktorisierungs-, 287
   Fatou, 30, 182
   Fekete-, 357
   Kronecker, 100
   Slutsky, 180
   Zorn, 2
Lévy-Prozess, 249
   Brown'sche Bewegung, 385
   Darstellungstheorem, 420
   Formel, 420
   Konstruktion, 385
   Martingal, 301
   Martingalkonvergenzsatz, 336
   Metrik, 194
   Prozess, 253, 254
   Zentraler Grenzwertsatz, 237
Lévy-Cramér

Satz von, 226
Stetigkeitssatz, 224, 270
Lévy-Khinchin
  Darstellung, 266
  Formel, 265, 266
  Maß, 265
  Tripel, 265
Limes, projektiver, 115, 367, 368
Limes-Bestimmung, 148
Limes-Verteilung, 157
Lindeberg
  -Bedingung, 242, 245
  Zentraler Grenzwertsatz, 242
lineare Abbildung, 202
lineare Interpolation, 444
lineare Transformation, 204
Linearität, 284
Lipschitz-Stetigkeit, 211, 374
Logarithmus, 258
  iterierter, 407
Lückenmethode, 96
Lyapunov
  -Bedingung, 245
  Zentraler Grenzwertsatz, 245

M

μ-messbar, 17
μ-Nullmenge, 39
μ-stetig, 40
μ-stochastische Konvergenz, 33
μ-Vervollständigung, 20
MA, *siehe* moving average
Majorante, exzessive, 354
majorisierendes Supermartingal, 347
majorisierte Konvergenz, 32
Markoveigenschaft, 397
  allgemeine, 399
  Motivation, 394
  starke, 395, 412, 416, 418
Markovkern, 118, 294
  Produkt, 119
  Sub-, 294
Markovkette, 120–122, 339
  Grenzwertsatz, 130, 133
  homogene, 142
  Klassifikation, 140, 142
  reversible, 132
  Stationarität, 136
  transient, 340

triviale, 131
Übergangsgraph, 122
verlangsamte, 135
Verteilung, 123
  stationäre, 130
Markov-Prozess, 121
  stetige Zeit, 121
Markovzeit, 304, 412
  strenge, 412
Martingal, 279, 300, 361, 429
  Charakterisierung, 332
  -differenzenfolge, 344
  diskrete Zeit, 300
  -eigenschaft, 429
    Brown'sche Bewegung, 430
  exponentielles, 432
  gleichgradig integrierbares, 332
  inverses, 336
  -konvergenzsatz, 325
    Lévy, 331
  Konvergenzsatz von Doob, 327
  konvexe Funktion, 302
  L^2-, 322
  stetige Zeit, 429
  Stoppzeit, 307
  Sub-, 300
  Super-, 300
  -transformation, 302
  zentraler Grenzwertsatz, 344
Maß, 9
  auf σ-Algebra, 9
  auf Produkträumen, 107
  äußeres, 17
  äußeres und inneres, 368
  Charakterisierung, 265
  diskretes, 10, 52
  empirisches, 62, 83
  -erweiterungssatz, 5
    von Carathéodory, 19
  -fortsetzung, 19
  harmonisches, 428
  kanonisches, 266, 269, 273
  Lebesgue-Borel'sches, 22
  mit Dichten, 35, 39, 52
  -problem, 1
  Produktraum, 112
  σ-endlich, 21
  stetiges, 52
  -theorie, Grundlagen, 1

Sachverzeichnis

und Fläche, 38
Varianz, 273–275
maßerhaltend, 159
   dynamisches System, 159
   Transformation, 159, 161
Maßfortsetzung, 20
Matrix, stochastische, 118
Matrizen, Regularität, 23
Maximal Ergodic Theorem, 162
Maximal-Ungleichung, 323
   Kolmogorov'sche, 97
Maximumfolgen, 355
Maximumprinzip, 424
maximum-stabil, 190
   Verteilung, 190
Maxwell
   Geschwindigkeitsverteilung, 187
   -Verteilung, 188
McLeish, zentraler Grenzwertsatz, 346
Mechanik, statistische, 161
Menge
   einelementige, 193
   endlich, 193
   permutationsinvariant, 341
   typische, 93
   wesentliche, 368
      Charakterisierung, 368
Mengensystem, kompakt, 14
Mercer, Satz von, 378, 379
messbar
   Abbildung, 24
   Hülle, 20
Messraum, 5
Methode gestutzter Variable, 85
Methode hoher Momente, 95
Metrik
   Ky-Fan-, 72
   Lévy-, 194
MG, *siehe* Martingal
(minimales) majorisierendes
   Supermartingal, 347
Minkowski-Ungleichung, 33
mischend
   schwach, 167
   Transformation, 160
Mittel, räumliches und zeitliches, 164
mittlere Rückkehrzeit, 139
mittlerer quadratischer Fehler, 105
Modell
   kollektives, 205
   stochastisches, 108
Modifikation, 373
Moment
   Brown'sche Bewegung, 390
   Endlichkeit des ersten, 82
   Ordnung r, 48
   Verteilung, 212
Momenten
   -methode, 217
   -problem, Hamburger, 216
Monkey typewriter, 77
monotone Konvergenz, 30, 284
Monotone-Klasse-Theorem, 398
Monotonie, 11, 284
Monte-Carlo
   -Methode, 83, 106
   -Schätzer, 106
   -Simulation, 62
„moving average"-Prozess, 158
Münzwurfexperiment, 241
Multiplikationssatz, 60
multivariate Normalverteilung, 230
multivariater ZGWS, 240
Muster, Häufigkeit, 76, 318

N

natürliche Filtration, 300
nicht-messbare Mengen, Existenz, 2, 3
Noiseless-Coding-Theorem, 91
normale Faltungshalbgruppe, 252
normale Zahl, 104
Normalverteilung, 52, 206, 210, 252, 263, 276
   multivariate, 230
Normierungsbedingung, 272
Nullrekurrenz, 149
Nullstelle, 400, 401
numerische Funktion, 27
   $\mathcal{A}$-messbar, 27

O

optimale Stoppzeit, 346, 347
optimales Stoppen, 346
   unabhängige Folge, 347
Optional Sampling Theorem, 429
   Doob, 308
Orey, 0-1-Gesetz von, 137
Ornstein-Uhlenbeck-Prozess, 391
orthogonales Komplement, 40
Orthogonalprojektion, 41, 286

bedingter Erwartungswert, 286
Orthogonalreihe
　-entwicklung, 376
　Konvergenz, 332, 382
Orthogonalsystem, 379

P
P-stochastische Konvergenz, 65
Paradoxon
　Banach-Tarski-, 4
　Petersburger, 55
Parallelogrammregel, 41
Pareto-Verteilung
　zweiseitige, 238
Parseval-Gleichung, 379
Partialsumme, 301
　-abbildung, 255
　-prozess, 436
Partitionierungsalgorithmen, 357
Partitionsalgorithmus, 365
permutationsinvariante Menge, 341
Perrin, Jean-Baptiste, 389
Perron-Frobenius, Satz von, 132
Petersburger Paradoxon, 55
Pfad, 367
　Dichtheit, 405
　-menge, vorgegeben, 367
　nirgends differenzierbar, 392
Plancherel, Satz von, 222
Poincaré, 388
　Dichtheitssatz, 165
　Kegel-Bedingung, 427
　Satz von, 187
　Wiederkehrgesetz, 165
Poisson
　-Prozess, 155, 256
　Summationsformel, 235
　-Verteilung, 52, 205, 253, 276, 277
　　Compound, 205
　　Compound, Approximation, 261
Pólya, Satz von, 235
positiv semidefinit, 211
Positivitätsbereich, 447
　Konvergenz, 448
Potential, 340
　-matrix, 144
Potenzreihe, zufällige, 75
Prämaß, 10
　Lebesgue'sches, 16

Stetigkeitssatz, 13
Primteiler, Anzahl, 246
Primzahlsatz, 246
Prinzip
　Bellmann-, 347
　Rückwärtsinduktion, 347
Probleme monotoner Art, 354
Produkt, 301
　Markovkern, 119
　-maß, 36, 37, 57, 111
　　abzählbares, 110
　　Existenz, 111
　-raum, 25
　　Maß, 112
　-σ-Algebra, 25, 110
Prognose, 279
Prohorov, Satz von, 193, 226, 251
Projektion, 286
Projektionsgleichung, 41
Projektionssatz, 41
projektiver Limes, 115, 367, 368
Prozess
　äquivalenter, 368
　Cauchy-, 256
　Galton-Watson-, 125
　Gamma-, 256
　Gauß'scher, 382
　kanonischer, 370
　Lévy-, 253
　moving average, 158
　Ornstein-Uhlenbeck, 391
　Pfadmenge vorgegeben, 367
　Poisson-, 256
　stabiler, 256
　stationärer, 158, 161
　stochastischer, 253
　　Orthogonalreihenentwicklung, 376
　Wiener-, 255, 383, 385, 390
punktweise Konvergenz, Topologie, 371
Pythagoras, Satz von, 41

Q
quadratische Variation, 322
　Pfad, 393
quasi integrierbar, 29
　Folge, 301
Quellenkodierung, 91
　Satz von Shannon, 93
Quicksort-Algorithmus, 63

R

Rademacher, Satz von, 374
Radon-Nikodým
    Ableitung, 45
    -Gleichung, 280
    Satz von, 36, 44
Radon-Transformierte, 200
Random Quicksort-Algorithmus, 63
Random Walk, 122, 124, 314, 446
    auf Graphen, 136
    Maxima, 446
    Range, 446
    Rekurrenz, 146
    symmetrischer, 131
    Transienz, 146
Randwertproblem
    Brown'sche Bewegung, 424
    Cauchy-, 434
Range, 171
    erwarteter, 171
    Random Walk, 446
Räume, Volumen, 84
räumliches Mittel, 164
rechtsseitige Filtration, 401
Regressionsgerade, 49
regulär, 104
Regularität, 425
    Matrizen, 23
Reihe
    fast sichere Konvergenz, 334
    Haar'sche, 332, 333
        Konvergenz, 333
    Konvergenz, 98
        Äquivalenz, 334
    zufällige Vorzeichen, 99
Rekorde, Anzahl, 248
rekurrent, 144
    null-, 147
    positiv, 147
Rekurrenz, 144
    Chung-Fuchs-Kriterium, 146
    Null-, 149
    positive, 147
    Random Walk, 146
Rekurrenzsatz, 171
Rekurrenzzeit, 172
Rekursion, stochastische, 63, 124
relativ
    folgenkompakt, 193, 226
    kompakt, 193
reproducing kernel Hilbert space, 234
Residuensatz, 208
reversible Markovkette, 132
Riemann-Integral, 32
Riemann-Lebesgue, Satz von, 221
Riesz-Fischer-Satz, 34
Riesz'scher Darstellungssatz, 42
Ring, 7
    k-dimensionale Figuren, 7, 11
RKHS, *siehe* reproducing kernel
Rückkehrsatz von Kac, 138
Rückkehrzeit, mittlere, 139
Ruinproblem, 129, 314
Ryll-Nardzweski, Satz von, 173

S

Sampling-Theorem, 235
Satz
    Abschluss-, 330
    Ballot, 422
    Banach-Kuratowski, 21
    Beardwood-Halton-Hammersley, 363
    Bochner, 232
    Borel, 104
    Cauchy, 206
    Choquet-Deny, 343
    Cramér-Wold, 199, 228
    Doob, 326, 327, 368
    Dreireihensatz, 100
    Egorov, 166
    Eindeutigkeit, 21
    Erdős-Kac, 246
    Erneuerung, 153
        elementarer, 156
    Feller, 87
    Frechét-Shohat, 217
    Fubini, 36
    Gauß-Koebe, 424
    Glivenko-Cantelli, 183, 184
    Gnedenko, 190
    Grenzwert, Poisson, 271
    Hardy-Wright, 246
    Helly, 226
    Helly-Bray, 191
    Herglotz, 234
    Hewitt-Savage, 341
    Hunt, 342, 416
    Ionescu-Tulcea, 120

Kac (Rückkehr-), 138
Kac, Rekurrenz-, 173
Khinchin, 82
Kolmogorov-Weierstraß, 382
Kuratowski, 2, 298
Lebesgue, 32
Lévy
    Martingalkonvergenz, 331, 336
    ZGWS, 237
Lévy-Cramér, 226
Lyapunov, ZGWS, 245
Mercer, 378, 379, 381, 384
Multiplikations-, 60
Perron-Frobenius, 132
Plancherel, 222
Poincaré, 187
    Dichtheit, 165
Pólya, 235
Prohorov, 193, 226, 251
Pythagoras, 41
Rademacher, 374
Radon-Nikodým, 36, 44
Rekurrenz-, 171
Riemann-Lebesgue, 221
Riesz-Fischer, 34
Ryll-Nardzewski, 173
Shannon, Quellenkodierung, 93
Skorohod, 179
    Einbettung, 436, 439
Snell, 351
Spektral-, 379
Spitzer, Kesten, Whitman, 171
Stone-Weierstraß, 198
Vitali, 70
Weyl (Gleichverteilung-), 165
Zorn, 2
Schätzfehler, 61
Schätzverfahren, Konsistenz von, 105
Schauder-Basis, 386
Schauder-Funktion, 385
Scheffé, Kriterium von, 329
Schoenberg, Einbettungssatz, 234
schwach mischend, 167
schwaches Gesetz
    für unabhängige Folgen, 80
    großer Zahlen, 79
    von Bernoulli, 81
search(ing), (un)successful, 69
Selbstähnlichkeit, 407

Brown'sche Bewegung, 407
Semiring, 8
Shannon, Quellenkodierungssatz, 93
Shift, 159, 399
    -Abbildung, 158
σ-Additivität, 1, 10
σ-Algebra, 5, 6, 72, 304
    Borel'sche, 6
    der τ-Vergangenheit, 414
    erzeugte, 5, 25
    kanonische, 371
    Produkt-, 25
    terminale, 411
σ-endlich (Maße), 21
σ-Subadditivität, 11
Signum-Funktion, 219
Simulation, Monte-Carlo-, 62
Simulationslemma, 109
Skalierung, zeitlich, 444
Skalierungseigenschaft, 389
Skorohod
    -Darstellung, 437
    Einbettungssatz, 436, 439
    Satz von, 179
Slutsky, Lemma von, 180
Snell, Satz von, 351
Snell'sche Hülle, 350
    Eigenschaften, 350
Spektral-Darstellungssatz, Zeitreihe, 234
Spektralsatz, 378, 379
Spiegelungsprinzip, 395, 419
Spitzklammerprozess, 323
Sprungprozess, 153
stabil
    Grenzwertsatz, 239
    Prozess, 256
    Verteilung, 237, 240, 250, 253
Standardkonstruktion, 111
    Brown'sche Bewegung, 399
Standard-Normalverteilung, 52
starke Markoveigenschaft, 412
starkes Gesetz großer Zahlen, 95, 338
    längste gemeinsame Teilfolge, 363
    von Kolmogorov, 101
stationär
    Markovkette, 136
    Prozess, 161
        Ergodensatz, 168
    Verteilung, 130

Sachverzeichnis

Zuwächse, 117
Stationaritätsgleichung, 126
statistische Mechanik, 161
stetige Verteilung, 206
stetiges Maß, 52
Stetigkeit
   Hölder-, 373, 404
   in $\emptyset$, 13
   Lipschitz-, 211, 374
   von oben (unten), 13
Stetigkeitssatz, 179, 259, 444
   Lévy-Cramér, 224, 270
   Prämaße, 13
Stichprobenvarianz, 105
Stirling'sche Formel, 214
stochastisch
   äquivalente Folgen, 85
   Automaten, 125
   Cauchy-Kriterium, 65
   Folge, 300
   Integral, 391
   Konvergenz, 179
   Matrix, 118
   Modell, 107, 108
      Konstruktion, 107
   Prozess, 253, 367
      Orthogonalreihenentwicklung, 376
   Rekursion, 63, 124
   unabhängig, 47, 49, 53, 54, 57
      Zuwächse, 117
Stone-Weierstraß, Satz von, 198
Stoppen
   Maximumfolgen mit Beobachtungskosten, 355
   optimales, 346
      unabhängiger Folgen, 347
Stoppproblem, 346
Stoppzeit, 303, 304, 346, 395, 412
   allgemeine, 417
   beschränkte, 310
   diskrete, 416
   einseitige, 314
   ε-optimale, 354
   erweitert, 437, 438
   größte optimale, 353
   optimale, 346, 347
   (strenge), 412
   zweiseitig, 314
straff, Straffheit, 193, 195, 226

Strategie, buy-low–sell-high, 326
Streuung, 48
String, 358
subadditive reelle Folge, 356
Subadditivität, 11
   große Abweichung, 356
Sub-Markovkern, 294
Submartingal
   gleichgradig integrierbar, 310
   inverses, 336
      Konvergenz, 337
successful search(ing), 69
Summationsformel, 235
Summe, unabhängig, 60
superadditiv, 356
superharmonische Funktion, 339
superharmonische Majorante, 354
Supermartingal
   (minimales) majorisierendes, 347
   inverses, 336
Supremum
   Brown'schen Bewegung, 397
   wesentliches, 350
symmetrisch, 76
   Ereignis, 76
   Irrfahrt, 145
   Random Walk, 131
System, maßerhaltendes dynamisches, 159

T

T-invariant, 159
τ-Vergangenheit, 304, 414
Tail-Schranke, exponentielle, 361
Tannenbaumbeispiel, 78
Taylor-Reihe, 212
terminale σ-Algebra, 411
terminales Ereignis, 72
Theorem
   Blackwell-Girshik-, 313
   Convergence of Types, 190
   Fundamental, 184
   Maximal Ergodic, 162
   Monotone-Klasse-, 398
time reversed, 132
Tomographie, 200
Topologie
   auf Ω, 14
   gleichmäßige Konvergenz, 371
   Kompakta, 371

punktweise Konvergenz, 371
Transformation, 302
    Formel Lebesgue-Integrale, 35
    linear, 204
    Maße, 34
        mit Dichten, 35
    maßerhaltend, 159, 161
    mischende, 160
transient, 145, 340
Transienz, 144
    Random Walk, 146
Translationen, 202
translationsinvariant, 2
Traveling Salesman
    Funktional, 363
    Problem (TSP), 358, 363
triviale Markovkette, 131
Tschebyscheff
    schwaches Gesetz, 81
    -Ungleichung, 33, 79
typische Menge, 92, 93

U

UAN, *siehe* asymptotisch vernachlässigbar
Überbuchung, 242
Übergangsfunktion, 121
Übergangsgraph, 122
Übergangsmatrix, 122
Übergangswahrscheinlichkeit, 123
    Konvergenz, 151
Umkehrformel
    charakteristische Funktionen, 218
    von Radon, 201
Umkehrung des ZGWS, 245
unabhängig
    Folge
        schwaches Gesetz, 80
    Summe, 60
    Zuwachs, 253
        Brown'sche Bewegung, 394
Unabhängigkeit, stochastische, 47, 49, 53
unendlich teilbare Maße
    Charakterisierung, 265
Ungleichung
    Azuma-Hoeffding, 360
    Bernstein, 361
    Cauchy-Schwarz-, 33, 215
    Jensen'sche, 324
    Tschebyscheff-, 33, 79

    Zuwachs-, 231
unkorreliert, 48
unsuccessful search(ing), 69
Upcrossing, 325
    -Ungleichung, 326
Urbild, 6
Urne(n)
    Beispiel, 77
    -modell, 140
        Ehrenfest'sches, 79, 126
    Ziehen, 316

V

vage Konvergenz, 268
variant, 159
Varianz, 48
Varianzmaß, 273–275
Variation
    -abstand, 133
    Pfad, quadratischer, 393
    quadratische, 322
    vorhersehbare quadratische, 323
verallgemeinerte Differentiation, 45
verallgemeinerte Inverse, 109
Verdoppelungsstrategie, 306
Verfahren, konstruktives, 108
Vergleich von First passage times, 430
Vergrößern, 55
verlangsamte Markovkette, 135
vernachlässigbar, asymptotisch, 245, 263
Verteilung, 48, 279
    Arcus-Sinus-, 422, 447
    bedingte, 291, 294, 295
        (regulär) bedingte, 294
        Borel-Raum, 298
        faktorisierte, 295
    Bernoulli-, 52
    Binomial-, 52
    Cauchy-, 208, 210
    Compound-Poisson-, 253, 261
    diskrete, 204
    Existenz, 296
    Exponential-, 52, 206
    Extremwert, 188
    Faktorisierung, 229
    Faltung, 238
    Fréchet-, 189, 190
    gemeinsame, 57
    geometrische, 52, 54, 185

Geschwindigkeit, 188
Gitter-, 223
Gleich-, 52, 206
Gumbel-, 189, 190
Laplace-, 10
Markovkette, 123
maximum-stabil, 190
Maxwell-, 188
Momente einer, 212
multivariate Normal-, 230
Normal-, 52, 210, 252, 276
Poisson-, 52, 205, 253, 276, 277
stabile, 237, 240, 250, 253
Standard-Normal-, 52, 206
stationäre, 130, 147
stetige, 206
Weibull-, 189, 190
zweiseitige Pareto-, 238
verteilungkonvergente Folge, 193
Verteilungsfunktion, 49, 178, 226
empirische, 183
Verteilungskonvergenz, 175, 177, 178, 225, 226, 252
Vervollständigung, 413
Verzweigungsprozess, 125, 130
Vier-σ-Gesellschaft, 175
Vitali, Satz von, 70
vollständige Konvergenz, 67
Volumen in hochdimensionalen Räumen, 84
Vorhersagekriterium, 279
vorhersehbar/vorhersagbar, 300

W

wachsende Folge, 300, 302
Wahrscheinlichkeit
bedingte, 290
elementar bedingte, 53
Wahrscheinlichkeitsmaß, 47
diskretes, 179
∞-teilbar, 249
Wahrscheinlichkeitsraum, 47
Wald'sche Gleichung, 313
Wärmeleitungsgleichung, 434
Warteschlangenmodell, 125, 149
Wartezeit, 185
Approximation, 185
Weibull-Verteilung, 189, 190
wesentliche Menge, 368
wesentliches Supremum, 350
Weyl, Satz von (Gleichverteilung-), 165

Wiederkehrgesetz, Poincaré, 165
Wiener, 388
Wiener-Maß, 116
Wiener-Prozess, 116, 117, 255, 383, 385, 390
Eigenschaften, 117
Wohldefiniertheit, 369

Z

Zahl
b-normale, 104
normale, 104
Zahlenfolge
Konvergenz, 335
zeitliche Skalierung, 444
zeitliches Mittel, 164
Zeitpunkt erste Doppelbesetzung, 186
Zeitreihe, Spektral-Darstellungssatz, 234
zeitumgekehrte Folge, 337
Zeitumkehr, 132, 336, 389, 390, 410
Zentraler Grenzwertsatz, 224, 240, 440
Allgemeiner, 275
Lévy, 237, 244
Lindeberg, 242
Lyapunov, 245
Martingal, 344
McLeish, 346
multivariater, 240
Zerlegung
Doob-, 321, 322
Jordan-Hahn-, 58
Zerlegungssatz, 42
Lebesgue'scher, 44
Ziehen aus einer Urne, 316
Zorn, Satz von, 2
Zorn'sches Lemma, 2
zufällige Potenzreihe, 75
Zufallsvariable, 48
Zusammenfassen, 55
Zustandsmodell, 131
Zuwachs, 117
beschränkt bedingt, 311
stationär, 253
stochastisch unabhängig, 117
unabhängig, 253
-ungleichung, 231
Zweipunktmaß, 437
zweiseitige Stoppzeit, 314
zweistufiges Experiment, 119
Zylindermenge, 110

 springer.com

Willkommen zu den Springer Alerts

Jetzt anmelden!

- Unser Neuerscheinungs-Service für Sie:
  aktuell *** kostenlos *** passgenau *** flexibel

Springer veröffentlicht mehr als 5.500 wissenschaftliche Bücher jährlich in gedruckter Form. Mehr als 2.200 englischsprachige Zeitschriften und mehr als 120.000 eBooks und Referenzwerke sind auf unserer Online Plattform SpringerLink verfügbar. Seit seiner Gründung 1842 arbeitet Springer weltweit mit den hervorragendsten und anerkanntesten Wissenschaftlern zusammen, eine Partnerschaft, die auf Offenheit und gegenseitigem Vertrauen beruht.

Die SpringerAlerts sind der beste Weg, um über Neuentwicklungen im eigenen Fachgebiet auf dem Laufenden zu sein. Sie sind der/die Erste, der/die über neu erschienene Bücher informiert ist oder das Inhaltsverzeichnis des neuesten Zeitschriftenheftes erhält. Unser Service ist kostenlos, schnell und vor allem flexibel. Passen Sie die SpringerAlerts genau an Ihre Interessen und Ihren Bedarf an, um nur diejenigen Information zu erhalten, die Sie wirklich benötigen.

Mehr Infos unter: springer.com/alert

If you have any concerns about our products,
you can contact us on
ProductSafety@springernature.com

In case Publisher is established outside the EU,
the EU authorized representative is:
**Springer Nature Customer Service Center GmbH
Europaplatz 3, 69115 Heidelberg, Germany**

Printed by Libri Plureos GmbH
in Hamburg, Germany